机电工人实用技术手册系列

金属切削刀具
实用技术手册

邱言龙　王兵　主编

中国电力出版社
CHINA ELECTRIC POWER PRESS

内 容 提 要

为了给从事机械制造工艺装备方面工作的工程技术人员提供一套可直接查阅参考的工具书，以利于正确理解和合理使用相关技术标准，从而为最终提高现代机械制造技术水平和经济效益服务，特组织编写本书。

本书共 12 章，主要内容包括：金属切削过程的基本规律、切削刀具的基础知识、刀具材料、车削刀具、孔加工刀具、铣削刀具、拉削刀具、螺纹加工刀具、齿轮加工刀具、自动线刀具和数控机床用刀具、刀具刃磨与检测、刀具的维护和管理。

本书可供从事机械制造工艺、机械工艺装备方面工作的工程技术人员查阅、参考，也可供机床工具设备维修人员和刀具刃具管理人员阅读，还可作为机械加工制造方面技术和管理人员，以及高职高专、大专院校与机械制造有关专业的师生们参考。

图书在版编目（CIP）数据

金属切削刀具实用技术手册/邱言龙，王兵主编 .—北京：中国电力出版社，2020.4

ISBN 978-7-5198-4032-7

Ⅰ.①金… Ⅱ.①邱…②王… Ⅲ.①刀具（金属切削）—技术手册 Ⅳ.①TG71-62

中国版本图书馆 CIP 数据核字（2019）第 252703 号

出版发行：中国电力出版社

地　　址：北京市东城区北京站西街 19 号（邮政编码 100005）

网　　址：http://www.cepp.sgcc.com.cn

责任编辑：马淑范（加联系电话或邮箱）

责任校对：黄　蓓　李　楠　郝军燕

装帧设计：赵姗姗（版式设计和封面设计）

责任印制：杨晓东

印　　刷：三河市万龙印装有限公司

版　　次：2020 年 4 月第一版

印　　次：2020 年 4 月北京第一次印刷

开　　本：880 毫米×1230 毫米　32 开本

印　　张：25.625

字　　数：723 千字

印　　数：0001—2000 册

定　　价：98.00 元

本书编委会

主　　编　　邱言龙　王　兵

副主编　　王秋杰　蔡伍军

参　　编　　汪友英　雷振国　郭志祥　彭燕林

主　　审　　李文菱　刘继福　陈雪刚

前　言

随着现代机械制造技术的不断发展，机械设备在工业企业中的作用和地位也显得越来越重要。机床工业属于机械工业的一部分，也称为机械工业装备，是关系国计民生、航空航天、国防科技尖端建设的基础工业和战略性产业。金属切削机床是加工机器零件的主要设备，它所担负的工作量，约占机器总制造工作量的40%～60%，机床的技术水平直接影响机械制造工业产品的最终质量和劳动生产率。在世界范围内，特别是西方发达国家，机床工业广泛受到各国政府的重点关注，一个国家机床工业发展水平的高低，实际上标志着这个国家制造能力的大小。

发展工业是富国之本、强国之路，和西方发达国家一样，我国对机床工业的发展一直都很重视。进入 21 世纪，特别是中国加入 WTO 以来，我国机床工具行业经历了十几年的连续高速发展，取得了世人瞩目的巨大成就。经过不懈努力，我国机床工业已经建立起较大规模、较完整的体系，奠定了有力的技术基础，具备了相当的竞争实力。2009 年机床工具行业经济规模跃居世界第一位，2010 年全行业完成工业产值近 5500 亿美元，其中金属加工机床产值 209 亿美元，约占全世界总产值的三分之一。在经济规模迅猛增长的同时，机床工具行业的产品结构水平持续提升，技术创新能力显著增强，行业企业的综合素质和市场竞争能力不断提高。2010 年全行业完成数控机床产量超过 22 万台，数控机床的国内市场占有率已达到 57%，国产中档数控机床批量投放市场，部分高档数控机床开始进入重点行业的核心制造领域并得到初步应用，在少数核心制造领域已经取得重要突破。从整体来说，我国机床工业现已经跨入世界机床行业的第一方阵,已经成为一个机床工业生产大国。

随着全球机械加工水平的不断进步,刀具生产制造技术也在逐步发展,从刀具材料方面来讲,近代金属切削刀具材料从碳素工具钢、高速钢发展到今天的硬质合金、立方氮化硼、金刚石和陶瓷等超硬刀具材料,使切削速度从每分钟几米飚升到千米乃至万米。

随着数控机床和航空航天工业加工材料的不断发展,传统的切削刀具满足不了新的工艺要求。要实现高速切削、干切削、硬切削必须有好的刀具材料。"工欲善其事,必先利其器",无论是自动化机械生产线,还是更加先进的数控机床、加工中心,要达到快速、高效的切削加工,保证产品超精密的加工质量,都离不开刀具的重要作用。机械制造业需要"高精度、高效率、高可靠性和专用化"的经营理念,在当代刀具制造和使用领域,"效率第一"的新理念已经取代了传统的"性能价格比"的老观念,这一变化为高技术含量的高效刀具的发展扫清了障碍。

在现代机械加工中,切削加工是基本而又可靠的精密加工手段,在汽车、摩托车、航空航天、动车高铁、模具、机床、电子等各种现代产业中起着重要的作用。据统计,切削加工的劳动量约占全部机械制造劳动量的30%~40%,约70%的各类零部件需要切削刀具来加工。在影响切削发展的诸多因素中,刀具材料起着决定性作用。这是因为刀具材料性能的好坏以及使用是否合理直接影响了刀具寿命的高低、刀具消耗和加工成本的多少、加工精度和表面质量优劣等。

硬质合金不仅具有较高的耐磨性,而且韧性也较高(和超硬材料相比),所以得到广泛的应用,展望未来,它将仍然是应用最广泛的刀具材料之一。从历届机床工具博览会上可以看出,硬质合金可转位刀具几乎覆盖了所有的刀具品种。随着科学技术的发展和刀具技术的进步，硬质合金的性能也得到很大改善：一是开发了提高韧性的 $1\sim2\mu m$ 细颗粒硬质合金；二是开发了涂层硬质合金刀片。与高速钢刀具相比，硬质合金涂层刀具的市场份额增长幅度更大，因为在高温和高速切削参数下，高强度更为重要。现代切削刀具，硬质合金大展其威，展望未来，相当长的一段时间内，刀具材料无疑是硬质合金的天下。

与此同时，超硬刀具材料近年来发展势头良好。超硬材料是指以金刚石为代表的具有很高硬度物质的总称。超硬材料的范畴虽没有一个严格的规定，但人们习惯上把金刚石和硬度接近于金刚石硬度的材料称为超硬材料。首先，金刚石是目前世界上已发现的最硬的一种材料。金刚石刀具具有高硬度、高耐磨性和高导热性等性能，在有色金属和非金属加工中得到广泛的应用，尤其在铝和硅铝合金高速切削加工中，如轿车发动机缸体、缸盖、变速箱和各种活塞等的加工中，金刚石刀具是难以替代的主要切削刀具。由于数控机床的普及和数控加工技术的高速发展，可实现高效率、高稳定性、长寿命加工的金刚石刀具应用的日渐普及。其次是立方氮化硼刀具。立方氮化硼是氮化硼的同素异构体，其结构与金刚石相似，硬度高达 $8000\sim9000HV$，耐热度达 $1400℃$，耐磨性好。既能胜任淬硬钢（$45\sim65HRC$）、轴承钢（$60\sim64HRC$）、高速钢（$63\sim66HRC$）、冷硬铸铁的粗车和精车，又能胜任高温合金、热喷涂材料、硬质合金及其他难加工材料的高速切削加工。刀具中的新秀则是陶瓷刀具。陶瓷刀具是最有发展潜力的刀具之一。已引起世界机床工具界的高度重视。在工业发达的德国，约 70% 加工铸件的工序是由陶瓷刀具来完成的，而日本陶瓷刀具的年消耗量已占刀具总量的 $8\%\sim10\%$。由于数控机床、高效无污染切削、被加工材料硬等因素，迫使刀具材料必须更新换代，陶瓷刀具正是顺乎潮流，不断改革创新，在 Al_2O_3 陶瓷基体中添加 $20\%\sim30\%$ 的 SiC 晶液制成晶须增韧陶瓷材料，SiC 晶须的作用犹如钢筋混凝土中的钢筋，它能成为阻挡或改变裂纹扩展方向的障碍物，使刀具的韧性大幅度提高，是一种很有发展前途的刀具材料。为了提高纯氧化铝陶瓷的韧性，加入含量小于 10％的金属，构成所谓金属陶瓷，这类刀具材料具有强大的生命力，正以强劲势头向前发展，也许将来会自成一系，成为刀具材料家族新成员。陶瓷刀具的主要原料是 Al_2O_3、SiO_2、碳化物等，它们是地壳中最富足的资源，发展此类刀具不存在原料来源问题。因此，开发应用陶瓷刀具有重要的战略意义和深远的历史意义。

为配合机械制造行业产业转型升级，加强机械制造工艺装备合理使用和发挥应有的效益，为广大青年技术工人充实到一些优秀的大型乡镇企业和集团化民营企业，提供一套内容起点低、层次结构合理的机械制造工艺装备的实用参考书，我们组织了一批具有国家级职业教育示范院校资格的高职高专、技师学院、高级技工学校有多年丰富理论教学经验和高超实际操作水平的教师，编写了这套《现代机械制造工艺装备实用技术手册》系列，包括《金属切削机床实用技术手册》《机床夹具实用技术手册》《金属切削刀具实用技术手册》《冲压模具实用技术手册》《塑料模具实用技术手册》《测量量具与量仪实用技术手册》等，本套丛书各自独立成书，但又相互关联，互相补充，全套丛书共同组成一个完整的机械制造工艺装备体系。

丛书力求简明扼要，不过于追求系统及理论的深度、难度，突出机械制造工艺装备实用技术和应用特点，而且从材料、工艺、设备及行业标准、机床名词术语、计量单位等各方面都贯穿着一个"新"字，以便于工人尽快与现代工业化生产接轨，与国际高端制造产业相对接，与时俱进，开拓创新，更好地适应新时代机械工业发展的需要。

《现代机械制造工艺装备实用技术手册》系列旨在为从事机械制造工艺装备方面工作的工程技术人员提供一套可直接查阅参

考的工具书，以有利于正确理解和合理使用相关技术标准，从而为最终提高现代机械制造技术水平和经济效益服务。本套丛书主要供从事机械制造工艺、机械工艺装备方面工作的工程技术人员查阅、参考，还可供机床工具设备维修人员和刀具刃具管理人员查阅、借鉴，也可作为机械加工制造方面技术和管理人员以及高职高专、大专院校与机械制造有关专业的师生们参考。

本书是《现代机械制造工艺装备实用技术手册》系列之一，本书共 12 章，主要内容包括：金属切削过程的基本规律、切削刀具的基础知识、刀具材料、车削刀具、孔加工刀具、铣削刀具、拉削刀具、螺纹加工刀具、齿轮加工刀具、自动线刀具和数控机床用刀具、刀具刃磨与检测、刀具的维护和管理。

由于编者水平所限，加之时间仓促，搜集资料方面的局限，知识更新不及时等，新标准层出不穷，挂一漏十，书中错误在所难免，望广大读者不吝赐教，以利提高！欢迎读者通过 E-mail：qiuxm6769@sina. com 与作者联系！

编　者

目 录

第一章

金属切削过程的基本规律

金属切削加工通常是指在机床上利用刀具与工件的相对运动，将工件上多余的金属切除掉，获得图样要求的表面的加工方法，如车削、钻削、镗削、铣削、刨削、拉削等。

第一节　切削加工的基本概念

一、切削加工与切削运动

（一）切削运动的形式

切削加工时，刀具与工件的相对运动称为切削运动。各种切削加工方法中，切削运动的形式主要有五种，见表1-1。

表 1-1　　　　　　切削运动的主要形式

序号	工件运动	刀具运动	示　　例
1	转动	移动	 车外圆
2	移动	转动	 铣平面

序号	工件运动	刀具运动	示　例
3	移动	直线往复运动	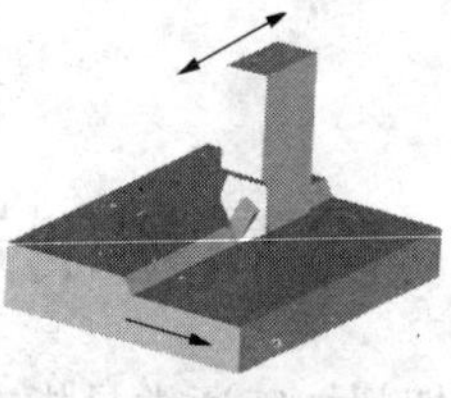 刨平面（牛头刨床）
4	直线往复运动	移动	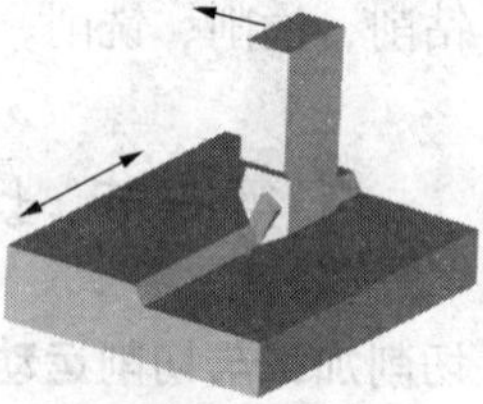 刨平面（龙门刨床）
5	不动	转动并移动	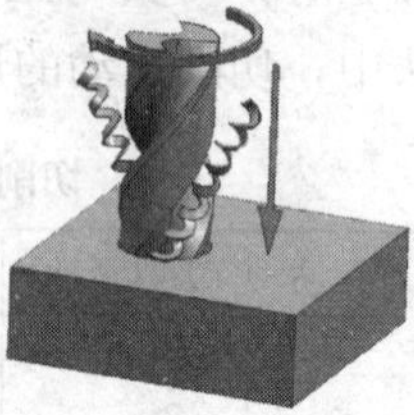 钻孔

（二）切削运动的种类

不论是何种形式的切削运动，按照其在切削过程中所起的作用不同，都划分为主运动和进给运动两种。

1. 主运动

主运动是切除工件上多余金属的必备运动，是机床的主要运动。在切削运动中，主运动的速度最高，消耗的功率最大。对于每种机床，主运动有且只有一个。如图 1-1 所示，车削时，工件的旋转运动是主运动，牛头刨床刨削时的直线往复运动是主运动。

图 1-1　车削与刨削

（a）车削；（b）刨削

2. 进给运动

进给运动是使工件上多余材料不断被切除的切削运动。如图 1-1 所示，车削时车刀的移动和刨削时工件的移动均为进给运动。在切削运动中，进给运动的速度较低，消耗的功率较小。随着切削加工方法的不同，机床上的进给运动可以是一个、两个或多个，还可以没有进给运动（如拉床的拉削加工）。

（三）车削运动及车削时工件上形成的表面

1. 车削运动

车削工件时，为了切除多余的金属，必须使工件和车刀产生相对的车削运动。按其作用划分，车削运动可分为主运动和进给运动两种。如图 1-2 所示。

（1）主运动。车床的主要运动，它消耗车床的主要动力。车削时工件的旋转运动是主运动。通常，主运动的速度较高。

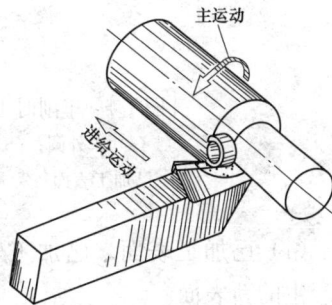

图 1-2　车削运动

（2）进给运动。使工件的多余材料不断被去除的切削运动。如车外圆时的纵向进给运动，车端面时的横向进给运动等，如图 1-3 所示。

3

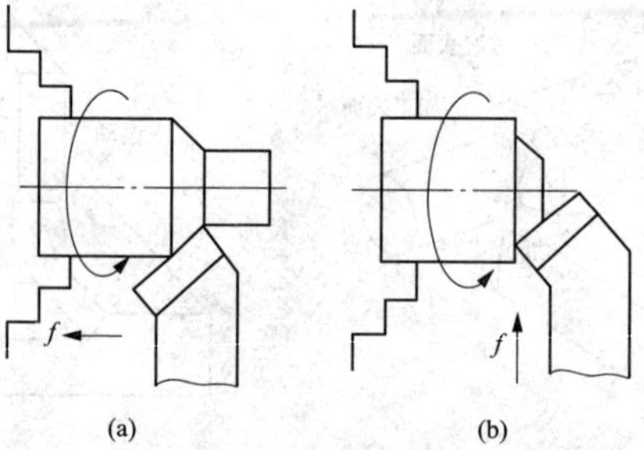

图1-3 进给运动

(a) 纵向进给运动；(b) 横向进给运动

2. 车削时工件上形成的表面

工件在车削加工时有三个不断变化的表面，它们是已加工表面、过度表面与待加工表面，如图1-4所示。

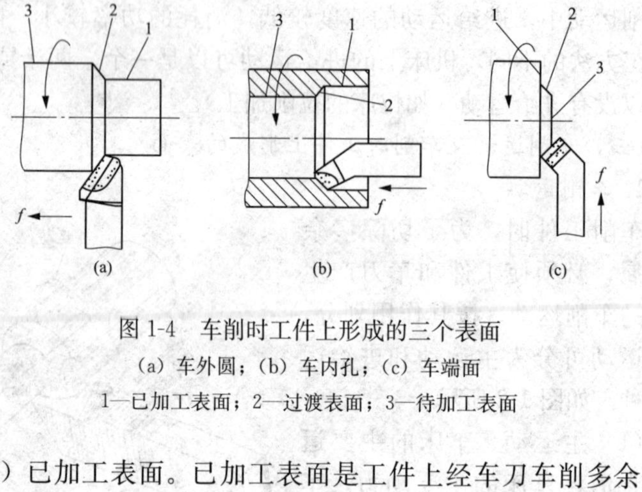

图1-4 车削时工件上形成的三个表面

(a) 车外圆；(b) 车内孔；(c) 车端面

1—已加工表面；2—过渡表面；3—待加工表面

(1) 已加工表面。已加工表面是工件上经车刀车削多余金属后产生的新表面。

(2) 过度表面。过度表面是工件上由切削刃正在形成的那部分表面。

(3) 待加工表面。待加工表面是工件上有待切除的表面，它可能是毛坯表面或加工过的表面。

二、切削要素

切削要素包括切削用量要素和切削层横截面要素。

（一）切削用量的基本概念

切削用量是表示主运动及进给运动大小的参数，也是切削前操作者调整机床的依据。它包括背吃刀量、进给量和切削速度三个要素。

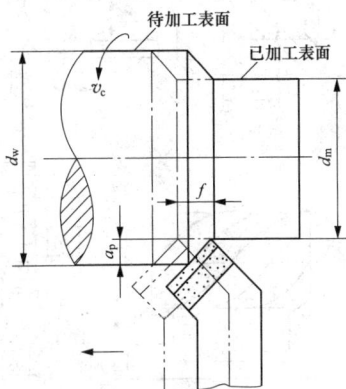

图 1-5　背吃刀量和进给量

1. 吃刀量

（1）车削背吃刀量。工件上已加工表面和待加工表面之间的垂直距离，如图 1-5 所示，也就是每次吃刀时车刀切入工件的深度。车外圆时的背吃刀量（单位：mm）为

$$a_p = \frac{d_w - d_m}{2} \tag{1-1}$$

式中　d_w——工件待加工表面直径（mm）；

　　　d_m——工件已加工表面直径（mm）。

【例 1-1】 已知工件待加工表面直径为 $\phi 95mm$，现一次进给车至直径为 $\phi 90mm$，求背吃刀量 a_p。

解：（1）根据式（1-1）：

$$a_p = \frac{d_w - d_m}{2} = \frac{95 - 90}{2} = 2.5 (mm)$$

（2）铣削背吃刀量 a_p。铣削加工时，背吃刀量是指平行于铣刀轴线方向测量的被切削层尺寸。

（3）铣削侧吃刀量 a_e。铣削加工时，侧吃刀量是指垂直于铣刀轴线方向测量的被切削层尺寸。

几种铣刀铣削加工时的背吃刀量 a_p 和侧吃刀量 a_e 如图 1-6 所示。

2. 进给量 f

工件每转动一周，刀具沿进给方向移动的距离，如图 1-7 所

5

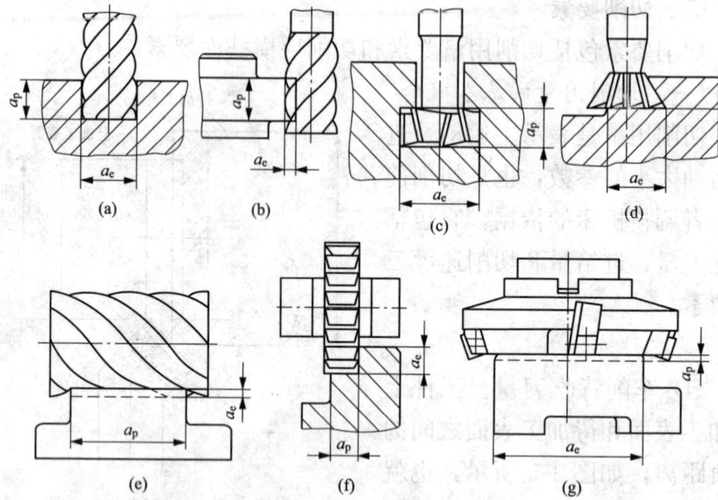

图 1-6　铣削时的背吃刀量 a_p 和侧吃刀量 a_e

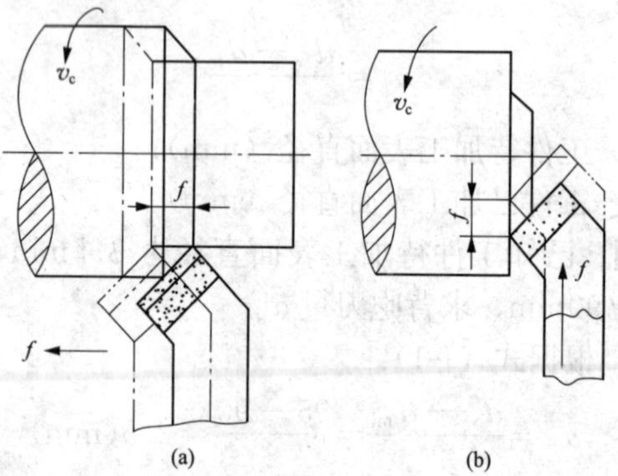

图 1-7　纵、横进给量

(a) 纵进给量；(b) 横进给量

示。它是衡量进给运动大小的参数（单位：mm/r）。

(1) 车削进给量。车削加工时，进给量又分纵向进给量和横向进给量两种：

1) 纵向进给量。沿车床床身导轨方向的进给量。

2) 横向进给量。垂直于车床床身导轨方向的进给量。

（2）铣削进给量。铣削加工时，刀具在进给运动方向上相对工件的位移量，可用刀具或工件每转或每行程的位移量来表述和度量。有三种表示方法。

1）每齿进给量 f_z。铣刀每转过一个齿时，刀具相对工件在进给运动方向上的位移量（单位：mm/z）。

2）每转进给量 f。铣刀每转过一周时，铣刀相对工件在进给运动方向上的位移量（单位：mm/r）。

每齿进给量与每转进给量之间的关系为

$$f = f_z z \tag{1-2}$$

式中 z——铣刀刀齿数。

3）进给速度 v_f。每分钟内工件相对于铣刀移动的距离（单位：mm/min）。

进给速度与每齿进给量和铣刀转速之间的关系为

$$v_f = fn = f_z zn \tag{1-3}$$

3. 切削速度 v_c

在进行车削加工时，刀具切削刃上的某一点相对待加工表面在主运动方向上的瞬时速度，也可以理解为车刀在一分钟内车削工件表面的理论展开长

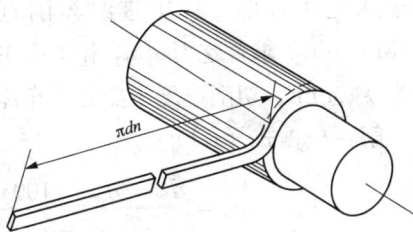

图 1-8 切削速度示意图

度（但必须假定切屑没有变形和收缩），如图 1-8 所示。切削速度是衡量主运动大小的参数（单位：m/min）。

切削速度为

$$v_c = \frac{\pi dn}{1000} \tag{1-4}$$

或

$$v_c \approx \frac{dn}{318} \tag{1-5}$$

式中 d——工件直径（mm）；

n——车床主轴转速（r/min）。

7

【例 1-2】 车削直径为 $\phi 60$mm 的工件的外圆，选定的车床主轴的转速为 600r/min，求切削速度。

解：根据式（1-4）

$$v_c = \frac{\pi d n}{1000} = \frac{3.14 \times 60 \times 600}{1000}$$

$$= 113 \text{（m/min）}$$

在实际生产中，往往是已知工件直径，并根据工件材料、刀具材料和加工要求等因素选定切削速度，再将切削速度换算成车床主轴转速，以便调整机床，式（1-4）和式（1-5）可写为

$$n = \frac{1000 v_c}{\pi d} \tag{1-6}$$

或

$$n \approx \frac{318 v_c}{d} \tag{1-7}$$

【例 1-3】 锻造后的齿轮毛坯直径为 $\phi 100$mm，现在 CA6140 型车床上车外圆，一次进给车削直径至 $\phi 94$mm，切削速度为 62.8m/min，求背吃刀量 a_p 和车床主轴的转速 n_1。若工件毛坯直径为 $\phi 40$mm，切削速度不变，求车床主轴的转速 n_2。

解：根据式（1-1）

$$a_p = \frac{d_w - d_m}{2} = \frac{100 - 94}{2} = 3\text{mm}$$

根据式（1-6）

$$n_1 = \frac{1000 v_c}{\pi d} = \frac{1000 \times 62.8}{3.14 \times 100} = 200\text{r/min}$$

$$n_1 = \frac{1000 v_c}{\pi d} = \frac{1000 \times 62.8}{3.14 \times 40} = 500\text{r/min}$$

显然，切削速度 v_c 一定时，主轴转速 n 与工件（刀具）直径 d 成反比，即工件（刀具）直径 d 越小，选择的主轴转速 n 越高。但在选取车床实际转速时，n 应取小于计算值且在铭牌上与之最接近的车床转速。

当主运动为往复直线运动时（如刨削加工），其平均速度为

$$v_c = \frac{2Ln_r}{1000} \tag{1-8}$$

式中　L——往复直线运的行程长度（mm）；

　　　n_r——主运动每分钟的往复次数（str/min）。

（二）切削层参数

刀具切削刃相对于工件沿进给方向每移动一个进给量，从工件止切下来的一层金属称为切削层。以车削为例，如图 1-9 所示，工件转一转，车刀沿进给方向移动一个进给量，从工件上切下的一层金属称为切削层。用通过工件轴线的水平面（基面）截切削层，截面（如图 1-9 所示图中阴影部分）尺寸即为切削层尺寸。切削层截面形状与主偏角有关：$k_r < 90°$ 时，是平行四边形；$k_r = 90°$ 时，是矩形。切削层参数包括切削厚度、切削宽度、切削层面积三要素。

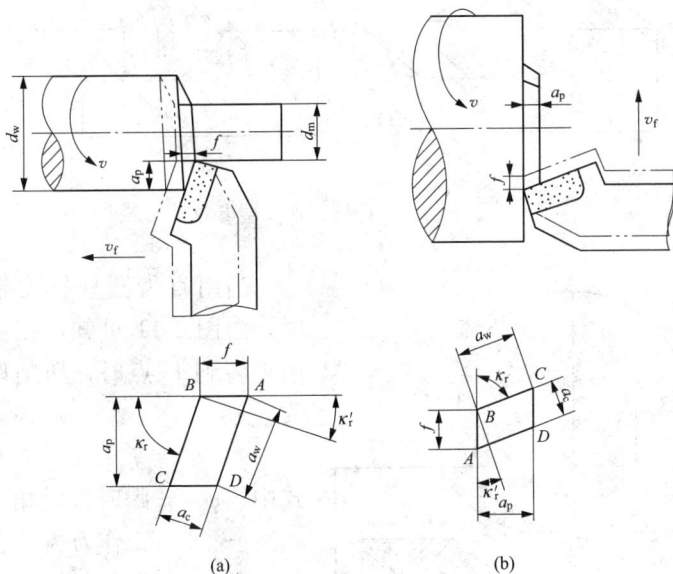

图 1-9　切削层参数

(a) 车外圆；(b) 车端面

1. 切削厚度 a_c

(1) 车削加工切削厚度 a_c。垂直于工件过渡表面测量的切削层尺寸称为切削厚度。

$$a_c = f \sin k_r \qquad (1-9)$$

切削厚度 a_c 反映主切削刃单位长度承受的负荷大小并确定切下切屑的形状和尺寸。因此，它影响切削过程中切削变形、切削力、切削热和刀具磨损等。

(2) 铣削过程切削厚度 a_c。在同一瞬间的切削层横截面积与其切削层宽度之比。包括两种情况：

1) 圆柱铣刀铣削时切削厚度 a_c。是指铣刀上相邻两个刀齿所形成的加工表面间的垂直距离。圆柱铣刀每个刀齿切去的切削层如图 1-10 所示。

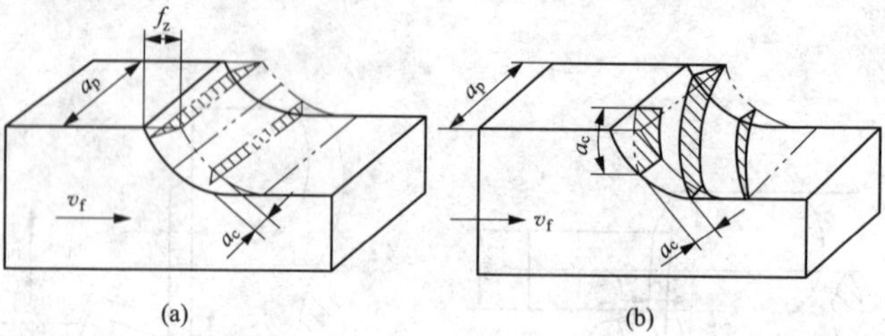

图 1-10 圆柱铣刀切削层参数

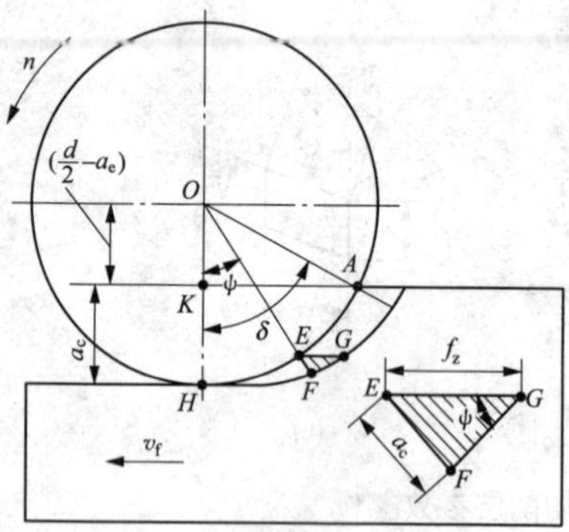

图 1-11 圆柱铣刀的切削厚度

当用直齿圆柱铣削时，由图 1-11 可知，在主切削刃转到 E 点时，切削厚度为

$$a_c = f_z \sin \psi \qquad (1-10)$$

式中 ψ——瞬时接触角，指工作刀齿所在位置与起始切入位置间的夹角。

由式 (1-10) 可知，切削

厚度随刀齿所在位置的不同而变化。当刀齿在 H 点时，切削厚度为最小值（$a_c = 0$），刀齿转到即将离开工件的 A 点时，ψ 等于最大接触角 δ，切削厚度的最大值为

$$a_{cmax} = f_z \sin\delta \qquad (1\text{-}11)$$

通常以 $\psi = \delta/2$ 处的切削厚度为平均切削厚度，圆柱铣刀的平均切削厚度为

$$a_{cm} = f_z \sin\frac{\delta}{2} = f_z\sqrt{\frac{a_c}{d}} \qquad (1\text{-}12)$$

当用螺旋齿圆柱铣刀铣削时，由图 1-10（b）可知，铣刀切削刃是逐渐切入和切离工件的，切削刃上各点所在的切削位置不同，因此切削刃上各点的切削厚度是变化的。

2）面铣刀铣削时切削厚度 a_c。由图 1-12 可知，刀齿在任意位置时的切削厚度为

$$a_c = EF\sin k_r = f_z\cos\Psi\sin k_r \qquad (1\text{-}13)$$

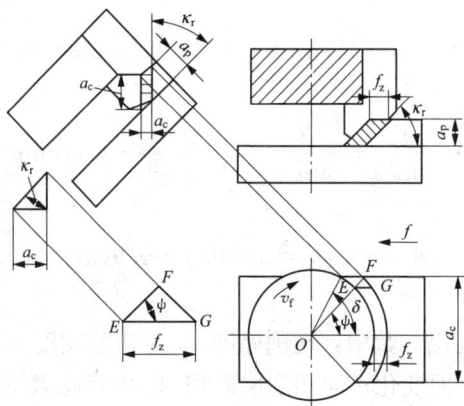

图 1-12　面铣刀的切削层厚度

（3）切削宽度 a_w。平行于工件过渡表面测量的切削层尺寸称为切削宽度。

$$a_w = \frac{a_p}{\sin k_r} \qquad (1\text{-}14)$$

2. 切削层面积 A_c

（1）切削层面积 A_c。切削层面积即切削层截面的面积。

$$A_c = a_c a_w = a_p f \tag{1-15}$$

（2）平均切削总面积 $A_{D\Sigma}$。铣削加工时，各种铣刀铣削时的平均切削总面积 $A_{D\Sigma}$ 计算方法相同，其计算为

$$A_{D\Sigma} = \frac{f_z a_p a_e z}{\pi d} \tag{1-16}$$

式中各项参数同前。

【例 1-4】 车一毛坯直径为 $\phi 60\mathrm{mm}$，要求一次进给车削直径至 $\phi 54\mathrm{mm}$，若选用进给量 $f = 0.3\mathrm{mm/r}$，求切削厚度 a_p、切削宽度 a_w 和切削层面积 A_c（已知 $\sin 75° = 0.965\,9$）。

解： 根据式（1-1）

$$a_P = \frac{d_w - d_m}{2} = \frac{60 - 54}{2} = 3(\mathrm{mm})$$

根据式（1-9）

$$a_c = f\sin k_r = 0.3 \times \sin 75° = 0.3 \times 0.965\,9 = 0.29(\mathrm{mm})$$

根据式（1-14）

$$a_w = \frac{a_p}{\sin k_r} = \frac{3}{\sin 75°} = \frac{3}{0.965\,9} = 3.11(\mathrm{mm})$$

根据式（1-15）

$$A_c = a_p f = 3 \times 0.3 = 0.9(\mathrm{m}^2)$$

特别提示：

1）在切削层参数中，切削厚度 a_c 与切削宽度 a_w 随着刀具主偏角 k_r 的变化而变化；而切削层面积 A_c 由背吃刀量 a_p 和进给量 f 决定，不受主偏角 k_r 的影响。

2）实际的切削层面积 A_{ce} 比理论的 A_c 要小，因为切削后还会在已加工表面上留下一小部分残留面积。

第二节　切削变形与切屑控制

金属切削过程是指刀具切除工件上一层多余的金属，从形成

切屑到已加工完成表面的全过程。切削加工中出现的各种物理现象，如总切削力、切削热、刀具磨损与刀具寿命、卷屑与断屑规律等都与切屑形成过程有着密切的关系。因此要会正确刃磨和合理使用刀具，并充分发挥刀具的切削性能，合理选择切削用量。要提高加工质量、降低成本、提高劳动生产率，就必须掌握切削过程的基本规律。

一、切削变形与切屑的形成

1. 切削变形

在切屑形成的过程中，存在着金属的弹性变形和塑性变形。切屑层变形是指其在刀具的挤压作用下，经过剧烈的变形后形成切屑脱离工件的过程。它包括切屑层沿滑移面的滑移变形和切屑在前刀面上排出时的滑移变形两个阶段。

2. 切屑形成过程

切屑形成过程如图 1-13 所示，当切屑层金属接近滑移面 OA 时将发生弹性变形，接触到滑移面 OB 后将发生塑性变形。塑性变形的表现形式是在切削力的作用下，金属产生不能恢复原状的滑移。随着滑移量的不断增大，当到达 OM 面时塑性变形超过金属的极限强度，金属就断裂下来形成切屑。由于底层与前刀面发生摩擦滑移，变形比外层更厉害。底层长度也大于上层长度，因而发生卷曲。塑性变形越大，卷曲也越厉害，最后切屑离开前刀面，变形结束。

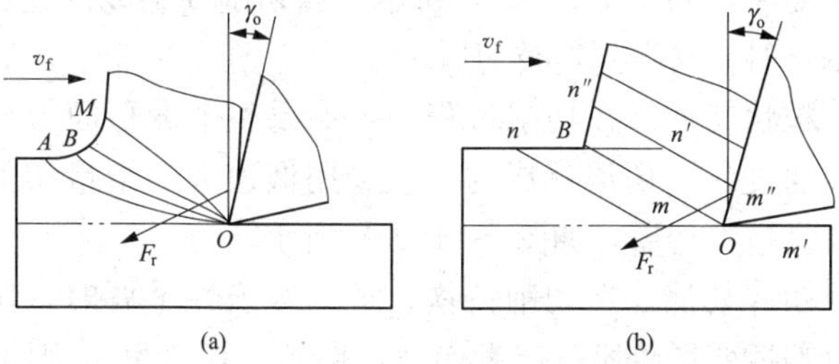

图 1-13 切屑形成过程

（a）金属滑移；（b）切屑形成过程

二、切屑的种类

在切屑的形成过程中，由于工件材料和切削条件的不同，形成的切屑形状也不同，一般切屑的形状有带状切屑、挤裂切屑、粒状切屑和崩碎切屑四种类型，如图 1-14 所示。

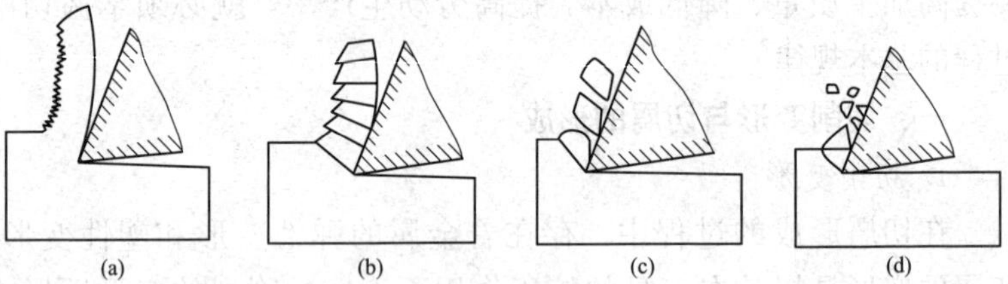

图 1-14　切屑的类型

（a）带状切屑；（b）挤裂切屑；（c）粒状切屑；（d）崩碎切屑

（1）带状切屑。在切削过程中，如果滑移面上的滑移没有达到破裂强度（即塑性变形不充分），那么就形成连绵不断的带状切屑，如图 1-14（a）所示。在切屑靠近刀具前刀面的一面很光滑，另一面呈毛茸状。当切削塑性较大的金属材料（如碳素钢、合金钢、铜和铝合金）或刀具前角较大、切削速度较高时，经常会出现这类切屑。

（2）挤裂切屑（又称节状切屑）。在切削过程中，如果滑移面上的滑移比较充分，达到材料的破裂强度时，则滑移面上局部就会破裂成节状，但与刀具前刀面接触的一面还相互连接未被折断，称为挤裂切屑，如图 1-14（b）所示。当切削纯铜或高速、大进给量切削钢材时，易得到这类切屑。

（3）粒状切屑。在切削过程中，如果整个滑移面上均超过材料的破裂强度，则切屑就成为粒状。用低速大进给量切削塑性材料时，就是这类切屑，如图 1-14（c）所示。

（4）崩碎切屑。在切削铸铁、黄铜等脆性金属时，切削层几乎不经过塑性变形阶段就产生崩裂，得到的切屑呈不规则的粒状，如图 1-14（d）所示。加工后的工作表面也较为粗糙。

四种切屑类型的比较见表 1-2。

表 1-2　　　　　　　　四种切屑类型的比较

切屑类型	带状切屑	节状切屑（挤裂切屑）	粒状切屑（单元切屑）	崩碎切屑
工件材料		塑性金属		脆性金属
外观特征	切屑内表面光滑，外表面呈毛茸状	切屑内表面局部有裂纹，外表面呈锯齿形	当切屑在整个剪切面上的剪应力超过了材料的破裂强度时，整个单元就被切离，成为类似梯形的粒状切屑	形状不规则的颗粒状切屑
变形程度		增大 →→→		
切削条件 切削速度 v	较高	较低	很低	改变切削条件，会改变切屑的颗粒大小
切削条件 切削厚度 a_c	较小	较大	很大	
切削条件 前角 γ_a	较大	较小	很小	
特点 优点	切削过程比较平稳，切削力的变化、波动小，不易发生刀具崩刃，获得的已加工表面粗糙度值小	切屑易折断、易处理	无	不用考虑断屑问题
特点 缺点	不易折断，容易缠绕工件或刀具而影响切削，甚至会影响操作安全，应采取卷屑和断屑措施	切削过程较不平稳，切削力有波动，较易发生崩刃，已加工表面粗糙度值较大	切削力很大，且变化大、波动大，切削过程极不平稳，已加工表面粗糙度值大	刀具刃口受力较大，对刀具强度要求高
结论	理想的切屑形态但必须加以控制	形态不好的切屑	不应形成	

三、切屑形状的分类

在切削过程中，刀具推挤工件，首先使工件上的金属层产生弹性变形，刀具继续进给时，在切削力的作用下，金属产生不能恢复原状的滑移（即塑性变形）。当塑性变形超过金属的强度极限时，金属就从工件上断裂下来形成切屑。随着切削继续进行，切屑不断地产生，逐步形成已加工表面。由于工件材料和切削条件不同，切削过程中的材料变形也不同，因而产生了各种不同的切屑，根据 GB/T 16461—2016 的规定切屑形状和类型见表 1-3。其中比较理想的是短弧形切屑、短环形螺旋和短锥形螺旋切屑。

表 1-3　　　　　　　　　　　切屑形状的分类

切屑形状	长	短	缠乱
带状切屑			
	长	短	缠乱
管状切屑			
	平	锥	一
盘旋状切屑			
	长	短	缠乱
环形螺旋切屑			
	长	短	缠乱
锥形螺旋切屑			
	连接	短	松散
弧形切屑			

续表

切屑形状	长	短	缠乱
单元切屑		—	—
针形切屑		—	—

四、断屑的控制

在实际生产中最常见的是带状切屑，产生带状切屑时，切削过程比较平稳，因而工件表面较光滑，刀具磨损也较慢。但带状切屑过长时会妨碍工作，需要经常停车清除切屑，增加辅助时间。切屑若缠绕在工件或刀具上，会拉毛工件表面，甚至造成刀具崩刃，并容易发生人身安全事故，影响生产的顺利进行。对自动机床和数控机床，加工中不断屑甚至会影响正常生产，因此应采取断屑措施。

1. 切屑的折断

下面以车削时对切屑的控制为例进行分析说明。

切屑在形成过程中在刀具前刀面的作用下发生卷曲，较薄的切屑在刃口附近排出而离开前刀面，切屑不易折断，如图 1-15 (a) 所示，形成缠乱不断的带状切屑；较厚的切屑在刀具前刀面上滑行距离长些，当切屑在流动中碰到断屑槽阶台时，会在阶台的作用下产生附加弯曲变形，若附加的弯曲变形足以使切屑断裂，切屑便在断屑槽内折断而形成很短的切屑，如图 1-15 (b) 所示；若对切屑产生的附加弯曲变形未达到断裂程度，切屑改变方向继续流动，在流动中，如果碰到障碍物（工件或刀具后刀面），则会因进一步受到一个较大的弯矩而折断。如图 1-15 (c)、图 1-15 (d) 所示是切屑与工件相碰时的情况；如图 1-15 (e) 所示是切屑与刀具后刀面相碰时的情况。如果切屑改变方向后继续在卷屑槽中流动，就形成如图 1-15 (f) 所示的螺旋形切屑，当其达到一定长度后，在自身重力作用下被甩断。

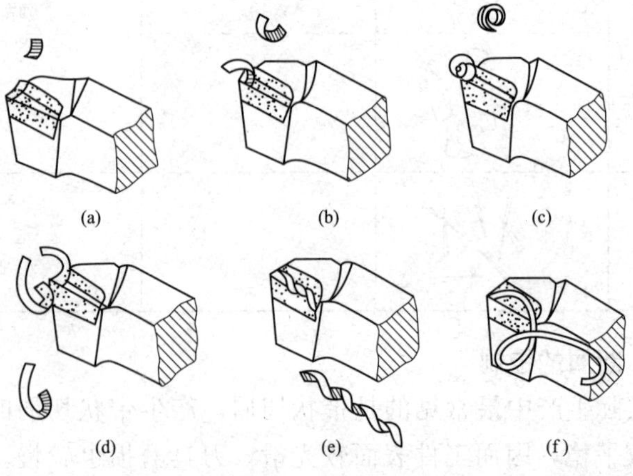

图 1-15　断屑的形状

　　综上所述，切屑的折断经历了"卷→碰→断"这样三个过程。

2. 影响断屑的主要因素

　　(1) 断屑槽。目前，在车削加工中，对切屑的控制通常采用在刀具上制造（或刃磨）断屑槽的措施。

　　1) 断屑槽的形状。在正交平面中，常用的断屑槽形状有三种：直线圆弧型、直线型和圆弧型。这三种断屑槽槽形组成、对断屑的影响及适用范围见表 1-4。

表 1-4　　断屑槽槽形组成、对断屑的影响及适用范围

断屑槽	槽形组成	对断屑的影响	适用范围
直线圆弧型	一段直线和一段圆弧	槽底圆半径 R 小，切屑卷曲半径小，变形大，易断屑，如图 1-17 所示	适用于切削碳素钢、合金结构钢等材料的刀具
直线型	两段直线	槽底角 θ 小，切屑卷曲半径小，变形大，易断屑，如图 1-18 所示 中等背吃刀量时，一般槽底角 θ = $110°\sim120°$	
圆弧型	一段圆弧	圆弧半径小，切屑卷曲半径小，变形大，易断屑	适用于切削纯铜、不锈钢等高塑性材料的刀具

特别提示：在相同的前角 γ_0 下，圆弧型断屑槽的切削刃强度要比直线圆弧型断屑槽切削刃的强度高，如图 1-16 所示，故常用于粗车刀；反之，在保证切削刃强度的同时，圆弧型断屑槽的前角要比直线圆弧型断屑槽的前角 γ_0 大。而切削高塑性金属时，前角 γ_0 宜增大到 25°~30°，故采用圆弧型断屑槽效果好。

图 1-16　直线圆弧型断屑槽与圆弧型断屑槽的比较
（a）直线圆弧型断屑槽；（b）圆弧型断屑槽

2）断屑槽的宽度。不管哪种形状的断屑槽，断屑槽的宽度 L_{Bn} 是断屑槽尺寸中对断屑影响最大的一个参数。

一般来讲，断屑槽的宽度 L_{Bn} 减小，能使切屑卷曲半径 r_{ch} 减小，增大卷曲变形和弯曲应力 σ，容易卷屑、断屑；而断屑槽的宽度 L_{Bn} 增大，则卷曲半径 r_{ch} 增大，产生的弯曲应力不易使切屑折断如图 1-17、图 1-18 所示。

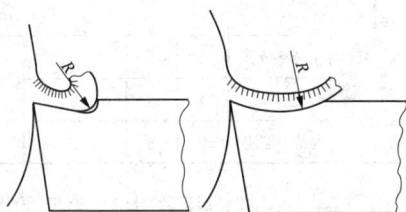

图 1-17　槽底圆半径 R 对切屑卷曲的影响

断屑槽的宽度 L_{Bn} 必须与进给量 f 和背吃刀量 a_p 联系起来考虑。进给量小，断屑槽宽应窄些；背吃刀量小，断屑槽宽也应适当减小。否则，切屑不易在槽中卷曲，往往不流经槽底而形成不断的带状切屑。但断屑槽宽不能过小，否则会堵屑。硬质合金车

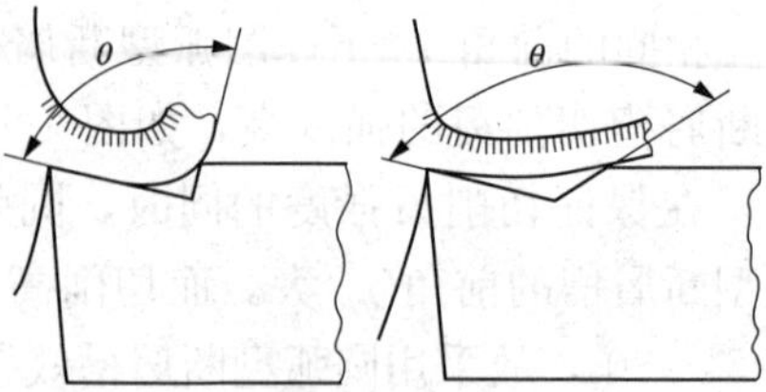

图 1-18 槽底角对切屑卷曲的影响

刀断屑槽的尺寸可参考表 1-5 选择。

表 1-5 硬质合金车刀断屑槽的尺寸

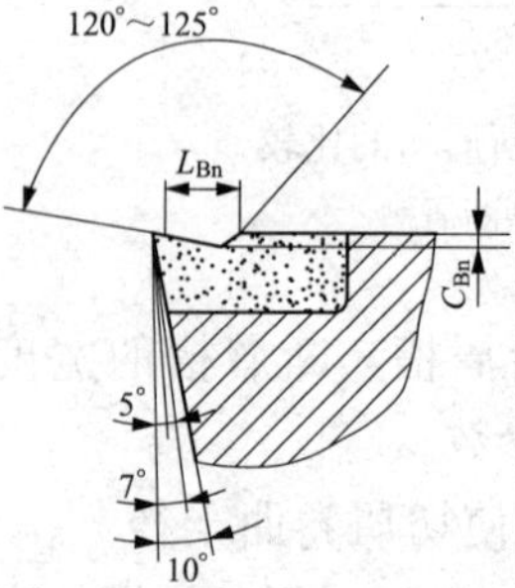

背吃刀量 a_p/mm	进给量 f/mm			
	0.15~0.3	0.3~0.45	0.45~0.7	0.7~0.9
	$L_{Bn} \times G_{Bn}$/mm×mm			
0~1	1.5×0.3	2×0.4	3×0.5	3.25×0.5
1~4	2.5×0.5	3×0.5	4×0.6	4.5×0.6
4~9	3×0.5	4×0.6	4.5×0.6	5×0.6

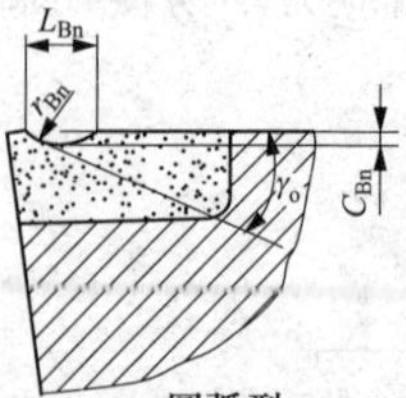

直线型

背吃刀量 a_p/mm	进给量 f/mm				
	0.3	0.4	0.5~0.6	0.7~0.8	0.9~1.2
	r_{Bn}/mm				
2~4	3	3	4	5	6
5~7	4	5	6	8	9
7~12	5	8	10	12	14

圆弧型

3）断屑槽斜角（τ）。在基面投影中，常见的断屑槽有三种形式：外斜式、平行式、内斜式，如图 1-19 所示。断屑槽的侧边与主切削刃的夹角称为断屑槽斜角。

①外斜式断屑槽。断屑槽［见图 1-19（a）］前宽后窄，前深后浅，在靠近工件外圆表面 A 处的切削速度最高而槽最窄，切屑最先卷曲，且卷曲半径小，变形大，切屑容易翻到刀具后刀面上碰断，形成 "C" 形或 "6" 字形切屑。切削中碳钢时，一般 $\tau =$

$8°\sim10°$；切削合金钢时，为增大切削变形，可取 $\tau=10°\sim15°$。

在采用中等背吃刀量时，用外斜式断屑槽断屑效果较好。但在背吃刀量较大时，由于靠近工件外圆表面处断屑较窄，切屑易堵塞，甚至挤坏切削刃，所以一般采用平行式。

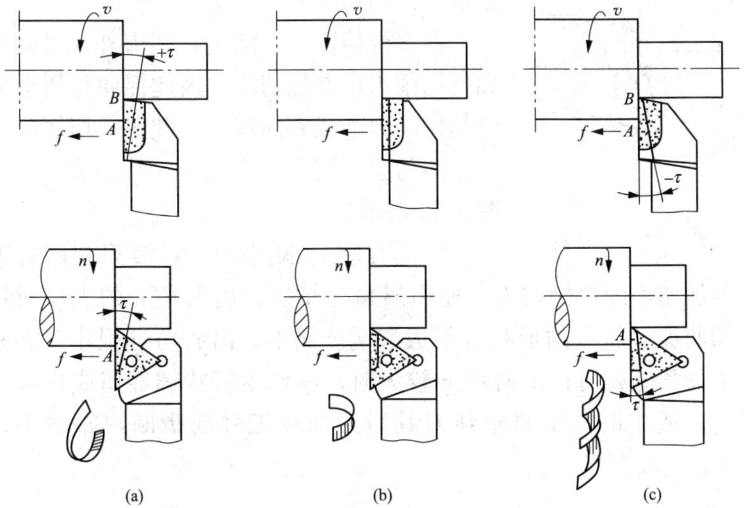

图 1-19 断屑槽斜角

(a) 外斜式 ($\tau>0°$)；(b) 平行式 ($\tau=0°$)；(c) 内斜式 ($\tau<0°$)

②平行式断屑槽。断屑槽［见图 1-19 (b)］前后等宽，切削变形不如外斜式大，切屑大多是碰到工件过渡表面折断。切削中碳钢时，平行式的断屑效果与外斜式的基本相同，但进给量略大些效果会更好。

③内斜式断屑槽。断屑槽［见图 1-19 (c)］在工件外圆表面 A 处最宽，而在刀尖处最窄。所以切屑在 B 处的卷曲半径较小，在 A 处的卷曲半径较大。当刃倾角 $\lambda_s=3°\sim5°$ 时，切屑容易形成卷得较紧的长螺旋形，到一定长度后靠自身重量和旋转甩断。一般内斜式断屑槽的 $\tau=-(8°\sim10°)$，但内斜式断屑槽适用的切削用量范围较小，主要适用于半精车和精车。

(2) 切削用量。生产实践和实验证明：切削用量中对断屑影响最大的是进给量，其次是背吃刀量和切削速度。

1）进给量 f。进给量 f 加大，切削厚度 a_c 按比例增大，切削变形增大，切屑易折断。这是加工中经常采用的一种断屑措施，但要注意，随着进给量的增大，工件表面粗糙度值将会增大。

图 1-20　出屑角

2）背吃刀量 a_p。背吃刀量 a_p 对断屑的影响与出屑角有关。

在多数情况下，除主切削刃外，过渡刃和副切削刃也参加切削，因此促使切屑近似地朝切削刃合成方向流出。此时，切屑的流出方向与主正交平面形成一个出屑角 η，如图 1-20 所示。

背吃刀量 a_p 减小时，过渡刃和副切削刃参加切削的比例增大，使出屑角 η 增大。出屑角 η 的大小对切屑卷曲和折断后的形状有很大影响。例如，出屑角 η 很小时，易产生盘状螺旋屑；出屑角 η 较大时，易产生管状螺旋屑或连续带状屑；适中时，切屑碰到刀具后刀面或工件而折断，如图 1-21 所示。

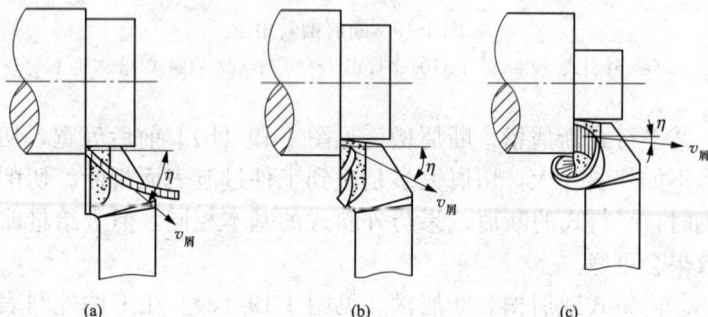

(a)　　　　　　　(b)　　　　　　　(c)

图 1-21　出屑角对卷屑的影响

3）切削速度 v。切削速度 v 提高后，切削温度升高，在一般情况下，切屑的塑性增大，不易折断。

（3）刀具角度。刀具角度中以主偏角 k_r 和刃倾角 λ_s 对断屑的影响最为明显。

1）前角 γ_0。前角 γ_0 越大，排屑越顺利，切屑变形小，不易断屑；反之，易断屑。

2）主偏角 k_r。在背吃刀量 a_p 和进给量 f 已选定的条件下，主偏角 k_r 越大，切削厚度 a_c 越大，故切屑卷曲应力越大，越易折断。生产中，主偏角 $k_r = 75° \sim 90°$ 的车刀断屑性能较好。

3）刃倾角 λ_s。刃倾角 λ_s 通过控制切屑流向来影响断屑。当刃倾角 λ_s 为正值时，使切屑流向待加工表面或与后刀面相碰形成"C"字形断屑，也可能呈螺旋屑而甩断；当刃倾角 λ_s 为负值时，切屑流向已加工表面或过度表面，容易碰断成"C"字形或"6"字形切屑。

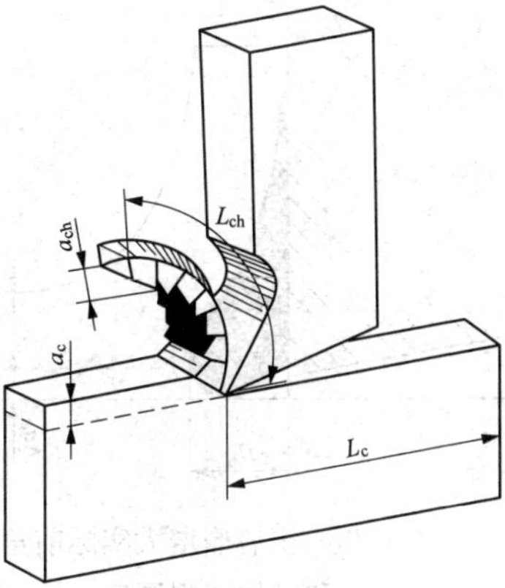

图 1-22 切屑收缩

五、切屑收缩

在切削过程中，被切金属层经过滑移变形而出现的切屑长度缩短、厚度增加的现象，称为切屑收缩，如图 1-22 所示。

切屑收缩的程度用收缩系数 ξ 表示为

$$\xi = \frac{l_c}{l_{ch}} = \frac{a_{ch}}{a_c} > 1 \qquad (1\text{-}17)$$

式中 l_c、a_c——切削层长度和厚度（mm）；

l_{ch}、a_{ch}——切屑长度和厚度（mm）。

收缩系数 ξ 比较容易测量，所以能直观地反映切削变形程度的大小。当材料相同而切削条件不同时，ξ 大说明切削变形大；当切削条件相同而材料不同时，ξ 大说明材料塑性大。一般切削中碳钢时，$\xi = 2 \sim 3$。

六、积屑瘤的产生及控制

1. 积屑瘤的产生

用中等切削速度切削钢料或其他塑性金属，有时在刀具前刀面上靠近切削刃处牢固地黏着一小块金属，这就是积屑瘤，也称为刀瘤。

切削过程中，由于金属的变形和摩擦，使切屑和前刀面之间产生很大的压力和很高的温度。当摩擦力大于切屑内部的结合力时，切屑底层的一部分金属就"冷焊"在前刀面上靠近切削刃处（因未达到焊接的熔化温度），形成积屑瘤。

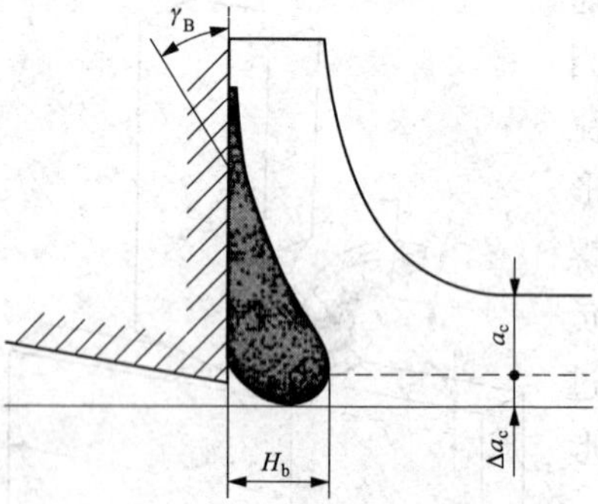

图 1-23 积屑瘤增大实际前角和增加切削厚度

2. 积屑瘤对加工的影响

积屑瘤对加工的影响如下（见图 1-23）：

（1）保护刀具。积屑瘤的硬度约为工件材料硬度的 2～3 倍，就像一个刃口圆弧半径较大的楔块，能代替切削刃进行切削，且保护了切削刃和前刀面，减少了刀具的磨损。

（2）增大实际前角。有积屑瘤的刀具，实际前角增大了，因而减少了切屑的变形，降低了切削力。

（3）影响工件表面质量和尺寸精度。积屑瘤的底部较上部稳定（积屑瘤的前端伸出在切屑刃之外，使切屑厚度增大了 Δa_c），但是通常条件下，积屑瘤是不稳定的，它时大时小，时积时失，在切削过程中，一部分积削瘤被切削带走，一部分嵌入工件已加工表面，使工件表面形成硬点和毛刺，表面粗糙度值变大，同时也加速了刀具的磨损。

3. 积屑瘤的控制

为了抑制或避免积屑瘤的产生，可采取以下措施：

（1）控制切削速度，尽量使用很低或很高的切削速度，避开产生积屑瘤的中等切削速度（15～30m/min）范围（见图 1-24）。这是降低工件表面粗糙度值的有效方法。

（2）减小切削厚度，采用小的进给量或小的主偏角 k_r。

（3）使用高效率切削液；研磨刀具前刀面，以减少摩擦。

24

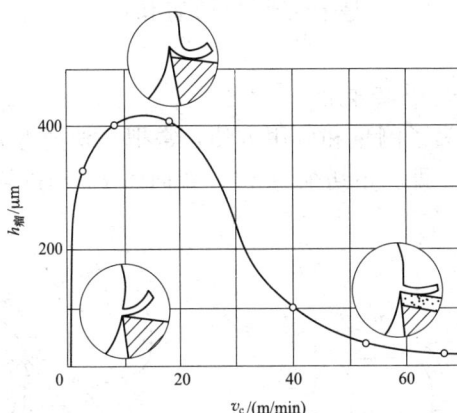

图 1-24　切削速度对积屑瘤的影响

（4）增大刀具前角，减小切削变形。

（5）当工件材料硬度很低、塑性过高时，可进行适当的热处理，以提高材料硬度降低塑性，也可抑制积屑瘤的产生。

第三节　切削力和切削功率

一、切削力的来源与分解

1. 切削力的来源

切削力是切削过程中工件与刀具间产生的相互作用力。切削力大小相等、方向相反地作用在刀具与工件上。

由于在切削过程中工件与刀具间发生挤压摩擦作用，所以切削力的来源具体表现在两个方面，即工件材料的变形和切屑、工件与刀具之间的摩擦。切削力的大小会影响工艺系统强度、刚度、加工质量和刀具寿命，因此，切削力是机床、夹具、刀具设计时的主要依据，也是分析切削过程中工艺质量问题的重要参考数据。

切削过程中切削部位所产生的全部切削力称为总切削力。以车削加工为例，如图 1-25 所示，F 与 F' 是分别作用于刀具和工件上的一个切削部分的总切削力。

切削时作用在刀具上的切削力来源于两个方面：一是变形所

25

产生的变形抗力；二是前刀面与切屑和后刀面与工件之间的摩擦力。

2. 切削分力及其作用

在生产中为了测量和应用方便，常把总切削力分解成相互垂直的三个分力，即：主切削力 F_c、背向力 F_p 和进给力 F_f（见图 1-26）。

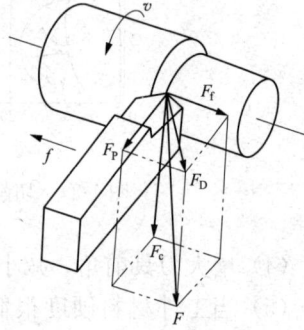

图 1-25　总切削力　　　　图 1-26　切削力的分力

（1）主切削力 F_c。是主运动切削速度方向上的分力，又称切向力。

（2）背向力 F_p。是横向进给（背吃刀量）方向上的分力，又称径向力。

（3）进给力 F_f。是纵向进给方向的分力，又称轴向力。

由图 1-27 可知，总切削力与各分力之间的关系为

$$F = \sqrt{F_D^2 + F_c^2} = \sqrt{F_f^2 + F_p^2 + F_c^2} \tag{1-18}$$

一般情况下，主切削力 F_c 是三个分力中最大的一个分力，它消耗了切削功率的 95% 左右，是设计与使用刀具的主要依据，也是验算机床与夹具中主要零部件的强度和刚性以及确定机床电动机功率的主要依据。此外，它还是切削加工时选择切削用量所要考虑的重要因素。

背向力 F_p 不消耗功率，但对工艺系统变形及工件的加工质量有一定的影响，特别是在刚度较差的工件加工中影响更显著。

进给分力 F_f 消耗总功率的 5% 左右，主要作用在机床进给系统，因此常用作验算机床进给系统中主要零部件强度和刚度的依据。

车削时，习惯上把主切削力 F_c、背向力 F_p、进给力 F_f 三个分力称为主切削力 F_z、径向力 F_y、轴向力 F_x，分解方向恰好沿着空间三个坐标轴，所以分别表示为 F_z、F_y、F_x，如图 1-27 所示。

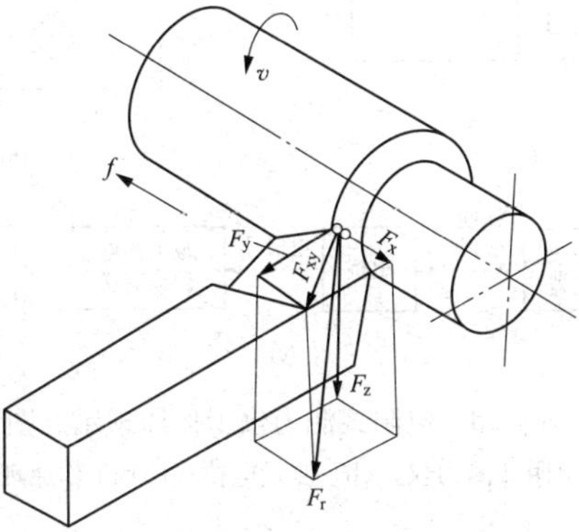

图 1-27　车削时切削力与切削分力

由图 1-27 可知，总切削力与各分力之间的关系为

$$F_r = \sqrt{F_{xy}^2 + F_z^2}$$

$$F_{xy} = \sqrt{F_x^2 + F_y^2}$$

$$F_y = F_{xy}\cos k_r$$

$$F_x = F_{xy}\sin k_r$$

$$F_r = \sqrt{F_{xy}^2 + F_z^2} = \sqrt{F_x^2 + F_y^2 + F_z^2}$$

根据实验，当 $k_r = 45°$、$\gamma = 15°$、$\lambda_s = 0°$ 时，各分力间的近似关系为

$$F_z : F_y : F_x = 1 : (0.4 \sim 0.5) : (0.3 \sim 0.4)$$

二、切削力的测定与切削力的计算

1. 测力仪的工作原理

切削力的理论计算只能作定性分析用，求切削力较简单又实用的方法是用测力仪直接测量。测力仪有多种类型，如机械式、

液压式、电感式、电阻式、压电晶体式等。其中，电阻式和电感式用得较多。如图 1-28 所示是电阻式测力仪的工作原理。目前市场上有多种机床专用测力仪可供选用。

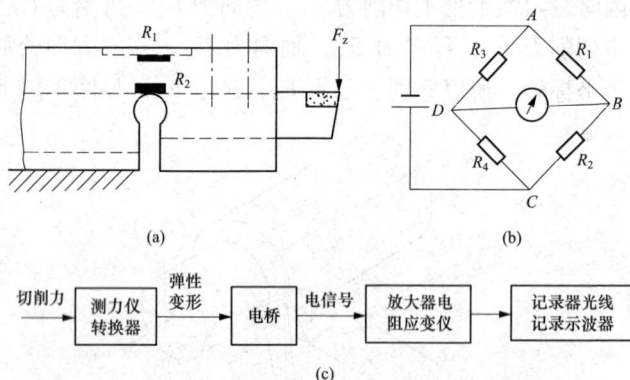

(a)　　　　　　　　　　　　(b)

(c)

图 1-28　电阻式测力仪工作原理示意图

（a）电阻式测力仪；（b）测量电桥；（c）工作原理框图

车削加工时，车刀装在测力仪传感器上，传感器的弹性元件上粘贴具有一定电阻值的电阻应变片，通过它使切削力的变化转化成电量的变化。将传感器上的电阻应变片连接成电桥电路，当受切削力 F_z 的作用后，由于弹性元件变形，随应变片变形而产生阻值变化，则电桥不平衡，产生了电流或电压输出信号，放大后由记录仪显示记录。

2. 切削分力的经验公式

车削时，通过测力仪测出切削力，再将大量实验数据进行分析处理，得到切削分力的经验公式为

$$F_z = C_{F_z} a_p^{X_{F_z}} f^{Y_{F_z}}$$

$$F_y = C_{F_y} a_p^{X_{F_y}} f^{Y_{F_y}}$$

$$F_x = C_{F_x} a_p^{X_{F_x}} f^{Y_{F_x}}$$

式中　　　　　　C_{F_z}、C_{F_y}、C_{F_x}——系数；

X_{F_z}、Y_{F_z}、X_{F_y}、Y_{F_y}、X_{F_x}、Y_{F_x}——指数。

上述经验公式中的系数、指数可查阅有关切削技术手册。车

削常用金属时，可利用表 1-6 中的数据计算 F_z。

若已知 a_p、f、F_z，可近似计算为

切削钢件时：$F_z = 2000 a_p f(N)$；

切削铸铁时：$F_z = 1000 a_p f(N)$。

表 1-6　车削外圆时主切削力经验公式中的系数、指数值

工件材料	硬度 HB	经验公式中的系数、指数			单位切削力/ $[N/mm^2 \ (kg/mm^2)]$ $f = 0.3mm/r$
		$C_{Fz}/[N(kg)]$	X_{Fz}	Y_{Fz}	
碳素结构钢 45 合金结构钢 40Cr （正火）	187~212	164×9.81(164)	1	0.84	1962 (200)
灰铸铁 HT200 （退火）	170	93×9.81 (93)	1	0.84	1118 (114)
铅黄铜 HPb59-1 （热轧）	78	65×9.81 (65)	1	0.84	736 (75)
锡青铜 ZQSn5-5-5 （铸造）	74	58×9.81 (58)	1	0.85	687 (70)

注　切削条件：刀具为 YT15（切钢），YG6（切铸铁、铜）；$v \approx 100m/min$；$VB = 0$；$\gamma_o = 15°$，$k_r = 75°$，$\lambda_s = 0°$，$b_{\gamma1} = 0$，$\gamma_c = 0.2 \sim 0.25$。

三、切削分力对切削加工的影响

实际应用中，对切削加工的影响主要是主切削力 F_z、径向切削力 F_y 和轴向切削力 F_x。

（1）主切削力 F_z。主切削力又称为切向力（F_c），其作用方向与切削速度方向同向。主切削力过大，会造成打刀或引起刀具的弯曲变形而产生让刀，如图 1-29 所示。

（2）径向切削力 F_y。径向切削力又称吃刀抗力（F_p），其方向与工件轴线垂直。径向力

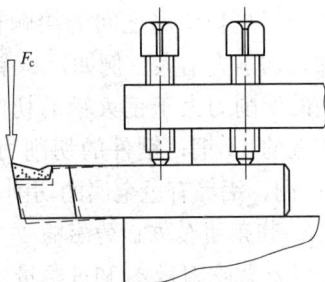

图 1-29　主切削力对加工的影响

是切削时引起振动的主要因素，也是引起工件弯曲变形的主要原

因，如图 1-30 所示。

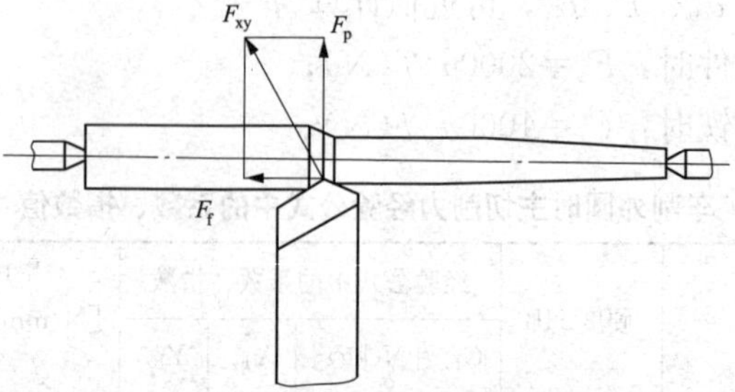

图 1-30 背向力对加工的影响

图 1-31 进给力对加工
的影响

(3) 轴向切削力 F_x。轴向切削力又称进给抗力 (F_f)，其作用方向与工件轴线平行。若刀具未夹紧，会因轴向力大而引起偏转；若工件未夹紧，会因轴向力大而将工件向卡盘方向推入，如图 1-31 所示。

四、影响切削力的因素

1. 工件材料的影响

工件材料对切削力的影响较大。材料的强度、硬度越高，变形抗力越大，切削力就越大。若材料的强度、硬度相近，塑性越大则切削力越大。这是因为材料的塑性大，刀具和切屑之间的接触长度增加，摩擦力增大，切削变形增加，切削力增大。例如，45 钢的切削力大于 20 钢的切削力；淬火钢的切削力大于正火钢的切削力；不锈钢的切削力大于强度与它相近的 45 钢；钢件的切削力大于铸件的切削力（约大 0.5～1 倍）；铜、铝等有色金属的切削力比钢料的切削力要小得多。

2. 切削用量方面的影响

(1) 背吃刀量 a_p 和进给量 f。背吃刀量 a_p 和进给量 f 决定切削面积的大小，因而是影响切削力的主要因素。它们的增大均会使切削力增大，但其影响程度各不相同。如图 1-32 所示，进给量 f 不变，当背吃刀量 a_p 增大一倍时，实际切削面积也增大一倍，变形抗力和摩擦力也成倍增加，故切削力成正比地增大一倍。背吃刀量 a_p 不变，当进给量 f 增大一倍，实际切削面积也增大近一倍，但切削厚度的增大使切削变形减小，因此切屑与前刀面的摩擦面积不是成倍增大，切削力增大约 $68\%\sim86\%$。因此，在切削加工中，如果从减少切削力和切削功率来考虑，加大进给量比加大背吃刀量有利。

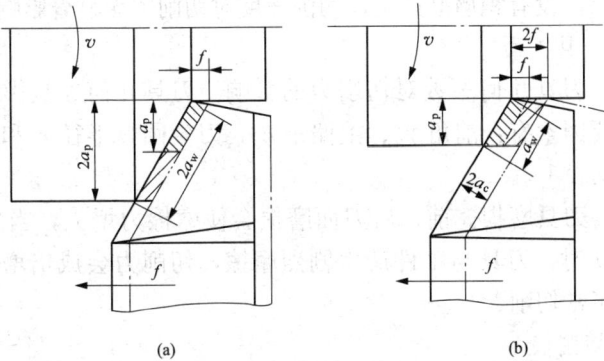

图 1-32　背吃刀量 a_p 和进给量 f 对切削力的影响

（2）切削速度 v。切削速度 v 对切削力的影响与工件材料、积屑瘤有关。

切削塑性金属时，切削速度对切削力的影响主要由积屑瘤改变实际前角所造成。以车削 45 钢为例，如图 1-33 所示为车削时的

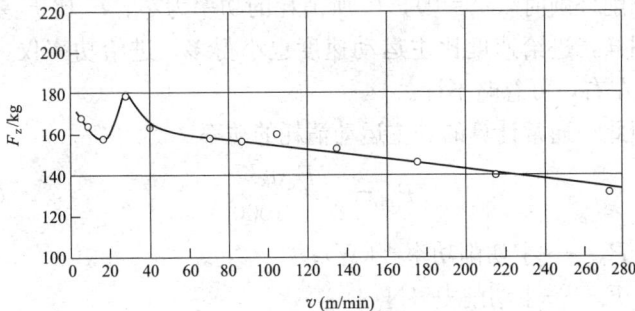

图 1-33　切削速度对切削力的影响

实验曲线。当切削速度 v 在 $5 \sim 20 \mathrm{m/min}$ 区域内增加时，积屑瘤高度逐渐增加，切削力随之减小；当切削速度 v 在 $20 \sim 35 \mathrm{m/min}$ 范围内增大时，积屑瘤高度逐渐减小，切削力增大；当切削速度 $v > 35 \mathrm{m/min}$ 时，由于切削温度上升，摩擦因数减小，切削力也逐渐减小。

切削脆性金属时，产生崩碎切屑，切屑与前刀面挤压和摩擦作用较小，没有积屑瘤产生，切削速度对切削力无显著影响。

3. 刀具方面

（1）刀具几何参数对切削力的影响。刀具几何参数影响切削力的主要因素有：前角 γ_{o}、主偏角 k_{r}、刀尖圆弧半径 r_{ε} 和刃倾角 λ_{s} 等，见表 1-7。

（2）刀具磨损。前、后刀面磨损会使摩擦力增大，当后角 α_{o} 减小至 $0°$ 时，刀具与工件产生剧烈摩擦，切削力会成倍增大，甚至无法正常切削。

4. 切削液

切削时浇注切削液，由于润滑作用，摩擦因数减小。如选用润滑效果较好的切削液，比干切削时的切削力小 $10\% \sim 20\%$。

五、切削功率

切削功率是指切削时在切削区域内消耗的功率，切削功率是三个切分力消耗的功率之总和。

$$P_{\mathrm{m}} = F_z v + F_y v_y + F_x v_{\mathrm{f}} \tag{1-19}$$

车削外圆时（$v_y = 0$），F_y 所消耗的功率为零。F_x 比 F_z 要小得多，同样，进给速度比主运动速度也小得多，进给功率仅占总功率 1% 左右，可忽略不计。

因此，通常计算的是主运动消耗的功率

$$P_{\mathrm{m}} = \frac{F_{\mathrm{c}} v_{\mathrm{c}}}{60 \times 1000} \tag{1-20}$$

式中　P_{m}——主切削功率（kW）；

　　　F_{c}——主切削力（N）；

　　　v_{c}——切削速率（m/min）。

在校验与选取机床电动机功率时，应使

$$P_{\mathrm{m}} \leqslant P_{\mathrm{E}} \eta$$

式中　P_{E}——机床电动机功率（kW）；

　　　η——机床传动效率，一般取 $\eta = 0.75 \sim 0.78$。

若 P_{m} 超过 P_{E} 和 η 的乘积时，一般可采取降低切削速度或减少切削力等措施。

表 1-7　　　　　　　　刀具几何参数对切削力的影响

刀具几何参数	所影响的切削力	几何参数变化的说明	图　　示
前角 γ_{o}	F_{z}	对主切削力的影响最大。γ_{o} 增大，切削变形减小，切屑与前刀面的摩擦减小，切削力减小	
主偏角 k_{r}	F_{x}、F_{y}	影响径向切削力 F_{y} 和轴向切削力 F_{x} 的比例分配	
刀尖圆弧半径 γ_{e}	主要影响 F_{y}	γ_{r} 增大，切削刃曲线部分长度和切削宽度随之增大，曲线刃上各点的主偏角 κ_{r} 减小，径向切削力 F_{y} 增大	

【例1-5】 某车床电动机功率为 6kW，传动效率为 0.75，车削某钢件时若选择背吃刀量为 5mm，进给量为 0.4mm/r。求机床功率允许条件下可选择的最高转速。

解：因为工件材料为钢件，所以

$$F_c \approx 2000 a_p f = 2000 \times 5 \times 0.4 = 4000(\text{N})$$

又因为 $P_m \leqslant P_E \eta_m$；$P_m = \dfrac{F_c v_c}{60 \times 1000}$

即

$$\frac{F_c v_c}{60 \times 1000} \leqslant P_E \eta_m$$

$$\frac{4000 v_c}{1000 \times 60} \leqslant 6\text{kW} \times 0.75$$

所以

$$v_c \leqslant 67.5\text{m/min}$$

即在机床功率允许条件下，可选择的最高切削速度 $v_c \leqslant 67.5$m/min。

所以

$$n_{max} = \frac{1000 v_c}{\pi d} = \frac{1000 \times 67.5}{3.14 \times 50} \approx 430(\text{r/min})$$

故机床功率允许条件下，可选择的最高转速为 430r/min。

第四节　切削热和切削温度

一、切削热的产生与传散

切削热和由它产生的切削温度，是切削过程的重要物理现象之一。切削温度能改变前刀面上的摩擦因数、工件材料的性质，影响积屑瘤的大小、已加工表面质量、刀具的磨损量和使用寿命以及生产率等。因此，研究切削热的产生与温度的变化规律具有重要的实用意义。

1. 切削热的来源

切削热来源于切削层金属发生弹性变形和塑性变形产生的热量，以及切屑与前刀面、工件与后刀面摩擦产生的热量。切削过程中，上述变形与摩擦消耗的功绝大部分转化为热能。

如图 1-34 所示，切削热来源于三个变形区。在第一个变形区内由于切削材料发生弹性变形产生大量的热量，分别用 $Q_弹$ 和 $Q_塑$ 表示；第二个变形区由于刀具前刀面跟切屑摩擦而产生的热量，用 $Q_{前摩}$ 表示；第三变形区内由于刀具后刀面跟工件摩擦而产生的热量，用 $Q_{后摩}$ 表示。

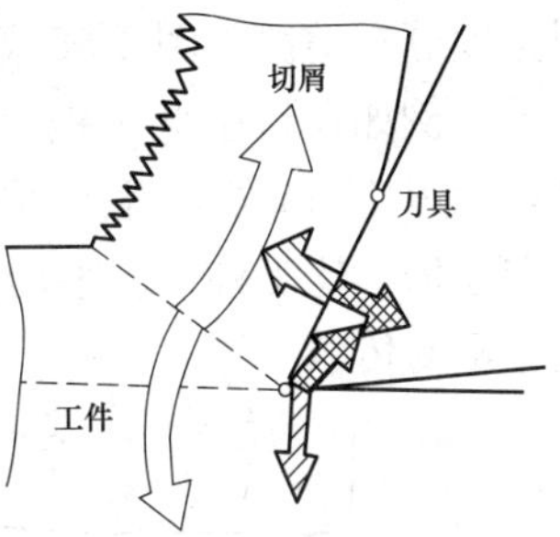

图 1-34　切削热的来源与传散

2. 切削热的传散

切削热通过切屑、工件、刀具和周围介质传散。分别用 $Q_屑$、$Q_刀$、$Q_工$ 和 $Q_介$ 表示。

上述切削热的产生和传散可以写出平衡方程式

$$Q = Q_弹 + Q_塑 + Q_{前摩} + Q_{后摩} = Q_屑 + Q_刀 + Q_工 + Q_介$$

切削热传至各部分的比例，一般情况是切屑带走的热量最多。如不使用切削液，以中等切削速度切削钢时，切削热的 50%～86% 由切屑带走；40%～10% 传入工件；9%～3% 传入刀具；1% 左右传入周围空气。表 1-8 为不使用切削液车削或钻削时切削热由各部分传散热量的比例。

表 1-8　　不使用切削液车削或钻削时切削热传散比例

切削加工	$Q_屑$	$Q_刀$	$Q_工$	$Q_介$
车削	50%～86%	40%～10%	9%～3%	1%
钻削	28%	14.5%	52.5%	5%

二、切削区域温度的分布和实际生产中对切削温度的判断方法

1. 切削区域温度的分布

切削温度一般是指切削区域（切屑、工件和刀具接触表面）的平均温度，即切削区域的平均温度。也就是说，实际切削时切屑、工件和刀具上各点处的温度是不相同的。

切削区域温度是一个重要的物理概念，对于刀具的磨损及工件的加工精度等都有很大的影响。

根据测量和计算，刀具、切屑和工件三者在正交平面内的切

削温度分布情况如图 1-35 所示，前刀面上切削温度分布如图 1-36 所示。例如在切削低碳钢时，若 $v_c = 200\mathrm{m/min}$，$f = 0.25\mathrm{mm/r}$，高切削刃 1mm 处，温度可高达 1000℃，它比切屑中平均温度高 2～2.5 倍，比工件中的平均温度略高 20 倍。这是由于该处的热量集中不易传散所致。

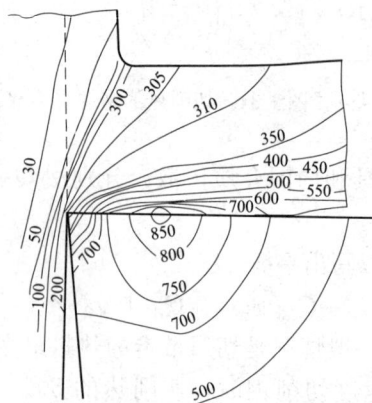

工件材料：GCr15，刀具：YT15 车刀，
切削用量：$a_w = 5.8\mathrm{mm}$，
$a_c = 0.35\mathrm{mm}$；$v = 80\mathrm{m/min}$

图 1-35　刀具、切屑和工件的温度分布
（单位：℃）

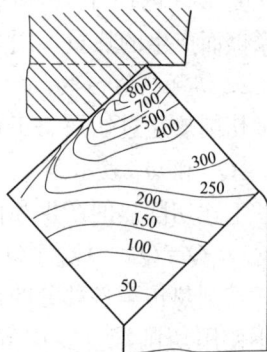

工件材料：GCr15，刀具：YT15 车刀，
$\gamma_o = 0°$，切削用量：$a_p = 4.1\mathrm{mm}$，
$f = 0.5\mathrm{mm}$；$v = 80\mathrm{m/min}$

图 1-36　刀具前刀面的切削
温度分布（单位：℃）

2. 切削温度的测定

切削温度的测定目前比较成熟的有人工热电偶法和自然电阻法。如图 1-37 所示的人工热电偶的基本原理是：将两种预先标定的金属丝（或两种金属丝材料）组成热电偶，将其热端连接（或焊接）在预测点上，冷端串接在电压表上。当热端温度升高时，电偶回路中产生温差电动势，在电压表上读到此值，并在标定的曲线上读到此值对应的预测点上的温度。

自然热电偶的基本原理是：由于刀具和工件材料不同，测量切削时形成的热电动势，在标定的曲线上读到此值对应的切削区的温度即平均温度。

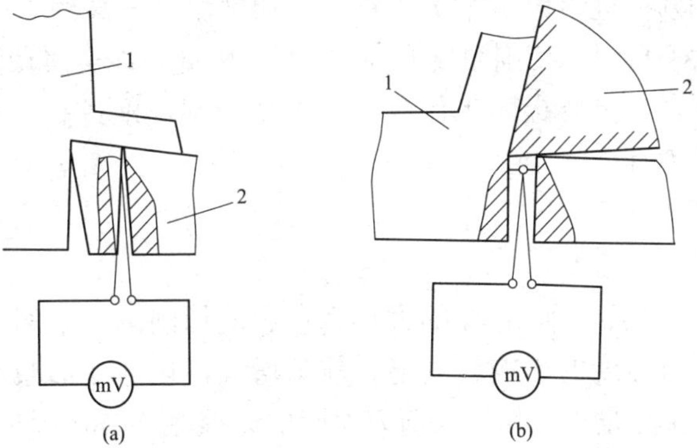

图 1-37 用人工热电偶法测量刀具和工件的切削温度
1—工件；2—刀具

3. 实际生产中切削温度的判断方法

实际生产中可通过切屑的颜色变化来判断切削温度的高低，从而控制切削温度。由于切削温度的作用，会在切屑表层产生一层有色氧化膜，形成不同颜色的切屑。切削普通钢件时，切削颜色与切削温度的关系见表 1-9。

表 1-9 切削颜色与切削温度的关系

切屑颜色	切削温度	切屑颜色	切削温度
银白色	500℃以下	淡灰色	1000℃以上
淡黄色	500～500℃	紫黑色	1300℃以上
深蓝色	650～900℃		

三、影响切削温度的因素

在切削过程中减少变形和摩擦就能减少热量的产生，从而降低切削温度；改善散热条件也能降低切削温度。因此，切削温度受热量产生和传散热两个方面综合影响。

1. 切削用量

切削用量 v_c、f、a_p 增大，切削温度升高，其中切削速 v_c 的影响最大，进给量 f 次之，背吃刀量 a_p 影响最小。

试验得出结论，当切削速 v_c 增大一倍时，切削温度升高约

37

20%～33%；进给量 f 增大一倍时，切削温度升高约 10%；背吃刀量增大一倍时，切削温度升高约 5%。因此，在金属切除量相同的条件下，如果要提高工作效率且不使切削温度过高，则以增大背吃刀量为宜。

2. 刀具方面

(1) 刀具角度。

1) 前角 γ_o。前角 γ_o 的大小直接影响切削过程中的变形和摩擦，对切削温度的影响较明显。前角增大，切削变形减小，排屑顺利，产生热量少，切屑与前刀面间的摩擦减小，切削温度下降。但前角过大，由于楔角 β_o 减小，使刀具散热条件变差，切削温度不会进一步下降，反而略有上升。以前角 $\gamma_o=10°$ 时的切削温度为基数 1，不同前角下的切削温度对比值见表 1-10。

表 1-10　　　　　　　不同前角下的切削温度对比值

前角	$-10°$	$0°$	$10°$	$18°$	$25°$
切削温度对比值	1.08	1.03	1	0.85	0.8

注　车削 45 钢，刀具 YT15，$a_o=6～8$，$k_r=75$，$\lambda_s=0$，$r_\varepsilon=0.2mm$，切削用量：$a_p=3mm$，$f=0.1mm/r$。

2) 主偏角 k_r。在背吃刀量相同时，减小主偏角 k_r，切削厚度减小，切削变形减小，产生的热量降低；而刀刃参加切削的长度 l 增加，刀尖角 ε_r 增大，刀具的散热条件变好，所以切削温度降低。反之，主偏角 k_r 增大后，切削温度升高。

(2) 刀具磨损。刀具磨损对切削温度也有着明显的影响。刀具磨损后，刀刃变钝，切割作用减小，推挤作用增大，切削变形增加，摩擦增大，产生的热量增多，温度升高。比如，用一把新磨好的刀具切削，不改变其他条件，开始的切屑呈银白色，使用一段时间后，切屑的颜色逐渐变深，呈蓝色或紫色。这正是因为刀具磨损，使切削温度不断升高的结果。

3. 工件材料

对切削温度影响最大的是工件的强度、硬度和导热系数。

(1) 工件材料的强度、硬度。材料强度和硬度越高，消耗的功率与产生的热量越多，切削温度越高。当工件材料的硬度和强度相同时，则塑性和韧性越好，切削温度也越高。如切削经正火的 45 钢和切削经调质的 45 钢，在其他条件相同的情况下，后者就比前者的切削温度提高约 25%。

（2）工件材料的导热系数。材料的导热系数越低，传热速度就越慢，由工件和切屑传走的热量就越少，切削温度就越高。如切削合金钢时的切削温度一般均高于 45 钢，这是由于合金钢的导热系数小的原因。不锈钢（1Cr18Ni9Ti）的强度、硬度虽然较低，但它的导热系数低于 45 钢，因此，切削温度很高（比 45 钢约高 40%）。

（3）工件材料的类别。切削脆性金属材料时，由于塑性变形很小，且切屑呈崩碎状，与前刀面的摩擦小，产生的热量也就少，故切削温度一般较切削塑性金属低。

4. 切削液

切削过程中浇注切削液，由于切削液能起冷却和润滑作用，能够减小切屑、工件与刀具的摩擦，可减少切削热的产生，并使切削温度显著降低。

四、切削热的利用与限制

切削热给金属切削加工带来许多不利影响，采取措施减少和限制切削热的产生是必要和重要的。但是，切削热有时也可加以利用，如在加工淬火钢时，可采用负前角并在一定的切削速度下进行切削，既加强了刀刃的强度，同时产生的大量切削热能使切削层软化，降低硬度，从而易于切削。

不同刀具材料在切削各种材料时，都有一个最佳切削温度范围，此时刀具耐用度最高，材料加工性最好。所以，切削温度已成为研究切削用量过程最佳化的一个重要因素。

第二章

切削刀具的基础知识

✂ 第一节　切削刀具的分类及结构

一、切削刀具的分类

切削刀具用于将毛坯上多余的材料切除，以获得具有预期的几何形状、尺寸精度和表面质量的零件。由于零件的结构形状多种多样，加工要求、加工方法也各不相同，因此，完成零件加工的切削刀具也形状各异，种类繁多。

刀具分类方法通常有以下几种：

（1）按应用场合分类。刀具可划分为车刀、钻头、铣刀、铰刀、拉刀、螺纹切削刀具、齿轮切削刀具等，如图 2-1 所示。

（2）按主切削刃的数量分类。刀具可分为单刃刀具和多刃刀具。所谓单刃刀具是指具有一条主切削刃的刀具，如图 2-1 中的车刀。多刃刀具则为具有两条或两条以上主切削刃的刀具，如图 2-1 中的钻头、铣刀、铰刀、拉刀、滚刀等。

（3）按刀具的结构分类。刀具分整体式［见图 2-2（a）］、焊接式［见图 2-2（b）］、机夹式［见图 2-2（c）］三类。整体式刀具的材料通常为同一材料（如高速钢），其他结构形式的刀具，其切削部分材料为刀具材料（如硬质合金），而刀体材料通常用非刀具材料制造（如 45 钢）。

二、刀具切削部分的构成

金属切削刀具虽然种类繁多，形状各异，但在切削部分的结构组成上都有共同的特征，即具有若干个"两面一线"的楔形结

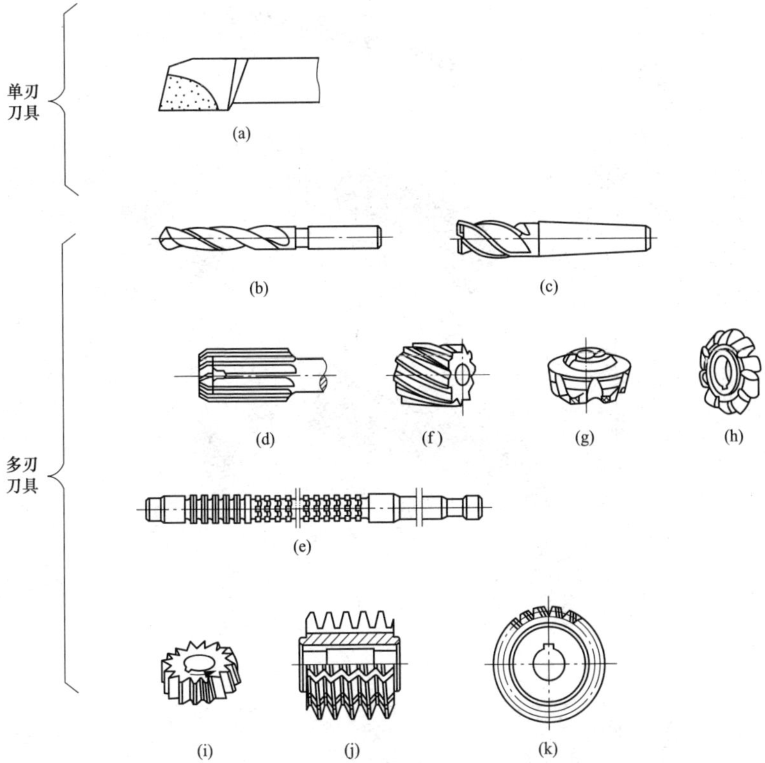

单刃刀具

(a)

多刃刀具

(b)　　　　　　　　　　(c)

(d)　　　(f)　　　(g)　　　(h)

(e)

(i)　　　(j)　　　(k)

图 2-1　刀具分类-按应用场合及刀刃数量划分

（a）车刀；（b）钻头；（c）键槽铣刀；（d）铰刀；（e）拉刀；（f）圆柱铣刀；
（g）端铣刀；（h）成形铣刀；（i）插齿刀；（j）齿轮滚刀；（k）剃齿刀

构，组成切削部分的要素均为刀面、刀刃和刀尖。刀具切削部分的结构组成如图 2-3 所示。

车刀由刀头（或刀片）和刀柄两部分组成。刀头担负切削工件，故又称为切削部分；刀柄用来把车刀装夹在刀架上。

刀头由若干刀面和切削刃组成，其结构名称与位置作用见表 2-1。

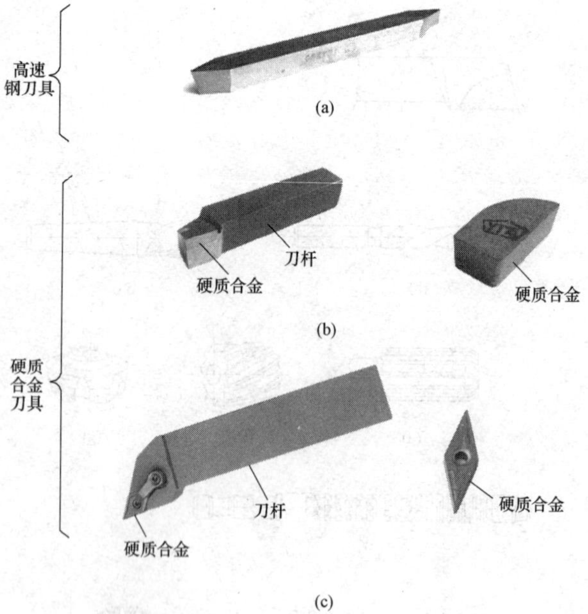

图 2-2　刀具分类-按结构及材料划分

（a）整体车刀；（b）焊接式车刀；（c）机夹式车刀

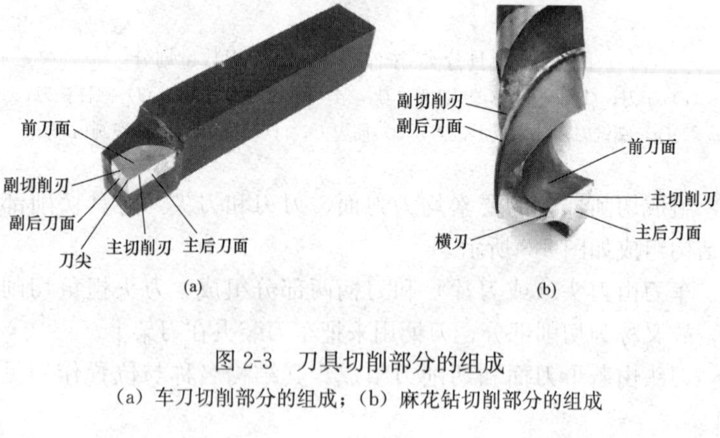

图 2-3　刀具切削部分的组成

（a）车刀切削部分的组成；（b）麻花钻切削部分的组成

表 2-1　　　　　　　车刀刀头结构与刀面的名称和位置作用

<table>
<tr>
<td rowspan="2">车刀刀头的结构图</td>
<td colspan="2">
前刀面　副刀刃　刀尖　主刀刃　副后刀面　主后刀面　进给方向
(a)　　　　　　过渡刀刃　主刀刃　修光刃　进给方向
(b)
</td>
<td colspan="2">
前刀面　副刀刃　主刀刃　副后刀面　主后刀面　进给方向
(c)　　　　　刀尖　前刀面　主刀刃　副刀刃　主后刀面　副后刀面　进给方向
(d)
</td>
</tr>
<tr>
<td colspan="2">圆弧过渡刃
(e)</td>
<td colspan="2">直线过渡刃　修光刃
(f)</td>
</tr>
</table>

名称	代号	位置作用
前面	A_r	刀具上切屑流过的表面，也称前刀面
后面	A_α	分主后面和副后面。与工件上过渡表面相对的刀面称主后面 A_α；与工件上已加工表面相对的面称副后面 $A_\alpha{}'$。后面又称后刀面，一般是指主后面
主切削刃	S	前刀面与主后刀面的交线。它担负着主要的切削工作，与工件上过渡表面相切
副切削刃	S'	前刀面与副后刀面的交线，它配合主切削刃完成少量的切削工作
刀尖		主切削刃和副切削刃交会的一小段切削刃。为了提高刀尖强度和延长车刀寿命，多半刀头磨成圆弧或直线形过渡刃，如表中图（e）、图（f）所示
修光刃		副切削刃上，近刀尖处一小段平直的切削刃〔表中图（f）〕，它在切削时起修光已加工表面的作用。装刀时必须使修光刃与进给方向平行，且修光刃的长度必须大于进给量才能起到修光作用

第二节　刀具的几何参数

一、刀具在静止参考系内的切削角度

1. 刀具切削部分的组成

切削刀具的种类繁多，形状各异。但就刀具切削部分而言，

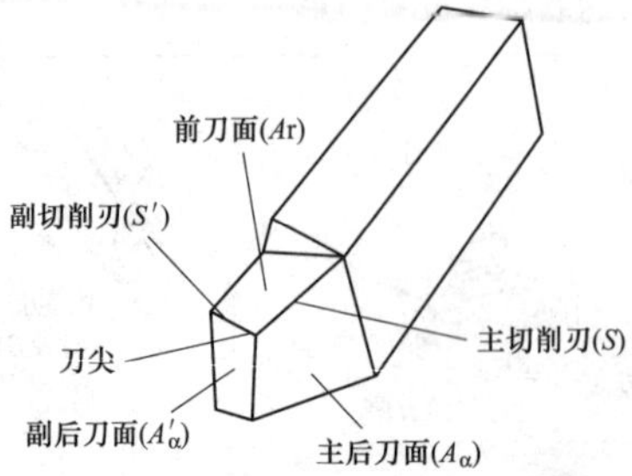

图 2-4　外圆车刀切削部分的组成

都可看成外圆车刀刀头的演变。如图 2-4 所示为外圆车刀切削部分的组成。

（1）前刀面（A_r）：切下的切屑沿其流出的表面。

（2）主后刀面（A_α）：和工件加工表面相对的表面。

（3）副后刀面（A_α'）：和工件已加工表面相对的表面。

（4）主切削刃：是指起始于切削刃上主偏角为零的点，并至少有一段切削刃拟用来在工件上切出过渡表面的那个整段切削刃。

（5）副切削刃：是指切削刃上除主切削刃外的刀刃，也起始于主偏角为零的点，但它向背离主切削刃的方向延伸。

（6）刀尖：是指主切削刃与副切削刃的连接处相当少的一部分切削刃。

2. 确定刀具角度的静止参考系

参考系是用来定义和规定刀具角度的各基准坐标平面，是具有一定空间位置的假想平面。刀具几何角度就是刀面、刀刃与参考系平面的夹角。因此，要确定刀具几何角度，首先要确定参考系平面的空间位置。

参考系分标注参考系（静止参考系）和工作参考系（动态参考系）两类。标注参考系是刀具设计、制造、刃磨与测量的基准。工作参考系是确定工作状态中刀具角度的基准。

所谓静止参考系就是在不考虑进给运动，规定车刀刀尖安装得与工件等高，刀杆的中心线垂直于进给方向等简化条件下的参考系。

我国根据国际标准化组织的规定确定静止参考系，如图 2-5 和图 2-6 所示。其定义见表 2-2。

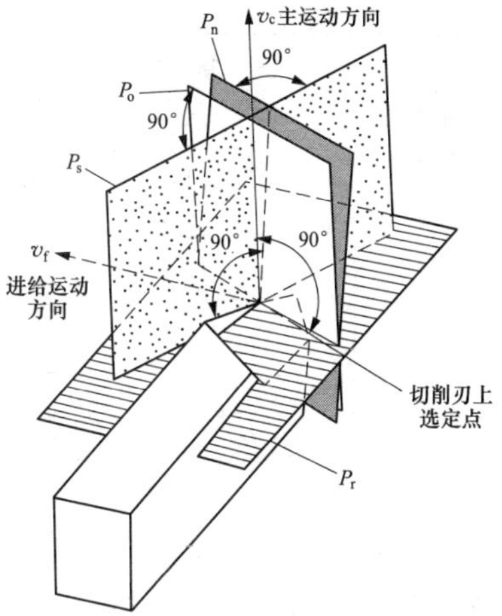

图 2-5 刀具的正交平面与法平面 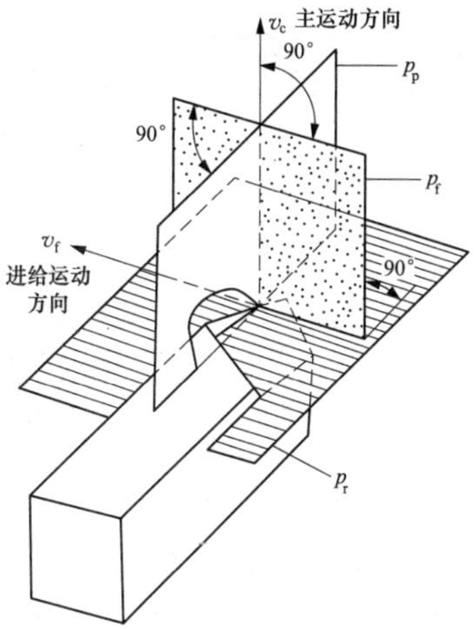　　图 2-6　刀具的假定工作平面与背平面

表 2-2　　　　　　　　刀具静止参考系的各平面

名称	符号	定　义	说　明
基面	P_r	通过切削刃选定点的平面，它平行或垂直于刀具在制造、刃磨及测量时适合于安装或定位的一个平面或轴线，一般说来其方位要垂直于假定的主运动（切削速度 v_c）方向	对普通车刀，基面平行于车刀底面；对旋转刀具，基面包括刀具轴线
切削平面	P_s	通过主切削刃选定点与主切削刃相切并垂直于基面的平面	在选定点切于工件的过渡表面
正交平面	P_o	通过切削刃选定点并同时垂直于基面和切削平面的平面，也叫剖面和截面	P_r-P_s-P_o 组成一个互相正交的参考系
法平面	P_n	通过切削刃选定点并垂直于切削刃的平面	当 $\lambda_s \neq 0$ 时，P_n 与 P_r、P_s 不正交。P_r-P_s-P_o 组成法平面参考系

名称	符号	定义	说明
假定工作平面	P_f	通过切削刃选定点并垂直于基面，它平行或垂直于刀具在制造、刃磨及测量时适合于安装或定位的一个平面或轴线，一般说来其方位要平行于假定的进给运动方向	对普通外圆车刀，P_f垂直于刀杆的轴线，对钻头，P_f平行于刀具轴线
背平面	P_p	通过切削刃选定点并垂直于基面和假定工作平面的平面	P_r-P_f-P_p组成一个互相正交的静态角度参考系

3. 刀具在静止参考系内切削角度

表 2-3 列出了刀具在静止参考系内的切削角度。

表 2-3   **刀具在静止参考系内的切削角度**

角度名称		符号	定义
前角	前角	γ_o	前刀面与基面之间的夹角 在正交平面 p_o 中测量
	法前角	γ_n	在法平面 p_a 中测量
	侧前角	γ_f	在假定工作平面 p_f 中测量
	背前角	γ_p	在背平面 p_p 中测量
后角	后角	α_o	后刀面与切削平面之间的夹角 在正交平面 p_o 中测量
	法后角	α_n	在法平面 p_a 中测量
	侧后角	α_f	在假定工作平面 p_f 中测量
	背后角	α_p	在背平面 p_p 中测量
刃倾角		λ_s	主切削刃 S 与基础 p_r 之间的夹角，在主切削平面 p_a 中测量
主偏角		k_r	主切削平面 p_s 与侧定工作平面 p_f 之间的夹角，在基面 p_r 中测量

注　1. 表中只列出主切削刃的几何角度，副切削刃上的相应角度可仿此定义，并在角度符号右上角标以"′"以示区别。例如，车刀副偏角为 k_r'，副后角为 α_o'。

    2. 当主切削刃与副切削刃有公共前刀面时，副切削刃的前角 γ_o' 及刃倾角 λ_s' 是派生角度。

在分析刃形复杂的刀具时，可以选取某一段切削刃为单位进行分析。切削刃的空间位置由主偏角 k_r 及刃倾角确定，前刀面位置由前角确定，后刀面的位置由后角确定。故对任一切削刃而言，都有上述四个基本角度。

如图 2-7 所示是以外圆车刀为例而绘出的主切削刃的几何角度。

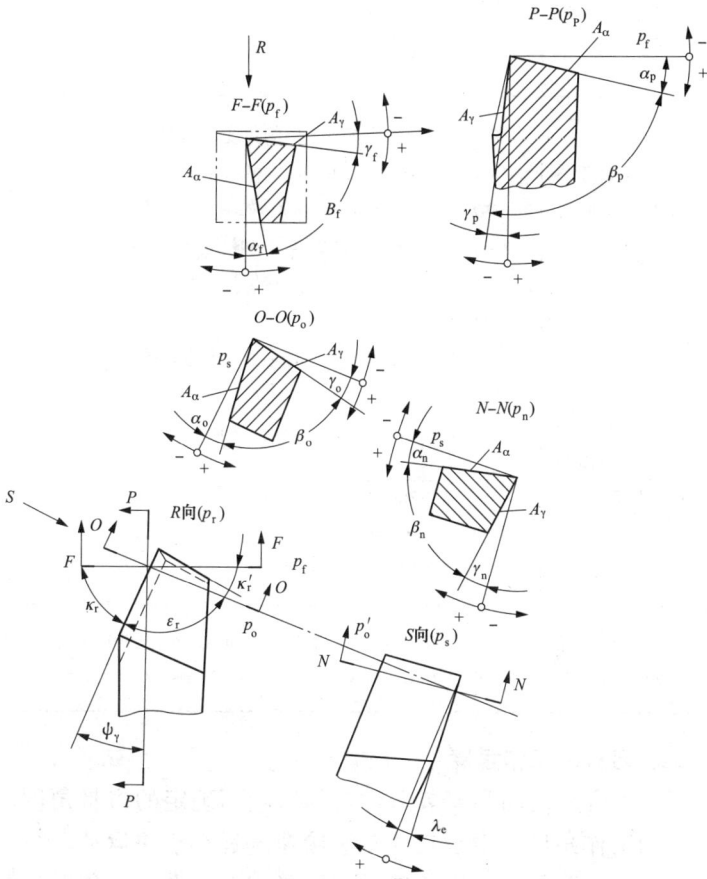

图 2-7　外圆车刀主切削刃的几何角度

4. 刀具几何角度的换算

刀具几何角度的换算见表 2-4。

表 2-4　　　　　　静止参考系内刀具几何角度的换算关系

参考系或 所求角度	角度换算关系式
正交平面参考系 与法平面参考系	$\tan\gamma_a = \tan\gamma_o \cos\lambda_s$ $\tan\alpha_n = \dfrac{\tan\alpha_o}{\cos\lambda_s}$
正交平面参考系 与假定工作平面与 背平面参考系	若已知正交平面参考系内的角度，则有 $\tan\gamma_p = \tan\gamma_o \cos k_r + \tan\gamma_s \sin k_r$ $\tan\gamma_f = \tan\gamma_o \sin k_r - \tan\lambda_s \cos k_r$ $\cot\alpha_p = \cot\alpha_o \cos k_r + \tan\lambda_s \sin k_r$ $\cot\alpha_t = \cot\alpha_o \sin k_r - \tan\lambda_s \cos k_r$
正交平面参考系 与假定工作平面与 背平面参考系	若已知假定工作平面与背平面参考系内的角度，则有 $\tan\gamma_o = \tan\gamma_p \cos k_r + \tan\gamma \sin k_r$ $\cot\alpha_o = \cot\alpha_p \cdot \cos k_r + \cot\alpha_f \cdot \sin k_r$ $\tan\kappa_r = \dfrac{\cot\alpha_f - \tan\gamma_f}{\cot\alpha_p - \tan\gamma_p}$ $\tan\lambda_s = \cot\alpha_p \sin k_r - \cot\alpha_f \cos k_r$ $\qquad\ \ = \tan\gamma_p \sin k_r - \tan\gamma_f \cos k_r$
求副切削刃前角 γ_o 及刃倾角 λ_s'	$\tan\gamma_o = \tan\gamma_o \cos(k_r + k_r') + \tan\lambda_s \sin(k_r + k_r')$ $\tan\lambda_s' = \tan\gamma_o \sin(k_r + k_r') - \tan\lambda_s \cos(k_r + k_r')$

二、刀具的工作角度

考虑了合成运动和安装条件等的影响而确定的刀具角度，称为刀具的工作角度。由于在通常进给速度远小于主运动，在正常安装条件下，刀具的工作角度近似于静止参考系内的角度。但在切断、车螺纹以及加工非圆柱表面等情况下，进给运动的影响就不能不考虑了。这时，应对静止系内的角度作相应的修正计算，才能得到刀具的工作角度。

在各种情况下，车刀工作角度的修正计算见表 2-5。

表 2-5 车刀工作角度的修正计算

影响因素	图 例	工作角度的修正计算	备注
横向进给运动		对切断刀 $\gamma_{oe} = \gamma_o + \eta$ $\alpha_{oe} = \alpha_o - \eta$ $\tan\eta = \dfrac{f}{2\pi\rho}$ 式中 f ——进给量	切断刀、铲齿刀的后角应考虑此项影响
纵向进给运动		车螺纹左侧时 $\gamma_{oe} = \gamma_o \pm \mu$ $\alpha_{oe} = \alpha_o \mp \mu$ $\tan\mu = \tan\mu_f \sin\kappa_r$ $= \dfrac{f}{\pi d_w}\sin\kappa_r$ 上面符号适用于车螺纹左侧，下面符号适用于车螺纹右侧	螺纹车刀（特别是车大螺距的螺纹）应考虑此项影响

三、刀具几何角度的选择

刀具几何角度的选择原则见表 2-6。

表 2-6　　　　　　　　刀具几何角度的选择原则

角度名称	作　　用	选　择　原　则
前角 γ_o	前角大，刃口锋利，切削层的塑性变形和摩擦阻力小，切削力和切削热降低。但前角过大将使切削刃强度降低，散热条件变差，刀具寿命下降，甚至会造成崩刃	主要根据工件材料，其次考虑刀具材料和加工条件选择 1）工件材料的强度、硬度低、塑性好，应取较大的前角；加工脆性材料（如铸铁）应取较小的前角，加工特硬的材料（如淬硬钢、冷硬铸铁等），应取很小的前角，甚至是负前角 2）刀具材料的抗弯强度及韧性高，可取较大的前角 3）断续切削或粗加工有硬皮的锻、铸件应取较小的前角 4）工艺系统刚度差或机床功率不足时应取较大的前角 5）成形刀具、齿轮刀具等，为防止产生齿形误差常取很小的前角，甚至零度前角
后角 α_o	后角的作用是减少刀具后刀面与工件之间的摩擦。但后角过大会降低切削刃强度，并使散热条件变差，从而降低刀具寿命	1）精加工刀具及切削厚度较小的刀具（如多刃刀具），磨损主要发生在后刀面上，为降低磨损，应采用较大的后角。粗加工刀具要求刀刃坚固，应采取较小的后角 2）工件强度、硬度较高时，为保证刃口强度，宜取较小的后角；工件材料软、黏时，后刀面摩擦严重，应取较大的后角；加工脆性材料，负荷集中在切削刃处，为提高切削刃强度，宜取较小的后角 3）定尺寸刀具，如拉刀、铰刀等，为避免重磨后刀具尺寸变化过大，应取较小的后角 4）工艺系统刚度差（如切细长轴），宜取较小的后角，以增大后面与工件的接触面积，减小振动

角度名称	作　　用	选　择　原　则
主偏角 K_r	主偏角的大小影响背向力 F_p 和轴向力 F_x 的比例，主偏角增大时，F_p 减小，F_x 增大 主偏角的大小还影响参与切削的切削刃长度，当背吃刀具 a_p 和进给量 f 相同时，主偏角减小则参与切削的切削刃长度大，单位刃长上的负荷减小，可使刀具寿命提高，主偏角减小，刀尖强度增大	1）在工艺系统刚度允许的条件下，应采用较小的主偏角，以提高刀具的耐用度。加工细长轴则应用较大的主偏角 2）加工很硬的材料，为减轻单位切削刃上的负荷，宜取较小的主偏角 3）在切削过程中，刀具需作中间切入时，应取较大的主偏角 4）主偏角的大小还应与工件的形状相适应。如车阶梯轴可取主偏角为 90°
副偏角 K_r'	副偏角的作用是减小副切削刃与工件已加工表面之间的摩擦 一般取较小的副偏角，可减小工件表面的残留面积。但过小的副偏角会使径向切削力增大，在工艺系统刚度不足时会引起振动	1）在不引起振动的条件下，一般取较小的副偏角。精加工刀具必要时可磨出一段 $K_r'=0°$ 的修光刃，以加强副切削刃对已加工表面的修光作用 2）系统刚度较差时，应取较大的副偏角 3）切断、切槽刀及孔加工刀具的副偏角只能取很小值（如 $K_r'=1°\sim2°$），以保证重磨后刀具尺寸变化量小
刃倾角 λ_s	1）刃倾角影响切屑流出方向，负刃倾角 $(-\lambda_s)$ 使切屑偏向已加工表面，正刃倾角 $(+\lambda_s)$ 使切屑偏向待加工表面	1）加工硬材料或刀具承受冲击负荷时，应取较大的负刃倾角，以保护刀尖

角度 名称	作　用	选　择　原　则
刃 倾 角 λ_s	2）单刃刀具采用较大的负刃倾角（$-\lambda_s$）可使远离刀尖的切削刃处先接触工件，使刀尖避免受到冲击 3）对于回转的多刃刀具，如圆柱铣刀等，螺旋角就是刃倾角，此角可使切削刃逐渐切入和切出，可使铣削过程平稳 4）可增大实际工作前角[①]使切削轻快	2）精加工宜取 λ_s 为正值，使切屑流向待加工表面，并可使刃口锋利 3）内孔加工刀具（如铰刀、丝锥等）的刃倾角方向应根据孔的性质决定。左旋槽（$-\lambda_s$）可使切屑向前排出，适用于通孔，右旋槽适用于不通孔

①实际工作前角应在包括主运动方向及切屑流出方向的平面内测量。当 $\lambda_s \neq 0°$ 时（此时称为斜角切削），切屑在前刀面的流动方向与切削刃的垂直方向成 ψ_λ 角，$\psi_\lambda \approx \lambda_s$，此时，实际工作前角 γ_{oe} 可近似计算为：$\sin\gamma_{oe} = \sin^2\lambda_s + \cos^2\lambda_s \sin\gamma_n$，当 $\lambda_s > 15° \sim 20°$ 时，随着 λ_s 的增加，γ_{oe} 将比 γ_n 显著增大。

四、刀尖形状及参数的选择

刀尖形状及参数的选择见表 2-7。

表 2-7　　　　　　　刀尖形状及参数的选择

刀尖形式及其简图	特点及适用场合	有关参数的参考值
 圆弧形刀尖 （圆弧过渡刃）	选用合理的 r_ε，可提高刀具寿命，并对工件表面有较好的修光作用，但刃磨较困难，刀尖圆弧半径 r_ε 过大时，会使径向切削力增大，易引起切削振动 一般在单刃刀具上使用较多，在钻头、铰刀上也有使用	选用合理的 r_ε， 1）高速钢车刀 $r_\varepsilon = 0.5 \sim 5mm$ 2）硬质合金车刀 $r_\varepsilon = 0.5 \sim 2mm$ r_ε 的数值，精车取大值，粗车取小值

续表

刀尖形式及其简图	特点及适用场合	有关参数的参考值
倒角形刀尖 (直线过渡切削刃)	可提高刀具寿命和改善工件表面质量，偏角 k_ε 越小，对工件表面的修光作用越好 直线过渡刃磨方便，适用于各类刀具	1）粗加工及强力切削车刀 $k_\varepsilon \approx \dfrac{1}{2}k_r$ $b_\varepsilon = 0.5 \sim 2m$（约为背吃刀量 a_p 的 1/4～1/5） 2）精加工车刀 $k_\varepsilon = 1° \sim 2°$ $b_\varepsilon = 0.5 \sim 1mm$ 3）切断车刀 $\kappa_\varepsilon \approx 45°$ $b_\varepsilon = 0.5 \sim 1mm$（约为车刀宽度的 1/5）

五、切削刃形式及参数的选择

切削刃形式及参数的选择见表 2-8。

表 2-8 切削刃形式及参数的选择

刃口形式及其简图	特点及适用场合	有关参数的参数值
(a) (b) 锐刃	这是在刃磨前、后刀面时自然形成的切削刃。其特点是刃磨方便，刃口锋利，但较易钝化。锐刃主要适用于成形刀具、齿轮刀具及各种精加工的单刃刀具为了便于研磨刃口，可将后刀面刃磨成如图（b）所示的双重形式	当采用双重后面时 $b_{a1} = 0.5 \sim 2mm$ $\alpha_{o2} = \alpha_{o1} + (2° \sim 4°)$ 其中 α_{o1} 按表 4-8 所列的原则选择

刃口形式及其简图	特点及适用场合	有关参数的参数值
倒棱刃	这是在刃口附近的前刀面上磨出一条很窄的负前角棱边，它可增加切削刃的强度，提高刀具寿命。但当棱边宽度 b_{r1} 增大时，切削力（特别是进给抗力 F_f）将增大。通常 b_{r1} 可根据进给量来选择 倒棱刃主要适用于阻加工或半精加工的匣质合金车刀、刨刀及面铣刀	1. 加工低碳钢、不锈钢及灰铸铁时 $b_{r1} \leqslant 0.5f$ $\gamma_{o1} = -5° \sim -10°$ 2. 加工中碳钢、合金结构钢时 $b_{r1} = (0.3 \sim 0.8)f$ $r_{o1} = -10° \sim -15°$ 3. 切削时冲击载荷较大时 $b_{r1} = (1.3 \sim 2)f$ 或采用由刀尖向后逐渐增宽的不等宽负倒棱
消振棱刃	这是在刃口附近的后刀面上磨出一条很窄的负后角棱边，它可提高切削刃的强度，增大刀具与工件的接触面积，有助于消除切削过程中的低频振动，稳定切削过程 消振棱刃主要用在工艺系统刚性不足条件下切削的单刃刀具（如车刀、刨刀、螺纹车刀等）	一般可取 $b_{a1} = 0.1 \sim 0.3mm$ $\alpha_{o1} = -5° \sim -10°$

续表

刃口形式及其简图	特点及适用场合	有关参数的参数值
 白刃	这是在刀具的主后刀面或副后刀面上靠近刃口处留有一条后角为零度的窄棱边。白刃主要用于多刃刀具，其作用是： 1. 便于在刃磨时控制刀具的尺寸（直径或宽度等）及刀齿的径向、轴向振摆 2. 使刀具在重磨前刀面后，保持尺寸不变，增加重磨次数，延长刀具寿命 3. 对已加工表面起挤压、光整作用，也有助于消除切削振动 4. 加工脆性黄铜的车刀，采用白刃可防止轧刀现象	1. 铣刀 $b_{a1} \leqslant 0.15mm$ 2. 拉刀 切削齿 $b_{a1} = 0.1 \sim 0.3mm$ 校准齿 $b_{a1} = 0.6 \sim 0.8mm$ 3. 铰刀、浮动镗刀（副切削刃） $b'_{a1} = 0.05 \sim 0.3mm$ 4. 加工脆性黄铜的车刀 $b_{a1} = 0.1 \sim 0.2mm$
 倒圆刃	这是在切削刃上特意研磨出一定的刃口圆角，可提高切削刃的表面粗糙度和强度，延长刀具的寿命，同时也起一定的消振及挤光作用 倒圆刃主要适用于各种粗加工或半精加工的硬质合金刀具及硬质合金可转位刀片	在一般情况下应使 $r_n < f/3$ 轻型倒圆 $r_n = 0.02 \sim 0.03mm$ 半轻型倒圆 $r_n = 0.05 \sim 0.10mm$ 重型倒圆 $r_n = 0.15mm$

注 上述几种刃口形式可组合使用。如在刃口上既磨出负倒棱，又磨出消振棱等。

六、断屑槽形式及选择

断屑槽形式及其参数的选择见表 2-9。

表 2-9　　　　　　　　断屑槽形式及其参数的选择

槽形	适用范围	槽形		参数	
		槽宽 W	槽底半径 R 或槽底角 θ	槽形斜角	
				形式	适用范围
直线圆弧形 	一般前角在 $\gamma_\text{o}=5°\sim15°$ 范围内,切削碳素钢、合金结构钢、工具钢等	切削中碳钢时 $W\approx10f$ 切削合金钢时 $W\approx7f$〔f 为进给量(mm/r)〕	在中等背吃刀量 $a_\text{p}=2\sim6$mm 条件下 $R=(0.4\sim0.7)W$	外斜式 	当 $a_\text{p}=2\sim6$mm 时切削中碳钢 $r=8°\sim10°$ 合金钢 $r=10°\sim15°$ 不锈钢 $r=6°\sim8°$
折线形 			当 $a_\text{p}=2\sim6$mm 时 $\theta=110°\sim120°$	平行式 	当 $a_\text{p}>2\sim6$mm 时切削中碳钢和低碳钢
全圆弧形 	当前角 $\gamma_\text{o}=25°\sim30°$ 时切削纯钢、不锈钢等高塑性材料	切削中碳钢时 $W\approx10f$ 切削合金钢时 $W\approx7f$〔f 为进给量(mm/r)〕	R 与 γ_o、W 之间关系按下式确定 $R=\dfrac{W}{2\sin\gamma_\text{o}}$	内斜式 	主要用于背吃刀量变化较大场合,通常取 $r=8°\sim10°$

✦ 第三节　刀具的磨损与刀具寿命

一、刀具磨损过程与刀具磨损形式

刀具在切削过程中逐渐磨损，随着磨损量的增大，会引起切削力增大，切削温度上升，切屑颜色改变，噪声增大，工件表面质量下降等现象，对切削造成十分不利的影响，因此有必要弄清其产生的原因及变化规律，才能有效防止或减缓刀具的磨损，提高刀具使用寿命，降低生产成本。

（一）刀具磨损的原因

刀具磨损的原因很复杂，存在着机械、热、化学作用以及摩擦、黏结、扩散等现象。使刀具磨损的主要原因见表 2-10。

表 2-10　　　　　　　　　　刀具磨损的原因

磨损原因	说　　明
磨料磨损	工件材料的硬质点，如碳化物、氧化物（如 SiO_2、Al_2O_3、Fe_3C、Cr_7C_8 等）以及积屑瘤碎片等，在刀具表面上刻出沟纹而造成的磨损称为磨料磨损。其实质是硬质磨粒与刀具材料的硬度差所造成的机械擦伤，也称机械擦伤磨损。工件材料及其硬质点的硬度越高、硬质点的数量越多（如高硅铝合金、合金耐磨铸铁以及一些高温合金等表面存在硬夹杂物），刀具越容易产生磨料磨损 各种切削速度下刀具都存在磨料磨损，但低速下工作的刀具，如拉刀、丝锥、板牙等，因切削温度较低，其他各种磨损还不显著，磨料磨损是主要磨损原因。从刀具材料方面看，工具钢、高速钢刀具磨料磨损所占的比重较大，而硬质合金刀具硬度高，一般不易造成磨料磨损，只有在切削冷硬铸铁，夹砂的铸件表层时，磨料磨损才比较明显 为减少磨料磨损，宜采用高性能的高速钢或对高速钢进行表面处理，或采用含钴少的细晶粒的硬质合金

磨损原因	说　　明
黏结磨损	在足够大的切削力和切削温度作用下，刀具材料的前、后刀面在相对运动中，与工件、切屑发生黏结现象（冷焊），它是摩擦面塑性变形所形成的新鲜表面原子间吸附力所造成的结果。黏结点逐渐地被工件或切屑剪切、撕裂而带走，而发生黏结磨损 　　切削中碳钢时，当温度为 300～400℃时，黏结比较严重。硬质合金刀具在中等和偏低的切削速度下，正满足产生黏结的条件，此时黏结磨损所占的比重较大。高速钢刀具抗剪和抗拉强度较大，切屑不易把刀具材料带走，所以具有较大的抗黏结能力 　　通过控制切削温度、改善刀具表面粗糙度和改善润滑条件或减轻黏结磨损 　　YT 类硬质合金抗黏结的能力比 YG 类强，更适合切钢料。细晶粒硬质合金比粗晶粒的抗黏结能力强
扩散磨损	切削过程中，在 900～1000℃的高温下，刀具表层和切屑底层的新鲜表面化学活泼性很强，硬质合金中的许多元素如 Ti、W、Co、C 等，会逐渐扩散到切屑中去，使硬质合金表面发生贫 C、贫 W 现象，硬度降低，而切屑中的 Fe 则向硬质合金扩散，形成高脆性低硬度的复合碳化物。综合作用使硬质合金表层的硬度下降，从而使硬质合金磨损，称为扩散磨损 　　高速钢刀具一般在没有发生扩散磨损前，就因其他原因而磨损。硬质合金高速切削时，切削温度达 800～1000℃，此时主要是扩散磨损，而钛的扩散速度比碳、钴、钨低很多，所以 YT 类硬质合金比 YG 类抗扩散磨损能力强。陶瓷刀具材料与铁之间不发生扩散，故耐磨性好。金刚石切削铁或钢料时，金刚石中的碳易扩散到工件材料中去，发生严重的扩散磨损，因此金刚石刀具不适于切钢铁材料。而立方氮化硼可切钢铁材料，但它与钛合金之间易扩散，因而不适合切钛及其合金
相变磨损	由于切削温度升高，刀具材料的金相组织转变，致使硬度和耐磨性下降造成刀具磨损。相变磨损是造成高速钢刀具急剧磨损的主要原因 　　合金工具钢的相变温度为 300～350℃；高速钢的相变温度为 550～600℃

磨损原因	说　明
化学磨损	切削区周围介质，如空气、切削液等，与刀具材料发生化学反应，形成了一层硬度较低的化合物，而造成刀具磨损，称为化学磨损。如用 YT14 硬质合金切削 1Cr18Ni9Ti，而采用含硫、氯的切削液时，由于硫、氯与硬质合金的化学作用，刀具寿命比干切削时反而降低 　化学磨损情况比较复杂，如果刀具与工件材料之间的黏结很强，由于化学作用可能使黏结减轻，这时有可能反而减少刀具的磨损
其他磨损原因	当高速钢切削温度超过 600～700℃时，金相组织将发生变化，硬度下降，会产生塑性变形而造成磨损，称为塑性变形磨损（或相变磨损）。硬质合金刀具在 900～1000℃以上高温下切削也会产生塑性变形而导致磨损 　在切削区高温作用下，刀具与工件这两种不同材料之间会产生热电动势，它将加速刀具的磨损

（二）刀具磨损的形式

刀具磨损可分为正常磨损和非正常磨损。非正常磨损如突然崩刃、卷刃或碎裂等。这里研究的刀具磨损形式指的是正常磨损。其磨损形式见表 2-11。

表 2-11　　　　　　　　刀具的磨损形式

示　图	

磨损形式	说　　明
前刀面磨损（月牙洼磨损）	切削塑性金属，切削速度较高及切削厚度较大，或刀具材料的耐热性较低时，前刀面承受较大的切削力及切削温度，在前刀面上形成月牙洼（月牙洼的中心温度最高）。月牙洼和切削刃之间有一条小棱。当磨损继续发展使棱边变得很窄时，切削刃强度过低，易导致崩刃。所以必须在此之前换刀。月牙洼的大小以深度 KT、宽度 KB 表示［见图（b）］
后刀面磨损	切削硬度高的脆性金属或切削塑性金属，当速度和进给量较低时，一般都发生后刀面磨损。这种磨损形式是在与切削刃连接的后刀面上，磨出后角等于或小于零的棱面，根据棱面磨损特点可分为 C 区、N 区和 B 区［见图（c）］。C 区位于刀尖圆弧 r_ε 部分，由于强度和散热条件差，磨损较为剧烈，其最大值为 VC。N 区位于靠近工件外表面处，由于上道工序的加工硬化或毛坯表面硬皮的影响，后刀面磨损较大，磨损量以 VN 表示。B 区处于切削刃中部，其磨损比较均匀，以 VB 表示平均磨损值，以 VB_{max} 表示最大值。精加工刀具、铣刀、齿轮刀具、螺纹刀具等大多是后刀面磨损
前刀面和后刀面同时磨损	切削塑性金属，采用中等切削速度和中等进给量时，多为这种磨损形式 半精加工或粗加工钢料属于这种磨损形式

二、刀具的磨损过程和磨钝标准

1. 刀具磨损过程

如图 2-8 所示是刀具磨损过程的典型曲线，可将此曲线划分为三个阶段。

（1）初期磨损阶段。如图 2-8 所示的 OA 段，此阶段刀具磨损较快。这是因为新磨好的刀具残留砂轮磨削痕迹，表面高低不平，粗糙度值很大，并存在微观裂纹、氧化或脱碳等缺陷，刀具后刀面与加工表面间的实际接触面积很小，单位面积压力很大，在很短的时间内使后刀面很快出现磨损带。此后接触面加大，单位面积压力减小，刀具磨损变缓。初期磨损量较小，一般在 $0.05 \sim 0.10\text{mm}$。这一阶段磨损量的大小与刀具刃磨质量有关，如经过仔细研磨的刀具的磨损量就较小。

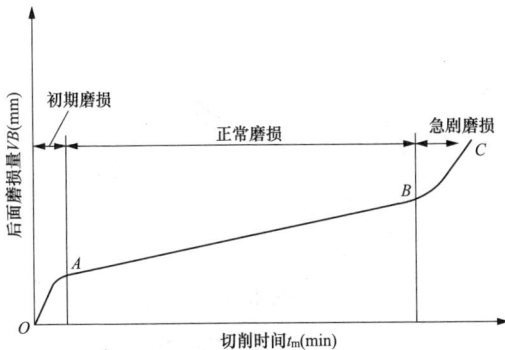

图 2-8　刀具磨损过程的典型曲线

（2）正常磨损阶段。如图 2-8 所示的 AB 段，这一阶段磨损速度已经减慢，磨损量随时间的增加均匀增加，切削稳定，是刀具工作的有效阶段。直线 AB 的斜率表示磨损强度，说明磨损量随切削时间的增长而近似成比例增加，斜率越大，磨损越剧烈，它是比较刀具切削性能的重要指标之一。刀具的合理使用不应超过这一阶段。

（3）急剧磨损阶段。如图 2-8 所示的 BC 段，刀具经过正常磨损阶段进入 B 点之后，已经变钝，如继续切削，温度剧增，切削力增大，刀具磨损程度将急剧增加。在这一阶段切削，刀具磨损量大幅度增大，致使切削性能急剧下降，即不能保证加工质量，刀具材料消耗也多，甚至刀具烧坏或受压碎裂（崩刃）而完全丧失切削能力。使用刀具时应在这个阶段之前及时换刀。

如图 2-9 中的曲线 a，是用切削性能较好的刀具材料，切削容易切削的工件材料时或采用较低的切削速度时，刀具的磨损曲线。曲线 b 是典型的刀具磨损曲线。曲线 c 是用耐热性较差的刀具材料，以较高的速度切削时的刀具磨损曲线。

2. 刀具的磨钝标准

刀具磨损到一定限度就不能再继续使用，这个磨损限度称为刀具的磨钝标准。刀具的磨钝标准就是指刀具允许的磨损量，故刀具的磨钝标准也是判断刀具是否重磨或换刀的依据。刀具磨损

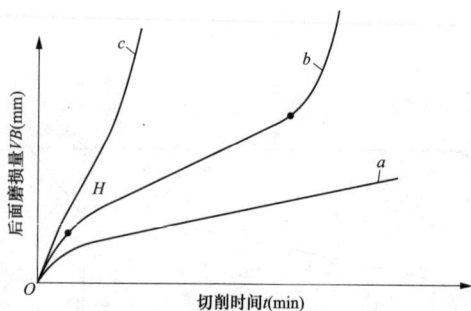

图 2-9 不同类型的刀具磨损曲线

值达到了规定的磨钝标准就应该重磨刀具或更换新刀，否则就会影响加工质量，加快刀具磨损，减少重磨次数，增加重磨难度，缩短刀具寿命。

从提高刀具总的使用寿命，提高生产效率和经济性出发，对于粗加工的刀具，因切削时都会发生后刀面磨损，见且后刀面磨损容易观察和便于测量，因此，通常以正常磨损阶段终点 B 处的磨损带宽度 VB（见表 2-12）作为刀具磨钝标准。而对于精加工刀具，往往在磨损尚未到达 VB 时，工艺的加工尺寸精度或表面粗糙度已达不到工艺要求，故规定的磨钝标准应小于 VB。并且工件的精度及表面粗糙度要求越高，磨钝标准应越小。

磨钝标准的制定需考虑加工对象的特点和加工条件等具体情况。磨钝标准定得过低，不经济，而不顾刀具的磨损规律和磨损限度，一直用到刀具烧损或崩刃，则会造成更大的损失和浪费。

一般来说，当工艺系统（机床、刀具、工件等）的刚度较差时，磨钝标准应取得小些，如车削细长轴时，磨钝标准就应定得小些；工件材料的塑性越好，磨钝标准值应取得越小；粗加工的磨钝标准值比精加工的磨钝标准值大；切削合金钢时的磨钝标准值应定得比切削碳素钢时的小一些；切削铸铁时的刀具磨钝标准值可适当定得大些；加工大型工件，为避免中途更换刀具，通常取较大的磨钝标准值，并配合较小的切削速度以控制切削温度，延长正常磨损阶段的时间；采用自动化程度较高的机床加工时，因调整刀具的时间较长，故通常取较大的磨钝标准值。表 2-12 为硬质合金车刀的磨钝标准推荐值。

表 2-12   **硬质合金车刀的磨钝标准 VB**   （单位：mm）

加工条件	后面的磨钝标准值 VB
精车	0.1～0.3
粗车合金钢、粗刚度差的工件	0.4～0.5
粗车碳素钢	0.6～0.8
粗车铸铁件	0.8～1.2
钢及铸铁大件的低速粗车	1.0～1.5

3. 实际生产中判断刀具磨损的常用方法

在生产中直接以后刀面的磨损带宽 VB 来判断刀具是否已经钝化是很不方便的。一般情况可根据切削过程中出现的一些现象来直观判断。

（1）工件表面质量开始下降。

（2）工件的尺寸或几何形状公差超差。

（3）切屑的形状或颜色发生变化。如用硬质合金刀具切钢料时，切屑的形状由带状变成节状，颜色由淡黄色或暗蓝色变成紫黑色等。

（4）切削时产生不正常的刺耳声音，或工件表面由挤压形成的光亮痕迹。

（5）切削振动加剧等。

其中（1）、（2）项可作为精加工时判断刀具钝化标准，而（3）、（4）项可作为粗加工时的判断标准。但这些现象出现时，刀具可能已进入急剧磨损阶段，所以应经常对切削过程进行仔细地观察、比较，以便找出一个最可靠的征兆，作为判断刀具钝化的依据。但在采用数控机床、自动化机床加工及进行大批量生产时，就应该按照试验得到的参数制定出合理的刀具耐用度，从而定时换刀。

三、刀具的耐用度与刀具寿命

1. 刀具的耐用度

刃磨后的刀具，从开始切削直到磨损量达到磨钝标准为止的纯切削时间的总和称为刀具的耐用度。即刀具两次刃磨间的纯切削时间之和，以"T"表示，单位为 min。刀具耐用度是指纯切削时间，不包括对刀、测量、空行程等非切削时间。

刀具耐用度是表征刀具切削性能优劣的一个综合指标。不同的刀具材料，在相同的切削条件下，耐用度越高，表明刀具材料的耐磨性越好；不同刀具几何参数，在相同切削条件下，耐用度越高，表明刀具的几何参数越合理；取相同的刀具耐用度，加工效率越高的，其切削用量选择越合理。

2. 刀具的寿命

刀具总寿命是指一把新刀具从开始使用起，经过多次刃磨直到报废为止的总的切削时间，以"t"表示，单位为 min。刀具的寿命是指刀具在新刃磨之后从开始使用到磨损量达到磨钝标准为止的切削时间。对于可重磨刀具，刀具寿命等于刀具耐用度的总和，即 $t=nT$（n 为刀具重磨次数）；对于不可重磨刀具，刀具寿命等于刀具耐用度，即 $t=T$。

在磨钝标准确定后，刀具寿命和磨损速度有关。磨损速度越慢，寿命越长。因此凡影响刀具磨损的因素都影响刀具寿命。为了提高刀具寿命，一般可以从改善工件材料的加工性能，合理设计刀具的几何参数改进刀具材料的切削性能，对刀具进行表面强化处理，采用优良的切削液，合理选择切削用量等多方面着手。

3. 影响刀具耐用度的因素

影响刀具磨损的因素也是影响刀具耐用度的因素，即凡是影响切削温度与机械摩擦的因素都影响刀具耐用度。此外，磨损限度的大小也影响刀具耐用度。

在工件材料、刀具材料、刀具几何参数及切削液等已确定的情况下，刀具的寿命与切削用量有关。

（1）工件材料。工件材料强度、硬度越高，导热性能越差，致使切削温度升高，使刀具耐用度下降。不同工件材料对刀具耐用度的影响曲线如图 2-10 所示。

（2）切削用量。增大切削速度 v、进给量 f 及背吃刀量 a_p 三要素都会对刀具耐用度造成影响。这主要是因为切削用量越大，

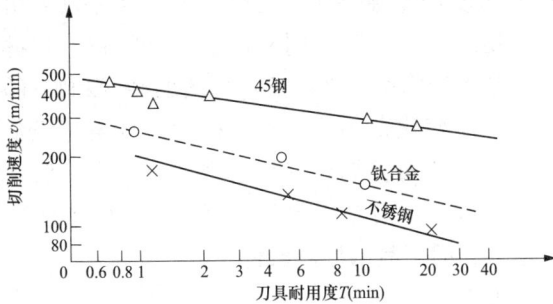

图 2-10 不同工件材料对刀具耐用度的影响

加工条件：刀具材料 YT14，$f=0.14\text{mm/r}$

则切削温度越高，刀具磨损也越快，刀具寿命就越短。但切削速度 v，进给量 f 及背吃刀量 a_p 三者对切削温度的影响不同，因此对刀具寿命的影响也不同。通过实验得知，切削速度对刀具寿命影响相当大，进给量次之，而背吃刀量对刀具寿命影响较小。所以，一般在选择切削用量时，首先应尽量选用大的背吃刀量，然后根据加工条件及加工要求选择尽可能大的进给量，最后才根据刀具寿命来选择切削速度。

如图 2-11 所示为切削不锈钢时切削速度和刀具耐用度的关系，从图中曲线可看到，在一定切削速度范围内，刀具耐用度最大，增

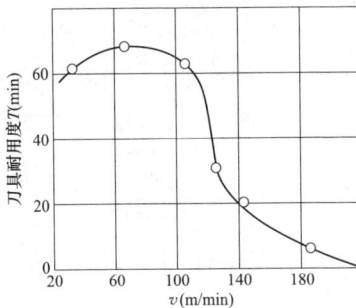

图 2-11 切削速度与刀具耐用度的关系

工件材料：1Cr11Ni2W2MoVA，$a_p=2\text{mm}$，$f=0.43\text{mm/r}$，$VB=0.3\text{mm}$

大或减小切削速度，都将降低刀具耐用度。这可以用切削温度的影响来解释。切削区域的高温同时使工件材料和刀具材料的性质发生变化，在某一切削温度下，工件材料的硬度和塑性降低较多，而刀具材料的性能变化则相对较小，这时刀具相对于工件的优势就增强，切削能力相对提高，刀具耐用度也较大。低速时，切削温度低，工件硬度高，刀具主要受机械磨损。由于硬质合金脆性大易崩刃，故低速时刀具耐用度较低。

（3）刀具方面。

1）刀具材料。刀具材料是影响刀具耐用度的重要因素。合理选用刀具材料、应用新型刀具材料，是提高刀具耐用度的有效途径。通常情况下，刀具材料的耐热性能越高，其刀具耐用度就越高。如图 2-12 所示，在切削条件相同情况下切削合金钢，对于高速钢、硬质合金、陶瓷三种刀具材料的 v—T 曲线作比较，高速钢刀具材料允许的切削速度最低。

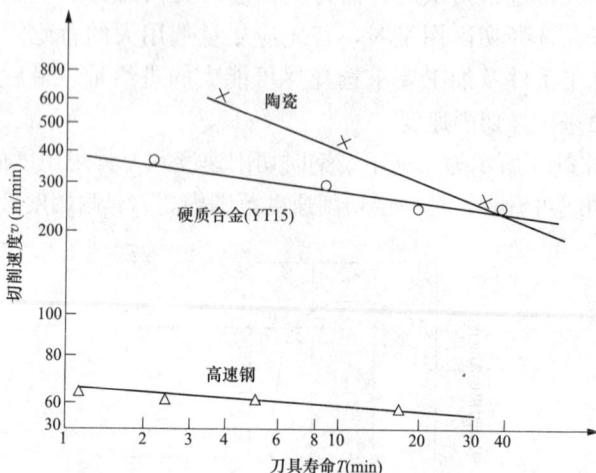

图 2-12　刀具材料对刀具寿命的影响

2）刀具几何参数方面。合理选择刀具几何参数，能明显提高刀具耐用度。实际生产中，常用刀具耐用度来衡量刀具几何参数的合理性。

①前角 γ_o。前角 γ_o 增大，切削变形减小，摩擦减小，切削力减小，切削温度降低，刀具耐用度提高；但过大的前角会使散热条件变差，强度降低，易引起刀具破损，从而使刀具耐用度下降。

②主偏角 K_r。减小主偏角 K_r 和副偏角 K_r'，增大刀尖圆弧半径 r_ε，能提高刀尖强度和降低切削温度，从而提高刀具耐用度。

（4）切削液。使用切削液能降低切削温度，减小摩擦，从而提高刀具耐用度。

4. 刀具寿命的确定

刀具寿命的高低与切削加工的效率及加工的成本有关。寿命规定得高，则切削速度必然很低，加工的机动时间长，不利于提高生产率及降低加工成本。但也不能将刀具寿命规定得很低，因为这样虽然可使切削速度提得很高，但由于刀具寿命低，需经常换刀，生产辅助时间又会增加，刀具消耗加大，同样会使生产率下降，加工成本增加。因此，从提高生产率或降低成本角度来考虑，刀具寿命分别有一个合理的数值。能保证生产率最高的刀具寿命称为最大生产率寿命，而能使加工成本最低的刀具寿命称为经济寿命。一般在生产中都取经济寿命以使加工成本最低。

在确定刀具寿命时，应考虑以下几点：

（1）刀具材料的切削性能越差，则切削速度对刀具寿命影响越大，因此必须将寿命规定得高一些，以降低切削速度。

（2）对制造及刃磨都比较复杂、价格昂贵的刀具，刀具的寿命应规定得比简单而价廉的刀具高一些，这样可减少刀具消耗，降低加工成本。

（3）对装夹、调整比较复杂的刀具，为了节约换刀所花费的时间，刀具的寿命应规定得高一些。反之，对一些换刀简单的刀具，可规定得低一些。

（4）加工大型工件时，为了避免在切削行程中换刀，刀具寿命应规定得高一些。

第四节 切削用量及其选择原则

分析研究切削加工过程要考虑的因素很多，如工件材料、刀具材料及几何角度、切削用量和切削液等。这些因素影响着切削变形规律，从而影响切削加工质量和生产率。

一、工件材料的切削加工性

工件材料的切削加工性是指工件材料被切削的难易程度。随着科学技术的进步发展，对工程材料的使用性能要求越来越高，而高性能材料的切削加工性差（即加工难度大），会造成加工成本的增大和影响加工效率。通过研究材料的切削加工性，探索难加工材料的切削规律，用以达到提高切削效率、降低加工成本的目的。

1. 切削加工的评定指标

（1）刀具耐用度指标。用刀具耐用度来衡量工件材料被切削的难易程度。在切削普通金属材料时，用 v_{60} 的高低来评定材料切削加工的好坏。在切削难加工材料时，则用 v_{20} 来评定。v_{60}、v_{20} 表示刀具耐用度分别达到 60、20min 时允许的切削速度 v。在相同每件下，v_{60} 或 v_{20} 越高，材料切削加工性能越好。

此外，也可用相对加工性指标，即参照切削 45 钢（170～229HBW，$R_{m}=0.637$GPa）时，刀具耐用度达到 60min 时允许的切削速度，记作 v_{060}，其他材料的 v_{60} 与 v_{060} 之比称为相对加工性指标。即

$$K_{r}=\frac{v_{60}}{v_{060}} \tag{2-1}$$

当 $K_{r}>1$ 时，其切削加工性比 45 钢好，例如 $K_{r}>3$ 的材料，属于易切削材料；当 $K_{r}<1$ 时，其加工性比 45 钢差；当 $K_{r}\leqslant 0.5$ 时，可称为难加工材料，例如高锰钢、不锈钢、钛合金、耐热合金及淬硬钢等。

常用工件材料的相对加工性等级分为 8 级，见表 2-13。

（2）已加工表面质量指标。在相同加工条件下，比较已加工表面质量的好坏。表面质量越好，切削加工性越好；反之，切削加工性差。

（3）切屑控制难易指标。观察切削得到的切屑形状是否理想、是否容易断屑，以此来判断材料切削加工性的好坏。相同的切削条件下，越易断屑、得到的切屑形状越理想，也就是切屑越容易控制，切削加工性越好。

表 2-13   材料切削加工性等级

加工性等级	名称及种类		相对加工性 K_r	代表性材料
1	很容易切削材料	一般有色金属	>3	铜铅合金、铝铜合金、铝镁合金
2	容易切削材料	易切削钢	2.5～3.0	退火 15Cr，σ_b＝0.373～0.441GPa 自动机钢，σ_b＝0.393～0.491GPa
3		较易切削钢	1.6～2.5	正火 30 钢，σ_b＝0.441～0.549GPa
4	普通材料	一般钢及铸铁	1.0～1.6	45 钢，灰铸铁
5		稍难切削材料	0.65～1.0	2Cr13 调质，σ_b＝0.834GPa 85 钢，σ_b＝0.883GPa
6	难切削材料	较难切削材料	0.5～0.65	45Cr 调质，σ_b＝1.03GPa 65Mn 调质，σ_b＝0.932～0.981GPa
7		难切削材料	0.15～0.5	50CrV 调质，1Cr18Ni9Ti，某些钛合金
8		很难切削材料	<0.15	某些钛合金，铸造镍基高温合金

（4）切削温度、切削力和切削功率指标。根据切削加工时产生的切削温度的高低、切削力的大小和消耗功率的多少来判断材料的切削加工性。这些数值越大，说明材料的切削加工性越差。

2. 切削加工性的评定方法

（1）根据不同加工条件和要求评定。一般工件材料若用上述各项指标综合衡量，随着指标的不同，其切削加工性的好坏也不尽相同，甚至相差很大，很难得出其切削加工性的准确结果。因此，实用中往往根据具体的加工情况和要求，以其中某一两项指标为主衡量工件材料的切削加工性。例如，粗加工时，通常采用刀具耐用度和切削力作为指标；精加工时，用已加工表面质量如表面粗糙度值作为指标；而自动化生产和深孔加工时，工件断屑的难易程度就成为主要指标。但不管哪种加工条件，都必须考虑刀具磨损，因此最常用的是刀具耐用度指标。

（2）材料性能综合评定法。用工件材料的物理、力学性能的高低来衡量材料的切削加工性。分别根据材料的硬度 HBW（HRC）、抗拉强度 R_m、断后伸长率 A、冲击韧度 a_k、导热系数 k 等将材料的切削加工难易程度划分成 12 个等级，从易到难分别表示为：0、1、2、3、4、……、9、9a、9b，列于表 2-14。

表2-14　　　工件材料切削加工性分级表

切削加工性		易切削			较易切削			较难切削			难切削		
等级代号		0	1	2	3	4	5	6	7	8	9	9a	9b
硬度	HBW	≤50	>50~100	>100~150	>150~200	>200~250	>250~300	>300~350	>350~400	>400~480	>480~635	>635	
	HRC					>14~24.8	>24.8~32.3	>32.3~38.1	>38.1~43	>43~50	>50~60	>60	
抗拉强度 R_m (GPa)		≤0.196	>0.196~0.441	>0.441~0.588	>0.588~0.784	>0.784~0.98	>0.98~1.176	>1.176~1.372	>1.372~1.568	>1.568~1.764	>1.764~1.96	>1.96~2.45	>2.45
断后伸长率 A (%)		≤10	>10~15	>15~20	>20~25	>25~30	>30~35	>35~40	>40~50	>50~60	>60~100	>100	
冲击韧度 a_k (kJ/m)		≤196	>196~392	>392~538	>588~784	>784~980	>980~1372	>1372~1764	>1764~1962	>1962~2450	>2450~2940	>2940~3920	
导热系数 $κ$[W/(m·K)]		418.68~293.08	<293.08~167.47	<167.47~83.74	<83.74~62.80	<62.80~41.87	<41.87~33.5	<33.5~25.12	<25.12~16.75	<16.75~8.37	<8.37		

从切削加工性分级表中查出材料性能的加工性等级，可较直观、全面地了解材料切削加工难易程度的特点。例如，正火 45 钢的性能为 229HBW、$R_m = 0.598GPa$、$A = 16\%$、$a_k = 588kJ/m$、$\kappa = 50.24W/(m \cdot K)$，从表 2-14 中查出各项性能的切削加工等级为"4、3、2、2、4"，因此，综合各项等级分析可知，正火 45 钢是一种较易切削的金属材料。

3. 影响材料切削加工性的因素

（1）工件材料的物理、力学性能的影响。

1）塑性和韧性。工件材料的塑性和韧性越好，切削变形和加工硬化越严重，与刀具表面的冷焊现象也越强，易发生黏结磨损，且不易断屑，不易获得较好的已加工表面质量，切削加工性差。

2）硬度和强度。工件材料的硬度和强度越高，切削力越大，切削温度越高，刀具磨损越快，故切削加工性越差。但也不是硬度越低切削加工性越好，例如纯铁、纯铝等金属材料，硬度虽低，但塑性很好，切削加工性并不好。

硬度适中（170~230HBW）的材料，有利于获得较好的表面质量，切削加工性好。

3）导热系数。工件材料的导热系数越大，由切屑带走的和工件本身传导的热量就越多，有利于降低切削温度，切削加工性好。

4）线膨胀系数。工件材料的线膨胀系数越大，加工时热胀冷缩程度越大，工件尺寸变化大，不易控制加工精度，切削加工性差。

（2）工件材料的化学成分及组织的影响。

1）碳对钢的切削加工性的影响。低碳钢的塑性和韧性很高，高碳钢的强度和硬度较高，二者的切削加工性都较差。碳的质量百分数为 0.35%~0.45% 的中碳钢，切削加工性好。

2）合金元素对钢和铸铁切削加工性的影响。在钢中加入硅（Si）、镍（Ni）、铬（Cr）、钼（Mo）、钨（W）、矾（V）等元素，可以改善钢的物理、力学性能。大多数合金元素对钢有强化效果，对切削加工不利。但磷（P）能使钢的强度、硬度提高，又能使塑性和韧性降低，有利于切削。

在钢中加入微量的硫（S）、铅（Pb）、硒（Se）、钙（Ca）等，会在钢中形成夹杂物，使钢脆化或起润滑作用，改善切削加工性。

在铸铁中加入硅（Si）、铝（Al）、镍（Ni）、钽（Ta）等元素，有利于促进碳的石墨化，降低铸铁的硬度，对切削加工性有利。而铬（Cr）、矾（V）、锰（Mn）、钼（Mo）、硫（S）等元素阻碍碳的石墨化，对切削加工不利。

3）钢的金相组织对切削加工性的影响。钢的金相组织有铁素体、渗碳体、珠光体、索氏体、托氏体、奥氏体等。其中珠光体的硬度、强度和塑性都比较适中，中碳钢的金相组织是珠光体加铁素体，故切削加工性好。灰铸铁中游离石墨比冷硬铸铁多，所以切削加工性好。

金相组织的形状和大小对切削加工性也有直接影响。如片状珠光体硬度高，刀具磨损大，较难加工；而球状珠光体硬度低，较易加工。所以高碳钢常通过球化退火来改善切削加工性。

4. 改善材料切削加工性的途径

（1）调整材料的化学性能。这是改变切削加工性的根本措施，但只能在不影响材料使用性能的前提下进行。如在钢中加入一种或几种合金元素，使之成为易切削钢。

（2）通过热处理控制材料的金相组织。例如，低碳钢退火硬度较低、塑性好，切削加工性差，若改用正火处理，使其硬度略有提高，则改善了切削加工性。

（3）选择切削加工性好的供应状态。如低碳钢以冷拔及热轧状态最好加工。

二、工件已加工表面质量

表面质量的含义主要包括表面粗糙度、加工硬化残余应力三个方面。零件上所有的磨损、腐蚀和疲劳损坏都发生在零件的表面，或是从零件表层开始的。因此，已加工表面的质量将直接影响零件的使用性能和寿命。为了加工出满足零件使用要求的表面质量，就有必要了解已加工表面的变化规律。

1. 已加工表面的表面粗糙度

零件表面粗糙度值过大时，就会减少配合面之间的实际接触面积，降低其接触刚度和配合精度；增加摩擦副表面的摩擦力和磨损量；容易产生应力集中，降低疲劳强度；容易吸附和积聚周围介质而遭受腐蚀。所以，应适当减小工件的表面粗糙度值。

影响工件表面粗糙度的主要因素有以下几方面。

（1）残留面积。车削时，工件上的已加工表面是由刀具主、副切削刃切削后形成的。切削刃在已加工表面留下的痕迹如图 2-13 所示。这些在已加工表面上被切去部分的截面积，称为残留面积。残留面积越大，高度 R_{max} 越大，则表面粗糙度值越大。

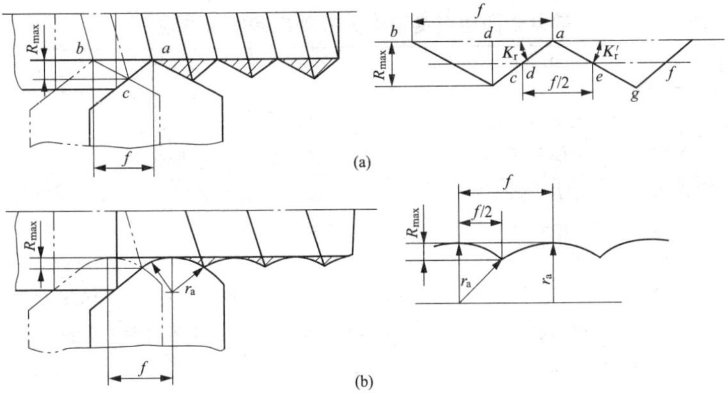

图 2-13 已加工表面的残留面积

从图 2-13 可以看出，进给量 f，刀具的主偏角 K_r、副偏角 K'_r 和刀尖圆弧半径 r_ε 都影响残留面积的高度 R_{max}。因而，采用较小的主偏角和副偏角，减少进给量，增大刀尖圆弧半径，均可减少残留面积高度 R_{max}。

（2）积屑瘤。用中等切削速度切削塑性金属材料容易产生积屑瘤。因积屑瘤不稳定，它代替切削刃切削时会留下深浅不一的痕迹；另外，脱落的积屑瘤嵌入已加工表面，使

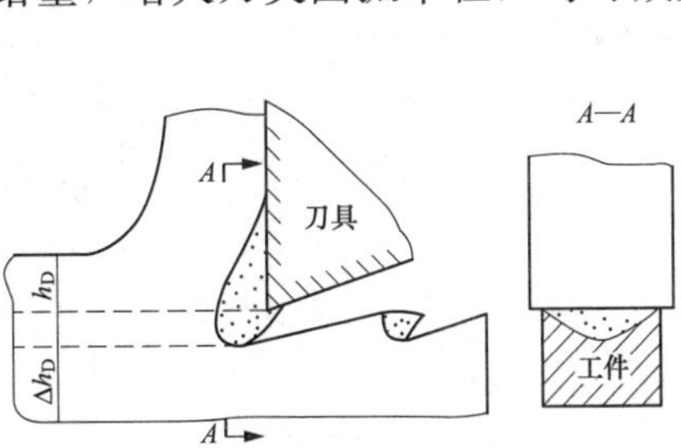

图 2-14 积屑瘤对表面质量的影响

之形成硬点和毛刺，表面粗糙度值变大，如图 2-14 所示。

积屑瘤在已加工表面留下深浅不一划痕的现象是普遍存在的。当拉削圆孔、键槽等表面时，已加工表面上常常有平行于轴线的划痕；当铰孔时，常在孔壁上出现螺旋形的划痕，多数为积屑瘤的生成所致。

（3）振动。在切削过程中产生的振动会使工件表面出现振纹，增大工件表面粗糙度值。常见表面粗糙度值偏大的现象和解决方法见表 2-15。

表 2-15　　　常见表面粗糙度值偏大的现象和解决方法

现象	影响因素	解决方法
残留面积高度高	1）主偏角 K_r 2）副偏角 K_r' 3）刀尖圆弧半径 r_e 4）进给量 f	1）K_r 适当减小 2）K_r' 减小、刃磨修光刃 3）r_t 适当增大 4）减小 f
工件表面产生毛刺	1）积屑瘤 2）刀具严重磨损 3）切削刃表面粗糙度大	1）高速钢刀具选用小于 5m/min 的切削速度；硬质合金刀具选用大于 70m/min 的切削速度 2）保持刀具锋利 3）修研前、后刀面
磨损亮斑和噪音	刀具严重磨损	及时重磨或换刀
无规则的划痕	1）切屑拉毛 2）积屑槽	1）采用正值刃倾角并采取卷屑断屑措施 2）切削时避开中等切削速度（15～30m/min）
振纹	1）机床 2）刀具 3）工件 4）切削用量	1）调整主轴间隙，提高主轴刚度；调整滑板塞铁间隙（间隙小于 0.04mm），使移动平稳轻便 2）合理选择刀具几何参数（如增大主偏角），保持切削刃光洁和锋利。增加刀具的刚性 3）增加工件的装夹刚性 4）选用较小的切削深度和进给量，或降低切削速度

2. 已加工表面的加工硬化

（1）加工硬化的成因。经过切削加工，工件已加工表面层的硬度和强度提高的现象称为加工硬化，也叫冷作硬化。

已加工表面在形成过程中，经受了复杂的塑性变形，晶粒发生拉长、扭曲和破碎，从而使金属强化，尤其是最外面极薄一层金属加工硬化最为强烈。但切削温度升高，会使金属弱化。可见，已加工表面的加工硬化是强化和弱化作用的综合效果。

一般来说，表层塑性变形是加工硬化的主要成因，变形程度越大，加工硬化程度越严重，硬化层越深。因此，凡对切削变形、摩擦、切削温度产生影响的因素，均会影响加工硬化。

（2）加工硬化对工件的影响。由于加工硬化的产生，在硬化层的表面上会出现细微的裂纹，并在表面层内产生残余应力。因此，加工硬化会降低已加工表面质量，降低材料的疲劳强度。同时，切削加工时出现加工硬化，会给下一道工序的切削带来困难，加剧刀具的磨损，甚至导致工件无法加工。但加工硬化也有其有利的一面，它可提高工件表层的强度、硬度、耐磨性，提高其使用性能。这一点特别是对于那些不能以热处理方法提高强度的纯金属和某些合金尤为重要。

（3）影响加工硬化的因素。

1）工件材料。加工硬化程度与工件材料的物理、力学性能紧密相关，材料塑性越好、强化指数越高，加工硬化越严重。

例如，一般碳素结构钢，含碳量越少，塑性越好，切削加工时，加工硬化越严重；高锰钢（如 Mn12）强化指数很大，塑性变形会使其硬度急剧增加；1Cr18Ni9Ti 不锈钢，加工硬化严重，其硬化层尝试可达背吃刀量的 1/3。

2）切削用量。切削速度 v 提高时，刀具与工件接触时间短，减少了刀具对工件的作用时间，塑性变形程度减小。另外，切削速度提高使切削温度升高，有助于表层金属的弱化，故加工硬化程度有所减弱。但切削速度过快，会使导热时间缩短，切削温度过高，表面层组织产生相变，形成淬火组织，使加工硬化程度反而增加；增大进给量 f 使切削力增大，表面层金属的塑性变形加剧，加工硬化现象严重；背吃刀量 a_p 对加工硬化影响不显著。

3）刀具方面。刀具刃口无论磨得多么锋利，总存在一个钝圆半径 ρ，随着刀具的使用磨损，钝圆半径 ρ 会增大，加工硬化现象也会越来越严重。

刀具前角越大，切削层金属塑性变形越小，加工硬化程度小；刀刃的钝圆半径 ρ 越大，已加工表面在形成过程中受挤压的程度越大，加工硬化也越大；刀具后刀面磨损增大，VB 增大，后刀面与已加工表面摩擦随之增大，加工硬化程度也越大。

4）切削液的使用。采取有效的冷却润滑措施，可减小加工硬化程度。

（4）加工硬化的控制。在生产实践中，为了达到减轻加工硬化的目的，可采取以下措施：

1）提高刃磨质量，减小刀尖刃口的钝圆半径，必要时采用高速钢刀具。

2）尽量增大刀具前角，减少切削变形。

3）适当增大刀具主后角或副后角，减少摩擦。

4）提高切削速度，使加工硬化不充分。

5）避免采用很小的进给量，以减少刀具对工件的挤压作用。

3. 残余应力

（1）残余应力的概念。经切削加工后在工件已加工表面层中所残存的内应力，叫作残余应力。其大小随着表面层深度而变化。残余应力有残余拉应力和残余压应力之分，如图 2-15 所示。前者会降低零件疲劳强度，甚至会使零件表面产生裂纹；后者有时能提高零件的疲劳强度。

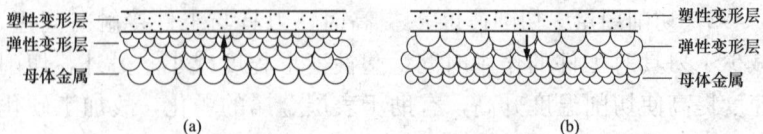

图 2-15　残余内应力
(a) 压应力；(b) 拉应力

（2）残余应力的成因。

1）弹性塑性变形作用。在切削力作用下，已加工表面发生强烈的塑性变形，而里层则发生弹性变形。切削过后，里层弹性变形趋向恢复，但受到已产生塑性变形的表层的牵制，恢复不到原状，因而在表面层产生残余应力。此时，残余应力的性质取决于里层弹性变形是拉伸还是压缩。如果里层弹性拉伸，则对表层造成拉应力；如果里层弹性收缩，则对表层造成压应力。

2）热塑性变形作用。在切削过程中，由于切削热的作用，工件已加工表面层温度升高较快，而里层温度升高较慢。切削过后，已产生热塑性变形的表层与里层温度均降到室温，此时表层收缩量大，里层收缩量小，表层的收缩受到里层的牵制，因而表层残存拉应力，里层残存压应力。

3）相变作用。调整切削产生的高温有时高达 $600 \sim 800℃$，表层金属有可能发生相变。例如，碳钢在 723 时要相变为奥氏体，急剧冷却后又变为马氏体，比热容增大（即密度减小），因而表层金属体积膨胀，但受到里层牵制，结果表层出现压应力，而里层存在拉应力。

已加工表面层内呈现的残余应力，是上述诸因素综合作用的结果，最终是拉应力还是压应力，要取决于何种作用占优势。综上所述，凡能减小切削变形和降低切削温度的因素都能减小已加工表面的残余应力。

（3）影响残余应力的因素。

1）工件材料。塑性较大的材料，在切削后容易产生残余拉应力，且塑性越大，残余拉应力越大。切削脆性材料时，刀具后刀面挤压与摩擦严重，使加工表面产生拉伸变形，其产生的残余应力多为压应力。

2）刀具方面。刀具前角由正值减小到负值时，表层拉应力减小，当前角 $\gamma_o < -30°$ 时，甚至变成压应力，同时应力扩展深度增大；切削刃钝圆半径和后刀面磨损增大时，残余拉应力与扩展深度均随之增大。

3）切削用量。切削速度提高时，因热塑性变形作用而产生的残余拉应力增大，但扩展深度减小；进给增大时，表层残余拉应力与扩展深度均有所增大。

4）切削液。采用冷却润滑效果良好的切削液，有助于减小表面残余应力的扩展应力的扩展深度。

三、切削用量及其合理选择

1. 合理选择切削用量的意义

合理选择切削用量是指在加工对象、刀具材料和刀具几何形状及其他切削条件已经确定的情况下，选择最佳的切削用量要素进行切削加工，在保证加工质量的前提下，充分发挥刀具的切削性能和机床性能，获得较高的切削效率和较低的加工成本。

在相同条件下，选用不同的切削用量，会产生不同的切削效果。选择较低的切削用量，会降低生产率，增加生产成本；切削用量选得过高，刀具磨损加快，增加了磨刀时间和刀具消耗，也会影响生产率和加工成本。因此，能否选择合理的切削用量进行切削，是衡量操作者技能水平高低的一个重要方面。在大批量生产，自动、半自动化机床，自动线和数控机床的加工中，合理选择切削用量的意义就更显重要了。

2. 切削用量的选择

（1）切削用量与生产率的关系。衡量生产率高低的指标之一是基本（机动）时间 t_m。

由图 2-16 可知，车削外圆时的基本时间 t_m（单位：min）为

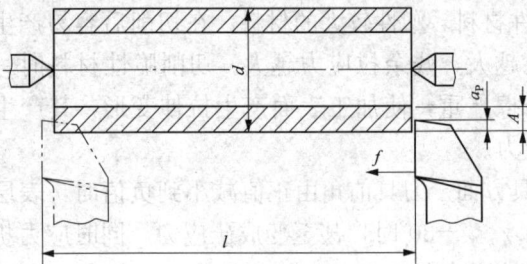

图 2-16 车削外圆时基本时间计算示意图

$$t_m = \frac{l}{nf} \times \frac{A}{a_p} = \frac{\pi A d l}{1000 v f a_p} \tag{2-2}$$

式中　d——工件直径（mm）；

　　　l——刀具行程长度（mm）；

　　　n——工件转速（r/min）；

　　　v——切削速度（m/min）；

　　　f——进给量（mm/r）；

　　　a_p——背吃刀量（mm）。

由上式可知，在工件毛坯确定的情况下，提高切削用量 v、f、a_p 中任何一个要素，都可以缩短基本时间，提高生产率。但在提高切削用量时，必须考虑机床功率、工艺系统刚度和刀具耐用度等因素。

【例 2-1】　车一直径为 60mm 的轴，车刀行程长度 $l=$ 1000mm，切削速度 $v=62.8$m/min，进给量 $f=0.5$mm/r，背吃刀量 $a_p=3$mm，一次进给车成，求加工此工件需要的基本时间。

解：因为需要一次进给车成

所以

$$\frac{A}{a_p} = 1$$

即

$$t_m = \frac{l}{nf} \times \frac{A}{a_p} = \frac{\pi d l}{1000 v f} \times \frac{A}{a_p} = \frac{3.14 \times 60 \times 1000}{1000 \times 62.8 \times 0.5} \times 1$$

$$= 6 \text{(min)}$$

故加工此工件需要的基本时间为 6min。

（2）粗加工时切削用量的选择。粗加工时的切削用量，以提高生产效率为主，并应考虑加工成本。提高切削速度 v，加大进给量 f 和背吃刀量 a_p 都能提高生产率。但对刀具耐用度的影响最小的是背吃刀量 a，其次是进给量 f，影响最大的是切削速度 v。因此，粗加工时，选择切削用量的基本原则是：首先选择尽可能大的背吃刀量 a_p；其次选择较大的进给量 f；最后根据已选定的背吃刀量 a_p 和进给量 f，并在工艺系统刚度、刀具耐用度和机床功率许可的条件下，选择一个合理的切削速度。

1) 背吃刀量 a_p 的选择。应根据加工余量来确定，除留给必要的精加工余量外，其余的应尽可能一次切除完。当余量太大时，应分两次或多次切除。工艺系统刚度较差时，则应相应减小背吃刀量 a_p，以减小切削力，单边加工余量 A 可多次切除。但应把第一次进给的背吃刀量 a_p 选得大些，最后一次选得小些。

2) 进给量 f 的选择。粗加工时，进给量的选择受工艺系统所承受的切削力的限制。工艺系统刚度较好时，可选用较大的进给量，一般取 $f = 0.3 \sim 0.9 \, \text{mm/r}$。表 2-16 为硬质合金及高速钢车刀粗车外圆和端面时的进给量参考值。

表 2-16　硬质合金及高速钢车刀粗车外圆和端面时的进给量参考值

工件材料	刀杆截面尺寸 $B \times H$ /mm	工件直径 d_w /mm	背吃刀量 a_p/mm				
			≤3	>3～5	>5～8	>8～12	12以上
			进给量 f/mm/r				
碳素结构钢和合金结构钢	16×25	20	0.3～0.4	—			
		40	0.4～0.5	0.3～0.4			
		60	0.5～0.7	0.4～0.6	0.3～0.5		
		100	0.6～0.9	0.5～0.7	0.5～0.6	0.4～0.5	
		400	0.8～1.2	0.7～1.0	0.6～0.8	0.5～0.6	
	20×30 25×25	20	0.3～0.4	—			
		40	0.4～0.5	0.3～0.4			
		60	0.6～0.7	0.5～0.7	0.4～0.6	—	
		100	0.8～1.0	0.7～0.9	0.5～0.7	0.4～0.7	
		600	1.2～1.4	1.0～1.2	0.8～1.0	0.6～0.9	0.4～0.6

注　1. 加工断续表面及带冲击的工件时，表内的进给量应乘以系数 0.75～0.85。

　　2. 加工耐热钢及其合金时，不采用大于 1.0mm/r 的进给量。

　　3. 加工淬硬钢时，表内进给量应乘以系数 0.8（当材料硬度为 44～56HRC 时）或 0.5（当材料硬度为 57～62HRC 时）。

3) 切削速度的选择。在背吃刀量 a_p 和进给量 f 确定之后，在保证合理刀具耐用度的前提下，选择合理的切削速度。

（3）精加工时切削用量的选择。精加工时，首先要保证工件的加工质量，同时兼顾刀具耐用度和生产效率。

1）切削速度 v。精加工时切削力较小，可忽略切削力对工艺系统刚度的影响，故切削速度主要受刀具耐用度和已加工表面质量的限制。在保证刀具耐用度的前提下，硬质合金刀具通常应选用较高的切削速度（大于 70m/min），而高速钢刀具则应选用较低的切削速度（小于 5m/min），以尽量减小和避免积屑瘤的产生。

2）进给量 f。精加工时，限制进给量提高的因素主要是表面粗糙度。为了减小工艺系统的弹性变形和降低已加工表面残留面积的高度，一般选用较小的进给量，常取 $f = 0.08 \sim 0.30$mm/r。普通硬质合金外圆车刀精车、半精车时的进给量选取可参考表 2-17。

表 2-17 普通硬质合金外圆车刀精车、半精车时的进给量

工件材料	表面粗糙度 Ra/μm	切削速度范围 /m/min	刀尖圆弧半径 r_g/mm		
			0.5	1.0	2.0
			进给量 f/(mm/r)		
铸铁、青铜、铝合金	6.3	不限	0.25~0.40	0.40~0.50	0.50~0.60
	3.2		0.15~0.25	0.25~0.40	0.40~0.60
	1.6		0.10~0.15	0.15~0.20	0.20~0.35
碳钢、合金钢	6.3	<50	0.30~0.50	0.45~0.60	0.55~0.70
		>50	0.40~0.55	0.55~0.65	0.65~0.70
	3.2	<50	0.20~0.25	0.25~0.30	0.30~0.40
		>50	0.25~0.30	0.30~0.35	0.35~0.40
	1.6	<50	0.10	0.11~0.15	0.15~0.22
		50~100	0.11~0.16	0.16~0.25	0.25~0.35
		>100	0.16~0.20	0.20~0.25	0.25~0.35

3）背吃刀量 a_p。精加工时的背吃刀量 a_p 通常由上一工序合理留下，并应用于一次进给切除掉。例如，采用硬质合金车刀精车，由于刀具的刃磨性能较差，锋利程度受到限制，背吃刀量 a_p 不宜过小，一般应取 $0.3 \sim 0.5$mm。

✂ 第五节 切削液的作用及选择

切削液又称为冷却润滑液，是切削过程中为了改善切削效果而使用的液体。在切削过程中，在切屑、刀具与加工表面存在着剧烈的摩擦，并产生很大的切削力和大量的切削热。合理地使用切削液，不仅可以减小表面粗糙度，减小切削力，而且还会使切削温度降低，从而延长刀具寿命，提高劳动生产效率和产品质量。

一、切削液的作用

1. 冷却作用

切削液能吸收并带走切削区域大量的热量，降低刀具和工件的温度，从而延长刀具的使用寿命，并能减少工件因热变形而产生的尺寸误差，同时也为提高生产率创造了有利条件。

切削液的冷却作用主要是将切削热迅速从切削区带走，使切削湿度降低。其冷却性能决定于它的热导率、比热容、汽化热、温度、流量、流速及冷却方式等。水的热导率为油的 3~5 倍，比热为油的 2~2.5 倍，汽化热为油的 7~13 倍，因此水的冷却性能比油的高很多。

切削液的冷却性能还与泡沫性有关。由于泡沫内的空气的导热性比水的导热性差，所以多泡沫的切削液冷却性能相对低些。消除泡沫的有效措施是在切削液中加入适量的抗泡沫剂。

切削液本身的温度对冷却效果影响很大，例如将切削液的湿度由 40℃ 降低到 5~10℃ 时，刀具上的温度可降低 7~10℃，刀具寿命可提高 1~2 倍。因此应要求切削液有一定的流量及流速，使切削液保持较低的温度。

2. 润滑作用

切削过程中，切削液能渗透到工件与刀具之间，在切屑与刀具的微小间隙中形成一层很薄的吸附膜，减少摩擦因数，因此可减少刀具、切屑、工件间的摩擦，使切削力和切削热降低，减少了刀具的磨损，使排屑顺利，并提高工件的表面质量。对于精加工，润滑作用就显得更重要了。

切削液的润滑性能与形成润滑膜的能力有关，要求润滑膜形成快，与金属表面结合牢固，能耐压耐热，本身抗剪切强度低。润滑膜可由物理吸附及化学吸附形成。物理吸附主要靠切削液中的油性添加剂，它对金属有强烈的吸附性。化学吸附主要靠在切削液中加入极压添加剂，如含硫、氯、磷、碘等元素的添加剂。这些物质将与被切金属发生化学反应而形成化学吸附膜。化学吸附膜能在高温高压的极压润滑状态下保持润滑作用，如含硫的极压切削油（包括极压切削油以及加入含硫添加剂的矿物油等）切钢时能在 1000℃ 左右保持其润滑性能。含氯添加剂的切削液与金属反应生成氧化亚铁、氧化铁等，这些化合物有石墨那样的层状结构，抗剪切强度和摩擦因数都比较小。含磷的添加剂与金属反应生成磷酸铁膜，它比硫、氯能更好地降低摩擦和减少刀具磨损的效果。

切削液的润滑性能还与其渗透性有关，渗透性越好，润滑效果越好。而液体的渗透性又取决于它的表面张力与黏度以及与金属的亲和力。采用高压喷射冷却法和喷雾冷却法都可提高切削液的渗透性。

3. 清洗作用

切削过程中产生的细小切屑容易黏附在工件和刀具上，影响工件的表面粗糙度和刀具的寿命。如加注一定压力、足够流量的切削液，则可将切屑迅速冲走，以免切屑堵塞或划伤已加工表面和机床导轨。这一作用对磨削、深孔加工等工序特别重要。在磨削、自动生产线和深孔加工中，加入一定压力和流量的切削液，可起到排屑作用。因此要求切削液有良好的流动性，并有足够的压力与流量。

切削液除应起到以上作用外，还应具有防锈作用，以保护机床、刀具、工件等受周围介质（空气、水分）的腐蚀作用不致生锈。还应具有防腐（防止切削液霉变、发臭）、无毒、化学稳定性好等性能。

实践证明，选用合适的切削液，能够降低切削温度 60～150℃，提高表面粗糙试行等级 1～2 级，减少切削阻力 15%～30%，能成倍延长刀具寿命，并能把切屑和杂质从切削区冲走，提高了生产效率和产品质量。切削液在金属切削加工中应用极为广泛。

二、切削液的种类及其使用

1. 切削液的分类

切削时，常用的切削液有水基切削液和油基切削液两大类。

(1) 水基切削液。包括水溶液和乳化液两类。

1) 水溶液。水溶液的主要成分是水，冷却性能好。常加入一定的添加剂（如亚硝酸钠、硅酸钠、皂类等），使其具有良好的防锈性能和一定的润滑性能。常用的水溶液有电解质水溶液和表面活性水溶液。电解质水溶液是在水中加入电解质作为防锈剂，主要用于磨削、钻孔和粗车等加工；表面活性水溶液中是加入皂类、硫化蓖麻油等表面活性物质，以增加水溶液的润滑作用，主要用于精车、精铣和铰孔等。

2) 乳化液。乳化液是用矿物油、乳化剂及添加剂预先配制好的乳化油加水稀释而成。因为油不溶于水，为了使两者混合，所以必须加入乳化剂。浓度低（如浓度为 3%～5%）的乳化液，冷却和清洗作用较好，适用于粗加工和磨削；浓度高（如浓度为 10%～20%）的乳化液，润滑作用较好，适用于精加工（如拉削和铰孔等）。为了进一步提高乳化液的润滑性能，还可加入一定量的氯、硫、磷等极压添加剂，配制成极压乳化液。乳化液具有一定的润滑性、冷却性、清洗性和防锈性，因此是目前生产中使用最广泛的一种切削液。

(2) 油基切削液。油基切削液又称切削油，主要起润滑作用。一类是以矿物油为基体加入油性添加剂的混合油；另一类是极压切削油，它是在矿物油或混合油中加入极压添加剂而配制成的。常用的有 L-AN15、L-AN32 号全耗损系统用油，轻柴油、煤油等。

切削液的种类、组成成分、性能、作用和适用范围见表 2-18。

表 2-18 切削液的分类及适用范围

类别		组成成分	性能和作用	适用范围	备注
水基切削液	合成切削液（水溶液）① 普通型	在水中添加亚硝酸钠等水溶性防锈添加剂，加入碳酸钠或磷酸三钠，使水溶液微带碱性	冷却性能、清洗性能良好。有一定的防锈性能。润滑性能差	常用于粗磨、粗加工	常用配方见表 2-19 序号 1～4
	防锈型	以软水为主，除加入水溶性防锈剂、防霉剂外，有的再加入油性添加剂、表面活性剂以增强润滑性能	冷却性能、清洗性能、防锈性能良好。兼有一定的润滑性能	对防锈性能要求高的精加工	常用配方见表 2-19 序号 6～10
	极压型	再加极压添加剂	有一定极压润滑性	重切削和强力磨削	常用配方见表 2-19 序号 12
	多效型		除具有良好的冷却性能、清洗性能、防锈性能和润滑性能外，还能防止对铜、铝等金属的腐蚀作用	适用于多种金属（黑色金属、铜、铝）的切削及磨削加工，也适用于极压切削或精密切削加工	
	乳化液② 防锈乳化液	常用1号乳化油加水稀释配制成乳化液	防锈性能好，冷却性、润滑性能一般，清洗性能稍差	适用于防锈性能要求较高的工序及一般的车、铣、钻等加工	常用配方见表 2-19 序号 13～18 常用浓度为 2%～5%

类别		组成成分	性能和作用	适用范围	备注
水基切削液	乳化液②	普通乳化液	常用2号乳化油加水稀释配制成乳化液	冷却性能、清洗性能好、兼有防锈性能和润滑性能	应用广泛，适用于磨削加工及一般切削加工	常用配方见表2-19序号19～21磨削用浓度为2%～3%
		极压乳化液	常用3号乳化油加水稀释配制成乳化液	极压润滑性能好，其他性能一般	适用于要求良好的极压润滑性能的工序，如拉削、攻螺纹、铰孔以及难加工材料的加工	常用配方见表2-19序号22～24常用浓度为15%～25%
油基切削液（切削油）		矿物油	L-AN7、L-AN10、7号高速机械油、L-AN15、L-AN32、L-AN46全耗损系统用油、煤油等	润滑性能好，冷却性能差，化学稳定性好，透明性好	适用于流体润滑，可用于冷却、润滑系统合一的机床，如多轴自动车床、齿轮加工机床、螺纹加工机床	有时需加入油溶性防锈添加剂，常用配方见表2-19序号20、25、26
		动植物油	豆油、菜油、棉籽油、蓖麻油、猪油、鲸鱼油、蚕蛹油等	润滑性能比矿物油更好。但易腐败变质，冷却性能差，黏附在金属上不易清洗	适用于边界润滑，可用于攻螺纹、高速钢铰刀铰孔、拉削	渐被极压切削油代替

续表

类别		组成成分	性能和作用	适用范围	备注
油基切削液（切削油）	复合油	以矿物油为基础再加若干动植物油	能形成较牢固的润滑膜，其润滑效果比纯矿物油好，但易变质，冷却性能差	适用于边界润滑，可用于攻螺纹、铰孔、拉削	渐被极压切削油代替
	极压切削油	以矿物油为基础再加若干氯、硫、磷等极压添加剂、油性添加剂及防锈添加剂配制而成。最常用的有硫化切削油，含硫氯、硫磷或硫氯磷的极压切削油	极压润滑性能好，可代替动植物油或复合油	适用于要求良好的极压润滑性能的工序，如攻螺纹、铰孔、拉削、滚齿、插齿以及难加工材料的加工	常用配方见表2-19序号28~39

①合成切削液又称水溶液。

②乳化油标准规定乳化油分为1~4号；4号是透明型的，适用于精磨工序。

2. 切削液的配方

常用切削液的配方见表2-19。

3. 切削液中的添加剂

为使切削液具有良好的冷却、润滑作用，需要在切削液中加入各种化学物质，添加的这些化学物质统称为添加剂。现用的切削液大都是以水或油为基体加入适量的添加剂而制成的。

切削液中的添加剂主要有油性添加剂、极压添加剂、乳化剂等几种。

（1）油性添加剂。单纯的矿物油与金属的吸附能力差，润滑效果不好，在矿物油中加入油性添加剂能改善其润滑性能。例如，动植物油和脂肪酸、皂类、胺类等，由于其分子具有极性基，与金属吸附能力强，形成的物理吸附油膜较牢固，是较理想的油性添加剂。因此，一般的切削油都是矿物油中加入油性添加剂的混合油。但物理吸附油膜在切削温度升高时便失去了吸附能力，因此混合油只适宜在 200℃以下使用。

（2）极压添加剂。极压添加剂具有一定的活性，在高温下能够快速与金属发生反应，生成氯化铁、硫化铁等化学吸附膜，这些生成物能起到固体润滑剂的作用，因而能减轻刀具与工件材料之间的摩擦。由于化学吸附膜与金属的结合较牢固，在 400～800℃的高温下，仍能起润滑作用。目前使用的极压添加剂有氯、硫和磷的化合物（氯化物不如硫化物反应快，若同时添加效果更佳），但含硫和氯的极压切削油对有色金属和钢铁有腐蚀作用，应注意合理选用。

表 2-19   常用切削液的配方

类别	使用代号	序号	组成	质量分数（％）	使用说明
合成切削液	1	1	亚硝酸钠 碳酸钠 水	0.2～0.5 0.25～0.5 余量	俗称苏打水，是通常用于磨削的最普通的电解质水溶液配方。水的硬度高时应多加一些碳酸钠。润滑性较差
		2	磷酸三钠 亚硝酸钠 硼砂 碳酸钠 水	0.25～0.60 0.25 0.25 0.25 余量	可代替煤油用于珩磨
		3	洗净剂 6503（椰子油烷基醇酰胺磷酸酯） 亚硝酸钠 OP-10 水	3 0.5 0.5 余量	清洗性好，用于磨削

类别	使用代号	序号	组成	质量分数（%）	使用说明
1		4	油酸钠皂 亚硝酸钠 水	3 0.5 余量	用于磨削
合成切削液	2	5	氯化硬脂酸 含硫添加剂 TX-10（非离子型表面活性剂） 硼酸 三乙醇胺 742 消泡剂 水	0.4 0.6 0.1 0.1 0.2 1.6 余量	稀释成 2%浓度使用，适用于高速磨削
		6	三乙醇胺 癸二酸 亚硝酸钠 水	17.5 10 8 余量	稀释成 2%浓度使用，有一定润滑性，可用于高温合金的切削加工（车、钻、铣）
		7	亚硝酸钠 三乙醇胺 甘油 苯甲酸钠 水	1 0.4 0.4 0.5 余量	适用于磨削高温合金
		8	防锈甘油络合物（甘油 92 份，硼酸 62 份，氢氧化钠 45 份，水 56 份） 硫代硫酸钠 亚硝酸钠 三乙醇胺 聚乙二醇（相对分子质量 400） 碳酸钠 水	22.4 9.4 11.7 7 2.5 5 余量	稀释至 5%～10%水溶液，用于磨削黑色金属。防锈性好，有一定极压性

类别	使用代号	序号	组成	质量分数（%）	使用说明
合成切削液	2	9	防锈甘油络合物（甘油 92 份，硼酸 62 份，氢氮化钠 45 份，水 56 份） 硫代硫酸钠 三乙醇胺 聚乙二醇（相对分子质量 400） 磷酸三钠 水（用磷酸调至 pH=7.5）	2.8 1.2 1.4 0.3 0.5 余量	可用于磨削有色金属
		10	聚乙二醇 蓖麻酸二乙醇胺盐 三聚磷酸钾 亚硝酸钠 防锈络合物（山梨醇 50 份，三乙醇胺 30 份，苯甲酸 8 份，硼酸 12 份）水	10 4 3 5 30 余量	棕色透明水溶液，稀释至 4%～8% 水溶液可用于磨削加工，防锈性好，润滑性稍差
		11	石油磺酸钠 高碳酸三乙醇胺 水（用三乙醇胺调至 pH=7.5）	0.3～0.5 0.3～0.5 余量	可用于精磨
		12	氯化脂肪酸 聚氧乙烯醚 磷酸三钠 亚硝酸钠 三乙醇胺 水	$\{$0.25 $\}$0.50 0.80 1.00 0.5～1.0 95.95～96.45	QTS-1 用于粗加工和精磨 用于铣削和精车 用于钻削

类别	使用代号	序号	组成	质量分数（%）	使用说明
乳化液	3	13	石油磺酸钡 环烷酸锌 磺化油（D. A. H） 三乙醇胺油酸皂（10：7） L-AN15 全损耗系统用油	11.5 11.5 12.7 3.5～5 余量	又称乳-1 防锈乳化油，2%～3%浓度水溶液适用于一般加工，防锈性较好
		14	石油磺酸钡 石油磺酸钠 环烷酸钠 三乙酸胺 L-AN15 全损耗系统用油	1 12 16 1.5 余量	防锈乳化油，2%～3%浓度水溶液适用于一般加工，防锈性较好
		15	石油磺酸钡 十二烯基丁二酸 油酸 三乙醇胺 L-AN32 全损耗系统用油	12 2 11.5 6.5 余量	防锈乳化油，2%～3%浓度水溶液适用于一般加工，防锈性较好
		16	油酸 三乙醇胺 二环乙胺 磺酸钡甲苯溶液（1：2）苯酚 L-AN15 全损耗系统用油	12 4 2 10 2 余量	D-15 防锈防霉乳化油，防锈性、防霉性好，使用时间长
		17	高碳酸 石油磺酸钠 三乙醇胺 L-AN7 全损耗系统用油	5 15 3～4 余量	F-25E 防锈切削乳化油，2%浓度水溶液可用于磨削，5%浓度水溶液可用于车削、钻削。防锈性好，清洗性稍差

类别	使用代号	序号	组成	质量分数（%）	使用说明
乳化液	3	18	石油磺酸钠 高碳酸钠皂 L-AN46 全损耗系统用油	13 4 余量	F25D-73 防锈乳化油，3%～5%浓度水溶液用于磨削及铣削，5%～10%浓度水溶液用于粗车加工，10%～25%浓度水溶液用于精车加工
		19	石油磺酸钡 磺化油 三乙醇胺 油酸 氢氧化钾 水 L-AN7 或 L-AN10 全损耗系统用油	10 10 10 2.4 0.6 3 余量	69-1 防锈乳化油，2%～3%浓度水溶液可用于磨削，清洗性能好，兼有防锈性
	4	20	石油磺酸钠 三乙醇胺 蓖麻油酸钠皂 苯骈三氮唑 L-AN7 全损耗系统用油	36 6 19 0.2 余量	NL 型乳化油，2%～3%浓度水溶液可用于磨削，防锈性较好
		21	石油磺酸钠34.9% 三乙醇胺8.7% 油酸16.6% 乙醇4.9% L-AN15 全损耗系统用油34.9% 苯乙醇胺 水	2 0.2 97.8	半透明乳化液，可用于精磨加工，清洗性能好

续表

类别	使用代号	序号	组成	质量分数（%）	使用说明
乳化液	5	22	氯化石蜡 石油磺酸钠 油酸 三乙醇胺 石油磺酸钡 环烷酸铅 7号高速机械油 L AN15 全损耗系统用油	10 9 5 4 2.5 3.3 10 余量	极压乳化油，20%～25%浓度水溶液可用于攻螺纹、滚压螺纹及一些难加工材料的切削加工，有较好的润滑性
		23	石油磺酸钠 石油磺酸铅 氯化石蜡 三乙醇胺 氯化硬脂酸 油酸 L-AN32 全损耗系统用油	10 6 4 3.5 3 3 余量	极压乳化油，15%～25%浓度水溶液可代替硫化切削油，用于攻螺纹、车削、插齿等工序，防锈性较好
		24	石油磺酸钠 氯化石蜡 硫化棉籽油 三乙醇胺 煤油 油酸 L-AN15 全损耗系统用油	25 12 8 4 4 2	极压乳化油，15%～25%浓度水溶液可用于攻螺纹、插齿等工序
切削油	6	25	L-AN15 或 L-AN32 全损耗系统用油 石油磺酸钡	95～98 2～5	可用于铜、铝等材料的攻螺纹、铰孔、滚齿、插齿等工序
		26	煤油 石油磺酸钡	98 2	清洗性好

类别	使用代号	序号	组成	质量分数（%）	使用说明
切削油	7	27	煤油，可添加适量的机械油		用于铸铁切削加工，有色金属磨削、珩磨、超精加工
	8	28	硫化切削油 L-AN15 或 L-AN32 全损耗系统用油		比例按需要配制，是较常用的切削油，应用范围广
		29	硫化切削油 煤油 油酸 L-AN15 或 L-AN32 全损耗系统用油	30 15 30 25	是较常用的切削油，应用范围广，可用于加工有色金属及其合金
		30	硫化鲸鱼油 L-AN15 全损耗系统用油	2 98	可用于磨削螺纹，加工后应清洗防锈
		31	电容器油 硫化切削油 氯化石蜡 磷苯甲酸二丁蜡 防锈油 A 骈苯三氮唑	42.5 5 3 2 20 0.5	冷却、润滑作用良好，可改善切削条件，特别在铰孔时比用一般切削液可使表面粗糙度值降低
		32	电容器油 氯化石蜡 磷苯甲酸二丁醋 防锈油 A 骈苯三氮唑	42.5 35 2 20 0.5	对切削不锈钢有良好作用，特别在采用丝锥、板牙攻螺纹和车螺纹时作用更为显著
		33	电容器油 硫化切削油 氯化石蜡 防锈油 A 骈苯三氮唑	44.5 15 20 20 0.5	可减小加工中的黏刀现象，提高加工表面质量

类别	使用代号	序号	组成	质量分数（%）	使用说明
切削油	9	34	氯化石蜡 二烷基二硫代磷酸锌 L-AN7 全损耗系统用油	20 1 79	极压切削油，可代替豆油，用于车削、拉削、钻孔、攻螺纹、铰孔、加工后应清洗防锈
		35	氯化石蜡 环烷酸铅 石油磺酸钡 7 号高速机械油 L-AN32 全损耗系统用油	10 6 0.5 10 余量	极压切削油，可代替植物油、硫化切削油，用于车削、拉削、铣削、滚齿
		36	石油磺酸钡 石油磺酸钙 氧化石油脂钡皂 二烷基二硫代磷酸锌 L-AN7 全损耗系统用油	4 4 4 4 余量	F43 型极压切削油，可用于不锈钢、合金钢的车削、钻削，铣削时用 1∶1 煤油混合使用，螺纹加工及铰孔时可添加 0.5% 的二硫化钼
		37	氯化石蜡 硫化棉子油 二烷基二硫代磷酸锌 石油磺酸钠 甲基硅油 煤油 L-AN10 全损耗系统用油	20 5 1 2 5×10^{-6} 4 余量	10 号攻螺纹油，可代替植物油
		38	氯化石蜡 硫化棉子油 二烷基二硫代磷酸锌 十二烯基丁二酸 2，6-二叔丁基对甲酚 甲基硅油 L-AN32 全损耗系统用油	8 5 1 0.03 0.3 5×10^{-6} 余量	20 号滚齿油，适用于使用复杂刀具（如齿轮滚刀、花键滚刀、拉刀）的加工工序

类别	使用代号	序号	组成	质量分数（％）	使用说明
切削油	9	39	氯化石蜡 磷酸三甲酚酯 OT_1 OT_2 非离子型表面活性剂 L-AN15 全损耗系统用油	20％～30％ 10％～20％ 8％～13％ 1％～2％ 2％ 余量	JQ-1 精密切削润滑剂，以 10％～15％加入到矿物油中，可代替动植物油，用于精密加工，在钻孔、铰孔、攻螺纹、拉削、铣、插齿、滚齿等都有明显效果

注　表中使用代号的意义如下：

　　1—润滑性不强的合成切削液；2—润滑性较好的合成切削液；3—防锈乳化液（1号乳化液）；4—普通乳化液（2号乳化液）；5—极压乳化液（3号乳化液）；6—矿物油；7—煤油；8—硫化切削油，含硫的极压切削油，动植物油与矿化油的复合油；9—极压切削油

　　（3）乳化剂。前两种添加剂的作用是增大润滑效果，乳化剂是使矿物油和水乳化，形成稳定乳化液的添加剂。乳化剂是一种表面活性剂，它的分子由极性基团和非极性基团两部分组成。极性基团是亲水的，可溶于水，非极性基团是亲油的，可溶于油。油与水本来是不相融的，加入乳化剂后乳化剂分子能定向地排列，吸附在油水两相界面上。极性端向水，非极性端向油，把油和水混合起来，降低油-水界面张力，使油以微小的颗粒稳定地均匀分布在水中，形成水包油（o/w）乳化液，如图 2-17 所示。

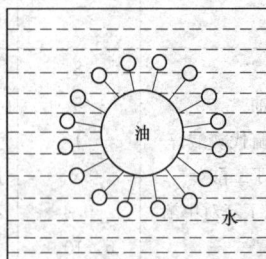

图 2-17　水包油（o/w）乳化液示意图

表面活性剂在乳化液中，除了起乳化作用外，还能形成润滑膜，起油性添加剂的作用。

除了上述添加剂外，切削液中还有防锈、防霉、抗氧化添加剂等。切削液中常用添加剂见表2-20。

表 2-20　　　　　　　　　切削液中常用添加剂

类　别		添　加　剂
油性添加剂		动植物油、脂肪酸及其皂、脂肪醇及多元醇、酯类、酮类、胺类等
极性添加剂		硫、氯、磷、碘等的化合物，如硫化油、硫氯化油、氯化石蜡、氯化脂肪酸、二烷基二硫代磷酸锌、环烷酸铅等
防锈添加剂	水溶性	亚硝酸钠、磷酸三钠、磷酸氢二钠、水玻璃、三乙醇胺、单乙醇胺、苯甲酸钠、苯甲酸胺、苯乙醇胺、尿素、硼酸、苯骈三氮唑等
	油溶性	石油磺酸钡、石油磺酸钠、石油磺酸钠钙、环烷酸锌。二壬基萘磺酸钡、烯基丁二酸、氧化石油脂及其皂、硬脂酸铝、羊毛脂及其皂、司本-80（山梨糖醇单油酸酯）等
防霉添加剂		苯酚、五氯酚、硫柳汞（乙基汞硫代水杨酸钠）等。对人体有毒性，应限制使用
抗泡沫添加剂		二甲基硅油、油酸铬、植物油
助溶添加剂		乙醇、正丁醇、苯二甲酸酯、乙二醇醚等
乳化剂（表面活性剂）	阴离子型	石油磺酸钠、油酸钠皂、松香酸钠皂、高碳酸钠皂、磺化蓖麻油、油酸三乙醇等
	非离子型	平平加 O（Peregal O）（脂肪醇聚氧乙烯醚）、OP（烷基酚聚氧乙烯醚）、司本（山梨糖醇油酸酯）、吐温（山梨糖醇聚氧乙烯油酸酯）等
乳化稳定剂		乙二醇、乙醇、正丁醇、二乙二醇单正丁基醚、二甘醇、高碳醇、苯乙醇胺、三乙醇胺
抗氧化添加剂		二叔丁基对甲酚（抗氧防胶剂 T501）（雅诺）

4. 切削液的合理选用

加工中使用的切削液种类繁多，性能各异，要根据工件材料、刀具材料、加工方法、加工要求、机床类别等情况综合考虑，合理选用。常用切削液的选择见表2-21。

表 2-21　常用切削液的选用

加工种类		碳钢	合金钢	不锈钢及耐热钢	铸铁与黄铜	青铜	纯铜	铝合金
车、铣、镗	粗加工	3%~5%乳化液	1) 5%~15%乳化液 2) 5%石墨化乳化液 3) 5%氧化石蜡油制的乳化液	1) 10%~30%乳化液 2) 10%硫化乳化液	1) 一般不用 2) 3%~5%乳化液	一般不用	1) 3%~5%乳化液 2) 煤油	1) 一般不用 2) 中性或含游离酸小于4mg弱酸性乳化液
车、铣、镗	精加工	1) 石墨化或硫化乳化液 2) 低速用10%~15%乳化液，高速用5%乳化液	1) 石墨化或硫化乳化液 2) 低速用10%~15%乳化液，高速用5%乳化液	1) 氧化煤油 2) 煤油75%，油酸25%或植物油25% 3) 煤油60%，油20%，油酸20%	1) 黄铜一般不用 2) 铸铁用煤油	7%~10%乳化液	1) 煤油 2) 煤油与矿物油的混合物	1) 煤油 2) 松节油 3) 煤油与矿物油的混合物 4) 加工硬铝一般不用切削液
钻孔与镗孔		1) 3%~5%乳化液 2) 5%~10%极压乳化液	1) 3%~5%乳化液 2) 5%~10%极压乳化液	1) 3%肥皂，2%亚麻油水溶液（钻孔） 2) 硫化切削油（不锈钢镗孔） 3) 19%~20%极压乳化液	1) 一般不用（铸铁、黄铜） 2) 煤油 3) 莱油 4) 3%~5%乳化液（青铜）		1) 3%~5%乳化液 2) 煤油 3) 煤油与矿物油的混合物	1) 一般不用 2) 煤油 3) 煤油与莱油的混合物

续表

加工种类	工件材料						
	切削液						
	碳钢	合金钢	不锈钢及耐热钢	铸铁与黄铜	青铜	纯铜	铝合金
磨削	1) 苏打水 $NaCO_3$0.7%, $NaNO_2$0.25%; 其余为水　2) 豆油+硫黄粉　3) 乳化液		3%~5%乳化液			—	磺化蓖麻油1.5%, 浓度30%~40%的NaOH加至微碱性; 煤油9%, 其余为水
车螺纹	1) 硫化乳化液　2) 氧化煤油　3) 煤油75%, 油酸或植物油25%　4) 硫化切削油　5) 变压器油70%, 氯化石蜡30%		1) 氧化煤油　2) 硫化切削油　3) 煤油60%, 油酸20%, 松节油20%　4) 硫化油60%, 煤油25%, 油酸15%　5) 四氯化碳90%, 猪油或菜油等　6) 19%~20%极压乳化液	1) 一般不用　2) 煤油(铸铁)　3) 菜油(黄铜、青铜)		—	1) 硫化油30%, 煤油15%, 2号或3号锭子油55%　2) 硫化油30%, 煤油15%, 油酸30%, 2号或3号锭子油25%

续表

加工种类	碳钢	合金钢	不锈钢及耐热钢	铸铁与黄铜	青铜	纯铜	铝合金
			工件材料　切削液				
拉、铰、攻螺纹	1) 10%～20%极压乳化液 2) 含硫的切削油 3) 含硫化棉籽油的切削油 4) 含氯、磷的切削油	1) 10%～20%极压乳化液 2) 含硫的切削油 3) 含硫化棉籽油的切削油 4) 含氯、磷的切削油	1) 15%～20%极压乳化液 2) 含氯、硫的切削油 3) 含硫、氯、磷的切削液	1) 不用切削液(黄铜) 2) 粗加工10%～15%乳化液或铸铁用10%～20%的极压乳化液 3) 精加工煤油或煤油与矿物油混合物	1) 10%～20%乳化液 2) 10%～15%极压乳化液 3) 含氯的切削油	—	1) 10%～25%乳化液 2) 10%～20%的极压乳化液 3) 煤油 4) 煤油与矿物油的混合物
滚齿插齿	1) 20%～25%极压乳化液 2) 含硫的切削油 3) 含硫化棉籽油的切削油 4) 含氯、磷的切削油 5) 含硫、氯、磷的切削油					1) 10%～20%乳化液 2) 10%～15%极压乳化液 3) 煤油 4) 煤油与矿物油的混合物	

选择切削液的一般原则如下。

（1）根据加工性质选用。

1）粗加工时，加工余量和切削用量较大，产生大量的切削热，因而会使刀具磨损加快，这时使用切削液的目的是降低切削温度，所以应选用以冷却为主的乳化液或水溶液，以降低切削温度、提高刀具耐用度。

2）精加工时，主要是为了保证工件的精度和表面加工质量，延长刀具寿命，最好选用以润滑为主的切削油或浓度较高的极压乳化液。

3）从加工方法考虑，钻孔、攻丝、铰孔、深孔加工和拉削等工序，因为刀具在半封闭状态工作，且排屑困难，刀具与已加工表面的摩擦较严重，切削热不易传散，容易使切削刃烧伤并严重影响工件表面质量，这时应选用黏度较小的乳化液、极压乳化液或极压切削油，并应增大压力和流量，一方面进行冷却、润滑，另一方面将切屑冲刷出来。

（2）根据工件材料选用。

1）钢件粗加工一般用乳化液，精加工用极压切削油。

2）切削铸铁等脆性材料时，由于切屑碎末会堵塞冷却系统，容易使机床导轨磨损，一般不使用切削液。但精加工时，为了得到较高的表面质量，可采用黏度较小的乳化液或煤油。

3）切削高速钢、高温合金等难加工材料时，摩擦状态为高温高压边界摩擦状态，宜选用极压切削油或极压乳化液，有时还需专门配制特殊的切削液。

4）切削铜及其合金时，为了得到较高的表面质量和精度，可采用 $10\%\sim20\%$ 的乳化液或多效性合成切削液或煤油等，不能用含硫的切削液，以免发生腐蚀。

5）镁与水作用会产生氢气，为了防止在切削高温中燃烧，甚至爆炸，切削镁合金时，不能用水溶液和乳化液，一般用矿物油。

（3）根据刀具材料选用。

1）成形刀具、螺纹刀具、齿轮刀具等刀具的价格较贵，要求刀具寿命长，宜采用极压切削油、硫化切削油等。

2）硬质合金刀具由于耐热性好，一般不加切削液。但在加工某些硬度高、强度好、导热性差的特种材料和细长轴工件时，可选用以冷却为主低浓度的乳化液或者是合成切削液，且必须一开始就使用，并连续、充分地浇注，否则刀片会因冷热不均匀，产生很大内应力而导致破裂。

3）高速钢刀具耐热性差，一般使用切削液。粗加工时，金属切除量多，产生的热量大，这时使用切削液的主要目的是为了降低切削温度，可选用以冷却性能为主的切削液，如 3%～5% 的乳化液或合成切削液。精加工时，主要要求减小加工表面粗糙度和提高加工精度，应选用以润滑性能为主的切削液。为减少刀具与工件间的摩擦和黏结、拟制积屑瘤，宜选用极压切削油或高浓度的极压乳化液。

4）陶瓷刀具在使用时，由于对热裂很敏感，所以一般不用切削液。

按照表 2-19 中切削液的配方，表 2-22 给出了各种加工情况下切削液选用推荐表。

5. 切削液的加注方法

为了使切削液的性能得到充分发挥，必须根据使用刀具和加工方法的不同，采用与目的相适应的加注方法。

目前一般流行的方法是使用循环泵从喷嘴供应切削液到切削区的循环泵供液法。在实际使用时，还必须考虑一定的供液量、供液压力、供液方向和方式。封闭式切削加工刀具的排屑槽易被切屑堵塞，可强制供给高压切削液；硬质合金和陶瓷之类脆性刀具材料会由于加热和冷却的反复热冲击而易于产生裂纹，可用环状供液装置均匀冷却或者用喷雾供液装置进行连续的冷却，从而防止刀具产生裂纹。几种常用的切削液浇注方法如图 2-18 所示。

喷雾供液法是把切削液微粒化用压缩空气（压力为 0.3～0.6MPa）鼓入，如图 2-19 所示。其渗透性优越，而且易于汽化，一旦进入切削区就会以汽化热的形式把热量带走，冷却性能亦佳。但此法是使切削液成雾状高速喷向切削区域，因此对操作者而言有吸入体内的危险，若长期进行此种作业，可能会有损于健康。

表2-22　　切削液选用推荐表

工件材料 加工方法＼刀具材料	碳钢、合金钢		不锈钢		高温合金		铸铁		铜及其合金		铝及其合金	
	高速钢	硬质合金	高速钢	硬质合金	高速钢	硬质合金	高速钢	硬质合金	高速钢	硬质合金	高速钢	硬质合金
车　粗加工	4,8,1	0,4,1	8,5,2	0,5,2	2,5,8	0,2,5	0,4,1	0,4,1	0,3,4	0,3,4	0,3,4	0,3,4
车　精加工	3,4,8,9	0,3,4,2	9,8,5,2	0,5,2	2,9,5	0,9,2,5	0,7	0,7	0,3,4	0,3,4	0,7,3,4	0,7,3,4
铣　粗加工	4,1,8	0,3,4	8,5,2	0,5,2	2,5,8	0,2,5	0,4,1	0,4,1	0,3,4	0,3,4	0,7,3,4	0,7,3,4
铣　精加工	5,2,8	0,4,5	9,8,5,2	0,5,2	2,9,5	0,9,2,5	0,7	0,7	0,3,4	0,3,4	0,7,3,4	0,7,3,4
钻孔	4,2,1	4,2,1	9,8	9,8	2,9,5	2,9,5	0,3,4,1	0,3,4,1	0,3,4	0,3,4	0,7,3,4	0,7,3,4
铰孔	8,9,5	8,9,5	9,8,5	9,8,5	9,8	9,8	0,7	0,7	6,8	0,6,8	0,6,8	0,6,8
攻螺纹	8,9,5	6,8	9,8,5	—	9,8	—	0,7	—	6,8	—	0,6,8	—
拉削	8,9,5	—	9,8,5	—	9,8	—	0,4	—	6,3	—	0,3,6	—
滚齿、插齿	8,9	—	9,8	—	9,8	—	0,4	—	6,8	—	0,6,8	—
外圆磨　粗磨	1,4						1,4					
外圆磨　精磨	2,4						1,2,4					
平面磨　粗磨			2,5,7		2,5				1,7,4		1,7,4	
平面磨　精磨			2,5,7		2,5				1,7,4		1,7,4	
螺纹磨	6,8		8,9		8,9							
齿轮磨	6,8,0		8,9		8,9		0,6,7					
珩磨	7		7		7		7.1			0.1		
超精加工	7		7		7		7					

注　表中数字即表3-2的使用代号，其中0为干切削。

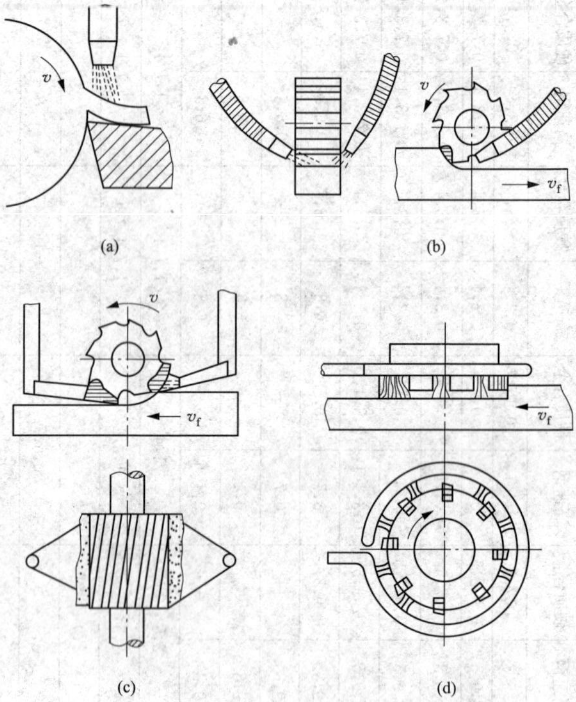

图 2-18　几种常见的切削液浇注方法

(a) 车削时切削液的浇注；(b)、(c) 圆柱铣刀铣削平面时切削液的浇注；

(d) 端面铣刀铣削平面时切削液的浇注

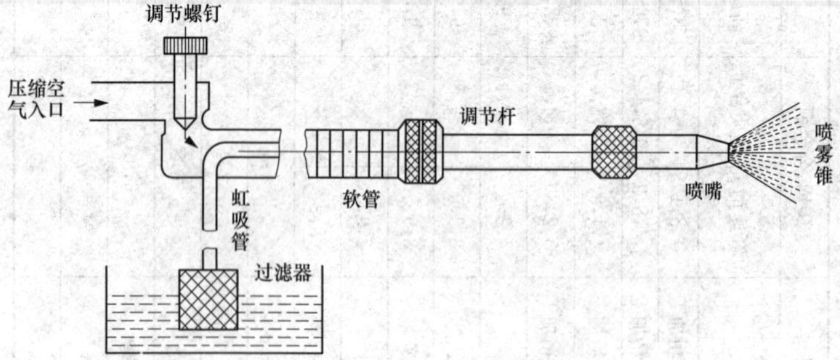

图 2-19　喷雾冷却装置原理图

常用的切削液加注方法、特点及应用场合见表2-23。

表 2-23　　　　常用切削液的加注方法、特点及应用

类型		切削液的加注方法	特点及应用
循环泵供液法	低压浇注法	由电泵经输液管道及喷嘴等供应切削液到切削区，犹如"淋浴"。切削液压力低（$p<0.5MPa$），喷嘴出口处切削液流速 v $<10m/s$。切削液不易进入切削区，冷却、清洗效果较差。用过的切削液经集液盘流回水箱或油箱	广泛用于各种机床 采用单级低压离心泵（电泵），设备简单，使用方便
	高压喷射法	切削液在较高压力下（$p = 0.35 \sim$ 3MPa），经小孔式或狭缝式喷嘴喷射到切削区，喷嘴出口处切削液流速 $v = 20 \sim$ 60m/s。冷却、清洗效果好。用于小孔深孔钻、拉削等高压内冷却时，切削液压力可达 10MPa，以利排屑	适用于加工难加工材料、深孔加工、拉削内表面、高速磨削及强力磨削
手工供液法		用油壶、笔、毛刷等供液，在单件、小批量生产中进行钻孔、铰孔或攻螺纹加工	方便、简单，用糊状切削液时，不得不用抟刷涂抹
喷雾供液法		用压缩空气使切削液雾化成为混合流体（压缩空气 $p=0.3\sim0.5MPa$），经离切削区很近的喷嘴喷射到切削区，流速可达 200～300m/s。由于混合流体自喷嘴高速喷射出时要膨胀吸热及雾珠气化吸热，冷却效果很好。切削液消耗量少	适用于难加工材料的车削、铣削、攻螺纹、拉削、孔加工等以及刀具刃磨 需吸雾装置回收切削液；当切削液中含有有害物质时，应特别注意车间污染问题 组合机床、数控机床、加工中心常采用喷雾冷却，特别是加工铸铁、铝合金

三、切削液使用时的注意事项

切削液使用时应注意以下几点：

（1）油状乳化油必须用水稀释后才能使用。但乳化液会污染环境，应尽量选用环保型切削液。

图 2-20　切削液浇注的区域

（2）切削液必须浇注在切削区域内，如图 2-20 所示，因为该区域是切削热源。

（3）用硬质合金车刀切削时，一般不加切削液。如果使用切削液，必须从一开始就连续充分浇注，否则硬质合金刀片因骤冷而产生裂纹。

（4）控制好切削液的流量。流量太小或断续使用，起不到应有的作用；流量太大，则会造成切削液浪费。

（5）加注切削液可以采用浇注法和高压冷却法。浇注法是一种简便易行、应用广泛的方法，一般车床均有这种冷却系统，如图 2-21（a）所示。高压冷却法是以较高的压力和流量将切削液喷向切削区，如图 2-21（b）所示，这种方法一般用于半封闭加工或车削难加工材料。

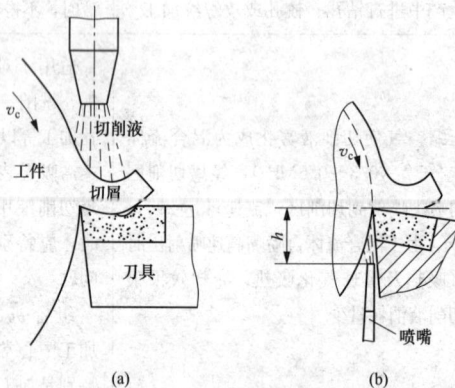

图 2-21　加注切削液的方法
（a）浇注法；（b）高压冷却法

四、切削液使用故障分析及解决措施

切削液使用过程中产生故障原因分析及解决措施见表 2-24。

表 2-24　切削液使用过程中产生故障的原因及解决措施

一、切削加工效果方面的问题		
现象	产生原因	解决措施
摩擦磨损导致刀具耐用度降低（后刀面磨损急剧增大）	由于刀尖处润滑性不足产生机械性磨损	1. 选用脂肪油分含量多的油基切削液 2. 若切削液明显劣化，应换用新液 3. 增大供液量和供液压力，直接向后刀面供液 4. 使用水基切削液的场合，应选用含有极压添加剂的乳化液，并在高浓度下使用
刀尖黏结，积屑瘤破碎	由于切削液抗黏结性能不佳，以至于积屑瘤异常增大 由于积屑瘤破碎引起刀刃损伤与剥落，由此产生摩擦磨损	1. 换用润滑性强的油基切削液 2. 补充添加剂（油基切削液） 3. 将水基切削液换成油基切削液
过度发热导致刀具耐用度降低（刀尖软化、熔融、切屑变色）	对于刀尖部分的冷却不充分	1. 将油基切削液换成水基切削液 2. 增大供液量和供液压力 3. 保持切削液的温度不变（不升高）
加工精度不好	1. 冷却不匀或不充分 2. 由于积屑瘤的附着导致过大切深	1. 充分供液冷却 2. 保持切削温度一定 3. 换用抗黏结性优异的切削液（油基切削液） 4. 补充极压添加剂（油基切削液）
若从油基切削液换成水基切削液，则刀具耐用度降低	由于切削液种类固有的性能差别引起润滑不良	1. 将含极压添加剂的乳化型切削液在高浓度下使用 2. 将水基切削液的原液向刀具喷雾供应

一、切削加工效果方面的问题		
现象	**产生原因**	**解决措施**
使用过程中，刀具耐用度逐渐降低	1. 由于漏油混入引起添加剂浓度降低（油基切削液） 2. 由于只补充水造成浓度降低（水基切削液）	1. 换用新液 2. 补充添加剂 3. 采取措施防止漏油 4. 检查使用液浓度并补充原液
由于破损使刀具耐用度降低	由于冷却的热冲击导致刀具破损	1. 改善供液法，扩大供液范围 2. 换用冷却性差的切削液 3. 硬质合金刀具断续切削时不用切削液（干切削）
已加工表面质量恶化（粗糙、撕裂、拉伤）	1. 由于润滑不充分而附着积屑瘤 2. 切屑黏结引起拉伤	1. 换用抗黏结性好的切削液 2. 改善过滤方法以除去微细切屑 3. 改善供液法以求不出现"断油"现象
钻孔、铰孔、攻丝时的黏结与破损	刀刃部产生断油现象，润滑不足 边缘部分润滑不足	1. 增大供液量 2. 换用润滑油性和抗黏结性好的切削液（油基切削液） 3. 攻丝加工时采用糊状切削液 4. 在水基切削使用场合检查稀释倍率，并在高浓度下使用
二、磨削加工效果方面的问题		
砂轮耐用度低	砂轮堵塞	磨削液的渗透性、洗净性不好	1. 油基磨削液的场合 (1) 降低磨削液的黏度 (2) 增大供液量和压力 2. 水基磨削液的场合 (1) 换用渗透性、洗净性好的切削液 (2) 增大供液量和压力 (3) 使用易使磨粒自锐的合成切削液

二、磨削加工效果方面的问题

现象		产生原因	解决措施
砂轮耐用度低	砂轮磨钝	磨削液的润滑性不足，砂轮切削刃因磨耗而变平	1. 油基磨削液的场合 （1）增加黏度 （2）换用油性剂和极压添加剂多的磨削液 （3）增大供液量和压力 2. 水基磨削液的场合 （1）润滑性好的乳化液或合成切削液在高浓度下使用 （2）增大供液量和压力
	树脂砂轮的耐用度低	由于碱作用使树脂结合剂溶解	水基磨削液的场合：换用碱性弱（pH8.5左右）的切削液
已加工表面粗糙度值大		磨削液的润滑性不足	1. 油基磨削液的场合 （1）提高磨削液的黏度 （2）换用油性剂和极压添加剂含量多的磨削液 （3）改善过滤装置 2. 水基磨削液的场合 （1）换用润滑性好的合成切削液 （2）提高切削液浓度 （3）增大供液量和压力 （4）改善过滤装置
尺寸精度不高		切削液的冷却性不足，工件热膨胀	1. 增大供液量和压力 2. 使磨削液温度下降并保持稳定（让磨削液冷却）
工件表面状态	烧伤和裂纹	磨削液渗透性不好，因而达不到磨削区域，导致磨削热发生量大	1. 油基磨削液的场合 （1）降低磨削液的黏度 （2）增大供液量和压力 2. 水基磨削液的场合 （1）换用渗透性好的切削液 （2）增大供液量和压力

二、磨削加工效果方面的问题		
现象		产生原因	解决措施

现象		产生原因	解决措施
工件表面状态	硬度下降，产生残余应力	磨削液的润滑性、冷却性不足，在磨削区域有大量的磨削热产生	1. 油基磨削液的场合 （1）增大磨削液的黏度 （2）换用油性剂、极压添加剂含量多的磨削液 （3）增大供液量和压力 2. 水基磨削液的场合 （1）换用润滑性好的合成切削液或乳化液，并在高浓度下使用 （2）增大供液量和压力
随着从油基到水基磨削液的转换，砂轮耐用度变低，已加工表面粗糙度变差		油基与水基磨削液润滑性和渗透性不同	1. 含极压添加剂的乳化液在高浓度（5倍左右）下使用 2. 增大供液量和压力 3. 改善供液方法
随着磨削液的使用期间增加，砂轮耐用度下降		1. 漏油混入，使磨削液性能下降 2. 磨削液中切屑微细磨粒增多 3. 水基磨削液的浓度降低（加水过多） 4. 切削液性能降低（切削液腐败等）	1. 油基磨削液的场合 （1）换用新的磨削液 （2）补充有效成分 （3）改善过滤装置 （4）采取措施防止漏油 2. 水基磨削液的场合 （1）判定使用切削液的浓度，补充原液 （2）改善过滤装置 （3）采取措施防止漏油 （4）添加防腐剂，增加pH剂或原液，使之恢复正常状态 （5）换用新液

三、切削液使用和管理方面的问题		
机床或工件生锈（水基切削液）	1. 使用液浓度下降 2. pH值降低 3. 浸硫砂轮中硫的溶解 4. 防锈剂被消耗掉 5. 使用液腐败等劣化变质	1. 测定浓度并使之保持一定 2. 补充碱以保持pH值在9左右 3. 换用考虑了浸硫处理对策的磨削液 4. 补给防锈剂 5. 严重劣化时换用新液

续表

三、切削液使用和管理方面的问题		
现象	产生原因	解决措施
工序间零件生锈（水基切削液）	1. 停留时间过长 2. 受附近酸洗槽释放出来的酸性气体的腐蚀 3. 在台风、梅雨季节等异常气象条件下存放	1. 涂上防锈油 2. 在周围环境条件恶化的情况下，预先涂上防锈油脂
机床床面等出现一般的污斑（油基切削液）	由于金属表面与切削液中成分发生反应引起	1. 操作完结时，做好清洁工作 2. 查检切削液中是否混入了水分 3. 检查极压添加剂的反应性 4. 劣化变质的切削液应及时更新
铜合金零件变色或腐蚀（油基切削液）	由切削液中的成分与铜合金起反应引起	1. 检查切削液对铜合金的适应性，若不适合应更换 2. 劣化变质严重时切削液应更新
限位开关等电气系统故障（水基切削液）	1. 水分的混入 2. 飞溅上去的切削液的吸湿性 3. 切削液中的高级脂肪酸皂的黏稠性	1. 采用防止水分混入的护罩并进行密封 2. 换用无机盐含量少的切削液（如换成合成切削液或乳化液） 3. 换用含高级脂肪酸皂少的切削液
滑动面出现附着物，检测装置运动不灵活（油基切削液）	滑动面上异物滞留	1. 定期清扫 2. 切削液劣化显著时更换新液 3. 选用氧化稳定性好的切削液
乳化液分离、转相、生成不溶物（水基切削液）	1. 稀释方法不当 2. 漏油混入多 3. 乳化液劣化严重、腐败 4. 氢氧化铝引起生成金属碱（工件为铝合金的场合）	1. 在切削液箱内注满水并搅拌，然后加入原液乳化 2. 安装漏油回收装置 3. 添加防腐剂、pH 值增加剂或原液 4. 换用新液

三、切削液使用和管理方面的问题

现象	产生原因	解决措施
涂料剥落（水基切削液）	切削液中的碱和表面活性剂的作用	磷苯二甲酸系涂料易剥落，故应烤涂乙烯树脂系或聚氨酯系的涂料
起泡激烈（水基切削液）	表面活性剂量太大（稀释浓度太浓）	1. 浓度太大时加水稀释 2. 使用消泡剂 3. 改变切削液种类
切削液易腐败，换液频繁（水基切削液）	1. 管理不善 2. 切削液的防腐性能不良 3. 漏油、切屑混入过多 4. 休假期间鼓入空气不足 5. 使用浸硫砂轮	1. 进行 pH 值检测和浓度管理 2. 定期添加杀菌剂 3. 设置除去漏油和切屑的装置（防止漏油混入） 4. 休假期间向切削液中鼓入空气 5. 换用考虑了浸硫砂轮对策的磨削液
使用的切削液发红（水基切削液）	1. 磨削液中的胺与切屑（铁）反应造成 2. 生成了氢氧化铁	1. 除去切削液中的切屑 2. 添加防锈剂、pH 值增强剂
过滤器早期堵塞、管道堵塞（水基切削液）	1. 切削液腐败，分离物变成淤渣状 2. 切削液产生霉菌、沉渣	1. 换用新的切削液 2. 加入防霉剂
过滤器早期堵塞、管道堵塞（油基切削液）	切削液劣化并引起黏度上升	1. 换用新的切削液 2. 选用氧化稳定性好的切削液 3. 改良除屑装置
飞溅出来的切削液在液箱内冒烟、起火（油基切削液）	切削液的闪点过低	1. 换用水基切削液 2. 换用闪点高的切削液

四、安全卫生方面的问题		
现象	产生原因	解决措施
皮肤炎： 操作者的皮肤干燥、开裂、发疹、肿疱、红斑、溃烂（油基切削液、水基切削液）	1. 溶剂或低黏度石油制品引起脱脂 2. 油基切削液引起油过敏 3. 碱和表面活性剂引起的脱脂与刺激	1. 选用对皮肤刺激性小的切削液 2. 设立防止飞溅的装置。实现工序自动化以减少与切削液接触的机会 3. 教育操作者要注意经常保持手、腕及工作服的清洁，作业终了时必将手腕洗干净并涂上保护脂 4. 加强使用切削液的管理，防止劣化和腐败 5. 必要时对过敏体质的操作者调换工作
机床周围恶臭（水基切削液）	1. 使用的切削液腐败 2. 油盘、地面等处漏出的切削液腐败	1. 更换新的切削液 2. 添加杀菌剂、防腐剂，清扫油盘和地面
机床周围恶臭（油基切削液）	随着冒烟，切削液成分气化，分解生成物气化	1. 增大供液量 2. 更换切削液
液雾（油基切削液、水基切削液）	喷雾供液引起	1. 设置收集装置，增添换气设备 2. 减少供液量
冒烟激烈，工厂内烟雾弥漫（油基切削液）	切削液闪点太低	1. 大量供给闪点高的切削液 2. 换用水基切削液

第三章

刀 具 材 料

第一节 常 用 刀 具 材 料

一、刀具材料发展史

1. 刀具发展史

刀具是机械制造中用于切削加工的工具，又称切削工具。广义的切削工具既包括刀具，又包括磨料、磨具。绝大多数的刀具是机用的，但也有手用的。由于机械制造中使用的刀具基本上都用于加工金属材料，所以"刀具"一词一般就理解为金属切削刀具。切削木材用的刀具则称为木工刀具。

刀具的发展在人类进步的历史上占有重要的地位。我国早在公元前28～前20世纪，就已出现黄铜的锥和纯铜的锥、钻、刀等铜质刀具。战国后期（公元前3世纪），由于掌握了渗碳技术，制成了钢质刀具。当时的钻头和锯，与现代的扁钻和锯已有些相似之处。然而，刀具的快速发展是在18世纪后期，伴随蒸汽机等机器的发展而来。1783年，法国的勒内首先制出铣刀。1792年，英国的莫兹利制出丝锥和板牙。有关麻花钻的发明最早的文献记载是在1822年，但直到1864年才作为商品生产。

那时的刀具是用整体高碳钢制造的，许用的切削速度约为5m/min。1868年，英国的罗伯特·墨希特（Robert Mushet）制成含钨的合金工具钢。1898年，美国的泰勒和怀特发明高速钢。1923年，德国的施勒特尔发明了硬质合金。在采用合金工具钢时，刀具的切削速度提高到约8m/min；采用高速钢明，又将切削速度提高两倍以上，而且切削加工出的工件表面质量和尺寸精度也大大提高。1938 年，德国德古萨公司取得关于陶瓷刀具的专利。1969 年，瑞典山特维克钢厂取得用化学气相沉积法生产碳化钛涂层硬质合金刀片的专利。1972 年，美国的邦沙和拉古兰发展了物理气相沉积法，在硬质合金或高速钢刀具表面涂覆碳化钛或氧化钛硬质层。表面涂层方法把基体材料的高强度和韧性与表层的高硬度和耐磨性结合起来，从而使这种复合材料具有了更佳的切削性能。同年，美国通用电气公司生产了聚晶人造金刚石和聚晶立方氮化硼刀片，这些非金属刀具材料可使刀具以更高的速度切削。

2. 刀具材料发展史

刀具材料的发展历史，实际上就是不断提高刀具材料耐热性的过程。18 世纪中叶，在欧洲出现了工业革命以后，采用碳素工具钢制造车刀，其成分与现代的 T10、T12 相近。碳素工具钢有较高的硬度，切削刃能够磨得很锋利，但只能承受 200～250℃ 的切削温度，加工普通钢材时的切削速度为 5～8m/min，切削铸铁的速度为 3～5m/min，故切削效率很低。用碳素工具钢车刀镗削瓦特蒸汽机的一个大气缸的孔和端面用去 27.5 个工作日。1861 年，英国罗伯特·墨希特（Robert Mushet）发明了含钨的合金工具钢。最初的高速钢 w_W 为 8%，w_{Cr} 为 3.6%，能承受 350℃ 的切削温度，切削速度可提高到 8～12m/min，1898 年，美国机械工程师泰勒（Winslow Taylor）和冶金工程师怀特（Maun White）研制成功了高速钢，其化学成分（质量分数）为：C0.67%、W18.91%、Cr5.47%、Mn0.11%、V0.29%，其余为 Fe，能承受较高的切削温度，切削普通钢材，可采用 25～30m/min 的切削速度。从 1900 年至 1920 年，出现了添加钒（V）和钴（Co）的高速钢，使其耐热性提高到 500～600℃，同时还出现了铸造钴基合金，加工钢的切削速度达到了 30～40m/min，切削铸铁的速度达到了 15～20m/min。高速钢的出现，引起了金属切削的革命，大大提高了金属切削的生产率，使美国和世界各国的机械制造业得到迅速发展，并取得了巨大的经济效益，一百多年来人们对这种材料的性能一直进行着孜孜不倦的改进（现代高速钢切削钢材的速度可达 40m/min 以上）。直至今日，高速钢还是金属切削业中不可缺少的刀具材料。

　　随着人类生产水平的提高,高速钢刀具已不能满足高加工效率和高加工质量的要求。特别是用高速钢刀具来加工镍基合金、模具钢等材料时,其加工速度和寿命让人感到无法忍受。1925年德国人史律太尔发明了硬质合金。德国 Krupp 公司于1926年获得此专利并开始开发、推广。由于其出色的硬度,当时就把公司冠名为"WIDIA"-Wie Diamant（德语,意为"硬似金刚石"）。其成分（质量分数）为:WC 94%、Co 6%。最初研制的 WC-Co 合金的耐热性达到了800℃,加工铸铁的效果很好,切削速度可提高到40m/min以上,但加工钢时的寿命很低。到了1931年,发明了WC-TiC-Co 合金,其耐热性达到900℃以上,加工钢时的切削速度达到了220m/min。第二次世界大战期间,由于大批量、高效率生产兵器的需要,美、英、苏、德各国已部分使用硬质合金刀具,二战后逐步扩大使用。其后出现了添加熔点更高的 TaC、NbC 而制成的 WC-TiC-TaC（NbC）-Co 合金。20世纪50年代末出现了以 TiC 为基本成分的 TiC-Ni-Mo 合金,其耐热性达到了1000～1100℃以上,因而切削速度可进一步提高。1968年前后开发的涂层硬质合金刀具将耐熟性提高到1000～1200℃以上,促使切削加工水平和能力向前迈进了一大步。

　　硬质合金材料的出现与发展,进一步完成了从高速钢开始的金属切削革命,并使切削速度和效率有了跳跃性的提高,所以被称为"刀具技术的第一次革命"。

　　20世纪后半叶,工件材料的力学性能不断提高,产品的品种和批量逐渐增多,加工精度的要求日益提高,工件的结构和形状不断复杂化和多样化,对刀具提出了更新、更高的要求,硬质合金刀具在这些新的要求中发挥了重大作用,而且硬质合金本身也有发展,出现了许多新品种,其性能不断提高。但硬质合金较脆,韧性不足,可加工性远远低于高速钢,开始时只能用于车刀和铣刀,后扩大到其他刀具,但不能用于所有的刀具,正因如此,高速钢由于能制造各种类型的刀具,始终占领着很大的份额,而高速钢也发展了很多新品种,切削性能比起初的普通高速钢有了很大提高。时至今日，高速钢和硬质合金仍是用得最多的两种刀具材料，硬质合金稍过半数。经过半个世纪的发展，硬质合金竟然占领了如此广阔的阵地，是人们在当初所预料不到的。

由于硬质合金刀具仍不能满足现代高硬度工件材料的超精密加工的要求，于是更新的刀具材料不断涌现。1938 年德国古萨公司首先取得了陶瓷刀具的专利，但陶瓷真正作为刀具商品出售时则是在 20 世纪 50 年代中期，这个时期的陶瓷刀具主要是氧化铝陶瓷（所谓的白陶瓷），耐热性在 1200℃以上。随后在 20 世纪 60 年代又研制成功了综合性能更好的 Al_2O_3+TiC 混合陶瓷（黑陶瓷），耐热性在 1100℃以上。1981 年出现了氮化硅陶瓷刀具，耐热性高达 1300～1400℃，陶瓷刀具在近几年有很大发展，应用也越来越广，利用陶瓷刀具加工钢、铸铁、淬硬钢、高锰钢和镍基高温合金时，刀具寿命可比硬质合金长几倍。然而，陶瓷与硬质合金相比，尽管其硬度稍高于硬质合金，但其强度、韧性和可加工性的不足，毕竟会影响陶瓷刀具的未来发展前景。

金刚石是人类已经发现的最硬的物质，其硬度达 10 000HV。1954 年美国通用电气公司采用高温高压的方法成功地合成了人造金刚石。1964 年美国 GE 公司首次申请了以某些金属添加剂使金刚石之间产生结合的美国专利。1966 年，英国 De Beets 公司用金属作黏结剂制成了金刚石聚晶。但一般认为（GE 公司 1970 年公布），1972～1973 年正式生产的 Compax 具有划时代的意义。自此以后，聚晶金刚石得到了快速的发展。人造金刚石刀具主要用于加工有色金属和非金属，如铝、高硅铝合金、铜、锰、镁、铅、钛等有色金属和硬纸板、木材、陶瓷、玻璃、玻璃纤维、花岗岩、石墨、尼龙、强化塑料等耐磨非金属材料。例如，用金刚石刀片加工玻璃纤维时，其寿命比硬质台金刀片要提高 150 倍。

立方氮化硼是硬度仅次于金刚石的第二种人造超硬材料，其硬度为 8000～9000HV，耐热性高达 1300～1500℃。立方氮化硼于 1957 年合成成功，1970 年烧结成可作为刀具使用的烧结块。立方氮化硼最适合于加工各种硬度在 45HRC 以上的淬硬钢（碳素钢、轴承钢、模具钢、高速钢等）和高温合金。

综上所述，在 20 世纪，刀具材料发展的速度比过去快得多。百花齐放，推陈出新，令人眼花缭乱，目不暇接。其品种、类型、数量和性能均比过去有大幅度的发展和提高，推动着人类物质文明迅速前进。20 世纪前半、后半叶时期分别是高速钢、硬质合金大发展的年代。近 50 年中，硬质台金不断提高自身的切削性能，发展了许多新品种，从高速钢的领域中占领了大片阵地，成为当前用量超过一半的刀具材料。目前，二者共占有 90% 以上的刀具市场份额。可以预计，硬质合金的使用范围将进一步扩大，高速钢凭借其综合性能的优势，仍将占有一定的传统阵地。

由于资源、价格和性能的原因，陶瓷材料也将得到发展，代替一部分硬质合金刀具。随着镁铝合金等材料的广泛应用，超硬刀具的份额将会不断提高。

二、现代金属切削技术对刀具生产模式的影响

1. 刀具材料在切削加工中的重要性

在人类文明发展的历史长河中，刀具材料的进步起到了非常重要的作用。在原始社会就有人把坚硬的石刃紧固在木把上制成石刃木把刀具。在奴隶社会，青铜材料的出现让刀具性能大大提高，同时也开发出更多种类的刀具，如青铜挫、青铜锯等。铁材料的开发成功使人类的发展进入历史快车道，铁制刀具大大提高了人类的加工能力，改善了人们的生活方式，同时也促使社会进步。工具钢的出现揭开了现代金属加工的序幕。高速钢的广泛应用掀起了切削加工的高速发展。而硬质合金材料和超硬材料的开发成功直接驱使现代金属加工业进入黄金时代，同时也为人类进入现代化社会生活奠定了物质基础。因此，英国科学家 K. P. Oakley 指出，人类是随着新的切削刀具材料的发明而逐渐进步的。

在现代机械加工中，切削加工是基本而又可靠的精密加工手段，在汽车、摩托车、航空航天、动车高铁、模具、机床、电子等各种现代产业中起着重要的作用。据统计，切削加工的劳动量约占全部机械制造劳动量的 30%～40%，约 70% 的各类零部件需要切削刀具来加工。在影响切削发展的诸多因素中，刀具材料起着决定性作用。这是因为刀具材料性能的好坏以及使用是否合理直接影响了刀具寿命的高低、刀具消耗和加工成本的多少、加工精度和表面质量优劣等。

新型刀具材料的出现以及不同刀具材料本身性能的改进，可以显著提高切削速度，从而使切削加工生产率大大提高。从表 3-1 中可以看出，在 80 多年的时间里，由于刀具材料的发展，切削加工生产率提高了 100 多倍。目前刀具材料的切削速度可达每分钟上千米乃至万米，可以进行所谓的高速切削，从而使切削效率提高 3～5 倍，加工成本可降低 20%～40%。

表 3-1　不同年代不同刀具切削中碳钢件所需的切削时间

工件材料	切削时间/min					
	1900 年碳素工具钢	1910 年高速钢	1930 年硬质合金	1970 年涂层硬质合金	20 世纪 70 年代末陶瓷	20 世纪 80 年代初多涂层硬质合金
直径为 100mm、长度为 500mm 的中碳钢件	105	26	6	2	<1	0.7

新型刀具材料可以提高零件的加工表面质量、加工精度和寿命。例如切削 TC6 钛合金时，聚晶金刚石（PCD）刀具与 YG6X 硬质合金刀具比较，加工表面粗糙度 Ra 为 0.4～0.5μm，寿命提高 1.5～2 倍。再比如采用 Si_3N_4 刀具切削 LD5 铝合金（≥95HBW）时，当 Si_3N_4 刀具的切削行程比 YW1 硬质合金刀具提高 3.37 倍时，Si_3N_4 刀具的磨损仅及 YW1 硬质合金刀具的 1/10，表面粗糙度 Ra 为 0.2～0.1μm。

在金属切削加工中，为了降低切削温度，改善加工过程的摩擦磨损状态，提高工件的表面质量，延长刀具的使用寿命，常常使用切削液。然而，切削液的使用会带来诸如制造成本增加、严重污染环境、直接危害操作工人的身体健康等一些问题。干式切削就是一种为了保护环境和降低成本而有意识地在机械加工中减少或完全停止使用切削液的加工方法，能使企业经济效益和社会效益协调优化地发展。干切削技术已成为金属切削加工发展的趋势。干切削技术的实施要求刀具材料应具备更高的耐热性和热韧性，良好的耐热冲击性、抗黏结性及高耐磨性。从 20 世纪 90 年代开始，国外对干切削技术进行了大量研究，高韧性和高硬度兼备的细颗粒硬质合金、涂层硬质合金、陶瓷及金属陶瓷、立方氮化硼（CBN）、聚晶金刚石（PCD）等刀具材料已应用于实际生产，取得了一定的社会效益和经济效益。

由于刀具材料性能的提高，可以显著降低刀具材料的费用。表 3-2 所示为不同时期日本刀具材料费用占切削费用比重的情况。

表 3-2 　　　　不同时期日本刀具材料费用占切削费用
比重的情况

时间	1945 年以前	1945～1955 年	1955～1965 年	1965～1975 年	1975～1985 年	1985～1995 年
刀具材料主流	高速	硬质合金	可转位刀具	涂层硬质合金	第四代涂层硬质合金	第五代涂层硬质合金
刀具材料费用占切削费用比重（%）	50	40	20～30	5～10	1～2	<1

2. 现代金属切削技术对刀具生产模式的影响

进入 20 世纪后半叶以来，由于计算机、微电子等新兴科学技术以及与切削技术紧密相关的材料科学的快速发展，切削技术随着制造业的发展和制造技术的进步也得到了快速发展，并进入了现代切削技术的新阶段。与传统的切削技术相比，现代切削技术不仅体现为切削速度更快、加工效率更高，而且形成了新的发展机制和模式，显现出新的技术特点，成为推动制造业和现代制造技术发展的重要技术因素。

（1）现代切削技术的发展机制。在切削技术问世后相当长的一段时期内，有一个问题始终困扰着工具行业和刀具用户，即如果使用价格较贵的好刀具进行切削加工，虽然可以提高切削效率，但会增加制造成本，用户认为那得不偿失。因此，许多用户舍不得花较多的钱买好的刀具，或者买了好刀后担心刀具很快用坏，将刀具寿命定得很长。这些观念和做法阻碍了刀具的更新，影响了刀具制造商开发新刀具的积极性，制约着切削效率的提高和切削技术的进步。

一个制造经济学的成本模型揭示了应用好的刀具与降低制造成本之间的内在关系。这一模型将零件制造成本分解为可变成本（刀具、材料）和固定成本（管理、劳动力、机床使用）两部分。表 3-3 中列出的这些数字以百分比的方式表示每个零件的平均成本。可以看出，切削刀具的成本只占总成本的 3%，这意味着刀具寿命或价格方面的改善，只能提供很小的节省，这些数字还说明了刀具的哪些方面具有更大的节省潜力。

表 3-3　　　　　　　　零件的制造成本划分

可变成本 （仅在生产中发生的成本）	切削刀具	3%
	工件材料	17%
固定成本 （所有时间都发生的成本）	机械	27%
	劳动力	31%
	厂房管理	22%

根据这一成本比例，可得出以下结论：如果消极地追求降低刀具费用，其结果只能是降低零件成本中很少的百分数，例如降低刀具费用 50%，零件制造成本也只能下降约 2%，且未考虑因使用廉价刀具而增加停机时间或降低切削用量可能增加的成本费用。如果使用好的刀具，虽然刀具费用可能增加，但由于可以提高切削速度或进给量（譬如提高 20%）则可使占零件制造成本 70% 以上的加工费用下降 10% 以上，大大高于由节省刀具费用所产生的 2% 的效益。目前在切削行业较为通行的说法是，提高切削速度或进给速度 15%～20%，可以降低制造成本 10%～15%。许多成本分析案例还表明，尽管好的刀具价格较贵，但由于提高了加工效率，分摊到每一工件上的刀具费用不但没有增加反而会有所减少。

该成本分析模型还表明，在使用好的刀具时，如果不注重提高切削效率而只是追求延长刀具寿命，对于降低制造成本只能收到十分有限的效果，甚至可能适得其反。

（2）现代切削技术的技术特征。切削加工进入现代切削技术新阶段，不仅反映在将切削技术的发展建立在刀具制造商与刀具用户相互联动的机制上，而且还在此基础上表现出以下明显的技术特征。

1）高速切削、高效切削、硬切削、干切削等新的切削工艺全面突破了传统切削技术在提高加工效率方面遇到的技术障碍（瓶颈），从整体上改变了切削加工的面貌。

这些新工艺应用于汽车、航空、模具、装备制造业等切削加工"大户"，不仅成倍提高了加工效率，而且推动了产品开发和工艺革新。例如，航空制造业出现铝合金高速铣削工艺后，使飞机大型结构件不必再用组件进行装配，而可以用整体薄壁铝合金替代，不但减轻了构件重量，增加了构件强度和刚性，而且提高了加工质量，降低了制造成本。以大批量生产为特点的汽车工业更是研发和应用切削新工艺的先锋，开发了许多加工发动机、变速箱等主要零部件的高效新工艺，使生产时间大大缩短。近年来，快速发展的模具工业可以说是与高速模具切削工艺一同成长，大型模具高速铣削和淬硬模具铣削工艺改变了传统的模具加工工艺，大大缩短了模具开发周期，而且为适应模具工业快速发展的需要，已形成了专门面向模具加工的模具刀具新系列，成为现代刀具中发展最快的门类。

与此同时，传统的车、铣、钻等切削工艺的界限不断被打破，出现了一些新的切削加工方法。如新推出的铣刀可作为孔加工刀具进行钻孔和扩孔，减少了换刀时间，提高了加工效率；又如能高效去除模腔金属的插铣刀、加工曲轴的车拉工艺、在复合车削中心上以铣代车的铣车工艺、用硬质合金螺纹车刀代替硬质合金丝锥的螺纹高速加工工艺等。切削工艺不断推陈出新，呈现出蓬勃生机，开拓着制造技术的新领域。

此外，随着各种复合机床及"一台机床或一次装夹完成全部加工"技术的发展，一些复合刀具种类也越来越多，将进一步改变切削加工的传统概念。

2）刀具材料和涂层技术取得了重大进展，为现代切削技术的诞生奠定了重要物质基础。

硬质合金、陶瓷、PCD、CBN 等超硬刀具材料性能的全面进步，以及涂层技术的发展使得高速切削、高效切削、硬切削、干切削等先进的切削技术得以实用化，使切削加工各领域的加工效率全面提高。

可以说，新型刀具材料（尤其是硬质合金）和涂层技术的重大进展是构成现代切削技术的重要物质基础，并且是支持现代切削技术持续发展的核心技术，对切削技术的发展起着主要推动作用。目前，世界上著名工具企业的成长和发展无不建立在这两项核心技术的基础之上。认识到这一点对于规划我国工具工业的发展方向具有重要意义。目前，我国只有个别刀具制造商拥有硬质合金材料和涂层技术这两种核心资源，这种现状与现代切削技术发展的要求很不相称，必须加以改变。我国是钨资源大国，开发生产刀具材料有着得天独厚的条件，发展先进刀具材料，将资源优势转变为产品优势、竞争优势，是中国工具工业的重任；创建自主的刀具材料品牌应成为中国工具工业的特色和强项，从而推进我国乃至世界切削技术的进步发挥应有的作用。

3）在"量体裁衣、系统优化"思想的指导下，刀具新牌号、新产品的创新速度大大加快，为制造业不断提供新的效率资源。

刀具作为一种工具，是制造系统中最具活力的工艺因素，处于不断创新的过程中。在现代切削技术阶段，刀具的发展有两大特点：

①创新速度加快。新的材料牌号、新的涂层产品、新的刀具（片）结构、新的刀具柄及装夹技术、新的加工方法等层出不穷。这些新产品或者提高切削速度，降低制造成本，或者提高加工质量，各具特色。

②系统优化创新。切削加工因为不同的加工零件、性质多变的工件材料及具体的加工条件而千差万别，呈现出多样性和复杂性。要取得好的加工结果，应该采用最适合具体加工对象的刀具，对刀具材料、涂层和刀片槽形、几何参数或结构进行系统优化，

有针对性地开发出适用的刀具，方能取得最佳的切削效果。在系统优化的基础上，现在新开发的一种涂层硬质合金牌号往往可比原有牌号提高切削效率50%以上。一种新的刀具产品能提供一种新的加工效果或显著提高加工效率。数控磨削技术的广泛应用，使得复合刀具的制造变得更加灵活、快捷，多功能复合刀具可以减少换刀时间，提高机床利用率。有的刀具具有减小切削力、抑制切削振动、有利于排屑等功能，可产生延长刀具寿命、提高加工质量的效果。这些建立在新的切削原理与制造技术市场基础上优化开发的新产品具有强大的生命力。

数控万能工具磨床的广泛应用，使刀具的生产与提供融入机械制造企业的工艺过程中，使企业在刀具的研发上具有了自主创新的能力。刀具开发、生产、供应与用户直接融合成一体，可以快速帮助具体生产对象找到加工问题的解决方案、开发新工艺等，全面提高了企业的工作效率和加工能力。

三、刀具材料必须具备的性能

在金属切削过程中，刀具是在高温下进行切削加工的，同时刀具的切削部分还要承受较大的切削力、冲击、振动和剧烈的摩擦。刀具寿命的长短、切削速度的高低，首先取决于刀具是否具有良好的切削性，此外，刀具材料的工艺性能对刀具本身的制造与刃磨质量也有很大影响。因此，刀具切削部分的材料应满足下列性能要求。

（1）高硬度。刀具材料切削部分的硬度必须高于工件材料的硬度，常温下硬度应达到60HRC以上。某些难以加工的材料，对刀具硬度要求则更高。

（2）高耐磨性。刀具材料必须具有良好的抵抗磨损的能力，以保证切削刃的锋利性，特别是在高温切削条件下，更需保持应有的耐磨性。通常刀具材料的硬度越高，耐磨性越好。但由于切削条件较复杂，材料的耐磨性还取决于它的化学成分和金相组织的稳定性。

（3）足够的强度和韧性。刀具材料应具备足够的强度和韧性，才能保证刀具在切削过程中承受总切削力、冲击和振动，避免刀具崩刃或脆性断裂。一般用抗弯强度和冲击韧度来衡量它们的好坏。冲击韧度是指刀具材料在间断切削或有冲击的工作条件下保证不崩刃的能力，一般地说，硬度越高，冲击韧度越低，材料越脆。硬度和韧性是一对矛盾体，也是刀具材料所应克服的关键性能。

（4）高耐热性。耐热性又称热硬性，是指刀具材料在高温下能够保持硬度、耐磨性、强度的能力。高温下硬度越高则耐热性越好，允许的切削速度也越高。它是评定刀具材料的主要性能指标，一般用温度来表示。

（5）较好的化学惰性。化学惰性是指刀具在工作时抗氧化、抗黏结和抗扩散的能力。化学惰性直接影响着刀具寿命。

（6）良好的工艺性。为了便于刀具的加工制造，要求刀具材料具有良好的可加工性和热处理性。可加工性主要是指切削加工性能和焊接、锻造及磨削加工性能；热处理性是指热处理变形小、脱碳层薄和淬透性好等特性。

此外，还应考虑刀具材料的经济性，否则将难以大量推广使用。当前超硬材料及涂层刀具材料费用都较贵，但其使用寿命很长，所以在成批大量生产时，分摊到每个零件的费用反而有所降低。因此在选用时一定要综合考虑其经济性。

四、常用刀具材料

刀具材料的种类很多，有金属材料和非金属材料之分。常用的刀具材料有工具钢、硬质合金、陶瓷和超硬材料四大类。刀具材料的牌号多达上千种，每种刀具材料，甚至特定牌号的刀具材料都有其特定的加工范围，只能适应一定的工件材料、一定的切削参数、一定的切削条件，如表 3-4 所示。万能的刀具材料是不存在的。因此，刀具材料的合理使用是刀具成功选用的关键。

（一）工具钢

通常所说的切削刀具用工具钢主要包括碳素工具钢、合金工具钢（主要指低合金工具钢）和高速工具钢（简称高速钢）。这类刀具材料主要用于低温、低速、低硬度金属材料的切削。

1. 碳素工具钢

碳素工具钢是指碳的质量分数为 $0.65\%\sim1.35\%$ 的优质高碳钢。碳素工具钢的牌号以汉字"碳"或汉语拼音字母字头"T"后面标以阿拉伯数字表示，碳素工具钢的牌号含义如下：

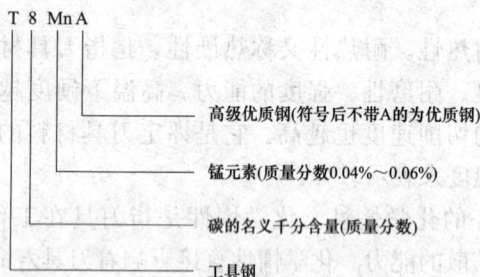

```
T  8  Mn A
```

高级优质钢(符号后不带A的为优质钢)

锰元素(质量分数0.04%～0.06%)

碳的名义千分含量(质量分数)

工具钢

表 3-4　　　常用刀具材料的组成、性能与应用

刀具材料	组　成	性能与应用
碳素工具钢	$w(C)0.7\%\sim1.3\%$	硬度：61～65HRC；热硬性：200～250℃；切削速度为 0.1～0.2m/s。淬火后易变形和开裂，适用于简单、低速的手工工具，如锉刀、锯条、刮刀等
合金工具钢	碳素工具钢中加入适量的铬（Cr）、钨（W）、锰（Mn）、硅（Si）等合金元素，提高材料的热硬性、耐磨性和韧性	硬度：61～65HRC；热硬性：300～350℃；切削速度为 0.25～0.3m/s。淬火变形小、淬透性好。常用于制造形状较复杂、低速加工和要求热处理变形小的刀具，如丝锥、板牙等
高速钢	钢中加入铬（Cr）、钨（W）、钼（Mo）等合金元素的高合金工具钢	淬火硬度：63～67HRC；热硬性：500～600℃；允许切削速度：40m/min。高速钢较高的抗弯强度和冲击韧度，热处理变形小，刃磨性能好，常用于制造各种形状复杂的成形刀具和精加工刀具，如钻头、铰刀、铣刀、拉刀、齿轮刀具等

续表

刀具材料	组 成	性能与应用
M类硬质合金	TiC+TaC(NbC)	有较好抗弯强度、冲击韧度、抗氧化能力、耐磨性、高温硬度，适于加工长切屑或短切屑的黑色金属材料（如钢、铸钢、不锈钢、灰铸铁）、有色金属等。常用牌号有：M10、M20、M30、M40等。数字越大，耐磨性越低而韧性越高，精加工选用M10；半精加工选用M20；粗加工选用M30
K类硬质合金	WC+Co	韧性较好，抗弯强度较高，热硬性稍差，适于加工短切屑的黑色金属、有色金属及非金属材料，如淬硬钢、铸铁、铜铝合金、塑料等。代号有：K01、K10、K20、K30、K40等。数字越大，Co含量越多，耐磨性越低而韧性越高。精加工可用K01；半精加工可用K10、K20；精加工选用K30、K40
P类硬质合金	WC+TiC+Co	由于加入了TiC，耐磨性及耐热性比K类硬质合金更高，但相应的含Co量减少，韧性较差，适于加工长切屑的黑色金属，如钢、铸钢等。常用牌号有：P01、P10、P20、P30、P40、P50等。数字越大，TiC的含量越多，耐热性和耐磨性越好，但韧性越差。粗加工选用含TiC少的牌号（如P01），精加工可选用含TiC多的牌号（如P50）
涂层刀具材料	在硬质合金或高速钢的基体上，涂一层几微米（5~12μm）厚的高硬度、高耐磨性的金属化合物（如TiC、TiN、Al_2O_3等）	寿命比不涂层的至少提高1~3倍，涂层高速钢刀具的寿命比不涂层的至少提高2~10倍。适用范围广

刀具材料	组　成	性能与应用
陶瓷	氧化铝基陶瓷：一般在 Al_2O_3 基体中加入 TiC、WC、SiC、TaC 和 ZrO_2 等成分	硬度、耐磨性和耐热性好。硬度：91～95HRA；热硬性：1200℃；常用切削速度：100～400m/min，甚至可高达 750m/min；切削效率比硬质合金提高 1～4 倍。与金属亲和力小，不易黏刀，加工表面光洁，但抗弯强度低，冲击韧度差。主要用于冷硬铸铁、高硬钢和高强钢等难加工材料的半精加工和精加工
	氮化硅基陶瓷：用的是 Si_3N_4＋TiC＋Co 的氮化硅基复合陶瓷	韧性常高于 Al_2O_3 基陶瓷。硬度相当，适合切削淬硬钢、高硬铸铁、一般铸铁
	含氮化硅-氧化铝陶瓷化学成分（质量分数）为：Si_3N_4 为 77%，Al_2O_3 为 13%，Y_2O_3 为 10%	硬度可达 1800HV，抗弯强度可达 1.20GPa。最适宜切削高温合金与铸铁
聚晶金刚石（PCD）	高温高压下将金刚石微粉聚合而成的多晶体材料	硬度可达 5000HV 以上（天然金刚石硬度为 10 000HV），耐磨性极好，可切削极硬材料而长时间保持尺寸的稳定性，刀具寿命比硬质合金高几十倍至三百倍；韧性和抗弯强度差，只有硬质合金的 1/4 左右；热硬性差，700～800℃，不能在高温下切削；与铁元素的亲和力很强，不易加工黑色金属，主要用于精加工有色金属及非金属，如铝、铜及其合金、陶瓷、合成纤维、强化塑料和硬橡胶等
立方氮化硼（CBN）	高温、高压下将氮化硼微粉聚合而成的多晶体材料	硬度达 8000～9000HV，耐磨性好，热硬性达 1200℃，在 1200～1300℃高温下不与铁发生化学反应，主要用于加工淬硬钢、耐磨铸铁、高温合金等难加工材料的半精加工和精加工

常用碳素工具钢的牌号、化学成分、硬度值、物理性能、特性和用途见表 3-5～表 3-8。

表 3-5 碳素工具钢的牌号及化学成分
(GB/T 1298—2008)

序号	牌号	化学成分（质量分数，%）		
		C	Mn	Si
1	T7	0.65～0.74	≤0.40	≤0.35
2	T8	0.75～0.84		
3	T8Mn	0.80～0.90	0.40～0.60	
4	T9	0.85～0.94	≤0.40	
5	T10	0.95～1.04		
6	T11	1.05～1.14		
7	T12	1.15～1.24		
8	T13	1.25～1.35		

注 高级优质钢在牌号后加"A"。

表 3-6 碳素工具钢的硬度值 (GB/T 1298—2008)

序号	牌号	交货状态		试样淬火	
		退火	退火后冷拉	淬火温度和冷却介质	洛氏硬度 HRC≥
		布氏硬度 HBW≤			
1	T7	187	241	800～820℃，水	62
2	T8			780～800℃，水	
3	T8Mn				
4	T9	192		760～780℃，水	
5	T10	197			
6	T11	207			
7	T12				
8	T13	217			

表 3-7 碳素工具钢的物理性能（参考数据）

物理性能

序号 1　牌号 T7

临界温度/℃

临界点	A_{c1}	A_{c3}	A_{r1}
温度（近似值）	730	770	700

线胀系数

温度/℃	20~100	20~200	20~300	20~400
$\alpha_1/(10^{-6}/K)$	11.8	12.6	13.3	14.0

热导率

温度/℃	20	100	300
$\lambda/[W/(m \cdot K)]$	44.0	44.0	41.9

密度

$\rho/(g/cm^3)$
7.80

比热容

$c/[J/(kg \cdot K)]$
—

弹性模量

E/MPa
—

序号 2　牌号 T8

临界温度/℃

临界点	A_{c1}	A_{r1}
温度（近似值）	730	700

线胀系数

温度/℃	20~100	20~200	20~300	20~400
$\alpha_1/(10^{-6}/K)$	11.5	12.3	13.0	13.8

比热容

温度/℃	50~100	150~200	200~250	250~300	300~350	350~400	450~500	550~600	650~700	700~750	750~800
$c/[J/(kg \cdot K)]$	489.8	531.7	548.4	565.2	586.2	607.1	669.9	711.8	770.4	2080.9	615.5

续表

物理性能

序号 3　牌号 T10

临界点

临界温度/℃	A_{c1}	A_{ccm}	A_{r1}
温度（近似值）	730	800	700

热导率

温度/℃	20	100	300	600	900
$\lambda/[W/(m\cdot K)]$	40.20	43.96	41.03	38.10	33.91

线胀系数

温度/℃	20~100	20~200	20~300	20~400	20~500	20~600	20~700	20~800	20~900
$\alpha_l/(10^{-6}/K)$	11.5	13.0	14.3	14.8	15.1	16.0	15.8	32.1	32.4

密度 $\rho/(g/cm^3)$：—

序号 4　牌号 T11

临界点

临界温度/℃	A_{c1}	A_{ccm}	A_{r1}
温度（近似值）	730	810	700

密度 $\rho/(g/cm^3)$：7.80

热导率 $\lambda/[W/(m\cdot K)]$：—

序号 5　牌号 T12

临界点

临界温度/℃	A_{c1}	A_{ccm}	A_{r1}
温度（近似值）	730	820	700

比热容

温度/℃	300	500	700	900
$c/[J/(kg\cdot K)]$	548.4	728.5	649.0	636.4

线胀系数

温度/℃	20~100	20~200	20~300	20~500	20~700	20~900
$\alpha_l/(10^{-6}/K)$	11.5	13.0	14.3	15.1	15.8	32.4

密度 $\rho/(g/cm^3)$：7.80

热导率 $\lambda/[W/(m\cdot K)]$：—

表 3-8　　　　　　　　　碳素工具钢的特性和用途

序号	牌号	主要特性	用途举例
1	T7	亚共析钢，具有较好的韧性和硬度，用于制造刀具时切削能力稍差	用于制造能承受冲击负荷的工具（如錾子、冲头等）、木工用的锯和凿、锻模、压模、铆钉模、机床顶尖、钳工工具、锤子、冲模、手用大锤的锤头、钢印、外科医疗用具等
2	T8	共析钢，淬火加热时容易过热，变形量也大，塑性及强度比较低，因此，不宜制造承受较大冲击的工具，但热处理后具有较高的硬度及耐磨性	用于制造切削刃口在工作时不变热的工具，如木工用的铣刀、埋头钻、斧、凿、錾、纵向手用锯、圆锯片、滚子、铝锡合金压铸板和型芯以及钳工装配工具、铆钉冲模、中心孔冲和冲模、切削钢材用的工具、轴承、刀具、台虎钳牙、煤矿用凿等
3	T8Mn	共析钢，硬度高，塑性和强度都较差，但淬透性比 T8 钢稍好	用于制造断面较大的木工工具、手锯锯条、横纹锉刀、刻印工具、铆钉冲模、发条、带锯锯条、圆盘锯片、笔尖、复写钢板、石工和煤矿用凿
4	T9	过共析钢，具有高的硬度，但塑性和强度均比较差	用于制造具有一定韧性且要求有较高硬度的各种工具，如刻印工具、铆钉冲模、压床模、发条、带锯条、圆盘锯片、笔尖、复写钢板、锉和手锯，还可用于制作铸模的分流钉等
5	T10	过共析钢，晶粒细，在淬火加热时（温度达 800℃）不会过热，仍能保持细晶粒组织，淬火后钢中有未溶的过剩碳化物，所以比 T8 钢耐磨性高，但韧性差	可用于制造切削刃口在工作时不变热、不受冲击负荷且具有锋利刃口和有少许韧性的工具，如加工木材用的工具、手用横锯、手用细木工具、麻花钻、机用细木工具、拉丝模、冲模、冷镦模、扩孔刀具、刨刀、铣刀、货币冲模、小尺寸断面均匀的冷切边模及冲孔模、低精度的形状简单的卡板、钳工刮刀、硬岩石用钻子制铆钉和钉子用的工具、螺钉旋具、锉刀、刻纹用的凿子等
6	T11	过共析钢，碳的质量分数在 T10 钢和 T12 钢之间，具有较好的综合力学性能，如硬度、耐磨性和韧性。该钢的晶粒更细，而且在加热时对晶粒长大和形成网状碳化物的敏感性较小	用于制造在工作时切削刃口不变热的工具，如锯、錾子、丝锥、锉刀、刮刀、发条、仪规、尺寸不大和截面无急剧变化的冷冲模以及木工用刀具

续表

序号	牌号	主要特性	用途举例
7	T12	过共析钢，由于含碳量高，淬火后仍有较多的过剩碳化物，因此，硬度和耐磨性均高，但韧性低，淬透性差，而且淬火变形量大，所以，不适于制造切削速度高和受冲击负荷的工具	用来制造不受冲击负荷、切削速度不高、切削刃口不受热的工具，如车刀、铣刀、钻头、铰刀、扩孔钻、丝锥、板牙、刮刀、量规、刀片、小型冲头、钢锉、锯、发条、切烟草刀片以及断面尺寸小的冷切边模和冲模

2. 合金工具钢

合金工具钢包括：量具、刀具用钢、耐冲击工具用钢、冷作模具用钢、热作模具用钢、无磁模具钢和塑料模具钢等。其代号的含义如下：

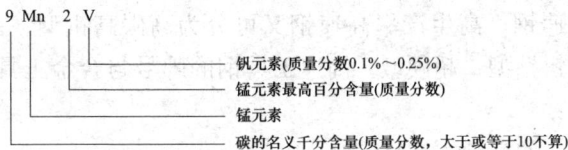

9 Mn 2 V

钒元素(质量分数0.1%～0.25%)
锰元素最高百分含量(质量分数)
锰元素
碳的名义千分含量(质量分数，大于或等于10不算)

常用低合金工具钢的牌号、化学成分的质量分数、热处理及用途见表3-9。

表3-9　　　常用低合金刀具钢的牌号、化学成分及用途

牌号	质量分数（%）					热处理					用途
						淬火			回火		
	C	Cr	Si	Mn	其他	温度/℃	介质	HRC(不小于)	温度/℃	HRC	
9CrSi	0.85～0.95	1.20～1.60	0.30～0.60	0.95～1.25		820～860	油	62	180～200	60～62	冷冲模、板牙、丝锥、钻头、铰刀、拉刀、齿轮铣刀
8MnSi	0.75～0.85	0.30～0.60	0.80～1.10			800～820	油	60	180～200	58～60	木工凿子、锯条或其他工具

续表

牌号	质量分数（%）					热处理					用途
	C	Cr	Si	Mn	其他	淬火			回火		
						温度/℃	介质	HRC（不小于）	温度/℃	HRC	
9Mn2V	0.85～0.95	≤0.40	1.70～2.40		V0.10～0.25	780～810	油	62	150～200	60～62	量规、量块、精密丝杠、丝锥、板牙
CrWMn	0.90～1.05	≤0.40	0.80～1.10	0.90～1.20	W1.20～1.60	800～830	油	62	140～160	62～65	用作淬火后变形小的刀具，如拉刀、长丝杠及量规、形状复杂的冲模

3. 高速工具钢

（1）高速工具钢的分类。高速工具钢可分为通用高速钢和高生产率高速钢；高生产率高速钢又可分为高碳高钒型、一般含钴型、高碳钒钴型、超硬型。高速工具钢的牌号与合金工具钢相似，含义如下：

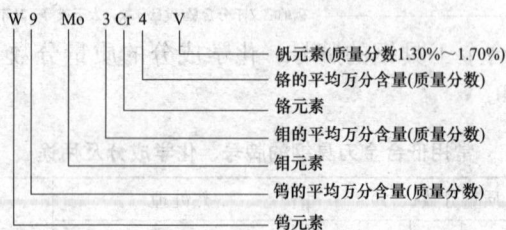

W 9 Mo 3 Cr 4 V

钒元素(质量分数1.30%～1.70%)
铬的平均万分含量(质量分数)
铬元素
钼的平均万分含量(质量分数)
钼元素
钨的平均万分含量(质量分数)
钨元素

常用高速工具钢的分类、牌号、化学成分、特性及用途见表3-10～表3-12。

表3-10　常用高速工具钢的分类（GB/T 9943—2008）

分类方法	分类名称
按化学成分分	钨系高速工具钢
	钨钼系高速工具钢
按性能分	低合金高速工具钢（HSS-L）
	普通高速工具钢（HSS）
	高性能高速工具钢（HSS-E）

表3-11　常用高速工具钢的化学成分 (GB/T 9943—2008)

序号	统一数字代号	牌号	化学成分 (质量分数,%)									
			C	Mn	Si	S	P	Cr	V	W	Mo	Co
1	T63342	W3Mo3Cr4V2	0.95~1.03	≤0.40	≤0.45	≤0.030	≤0.030	3.80~4.50	2.20~2.50	2.70~3.00	2.50~2.90	—
2	T64340	W4Mo3Cr4VSi	0.83~0.93	0.20~0.40	0.70~1.00	≤0.030	≤0.030	3.80~4.40	1.20~1.80	3.50~4.50	2.50~3.50	—
3	T51841	W18Cr4V	0.73~0.83	0.10~0.40	0.20~0.40	≤0.030	≤0.030	3.80~4.50	1.00~1.20	17.20~18.70	—	—
4	T62841	W2Mo8Cr4V	0.77~0.87	≤0.40	≤0.70	≤0.030	≤0.030	3.50~4.50	1.00~1.40	1.40~2.00	8.00~9.00	—
5	T62942	W2Mo9Cr4V2	0.95~1.05	0.15~0.40	≤0.70	≤0.030	≤0.030	3.50~4.50	1.75~2.20	1.50~2.10	8.20~9.20	—
6	T66541	W6Mo5Cr4V2	0.80~0.90	0.15~0.40	0.20~0.45	≤0.030	≤0.030	3.80~4.40	1.75~2.20	5.50~6.75	4.50~5.50	—
7	T66542	CW6Mo5Cr4V2	0.86~0.94	0.15~0.40	0.20~0.45	≤0.030	0.030	3.80~4.50	1.75~2.10	5.90~6.70	4.70~5.20	—
8	T66642	W6Mo6Cr4V2	1.00~1.10	≤0.40	≤0.45	≤0.030	≤0.030	3.80~4.50	2.30~2.60	5.90~6.70	5.50~6.50	—
9	T69341	W9Mo3Cr4V	0.77~0.87	0.20~0.40	0.20~0.40	≤0.030	≤0.030	3.80~4.40	1.30~1.70	8.50~9.50	2.70~3.30	—

续表

序号	统一数字代号	牌号	\multicolumn{10}{c}{化学成分（质量分数，%）}									
			C	Mn	Si	S	P	Cr	V	W	Mo	Co
10	T66543	W6Mo5Cr4V3	1.15~1.25	0.15~0.40	0.20~0.45	≤0.030	≤0.030	3.80~4.50	2.70~3.20	5.90~6.70	4.70~5.20	—
11	T66545	CW6Mo5Cr4V3	1.25~1.32	0.15~0.40	≤0.70	≤0.030	≤0.030	3.75~4.50	2.70~3.20	5.90~6.70	4.70~5.20	—
12	T66544	W6Mo5Cr4V4	1.25~1.40	≤0.40	≤0.45	≤0.030	≤0.030	3.80~4.50	3.70~4.20	5.20~6.00	4.20~5.00	—
13	T66546	W6Mo5Cr4V2Al	1.05~1.15	0.15~0.40	0.20~0.60	≤0.030	≤0.030	3.80~4.40	1.75~2.20	5.50~6.75	4.50~5.50	Al: 0.80~1.20
14	T71245	W12Cr4V5Co5	1.50~1.60	0.15~0.40	0.15~0.40	≤0.030	≤0.030	3.75~5.00	4.50~5.25	11.75~13.00	—	4.75~5.25
15	T76545	W6Mo5Cr4V2Co5	0.87~0.95	0.15~0.40	0.20~0.45	≤0.030	≤0.030	3.80~4.50	1.70~2.10	5.90~6.70	4.70~5.20	4.50~5.00
16	T76438	W6Mo5Cr4V3Co8	1.23~1.33	≤0.40	≤0.70	≤0.030	≤0.030	3.80~4.50	2.70~3.20	5.90~6.70	4.70~5.30	8.00~8.80
17	T77445	W7Mo4Cr4V2Co5	1.05~1.15	0.20~0.60	0.15~0.50	≤0.030	≤0.030	3.75~4.50	1.75~2.25	6.25~7.00	3.25~4.25	4.75~5.75
18	T72948	W2Mo9Cr4VCo8	1.05~1.15	0.15~0.40	0.15~0.65	≤0.030	≤0.030	3.5~4.25	0.95~1.35	1.15~1.85	9.00~10.00	7.75~8.75
19	T71010	W10Mo4Cr4V3Co10	1.20~1.35	≤0.40	≤0.45	≤0.030	≤0.030	3.80~4.50	3.00~3.50	9.00~10.00	3.20~3.90	9.50~10.50

（2）高速钢的选用。选用高速钢牌号时，应该全面考虑工件材料、工件形状、刀具类型、加工方法和工艺系统刚性等特点，根据这些特点，全面考虑材料的耐热性、耐磨性、韧性和可加工性等一些互相矛盾的因素。一般选择原则如下：

1）一般钢材的切削加工可采用钨系或钨钼系通用高速钢。

2）含合金元素不太多的合金钢（如 20CrMnT、38CrMoAl、30CrMnSiAl 等）的切削加工，可选择性能稍好的钨系或钨钼系高钒高速钢。但在特殊情况下，为保证零件精度和刀具有高的耐热性，则选用钨钼系高钒高钴高速钢。

3）在加工高强度合金钢、耐热不锈钢、低性能高温合金以及低速切削钛合金时，如果刀具型面比较简单，可采用钨系或钼系高钒高速钢。如果刀具型面比段复杂，在工艺系统刚性比较好的情况下，可采用低钒含铝高速钢或低钒含钴高速钢；在工艺系统刚性比较差或断续切削加工的情况下，则采用钨钼系低钒含铝高速钢。

4）在加工高性能高温合金，铸造高温合金、钛合金及超高强度钢时，如果工艺系统刚性比较好、刀具型面简单时，可采用钨系或钨钼系高钒高钴高速钢；型面复杂时，可用钨钼系高碳低钒高钴高速钢或钨钼系高碳低钒高钴高速钢。如果工艺系统刚性较差时，则采用钨钼系低钒含铝高速钢及钨钼系低钒高钴高速钢。若必须采用高碳高钒高钴高速钢，则应当在选择钨钼系钢种的同时，还进行特种热处理工艺的选择，例如低温淬火、贝氏体淬火或淬火后增加回火次数，以及高温补充回火等措施，以改善高速钢的韧性。

在冲击、悬伸等切削条件（如斜面上钻孔、悬伸铣削、靠模车削等）下加工高强度钢、超高强度钢、耐热钢及高温合金、铸造高温合金的刀具，均不宜采用钴高速钢，特别是断续、悬伸、包容切削刚性小的薄壁零件时更不适用，这时只能用钨钼系高钒高速钢、钨钼系含铌高速钢或钨钼系含铝高速钢。

表3-12

常用高速工具钢的特性和用途

表3-11中的序号	牌号	主要特性	用途举例
3	W18Cr4V	钨系高速工具钢，具有较高的硬度，热硬性和高温强度。在500℃及600℃时硬度值仍能分别保持在57～58HRC 和 52～53HRC。其热处理范围较宽，淬火时不易过热，易于磨削加工。在热加工及热处理程中不易氧化脱碳。W18Cr4V 钢的碳化物不均匀度、高温塑性比钨系高速钢的差，但其耐磨性好	用于制造各种切削工具，如车刀、刨刀、铣刀、拉刀、铰刀、钻头、锯条、丝锥和板牙等。由于 W18Cr4V 钢的高温强度和耐磨性好，所以也可用于制造高温下耐磨损的零件，如高温轴承、高温弹簧等。还可以用于制造大型刀具和热塑成作模具，但不宜制造大型刀具和热塑成作模具的刀具
5	W2Mo9Cr4V2	一种钼系通用的高速工具钢，容易热处理，较耐磨，热硬性及韧性优良。密度小，可磨削性也良。用该钢制造的切削工具在切削一般硬度的材料时，由可获得良好的切削的效果，基本上可代替 W18Cr4V 钢。由于钼的含量高，易于氧化脱碳，所以在进行热加工和热处理时应注意保护	用来制造钻头、铣刀、刀片、成形刀具、车削及刨切刀具、丝锥。特别适用于制造机用丝锥和板牙、锯条以及各种冷冲模具等
6	W6Mo5Cr4V2	钨钼系常用的高速工具钢，碳化物细小均匀，韧性好。是代替 W18Cr4V 钢的较理想的牌号，通常称为 6542。其韧性、耐磨性、热塑性均比 W18Cr4V 钢好，而硬度、高温硬度与 W18Cr4V 钢相当。该钢由于热塑性好，所以可实现热塑成形，但由于容易氧化脱碳，加热时必须注意保护	除用于制造各种类型的一般工具外，还可用于制造大型刀具。由于热塑性好，所以制造工具时可以热塑成形，如热塑成形钻头和要求韧性好的刃具。因为其强度高、耐磨性好，所以还可用于制造高负荷条件下使用的耐磨损的零件，如冷挤压模具等，但必须注意适当降低淬火温度，以满足强度和韧性的配合
7	CW6Mo5Cr4V2	特性与 W6Mo5Cr4V2 钢相似，但因含碳量高，所以其硬度和耐磨性比 W6Mo5Cr4V2 钢好，此钢较难磨削，而且更容易脱碳，在热加工时，应注意保护	用途基本与 W6Mo5Cr4V2 钢相同，但由于其硬度和耐磨性好，所以多用来制造切削较难切削材料的刀具

续表

表 3-11 中的序号	牌号	主要特性	用途举例
9	W9Mo3Cr4V	具有较高的硬度和力学性能，热处理稳定性好，经 1220~1240℃淬火，540~560℃回火，硬度、晶粒度、热硬性均能满足一般刀具的使用要求。与 W6Mo5Cr4V2 钢比，其热塑性好、可加工性、可磨削性好，特别是摩擦焊可适应的工艺参数范围比较宽、焊接成品率高。切削性能与 W6Mo5Cr4V2 钢相当或略高，热处理工艺制度与 W6Mo5Cr4V2 钢相同，便于大生产管理。W9Mo3Cr4V 钢的脱碳敏感性小，可不用盐浴炉加热处理	用于制造各种类型的一般刀具，如车刀、刨刀、钻头、铣刀等。这种钢可以用来代替 W6Mo5Cr4V2 钢，而且成本较低
10	W6Mo5Cr4V3	高碳、高钒型高速工具钢。此钢的碳化物细小、均匀。此钢的韧性高，热塑性好，耐磨性比 W6Mo5Cr4V2 钢好，但可磨削性差。在热加工和热处理时，应注意防氧化脱碳	用于制造各种类型一般工具，如拉刀、成形铣刀、滚刀、钻头、螺纹梳刀、丝锥、车刀、刨刀等。用这种钢制造的刀具，可切削难切削的材料，但由于其可磨削性差，不宜用于制造复杂刀具
11	CW6Mo5Cr4V3	特性基本与 W6Mo5Cr4V3 钢相似。因含碳量高，其硬度和耐磨性均比 W6Mo5Cr4V3 钢好，但可磨削性能较差，热加工时更容易脱碳，所以应注意防氧化脱碳	用途与 W6Mo5Cr4V3 钢基本相同，但由于它的碳含量高，硬度高，耐磨性好，多用来制造切削难切削材料的刀具。其由于可磨削性差，不宜用于制造复杂的刀具
12	W6Mo5Cr4V2A1	超硬型高速工具钢。硬度高，可达 68~69HRC。耐磨性、热塑性好、高温强度高，热塑性好，但可磨削性差，且极易氧化脱碳，因此在任热加工和热处理时，应注意采取保护措施	用于制造刨刀、滚刀、拉刀等切削工具，也可制造用于加工高温合金、超高强度钢等难切削材料的刀具

续表

表 3-11 中的序号	牌号	主要特性	用途举例
14	W12Cr4V5Co5	钨系高碳高钒含钴的高速工具钢。因含有较多的碳和钒，并形成大量的硬度极高的碳化钒，从而具有很高的耐磨性。硬度和耐回火性。此钢钴提高了钢的高温硬度和热硬性，因此，在较高的温度下使用。由于含碳量和含钒量都很高，所以其可磨削性能差	用于制造钻削工具、成形刀具、螺纹梳刀、车刀、铣削工具、刮刀刀片、滚刀、丝锥等切削工具，还可用于制造冷作模具等，但不宜制造高精度复杂刀具。用 W12Cr4V5Co5 钢可以加工中高强度钢、冷轧钢、铸造合金钢、低合金超高强度钢等较难加工的材料
15	W6Mo5Cr4V2Co5	含钴高速工具钢，在 W6Mo5Cr4V2 钢的基础上增加质量分数为 5% 的钴，并将高了钢的质量分数提高0.05%而形成，从而提高了钢的热硬性和高温硬度，改善了耐磨性。W6Mo6Cr4V2Co5 钢容易氧化脱碳，在进行热加工和热处理时，应注意采取保持措施	用来制造齿轮刀具、铣削工具以及冲头、刀头等。用该钢制造的切削工具，多数用于切削加工硬质材料，特别适用于切削制造高速切削工具
17	W7Mo4Cr4V2Co5	钨钼系含钴高速工具钢。由于钴为 4.75%~5.75%，所以提高了钢的高温硬度和热硬性，在较高温度下切削时刀具不变形，而且耐磨性能好。该钢制削的磨削性能差	用来制造切削加工最难切削材料用的刀具、刀头，如用于制造切削高温合金、钛合金和超高强度钢等难切削材料的车刀、刨刀、铣刀等
18	W2Mo9CrVCo8	钼系高碳含钴超硬型高速工具钢，硬度高，可达70HRC。热硬性好，高温硬度高，容易磨削。用该钢制造的切削工具，可以切削铁基高温合金、钛合金和超高强度钢等，但韧性较差，淬火时温度应采用下限	由于可磨削性能好，所以可用来制造各种高精度复杂刀具，如成形铣刀、精密拉刀，还可用来制造专用钻头、车刀以及各种高硬度刀片等

（二）硬质合金钢

硬质合金由硬度和熔点均很高的碳化钨、碳化钛和金属黏结剂钴（Co）用粉末冶金技术烧结制成的材料，与由冶炼技术制成的钢材性质完全不同。其特点是硬度高、红硬性高、耐磨性好、抗压强度高，是热膨胀系数很小的一种工具材料，因而将硬质合金与工具钢可以归于同一体系。但其性脆不耐冲击，其工艺性也较差。

1. 硬质合金的分类

硬质合金按其成分和性能可分为三类：钨钴类硬质合金、钨钛钴类硬质合金、钨钛钽（铌）钴类硬质合金。由于这三类硬质合金中，主要硬质相均为 WC，称为 WC 基硬质合金。

（1）钨钴类（WC-Co）硬质合金。合金中的硬质相是 WC，黏结相是 Co，代号为 K。旧标准中用 YG（"硬""钴"两字的汉语拼音字母字头）＋数字（含钴量的百分数）来表示。如 YG8，表示钨钴类硬质合金，含钴量为 8%。

（2）钨钛钴类（WC-TiC-Co）硬质合金。合金中的硬质相是 WC，TiC，黏结相是 Co，代号为 P。旧标准中用 YT（"硬""钛"两字的汉语拼音字母字头）＋数字（含钛量的百分数）来表示。

（3）钨钛钽（铌）钴类〔WC-TiC-TaC(NbC)-Co〕硬质合金。它是在 P 类合金中加 TaC（NbC）烧结出来的，其代号为 M。旧标准又称通用硬质合金，用 YW（"硬""万"两字的汉语拼音字母字头）＋数字（顺序号）来表示。

常用硬质合金的牌号、化学成分和力学性能见表 3-13。

2. 硬质合金的选用

随着近年来材料技术的飞速进步以及多样化的发展趋势，人们已经难以使用以往的分类方法来处理不断涌现的新型材料。于是 ISO 又开发出以材料的切削性能为基准的分类方法，将材料分为 P、M、K、H、S、N 六个系列，并确定与之适应的硬质合金材料选用标准。这一分类标准已从 2003 年开始正式实行。常用硬质合金的主要特性和用途举例见表 3-14，根据 ISO 513—2004，切削加工用硬质合金的分类和用途见表 3-15 和表 3-16，切削加工用硬质合金的基本成分和力学性能见表 3-17。

表3-13　常用硬质合金的牌号、化学成分和力学性能

类别	牌号	化学成分（质量分数，%）				物理性能			力学性能				
		WC	TiC	TaC (NbC)	Co	密度 /(g/cm³)	热导率 /[W/(m·K)]	线胀系数 /(10⁻⁶/K)	硬度 HRA	抗弯强度 /MPa	抗压强度 /MPa	弹性模量 /GPa	冲击韧度 /(kJ/m²)
钨钴类	K01(YG3)	97	—	—	3	14.9~15.3	87.9	—	91	1200	—	680~690	—
	K01(YG3X)	96.5	—	<0.5	3	15.0~15.3	—	4.1	91.5	1100	5400~5630	—	—
	K20(YG6)	94	—	—	6	14.6~15.0	79.6	4.5	89.5	1450	4600	630~640	约30
	K10(YG6X)	93.5	—	<0.5	6	14.6~15.0	79.6	4.4	91	1400	4700~5100	—	约20
	K30(YG8)	92	—	—	8	14.5~14.9	75.4	4.5	89	1500	4470	600~610	约40
	K30(YG8C)	92	—	—	8	14.5~4.9	75.4	4.8	88	1750	3900	—	约60
	K10(YG6A)	91	—	3	6	14.9~15.3	—	—	91.5	1400	—	—	—
	K20,K30 (YG8N)	91	—	1	8	14.5~14.9	—	—	89.5	1500	—	—	3
钨钛类	P01(YT30)	66	30	—	4	9.3~9.7	20.9	7.0	92.5	900	—	400~410	—
	P10(YT15)	79	15	—	6	11.0~11.7	33.5	6.51	91	1150	3900	520~530	—
钨钛钽类	P20(YT14)	78	14	—	8	11.2~12.0	33.5	6.21	90.5	1200	4200	—	7
	P30(YT5)	85	5	—	10	12.5~13.2	62.8	6.06	89.5	1400	4600	590~600	—
钨钛钽（铌）钴类	M10(YW1)	84	6	4	6	12.6~13.5	—	—	91.5	1200	—	—	—
	M20(YW2)	82	6	4	8	12.4~13.5	—	—	90.5	1350	—	—	—

注　"牌号"栏中，括号内为旧牌号。

表 3-14　　　　常用硬质合金的主要特性和用途举例

牌号	主要特性	用途举例
K01 (YG3)	属于中晶粒合金，在 K 类合金中，耐磨性仅次于 K01、K10 合金，能使用较高的切削速度，对冲击和振动比较敏感	适于铸铁、非铁金属及其合金、非金属材料（橡皮、纤维、塑料、板岩、玻璃、石墨电极等）连续切削时的精车、半精车及精车螺纹
K01 (YG3X)	属于细晶粒合金，是 K 类合金中耐磨性最好的一种，但冲击切度较差	适于铸铁、非铁金属及其合金的精车、精镗等，也可用于合金钢、淬硬钢及钨、钼材料的精加工
K20 (YG6)	属于中晶粒合金，耐磨性较高，但低于 K10、K01 合金，可使用较 K30 合金高的切削速度	适于铸铁、非铁金属及其合金、非金属材料连续切削时的粗车，间断切削时的半精车、精车，小端面精车，粗车螺纹，旋风车丝，连续端面的半精铣与精铣，孔的粗扩和精扩
K10 (YG6X)	属于细晶粒合金，其耐磨性较 K20 合金高，而使用强度接近 K20 合金	适于冷硬铸铁、耐热钢及合金钢的加工，也适于普通铸铁的精加工，并可用于仪器仪表工业小型刀具及小模数滚刀
K30 (YG8)	属于中晶粒合金，使用强度较高，抗冲击和抗振动性能较 K20 合金好，耐磨性和允许的切削速度较低	适于铸铁、非铁金属及其合金、非金属材料加工中的不平整端面和间断切削时的粗车、粗刨、粗铣，一般孔和深孔的钻孔、扩孔
K30 (YG8C)	属于粗晶粒合金，使用强度较高，接近于 K40 合金	适于重载切削下的车刀、刨刀等
K10 (YG6A) (YA6)	属于细晶粒合金，耐磨性和使用强度与 K10（YG6X）合金相似	适于冷硬铸铁、灰铸铁、球磨铸铁、非铁金属及其合金、耐热合金钢的半精加工，也可用于高锰钢、淬硬钢及合金钢的半精加工和精加工
K20 K30 (YG8N)	属于中晶粒合金，其抗弯强度与 K30 合金相同，而硬度和 K20 合金相同，高温切削时热稳定性较好	适于冷硬铸铁、灰铸铁、球磨铸铁、白口铸铁和非铁金属的粗加工，也适于不锈钢的粗加工和半精加工
P30 (YT5)	在 P 类合金中，强度最高，抗冲击和抗振动性能最好，不易崩刀，但耐磨性较差	适于碳素钢及合金钢，包括钢铸件、冲压件及铸件的表皮加工，以及不平整断面和间断切削时的粗车、粗刨、半精刨，不连续面的粗铣、钻孔等

143

牌号	主要特性	用途举例
P20 （YT14）	使用强度高，抗冲击性能和抗振动性能好，但较 P30 合金稍差，耐磨性及允许的切削速度较 P30 合金高	适于在碳素钢和合金钢加工中不平整断面和连续切削时的粗车，间断切削时的半精车和精车，连续面的粗铣，铸孔的扩钻与粗扩
P10 （YT15）	耐磨性优于 P20 合金，但冲击韧度较 P20 合金差	适于碳素钢和合金钢加工中连续切削时的精车、半精车，间断切削时的小断面精车，旋风车丝，连续面的半精铣与精铣，孔的粗扩与精扩
P01 （YT30）	耐磨性及允许的切削速度较 P10 合金高，但使用强度及冲击韧度较差，焊接及刃磨时极易产生裂纹	适于碳素钢及合金钢的精加工，如小断面精车、精镗、精扩等
M10 （YW1）	热稳定性较好，能承受一定的冲击负荷，通用性较好	适于耐热钢、高锰钢、不锈钢等难加工钢材的精加工和半精加工，也适于一般钢材、铸铁及非铁金属的精加工
M20 （YW2）	耐磨性稍次于 M10 合金，但使用强度较高，能承受较大的冲击负荷	适于耐热钢、高锰钢、不锈钢及高级合金等难加工钢材的精加工、半精加工，也适于一般钢材和铸铁及非铁金属的加工

注　"牌号"栏中，括号内的代号为旧牌号。

表 3-15　切削加工用硬质合金的分类和用途（GB/T 2075—2007）

用途大组			用途小组			
字母符号	识别颜色	被加工材料	硬切削材料			
P	蓝色	钢：除不锈钢外所有带奥氏体结构的钢和铸钢	P01 P10 P20 P30 P40 P50	P05 P15 P25 P35 P45	↑①	↓②

续表

用途大组			用途小组			
字母符号	识别颜色	被加工材料	硬切削材料			
M	黄色	不锈钢：不锈奥氏体钢或铁素体钢、铸钢	M01 M10 M20 M30 M40	M05 M15 M25 M35	↑①	↓②
K	红色	铸铁：灰铸铁、球墨铸铁、可锻铸铁	K01 K10 K20 K30 K40	K05 K15 K25 K35	↑①	↓②
N	绿色	非铁金属：铝、其他非铁金属、非金属材料	N01 N10 N20 N30	N05 N15 N25	↑①	↓②
S	褐色	超级合金和钛：基于铁的耐热特种合金、镍、钴、钛、钛合金	S01 S10 S20 S30	S05 S15 S25	↑①	↓②
H	灰色	硬材料：硬化钢、硬化铸铁材料、冷硬铸铁	H01 H10 H20 H30	H05 H15 H25	↑①	↓②

①增加速度后，切削材料的耐磨性增加。
②增加进给量后，切削材料的韧性增加。

表 3-16　切削加工用硬质合金的类型（GB/T 18376.1—2008）

类别	使用领域
P	长切屑材料的加工，如钢、铸钢、长切削可锻铸铁等的加工
M	通用合金，用于不锈钢、铸钢、锰钢、可锻铸铁、合金钢、合金铸铁等的加工

类别	使用领域
K	短切屑材料的加工，如铸铁、冷硬铸铁、短切屑可锻铸铁、灰铸铁等的加工
N	非铁金属、非金属材料的加工，如铝、镁、塑料、木材等的加工
S	耐热和优质合金材料的加工，如耐热钢、含镍、钴、钛的各类合金材料的加工
H	硬切削材料的加工，如淬硬钢、冷硬铸铁等材料的加工

表 3-17　　切削加工用硬质合金的基本成分和力学性能
(GB/T 18376.1—2008)

组别		基本成分	力学性能		
类别	分组号		洛氏硬度 HRA, 不小于	维氏硬度 HV3, 不小于	抗弯强度 R_{tr}/MPa, 不小于
P	01	以 TiC、WC 为基，以 Co（Ni＋Mo、Ni＋Co）作黏结剂的合金/涂层合金	92.3	1750	700
	10		91.7	1680	1200
	20		91.0	1600	1400
	30		90.2	1500	1550
	40		89.5	1400	1750
M	01	以 WC 为基，以 Co 作黏结剂，添加少量 TiC（TaC、NbC）的合金/涂层合金	92.3	1730	1200
	10		91.0	1600	1350
	20		90.2	1500	1500
	30		89.9	1450	1650
	40		88.9	1300	1800
K	01	以 WC 为基，以 Co 作黏结剂，或添加少量 TaC、NbC 的合金/涂层合金	92.3	1750	1350
	10		91.7	1680	1460
	20		91.0	1600	1550
	30		89.5	1400	1650
	40		88.5	1250	1800

组别		基本成分	力学性能		
类别	分组号		洛氏硬度 HRA, 不小于	维氏硬度 HV3, 不小于	抗弯强度 R_{tr}/MPa, 不小于
N	01	以 WC 为基，以 Co 作黏结剂，或添加少量 TaC、NbC 或 CrC 的合金/涂层合金	92.3	1750	1450
	10		91.7	1680	1560
	20		91.0	1600	1650
	30		90.0	1450	1700
S	01	以 WC 为基，以 Co 作黏结剂，或添加少量 TaC、NbC 或 TiC 的合金/涂层合金	92.3	1730	1500
	10		91.5	1650	1580
	20		91.0	1600	1650
	30		90.5	1550	1750
H	01	以 WC 为基，以 Co 作黏结剂，或添加少量 TaC、NbC 或 TiC 的合金/涂层合金	92.3	1730	1000
	10		91.7	1680	1300
	20		91.0	1600	1650
	30		90.5	1520	1500

注　1. 洛氏硬度和维氏硬度中任选一项。

　　2. 以上数据为非涂层硬质合金要求，涂层产品可按对应的维氏硬度下降 30～50。

硬质合金 P、M、K、H、S、N 六大系列的分类可进一步以切削方式、切削条件为基准进行细分类，每一种中的各个牌号分别以一个 01～50 之间的数字表示从最高硬度到最大韧性之间的一系列合金，以供各种被加工材料的不同切削工序及加工条件时选用。数字越小，硬度越高，韧性越差；数字越大，越适合粗加工等恶劣作业条件的领域。因而，一般在数字大的切削条件下，选择耐破损性优异的硬质合金材料，数字小的稳定切削条件下，选择耐磨损性优异的硬质合金材料。

根据使用需要，在两个相邻的分类代号之间，可插入一个中间代号，如在 P10 和 P20 之间插入 P15，K20 和 K30 之间插入 K25 等，但不能多于一个。在特殊情况下，P01 分类代号可再细分，即在其后再加一位数字，并以一小数点隔开，如 P01.1，P01.2 等，以便在这一用途小组作精加工时能进一步区分不同程度的耐磨性与韧性。

根据 GB/T 18376.1—2008，各类硬质合金的详细用途和使用条件见表 3-18。

表 3-18 硬质合金的牌号、用途和使用条件
(GB/T 18376.1—2008)

组别	作业条件		性能提高方向	
	被加工材料	适应的加工条件	切削性能	合金性能
P01	钢、铸钢	高切削速度、小切屑截面，无振动条件下精车、精镗	↑切削速度↓ —进给量↓	↑耐磨性↓ —韧性↓
P10	钢、铸钢	高切削速度、中、小切屑截面条件下的车削、仿形车削、车螺纹和铣削		
P20	钢、铸钢、长切削可锻铸铁	中等切削速度、中等切屑截面条件下的车削、仿形车削和铣削、小切削截面的刨削		
P30	钢、铸钢、长切削可锻铸铁	中或低等切削速度、中等或大切屑截面条件下的车削、铣削、刨削和不利条件下[①]的加工		
P40	钢、含砂眼和气孔的铸钢件	低切削速度、大切屑角、大切屑截面以及不利条件下[①]的车、刨削、切槽和自动机床上加工		
M01	不锈钢、铁素体钢、铸钢	高切削速度、小载荷，无振动条件下精车、精镗	↑切削速度↓ —进给量↓	↑耐磨性↓ —韧性↓
M10	不锈钢、铸钢、锰钢、合金钢、合金铸铁、可锻铸铁	中和高等切削速度、中、小切屑截面条件下的车削		
M20	不锈钢、铸钢、锰钢、合金钢、合金铸铁、可锻铸铁	中等切削速度、中等切屑截面条件下车削、铣削		
M30	不锈钢、铸钢、锰钢、合金钢、合金铸铁、可锻铸铁	中和高等切削速度、中等或大切屑截面条件下的车削、铣削、刨削		
M40	不锈钢、铸钢、锰钢、合金钢、合金铸铁、可锻铸铁	车削、切断、强力铣削加工		

续表

组别	作业条件		性能提高方向	
	被加工材料	适应的加工条件	切削性能	合金性能
K01	铸铁、冷硬铸铁、短屑可锻铸铁	车削、精车、铣削、镗削、刮削		
K10	布氏硬度高于 220 的铸铁、短切屑的可锻铸铁	车削、铣削、镗削、刮削、拉削		
K20	布氏硬度低于 220 的灰口铸铁、短切屑的可锻铸铁	用于中等切削速度下、轻载荷粗加工、半精加工的车削、铣削、镗削等	↑|切削速度| 进给量↓	↑|耐磨性| 韧性↓
K30	铸铁、短切屑的可锻铸铁	用于在不利条件下① 可能采用大切削角的车削、铣削、刨削、切槽加工，对刀片的韧性有一定的要求		
K40	铸铁、短切屑的可锻铸铁	用于在不利条件下① 的粗加工，采用较低的切削速度，大的进给量		
N01	有色金属、塑料、木材、玻璃	高切削速度下，有色金属铝、铜、镁、塑料、木材等非金属材料的精加工		
N10		较高切削速度下，有色金属铝、铜、镁、塑料、木材等非金属材料的精加工或半精加工	↑|切削速度| 进给量↓	↑|耐磨性| 韧性↓
N20	有色金属、塑料	中等切削速度下，有色金属铝、铜、镁、塑料等的半精加工或粗加工		
N30		中等切削速度下，有色金属铝、铜、镁、塑料等粗加工		
S01		中等切削速度下，耐热钢和钛合金的精加工		
S10	耐热和优质合金；含镍、钴、钛的各类合金材料	低切削速度下，耐热钢和钛合金的半精加工或粗加工	↑|切削速度| 进给量↓	↑|耐磨性| 韧性↓
S20		较低切削速度下，耐热钢和钛合金的半精加工或粗加工		
S30		较低切削速度下，耐热钢和钛合金的断续切削，适于半精加工或粗加工		

续表

组别	作业条件		性能提高方向	
	被加工材料	适应的加工条件	切削性能	合金性能
H01	淬硬钢、冷硬铸铁	低切削速度下，淬硬钢、冷硬铸铁的连续轻载精加工	↑ 切削速度 ∣ ∣ 进给量 ↓	↑ 耐磨性 ∣ ∣ 韧性 ↓
H10		低切削速度下，淬硬钢、冷硬铸铁的连续轻载精加工、半精加工		
H20		较低切削速度下，淬硬钢、冷硬铸铁的连续轻载半精加工、粗加工		
H30		较低切削速度下，淬硬钢、冷硬铸铁的半精加工、粗加工		

①不利条件系指原材料或铸造、锻造的零件表面硬度不均，加工时的切削深度不匀，间断切削以及振动等情况。

第二节 涂层刀具材料

一、涂层技术及其性能、特点和用途

1. 涂层技术

刀具材料的表面处理技术是刀具发展中的一项重要突破，是解决刀具应用过程中硬度、耐磨与强度、韧性之间矛盾的一个有效措施。由于该项技术可使切削刀具获得优良的综合力学性能，不仅可有效地提高刀具使用寿命，而且还能大幅度地提高机械加工效率，因此该项技术与材料、加工工艺并称为切削刀具制造的三大关键技术。

刀具材料的表面处理包括涂层和镀膜处理。本节主要介绍刀具涂层技术和涂层刀具材料。

涂层即在一些韧性较好的硬质合金或高速钢刀具基体上，涂覆一层耐磨性高的难熔化的金属化合物。常用的涂层材料有 TiC、TiN 和 Al_2O_3 等。20 世纪 70 年代初首次在硬质合金基体上涂覆一层碳化钛后，把普通硬质合金的切削速度从 80m/min 提高到

180m/min。1976 年又出现了碳化钛-氧化铝双涂层硬质合金，把切削速度提高到 250m/min。1981 年又出现了碳化钛-氧化铝-氮化钛三涂层硬质合金，使切削速度提高到 300m/min。

刀具涂层技术通常可分为化学气相沉积技术（chemical vapor deposition，CVD。1969 年，瑞典山特维克钢厂取得用化学气相沉积法生产碳化钛涂层硬质合金刀片的专利）和物理气相沉积技术（physical vapor deposition，PVD。1972 年，由美国的邦沙和拉古兰发展了物理气相沉积法，在硬质合金或高速钢刀具表面涂覆碳化钛或氮化钛硬质层）两大类。

（1）CVD 涂层技术。20 世纪 60 年代以来，CVD 技术（见图 3-1、图 3-2）被广泛应用于硬质合金刀具的表面处理。由于 CVD 工艺气相沉积所需金属源的制备相对容易，可实现 TiN、TiC、TiCN、TiBN、TiB_2、Al_2O_3 等单层及多元多层复合涂层的沉积，涂层与基体结合强度较高，硬膜厚度可达 $7\sim9\mu m$，因此到 20 世纪 80 年代中后期，英国已有 85％的硬质合金工具采用了表面涂层处理，其中 CVD 涂层占到 99％。到 20 世纪 90 年代中期，CVD 涂层硬质合金刀片在涂层硬质合金刀具中仍占 80％以上。

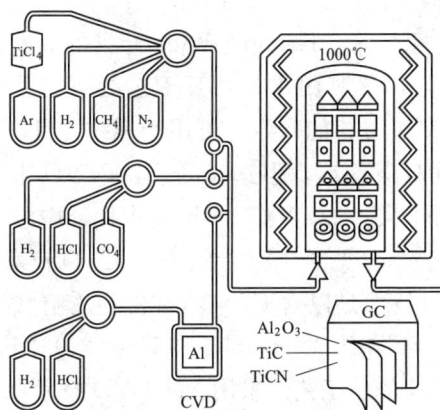

图 3-1　CVD涂层工艺

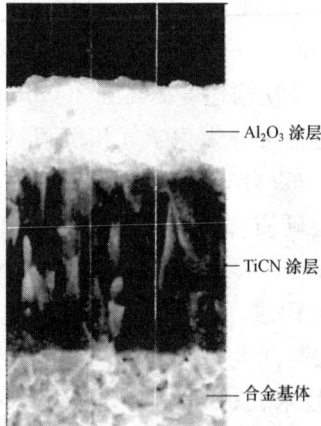

—— Al_2O_3 涂层

—— TiCN 涂层

—— 合金基体

图 3-2　新型 MT-CVD 涂层剖面图

　　尽管 CVD 涂层具有很好的耐磨性，但 CVD 工艺亦有其先天缺陷：一是工艺处理温度高，易造成刀具材料抗弯强度下降；二是薄膜内部呈拉应力状态，易导致刀具使用时产生微裂纹；三是 CVD 工艺排放的废气、废液会造成较大环境污染，与现在提倡的绿色制造观念相抵触。因此自 20 世纪 90 年代中期以来，高温 CVD 技术的发展和应用受到一定制约。

　　20 世纪 80 年代末，Krupp　Wida 开发的低温化学气相沉积（PCVD）技术达到了实用水平，其工艺处理温度已降至 $450\sim$ $650℃$，有效抑制了 η 相的产生，可用于螺纹刀具、铣刀、模具的 TiN、TiCN、TiC 等涂层，但迄今为止，PCVD 工艺在刀具涂层领域的应用并不广泛。20 世纪 90 年代中期，中温化学气相沉积（MT-CVD）新技术（见图 3-2）的出现使 CVD 技术发生了革命性变革。MT-CVD 技术是以含 C/N 的有机物乙腈（CH_3CN）作为主要反应气体、与 $TiCL_4$、H_2、N_2 在 $700\sim900℃$ 下产生分解、化学反应生成 TiCN 的新工艺。采用 MT-CVD 技术可获得致密纤维状结晶形态的涂层，涂层厚度可达 $8\sim10\mu m$。这种涂层结构具有极高的耐磨性、抗热振性及韧性，并可通过高温化学气相沉积（HT-CVD）工艺在刀片表面沉积 Al_2O_3、TiN 等抗高温氧化性能好、与被加工材料亲和力小、自润滑性能好的材料。MT-CVD涂层刀片适于在高速、高温、大负荷、干式切削条件下使用,其寿命可比普通涂层刀片提高1倍左右。

目前,CVD(包括MT-CVD)技术主要用于硬质合金车削类刀具的表面涂层,涂层刀具适用于中型、重型切削的高速粗加工及半精加工。采用CVD技术还可实现α-Al_2O_3涂层,这是PVD技术目前难以实现的,因此在干式切削加工中,CVD涂层技术仍占有极为重要的地位。

(2)PVD涂层技术。PVD涂层技术(见图3-3)出现于20世纪70年代末,由于其工艺处理温度可控制在500℃以下,因此可作为最终处理工艺用于高速钢类刀具的涂层。由于采用PVD工艺可大幅度提高高速钢刀具的切削性能,一般用于钻头、丝锥、铣刀、滚刀等复杂刀具上,涂层厚度为几微米,涂层硬度可达80HRC,相当于一般硬质合金的硬度,寿命可提高2~5倍,切削速度可提高20%~40%。该技术自20世纪80年代以来得到了迅速推广,至20世纪80年代末,工业发达国家高速钢复杂刀具的PVD涂层比例已超过60%。

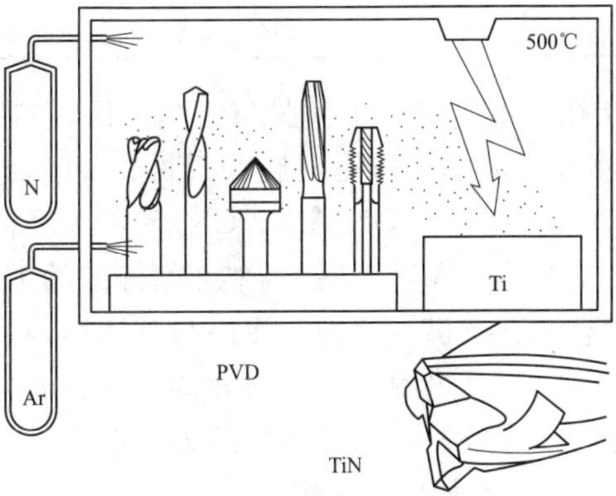

图3-3 PVD涂层工艺

PVD涂层技术在高速钢刀具领域的成功应用引起了世界各国

制造业的高度重视，人们在竞相开发高性能、高可靠性涂层设备的同时，也对其应用领域的扩展尤其是在硬质合金、陶瓷类刀具中的应用进行了更加深入的研究。研究结果表明：与 CVD 工艺相比，PVD 工艺处理温度低，在 600℃ 以下时对刀具材料的抗弯强度无影响（试验结果见表 3-19）；薄膜内部应力状态为压应力，更适于对硬质合金精密复杂刀具的涂层；PVD 工艺对环境无不利影响，符合现代绿色制造的发展方向。随着高速切削加工时代的到来，高速钢刀具应用比例逐渐下降，硬质合金刀具和陶瓷刀具应用比例上升已成必然趋势。因此，工业发达国家自 20 世纪 90 年代初就开始致力于硬质合金刀具 PVD 涂层技术的研究，至 20 世纪 90 年代中期取得了突破性进展，PVD 涂层技术已普遍应用于硬质合金立铣刀、钻头、阶梯钻、油孔钻、铰刀、丝锥、可转位铣刀片、异形刀具、焊接刀具等的涂层处理。

表 3-19　不同温度下 PVD 涂层对硬质合金材料抗弯强度的影响

硬质合金牌号	平均抗弯强度/MPa			
	未涂层	涂层(300℃)	涂层(600℃)	涂层(700℃)
M20	2109	2266	2129	2059
M30	2285	2469	2370	1894

PVD 涂层技术不仅提高了薄膜与刀具基体材料的结合强度，涂层成分也出第一代的 TiN 发展为 TiC、TiCN、ZrN、CrN、MoS_2、TiAiN、TiAlCN、TiN-AiN、CN_x 等多元复合涂层，如图 3-4。ZX 涂层（即 TiN-AlN 涂层）等纳米级涂层的出现使 PVD 涂层刀具的性能有了新突破。这种新涂层与基体结合强度高，涂层膜硬度接近 CBN，抗氧化性能好，抗剥离性强，而且可显著改善刀具表面粗糙度，有效控制精密刀具的刃口形状及精度，其精密加工质量与未涂层刀具相比基本相同。

2. 涂层的分类

（1）按涂层成分分类。按涂层成分对涂层进行分类，简洁明了。并且基于对材料性能的认识，使用者容易了解涂层的功能，

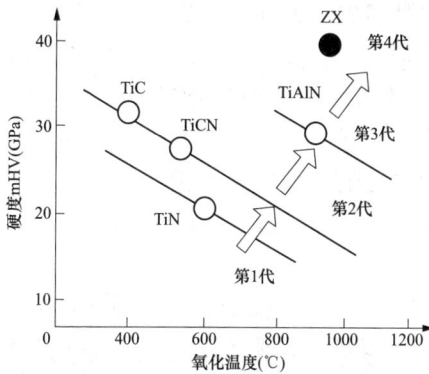

图 3-4 PVD 技术的发展

易为市场所接受，因此目前各涂层企业更多的是以不同的涂层成分向用户介绍、推荐其技术及产品。

按成分对涂层区分通常可分为两大类，即硬涂层和软涂层。

1）硬涂层。以 TiN、TiCN、TiAlN 等为代表，包括了单层薄膜和复合薄膜。随着市场需求的变化及涂层技术的发展，新的涂层成分不断被开发出来，到目前为止所应用的硬涂层成分已有几十种之多。

2）软涂层。顾名思义，薄膜的硬度相对较低，通常为1000HV 左右。软涂层目前种类并不多，以 MOS_2、碳基薄膜为主，在切削加工领域内，其目的是通过在硬涂层表面覆盖一层这种薄膜，增加涂层表面的润滑性，改善被加工工件表面质量，以满足某些应用领域的需要。

（2）按涂层结构分类。尽管按成分进行涂层分类具有良好的市场基础，但从 PVD 技术的发展来看，涂层内部结构的变化已越来越多地影响着涂层刀具的应用效果。相同的涂层成分、不同的结构形式，可以导致涂层刀具使用效果的截然不同。因此，认识了解目前 PVD 涂层薄膜的结构形式，对于该项技术的实际应用有着十分重要的意义。就目前 PVD 技术的发展状况，涂层薄膜结构大体可分类如下。

1）单层涂层。涂层由某一种化合物或固溶体薄膜构成，理论上讲在薄膜的纵向生长方向上涂层成分是恒定的，这种结构的涂层可称之为普通涂层。如果联系到PVD的发展历程，实际上在过去相当长的时期内一直用这种技术，其中包含众所周知的TiN、TiCN、TiAlN等。随着应用市场要求的不断提高，人们也愈加认识到这种涂层的局限性，无论是显微硬度、高温性能、薄膜韧性等都难于大幅度提高，但这种涂层在市场中仍占有一定比例。

2）复合涂层。由多种不同功能（特性）薄膜组成的结构可以称之为复合涂层结构膜，其典型涂层为目前的硬涂层＋软涂层，每层薄膜各具不同的特征，从而使涂层更具良好的综合性能。

3）梯度涂层。涂层成分沿薄膜纵向生长方向逐步发生变化，这种变化可以是化合物各元素比例的变化，如TiAl-CN中钛、铝含量的变化，也可以由一种化合物逐渐过渡到另一种化合物的变化，如由CrN逐渐过渡到CBC。可以预见，这种结构能有效降低因成分突变而造成的内部微观应力的增加。

4）多层涂层。多层涂层由多种性能各异的薄膜叠加而成，每层膜化学组分基本恒定。目前在实际应用中多由两种不同薄膜组成，由于所采用的工艺存在差异，不同企业的多层涂层刀具，其各膜层的尺寸也不尽相同，通常由十几层薄膜组成，每层薄膜尺寸大于几十纳米，最具代表性的有AlN＋TiN、TiAlN＋TiN涂层等。与单层涂层相比，多层涂层可有效地改善涂层组织状况，抑制粗大晶粒组织的生长。

5）纳米多层涂层。这种结构的涂层与多层涂层类似，只是各层薄膜的尺寸为纳米数量级，又可称为超显微结构。理论研究证实，在纳米调制周期内（几纳米至几十纳米），与传统的单层膜或普通多层膜相比，此类薄膜具有超硬度、超模量效应，其显微硬度超过40GPa是可以预期的，并且在相当高的温度下，滞膜仍可保留非常高的硬度。因此这类膜具有良好的市场应用前景，其典型代表为AlN＋TiN，Al＋TiN＋CrN涂层等。如AlN＋TiN＋CrN纳米膜系，其调制周期λ约为7nm。

6）纳米复合结构涂层。以（nc-Ti$_{1-x}$Al$_x$N)/(α-Si$_3$N$_4$）纳米

复合相结构薄膜为例，在强等离子体作用下，纳米 TiAlN 晶体被镶嵌在非晶态的 Si_3N_4 体内，当 TiAlN 晶体尺寸小于 10nm 时，位错增殖源难以启动，而非晶态相又可阻止晶体位错的迁移，即使在较高的应力下，位错也不能穿越非晶态晶界。这种结构薄膜的硬度可以达到 50GPa 以上，并可保持相当优异的韧性，且当温度达到 $900\sim1100℃$ 时，其显微硬度仍可保持在 30GPa 以上。此外，这种薄膜可获得优异的表面质量，因此工业应用前景广阔。

二、涂层刀具材料

1. 涂层刀具材料概述

金属切削刀具表面改性技术，从广义上讲，是把材料的表面与基体作为一个统一系统进行设计和改性，以赋予材料表面新的复合性能。长期以来，人们为了解决刀具韧性与耐磨性的矛盾，做出了不懈的努力。

涂层刀具是在韧性较好的硬质合金或高速钢基体上，涂覆一薄层耐磨性高的化合物而获得的。根据涂层方法不同，涂层刀具可分为化学气相沉积（CVD）涂层刀具和物理气相沉积（PVD）涂层刀具。涂层硬质合金刀具一般采用化学气相沉积法，沉积温度在 1000℃ 左右。涂层高速钢刀具一般采用物理气相沉积法，沉积温度在 500℃ 左右。根据涂层刀具基体材料的不同，涂层刀具可分为硬质合金涂层刀具、高速钢涂层刀具，以及在陶瓷和超硬材料（金刚石和立方氮化硼）上的涂层刀具等。根据涂层材料的性质，涂层刀具又可分为两大类，即硬涂层刀具和软涂层刀具。另外，还有纳米涂层（Nano 涂层）刀具等。

常用的涂层材料有很多，其主要性能见表 3-20。

表 3-20　　　　几种涂层材料的性能

性能		硬质合金	TiC	TiN	TiB_2	Al_2O_3	ZrO_2	Si_3N_4	Ti(CN)	Ti(BN)
硬度 HV	20℃	$1400\sim1800$	3200	1950	3250	3000	1100	3100	$2600\sim3200$	2600
	1100℃	—	200	—	600	300	400	—	—	—
弹性模量/GPa		$50\sim600$	500	260	420	530	250	$310\sim329$	—	—

性能		硬质合金	TiC	TiN	TiB₂	Al₂O₃	ZrO₂	Si₃N₄	Ti(CN)	Ti(BN)
热导率 /[W/ (m·℃)]	20℃	83.7～ 125.6	31.8	20.1	25.9	33.9	18.8	16.7	—	—
	1100℃	—	41.4	26.4	46.1	5.86	23.4	5.44	—	—
线胀系数/ (×10⁻⁶/℃)		5～6	7.6	9.35	4.8	8.5	—	3.2～ 3.67	—	—
刀片与工件在 高温时的反应特性		反应大	轻微	中等	中等	不反应	中等	轻微	—	轻微
高温时在空气中 的抗氧化能力		很差	欠缺	欠缺	欠缺	好	好	欠缺		
在空气中的 抗氧化温度/℃		<1000	1100～ 1200	1100～ 1400	1300～ 1500	—	—	—		1100～ 1400

涂层可以是单涂层、双涂层或多涂层，也可以几种涂层材料复合使用。当采用复合涂层时，有可能获得单一涂层所得不到的优异切削性能。例如 TiC/Ti(CN)/TiN 三涂层硬质合金刀片，最内层是 TiC，中间层为 Ti(CN)，外层为 TiN，它们各自发挥了特定的作用。TiC 与基体结合牢固，线胀系数与基体比较接近；TiN 与被加工材料的摩擦阻力小，不易发生黏结；中间层用 Ti(CN) 过渡，其 TiN 的质量分数，由里到外逐渐递增。

2. 涂层刀具材料的种类

涂层刀具整体性能的优劣与基体材料及涂层本身的性能密切相关。常用的涂层基体材料主要是硬质合金、高速钢等，涂层材料主要有 TiC、TiN、TiCN、TiAlN、Al₂O₃、MoS₂、金刚石等，涂层方式有单涂层及多涂层。涂层厚度通常在 2～18μm 之间，较薄的涂层在冲击切削条件下经受温度变化的性能比厚涂层要好。这是因为薄的涂层应力较小，不易产生裂纹。在快速冷却和加热时，厚涂层就像玻璃杯极快的加热和冷却一样，容易产生碎裂，用薄涂层刀片进行干切削可以使刀具寿命提高 40%。表 3-21 是常见涂层的性能。

表 3-21　　　　　　　　　常见涂层的性能

涂层种类	硬度 HV	密度/(g/cm³)	弹性模量/(×10⁵/MPa)	热导率/×418.68[W/(m·K)]	线胀系数/(×10⁻⁶/℃)	摩擦因数	氧化温度/℃
TiC	2900～3800	4.9	3.2～4.6	0.04～0.06	7.4～7.8	0.25	1100
TiN	1800～2800	5.4	2.6	0.05～0.07	8.3～9.5	0.49	1200
TiCN	2800～3000	5.1	5.1	0.07～0.08	8.1～9.4	0.34	—
TiAlN	2300～3500	4.0	4.0	—	6.5～7.0	0.50	—
Al₂O₃	2300～2700	4.0	4.0	0.07	6～9	0.15	稳定

　　表 3-22 所示为各种常见涂层的散热特性。由该表可知，各种涂层的散热性能与 TiN 相比，TiAlN 最好，TiC 次之。因此，干切削加工刀具大都采用了 HAlN 作为涂层材料，见表 3-23。

表 3-22　　　　　　　各种常见涂层的散热特性

表层材料	加热梯度/(℃/s)(30～90s)	散热梯度/(℃/s)(10～30s)
TiN	0.17	0.15
TiC	0.24	0.70
TiAlN	0.28	0.85
CrN	0.14	0.27

表 3-23　　　　　　　用于干切削加工刀具的涂层

名称	涂层材料	涂层厚度/μm	显微硬度 HV0.05	耐热性/℃	摩擦因数
硬涂层	TiN	1～5	2100～2600	450～600	≈0.4
	TiCN	1～5	2800～3200	350～400	0.25～0.4
	TiAlN	1～5	2600～3000	700～800	0.3～0.4
	TiAlCrN	1～5	2600～3000	≈900	0.3～0.4
软涂层	MoS₂	0.2～0.5	—	—	<0.2

　　各种涂层材料的特性如下。

　　(1) TiN 涂层。TiN 涂层是使用最广泛的刀具涂层材料之一。其常用的基体材料是高速钢。TiN 涂层的硬度远高于高速钢，摩擦因数小，并且具有良好的韧性和很高的热硬性，能承受一定弹性变形的压力。其线胀系数与高速钢相近，在切削过程中，当温度变化时，它们之间的热应力较低，具有良好的结合强度。TiN还具有良好的化学稳定性，耐腐蚀和抗氧化性，不易与被切削的金属发生化学反应。另外，TiN 膜的制备方法简单，几乎可以用所有的物理和化学气象沉积法制备。

TiN 涂层刀具主要用于高速切削或加工较高硬度的材料，如正火材料或调质材料的切削加工、锡青铜材料的滚切以及螺纹加工和钻削加工等。

(2) Al_2O_3 涂层。Al_2O_3 涂层具有良好的力学性能，极好的热硬性和化学稳定性，因此，Al_2O_3 涂层刀片具有良好的抗月牙洼磨损能力，刀具寿命得到了很大的提高。另外，Al_2O_3 涂层具有低的热导率，且随着温度升高其热导率降低，这种特性在切削过程中，可阻碍切削热传递到刀具的切削刃，防止切削刃受热发生塑性变形导致突然失效。

Al_2O_3 涂层主要用于硬质合金刀具表面，涂层后的刀具兼有陶瓷刀具的耐磨性和硬质合金的强度，适用于陶瓷刀具因脆性大而易于崩刃的场合，可用于铸铁和高速钢的切削加工。

例如，用 Al_2O_3 涂层刀片加工汽车铸铁刹车盘和刹车鼓等零件时，其寿命比 TiC 涂层刀片、金属陶瓷及陶瓷刀具要高 2～4 倍，比硬质合金刀具高 6～8 倍。在切削速度 $v_c = 365～550 m/min$ 范围内，其性能可与陶瓷刀具相比。一般在 Al_2O_3 涂层与基体间增加一层 TiN、TiC 或 TiCN 薄膜，不但可以提高耐磨性，而且可防止高温下 Co、W 等元素从硬质合金基体中向涂层扩散，从而改善涂层与基体的结合强度。但中间层 TiC 作为脆性相，会降低薄膜的强度。

(3) TiAlN 涂层。TiAlN 涂层是一种较好的能适合高速干切削的涂层。TiAlN 抗氧化温度高，刀具在切削时会产生 TiAlN 薄膜，具有较好的抗氧化性能，氧化开始温度为 700～800℃，高于TiC、TiN 等涂层的氧化温度。TiAlN 在高温时比 TiN 硬度高，热稳定性好。其高温时产生的氧化膜（TiAiN 薄膜）可改善刀具与工件、切屑的摩擦，减少热量的产生。此外，TiAlN 涂层的热导率低于 TiN 等涂层，从而起到隔热作用，使刀具在干切削时能承受更高的温度。

（4）AlTiN 涂层。对于 w_{Al} 超过 50％ 的 TiAlN 涂层通常称为 AlTiN 涂层，以区别原来的 TiAlN 涂层。由于铝含量的加大，这种涂层具有很高的硬度和非常优异的耐磨性能，在刀具/工件接触区温度高达 800～900℃ 时，AlTiN 涂层仍能保持高硬度，因而被认为是下一代的耐磨新涂层。目前，已经有一系列的刀具 $w_{Al}>65％$ 的 AlTiN 涂层，例如，Carboloy 公司的涂层 w_{Al} 为 6％，Ion Bend 公司涂层 w_{Al} 为 70％，Ceme Con 公司则在 2002 年 7 月开发了一种用于生产超级氮化物涂层的工艺，w_{Al} 达到 80％。

AlTiN 涂层刀具的理想加工速度为 183～244m/min，主轴转速为 20 000～40 000r/min 或更高，但背吃刀量不宜过大。在这样的加工条件下，AlTiN 涂层刀具可改善主轴受力状况，提高生产效率，获得良好的加工表面质量。

AlTiN 涂层刀具是高硬度（>40HRC）、高耐磨性材料的高速加工及干式高速加工的理想刀具，可应用于铣削、钻削、车削等加工中。表 3-24 所示为 AlTiN 涂层与其他涂层的性能比较。

表 3-24　　　　AlTiN 涂层与其他涂层的性能比较

涂层	TiN	TiCN	TiAlN	FIREX（特殊的 TiN-TiAlN 多层涂层）	AlTiN	MolyGlide（MoS_2 基涂层）
类型	耐磨的硬涂层	耐磨的硬涂层	耐磨的硬涂层	耐磨的硬涂层	耐磨的硬涂层	软的润滑涂层
颜色	金黄色	灰紫色	紫黑色	紫红色	暗灰色	银色
涂覆工艺	PVD	PVD	PVD	PVD	PVD	PVD
涂覆温度/℃	500	500	500	500	500	150
涂层结构	单层	梯度涂层	单层	多层	单层	单层
厚度/μm	1.5～5.0	1.5～5.0	1.5～5.0	1.5～5.0	1.5～5.0	1.0

涂层	TiN	TiCN	TiAlN	FIREX（特殊的TiN-TiAlN多层涂层）	AlTiN	MolyGlide（MoS_2 基涂层）
纳米硬度/GPa	24	30	33	30～33	38	—
摩擦因数	0.5	0.25	0.5	0.5	0.6	0.1
热稳定性/℃	595	450	800	800	900	800
应用情况	广泛应用于切削加工及成形加工	冲压加工、铣削、滚齿及攻螺纹加工	钻削、车削及干式高速加工	广泛应用于高韧性、高硬度及耐热材料的加工	硬材料（>40HRC）加工、高速加工及干式高速加工	应用于各种硬涂层之上，提高刀具的润滑性能

（5）刀具表面的富氧 TiAlN 涂层。TiAlN 比 TiN 涂层有更高的耐氧化性，主要是因为 TiN 在 600℃时会产生氧化，而 TiAlN 在 800℃时才开始氧化，并且由于氧化，在刀具表面形成致密的 Al_2O_3 薄膜，增加了 TiAlN 膜抗扩散和抗氧化能力。非合金化的 Al_2O_3 显微硬度比较低（1500HV0.05），但 Al_2O_3 刀具材料却具有高的耐磨损性，这主要是由于 Al_2O_3 中的 α 相具有良好的氧化稳定性和高的热稳定性。加入氮，可形成 Al-O-N 涂层，若再加入钛，则可形成富氧 Ti-Al-O-N 涂层，使涂层的显微硬度和耐磨损性得到进一步提高。因此，通过 PVD 沉积工艺形成的 TiAlON 涂层具有高的氧化稳定性，而且显微硬度提高很多，改善了刀具干切削加工时的耐磨损性。

单层 TiAlON 涂层由于界面之间存在氧化杂质，其显微硬度较低（<2000HV0.05），黏结强度不高。为了确保有良好的黏结强度和高的显微硬度，可采用 TiAlN-TiAlON 基的多层涂层。

德国汉诺威大学进行了将 TiAlON 涂层应用于在干式钻削中的研究，结果表明，涂层层数不同、涂层中的元素含量比例不同，涂层的耐磨性能也不相同。

（6）氧化物 PVD 多涂层。氧化物涂层具有高的耐磨性和低的摩擦因数，可以最大限度地阻止热量传入刀具基体。常用的氧化物涂层有 AlTiN-Al$_2$O$_3$、TiAlN-ZrO$_2$ 和 TiZrN-ZrO$_2$，其主要性能见表 3-25。

表 3-25　　　　　　　　　　氧化物涂层主要性能

涂层类型	厚度/μm	硬度 HV0.05	涂层数
AlTiN-Al$_2$O$_3$	3～4	3000	40
TiAlN-ZrO$_2$	3～4	2900	20
TiZrN-ZrO$_2$	3～4	2800	20

例如，在 SG170（德国高强度球墨铸铁牌号）材料上钻削直径 φ6mm、深 18mm 的不通孔。采用和湿切削相同的切削用量，切削速度为 80m/min，进给量为 0.35mm/r。采用 5 种不同材料，即非涂层刀具、AlTiN 涂层刀具，其他三种是氧化物 PVD 多涂层刀具，刀具基体都是硬质合金，失效形式为切削刃的磨损宽度达到 0.3mm。没有涂层的刀具，在钻削 10 个孔后，切削刃磨损就达到了 0.3mm（切削长度 0.2m），AlTiN 涂层刀具切削长度可达 4.5m；而氧化物 PVD 多涂层刀具则显示了良好的耐磨损性能，TiZrN-ZrO$_2$ 涂层刀具的切削长度可达 7.2m，AlTiN-Al$_2$O$_3$ 涂层刀具切削长度可达 16.2m，切削效果最好的 TiAlN-ZrO$_2$ 涂层刀具其切削长度可达 18.1m，是一般 TiAlN 涂层刀具寿命的 4 倍。

三、涂层刀具应用实例

1. 涂层刀具的技术特点

刀具表面涂层技术是一种有很好适应性的表面改性技术，尤其是高速切削加工技术出现之后，涂层技术更是得到了迅猛的发展与应用，并成为高速切削刀具制造的关键技术之一。归纳起来切削刀具表面涂层技术具有以下特点：

（1）采用涂层技术可在不降低刀具强度的条件下，大幅度地提高刀具表面硬度，目前所能达到的硬度已接近 100GPa。

（2）随着涂层技术的飞速发展，薄膜的化学稳定性及高温抗氧化性更加突出，从而使高速切削加工成为可能。

（3）润滑薄膜具有良好的固相润滑性能，可有效地改善加工质量，也适合于干式切削加工。

（4）涂层技术作为刀具制造的最终工序，对刀具精度几乎没有影响，并可进行重复涂层工艺。

涂层切削刀具所带来的益处：可大幅度提高切削刀具寿命；有效地提高切削加工效率；明显提高被加工工件的表面质量；有效地减少刀具材料的消耗，降低加工成本；减少切削液的使用，利于环境保护。

2. 刀具涂层技术的应用实例

刀具制造过程就应该从刀具的使用要求特别是从实际的切削加工状况出发，对涂层工艺、成分进行选择，以获取最佳经济、技术效益。

（1）车削加工。车削加工的特点是连续、稳定、切削力及切削温度变化小，相对而言切削温度就较高，因此在选择涂层类别时，涂层的硬度和高温抗氧化性是重点考虑因素。

1）加工钢材时，可选用纳米复合结构薄膜（nc-Ti_{1}-$xAlxN$)/（α-Si_3N_4）及$_1$ AlTiN 薄膜，这两种薄膜都具有极高的表面硬度，且热硬性良好，使用温度可达到 1100℃。

2）铸铁加工通常也可选择上述两种薄膜。

3）铝及铝合金加工的特点是熔点低，在切削加工中极易形成积屑瘤，且氧化了的切屑可形成 Al_2O_3，导致摩擦作用的增强。当硅的含量 w_{Si} 在 4%～13%之间时，硅在铝内形成固溶体＋共晶体组织，这种脆性、针状的片状硅的夹杂，在切削过程中，具有磨料作用，导致刀具早期失效；而当硅含量进一步提高时，粗大的组织使切削性能进一步下降。如果采用干式切削，可加剧这种磨损的发展，加工这类有色金属金刚石涂层刀具是最佳的选择方案之一，但考虑到可行性及经济性，对于 PVD 而言，涂层应具有高的硬度及优异的润滑性。当硅的含量 w_{Si} 小于 12%时，可选择多层 $TiCN$＋MoS_2 复合薄膜及 $TiAlCN$ ＋ CBC 梯度薄膜；而当硅的含量 w_{Si} 大于 12% 时，则可选用纳米复合结构薄膜（nc-Ti_1-$xAlxN$)/（α-Si_3N_4）或单层的 $TiCN$ 薄膜。

4）高强度合金的加工有变形大、加工硬化大、切削温度高的特点，此外由于该类合金中含有大量的碳化物、氮化物等，其显微硬度可达 1000～3000HV。在选择用于此类金属的涂层时，其显微硬度、高温性能、润滑性是应着重考虑的因素。通常可选用纳米复合结构薄膜（nc-Ti$_{1}$-xAlxN)/(α-Si$_3$N$_4$）或 TiAlCN＋CBC 复合薄膜。

5）对于铜及其合金而言，涂层极具针对性，而与加工方式关联性较低。纯铜塑性、韧性大，易黏屑，因此需要有效地解决排屑问题，一般选用 CrN 膜；而对于铜合金（黄铜、青铜），由于材料强度的提高，通常采用单层 TiCN 或多层 TiCN 薄膜。

6）塑胶材料的加工特性是导热性差且大多采用干式切削加工方式，因此薄膜的显微硬度及热绝缘性是重点考虑因素，除了CVD 的金刚石薄膜外，也可选用多层 TiCN 薄膜。

（2）钻削加工。钻削加工也属于连续加工切削方式，其涂层种类的选择基本与车削加工类似。但所需注意的是通孔加工存在载荷的突变，因此所选择薄膜应具有良好的韧性。如在普通钢材的加工中，可选用多层膜；若在一般的切削条件下，单层的 TiN 薄膜也会获得良好的应用效果。

（3）铣削加工。在高速加工领域，铣削加工占有极其重要的地位，而 PVD 技术的发展也从整体铣刀的涂层扩展到可转位刀片范围，并且已取得了突破性的进展。铣削加工是一种断续加工方式，尤其在高速加工条件下，刀具受载状态极其复杂，刀具因不断受到大小、位置不同的机械冲击和热冲击作用，可引发薄膜的破裂、脱落等现象的发生，从而导致刀具的早期失效。

1）加工普通钢材时可选用 TiCN、纳米复合结构薄膜（nc-Ti$_{1}$-xAlxN)/(α-Si$_3$N$_4$）、AlCrN 薄膜，这三种薄膜都具有较好的韧性。

2）与普通钢材相比，铸铁的铣削加工通常导致刀具磨料磨损，涂层刀具的表面硬度更为重要，因此可选择纳米复合结构薄膜（nc-Ti$_{1}$-xAlxN)/(α-Si$_3$N$_4$）、AlTiN、AlCrN 薄膜。

3）对于铝及铝合金的加工，当 w_{Si} 小于 12％时，可选择多层

TiCN + MoS$_2$ 复合薄膜及 TiAlCN+CBC 梯度薄膜；而当 w_{Si} 大于 12％ 时，则可选用纳米复合结构薄膜 （nc-Ti$_{1-x}$Al$_x$N)/(α-Si$_3$N$_4$) 及多层 TiCN 薄膜。

4）高强度合金的铣削加工通常可选用多层 TiCN＋ MoS$_2$、梯度 TiAlcN ＋ CBC、AlCrN 薄膜。

（4）螺纹加工。螺纹加工是一种连续切削方式，相对于普通车削加工，这种加工属于成形加工模式，切削速度相对较低，不易断屑，且对刀具的几何尺寸有严格要求，刀具刀口微小的缺陷也可导致工件的报废。因此薄膜的致密性、韧性以及表面的润滑性是首要考虑的因素。

1）加工普通钢和高强度合金时可选用 TiCN ＋ MoS$_2$ 复合薄膜、TiAlCN ＋ CBC 梯度薄膜及 TiAlN 纳米多层薄膜，这三种薄膜都具有良好的韧性及优异的润滑性。

2）与普通钢材相比，铸铁的螺纹加工通常以磨料磨损为主，薄膜的致密性、韧性、硬度同等重要，因此常可选择 TiAlCN 及 TiCN 多层薄膜。

3）对于铝及铝合金的加工，当 w_{Si} 小于 12％ 时，可选择 CrN＋CBC 及 TiCN 多层薄膜；而当 w_{Si} 大于 12％ 时，则可选择 TiAlCN ＋ CBC 及 TiCN 多层薄膜。

世界涂层技术的发展具有以下趋势：由于单一涂层材料难以满足提高刀具综合力学性能的要求，因此涂层成分将趋于多元化、复合化；为满足不同的切削加工要求，涂层成分将更为复杂、更具针对性；在复合涂层中，各单一成分涂层的厚度将越来越薄，并逐步趋于纳米化；涂层工艺温度将越来越低，刀具涂层工艺将向更合理的方向发展，PVD、MT-CVD 工艺将成为主流技术。

3. 涂层高速钢刀具材料应用实例

涂层高速钢可以看做是介于高速钢和硬质合金之间的一种新型刀具材料，这种复合材料刀具能够很好地将高速钢的高韧性和涂层的高硬度、高耐磨性结合在一起。高速钢刀具涂层主要采用物理气相沉积法（PVD）制备。涂层成分大多采用 TiN，因其线胀系数 （9.35 $\times 10^{-6}$℃）与高速钢 （11$\times 10^{-6}$℃）相接近，涂层与基体之间的内应力较小,结合强度高。

在硬度为 850～900HV（或 65HRC 左右）的高速钢刀具基体上涂覆 2～6μm 的 TiN 涂层后,可使刀具表面的硬度达到 2000～2800HV(80～85HRC),超过了硬质合金刀具的硬度,可以显著提高刀具的耐磨性。TiN 涂层高速钢刀具在加工对刀具切削刃起磨料磨损作用的工件材料时,具有很大的优越性。

涂层高速钢刀具具有高的热稳定性,其耐热温度可达 1000℃以上,比一般高速钢的 600℃高出很多,从而允许刀具具有更高的切削速度,例如,在用涂层高速钢滚刀加工时,切削速度可达120～150m/min,与硬质合金滚刀相似。

涂层高速钢刀具具有高的化学稳定性和抗氧化能力,TiN 的氧化温度（1200℃）比高速钢的氧化温度（500℃）高出一倍以上,从而使得涂层高速钢刀具具有很高的抗高温氧化磨损能力。

涂层高速钢刀具具有高的抗黏结性能,TiN 或 TiC 与工件材料的亲和力低于高速钢,TiC 与钢的黏结温度为 1120℃,约为高速钢与钢黏结温度（570℃）的一倍,从而使得涂层高速钢刀具具有很高的抗黏结磨损能力。

涂层高速钢刀具还具有高的抗扩散性能,如 TiC 的扩散温度约为高速钢（550～650℃）的一倍。TiC 和 TiN 涂层还具有较高的抗热渗透能力,可以降低高速钢刀具基体材料所受热负荷的影响。

TiN 涂层具有高的润滑特性,涂层高速钢刀具加工时的摩擦因数小,切屑容易排出,切屑变形及黏结减少,积屑瘤大大减少。涂层刀具摩擦因数的减小还可降低切削温度,切削及铣削的温度可降低 20％～25％。

高速钢涂层的上述特点使得其所制造刀具具有下列优点。

（1）较高的刀具寿命和切削加工生产率。涂层高速钢刀具的寿命一般可比未涂层刀具提高 2～3 倍。例如,涂层钻头的寿命可提高 3～10 倍;涂层丝锥可提高 5～10 倍;涂层齿轮刀具可提高3～6 倍;涂层挤压模具可提高 6～10 倍。当刀具的寿命不变时,切削速度可提高 20％～30％,甚至 1～2 倍。此外,涂层高速钢刀具的进给量可以提高 10%～20%，因而切削加工效率一般可提高 50%～100%。生产实践表明，TiN 涂层齿轮刀具的切削速度可提高 30%～50%，进给量提高 10%～20%，并且对刀具的寿命并无多少不利影响。

（2）较小的切削力和切削扭矩，较少的刀具破损。用涂层钻头和丝锥加工时，由于摩擦因数降低，切屑黏结减少，可使钻头轴向力及钻削或攻螺纹时的转矩降低 20%～40%，大大减少刀具的崩刃现象。

（3）较高的加工精度和加工表面质量。用涂层钻头钻孔时，由于积屑瘤得以减少或消除，使得孔径的扩大量显著减小，孔的精度得以提高（1～2 级），表面粗糙度可比未涂层钻头加工件小约 50%，钻孔时常常可以省去铰孔和去毛刺等工序。用涂层钻头可加工软钢，耐腐蚀的镍合金、高温合金等难加工材料。

用涂层铰刀加工时，不仅可以显著减小表面粗糙度，而且随着切削速度和进给量的增大，涂层铰刀的表面粗糙度值略有增加，而未涂层刀具在加工的过程中，表面粗糙度却急剧增大。涂层铰刀在加工像铝、软钢、不锈钢、灰铸铁及容易产生积屑瘤的高合金工具钢时效果很好。

用涂层丝锥攻螺纹时，螺纹表面粗糙度值大约可减小 50%，同时，由于积屑瘤的减少，使得螺纹表面擦伤的可能性降低，可延长丝锥加工标准螺孔的寿命。不同涂层拉刀加工的表面粗糙度见表 3-26。

表 3-26　　　　不同涂层拉刀加工的表面粗糙度

拉刀涂层状况	加工表面粗糙度 $Ra/\mu m$	
	垂直方向	平行方向
未涂层	0.93	0.65
拉刀前面有涂层，后面修磨	0.65	0.23
前后面均有涂层	0.37	0.11

（4）较低的单件加工成本，虽然涂层后的刀具成本增加大约一倍，但是由于涂层刀具寿命提高很多，每个零件的加工成本仍

然降低，尤其是对于价格品质的复杂刀具，如齿轮刀具和拉刀等。在用 TiN 涂层滚刀与未涂层滚刀加工时，若二者使用同一切削用量，则前者的后刀面磨损仅为后者的 1/2，可节省加工费用 20%～30%；若在提高切削速度及背吃刀量的情况下加工，则可节省加工费用 20%～40%。

涂层高速钢刀具的使用效果，随着加工条件的不同而不同，主要受以下几方面的影响。

（1）工件材料的影响。根据居林公司报道，TiN 涂层麻花钻头钻削不同工件材料时，与未涂层钻头相比，刀具寿命差别可达 20 倍或更多。钻碳钢时，刀具平均寿命可提高 4～6 倍；钻合金钢时提高 2～4 倍；钻铸铁时可提高 6～8 倍；钻工具钢时可提高 4～6 倍；钻不锈钢时可提高 4～8 倍；钻某些铜合金时可提高 19 倍。

工件材料的黏性越大，刀具涂层后的效果越好。这不仅是因为涂层刀具减少了摩擦，从而减小加工表面粗糙度，而且由于摩擦和黏结的减小，会减少刀具在孔内的卡死和崩刃等现象，提高刀具的寿命。例如，用涂层丝锥与用高压蒸汽处理的丝锥加工不同材料时寿命提高为：加工 Q235 软钢（73～76HBW）为 2.2 倍以上；加工 45 钢（94～97HBW）为 2.3 倍；加工 0Cr18Ni9 不锈钢（85-87HBW）为 4.6 倍以上；加工 AC4C-F 铝合金铸件为 5.1倍以上。

涂层刀具很适合用于加工铝合金、软钢、不锈钢、镍基合金这类材料。例如，用滚刀加工 40HRC 及 50HRC 的 50 钢齿轮，当 $m=3mm$，$v_c = 19.8m/min$，$f=0.5mm/r$ 时，用无涂层滚刀加工 40HRC 齿轮，切削长度为 4m；切削 50HRC 齿轮，切削长度 1m 时，就不能继续使用了，而涂层滚刀前刀面经重磨后，切削 40HRC 齿轮时，可切削 10m，切削 50HRC 齿轮可切 7m。可见被加工齿轮硬度增加时，涂层滚刀寿命的提高也越显著。

工件材料的硬度及强度越高时，刀具涂层后的效果也越好，如采用涂层丝锥很适合于加工硬度超过 300HBW 的难加工钢材。涂层刀具也适合于加工耐磨的硅铝合金和塑料，例如，在用 Kevlar 复合材料制造的飞机发动机整流罩上钻孔时，由于其加工性能差，用高速钢钻头加工时，寿命很低；用硬质合金钻头加工则容易崩刃，钻 1000 个孔要用 172 支钻头；若使用涂层高速钢钻头，则只用 5 支。

（2）高速钢基体成分的影响。涂层高速钢刀具基体成分不同时，刀具的使用效果也不相同，例如，在钻削 Cr18Ni12Mo2Ti 不锈钢通孔（$\phi 5.99\text{mm}$，$v_c = 7.9\text{m/min}$，$f = 0.061\text{mm/r}$）时，未涂层钻头只能加工 30 个孔，采用不含钴高速钢 TiN 涂层钻头可以加工 110 个孔，而采用含钴高速钢涂层钻头则可加工 675 个孔。

对用 W2Mo9Cr4V2 普通熔炼高速钢及 W2Cr4V5Co5 粉末冶金高速钢丝锥在 45 钢钢件上攻螺纹时的寿命进行比较，熔炼钢丝锥经 TiN 涂层后，其寿命虽有所提高，但是并不显著；而粉末冶金高速钢丝锥涂层后的寿命则提高很多。

在用插齿刀加工齿轮时，刀具的转角磨损和微细崩刃是失效的主要原因。这时采用韧性较好的 W6Mo5Cr4V2 等高速钢作为涂层基体较好；但随着插齿速度和进给量的增加，用粉末冶金高速钢作基体的插齿刀性能渐优。

由上可见，对于连续切削的刀具（如车刀、钻头等），基体材料宜选用热稳定性较高的高速钢（如高碳高钴钢），以提高基体的抗软化性能；而对于断续切削的刀具（如插齿刀），则宜选用韧性较高的高速钢作为基体。

对于同一种刀具，切削条件不同时，基体也最好不一样，例如，当用涂层滚刀以 $v_c = 45\text{m/min}$ 速度切齿时，崩刃是滚刀磨损的主要原因。这时最好选用韧性较好的基体（如 W6Mo5Cr4V2）；如以 $v_c = 100\text{m/min}$ 高速切齿时，月牙洼磨损是刀具磨损的主要原因，这时宜采用耐热性、耐磨性和抗黏结性能较高的钴高速钢作为基体材料。

粉末冶金高速钢刀具经涂层后的效果优于熔炼高速钢刀具涂层，特别是在较重的切削载荷条件下加工的刀具。由于涂层材料的粒子小于粉末冶金高速钢材料的粒子，因此刀具以黏结磨损为主（高速钢刀具所具有的一种重要的磨损机制）的情况下，粉末冶金高速钢涂层对提高耐磨性是最为有效的。

（3）切削速度的影响。切削速度越高，高速钢刀具涂层后的效果也就越显著。用 W20Cr4VCo12 高速钢车刀加工 40 钢（a_p＝2.5mm，f＝0.25mm/r，可溶性油冷却）时涂层与未涂层刀具的耐磨性进行对比发现，在 v_c＝30m/min 时，涂层刀具尚无磨损，而未涂层刀具前、后刀面的磨损均已十分显著；当切削速度增大至 60m/min 时，未涂层刀具很快就会被损坏，而涂层刀具则只有少量磨损。

涂层钻头与未涂层钻头的寿命比较，随着切削速度的提高，各种钻头的寿命都要下降，但未涂层钻头寿命的下降程度要大得多，重磨后的涂层钻头寿命也随着切削速度的增加而下降，但是仍然比未涂层钻头的寿命高得多。

在 0Cr18Ni2Mo2Ti 不锈钢上攻螺纹时，用 TiN 涂层丝锥切削，其切削速度为 v_c＝9.42m/min 时，寿命为未涂层丝锥的 3.3 倍；当 v_c＝18.84m/min 时，寿命为未涂层丝锥的 7 倍。

（4）切削液的影响。在不使用切削液时，涂层刀具的使用效果较未涂层刀具为好，这是因为干切削时发热量大，而经涂层后摩擦减小，对降低切削温度及提高刀具寿命的效果更为显著。

四、涂层刀具材料的选择

1. 涂层刀具的应用范围

涂层刀具的选择主要考虑涂层的性能和涂层材料种类。另外，还应注意基体材料、制作工艺、结合强度等。表 3-27～表 3-30 给出了国内部分厂家涂层刀具牌号和应用范围。

2. 各主要公司涂层刀具的切削参数

涂层刀具在使用时的切削参数，应综合考虑刀具的切削性能和被加工材料的加工性能。表 3-31～表 3-34 给出国内外部分厂家涂层刀具的各种切削参数，供选用时参考。

3. 各主要公司涂层刀具的应用实例

表 3-35～表 3-40 给出国内外部分厂家涂层刀具的应用实例，供选用时参考。

表 3-27 国产涂层刀具材料牌号及应用范围

生产厂家	牌号	ISO分类分组号	涂层材料	性能特点及应用范围
株洲硬质合金厂	CN15	P05～P20 M10～M20 K05～K20	TiC/TiCN/TiN	适合于各种钢材的连续切削加工和半精加工，也可用于铸铁和有色金属的精加工和半精加工
	CN25	P10～P30 M10～M20 K05～K30	TiC/TiCN/TiN	适合于在各种条件下切削钢材、铸铁和有色金属
	CN35	P20～P40 M20～M30 K20～K40	TiC/TiCN/TiN	适合于钢材、铸铁和有色金属的连续或断续切削以及强力切削
	CA15	P05～P35 M05～M20 K05～K20	TiC/Al$_2$O$_3$	适合于各种铸铁、有色金属和非金属材料的连续精加工和半精加工，也可用于淬火钢、不锈钢和高温合金的精加工和半精加工
	CA25	P10～P40 M10～M30 K10～K30	TiC/Al$_2$O$_3$	适合于在不同条件下切削各种铸铁、有色金属、非金属材料以及淬火钢、不锈钢、高温合金和钛合金
	CN251	P10～P35	—	耐磨性好，抗黏结性强，适合于在较高切削速度下半精加工钢、合金钢、不锈钢、高强度钢和轴承钢等材料
	CN351	P15～P35	—	耐磨性好，抗黏结性强，适合于在中等切削速度下大进给量加工各种钢材
	YB215 （YB01）	P05～P30	TiC/Al$_2$O$_3$	具有很高的耐磨性，适合于钢和铸钢的精车和半精车
	YB125 （YB02）	P10～P35	TiC	适合于钢和铸钢的半精车
	YB415 （YB03）	P05～P30 M10～M25 K05～K25	TiC/Al$_2$O$_3$/TiN	适合于钢、可锻铸铁和球墨铸铁的精车和半精车

生产厂家	牌号	ISO 分类分组号	涂层材料	性能特点及应用范围
自贡硬质合金厂	YB135 (YB11)	P25~P45 M15~M30	TiC	适合于钢、铸钢、可锻铸铁、球墨铸铁的精车、粗精车和精铣、粗铣
	YB115 (YB21)	K05~K25	TiC	适合于铸铁及其他短切屑材料的粗加工
	YB120	P10~P30	TiC/TiN	面铣钢的优良牌号，可采用较大的进给量
	YB235	P30~P50 M25~M40	TiN/TiC/TiN	适合于断续切削不锈钢，碳素钢的低速切削和切断
	YB425	P10~P35 M15~M25	TiC/TiN	适合于碳素钢、不锈钢的半精车和精车，宜用较大的进给量
	YB435	P15~P40 M10~M30 K05~K25	TiC/Al$_2$O$_3$/TiN	适合于钢和铸铁等材料的中等载荷的粗加工和半精加工，在不良切削条件下，宜采用中等切削速度和进给量
	ZC01	P10~P20 K05~K20	—	耐磨性好，适合于钢、铸钢、合金钢的精加工和半精加工，也可加工铸铁等短切屑材料，宜用高切削速度、小进给量
	ZC02	P05~P20 M10~M20 K04~K20	—	耐磨性好、强度高、通用性强，适合于各种工程材料的精加工和半精加工，宜用高切削速度、小进给量
	ZC03	P10~P30 K10~K25	—	韧性好、强度高，适合于钢、铸钢、合金钢和铸铁的半精加工和浅粗加工，可用于铣削和车削，宜用中等切削速度
	ZC05	P05~P25 M05~M20	—	耐磨性很好，适合于钢、铸钢、合金钢和铸铁的半精加工和浅粗加工，可用于铣削和车削，宜用中等切削速度
	ZC06	P10~P25 K10~K20	—	耐磨性好，适合于钢、铸钢、合金钢和铸铁的精加工和半精加工，宜用高切削速度、小进给量
	ZC07	P20~P35 M10~M25	—	韧性好、强度高，适合于钢、铸钢和奥氏体不锈钢的钻削，宜用中等切削用量
	ZC08	P20~P35 K15~K30	—	综合性能好，适合于钢、铸钢、合金钢及铸铁的半精加工和浅粗加工，宜用中等切削用量

173

生产厂家	牌号	ISO分类分组号	涂层材料	性能特点及应用范围
成都工具研究所	CTR61	P10~P25 M20	TiC/TiN	适合于钢、铸钢、铸铁等材料的轻载荷和中等载荷的连续车削，宜用较高的切削速度
	CTR62	P10~P35 M10~M20	TiC/TiN	适合于钢、铸钢、铸铁和合金钢等材料的轻载荷和中等载荷的车削
	CTR63	P20~P30	TiC/TiN	适合于钢、铸钢的轻载荷和中等载荷的连续或断续铣削和钻削，适合的切削速度范围较宽
	CTR71	P01~P20 K10	TiC/Al_2O_3	适合于钢、铸钢和铸铁的轻载荷和中等载荷的连续车削，宜用较高的切削速度
	CTR72	P01~P20 K01~K20	TiC/Al_2O_3	适合于钢、铸钢和合金钢的中等载荷高速的连续车削
	CTR82	P10~P30 M10~M20	TiC/ Ti(BN)/ TiN	适合于钢、铸钢、铸铁的轻载荷和中等载荷的车削，允许在较宽的切削速度范围内连续切削
	CTR83	P01~P20 M01~M20 K01~K20	TiC/ Ti(BN)/ TiN	适合于合金钢、高强度钢、铸铁、铸钢等材料的中等载荷的车削，适合的切削速度范围较宽

表 3-28　成都工具研究所部分 CVD 涂层刀具牌号及应用范围

牌号	涂层材料	涂层厚度 /μm	性能特点及应用范围
C71	TiC+TiN	5~7	适合于轻和中等载荷的较高速连续切削
C72	TiC+Ti(C、N)+TiN	5~7	适合于中等和重载荷加工
GC11	Ti(C、N)+TiC+ Ti(C、N)+TiN	5~7	热硬性高、耐磨性好，适合于加工低、中、高钢级油管、套管和钻杆螺纹梳刀涂层
C75	TiC+Al_2O_3	4~6	适合于中等载荷的较高速切削
GC14	Ti(C、N)+TiC+ Ti(C、N)+Al_2O_3	5~7	有较高的热硬性、热稳定性好，适合于加工低、中、高钢级油管、套管及钻杆螺纹梳刀涂层
C99	TiN+MT−Ti(C、N)+ Al_2O_3+TiN	8~12	适合于重载荷的高速连续切削或干切削

续表

牌号	涂层材料	涂层厚度/μm	性能特点及应用范围
PC85	TiN/PCVD	2～3	用于滚刀、钻头、铣刀等高速钢刀具涂层
GC31	TiN＋TiAlN＋TiN	3～4	高温硬度、热硬性高，耐磨性、抗热振性能好，适于加工中、高级钢螺纹
GC32	TiC＋Ti(C,N)＋TiBN＋TiN	3～4	具有较佳的耐磨性、韧性及抗冲击性，综合性能好，适用于加工中、高级钢

表 3-29 株洲钻石刀具厂 CVD 涂层刀具牌号及应用范围

牌号	涂层材料	性能特点及应用范围
YBD102	厚 Ti(C、N)＋厚 Al_2O_3	由很硬的硬质合金基体组成，在耐磨性和抗剥落之间取得最佳平衡
YBD152	中厚 Ti(C、N)＋中厚 Al_2O_3	由很硬的硬质合金基体组成，具有良好的抗剥落性，适合于铸铁中高速车削加工，在高速时还能承受轻微断续切削；应用于铣削也有较强的通用性
YBD152	中厚 Ti(C、N)＋中厚 Al_2O_3	由很硬的硬质合金基体组成，具有良好的抗剥落性，适合于铸铁中高速车削加工，在中速时还能承受轻微断续切削；应用于铣削也有较高的通用性
YBD250	中厚 Ti(C、N)＋中厚 Al_2O_3	由韧性强的硬质合金基体组成，适于有韧性要求的铸铁的中低速湿式铣削，也适合断续条件下的车削加工

表 3-30 株洲钻石刀具厂 PVD 涂层刀具牌号及应用范围

牌号	ISO 分类分组号		基体材料	涂层材料	涂层厚度/μm	性能特点及应用范围
	车削	铣削				
YBG120	K01～K10 S10～S20	K01～K20 H01～H10	细晶粒硬质合金	TiAlN	2～4	适合于各类材料的轻、中等载荷铣削加工以及高温合金的精、半精加工
YBG202	P01～P20 M10～M20 K10～K20 S20～S30	P10～P30 M10～M30 S10～S20 H10～H20	超细晶粒硬质合金	TiAlN	2～4	适合于各类材料的轻、中等载荷铣削加工以及不锈钢的精、半精车削加工和高温合金的粗车削加工

牌号	ISO 分类分组号		基体材料	涂层材料	涂层厚度/μm	性能特点及应用范围
	车削	铣削				
YBG302	P10～P40 M10～M30 K20～K40 S20～S30	P20～P40 M20～M30 K20～K40 S20～S30	硬质合金	TiAlN	2～4	适合于各类材料的中等载荷铣削、孔加工、切断、切槽，以及不锈钢的精、半精车削加工，实现了安全性和耐磨性的完美结合
YBG203	M10～M30	M10～M30 S10～S20 H10～H20	超细晶粒硬质合金	AlTiN	2～4	具有很高的热稳定性和化学稳定性，体现出优异的耐磨粒磨损和黏着磨损性能。特别适合于不锈钢的精、半精车削加工以及不锈钢、耐热合金、高温合金、钛合金的轻、中等载荷铣削加工

表 3-31   涂层硬质合金刀具推荐切削参数

被加工材料		硬度 HBW	牌　　号		
			YB415、KC910、ZC312N、GC415	YB125、KC810、ZC302、GC425	YB435、KC935、ZC314N、GC435
			进给量/(mm/r)		
			0.1～0.8	0.1～0.8	0.2～1.0
			切削速度/(m/min)		
碳素钢	$w(C)=0.5\%$	125	250～480	210～440	160～320
	$w(C)=0.35\%$	150	230～440	200～400	150～300
	$w(C)=0.6\%$	200	200～380	180～340	130～260
合金钢	退火	180	190～380	140～290	90～200
	淬火并回火	275	130～260	95～200	65～130
	淬火并回火	300	120～240	90～185	60～125
	淬火并回火	350	105～265	75～160	55～110
高合金钢	退火	200	170～350	130～265	80～175
	淬火	325	110～170	50～95	40～85

续表

被加工材料		硬度 HBW	牌　号		
			YB415、KC910、ZC312N、GC415	YB125、KC810、ZC302、GC425	YB435、KC935、ZC314N、GC435
			进给量/(mm/r)		
			0.1~0.8	0.1~0.8	0.2~1.0
			切削速度/(m/min)		
不锈钢	马氏体/铁素体	100	170~295	155~265	145~220
	奥氏体	175	160~285	140~240	125~195
铸钢	低合金	180	145~260	100~190	75~135
	高合金	200	120~255	85~160	60~120
	高合金	225	95~190	70~135	55~95

表 3-32　特固克（TaeguTec）公司 PVD 刀具推荐切削参数和牌号选择

用途	工件材料	切削速度/(m/min)	进给量/(mm/r)	背吃刀量/mm	推荐牌号
车削	硅铝合金[w(Si)＝4%~8%]	800~2500	0.1~0.3	0.05~3.0	KP300
	硅铝合金[w(Si)＝9%~14%]	600~1280	0.1~0.3	0.05~3.0	KP300 KP500
	硅铝合金[w(Si)＝16%~18%]	300~600	0.1~0.3	0.05~3.0	KP500
	硬质合金	10~30	0.05~0.2	0.02~0.5	KP500
	木材	1000~2500	0.1~0.5	0.2~5.0	KP100
	铜合金	600~1000	0.05~0.2	0.05~3.0	KP300
	塑料	300~1000	0.05~0.25	0.05~3.0	KP100
铣削	硅铝合金[w(Si)<14%]	300~3000	0.1~0.2	0.1~3.0	KP500 湿式切削
	硅铝合金[w(Si)>15%]	300~1200	0.1~0.2	0.1~3.0	

177

表 3-33 东芝公司涂层刀具推荐切削参数

牌号	ISO 分类分组号	加工方式	切削速度 v_c /(m/min)	进给量 f /(mm/r)	背吃刀量 a_p /mm
T9005	P05~P10	转位	180	0.4	2.0
T9015	P10~P20	转位	200	0.4	2.0
T9025	P20~P30	转位	150	0.3	2.0
T9035	P30~P40	转位	120	0.3	1.0

表 3-34 SPK公司涂层刀具推荐切削参数

牌号	工件材料	加工方式	切削速度 v_c/(m/min)	进给量 f/(mm/r)	背吃刀量 a_p/mm
SL 658C	可锻铸铁	粗车削	400~800	0.25~0.5	2.0~5.0
SL 654C	灰铸铁	粗车削	500~1200	0.35~1.0	2.5~5.0
SL 858C	可锻铸铁、灰铸铁	表面铣削、粗车削	200~600	0.3~0.6	≥5.0
SL 854C	铸铁	高性能铣削	>1200		
SL 808	灰铸铁、球墨铸铁	高性能铣削	灰铸铁: 1000~1500 球墨铸铁: 600~1000	0.1~0.3	1.0~5.0
SL 554C	片状铸铁、球墨铸铁	连续切削和断续切削	500~1200	0.35~1.0	2.05~5.0

表 3-35 龙人公司涂层金刀具应用实例

刀具	15M、13M 系列 T9020 涂层刀具		
工件材料	碳素钢、合金钢、铸铁	合金钢、工具钢	淬火钢
硬度	<25HRC	25~40HRC	40~50HRC
加工形式	0.2D以下 1.5D	0.2D以下 1.5D	0.05D以下 1.0D

续表

直径 D/mm	v_c/(m/min)	f/(mm/r)	v_c/(m/min)	f/(mm/r)	v_c/(m/min)	f/(mm/r)
3.0	80	0.010 0	50	0.010 0	25	0.008 0
4.0	90	0.020 0	55	0.020 0	27	0.012 0
6.0	100	0.035 0	60	0.035 0	30	0.025 0
8.0	100	0.045 0	60	0.045 0	30	0.035 0
10.0	100	0.050 0	60	0.050 0	30	0.045 0
12.0	100	0.050 0	60	0.050 0	30	0.045 0
16.0	100	0.065 0	60	0.065 0	30	0.065 0
20.0	100	0.080 0	60	0.080 0	30	0.080 0
25.0	100	0.080 0	60	0.080 0	30	0.080 0

表 3-36 三菱公司涂层金刀具应用实例（槽加工实例）

工件材料	硬度	抗拉强度/MPa	刀具牌号	切削速度/(m/min)	ARX25R-SA-S		ARX30R-SA-S		ARX35R-SA-S	
					背吃刀量/mm	每齿进给量/(mm/z)	背吃刀量/mm	每齿进给量/(mm/z)	背吃刀量/mm	每齿进给量/(mm/z)
软钢（SS400、S10C 等）	≤180 HBW	—	VP15TF	180(150~220)	≤1.0	≤0.4	≤1.2	≤0.4	≤1.5	≤0.4
碳素钢、合金钢（S50C、SCM440 等）	180~350 HBW	—	VP15TF	160(120~220)	≤0.7	0.2≤	≤0.9	≤0.2	≤1.2	≤0.2
不锈钢（SU304 等）	≤270 HBW	—	VP15TF	150(120~180)	≤0.7	≤0.2	≤0.9	≤0.2	≤1.2	≤0.2
铸铁（FC300 等）	≤450 HBW	—	VP15TF	180(150~220)	≤1.0	≤0.4	≤1.2	≤0.4	≤1.5	≤0.4
淬火钢	45~55 HRC	—	VP15TF	80(50~120)	≤0.5	≤0.1	≤0.7	≤0.1	≤1.0	≤0.1

表 3-37　三菱公司涂层金刀具应用实例（切入加工实例）

工件材料	硬度	抗拉强度/MPa	刀具牌号	切削速度/(m/min)	ARX25R-SA-S		ARX30R-SA-S		ARX35R-SA-S	
					背吃刀量/mm	每齿进给量/(mm/z)	背吃刀量/mm	每齿进给量/(mm/z)	背吃刀量/mm	每齿进给量/(mm/z)
软钢(SS400、S10C 等)	≤180 HBW	—	VP15TF	180(150～220)	≤2.5	≤0.3	≤3.0	≤0.3	≤3.5	≤0.3
碳素钢、合金钢(S50C、SCM440 等)	180～350 HBW	—	VP15TF	150(120～220)	≤2.5	≤0.2	≤3.0	≤0.2	≤3.5	≤0.2
不锈钢(SU304 等)	≤270 HBW	—	VP15TF	150(120～180)	≤2.5	≤0.2	≤3.0	≤0.2	≤3.5	≤0.2
铸铁(FC300 等)	≤450 HBW	—	VP15TF	180(150～220)	≤2.5	≤0.3	≤3.0	≤0.3	≤3.5	≤0.3
淬火钢	45～55HRC	—	VP15TF	80(50～120)	≤2.5	≤0.1	≤3.0	≤0.1	≤3.5	≤0.1

表 3-38　住友电工 CBN 硬质合金涂层金刀具应用实例

CBN 硬质合金镗杆		
转速/(r/min)	800 或更高	低速加工将导致振颤和刃部破损
背吃刀量/mm	每边 0.002 54～0.030 48	背吃刀量过深刀具偏斜，孔径尺寸有偏差
进给量/(mm/r)	0.001～0.004	—

表 3-39　三菱公司涂层金刀具应用实例（螺旋扩孔加工实例）

工件材料	硬度	抗拉强度/MPa	刀具牌号	切削速度/(m/min)	ARX25R-SA-S		ARX30R-SA-S		ARX35R-SA-S	
					背吃刀量/mm	每齿进给量/(mm/z)	背吃刀量/mm	每齿进给量/(mm/z)	背吃刀量/mm	每齿进给量/(mm/z)
软钢(SS400、S10C 等)	≤180 HBW	—	VP15TF	180(150～220)	≤1.0	≤0.3	≤1.0	≤0.3	≤1.0	≤0.3
碳素钢、合金钢(S50C、SCM440 等)	180～350 HBW	—	VP15TF	160(120～220)	≤0.7	≤0.2	≤0.9	≤0.2	≤1.0	≤0.2
不锈钢(SU304 等)	≤270 HBW	—	VP15TF	150(120～180)	≤0.7	≤0.2	≤0.9	≤0.2	≤1.0	≤0.2
铸铁(FC300 等)	—	≤450	VP15TF	180(150～220)	≤1.0	≤0.3	≤1.0	≤0.3	≤1.0	≤0.3
淬火钢	45～55 HRC	—	VP15TF	180(50～120)	≤0.5	≤0.1	≤0.7	≤0.1	≤1.0	≤0.1

表 3-40 　　　　　住友电工涂层钻孔刀具应用实例

	工件材料	进给速度/(mm/min)	进给量/(mm/r)
SUMINOTCH 钻孔系列：SG \ SG-CB	纯铁	135～225	0.010 16～0.012
	碳素钢	120～210	
	合金钢 190～330HBW	120～210	
	合金钢 330～450HBW	105～180	
	马氏体/铁素体不锈钢	75～195	0.010 16～0.009
	奥氏体不锈钢	52.5～210	
	灰铸铁 190～330HBW	120～210	0.010 16～0.015
	灰铸铁 330～450HBW	105～180	
	合金/球磨铸铁	75～195	
	高温合金 200～260HBW	18～75	0.007 62～0.008
	高温合金 260～450HBW	9～52.5	
	钛合金 Ti6AI-4V	27～75	
	变形铝合金	180～750	0.010 16～0.012
	铜/锌/黄铜	90～270	
	非金属物质	105～360	

第三节　新型陶瓷刀具材料

一、陶瓷刀具材料的特点

1. 陶瓷刀具材料的发展趋势

　　刀具的性能是影响切削加工效率、精度、表面质量等的决定性因素之一。在现代化加工过程中，提高加工效率的最有效方法是采用高速切削加工技术。随着现代科学技术和生产的发展，越来越多地采用超硬难加工材料，以提高机器设备的使用寿命和工作性能。而陶瓷刀具则以其优异的耐热性、耐磨性和化学稳定性，在高速切削领域和难加工材料方面显示出传统刀具无法比拟的优势。陶瓷刀具更由于有很高的硬度（93～95HRA）从而可加工硬度高达65HRC的各类难加工材料，免除退火加工所消耗的电力和时间；可提高工件硬度，延长机器设备的使用寿命。它比硬质合金有更好的化学稳定性，可在高速条件下切削加工并持续较长时间，比用硬质合金刀具平均提高效率 3～10 倍。它实现以车代磨、以铣代抛的高效"硬加工技术"及"干切削技术"，可提高零件加工表面质量。陶瓷刀具可实现干式切削，还有利于减少环境污染和降低制造成本。由于构成高速钢与硬质合金的主要成分钨在全球范围内的逐渐枯竭，其价格上涨了好多倍。而陶瓷刀具的主要原料 Al、Si 等是地壳中最丰富的成分，可以说是取之不尽，用之不竭的，因此陶瓷刀具材料已引起世界各国的高度重视。在德国约 70％加工铸件的工序是用陶瓷刀具完成的，而日本陶瓷刀具的年消耗量已占刀具总量的 8％～10％，我国陶瓷刀具的发展也十分迅速，研究与开发水平与国际相当。因此，陶瓷刀具的推广应用对提高生产率、降低加工成本、节省战略性贵重金属具有十分重要的意义，也将极大促进切削技术的进步。

2. 陶瓷刀具材料

(1) 陶瓷材料的力学性能。不论何种材料，其性质（如熔点、硬度和导电性等）主要取决于内部微观结构，即取决于内部质点的结合方式和结合力。有机材料靠的是较弱的分子结合力，所以熔点低、硬度小。金属材料靠金属键结合，它的结合力较分子键强，但较共价键和离子键弱，因此熔点和硬度仍不算高。硬质合金采用金属将 WC 等硬质相联系起来，其性能介于金属和陶瓷之间。而陶瓷材料主要是离子键和共价键结合，其结合力是比较强的正负离子间的静电引力或共用电子对。所以熔点高、硬度高、具有良好的绝缘性、化学稳定性和抗氧化性，因此，陶瓷材料作为刀具材料在一些特定条件下，具有更优异的性能。这就是陶瓷材料能成为切削刀具的原因。

陶瓷材料与硬质合金相比，陶瓷材料具有更高的硬度、热硬性和耐磨性。其力学特性见表 3-41。其寿命为硬质合金刀具的 10～20 倍，热硬性比硬质合金高 2～6 倍，且化学稳定性、抗氧化能力等均优于硬质合金。其缺点是：脆性大、横向断裂强度低、承受冲击载荷能力差。

表 3-41　　　　　　　　陶瓷材料的力学特性

参数 \ 材料	Al_2O_3	ZrO_2-Al_2O_3	SiO_2	SiC	常压烧结 Si_3N_4	热压烧结 Si_3N_4	反应烧结 Si_3N_4
弹性模量 /GPa	350～400	150～200	70	400～600	190～320	300～320	160～220
抗弯强度 /MPa	300～400	1000～1500	50～100	450～800	700～800	900～1200	250～400
抗压强度 /MPa	280～350	1000～3000	700～1900	600～4200	750	800	500
抗剪强度 1000℃时/MPa	150	120	100	—	—	—	—
断裂韧度 /($MPa \cdot m^{1/2}$)	4～4.5	4～4.5	2～3	3.5～6	5～6	5～7	3～4
密度 /(g/m^3)	3.3～4	5～6.1	4.5～6	3～3.2	3～3.2	3.2～3.4	2.7～2.8
硬度/HRA	80～99	90～96	82～92	92～96	91～92	92～93	83～86
最高工作温度/℃	1900	2200	1400	1650	1560	1600	1200
热导率 1000℃时 /[$W/(m \cdot K)$]	6.3	2.1	2.5	25～40	20～25	30～33	10～17
线膨胀系数 (1000℃)/(10^6/℃)	7.2～7.6	10.8	1.0	3.8～5	3.4	2.6	3.2
抗热振性 ΔT/K	100～200	200～320	150～200	220～350	600	600～800	450～500

（2）陶瓷刀具材料的主要特点。

1）高硬度与高耐磨性。常温硬度高达 91～95HRA。

2）高耐热性。1200℃的高温下硬度为 80HRA，在 1200～1400℃的高温下仍然具有切削能力。适合高速切削，允许的切削速度比硬质合金高 2～6 倍。

3）良好的化学稳定性和抗黏结性。陶瓷刀具与金属的亲和力较小，陶瓷的化学惰性优于碳化物、氮化物和硼化物，即使在熔化温度，与钢也不相互起作用。与钢的黏结温度达到 1500℃以上。另外，陶瓷刀具在高温下不易氧化，即使刀刃处于红热状态，也能长时期连续切削。

4）摩擦因数小。切削时刀具与工件的摩擦因数小，切屑不易黏在刀具上，不易产生积屑瘤，不但减少了刀具的磨损，延长了刀具寿命，而且使加工表面粗糙值降低。因此，用陶瓷刀具加工，有时可获得以车代磨、以铣代磨的效果。

5）强度和韧性差、热导率低。脆性大是陶瓷刀具的最大缺点，抗弯强度和冲击韧性较硬质合金低，几乎不能承受冲击载荷。此外，陶瓷刀具的热导率低，仅为硬质合金的 $1/5\sim1/2$，弹性模量低于硬质合金，所以，陶瓷刀具的热冲击性能差，当温度显著变化时，容易产生裂纹，切削时一般不用切削液。

二、陶瓷刀具材料的种类及选用

1. 陶瓷刀具材料的分类

陶瓷刀具材料大致可以分为四种：氧化铝基陶瓷、氮化硅基陶瓷、氮化硅-氧化铝复合陶瓷、金属陶瓷。

几种陶瓷材料的种类及性能见表 3-42。

表 3-42　　　　　　　　几种陶瓷材料的种类及性能

种　类		组成（质量分数）	性　能
氧化铝陶瓷	纯氧化铝陶瓷	Al_2O_3	室温硬度与高温硬度都高于硬质合金材料。Al_2O_3 陶瓷室温条件下的抗弯强度虽然较低，但随着使用中温度的上升，其抗弯强度却较少降低。Al_2O_3 陶瓷在室温与高温时抗压强度都很好。此外，Al_2O_3 陶瓷在物理热性质及抗氧化、抗黏结性及化学惰性方面较好
	氧化铝金属陶瓷	Al_2O_3＋10％以下的 Cr、Co、Mo、W、Ti、Fe、等金属元素	密度、抗弯强度及硬度均有提高。抗蠕变强度低，抗氧化性差
	氧化铝＋碳化物陶瓷	Al_2O_3＋Mo_2C、WC、TiC、TaC、NbC 和 Cr_3C_2	寿命获得显著提高，热裂纹深度也较小，抗弯强度、耐热冲击性等均优于 Al_2O_3 陶瓷刀具

续表

种　类		组成（质量分数）	性　能
氧化铝陶瓷	氧化铝＋氮化物陶瓷	$Al_2O_3 + Si_3N_4$	具有更好的抗热振性能，更适用于间断切削。但是其抗弯强度与硬度都比添加 TiC 的金属陶瓷低一些
氮化硅陶瓷	纯氮化硅陶瓷	Si_3N_4	硬度为 91～92HRA，抗弯强度为 700～900MPa，断裂韧度为 4.2～5.2MPa·m$^{1/2}$，耐热性可达 1300～1400℃，线胀系数为 3.0×10^{-6}/℃，有良好的抗氧化性能
	氮化硅复合陶瓷	$Si_3N_4 + Y_2O_3$、TiC、TiN 和 MgO	优于纯氮化硅陶瓷
	塞隆陶瓷	$Si_3N_4 + Al_2O_3$	热硬性比硬质合金刀具和氧化铝陶瓷刀具都高，刀尖温度高于 1000℃仍可正常高速切削
新型陶瓷	梯度功能陶瓷刀具		抗磨损和破损能力比组分相同的均质陶瓷刀具提高 30%～50%，寿命也可提高 50%～100%
	陶瓷-硬质合金复合刀具		等效抗弯强度可达 800～1000MPa，抗破损能力比普通陶瓷刀具提高 30%以上

（1）氧化铝基陶瓷。通常是在 Al_2O_3 基体材料中加入 TiC、WC、SiC 等成分，经热压制成复合陶瓷刀具，其硬度可达 93～95HRA，为提高韧性，常添加少量钴、镍等金属。氧化铝基陶瓷还包括以下几种。

1）氧化铝（Al_2O_3）基陶瓷纯氧化铝陶瓷，其中 Al_2O_3 的成分占 99.9% 以上，并添加少量助燃剂，如 MgO、NiO、TiO_2 等烧结而成的陶瓷，多呈白色，俗称白陶瓷。成都工具研究所生产的 P1 牌号陶瓷就属于这一类。它的耐磨性好，用于切削灰铸铁有较好效果，也可切削普通碳钢。纯氧化铝陶瓷是最先作为商品推广使用的陶瓷刀具。但因其抗弯强度低（一般在 600MPa 以下），抗热振性及断裂韧度较差，切削时易崩刃，限制了它的使用范围，目前已被其他 Al_2O_3 复合陶瓷取代。

2）氧化铝-碳化物系复合陶瓷：它是在 Al_2O_3 基体中加入 TiC、WC、Mo_2C、TaC、NbC、Cr_3C_2 等成分经热压烧结而成，使用最多的是 Al_2O_3-TiC 复合陶瓷。随着 TiC 含量（w_{TiC} 30%～50%）的不同，其切削性能也有差异，这类陶瓷主要用于切削淬硬钢和各种耐磨铸铁。中国生产的牌号有 M16、SG3、SG4 和 AG2 等，后两种牌号还含有 WC 的成分。表 3-43 中列出了 Al_2O_3-TiC 陶瓷的组成及性能。可以看出，当 TiC 的质量分数为 60% 时，Al_2O_3-TiC 陶瓷的寿命接近最高，并且硬度较高，热裂纹深度也较小。因此这个配比成为各个 Al_2O_3-TiC 陶瓷刀具生产厂家最常用的组成之一。

纯氧化铝陶瓷与 Al_2O_3-TiC 陶瓷的综合性能比较见表 3-44。由表可以看出，Al_2O_3-TiC 陶瓷的抗弯强度、抗压强度、硬度和热导率均高于纯氧化铝陶瓷，而弹性模量和线膨胀系数却比纯氧化铝陶瓷小。因此，Al_2O_3-TiC 陶瓷的耐热冲击性能较纯氧化铝陶瓷有显著改善，已接近或超过一般硬质合金的水平，因而可以使用切削液进行湿式切削。

表 3-43   热压 Al_2O_3-TiC 陶瓷的组成及性能

组成（质量分数,%）		主要性能		刀具寿命	热裂纹深度
Al_2O_3	TiC	密度/(g/cm³)	硬度 HRA	/min	/mm
100	0	3.99	93.4	30	1.220
90	10	4.05	93.2	35	1.225
80	20	4.10	94.4	85	0.625
70	30	4.21	93.0	160	0.65
60	40	4.22	92.6	130	0.625
50	50	4.34	92.2	125	0.640
40	60	4.39	92.6	168	0.625
20	80	4.67	91.1	112	0.630
0	100	4.91	91.0	28	1.310

表 3-44 纯氧化铝陶瓷与 Al_2O_3-TiC 陶瓷的综合性能比较

性　　能	纯氧化铝陶瓷	Al_2O_3-TiC 混合陶瓷
密度/(g/cm^3)	3.90～3.92	4.25～4.30
孔隙率（%）	2～2.5	1.5～2.5
晶粒尺寸/μm	2.5～3.0	1.5～2.0
抗弯强度/MPa	500～600	600～700
抗压强度/MPa	4000	4500
硬度/HV	2400	3000
弹性模量/GPa	410	360
热导率 $[W/(m \cdot K)]$	20.9	37.7
线胀系数/$(\times 10^{-6}/℃)$ 　0～500℃ 　0～1000℃ 　0～1500℃	 7.3 8.2 8.9	 7.0 7.8
抗热振性温度 Δt/℃	200	500

注 表中所列的抗热振性温度是指将陶瓷加热到该温度后突然放入到 0℃的水中而不产生裂纹的温度。

3）氧化铝-碳化钛-金属系复合陶瓷。在 Al_2O_3-TiC 陶瓷中加入少量的黏结金属，如镍和钼等，可提高 Al_2O_3 与 TiC 的连接强度，提高其使用性能，故可用于粗加工。这类陶瓷又称金属陶瓷。该类陶瓷刀具的典型组成与性能见表 3-45。中国生产的牌号有 AT6、LT35、LT55、M4、M5、M6、LD-1 等。用其切削调质合金钢时切削速度可达一般硬质合金刀具的 1～3 倍，刀具寿命为硬质合金刀具的 6～10 倍。由于含有金属成分，所以能用电加工切割成任何形状。同时，用金刚石砂轮刃磨时，能获得较好的表面质量。LD-1 是在 Al_2O_3-TiC 系陶瓷的基础上，通过添加少量的特殊微粉，利用多种增韧机制的协同作用而使断裂韧度有较大提高（可达 $6.0～6.6MPa \cdot m^{1/2}$，普通热压 Al_2O_3-TiC 陶瓷断裂韧度为 $4MPa \cdot m^{1/2}$），用其端铣淬硬钢时，刀片抗破损性能比同类 LT55 牌号高出 30%～110%。

表 3-45　　　　氧化铝-碳化物金属陶瓷的组成与性能

刀具材料牌号	组成（质量分数）	硬度 HRA	抗弯强度 /MPa	国别
Tl	Al_2O_3：50%~60%，TiC：30%~40%，Ni：5%，Mo：5%，MgO：0.5%	92.5~93	720~800	中国
AT6	Al_2O_3：50%，TiC：40%，Ni：5%，Mo：5%，MgO：0.5%	93.5~94.5	880~930	中国
LT35	Al_2O_3-TiC-Mo-Ni	93.5~94.5	900~1100	中国
LT55	Al_2O_3-TiC-Mo-Ni	93.7~94.8	1000~1200	中国
LX-21	Al_2O_3-TiC-金属	93~94	880	日本

4）Al_2O_3-SiC 晶须增韧陶瓷。在 Al_2O_3 陶瓷基体中添加 20%~30% 的 SiCw 晶须（是直径小于 0.6μm，长度为 10~80μm 的单晶，具有一定的纤维结构，抗拉强度为 7GPa，抗拉弹性模量超过 700GPa）而成。SiCw 晶须的作用犹如钢筋混凝土中的钢筋，能成为阻挡或改变裂纹发展方向的障碍物，使其韧性大幅度提高，断裂韧度可达 $9MPa·m^{1/2}$，可有效地用于断续切削及粗车、铣削和扩孔等工序，适于加工镍基合金、高硬度铸铁和淬硬钢等材料。中国生产的 JX-1、AW9、SG5 及美国 WG300、Kyon250 与瑞典 Sandvik 公司 CC670 等牌号均属于这一类。氧化铝-氮化物金属陶瓷的组成与性能见表 3-46。

表 3-46　　　　氧化铝-氮化物金属陶瓷的组成与性能

组成（质量分数）	硬度 HRA	抗弯强度 /MPa
Al_2O_3：50%；TiN：40%；Ni：5%；Mo：5%	92.6	1000
Al_2O_3：48%；TiN：29.6%；AlN：2.4%；W：20%	—	876
Al_2O_3：50%；TiN：22.5%；TaN：20%；Ni：3.75%；Mo：3.75%	91.8	965
Al_2O_3：55%；TiN：37.5%；Ni：3%；Mo：4.5%	93.5	1000
Al_2O_3：40%；TiN：26%；AlN：20%；W：11.2%；Ni：2.8%	92	827

5）Al_2O_3/(W,Ti)C 梯度功能陶瓷。通过控制陶瓷材料的组成分布以形成合理的梯度，从而使刀具内部产生有利的残余应力

分布来抵消切削的外载应力，具有表层热导率高、有利切削热的传出、热胀系数小、结构完整性好、不易破损等特点。山东工业大学开发的 FG2 刀片就属这一类。用其加工钢铁材料时刀具寿命可比 $Al_2O_3/(W,Ti)C$ 复合陶瓷 SG4 高 $1\sim1.5$ 倍，并且刀具有很好的自砺性，崩刃后仍能进行正常切削。

（2）氮化硅基陶瓷。常用的氮化硅基陶瓷为 $Si_3N_4+TiC+Co$ 复合陶瓷，其韧性高于氧化铝基陶瓷，硬度则与之相当。

氮化硅陶瓷刀具材料具有以下特点：

1）硬度高，一般为 $93\sim94HRA$，因此耐磨性好。可加工传统刀具难以加工或根本不能加工的高硬材料，例如硬度达 65HRC 的各类淬硬钢和硬化铸铁。因而可免除退火加工所消耗的电力；并因此也可提高工件的硬度，延长机器设备的使用寿命。

2）不仅能对高硬度材料进行粗、精加工，也可进行铣削、刨削、断续切削和毛坯粗车等冲击力很大的加工。

3）陶瓷刀片切削时与金属摩擦力小，切屑不易黏结在刀片上，不易产生积屑瘤，加上可以进行高速切削，所以在条件相同时，工件表面粗糙度值比较低。

4）刀具寿命比传统刀具高几倍甚至几十倍，减少了加工中的换刀次数，保证了被加工工件的小锥度和精度。

5）耐高温、热硬性好，可在 1200℃ 下连续切削，所以陶瓷刀具的切削速度可以比硬质合金高很多。可进行高速切削或实现"以车、铣代磨"，切削效率比传统刀具高 $3\sim10$ 倍，达到节约工时、电力、机床数 $30\%\sim70\%$ 或更高的效果。

6）氮化硅陶瓷刀具主要原料是自然界很丰富的氮和硅，用它代替硬质合金，可节约大量钨、钴、钽和铌等重要的金属。

氮化硅陶瓷材料有以下几种分类。

1）氮化硅（Si_3N_4）基陶瓷。Si_3N_4 陶瓷是一种非氧化物工程陶瓷，硬度可达 $1800\sim2000HV$，热硬性好，能承受 $1300\sim1400℃$ 的高温，与碳和金属元素化学反应较小，摩擦因数也较低。这类刀具适于切削铸铁、高温合金和镍基合金等材料，尤其适用于大进给量或断续切削。由于纯 Si_3N_4 陶瓷刀具在切削长切屑金属时极易产生月牙洼磨损，所以新一代 Si_3N_4 陶瓷均为复合 Si_3N_4 陶瓷刀具。新开发的 Si_3N_4 陶瓷不仅可用于粗加工，而且可用于断续切削和有切削液的切削，例如日本京陶公司的 KS6000 牌号。目前 Si_3N_4 基陶瓷刀具的崩刃率为 2%～3%，与硬质合金相当，因此已可在生产线应用。Si_3N_4 基陶瓷刀具的缺点是磨加工性比普通陶瓷差。

2）Si_3N_4-TiC-Co 复合陶瓷。其韧性和抗弯强度高于 Al_2O_3 基陶瓷，而硬度却不降低；热导率亦高于 Al_2O_3 基陶瓷，故在生产中应用比较广泛。中国生产的牌号有 FD02、SM、HDM1、N5 等。

3）Si_3N_4 晶须增韧陶瓷。在 Si_3N_4 基体中加入一定量的碳化物晶须而成，从而可提高陶瓷刀具的断裂韧度。如北京方大高技术陶瓷有限公司生产的 FD03 刀片以及湖南长沙工程陶瓷公司生产的 SW21 牌号均属这一类。FD03 刀片是在 Si_3N_4 陶瓷基体中加入硬质弥散颗粒 TiCw，SW21 刀片是在 Si_3N_4 中加入了一定量的 TiCw 晶须，故有较好的使用性能。一般认为，用 Si_3N_4 基陶瓷切削钢材的效果不如 Al_2O_3 基复合陶瓷，故不推荐用其加工钢材。但用 FD03 和 SW21 切削淬硬钢（60～68HRC）、高锰钢、高铬钢和轴承钢时也有较好的效果。

（3）氮化硅-氧化铝复合陶瓷（Si_3N_4-Al_2O_3-Y_2O_3 复合陶瓷）。又称为赛阿龙（Sialon）陶瓷，硬度可达 1800HV，抗弯强度可达 1.20GPa，最适合切削高温合金和铸铁。

氮化硅-氧化铝复合陶瓷，以 Si_3N 为硬质相、Al_2O_3 为耐磨相、添加少量的助烧结剂 Y_2O_3、经热压烧结而成，常称赛阿龙（Sialon）。如美国生产的 Sialon 牌号 KY3000，成分（质量分数）为：Si_3N_4 77%，Al_2O_3 13%，Y_2O_3 10%，硬度达 1800HV，抗弯强度达 1～2GPa。美国 Greeleaf 公司生产的 Grem4B 和瑞典 Sandvik 公司 CC680 刀片，以及中国生产的 TP4 和 SC3 等均是赛阿龙陶瓷。KY3000 陶瓷刀片在高速下切削镍基高温合金时，材料切除率是涂层硬质合金刀具的七倍。除能采用较大的进给量及切削速度高速加工铸铁和高温合金外，还可在面铣刀上采用双正前角（侧前角和背前角均为正值）来加工铸铁。

氮化硅-氧化铝复合陶瓷刀具适用于高速切削、强力切削、断续切削；不仅适合于干切削，也适合于湿式切削陶瓷，可成功地用于铸铁、镍基合金、钛基合金和硅铝合金的加工，是高速加工铸铁和镍基合金的理想刀具材料。由于它和钢的化学亲和性大，所以氮化硅-氧化铝复合陶瓷刀具不适合加工钢。

（4）金属陶瓷。为了使陶瓷既可以耐高温又不容易破碎，人们在制作陶瓷的黏土里加了些金属粉，制成了金属陶瓷。金属陶瓷是由一种或几种陶瓷相与金属相或合金所组成的复合材料。广义的金属陶瓷还包括难熔化合物合金、硬质合金、金属黏结的金刚石工具材料。金属陶瓷中的陶瓷相是具有高熔点、高硬度的氧化物或难熔化合物，金属相主要是过渡元素（钛、钴、镍、铬、钨、钼等）及其合金。金属陶瓷既具有金属的韧性、高导热性和良好的热稳定性，又具有陶瓷的耐高温、耐腐蚀和耐磨损等特性。根据各组成相所占体积分数不同，金属陶瓷分为以陶瓷为基质和以金属为基质两类。

1）陶瓷基金属陶瓷。陶瓷基金属陶瓷主要有三种。

①氧化物基金属陶瓷。以氧化铝、氧化锆、氧化镁、氧化铍等为基体，与金属钨、铬或钴复合而成，具有耐高温、抗化学腐蚀、导热性好、机械强度高等特点，可用作导弹喷管衬套、熔炼金属的坩埚和金属切削刀具。

②碳化物基金属陶瓷。以碳化钛、碳化硅、碳化钨等为基体，与金属钴、镍、铬、钨、钼等金属复合而成，具有高硬度、高耐磨性、耐高温等特点，用于制造切削刀具、高温轴承、密封环、拔丝模套及透平叶片。

③氮化物基金属陶瓷。以氮化钛、氮化硼、氮化硅和氮化钽为基体，具有超硬性、抗热振性和良好的高温蠕变性，应用较少。

2）金属基陶瓷。金属基金属陶瓷是在金属基体中加入氧化物细粉制得，又称弥散增强材料。主要有烧结铝（铝-氧化铝）、烧结铍（铍-氧化铍）、TD镍（镍-氧化钍）等。烧结铝中的氧化铝的质量分数约为 5%～15%，与合金铝比，其高温强度高、密度小、易加工、耐腐蚀、导热性好。常用于制造飞机和导弹的结构件、发动机活塞、化工机械零件等。

金属陶瓷兼有金属和陶瓷的优点，它密度小、硬度高、耐磨、导热性好，不会因为骤冷或骤热而脆裂。另外，在金属表面涂一层气密性好、熔点高、传热性能很差的陶瓷涂层，也能防止金属或合金在高温下氧化或腐蚀，作为刀具材料，金属陶瓷的硬度和热硬性高于硬质合金，低于陶瓷材料；其横向断裂强度大于陶瓷材料，小于硬质合金；化学稳定性和抗氧化性好，耐剥离磨损、耐氧化和扩散，具有较低的黏结倾向和较高的刀刃强度。

金属陶瓷刀具的切削效率和工作寿命高于硬质合金、涂层硬质合金刀具，加工出的工件表面粗糙度小；由于金属陶瓷与钢的黏结性较低，因此用金属陶瓷刀具取代涂层硬质合金刀具加工钢制工件时，切屑形成较稳定，在自动化加工中不易发生长切屑缠绕现象，零件棱边基本无毛刺。金属陶瓷的缺点是抗热振性较差，易碎裂，因此使用范围有限。

以下为几种典型的金属陶瓷刀具材料。

a. Ti(CN) 基金属陶瓷刀具。现在，金属陶瓷的发展方向是超细晶粒化和对其进行表面涂层。超细晶粒金属陶瓷可以提高切削速度，也可用来制造小尺寸刀具。以纳米 TiN 的质量分数占 2%～15%改性的 TiC 或 Ti(CN) 基金属陶瓷刀具为例，其硬度高、耐磨性好，热稳定性、导热性、耐蚀性、抗氧化性及高温硬度、高温强度等都有明显优势。与硬质合金刀具相比，该刀具寿命和使用寿命提高 1～50 倍，切削速度提高 1.5～3 倍，成本与其相当或略高，而金属切削加工费用下降 20%～40%，与普通 Ti(CN) 基金属陶瓷刀具相比，刀具可靠性更高。

b. 涂层金属陶瓷刀具。涂层金属陶瓷目前发展速度非常迅速。涂层分为硬涂层和软涂层，前者主要是金属碳氮化物，包括 TiN、TiC、Ti(CN)、TiAlN、CrC、CrN 等。其中 TiN 的工艺最成熟、应用最广泛。硬涂层主要是提高其硬度和耐磨性。一般可进行多层复合涂层。后者主要是 MoS 基涂层，可以降低摩擦因数，另外，软硬涂层可以复合使用。

　　c. 纳米 TiN 改性的 TiC 基金属陶瓷刀具。纳米涂层刀具是利用纳米技术的一种新刀具，这种涂层方法采用多种材料的不同组合（如金属/金属组合、金属/陶瓷组合、陶瓷/陶瓷组合、固体润滑剂/金属组合等），以满足不同的功能和性能要求。其中 TiC/TiN 复合涂层是典型涂层材料，它相对于在 TiC 基加入 TiN 硬质合金而言，其抗弯强度得到进一步的提高，刀具的硬度和韧性显著增加。又因其具有优异的抗摩擦磨损及自润滑性能，十分适合于干切削。但纳米涂层的涂覆必须采用先进的工艺，如封闭场不平衡磁溅射法（CFUMS），它要求极精确的参数控制和先进的设备等，必然造成刀具成本的大幅提高。同时受工艺和切削条件的影响，涂层的黏结强度可能不足，切削时涂层容易脱落。切削性能迅速降低或失效。

　　纳米金属陶瓷刀具成分（质量分数,％）为：53TiC-10TiN-18Mo-18Ni-1C，TiN 纳米粉粒度为 $30\sim50nm$。实验表明，各力学性能的峰值分别对应一定的纳米 TiN 的添加量。据合肥工业大学试验，当添加量的体积分数为 $6\%\sim8\%$ 时，可获得较优的综合物理力学性能。

　　2. 陶瓷刀具材料的应用

　　陶瓷是近年来才在生产中推广使用的一种新型刀具材料。因此，不论在刀具的几何参数、切削用量以及使用技术方面，均缺乏成熟的经验。由于陶瓷刀具材料本身所具有的物化特性及加工时的切削性能与普通刀具有相当大的差别，因此在应用时，必须考虑以下几个方面的问题。

　　（1）对机床的要求。陶瓷刀具材料对冲击和振动载荷比较敏感，这是陶瓷刀具材料在耐冲击和抗振性方面的最大弱点。机床-工件-刀具工艺系统刚性弱是促使陶瓷刀具寿命降低或崩刃的主要原因。其中除工件和刀具本身的刚性因素外，机床刚性越小，则振动越大，而刀具寿命也就越低。需要特别指出，在分析机床刚性时，必须同时考虑工件、夹具、顶尖及刀具的刚性等。任何环节的刚性不足都将大幅度地降低陶瓷刀具的切削性能和效率。实践证明，适于陶瓷刀具加工的机床必须具有良好的刚性、足够的功率和高转数。分析国内目前机床情况可以看出，中型机床在精加工、半精加工时这三方面都基本满足要求。对淬硬钢或硬镍铸铁等难加工材料的加工，由于其选用的切削速度较低，即使采用陶瓷刀具来加工，其功率也是足够的，而在普通钢材或铸铁粗加工时，往往这三方面都不容易满足。重型机床的刚性好，有足够的转速及功率，只要使用得当，在重型工件的加工中，采用陶瓷刀具的成功率往往较高。

（2）对被加工零件的要求。

1）虽然陶瓷刀具对大多数铸、锻件不退火就能进行毛坯粗加工，但硬铸件毛坯上的严重夹砂和砂眼将会引起许多不必要的打刀，增加了陶瓷刀具的消耗。如果能在切削加工前对毛坯进行适当处理，如切削前先用手砂轮对缺陷部分进行清理、修正，就会得到比较好的加工效果。

2）高速转动的高硬工件毛坯的任何一点毛边都有可能打坏陶瓷刀具，而从已车圆的毛坯开始切削，却可以长期稳定地切削。因此对于那些硬度高而形状不规则的工件毛坯，应注意必须先倒角后再用陶瓷刀具切削。毛坯切入处倒角，可避免陶瓷刀具刚接触工件时承受过大的冲击载荷；毛坯切出倒角，主要是为避免陶瓷刀具切离零件时被留下的一圈料边打坏。

3）机床与被加工零件的情况要匹配，避免"小马拉大车"等现象。

（3）氮化硅陶瓷刀具合理几何参数的选择。虽然氮化硅陶瓷刀具是一种切削性能优良的刀具，但是如果不能在使用中合理地选择其几何参数，则仍然不能很好地发挥其作用，所谓刀具的合理几何参数，是指能保证粗加工或半精加工刀具有较高的生产率和刀具寿命，精加工刀具能保证加工出符合预定尺寸精度和表面质量的工件，同时也具有与较高的刀具寿命相应的刀具几何参数。

在选择陶瓷刀具的合理几何参数时，除要考虑刀具的一般规律外，还必须考虑某些属于陶瓷刀具所特有的规律，氮化硅陶瓷刀具是一种硬而脆的刀具，如何保证其使用的稳定可靠，而不发生崩刃仍然是选择氮化硅陶瓷刀具合理几何参数的主要依据。氮化硅陶瓷刀具的结构主要是机夹可转位刀具,所以必须结合其结构特点来考虑选择合理几何参数。

陶瓷刀具几何参数的推荐值见表 3-47。

表 3-47　　　　　　陶瓷刀具几何参数的推荐值

几何参数	推荐值	加 工 条 件
前角/(°)	+5～+10	车削钢 $\sigma_b <0.69GPa$
	−5	车削调质钢 $\sigma_b >0.69GPa$(50HRC 以下)或铸铁(220HBW 以下)
	−10	车削 55HRC 以上的淬硬钢或 350～450HBW 的铸铁
	−15～−12	车削 550HBW 以上白口铸铁或硬镍铸铁
主后角/(°)	5～10	车削一般钢及铸铁
副后角/(°)	5～10	车削一般钢及铸铁
刃倾角/(°)	−5～0	加工余量均匀的连续切削
	−10～−5	加工余量不均匀的断续切削
主倾角/(°)	30	机床-工件-刀具系统刚性相当好
	45	机床-工件-刀具系统刚性相当好
	60～75	机床-工件-刀具系统刚性不太好
	90	机床-工件-刀具系统刚性很差或用于车端面或凸台
副偏角/(°)	0	用于有修光刃的车削加工,可加大进给量
	5～10	用于精加工
	10～15	用于精加工
(负倒棱宽度/mm)×[负倒棱角度/(°)]	0.15×10	粗加工
	0.1×10	半精加工

(4)合理选择切削用量。合理选择切削用量是充分发挥陶瓷刀具切削性能的基本问题之一。切削用量直接影响加工生产率、加工成本、加工质量和刀具寿命。因为陶瓷刀具具有硬度高、耐磨性好、耐热性高等优点以及脆性较大、强度较低等缺点,所以必须充分考虑这些特点来选择合适的切削用量,以达到提高生产率、保证加工质量的目的。

1) 背吃刀量 a_p 的选择。用陶瓷刀具加工时，为了缩短加工时间，应尽可能选择较大的背吃刀量，以便在一次进给后切去大部分余量。由于背吃刀量受机床功率和工艺系统刚性的限制，一般粗加工钢和铸铁时，允许的最大背吃刀量为 $2\sim6$mm，通常取 $a_p>1.5$mm；精加工时取 $a_p<0.5$mm；加工淬硬钢时，一般都是半精加工或精加工，余量和背吃刀量较小。当工艺系统刚性比较差时，应选取较小的背吃刀量，否则容易引起振动，使刀片破损。

2) 进给量 f 的选择。合理选择进给量是成功应用陶瓷刀具的关键。进给量主要受陶瓷刀片强度及工艺系统刚性的影响，精加工时还要受被加工表面粗糙度的影响。因为陶瓷刀片的强度比硬质合金刀片低，所以进给量也应低些。一般可预选得小一些，通过实践逐步增加。精车普通钢和铸铁，进给量选取为 $f=0.10\sim0.75$mm/r，精加工选取 $f=0.05\sim0.25$mm/r，端铣时可选取每齿进给量 $a_f=0.1\sim0.3$mm/z。加工淬硬钢时根据硬度不同而选取不同的进给量，一般车削选取 $f=0.1\sim0.3$mm/r；端铣选取每齿进给量 $a_f=0.05\sim0.15$mm/z。进给量对刀具破损的影响比切削速度大，选取较小的进给量有利于防止或减少刀具的破损，因此，对于陶瓷刀具应选用较小的进给量和尽可能高的切削速度。如有表面粗糙度的要求则可按表 3-48 推荐的数据选取。

表 3-48　有表面粗糙度要求时陶瓷刀具进给量的推荐值

按已加工表面粗糙度选取进给量		按已加工表面粗糙度选取进给量	
表面粗糙度 $Ra/\mu m$	进给量 $f/(mm/r)$	表面粗糙度 $Ra/\mu m$	进给量 $f/(mm/r)$
$>5\sim10$	$0.3\sim0.7$	$>1.25\sim2.5$	$0.1\sim0.3$
$>2.5\sim5$	$0.2\sim0.5$	$>0.63\sim1.25$	$0.05\sim0.2$

3) 切削速度 v_c 的选择。氮化硅陶瓷刀具适于高速切削。对一定的工件材料，切削速度主要受机床功率限制。结合已选定的背吃刀量 a_p 和进给量 f，如因机床功率不足，而使切削速度选得过低，则不仅不利于发挥陶瓷刀具的优越性，而且容易发生崩刃。应当适当减少进给量，或是背吃刀量，以便提高切削速度。

虽然目前有的牌号陶瓷刀具的切削速度最高到 1500r/min，但加工普通钢和铸铁，大多数仍然采用 $v_c = 200 \sim 600\mathrm{m/min}$；加工工件硬度小于 65HRC 的钢材时，$v_c = 60 \sim 200\mathrm{m/min}$；铣削一般钢和铸铁时，$v_c = 200 \sim 500\mathrm{m/min}$；铣削耐热合金时 $v_c = 100 \sim 250\mathrm{m/min}$。

切削速度对切屑形状的影响很大，特别在 $v_c = 350 \sim 1500\mathrm{m/min}$ 的范围内，往往可以获得良好的切屑形状，如在高速车削淬硬钢时，可能形成酥化的易碎断的假带状切屑，而使切屑易于清理，用陶瓷刀具作低速切削时，不但与硬质合金刀具的切削性能相近，而且容易引起工艺系统的振动，使刀具发生崩刃。例如，在 $v_c < 450\mathrm{m/min}$ 时，车削抗拉强度为 $800 \sim 850\mathrm{MPa}$ 的钢材，陶瓷刀具很容易发生崩刃，甚至无法切削。在一定速度范围内高速切削时，切削温度的升高能改变工件材料的性能，提高陶瓷刀具的韧性，从而减少其破损，所以一般陶瓷刀具均采用干切削。而用陶瓷刀具断续切削时，如果切削速度提高太多，温差很大，产生的热应力会导致刀具破损。

几种国产陶瓷刀片加工不同材料时适宜的几何参数和切削用量推荐值见表 3-49。

中国株钻公司陶瓷刀片切削用量推荐参数值见表 3-50。

4）陶瓷刀具的设计原则。陶瓷刀具虽然有很多优点，但性能脆，在陶瓷刀具的制造、使用和刃磨等方面要采取不同于高速钢和硬质合金材料刀具的结构和工艺方法，使其脆性等应用问题得到抑制。从而使陶瓷刀具进入了实用阶段。陶瓷刀具在设计中应采取以下四点设计原则。

a. 刀具材料尽可能使用超细粉陶瓷材料，在生产工艺上采取各种措施抑制晶粒长大，从而得到尽可能高的强度和韧性。

b. 刀片形状尽量简单，如不开断屑槽，这样有利于生产使用和提高刀具寿命。降低刀片表面粗糙度可抑制微裂纹生长。采用负倒棱可增大刀刃强度。

c. 在使用上对不同材料的工件，合理地使用不同的切削参数，可提高刀具寿命。

d. 陶瓷刀片与刀体之间采用合适的连接方式，连接部位尽量采用严格的接触面几何精度和粗糙度。

表 3-49 几种国产陶瓷刀片加工不同材料时适宜的
几何参数和切削用量

加工材料	刀片牌号	刀具几何参数						切削用量				切削行程 L/m 及后刀面磨损 VB/mm
		前角 γ_0 /(°)	后角 α_0 /(°)	刃倾角 λ_0 /(°)	主偏角 κ_{r0} /(°)	刀尖圆弧半径 γ_1 /mm	负倒棱宽度 $b_{\gamma1}$ /mm	负倒棱角度 γ /(°)	v_c /(m/min)	f /(mm/r)	a_p /mm	
普通钢及铸铁	各种	-5	5	-15	75	-30	0.2~0.3	0.2~0.3	100~300	<0.2	0.5~1.0	$L \geqslant 2000$, $VB \leqslant 0.2$
淬硬钢、高硬铸钢、钢结硬质合金	SG$_4$ SG$_3$	-10~-5	5~10	-10~-5	45~75	-30~-20	0.2~0.3	0.3~0.5	60~140	0.08~0.3	0.1~0.5	$L \geqslant 2000$, $VB \leqslant 0.3$
高强钢、调质钢	LT$_{35}$ LT$_{55}$	-5	5	-5	45	-30~-20	0.2~0.3	0.4~0.5	70~120	0.02~0.2	0.3	$L \geqslant 5000$, $VB \leqslant 0.3$
高密度合金	SG$_5$	-10	5~10	-10	45	-30~-20	0.2~0.3	0.5	>90	0.04~0.08	0.2~0.4	
耐磨喷涂层合金	SG$_5$	-10	8	5	12~15		0.3~0.5	<100	<0.3	0.09~0.5	$L=150$, $VB \leqslant 0.15$	

注 在断续切削时，为减少刀具破损，γ 值增大至 1.2~2mm。

表 3-50 中国株钻公司陶瓷刀具的推荐切削参数

工件材料	牌 号	加工方式	切削速度 /(m/min)	进给量 /(mm/r)	背吃刀量 /mm
灰铸铁 可锻铸铁	CA1000	粗加工	150~800	0.2~0.5	3.0~6.0
		精加工	200~1200	0.3~0.5	0.1~0.5
冷硬铸铁		粗加工	30~100	0.1~0.2	0.5~1.5
		精加工	50~200	0.05~0.15	0.1~0.5
碳素钢 合金钢 轴承钢		精加工	150~400	0.2~0.5	2.0~5.0
		粗加工	200~800	0.05~0.20	0.1~0.5
冷硬钢		粗加工	20~100	0.1~0.2	0.5~1.5
		半精加工	40~200	0.05~0.50	0.1~0.5
		精加工	300~1200	0.05~0.30	0.1~0.5

续表

工件材料	牌　号	加工方式	切削速度 /(m/min)	进给量 /(mm/r)	背吃刀量 /mm
灰铸铁 可锻铸铁	CN1000	粗加工	150~1100	0.3~0.8	<5
		精加工	250~1200	0.15~0.4	<1
冷硬铸铁		粗加工	20~250	0.2~0.8	<5
		精加工	60~450	0.1~0.6	<1
镍基合金 有色金属	CN2000	粗加工	150~250	0.2~0.4	<5
		精加工	150~450	0.1~0.2	<1

3. 陶瓷刀具材料的选用

陶瓷刀具是具有很大发展潜力的数控刀具材料之一，在发达国家很受重视。在美国，陶瓷刀具占全部刀具市场份额的 3%~4%，在日本份额为 8%~10%，在德国约为 12%。在一些特殊的加工过程中，陶瓷刀具所占的比例更大。在我国，陶瓷刀具的应用还处于进一步阶段，陶瓷刀具所占的比例还不到 1%。其原因之一就是陶瓷刀具在中国的推广时间不长，使用范围狭窄，在陶瓷刀具的几何参数、切削用量以及使用技术方面，均缺乏成熟的理论与经验，致使不能合理地选用陶瓷刀具，不能正确地使用陶瓷刀具，使得陶瓷刀具的性能远远没有发挥出来。因此，正确合理地选用陶瓷刀具对于发挥陶瓷刀具的优越性能具有重要意义。

陶瓷刀具适合加工的工件材料见表 3-51~表 3-54。

表 3-51　Al_2O_3 陶瓷及 Al_2O_3-TiC 复合陶瓷刀具的应用范围

铸铁种类	硬度 HBW	加工铸铁		陶瓷种类	
		切削速度/(m/min)		纯 Al_2O_3 陶瓷	Al_2O_3-TiC 混合陶瓷
		表面粗糙度 Ra/μm			
		6.0~12.5	6.3~1.6		
灰铸铁	150	450	700	○○	
	200	350	550	○○	
	250	275	450	○○	

续表

加工铸铁					
铸铁种类	硬度 HBW	切削速度/(m/min)		陶瓷种类	
		表面粗糙度 Ra/μm		纯 Al_2O_3 陶瓷	Al_2O_3-TiC 混合陶瓷
		6.0~12.5	6.3~1.6		
球墨铸铁	300	200	350	oo	o
	350	150	250	oo	o
冷硬铸铁	400	100	175	o	oo
	450	75	125		oo
	500	50	76		oo
	550	30	50		oo
	600	20	30		oo

表 3-52　　　　　　　　　陶瓷刀具的选择

工件材料	工　序	第一选择	第二选择
钢（硬度低于 44HRC）	粗车	热压	冷压①
	半精车	冷压	热压
	精车	冷压	热压
	铣削	热压	热压
钢（硬度高于 36HRC）	所有形式的间断切削	仅用热压	仅用热压
	粗车	热压	热压
	半精车	冷压	热压
	精车	冷压	热压
灰铸铁	半精车	Sialon 或热压	Sialon 或热压
	粗车	Sialon	热压
	粗铣	Sialon	热压
	精铣	Sialon	热压
镍基合金	粗车	Sialon	Sialon
	半精车	Sialon	热压
	精车	热压	Sialon
	铣削	Sialon	Sialon

① 仅在无氧化皮或无断续切削时才用。

表 3-53 中国株钻公司陶瓷刀具的应用范围

牌号	应 用 范 围
CA1000	高耐磨性，刃口安全性好，适用于淬硬钢、球墨铸铁的连续加工
CN1000	抗崩刃、抗热振性能优良，适合于灰铸铁的半精加工和精加工，在重载断续切削有铸造表皮的材料时，也能体现良好的切削
CN2000	高耐磨性和良好的韧性结合，适合淬火钢、灰铸铁连续、断续车削，也适合加工模具钢等其他高硬度材料

表 3-54 清华紫光方大高技术陶瓷有限公司
陶瓷刀具牌号及应用范围

牌号	用 途	特 性
FD05	硬度＜62HRC 铸铁的毛加工、断续切削、高速大进给量切削	抗热振性特好，强度好，抗冲击性好，但不适于切削高强钢
FD01	硬度＜65HRC 的高合金铸铁的毛加工、合金钢、高锰钢的粗加工	耐高温性能好，强度不如 FD05，但耐磨性稍好
FD04	加工高硬铸铁、球墨铸铁、淬硬钢或合金铸铁	耐高温性能好，适于铸铁大进给量加工及铣削加工
FD22	精加工硬度为 65HRC 的淬硬钢或合金铸铁	耐磨性特好，可实现淬硬钢的以车代磨或以铣代磨
FD10	硬度＜65HRC 的铸铁精加工、高速精车	高速切削性能特好，能以车削速度≤1000m/min 精车灰铸铁
FD12	硬度＜65HRC 钢与铸铁的精加工	切钢件时的耐磨性好

第四节 超硬刀具材料

一、超硬刀具材料概述

1. 超硬刀具材料的定义

超硬刀具材料是指比陶瓷材料更硬的刀具材料。主要分两类：

（1）金刚石类。金刚石刀具材料包括天然和人工合成单晶金刚石、聚晶金刚石（PCD）及其复合片（PDC）、CVD 金刚石三种。

（2）立方氮化硼类。立方氮化硼刀具材料包括聚晶立方氮化硼（CBN）和CVD立方氮化硼涂层两种。

其中以人造金刚石复合片（PCD）刀具及立方氮化硼复合片（PCBN）刀具占主导地位。

2. 超硬刀具材料的特性与使用

金刚石刀具材料的成分是碳，金刚石与铁系有亲和力，切削过程中，金刚石的导热性优越，散热快，但切削区域的温度不宜高于700℃，否则会发生石墨化现象，工具会很快磨损。因为金刚石在高温下和钨、钽、钛、镍、铁、锆、钴、锰、铬、铂等会发生反应，与黑色金属（铁碳合金）在加工中会发生化学磨损，所以，金刚石不能用于加工黑色金属，只能用于有色金属和非金属材料。

CBN刀具材料能够在1000℃的高温下切削黑色金属，特别适用于对铸铁和耐热合金等难加工材料的切削加工。聚晶金刚石（PCD）、金刚石薄膜涂层刀具（CVD）、立方氮化硼（CBN）作为超硬刀具材料在金属切削性能方面起到了互补的作用，可以满足当今机械制造过程中的绝大多数材料零件的制造要求。

二、金刚石

金刚石是碳的许多同素异构件中的一种，它是自然界已经发现的最硬的一种材料。金刚石有天然金刚石及人造金刚石。人类最早利用天然金刚石制作金刚石刀具，是利用天然金刚石自然棱角（或称锋口）做切削刃进行切削加工的，如玻璃刻刀，珠宝、玉石雕刻刀等。后来，随着钻石首饰的研磨抛光技术的发展，具有人工精磨而成切削刃的天然金刚石刀具应运而生。现代尖端科学技术领域的许多产品，都要求得到超光滑的加工表面和高的加工稍度，这些都需要天然金刚石刀具的超精密镜面切削技术来完成。但是天然金刚石价格昂贵，人造金刚石的研究得到了很大发展。

金刚石刀具具有高硬度、高耐磨性和高导热性能，金刚石刀具的应用已迅速扩展到许多制造工业领域，广泛应用于有色金属（铝、铝合金、铜、铜合金、镁合金、锌合金等）、硬质合金、陶瓷、非金属材料（塑料、硬质橡胶、碳棒、木材、水泥制品等）、复合材料（如纤维增强塑料、金属基复合材料等）的切削加工，已成为传统硬质合金的高性能替代产品。尤其在铝和硅铝合金高速切削加工中，诸如轿车发动机缸体、缸盖、变速器和各种活塞等的加工中，金刚石刀具是难以替代的主要切削刀具品种。近年来，随着数控机床的普遍应用和数控加工技术的迅速发展，可实现高效率、高稳定性、长寿命加工的金刚石刀具的应用日渐普及，金刚石刀具已成为现代数控加工中不可缺少的重要工具。

1. 金刚石刀具材料的种类

金刚石刀具的种类如图 3-5 所示。

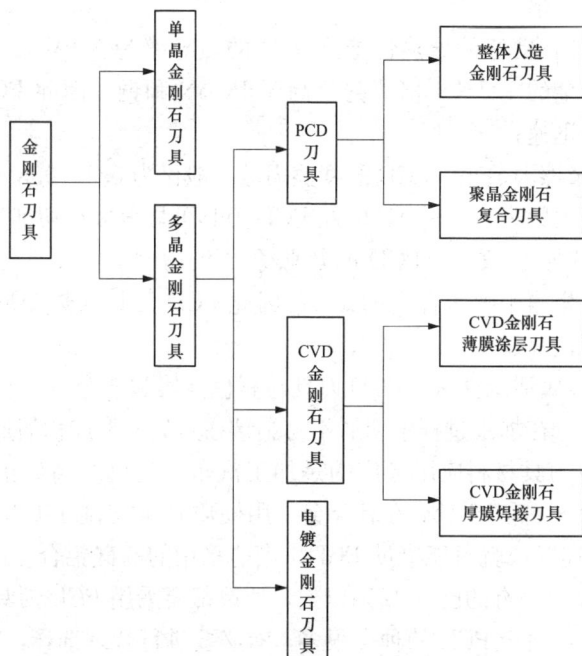

图 3-5　金刚石刀具的种类

（1）聚晶金刚石刀具（PCD）。PCD 是金刚石烧结体，在金属切削应用方面代替了天然单晶金刚石。PCD 与天然金刚石比较，价格便宜、且刃磨远比天然金刚石方便，金刚石刀具具有硬度高、抗压强度高、导热性及耐磨性好等特性，可在高速切削中获得很高的加工精度和加工效率。金刚石刀具的上述特性是由金刚石晶体状态决定的。在金刚石晶体中，碳原子的四个价电子按四面体结构成键，每个碳原子与四个相邻原子形成共价键，进而组成金刚石结构，该结构的结合力和方向性很强，从而使金刚石具有极高硬度。由于聚晶金刚石（PCD）的结构是取向不一的细晶粒金刚石烧结体，所以虽然加入了结合剂，其硬度及耐磨性仍低于单晶金刚石，同时由于 PCD 烧结体表现为各向同性，因此不易沿单一解理面裂开。PCD 刀具材料的主要特性指标如下：

1）具有非常好的硬度。PCD 的硬度为 8000HV，为硬质合金的 80～120 倍；

2）具有良好的导热性能。PCD 的热导率为 700W/(m·K)，为硬质合金的 1.5～9 倍，甚至高于 PCBN 和铜，因此 PCD 刀具热量传递迅速；

3）摩擦因数小。PCD 的摩擦因数一般仅为 0.1～0.3（硬质合金的摩擦因数为 0.4～1），因此 PCD 刀具可显著减小切削力；

4）热胀系数小。PCD 的热胀系数仅为 $0.9 \times 10^{-6} \sim 1.18 \times 10^{-6}$，仅相当于硬质合金的 1/5，因此 PCD 刀具的热变形小，加工精度高；

5）金属活跃性低。PCD 刀具与有色金属和非金属材料间的亲和力很小，在加工过程中切屑不易黏结在刀尖上形成积屑瘤。

PCD 刀具材料应用最广的是加工汽车发动机的高硅铝合金活塞。一般 w_{Si} 低于 10% 的铝合金，用硬质合金切削工具即可，但 w_{Si} 超过 10%，就只能借助 PCD。当前采用的高硅铝合金的 w_{Si} 均在 12% 以上，有的已达 18% 以上，所以都要采用 PCD 刀具材料。

但是，由于 PCD 的种类很多，有必要进行合理选择，其粒度、浓度等都会影响到硬度、耐磨性等性能。因此，在应用中也必须根据被加工材料的种类、硬度等特性来考虑合理的各种参数。PCD 在国内外的生产已十分普及，但是质量有较大的差异，因此在价格上也有很大差异。

（2）金刚石膜刀具（CVD）。CVD 金刚石刀具是指用化学气相沉积法在异质基体（如硬质合金、陶瓷等）上合成金刚石薄膜的一种金刚石刀具。其形式有两种：一种是在基体上沉积厚度小于 $50\mu m$ 的薄膜层，即所谓的金刚石薄膜涂层刀具；另一种是沉积厚度达到 1mm 的无衬底的金刚石厚膜，然后将厚膜焊接在基体上，即 CVD 金刚石厚膜焊接刀具。CVD 金刚石不含任何金属或非金属添加剂，其性能与天然金刚石非常接近，同时又具有单晶金刚石和聚晶金刚石的优点，并且在一定程度上克服了它们的不足。因基体容易制造成复杂形状，故适用于几何形状复杂的刀具，如丝锥、钻头、立铣刀和带断屑槽可转位刀片等。用于有色金属及非金属材料的高速精密加工，刀具寿命比未涂层的硬质合金刀具提高近十倍，有些甚至数十倍。但 CVD 金刚石薄膜涂层刀具不适合加工金属基复合材料，因为复合材料中的硬质颗粒在很短时间内就会将刀具表面一层涂层磨穿。所以，尽管 CVD 金刚石薄膜涂层刀具的价格比同类 PCD 刀具要低，但由于金刚石薄膜与基体材料之间的黏着力较小，限制了它的广泛应用。

CVD 金刚石厚膜焊接刀具有很好的综合性能，它兼有天然金刚石和人造聚晶金刚石的优点，与基底结合牢固，便于多次重磨，故有良好的应用价值和发展前景。CVD 金刚石厚膜焊接刀具与 PCD 相比较，因 PCD 内含有钴等金属结合剂，但钴会降低 PCD 硬度，对腐蚀敏感（特别是在加工塑料时），钴在高温下会加速金刚石向石墨转变，故 PCD 适于粗加工和要求刀具有较高断裂韧度的场合。而 CVD 金刚石厚膜焊接刀具为纯金刚石材料，不添加任何复合材料，因此具有比 PCD 更高的硬度、热导率、致密性、刃口锋利性、耐磨性（为 PCD 的 14 倍）、耐高温性、化学稳定性以及更小的摩擦因数，故可采用比 PCD 刀具更高的切削速度，韧性则稍低于 PCD，多用于高速精加工和半精加工等场合。

CVD 金刚石刀具的超硬耐磨性和良好的韧性使之可加工大多数非金属材料和多种有色金属材料，如铝、硅铝合金、铜、铜合金、石墨、陶瓷以及各种增强玻璃纤维和碳纤维结构材料等。CVD 金刚石刀具还可用作高效和高精密加工刀具，其成体远远低于价格昂贵的天然金刚石刀具。目前，CVD 金刚石刀具除用于发动机活塞硅铝合金材料的加工外，还用于缸体、缸盖、高压油泵、汽油泵、水泵、发电机转子、启动机、汽车车体中玻璃钢部件的车、铣、钻、镗等的加工。

PCD、CVD 金刚石刀具和单晶金刚石刀具的使用特性的比较见表 3-55。

表 3-55　PCD、CVD 金刚石刀具和单晶金刚石刀具的使用特性的比较

特性	聚晶金刚石刀具（PCD）	CVD 金刚石刀具	单晶金刚石刀具
材质结构	含 Co 黏结剂	纯金刚石	纯金刚石
耐磨性	随金刚石颗粒大小而变	比 PCD 提高 2～10 倍	高于 PCD 和金刚石膜
韧性	优	良	差
化学稳定性	较低	高	高
可加工性	优	差	差
焊接性	优	差	差
刃口质量	良	优	优
适用性	粗加工、精加工、不适于加工有机复合材料	精加工、半精加工、连续切削、湿切、干切，适于加工有机复合材料	超精密加工

2. 金刚石刀具材料的性能和特点

金刚石刀具材料的性能和特点如下。

1）具有极高的硬度和耐磨性。金刚石是世界上已发现的最硬物质，显微硬度高达 10 000HV 左右，比硬质合金和陶瓷刀具的硬度高好几倍。金刚石刀具具有极高的耐磨性。天然金刚石的耐磨性为硬质合金的 80～120 倍，人造金刚石的耐磨性为硬质合金的 60～100 倍。如表 3-56 所示，加工高硬度材料时，金刚石刀具材料的寿命为硬质合金刀具的 10～100 倍，甚至高达几百倍。

表 3-56　金刚石刀具与硬质合金刀具的耐磨性比较

刀具材料	努普（Knoop）硬度/MPa	相对耐磨性	刀具材料	努普（Knoop）硬度/MPa	相对耐磨性
天然金刚石	80 000～120 000	96～245	硬质合金	18 000～22 000	2
人造聚晶金刚石	50 000～80 000	90			

2）具有很低的摩擦因数。金刚石与一些金属之间的摩擦因数通常在 0.1～0.3 之间，比其他刀具都低，约为硬质合金的一半（见表 3-57）。对于同一种加工材料，天然金刚石刀具的摩擦因数低于人造金刚石刀具。摩擦因数低，加工时可减少切屑变形和降低切削力约 1/3～1/2。

表 3-57　　　金刚石刀具与硬质合金刀具摩擦因数的比较

加工材料	摩擦因数		加工材料	摩擦因数	
	天然金刚石	WC 硬质合金		天然金刚石	WC 硬质合金
黄铜	0.1	0.3	纯铜	0.25	0.5
铝	0.3	0.6			

3）切削刃非常锋利，刃面表面粗糙度很小。金刚石刀具的切削刃表面粗糙度很小，一般可达 $Ra0.1～0.3\mu m$，Ra 最小值可达 $0.001\mu m$，因此切光能力很强。而且金刚石刀具的切削刃可以磨得非常锋利，切削刃钝圆半径一般可达 $0.1～0.5\mu m$。因此，金刚石刀具具有很高的切薄能力，能切下厚度 $0.1\mu m$ 以下的切屑。天然单晶金刚石刀具的切削刃钝圆半径甚至可高达 $0.002～0.008\mu m$，因而能进行超薄切削或超精密加工。

4）具有很高的导热性能。金刚石的导热率非常高（见图 3-6），为硬质合金的 1.5～9 倍。由于热导率高，切削热容易散出，故刀尖和切削区域温度低，见表 3-58。

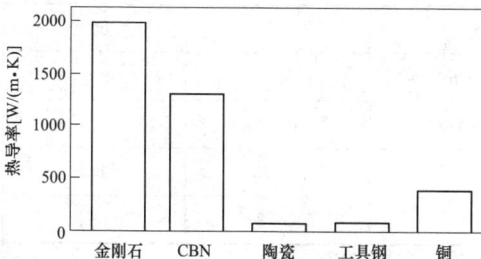

图 3-6　金刚石刀具与其他材料的热导率比较

表 3-58   金刚石刀具和硬质合金刀具加工 BT4 钛合金时
的切削温度比较

刀具材料	刀具-切屑接触区温度/℃	刀具-工件接触区温度/℃	备注
金刚石车刀	620	571	工件材料：BT4 钛合金；加工参数：$v_c = 326$m/min，$a_p = 0.04$mm，$f = 0.03$mm/r
YG 硬质合金车刀	1004	763	

5）具有很低的加工变形。金刚石的线膨胀系数比硬质合金小，约为高速钢的 1/10。因此，金刚石刀具不会产生很大的热变形，由切削热引起的刀具尺寸的变化很小。另外，金刚石刀具的弹性模量较大，因而切削刃在切削过程中不易产生变形。以上两点对尺寸精度要求很高的精密和超精密加工来说尤为重要。

单晶金刚石、聚晶金刚石和 CVD 金刚石的性能见表 3-59。

表 3-59   单晶金刚石、聚晶金刚石和 CVD 金刚石的性能

种类　　性能	单晶金刚石	聚晶金刚石	CVD 金刚石
密度/(g/cm³)	3.52	4.1	3.51
抗压强度/MPa	9000	7400	16 000
抗弯强度/MPa	210～490	800～2800	—
显微硬度/GPa	100	50～75	85～100
弹性模量/GPa	900	800	1180
断裂韧度/(MPa·m⁻¹)	3.4	9.0	5.5
热导率/[W/(m·K)]	1000～2000	500	750～1500
线胀系数/(×10⁻⁶/℃)	2.5～5.0	4.0	3.7
热稳定性/℃	700～800	700～900	—

3. 金刚石刀具材料的牌号

各国金刚石刀具材料的牌号见表 3-60。

表 3-60 各国金刚石刀具材料的牌号汇总

国别	生产商	牌 号
中国	株洲钻石切削刀具股份有限公司	YCD011
中国	成都工具研究所	FJ
中国	第六砂轮厂	JRS-F
英国	元素六 (Element Six)	MonoditeMCC、Syndite CTC 002、Syndite CTB 010、Syndite CTB 025、Syndite CTM 302、Syndite CMX850、CVDRESS CDD、CVDRESS CDM、CVDITE CDE、CVDITE CDM
美国	Diamond Innovations	Compax1200、Compax1600、Compax1300、Compax1500、Compax1800
美国	史密斯 (Smith International)	F05、AMX、M10、C30X、HM20
美国	Kennametal	KD1405
以色列	伊斯卡 (Iscar)	ID6、ID5、ID4
瑞典	山特维克可乐满 (SandvikCoromant)	CD10、CD1810、CD1025
瑞典	山高 (Seco)	PCD05、PCD10、PCD20、PCD30、PCD30M
加拿大	Crystallume	HCC
德国	玛帕 (Mapal)	PU615、PU660、PU670
德国	维迪亚 (Widia)	PD50、PD100
日本	特殊陶业 (NTK)	UC2
日本	黛杰 (Dijet)	JDA10、JDA715、JDA440、JDA745、JDA30、JDA735、JC10000
日本	京瓷 (Kyocera)	KPD001、KPD002、KPD010、KPD025
日本	住友电工 (Sumitomo)	DA2200、DA200、DA150、DA100、DA90、DA1000
日本	东芝泰洛珂 (ToshibaTungaloy)	DX110、DX120、DX140、DX160、DX180
日本	三菱 (Mitsubishi)	MD230、MD220、MD205
日本	东名	TDC-FM、TDC-98F2、TDC-GM、TDC-SM、TDC-HM、TDC-EⅡM、TDC-EM、TDC-WC20、TDC-WC40、TDC-WC80、TDC-WC80

国别	生产商	牌　号
韩国	特固克（Taegutec）	KP500、KP300、KP100
韩国	可乐伊（Korloy）	DP90、DP150、DP200、DN1000、ND2000
韩国	日进（Iljin）	CF、CM、CC、XUF、CUF、CXL、CXL-Ⅱ、W-Grade

4. 金刚石刀具材料的选用

单晶金刚石刀具主要用于纯铜及铜合金和金、银、铑等贵重有色金属，以及特殊零件的超精密镜面加工，如录像机磁盘、光学平面镜、多面镜和二次曲面镜等。但其结晶各向异性，刀具价格昂贵。微型高精度模具对加工后的形状精度和表面粗糙度要求非常高，原有的"粗切削＋精磨＋研磨"的加工方法不仅要花费很长时间，而且微细形状不适合采用磨削加工。此外，研磨会使微细形状产生塌边等缺陷，使形状精度达不到要求。单晶金刚石刀具能制成非常锋利而无凹凸锯齿的切削刃，只需通过切削就能完成微型高精密模具的镜面加工。由于金刚石易与铁族金属发生化学反应，因此不适合加工淬硬钢等工件材料，仅限于加工非电解镀镍等有色金属。但随着能抑制金刚石与铁发生反应的超声波椭圆振动切削技术的开发成功，已能实现用单晶金刚石刀具对淬硬钢进行镜面切削加工。最近，通过对超声波椭圆振动切削装置的改进，使其达到了实用水平。

PCD 刀具主要用于有色金属、硬质合金、陶瓷、非金属材料（塑料、硬质橡胶、碳棒、木材、水泥制品等）、复合材料等切削加工，逐渐替代硬质合金刀具。

表 3-61 所示为加工不同工件材料时 PCD 刀具粒度的选用。随着对加工质量要求的提高，金刚石粉体粒度不断细化，并已有 $1\mu m$、甚至有 $0.5\mu m$ 以下的细粒度 PCD 刀具，同时也出现了几种不同粒度相互搭配的 PCD 刀具，该 PCD 刀具兼有较好的耐磨性和加工精度。不同品种的 PCD 刀片，由于其组成成分不同，切削性能有很大的差异，选用时需加以注意。目前 PCD 刀片不像硬质合金那样

在国际上有统一的分类，各生产厂家都有各自的品种与牌号，使用时需参照生产厂家产品样本来选择。

总的来说，金刚石主要适合加工非金属材料、有色金属及其合金，见表 3-62。表 3-63 为单晶金刚石和金刚石薄膜刀具在超精密切削加工的应用领域。表 3-64 为 PCD 刀具适合加工的材料。表 3-65 为金刚石薄膜涂层刀具适合和不适合加工的材料。

表 3-61　加工不同工件材料 PCD 金刚石刀具粒度的选用

工件材料	粗粒度	中粒度	细粒度
纯铝、天然及人造木材	—	○	◎
铝合金 $[w(Si)<13\%]$、铜合金、增强塑料、硬质橡胶	—	◎	○
铝合金 $[w(Si)>13\%]$、硬质合金、陶瓷、天然及人造石材	◎	○	—
石墨	○	◎	—

注　◎表示第一优选；○表示第二优选。

表 3-62　金刚石刀具适合加工的材料及其加工方式

工件材料			车削	磨削	珩磨	研磨及抛光	拉丝	修整	其他
金属	黑色金属	碳素钢	—	—	—	—	●	●	—
		铸铁	—	●	●	—	—	●	—
		合金钢	—	—	—	—	●	●	—
		工具钢	—	—	—	—	●	●	—
		不锈钢	—	—	—	—	●	●	—
		超级合金	—	—	—	—	●	●	—
	有色金属	铜、铜合金	●	—	—	—	●	—	—
		铝、铝合金	●	—	—	—	●	—	—
		贵金属	●	—	—	—	●	—	—
		喷涂金属	●	●	—	—	—	—	—
		锌合金	●	—	—	—	—	—	—
		巴氏合金	●	—	—	—	—	—	—
		钨	●	—	—	—	—	●	—
		钼	—	—	—	—	●	—	—

	工件材料		车削	磨削	珩磨	研磨及抛光	拉丝	修整	其他
金属	特殊材料	碳化物	●	●	●	●	—	—	●
		碳化钛	—	●	—	●	—	—	●
		铁淦氧磁合金	—	●	—	●	—	—	—
		磁合金	●	●	—	●	—	—	—
		硅	●	●	—	●	—	—	—
		锗	—	●	—	●	—	—	—
		磷化镓	—	●	—	●	—	—	—
		砷化镓	—	●	—	●	—	—	—
非金属	人造材料	塑料	●	—	—	—	●	—	—
		陶瓷	●	●	●	●	—	—	●
		碳、石墨	●	●	—	—	●	—	—
		玻璃	●	●	●	●	—	—	—
		砂轮、砖	●	●	—	—	—	●	—
		宝石	—	●	—	●	—	—	—
		石头	—	●	—	●	—	—	—
		混凝土	—	●	—	—	—	—	—
		橡胶	●	●	—	—	—	—	—
	天然材料	石料	●	●	—	●	—	—	—
		珊瑚	●	●	—	—	—	—	—
		贝壳	●	●	—	—	—	—	—
		宝石	—	●	—	●	—	—	●
		牙、骨头	—	●	—	—	—	—	—
		珠宝	—	●	—	●	—	—	●
		木材制品	●	—	—	—	—	—	—

注　●表示适合的加工方式。

表 3-63　　单晶金刚石和金刚石薄膜刀具在超精密切削

加工的应用领域

应用领域	应用范围	精度要求
航空及航天	高精度陀螺仪浮球	球度 $0.2\sim0.5\mu m$，表面粗糙度 $Ra0.1\mu m$
	气浮陀螺和静电陀螺的内支撑面	球度 $0.5\sim0.05\mu m$，尺寸精度 $0.6\mu m$，表面粗糙度 $Ra0.025\sim0.012\mu m$
	卫星观测用平面反射镜	平面度 $0.3\mu m$，反射率 99.8%，表面粗糙度 $Ra0.012\mu m$
	雷达波导管	内表面粗糙度 $Ra0.01\sim0.02\mu m$，平面度和垂直度为 $0.1\sim0.2\mu m$
	航空仪表轴承孔、轴	表面粗糙度 $Ra0.01\sim0.02\mu m$
光学	红外反射镜	表面粗糙度 $Ra0.01\sim0.02\mu m$
	激光制导反射镜	—
	其他光学元件	表面粗糙度 $Ra0.01\sim0.02\mu m$
民用	计算机磁盘	平面度 $0.1\sim0.5\mu m$，表面粗糙度 $Ra0.03\sim0.05\mu m$
	磁头	平面度 $0.4\mu m$，表面粗糙度 $Ra0.1\mu m$，尺寸精度 $\pm2.5\mu m$
	非球面塑料镜成型模	形状精度 $1\sim0.3\mu m$，表面粗糙度 $Ra0.05\mu m$

表 3-64　　PCD 金刚石刀具适合加工的材料

工件材料		加工对象
有色金属	铝铝合金	汽车、摩托车：活塞、气缸、轮毂、传动箱、泵体、进气管、各种壳体零件等
		飞机、机电：各种箱体、壳体、压缩机零件等
		精密机械：各种照相机，复印机，计量仪器零件等
		通用机械：各种泵体、油压机、机械零件等
	铜铜合金	内燃机船舶：各种轴、轴瓦、轴承、泵体等
		电子仪器：各种仪表、电机换向器、印制电路板等
		通用机械：各种轴承、轴瓦、阀体、壳体等
	硬质合金	各种阀座、气缸等烧结品及半烧结品等
	其他	钛、镁、锌等各种有色金属

工件材料		加工对象
非金属	木材	各种硬木、人造板、人造耐磨纤维板及制品等
	增强塑料	玻璃纤维、碳纤维增强塑料等
	橡胶	纸用轧辊、橡胶环等
	石墨	碳棒等
	陶瓷	密封环、柱塞等烧结品及半烧结品等

表 3-65　　金刚石薄膜涂层刀具适合和不适合加工的材料

适合加工的 工件材料	1）铝合金（一般铝合金、高硅铝合金、颗粒增强铝合金）
	2）铜合金（铜及一般铜合金）
	3）纤维增强塑料（345＋、45＋）
	4）石墨（一般石墨、石墨电极、电加工用石墨模具、含铜石墨）
	5）陶瓷（氧化铝、氮化铝、硬质合金、金属陶瓷等）预烧体
	6）胶合板、木板、塑料等
不适合加工的 工件材料	1）铁基材料（软钢、铸铁、不锈钢等）
	2）钛合金（切削热过高）
	3）硬质陶瓷（工件易破损、软质陶瓷可切削）

5. 金刚石刀具几何角度的选择

PCD 刀具的几何参数取决于工件状况、刀具材料与结构等具体加工条件。表 3-66 所示为金刚石刀具的几何角度的选择。例如用金刚石车刀切削铝合金和铜合金时前角 $\gamma_o=0°\sim20°$，后角 $\alpha_o=5°\sim15°$。

表 3-66　　　　　　　　金刚石刀具几何角度的选择

几何角度	几何角度的选择
前角 γ_o	粗车高硬度材料时，一般采用较大的负前角，$\gamma_a=0°\sim20°$，若硬度较低可采用较小的负前角；精车时一般采用 0°前角，甚至采用正前角，但一般小于 10°
后角 α_o	金刚石刀具常用于工件的精加工，切削厚度较小，属于微量切削，其后角对加工质量有明显影响。较小的后角对于提高金刚石刀具的加工质量可起到重要作用。当工件材料硬度较高时，可采用 $\alpha_o=8°\sim12°$；当工件硬度较低时，可采用 $\alpha_o=10°\sim20°$

几何角度	几何角度的选择
刃倾角 λ_s	粗车时一般采用较小的刃倾角，以增加切削刃强度，精车时一般采用较大的刃倾角，以减小径向切削力
主偏角 κ_r	一般采用 $75°\sim90°$。当粗车高硬度材料时，主偏角可设计成 $90°$，其目的是保持刀具强度和抗冲击性能。如加工细长工件时，可选用较大的主偏角，以减小径向切削力；精车时，可采用较小的主偏角，以提高加工表面质量
负倒棱	为了提高切削刃强度，刃口上常磨出负倒棱，倒棱宽度可取 $b_{r1}=0.1\sim0.3mm$，倒棱上前角 $\gamma_{o1}=-6°\sim20°$；刀尖需适当修圆，修圆半径 $\gamma_\varepsilon=0.2\sim0.8mm$。但刀尖修圆半径和负倒棱越大，会使切削力增大，发生振颤的机会也增多。因此，当机床-夹具-刀具-工件的系统刚性不足时，尤其是在加工细长工件时，不宜采用过大的刀尖修圆半径和负倒棱

6. 金刚石刀具切削参数的选择

PCD 刀具可在极高的主轴转速下进行切削加工，但切削速度的变化对加工质量的影响不容忽视。在高速切削状态下，切削温度和切削力的增加可使刀尖发生破损。PCD 刀具加工时的进给量过大，将使工件上残余几何面积增加，导致表面粗糙度值增大；进给量过小，则会使摩擦增加，切削寿命降低。增加 PCD 刀具的背吃刀量会使切削力增大、切削值升高，从而加剧刀具磨损，影响刀具寿命。此外，背吃刀量的增加容易引起 PCD 刀具崩刃。不同粒度等级的 PCD 刀具在不同的加工条件下加工不同工件材料时，表现出的切削性能也不尽相同。PCD 刀具在加工不同工件材料的推荐切削参数见表 3-67。金刚石刀具加工陶瓷件时的推荐切削参数见表 3-68。

表 3-67　　PCD 刀具加工不同工件材料的推荐切削参数

被加工材料	加工方式	切削速度 /(m/min)	进给量 /(mm/r)	背吃刀量 /mm
硅铝合金 [w(Si)$<13\%$]	粗车	$300\sim1500$	$0.10\sim0.40$	$0.10\sim3.0$
	精车	$500\sim2000$	$0.05\sim0.20$	$0.10\sim1.0$
	铣削	$500\sim3000$	$0.10\sim0.30mm/z$	$0.10\sim3.0$

续表

被加工材料	加工方式	切削速度 /(m/min)	进给量 /(mm/r)	背吃刀量 /mm
硅铝合金 ($w(Si) > 13\%$)	粗车	150~800	0.05~0.40	0.10~3.0
	精车	200~1000	0.02~0.20	0.10~1.0
	铣削	200~1500	0.10~0.30mm/z	0.10~3.0
铜及铜合金	粗车	300~1000	0.10~0.40	0.20~2.0
	精车	400~1200	0.05~0.20	0.10~1.0
	铣削	400~2000	0.10~0.30mm/z	0.10~3.0
增强塑料	粗车	200~800	0.10~0.40	0.50~2.0
	精车	300~1500	0.05~0.20	0.10~2.0
	铣削	300~2000	0.10~0.40mm/z	0.10~3.0
硬质合金	车削	10~40	0.10~0.30	0.10~0.50
半烧结硬质合金	车削	50~200	0.10~0.50	0.10~1.0
刨花板及人造纤维板	铣削	2000~5000	0.10~0.50	—
人造及天然石材	车削	50~100	0.10~0.50	0.10~3.0

表 3-68　　　　金刚石刀具加工陶瓷件的推荐切削参数

工件材料	硬度/HV	推荐切削条件			备注
		切削速度 /(m/min)	进给量 /(mm/r)	背吃刀量 /mm	
氧化铝陶瓷	2100	30~80	0.12	2.0	粗切最好用圆形刀片，湿式切削
氮化硅陶瓷	1000~1600	10~50	0.05	0.5	用圆形刀片，某些被加工材料用干式切削效果较好
	800~1000	50~80	0.2	2.0	用圆形刀片，湿式切削
氧化锆陶瓷	1000~1200	50~100	0.2	1.0	湿式切削
		200~400	0.05mm/z	0.2~0.3	铣削、湿式切削
氧化铝耐火砖	—	200~400	0.12mm/z	1.0	铣削、湿式切削
硬质合金	—	10~30	0.5	0.2	湿式切削

7. 金刚石刀具的刃磨

金刚石刀具的刃磨非常关键，刃口质量的好坏直接关系到刀具的寿命和被加工材料的表面质量。目前常用的有以下几种刃磨方法：

（1）机械刃磨。采用专用 PCD 刀具刃磨机床来刃磨 PCD 刀具。利用陶瓷结合剂金刚石砂轮的锋利性和一定的磨削压力实现对 PCD 刀具的刃磨，可获得极高的表面质量。要求机床刚性好，具有测量装置。PCD 刀具刃磨机床以瑞士 Ewag 公司的 RS 系列磨刀机为典型代表。

（2）放电加工（electrical discharge maching/electro discharge grinding，EDM/EDG）。通过放电方式来加工 PCD 刀具。

1）采用电火花线切割加工 PCD 刀具。此类设备以德国的 Vollmer 公司的 QWD 系列机床为代表；

2）采用铜轮或石墨电极放电刃磨 PCD 刀具。此类设备以英国 Spectrum Robotic Systems Ltd R vectaspark 为代表，加工的刀具刃形质量优良。这些专用机床都具有先进的数控系统和高精度装夹系统，自动化程度及加工精度都很高，可加工齿形复杂的 PCD 刀具，加工的多刃刀具的跳动可达 0.001mm，表面粗糙度值可达 $Ra0.3 \sim 0.4\mu m$，但加工表面质量稍逊于机械磨削表面。此外，此类机床价格也较昂贵。

8. 金刚石刀具材料的应用实例

（1）金刚石刀具加工铜合金的应用实例，见表 3-69。

表 3-69　　　　金刚石刀具加工铜合金的应用实例

工件/材料	刀具材料	切削方式	加工参数	加工效果
连杆（铸铜 BC6）	KPD001	有切削液	$v_c=242$m/min $f=0.07$mm/r $a_p=0.1$mm	无崩损与毛边，每个切削刃可加工 1350 件
电动机换向器	PCD	半精车	$v_c=185$m/min $f=0.053$mm/r $a_p=0.08 \sim$ 0.13mm	用 PCD 刀具，每个工件加工时间为 10s。一把 PCD 刀具加工 140 个工件后，仍可使用
电动机换向器的纯铜换向器	PCD	车削	$v_c=300$m/min $f=0.08$mm/r $a_p \leqslant 0.15$mm	采用 PCD 刀具加工，刀具寿命大于 5000 件，而采用硬质合金刀具则只能加工几件

续表

工件/材料	刀具材料	切削方式	加工参数	加工效果
铜制转换器外圆	PCD	车削	$v_c=410\text{m/min}$ $f=0.5\text{mm/r}$ $a_p=0.05\text{mm}$	用 Compax PCD 复合刀具加工时，每刃可加工 100 000 件，加工表面粗糙度 $Ra=3\mu\text{m}$，刀具寿命和加工精度稳定
烧结铅青铜轴套的内圆和外圆	PCD	车削	$v_c=260\text{m/min}$ $f=0.038\text{mm/r}$ $a_p=0.28\text{mm}$	硬质合金刀具一个切削刃平均加工 1200~1500 件，而用 PCD 刀具可加工 30 000 件以上
烧结铜合金（Cu-10% Su）轴承（质量分数）	刀具：SPP442 三菱公司金刚石薄膜涂层	车削（需要切削液）	$v_c=55\text{m/min}$ $f=0.05\text{mm/r}$ $a_p=0.2\text{mm}$	PCD 刀具车削 20 000 件，金刚石涂层刀具车削 200 000 件
青铜连杆套筒	PCD	精镗孔	$v_c=108\text{m/min}$ $f=0.015\text{mm/r}$ $a_p=0.2\text{mm}$	硬质合金刀具可加工 160 件，用 PCD 刀具在同样切削条件下，每刃可加工 2539 件。用硬质合金刀具时，加工 50 个零件时，进刀机构要调整 0.01mm；采用金刚石刀具，在加工完 100 个零件后，孔径扩大量为 0.001mm，加工精度稳定
磷青铜	DA200	干切	$v_c=200\text{m/min}$ $f=0.1\text{mm/r}$ $a_p=0.2\text{mm}$	在切削 100min 后，DA200 车刀的后刀面磨损还不到 0.02mm，而 K10 刀具的磨损已达 0.07mm。随着切削时间的延长，金刚石刀具的磨损量增加很少，而硬质合金刀具的磨损量则有明显的增加

工件/材料	刀具材料	切削方式	加工参数	加工效果
黄铜	PCD	—	$v_c=250\text{m/min}$ $f=0.02\text{mm/r}$ $a_p=1\text{mm}$	加工 17h，切削行程 500km 后，车刀磨损不超过 35～40μm
	$\phi150\text{mm}$ 单齿金刚石铣刀	—	$v_c=500\text{m/min}$ $f=0.02\text{mm/r}$ $a_p=0.05\text{mm}$	在后刀面磨损为 0.1mm 时，用立方氮化硼刀具加工切削行程长度为 200～220km，用氧化铝刀具加工为 250～300km 用金刚石刀具加工为 500km

（2）金刚石刀具加工钛合金、硬质合金及其他金属材料的应用实例，见表 3-70。

（3）金刚石刀具用于超精加工的应用实例，见表 3-71。

表 3-70　　　金刚石刀具加工钛合金、硬质合金及其他金属材料的应用实例

工件/材料	刀具材料	切削方式	加工参数	加工效果
Ti-6Al-4V	SPG-422 11 刀片 Compax 1200	车削（切削液）	$v_c=180\text{m/min}$ $f=0.127\text{mm/r}$ $a_p=0.25\text{mm}$	切削行程 10 000m 时，刀片后刀面磨损只有 0.12mm，而硬质合金刀具 KC5010 切削行程仅 2200m 时，刀片后刀面磨损高达 0.23mm
Ti-6Al-4V 钛合金方锭	PCD	—	$v_c=56\text{m/min}$ $f=0.05\text{mm/r}$ $a_p=1\text{mm}$	用硬质合金车刀走刀长度为 70mm 时，刀具已磨损，切下的切屑体积为 0.07cm³，而金刚石刀具切下的切屑体积达 132cm³，磨损量与硬质合金刀具相同，加工表面粗糙度 Ra 0.8μm

续表

工件/材料	刀具材料	切削方式	加工参数	加工效果
钛合金 TC6	PCD	镗孔	$v_c = 75 \sim 95\text{m/min}$ $f = 0.05 \sim 0.1\text{mm/r}$ $a_p = 0.1 \sim 0.3\text{mm}$	与 YG6X 硬质合金刀具比较，加工表面粗糙度 $Ra0.4 \sim 0.5\mu\text{m}$，寿命提高 $1.5 \sim 2$ 倍
WC-Co-Ni (83.2HRA)	CNMX120408 DP90	干车削	$v_c = 15\text{m/min}$ $f = 3.7\text{mm/r}$ $a_p = 0.5\text{mm}$	刀具寿命为 13min
硬质合金轧辊 (89~93HRA)	PCD	车削	$v_c = 30\text{m/min}$ $f = 0.05 \sim 0.12\text{mm/r}$ $a_p = 0.2 \sim 0.3\text{mm}$	可正常加工
钨钴硬质合金模具 (1204HV)	—	10%（体积分数）乳化液冷切	$v_c = 28 \sim 56\text{m/min}$ $f = 0.25 \sim 0.56\text{mm/r}$ $a_p = 0.508\text{mm}$	金属切除量为 $3.6 \sim 8.85\text{cm}^3/\text{min}$，加工表面质量良好
WC-15% Co 硬质合金 （质量分数）	DA100	水溶性切削液冷切	$v_c = 15\text{m/min}$ $f = 0.1\text{mm/r}$ $a_p = 0.5\text{mm}$	切削 30min，后刀面磨损值为 0.2mm
纯银笔套	金刚石	—	—	天然金刚石刀具只能加工 50 件，金刚石复合刀片能加工 500~800 件
气缸珠光体蠕墨铸铁 （GJV） 210HBW 以上	SCMW 09T308	精镗孔	$v_c = 135\text{m/min}$ $f = 0.15\text{mm/r}$ $a_p = 0.2\text{mm}$	PCD 可加工 3000 孔，碳化钨只能加工 450 孔
巴比特合金衬套	Compax 金刚石复合刀片	镗孔		用硬质合金刀具只能加工 1425 件，而用金刚石刀具则可加工 183 000 件，刀具寿命提高 128 倍

表3-71　金刚石刀具用于超精加工的应用实例

工件/材料	刀具材料	切削方式	加工参数	加工效果
模具形状为三棱、多棱或者棱锥体阵列回眩的菲涅耳镜、衍射镜、三棱镜和微反射阵列	超精金刚石铲刀刀尖角 ε=50°；后角 α=0°；前角 γ=18°；刀尖圆弧半径 $r_ε$ < 100nm	—	多刀完成，每刀切削厚度约为7μm，速度为50μm/s，并逐步加深加工，最后一刀切削厚度约2~4μm	表面粗糙度 Ra < 10nm，波纹度 P-V 值小于40nm
对全息光学元件(HOE)的模具	金刚石 UPC 纳米切槽刀	刨削和飞切	—	可加工出5μm槽宽
模具超细自由曲面槽型	金刚石 UPC 纳米矩形立铣刀	三维铣削　切削液：雾状植物油	$n=50\,000r/min$　$r=20mm/r$　$a_p=0.002mm$	超细槽槽底表面粗糙度的 P-V 值达到了101nm
间距 $4×10^{-10}$~μm 的微透镜阵列模具	金刚石纳米球头立铣刀	铣削切削液：雾状植物油	$n=500\,000r/min$　$f=100mm/min$　$a_p=0.015mm$	P-V 值达到了166nm
非电解镀镍钢模具	刀尖 R：0.5mm　前角：0°　后角：10°	切削液：电火花加工用油(雾状)	$v_c=300m/min$　$f=0.04mm/r$　$a_p=0.05mm$	
铝合金(A5056)	圆弧形切削刃单晶金刚石车刀刀尖 R：0.05mm　前角：0°；后角：7°	—	$n=2000r/min$　$f=0.003mm/r$　$a_p=0.001mm$	刀痕达到了镜面水平，实现了接近理论表面粗糙度的镜面加工
磁鼓、磁盘(Al)	—		—	加工表面粗糙度 Ra0.1~0.05μm
照相机机身导轨面(Al)	—		—	加工表面粗糙度 Ra0.5μm
复印机滚筒	—		—	加工表面粗糙度 Ra0.1μm

三、立方氮化硼

立方氮化硼是 20 世纪 70 年代初发展起来的一种超硬刀具材料，其硬度仅次于金刚石，与金刚石统称为超硬刀具材料。目前，立方氮化硼刀具在国外应用相当普及，特别适用于切削难加工材料。但是，我国还处于起步阶段，在汽车、轴承、工具等领域的应用才刚刚开始。随着世界制造技术中心向中国内地转移，数控技术和微电子技术的飞快发展，高效率、高质量、高精度切削加工日趋成熟，对 CBN 刀具需求量大幅提升，认识和了解 CBN 并应用于实践是大势所趋。

立方氮化硼具有很高的硬度和耐热性（1300～1500℃），优良的化学稳定性、比金刚石刀具高得多的热稳定性和导热性以及低的摩擦因数，但其强度较低。与金刚石相比，PCBN 的突出优点是热稳定性高得多，可达 1400℃（金刚石为 700～800℃），可承受较高的切削速度；另一个突出优点是化学惰性大，与铁族金属在 1200～1300℃也不起化学反应，可用于加工钢铁。

1. 立方氮化硼刀具材料的种类

氮化硼有三种形态：六方氮化硼（HBN）、立方氮化硼（CBN）和密排六方氮化硼（WBN）。六方氮化硼和密排六方氮化硼都没有切削能力，只有立方氮化硼具有很强的切削能力。

CBN 具有闪锌矿型晶体结构，属立方晶系，结构与金刚石相似，不仅晶格常数相近，而且晶体中的化学键也基本相同，这决定了 CBN 与金刚石相近的硬度，但它的化学稳定性和对铁元素的化学稳定性均高于金刚石（见表 3-72）。

表 3-72　　　　立方氮化硼与金刚石的性能比较

材料	组成元素	晶体结构	晶格常数 $/(\times 10^{-10}\,\mathrm{m})$	密度 $/(\mathrm{g/cm^3})$	显微硬度 $/\mathrm{GPa}$	热稳定温度 $/℃$	线胀系数 $/(\times 10^{-6}/\mathrm{K})$	与铁元素的化学稳定性
立方氮化硼	B、N	闪锌矿	3.615	3.48	80～90	1400	3.5	高
金刚石	C	金刚石	3.567	3.52	100	700～800	0.9	低

立方氮化硼单晶是以六方氮化硼为原料，加触媒在 4～8GPa

高压、1400～1800℃下转变而成。由于受 CBN 制造技术的限制，目前制造直接用于切削刀具的大颗粒 CBN 单晶仍很困难，成本很高，加之，单晶 CBN 存在易劈裂的解理面不能直接用于制造切削刀具，因而 CBN 单晶主要用于制作磨料和磨具。目前，工业上可用作切削刀具的立方氮化硼材料主要是聚晶立方氮化硼刀具（PCBN）以及发展中的立方氮化硼薄膜涂层刀具两类。

所谓 PCBN 是在高温高压下将微细的 CBN 材料通过黏结剂（Al、Ti、TiC，TiN 等）烧结在一起的多晶材料（也有不加黏结剂的 CBN 刀具）。PCBN 克服了 CBN 单品易解理和各向异性等缺点。按成分和制造方法的不同，PCBN 刀具也可分为整体 PCBN 刀片和 PCBN 复合刀片，整体 PCBN 刀片是用立方氮化硼为原料在高温高压下烧结成形。PCBN 复合刀片是在韧性较好的碳化钨基硬质合金基体上烧结一层厚 0.5～1.0mm 的 CBN 而成。这种复合刀片既有硬质合金基体的耐冲击性能（其抗弯强度可达基体的强度），而且由于其硬度不低于整体 PCBN 刀片，故又具有 PCBN 的耐磨性。由于刀尖具有较高的显微硬度和耐热性，故它既可作粗加工之用，又可作精加工之用。这种刀片容易刃磨，可做成各种几何形状的刀片。按结构的不同，PCBN 刀具可分为 PCBN 焊接刀具和 PCBN 可转位刀具两大类，如图 3-7 所示。PCBN 焊接刀具是将 PCBN 刀片焊接在钢基体上经刃磨而成，主要有车刀、镗刀、铰刀等。PCBN 焊接刀具结构特点与焊接式硬质合金刀具一样，刀片与刀杆连接可靠，可重磨次数多，比较经济。PCBN 可转位刀片（主要为车刀片和铣刀片）一般是在可转位硬质合金刀片的一个角上镶焊一块 PCBN 刀片，经刃磨而成。这种结构同标准硬质合金

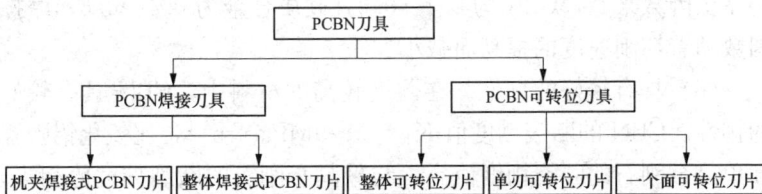

图 3-7 PCBN 刀具的种类

刀片一样，可直接与同标准的可转位刀杆配套使用，主要用于自动化程度较高的加工中心、数控机床及自动线上，生产效率高，但不能够重磨使用。

2. 立方氮化硼刀具材料的性能特点

立方氮化硼烧结体（PCBN）是 CBN 颗粒与结合剂一起烧结而成的刀具材料，硬度仅次于金刚石，与黑色金属无亲和力。但是，PCBN 不适于切削一般的钢件。PCBN 刀具材料特性如下。

（1）具有较高的硬度和耐磨性。PCBN 晶体结构与金刚石相似，化学键类型相同，晶格常数相近，因此具有与金刚石相近的硬度和强度。CBN 微粉的显微硬度为 8000～9000HV，其烧结体 PCBN 的硬度为 3000～5000HV。

（2）具有很高的热稳定性。CBN 的耐热性可达 1400～1500℃，PCBN 在 800℃时的硬度还高于陶瓷和硬质合金的常温硬度。

（3）具有优良的化学稳定性。由于 PCBN 耐高温，900℃以下时，在大气和水蒸气中，无任何变化且稳定，甚至在 1300℃时，和铁、镍、钴等也几乎没有反应，更不会像金刚石那样急剧磨损，这时它仍能保持硬质合金的硬度，因此，它不仅能切削淬火过的钢零件或冷硬铸铁，而且能被广泛应用于高速或超高速的切削加工。

（4）具有较好的导热性，在各类刀具材料中，CBN 的导热性仅次于金刚石，大大高于硬质合金，而且随着温度的升高，PCBN 的导热系数是增加的。

（5）具有较低的摩擦因数。从 CBN 和硬质合金与不同材料间的摩擦因数来看，CBN 为 0.1～0.3，硬质合金为 0.4～0.6，摩擦因数随着切削速度的提高而减小。

（6）具有较好的韧性。在硬度较高的材料中，CBN 具有较好的韧性。CBN 的断裂韧度值 $K_{IC}=5～9MPa \cdot m^{-1}$，比氧化铝陶瓷和单晶金刚石的断裂韧度值高，与聚晶金刚石的断裂韧度值相当，某些牌号的 CBN 刀具的断裂韧度值已经接近硬质合金 K10（$K_{IC}=10～13MPa \cdot m^{-1}$）。由于 CBN 的断裂韧度较高，因此铣削时刀齿产生破损的进给量比陶瓷铣刀大得多，如图 3-8 所示。

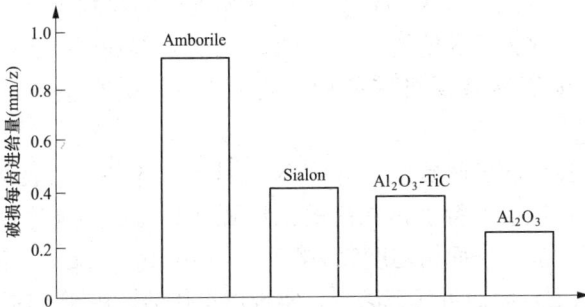

图 3-8 铣削淬硬钢时立方氮化硼和陶瓷铣刀的抗冲击性能比较

立方氮化硼的上述特性使这种刀具加工时可以获得下列效果。

（1）高的刀具寿命和切削加工生产率。可以用这种刀具加工以前只能用磨削方法加工的高硬度淬硬钢、冷硬铸铁和热喷涂（焊）件，可以高速切削高温合金，表 3-73 所示为 CBN 和硬质合金刀具车削及铣削不同硬度的钢和铸铁时切削速度对比。可以看出，用 CBN 刀具车削硬度大于 45HRC 的钢和任何硬度的铸铁都非常有效。铣削钢时，CBN 是硬质合金刀具切削速度的 4～8 倍，铣削铸铁时则达 10～30 倍。与车削相比，CBN 刀具的铣削速度要高 2～3 倍。

表 3-73 立方氮化硼（CBN）与硬质合金刀具的切削速度对比

工件材料	车削速度/(m/min)		铣削速度/(m/min)	
	立方氮化硼车刀	硬质合金车刀	立方氮化硼铣刀	硬质合金铣刀
钢（150～250HBW）	100～200	130～300	400～900	100～300
钢（45～56HRC）	80～160	26～45	200～500	30～70
钢（60～70HRC）	60～120	10～15	80～200	—
灰铸铁（120～240HBW）	600～1000	100～200	800～3000	70～200
高强度铸铁（160～300HBW）	400～800	60～100	600～2000	50～80
淬火铸铁（400～800HBW）	60～160	10～20	200～800	10～20

立方氮化硼刀具的高寿命使得这种刀具非常适合于数控机床加工，不仅可以减少换刀次数，而且淬火前的粗加工（用硬质合金刀具）和淬火后的精加工（用 CBN 刀具）能在同一台数控机床上进行，因而能减少机床品种，减少工序，提高生产率和加工质量。

（2）良好的表面质量。用 CBN 刀具加工淬硬钢的表面粗糙度比较接近理论值，特别是在高的工件硬度和高的切削速度加工时更是如此，加工表面粗糙度值一般可达 $Ra0.4\sim0.2\mu m$，有时可达 $0.1\mu m$ 以下，因而可代替磨削，实现以车代磨。由于 CBN 刀具加工时的切削温度较低，加工淬硬钢时工件组织不会产生显著变化，不像磨削时容易产生表面烧伤。而且这种刀具加工时，工件表层常产生压应力，而磨削时常产生拉应力，因此 CBN 刀具加工的零件比磨削的零件有高的疲劳强度及耐磨性。

（3）高的加工精度。CBN 刀具的高耐磨性使得加工时能获得高的加工精度，特别是高的尺寸精度，而且容易控制零件尺寸的一致性。

3. 立方氮化硼刀具材料的选用

（1）立方氮化硼适合加工的工件材料。PCBN 刀具是以车削、铣削代替磨削的最佳刀具材料之一，见表 3-74。根据日本 53 个大公司的调查表明，日本 PCBN 刀具的应用有 55％是替代原来的磨削。目前 PCBN 刀具越来越多地应用到黑色金属材料的机械加工中，见表 3-75，在汽车制造业、自动化生产线等方面 PCBN 刀具的使用已达到了相当的比例。其中，60％的 PCBN 刀具用于汽车制造业，包括用于汽车发动机箱体、制动盘、传动轴、气缸孔、发动机进出气阀座等；20％刀具用于重型设备（如轧辊等）、喷焊材料的切削加工。根据日本切削液和切削技术协会统计，按加工工序来分，PCBN 刀具用于车削占 60％、镗削占 32.5％、铣削占 7.5％。按被加工材料来分，PCBN 刀具用于加工淬火钢的占 65％、铸铁占 28％、耐热钢占 7％。PCBN 刀具主要应用于加工硬度在 45HRC 以上的硬质材料，如各种淬硬钢（碳素工具钢、合金钢、轴承钢、模具钢、高速钢等）、铸铁（钒钛铸铁、高磷铸铁、冷硬铸铁、Ni-hard 铸铁等）、高温合金（镍基合金 Inconel、Monel、Incoloy、Waspaloy 等，钴基合金 Stellite、Colmonoy 等）、硬质合金、烧结铁、表面热喷涂（焊）材料、粉末冶金制品、高钴硬质合金等，还可用于钛合金、纯镍、纯钨及陶瓷等其他材料的加工。各公司 CBN 刀具适合加工的材料见表 3-76、表 3-77。CBN 刀具材料也有不适合加工的材料，见表 3-78。

表 3-74　　立方氮化硼刀具适合加工的材料及其加工方式

加工方式 工件材料	车削	磨削	珩磨	其他
碳素钢	●	—	—	—
铸铁	●	●	—	—
合金钢	●	●	—	—
工具钢	●	●	●	●
不锈钢	●	●	—	—
超合金	●	●	—	—
喷涂金属	●	—	—	—
砷化镓	—	●	—	—

注　●表示适合的加工方式。

表 3-75　　　　　PCBN 刀具适合加工的材料及产品

工件材料	工业用途	典型产品
碳素钢（>45HRC） 合金钢（>45HRC） 工具钢（>45HRC） 模具钢（>45HRC）	汽车 交通 航空 电力驱动 工具 器具	轴 齿轮 轴承 模具 铸模 工具
灰铸铁 ASTM 分类 25～40 （<200HBW）	汽车动力 柴油机/重型设备 采暖、通风、空调 多用途发动机	离合器片 制动鼓 气缸座 飞轮

工件材料	工业用途	典型产品
灰铸铁 ASTM 分类 50～60 （210～390HBW）	重型车床 造纸厂干燥滚筒 化工设备 压力容器	凸轮轴 阀体 模具、齿轮
白口/合金铸铁 （400～600HBW）	料浆泵	叶轮 外壳、阀导承
镍基和钴基高温合金 因科镍合金、沃斯帕 洛伊合金、钨铬钴合金	热交换器 燃气轮机 食品加工 医药 高压锅 化工/造纸业	涡轮叶片 轮叶 套管 机体 毂、输送管 髋关节
铁基高温合金、A286、 耐热镍铬铁合金	油气 核工厂	管道 燃料棒
烧结铁	汽车 柴油机/重型设备	阀（门）座 水力泵 齿轮、凸轮凸角
表面堆焊用硬质合金	塑料、橡胶 玻璃 油/气 燃气轮机 发动机、泵	挤塑螺杆 圆筒 涡轮轴承 套管 压缩机毂

表 3-76　ZCC.CT 株硬公司 CBN 刀具适合加工的材料

牌号	适合加工的材料
YCB011	铸铁、铁基 P/M 材料和耐热合金的高速、高精密切削加工
YCB012	用于淬硬钢（45～65HRC）的高速、高精密连续或轻微断续切削加工，推荐尽量采用干式切削

表 3-77　河南富耐克超硬材料有限公司刀具适合加工的材料

牌号	适合加工的材料
FBN3500	耐磨和抗冲击均衡性优异的通用材质。适合于高硬度的高镍铬钢、高铬钢、高速钢、淬火钢的中低速切削。适合于灰铸铁、球墨铸铁、高碳半钢工件的高速切削。适合于碳化钨辊环（88~90HRA）的中低速切削
FBN5000	耐磨性能优异，适合于淬火钢、高合金材料的高速连续切削。淬火轴承的精加工。适合于高合金、高硬度精加工，中速切削
FBN2000	耐磨、抗冲击、经济性兼顾。适合于灰铸铁、球墨铸铁工件的中、高速切削。适合于合金铸钢、半钢的中高速切削

表 3-78　　　　CBN 刀具不适合加工的材料

不适合加工的材料	原　因
铁素体为主的铸铁	扩散磨损严重
软的铁族金属（<45HRC）	易形成积屑瘤，而这种积屑瘤的强度又不太高，会很快脱落，引起切削力波动而导致刀具损坏
铝合金、铜合金	容易产生严重的积屑瘤，使加工表面恶化，刀具寿命降低
金属基复合材料	—
玻璃钢	—
玻璃	—
石墨	—
木材	—
需低速加工的材料	低速时产生的热量不足，不能软化所切削区域
加工冲击大的材料	CBN 脆性大，强度和韧性低
需超精密加工的材料	CBN 具有一定的微粒尺寸，切削刃钝圆半径、刃口直线度和微观不平度均较金刚石差

（2）立方氮化硼刀具材料切削参数的选择。合理选择切削参数，可充分发挥 PCBN 刀具的优越性，取得理想的加工效果。PCBN 刀具的热硬温度高，高速切削可以产生大量切削热，使被加工区域软化，有利于控制切屑和降低切削力。一般来说，PCBN 刀具的切削速度可比硬质合金刀具高两倍左右，精车时的切削速度可比粗车时高。当用 PCBN 刀具车削或铣削时，要特别注意 PCBN

切削刃的长度对背吃刀量的影响。可转位刀片式 PCBN 刀具是在可转位硬质合金刀片一个角上焊接 PCBN 复合刀片，因此 PCBN 切削刃的长度由刀具制造时 PCBN 刀坯的尺寸所决定。因此，背吃刀量不能超过 PCBN 切削刃总长的 35%。这是为了保证切削产生的热不能达到软化硬质合金刀片和 PCBN 坯体之间的焊接区。需要注意的是，这一点并不是绝对的条件，合理的背吃刀量应以生产商提供的数据为准。表 3-79～表 3-81 列出了不同厂商 PCBN 刀具加工不同材料时的切削用量参考值。

表 3-79　　　　中国 LDP-J-CFⅡ刀具的推荐切削参数

工件材料	切削速度/(m/min)	进给量/(mm/r)	背吃刀量/mm
淬硬钢（50～68HRC）	70～120	0.05～0.2	0.1～0.2
喷涂（焊）合金	50～100	0.05～0.42	0.1～0.3
耐磨铸铁	70～120	0.05～0.2	0.1～0.3
高温合金（182GH）	70～80	0.05～0.2	0.1～1.5

表 3-80　　　河南耐克超硬材料有限公司 FBN3000 刀具的
推荐切削参数

工件材料	切削速度/(m/min)	进给量/(mm/r)	背吃刀量/mm
高镍铬铸铁（75～85HS）	15～60	0.5～1.0	2.0～8.0
高铬铸铁（73～82HS）	15～50	0.1～1.0	2.0～8.0
淬火钢（45HRC）	60～140	0.15～0.5	0.2～2.5
耐热合金（35HRC）	100～240	0.05～0.3	0.1～2.5

表 3-81　中国株洲钻石切削刀具股份有限公司 PCBN 刀具的
推荐切削参数和牌号选择

牌号	工件材料	切削速度/(m/min)	进给量/(mm/r)	背吃刀量/mm
YCB011	灰铸铁（170～300HBW）	400～1500	0.2～0.5	＜0.5
	球墨铸铁（240～300HBW）	200～400	0.3～0.5	＜0.5
	合金铸铁（240～300HBW）	100～300	0.1～0.2	＜0.5
	铁基 P/M(35～45HRC)	100～300	0.05～0.15	＜0.5
YCB012	淬硬钢（45～65HRC）	100～300	0.05～0.5	＜0.5
	耐热合金 Ni、Co、Fe 基	50～200	0.05～0.2	＜0.5

四、其他超硬刀具材料

1. 超硬材料涂层

超硬材料与 CVD、PVD 等刀具涂层技术相结合可以实现切削刀具既有硬的表面，又有高的韧性的应用目标。

涂层技术的发展使超硬材料涂层得到了全面应用，许多产品相继出现在市场上。超硬材料涂层的发展，使整个现有的切削工具的性能都明显提高，能够更好地应用于难加工材料的切削加工。

超硬材料涂层的种类共有三大类，即类金刚石、金刚石和 CBN。这些涂层材料均为纯金刚石或纯 CBN，所以硬度与沉积的材料是相同的，和 PCD 与 PCBN 相比，因不含结合剂，所以硬度、耐磨性等均有较大的提高。

金刚石涂层和 CBN 涂层的性能与原材料是相同的，只是薄膜而已，使用时与陶瓷涂层类同。

2. 厚膜金刚石

金刚石薄膜的合成技术和应用研究在全球范围发展迅速，气相合成的方法发展到二十多种，一般沉积的速度仅为 $1\sim2\,\mu m/h$，在近期沉积速度发展到了 $100\,\mu m/h$ 以上，最高达到 $930\,\mu m/h$。即所谓的厚膜金刚石。厚膜金刚石是纯金刚石，其硬度接近天然金刚石，而 PCD 是金刚石粉与结合剂混合在一起烧结而成，因此硬度受到结合剂的影响，其硬度不如前者。

厚膜金刚石与 PCD 的不同之处是没有结合剂，是纯金刚石，所以它的硬度高得多。其与天然金刚石不同的是，它具有各向同性，成本低，因此在许多方面将取代 PCD，其用作拔丝模时磨损均匀，因此拔丝的线材质量明显优于天然金刚石模具。随着沉积质量的进一步提高，作为在超精密加工中的刀具材料，它可以取代天然金刚石。

第四章

车 削 刀 具

第一节 普 通 车 刀

一、常用车刀的种类和用途

1. 车削加工的主要内容

车刀是结构简单、应用最广的一种加工回转体表面的刀具。车刀的结构组成也是学习、分析各类刀具的基础。车刀可用于卧式车床、转塔车床、自动车床和数控车床上，用于加工外圆、端面、内孔，切槽、切断，车螺纹等，如图 4-1 所示。

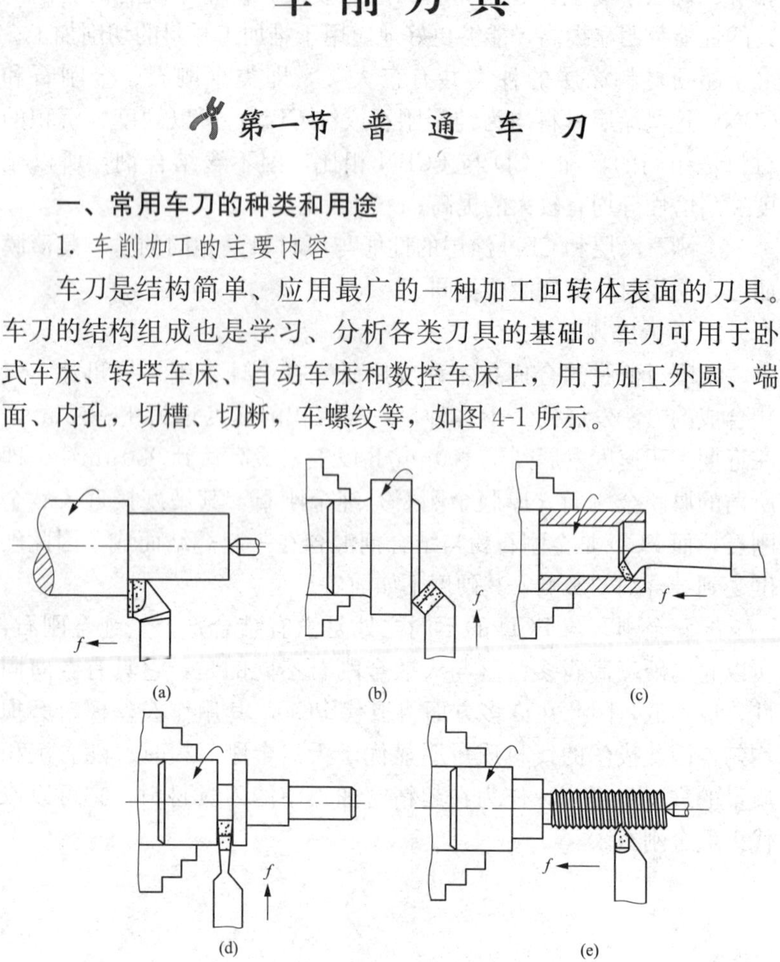

(a)   (b)   (c)

(d)   (e)

图 4-1   车削加工的主要内容

(a) 车外圆；(b) 车端面；(c) 车内孔；(d) 切断、切槽；(e) 车螺纹

2. 车刀的种类及其用途

车刀的种类很多，以车刀所车削的表面特征来划分，车刀有外圆车刀、端面车刀、切断（切槽）刀、内孔车刀、成形车刀、螺纹车刀等，如图 4-2 所示。

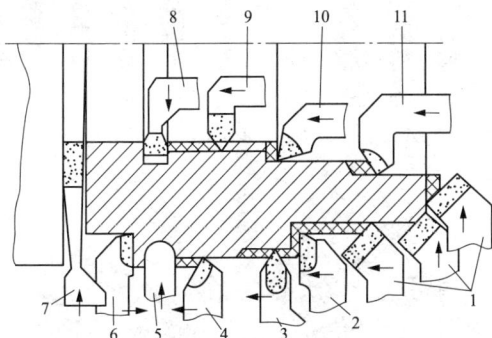

图 4-2　车刀的种类和用途

1—45°弯头车刀；2—90°外圆车刀（右偏刀）；3—外螺纹车刀；
4—75°外圆车刀；5—圆头刀；6—90°外圆车刀（左偏刀）；7—车槽刀；
8—内沟槽车刀；9—内螺纹车刀；10—盲孔车刀；11—通孔车刀

车刀按结构主要分为整体式车刀、焊接式车刀、机夹可转位式车刀等，如图 4-3 所示。目前，常用的车刀多为焊接式车刀和可转位车刀。车刀的结构类型及应用场合见表 4-1。

表 4-1　　　　　　　　车刀的结构类型及应用场合

类型名称		特　点	应用场合
整体式		整体高速钢制造，刃磨锋利	小型车床、加工有色金属、成形车刀
焊接式		焊接硬质合金刀片，结构紧凑，使用灵活	各类车刀，特别是小刀具
机械夹固式	机夹重磨式	避免了焊接式车刀的缺点，使用灵活方便	各类车刀
	机夹可转位式	避免了焊接式车刀的缺点，效率高	特点适用于数控机床

233

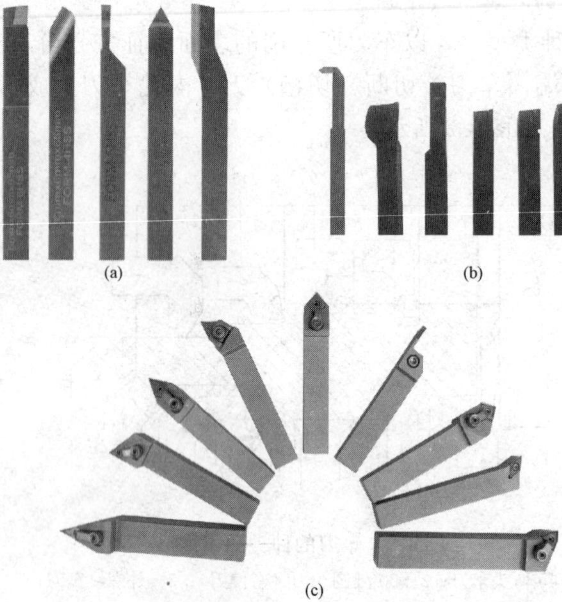

图 4-3 车刀的种类
(a)（高速钢）整体式车刀；(b) 焊接式车刀；(c) 机夹可转位式车刀

车削加工时，根据不同的车削加工要求，需选用不同种类的车刀。常用焊接式车刀的种类及其用途见表 4-2。

表 4-2　　　　　　　常用焊接式车刀的种类和用途

车刀种类	车刀外形图	用　途	车削示意图
90°车刀（偏刀）		车削工件的外圆、台阶和端面	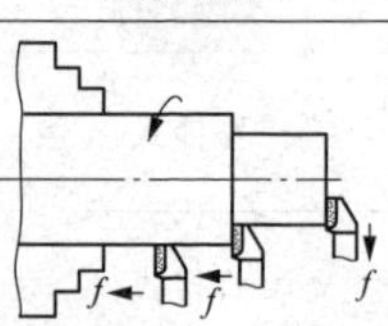
75°车刀	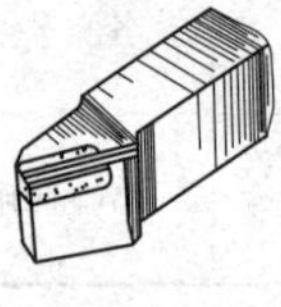	车削工件的外圆和端面	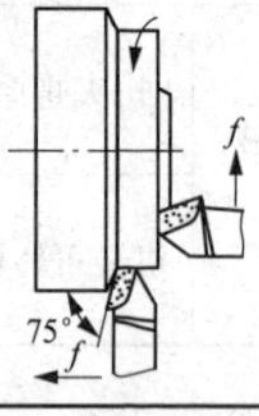

车刀种类	车刀外形图	用　途	车削示意图
45°车刀（弯头车刀）		车削工件的外圆、端面和倒角	
切断刀		切断工件或在工件上车槽	
内孔车刀		车削工件的内孔	
圆头车刀		车削工件的圆弧面或成形面	
螺纹车刀		车削螺纹	

二、高速钢车刀

目前，高速钢车刀主要用于一般车床与自动车床，作外圆、端面、切断、螺纹、内孔、蜗杆等内外表面的加工。按照国家标准高速钢，车刀的硬度不低于 63HRC，抗弯强度约为 3.43GPa，适宜于加工钢、铸铁、有色金属等材料。

高速钢车刀的特点是被磨肺活量性能好，切削刃锋利，加工硬化层小，加工表面质量较好。另一个特点是改变刀具几何角度灵活方便，可根据工件与加工条件的变化随时改变刀具合理的几何参数。自动车床所使用的高速钢车刀则很方便地在前刀面上磨出合理的断屑槽，保证断屑可靠。

1. 车刀刀杆截面形式与尺寸

国家标准规定，高速钢刀条的截面形式有：圆形、正方形、矩形和不规则四边形。其图形和尺寸参见 GB/T 4211.1—2004《高速钢车刀条　第 1 部分：型式和尺寸》。

刀杆截面尺寸的选取，通常与机床中心高、刀夹形状及切削断面尺寸有关。建议优先采用圆形截面、正方形截面或选用 h 与 b 之比约为 1.6 的矩形截面。因为这些截面具有较高的强度。根据机床中心高选择刀杆截面尺寸，参见表 4-3。

表 4-3　　　　　根据机床中心高选择刀杆截面尺寸　　（单位：mm）

机床中心高	150	180～200	260～300
矩形截面（$h \times b$）	20×12	25×16	
方形截面（$h \times b$）	16×16	20×20	25×25

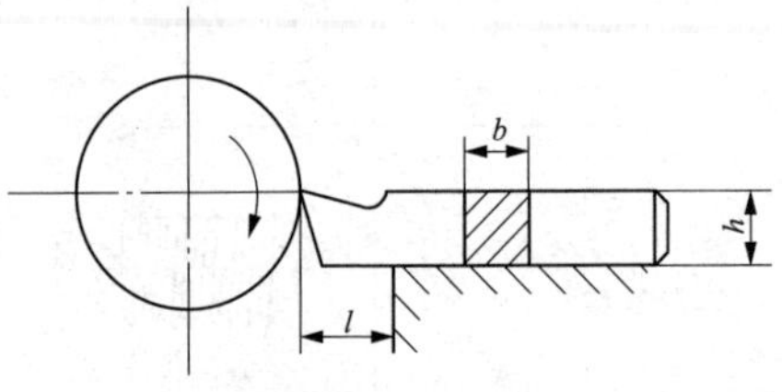

图 4-4　刀杆悬伸尺寸的确定

2. 车刀刀杆悬伸长度

刀杆悬伸出刀夹的长度 l，约等于刀杆高度 h 的 1～1.5 倍为宜，如图 4-4 所示。当刀杆悬伸过长或在重切削时才有必要进行强度与刚度验算。

3. 车刀几何参数的选用

（1）车刀前刀面形状的选用。车刀前刀面形状的选用见表 4-4。

表 4-4　　　　　　　　　高速钢车刀前刀面形状

名称	平面形	平面带倒棱形	卷屑槽带倒棱形
简图			
应用范围	1. 加工铸铁 2. 在 $f \leqslant 0.2$mm/r 时加工钢件 3. 刃形复杂的车刀	在 $f \geqslant 0.2$mm/r 时加工钢件	加工钢件时保证卷屑

（2）车刀几何角度的选用。车刀几何角度的选用见表 4-5～表 4-9。

表 4-5　　　　　　高速钢车刀倒棱前角及倒棱宽度

工件材料	倒棱前角 γ_{o1}/(°)	倒棱宽度 b_{r1}/mm
结构钢	0～5	$(0.8 \sim 1.0) f$

表 4-6　　　　　　　高速钢车刀前角及后角参考值

工件材料		前角 γ_o/(°)	后角 α_o/(°)
钢和铸钢	$\sigma_b = 400 \sim 500$MPa	20～25	8～12
	$\sigma_b = 700 \sim 1000$MPa	5～10	5～8
镍铬钢和铬钢 $\sigma_b = 700 \sim 800$MPa		5～15	5～7
灰铸铁	160～180HBS	12	6～8
	220～260HBS	6	6～8
可锻铸铁（HBS）	140～160	15	6～8
	17～190	12	6～8
铜、铝、巴氏合金		25～30	8～12
中硬青铜及黄铜		10	8
硬青铜		5	6
钨		20	15
铌		20～25	12～15
钼合金		30	10～12
镁合金		25～35	10～15

表 4-7　　　　　高速钢车刀主偏角参考值

工　作　条　件	主偏角 $\kappa_r/(°)$
在系统刚性特别好的条件下，以小背吃刀量进行精车。加工硬度很高的工件材料	10～30
在系统刚性较好（$l/d<6$）的条件下车削盘套类工件	30～45
在系统刚性差（$l/d=6～12$）的条件下车削、刨削及镗孔	60～75
在毛坯上不留小凸柱的切断	80
在系统刚性差（$l/d>12$）的条件下车阶梯表面、细长轴	90～93

表 4-8　　　　　高速钢车刀副偏角参考值

工　作　条　件	副偏角 $\kappa_r'/(°)$
用宽刃车刀及具有修光刃的车刀、刨刀进行加工	0
车槽及切断	1～3
精车、精刨	5～10
粗车、粗刨	10～15
粗镗	15～20
在中间切入的切削	30～45

表 4-9　　　　　高速钢车刀刃倾角参考值

工　作　条　件	刃倾角 $\lambda_s/(°)$
精车、精镗	0～5
$\kappa_r=90°$车刀的车削及镗孔、切断、车槽	0
钢料的粗车及粗镗	0～-5
铸铁的粗车及粗镗	-10
带冲击的不连续车削、刨削	-10～-15
带冲击加工淬硬钢	-30～-45

（3）刀尖圆弧半径的选用。

1）粗切车刀刀尖圆弧半径的选用。粗切时，为提高切削刃的强度，应尽可能使用较大的刀尖圆弧半径。在可能出现振动的切削中，应选用较小的刀尖圆弧半径。在进给量较大时，选用较大的刀尖圆弧半径，其关系可见表 4-10，一般选用 $r_\varepsilon=1.2～1.6mm$。

表 4-10　　粗切时刀尖圆弧半径 $r_ε$ 与最大进给量 f_{max} 的关系

刀尖圆弧半径 $r_ε$/mm	0.4	0.8	1.2	1.6	2.4
最大进给量 f_{max}/mm·r^{-1}	0.25~0.35	0.4~0.7	0.5~1.0	0.7~1.3	1.0~1.8

2）精切车刀刀尖圆弧半径的选用。精切车刀刀尖圆弧半径受工件表面粗糙度和进给量的影响，其关系为

$$Rz = \frac{f^2}{8r_ε} \times 1000 \qquad (4-1)$$

式中　Rz——表面粗糙度最大轮廓高度（μm）；

　　　$r_ε$——刀尖圆弧半径（mm）；

　　　f——进给量（mm/r）。

一般来说，为了获得精加工所需的表面粗糙度值，进给量应小一些，Ra、Rz、进给量 f 与刀尖圆弧半径 $r_ε$ 的对应关系见表4-11。

表 4-11　　Ra、Rz、进给量 f 与刀尖圆弧半径 $r_ε$ 的对应关系

表面粗糙度		刀尖圆弧半径 $r_ε$/mm				
Ra/μm	RI/μm	0.4	0.8	1.2	1.6	2.4
		进给量 f/mm·r^{-1}				
0.63	1.6	0.07	0.10	0.12	0.14	0.17
1.6	4	0.11	0.15	0.19	0.22	0.26
3.2	10	0.17	0.24	0.29	0.34	0.42
6.3	16	0.22	0.30	0.37	0.43	0.53
8	25	0.27	0.38	0.47	0.54	0.66
32	100				1.08	1.32

三、硬质合金车刀

硬质合金车刀，是应用最为广泛的刀具。它的耐热性能比高速钢车刀高得多，允许的切削速度高，并可切削耐热钢、不锈钢等难加工材料，因此技术经济效果十分显著。

硬质合金车刀按刀片安装或固定方式不同，一般分为焊接式车刀和机夹式车刀两类。

（一）硬质合金焊接式车刀

1. 硬质合金焊接式车刀的特点

由图 4-3（b）可知，硬质合金焊接式车刀是由刀杆和刀片通过焊接连接而成。刀片一般选用各种不同牌号的硬质合金材料，刀杆材料常选用 45 钢。焊接式车刀的优劣与焊接工艺和刃磨质量有密切的关系。

硬质合金焊接车刀的特点主要有：

（1）结构简单，制造方便，刀具刚性好。

（2）使用灵活，可根据使用要求随意刃磨。

（3）刀片利用较充分。

（4）切削性能较低。刀片经过高温焊接，切削性能有所下降。又由于硬质合金刀片与刀杆材料的线膨胀系数差别较大，刀片经焊接和刃磨的高温作用，因热应力的影响导致刀片产生微裂纹，容易造成崩刃。

（5）辅助时间长。焊接车刀换刀和对刀的时间较长，不适合自动机床、数控机床等自动化程度高的机床使用。

（6）刀杆不能重复使用，刀杆材料消耗较大。

（7）切削性能主要取决于工人刃磨技术水平，与现代化生产不相适应。

2. 硬质合金焊接车刀的基本种类和用途

硬质合金焊接车刀的基本类型及用途见表 4-12。

表 4-12　　　　硬质合金焊接车刀的基本类型及用途

名称	简图和用途	名称	简图和用途
直头外圆车刀	车外圆、倒角	镗刀	镗孔、多用于镗不通孔、切轴肩凸台等

名称	简图和用途	名称	简图和用途
弯头外圆车刀	车外圆、车端面、倒角	切断刀	切断、切槽
90°偏车刀	车外圆、车台阶、多用于车细长轴	精车刀	精车外圆

3. 刀杆的截面形式及尺寸

硬质合金车刀刀杆的截面形状通常有矩形、正方形和圆形三种，而最常见的是矩形。其截面尺寸的大小，通常根据刀架的形状、机床中心高和切削截面的大小来决定。车刀的长度 L 及刀杆断面尺寸一般按表 4-13 选取。

表 4-13　车刀刀杆断面尺寸和长度　（单位：mm）

矩形 $h \times b$	正方形 $h \times b$	圆形 d	长度 L
6×5	6×6	6	90
8×6	8×8	8	90
10×8	10×10	10	90
12×10	12×12	12	100
16×12	16×16	16	110
20×16	20×20	20	125
25×20	25×25	25	140

矩形 $h \times b$	正方形 $h \times b$	圆形 d	长度 L
32×25	32×32	32	170
40×32	40×40	40	200
50×40	50×50	50	250
63×50	63×63	63	300

在一般情况下，对刀杆可不必进行强度校验，考虑到硬质合金车刀在强力切削，并且刀尖至刀架的悬伸量 l 又较大时，才需要进行强度验算，其计算为

$$矩形\ h^2 b = \frac{6F_z l}{\sigma_{bb}}$$

$$正方形\ b = \sqrt[3]{\frac{6F_z l}{\sigma_{bb}}}$$

$$圆形\ b = \sqrt[3]{\frac{F_z l}{0.1\sigma_{bb}}}$$

式中　F_z——主切削力（N）；

σ_{bb}——许用弯曲应力（MPa）；

l——悬伸量（mm）。

通常刀杆的截面尺寸和长度根据机床中心高选择，参见表 4-14。

表 4-14　按机床中心高选取刀杆的截面尺寸和长度（单位：mm）

机床中心高	150 以下	150	180～200	260	300	350～400	400 以上
刀杆的截面尺寸	12×10 以下	16×12	20×16	25×20	32×25	40×32	50×40 以上
刀杆的长度	100 以下	110	125	140	170	200	250 以上

注　1. 表中所列为矩形刀杆截面尺寸，用方形和圆形刀杆时，可从表 4-13 中相应查得。

　　2. 机床中心高小于 150mm 或大于 400mm 时，可适当地按表 4-13 选取。一般情况下，以 $h=1.5b$，刀杆用 45 钢制造。

4. 几何参数的选用

（1）前刀面的形式。根据不同的工件材料，选择不同的刀具前刀面形式。车刀的前刀面形式和用途见表 4-15。

表 4-15 前刀面形式和用途

名称	形 式	用 途
正前角平面形		加工铸铁、以小进给量（$f <$ 0.2mm），加工普通碳素钢，适用于精加工
负前角平面形		加工高强度合金钢和带有硬皮的铸钢、铸铁件
带负倒棱平面形		加工铸铁和普通碳素钢 $\gamma_{o1} = -10° \sim -15°$ $b_{r1} = (0.3 \sim 0.8)f$
带负倒棱圆弧形		加工普通钢件 $\gamma_{o1} = -10° \sim -15°$ $b_{r1} = (0.3 \sim 0.8)f$ $\gamma_o = 2mm \sim 4mm$

（2）前角 γ_o 的选择。刀具的前角 γ_o 主要根据被加工材料的特性、刀具材料和加工工艺条件进行选择。硬质合金车刀的前角值可由表 4-16 选取。

（3）后角 α_o 的选择。刀具的合理后角 α_o 值，主要根据切削厚度 a_c 进行选择。切削厚度越小，后角值应该越大。另外，还应考虑被加工工件材料和刀具材料以及加工工艺要求等。硬质合金车刀的后角 α_o 值可按表 4-17 选取。

表 4-16 硬质合金车刀合理前角 γ_o 参考值

工件材料	合理前角 γ_o/(°)	
	粗车	精车
低碳钢 Q235	18～20	20～25
45 钢（正火）	15～18	18～20
45 钢、40Cr 钢钢件或锻钢件的断续切削	10～15	5～10
铝 L3 及铝合金 LY12	30～35	35～40
纯铜 T1～T3	25～30	30～35
40 钢、40Cr 钢锻件	10～15	
淬硬钢（40～50）HRC	－15～－5	
灰铸铁 HT150、HT200、青铜	10～15	5～10
铅黄铜 HPb59-1	10～15	5～10
灰铸铁断续切削	5～10	0～5
高强度钢 σ_{bb}＜180MPa	－5	
奥氏体不锈钢（180HBS 以下）	15～25	
马氏体不锈钢（250HBS 以下）	15～25	
马氏体不锈钢（250HBS 以上）	－5	
钛及钛合金	5～10	
40Cr（正火）	13～18	15～20
锻造高温合金	5～10	
铸造高温合金	0～5	
高强度钢（σ_{bb}＞180MPa）	－10	
铸造碳化钨	－10～－15	
40Cr（调质）	10～15	13～10

表 4-17 硬质合金车刀合理后角 α_o 参考值

工件材料及切削条件		合理后角 α_o/(°)
低碳钢 σ_{bb}＝(0.392～0.491)GPa	精车 f≤0.3mm/r	10～12
	粗车 f＞0.3mm/r	8～10
钢（0.687～0.785)GPa		6～8
钢（0.883～0.981)GPa		6～8

工件材料及切削条件		合理后角 α_o/(°)
淬火钢		10~15
铸铁		6~8
铜、铝及其合金		8~10
钛及钛合金		14~16
不锈钢	奥氏体 185HBS 以下	6~8
	马氏体 250HBS 以下	6~8
	马氏体 250HBS 以上	8~10
高强度钢	$\sigma_{bb}<1.77\text{GPa}$	10
	$\sigma_{bb}>1.77\text{GPa}$	10
高温合金	锻造	10~15
	铸造	10~15

（4）主偏角 k_r 和副偏角 k_r' 的选择。车刀主偏角 k_r 主要根据刀具-工件-机床工艺系统的刚度和被加工工件材料的性质选择。副偏角 k_r' 则主要根据已加工表面的粗糙度选择。主偏角 k_r 和副偏角 k_r' 的合理值可由表 4-18 及表 4-19 选取。

表 4-18　　　硬质合金车刀合理主偏角 k_r 参考值

加工条件		合理主偏角 k_r/(°)
工艺系统刚性好	粗车	45~75
	精车	45
工艺系统刚性差	粗车	65~90
	精车	60~75
切槽刀、切断刀		60~90
车淬火钢及冷硬铸铁		10~30
车薄壁件、细长轴		90~93
从工件中间切入时		45~60

表 4-19　　　　　硬质合金车刀合理副偏角 k_r' 参考值

加工条件	合理副偏角 $k_r'/(°)$
切槽刀及切断刀	1～3
粗车	10～15
有中间切入的切削	30～45
精车	5～10
粗镗	15～20

（5）刃倾角 λ_s 的选择。刃倾角 λ_s 影响切屑流出的方向，它的大小也影响到刀尖的强度及其散热条件以及切削工作的平稳性。当 $\lambda_s \neq 0$ 时，则能增大刀具的实际工作前角（当 $\lambda_s > 20～25$ 时，有明显效果），同时也可提高切削刃的锋利性。车刀合理刃倾角 λ_s 的参考值可由表 4-20 中查出。

表 4-20　　　　　硬质合金车刀合理刃倾角 λ_s 数值

加工条件	合理刃倾角 $\lambda_s/(°)$
精车钢、铸铁	0～+5
粗车钢、铸铁	0～-5
间断切削或冲击切削	-10～-30
车淬火钢	-5～-12
车槽刀、切断刀	0

5. 断屑槽形式和切削用量

因为切屑能否及时切断，往往会影响工人安全和工件的表面质量，并常使车刀的刃口崩坏。特别是在自动机床和自动线上切削加工时，断屑显得尤其重要。断（卷）屑的尺寸一般在主剖面中测量。工件材料、切削用量及断屑槽的尺寸都会影响断屑情况。

（1）断屑槽形及参数。断屑槽形及参数见表 4-21。

表 4-21 断屑槽形及槽形参数

槽 形	适用范围	槽 形 参 数		槽形斜角	
		槽宽 W	槽底半径 R 或槽底角 θ	形式	适用范围
直线圆弧形	一般前角在 $\gamma_o = 5° \sim 15°$ 范围内，切削碳素钢、合金结构钢、工具钢等	切削中碳钢时 $W \approx 10f$ 切削合金钢时 $W \approx 7f$ （f—进给量 mm/r）	在中等背吃刀量 $a_p = 2\text{mm} \sim 6\text{mm}$ 条件下 $R = (0.4 \sim 0.7)W$	外斜式	当 $a_p = 2\text{mm} \sim 6\text{mm}$ 时切削中碳钢 $\tau = 8° \sim 10°$ 合金钢 $\tau = 10° \sim 15°$ 不锈钢 $\tau = 6° \sim 8°$
折线形			当 $a_p = 2\text{mm} \sim 6\text{mm}$ 时 $\theta = 110° \sim 120°$	平行式	当 $a_p > 2\text{mm} \sim 6\text{mm}$ 时切削中碳钢和低碳钢
全圆弧形	当前角 $\gamma_o = 25° \sim 30°$ 时切削纯铜、不锈钢等高塑性材料	切削中碳钢时 $W \approx 10f$ 切削合金钢时 $W \approx 7f$ （f—进给量 mm/r）	R 与 γ_o、W 之间关系按下式确定 $R = \dfrac{W}{2\sin\gamma_o}$	内斜式	主要用于背吃刀量变化较大场合，通常取 $\tau = 8° \sim 10°$

（2）低碳钢或中碳钢的断屑槽参数。中等背吃刀量下切削低碳钢或中碳钢的断屑槽参数见表 4-22。

（3）结构钢或工具钢的断屑槽参数。中等背吃刀量下切削结构钢或工具钢的断屑槽参数见表 4-23。

表 4-22　　中等背吃刀量下切削低碳钢或中碳钢的断屑槽参数

槽形	直线圆弧形		折线形	
槽底半径 R/mm	$(0.4\sim0.7)W$		—	
槽底角 θ/(°)	—		$110\sim120$	
斜角 τ/(°)	平行式 $\tau=0$ 或外斜式 $\tau=8\sim10$			
背吃刀量 $a_{\rm r}$/mm	进给量 f/mm·r^{-1}		槽宽 W/mm	
			平行式	外斜式
$1\sim3$	$0.2\sim0.5$	$3\sim3.2$		$3.2\sim3.5$
$2\sim5$	$0.3\sim0.5$	$3.2\sim3.5$		$3.5\sim4$
$3\sim6$	$0.3\sim0.6$	$4\sim4.5$		$4.5\sim5$

　　注　此表用于硬质合金车刀，以中等背吃刀量及中等进给量（$a_{\rm p}=1\sim6$mm，$f=0.2\sim0.6$mm/r）切削低碳钢与中碳钢。

　　（4）大背吃刀量下切削碳钢或合金结构钢的断屑槽参数。在重型机床上用大背吃刀量（$a_{\rm p}>10$mm）和进给量（$f=0.5\sim1.2$mm/r）切削钢件时，为了防止打刀及切屑飞溅，应将断屑槽槽底圆弧半径加大，断屑槽参数为（见图 4-5）

$$W_{\rm n}=10f$$
$$R_{\rm n}=(1.2\sim1.5)W_{\rm n}$$
$$\tau=0°\sim6°$$

　　若采用折线型断屑槽，或利用压板来形成断屑槽（见图 4-6）时，槽底角 θ 应增大至 $\theta=125°\sim130°$。

图 4-5　大背吃刀量车刀的
断屑槽参数

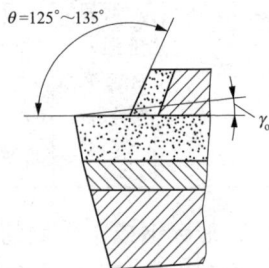

图 4-6　利用压板形成的大
背吃刀量车刀断屑槽

表 4-23 中等背吃刀量下切削合金结构钢或工具钢的断屑槽参数

槽 形	直线圆弧形外斜式断屑槽	
槽底半径 R/mm	$(0.3\sim0.5)W$	
斜角 τ/(°)	$10\sim15$	
背吃刀量 a_p/mm	进给量 f/mm·r^{-1}	槽宽 W/mm
$1\sim3$	$0.2\sim0.5$	$2.8\sim3$
$2\sim5$	$0.3\sim0.6$	$3\sim3.2$
$3\sim6$	$0.3\sim0.7$	$3.2\sim3.5$

注 此表适用于硬质合金车刀,以 $a_p=1\sim6$mm,$f=0.2\sim0.6$mm/r 时切削合金结构钢与工具钢。

(5)小背吃刀量下切削钢件的断屑槽参数。在 $a_p=0.2\sim1.0$mm 的小背吃刀量下切削钢件,断屑槽不宜太宽。在切削中碳钢时,可采用如图 4-7 或如图 4-8 所示的卷屑槽。图中所示断屑范围中,"×"表示短的螺旋屑,"○"表示弧形切屑。

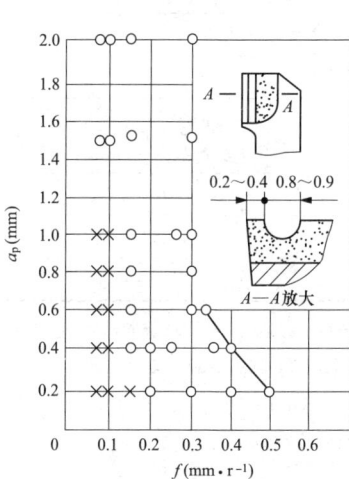

图 4-7 平行式小背吃刀量断屑槽参数及断屑范围

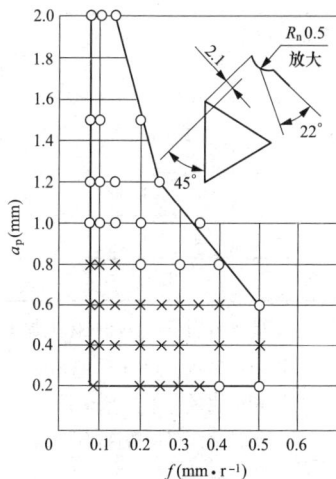

图 4-8 45°外斜式小背吃刀量断屑槽参数及断屑范围

(6)小月牙洼断屑槽槽形参数及断屑范围。小月牙洼断屑槽槽形如图 4-9 所示,其参数计算见表 4-24。

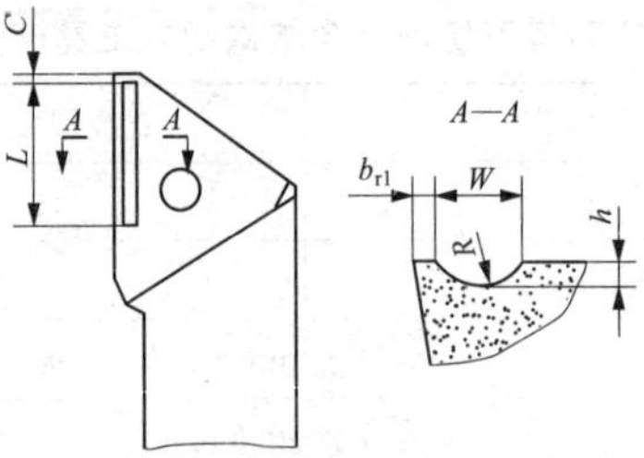

图 4-9 小月牙洼断屑槽参数

表 4-24   小月牙洼断屑槽槽形参数计算

槽形参数	计算公式
槽边距主刃的距离（即倒棱宽度 b_{r1}）	$b_{r1} \approx f$，f——进给量（mm/r）
槽宽 W	$W = (4 \sim 4.5)f$
槽长 L	$L > a_p$，a_p——背吃刀量（mm）
槽端距副刃的距离 C	$C \leqslant \dfrac{a_p}{5}$
槽形圆弧半径 R	$R = (0.7 \sim 1.0)W$
槽深 h/mm	$h = 0.2 \sim 0.3$

断屑范围			
b_{r1}/mm	W/mm	R/mm	形成宝塔状发条形切屑的进给量范围 f/mm·r^{-1}
0.2	0.9～1.0	0.6	0.16～0.24
0.3	1.3～1.4	1.2	0.28～0.33
0.4	1.8	1.8	0.3～0.4

注   1. 此表适用于在自动机床上加工 45 钢，可形成宝塔状发条形切屑。

2. 刀具材料 YT15；刀具角度：$\gamma_0 = 12° \sim 15°$，$\kappa_r = 90°$，$\lambda_s = 0°$。

3. 切削用量：$v = 100$mm/min，$a_p = 4 \sim 6$mm。

4. 小月牙洼可用铸铁研磨盘或金刚石砂轮磨削。

6. 刀片和刀槽

车刀除了合理选择刀具材料与切削部分几何参数外，还必需合理选择好刀片和刀槽的形状和尺寸。

（1）刀片的型号规格表示方法。根据 YS/T 79—2006《硬质合金焊接刀片》规定，刀片按其用途可分为 A、B、C、D 及 E 等五类，字母及其后第一个数字表示刀片的型号，硬质合金焊接刀片常用型号见表4-25；第二、三两个数字表示刀片的主要尺寸参数（如A106、A110两种刀片，其中"06"及"10"分别表示它们的长度为6mm和10mm）；以"Z"表示左刀片。当同一型号的几个规格的刀片的主要尺寸参数相同时，则在末尾加上"A、B、…"来区分（按从小至大排列，第一种规格不加），例如：A118、A118A、A118B、D218、D218A、D218B等。

表 4-25　　　　　　　　硬质合金焊接刀片常用型号

类型	刀片简图	主要尺寸/mm	主要用途
A1		$L=6\sim70$	$\kappa_r<90°$的外圆车刀和内孔车刀、宽刃刀
A2		$L=8\sim25$	端面车刀、盲孔车刀
A3		$L=10\sim40$	90°外圆车刀、端面车刀
A4		$L=6\sim50$	端面车刀、直头外圆车刀、内孔车刀

类型	刀片简图	主要尺寸/mm	主要用途
C1		$L=10\sim25$	螺纹车刀
C3		$L=3.5\sim16.5$	切槽、切断刀

（2）硬质合金焊接车刀刀槽的形式及其参数计算。

1）刀槽的形式应根据车刀类型、刀片型号选择。常用刀片槽形与使用特点见表 4-26。

表 4-26 常用刀片槽形与使用特点

名称	简图	特点	适用刀具	配用刀片
开口槽		制造简单，焊接面最少，刀具应力小	外圆刀、弯头刀、切槽刀	A1、C3、C4、B1、B2
半封闭槽		夹持刀片较牢固，焊接面大，容易产生焊接应力	90°外圆刀镗刀	A2、A3、A4、A5、A6、B3、D1
封闭槽		夹持刀片牢固，焊接应力大，易产生裂纹	螺纹刀	C1

名称	简　图	特　点	适用刀具	配用刀片
嵌入槽		用于底面积较小的刀片，增加焊接面提高结合强度	切断刀	A1 C3
V形槽			切槽刀	
燕尾槽		用于底面积较小的刀片，增加焊接面提高结合强度	切断刀 切槽刀	A1 C3

　　2）槽形参数包括刀槽底面主剖面前角 γ_{og}、刀槽底面的长 l_g、宽 b_g、高 h_g 度尺寸。计算公式见表 4-27 与表 4-28。

表 4-27　　　　　　　主剖面前角计算公式

前刀面卷屑槽形式	γ_{og} 计算公式
平面前刀面（不磨断屑槽）	$\gamma_{og} = \gamma_o + 5°$
磨出断屑槽	取 $\gamma_{og} = 0° \sim 10°$
圆弧卷屑槽	$\gamma_{og} = \gamma_o - \gamma_j$ $\sin\gamma_j = \dfrac{W}{2R}$ 式中 W—全圆弧卷屑槽宽度 R—全圆弧卷屑槽圆弧半径（mm）

表 4-28　　　　　　　　**刀槽底面尺寸计算公式**

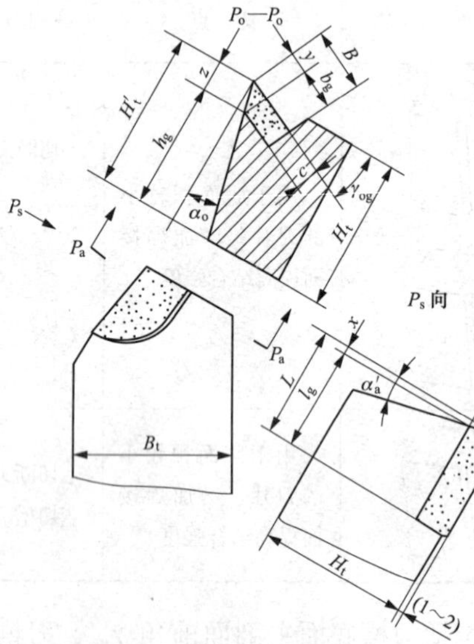

刀槽参数计算图

刀槽参数	计算公式
刀槽高度 h_g	$h_g = H_t + (1 \sim 2) - \dfrac{C\cos\alpha_o}{\cos(\alpha_o + \gamma_{og})}$
刀槽宽度 b_g	$b_g = B - C\tan(\alpha_o + \gamma_{og})$
刀槽长度 l_g	$l_g = L - \dfrac{C\cos\alpha_o\tan\alpha_a'}{\cos(\alpha_o + \gamma_{og})}$

注　1. 车刀刃倾角 λ_s 较小时，刀槽尺寸可用表列公式近似计算。

　　2. 选用半封闭槽时，需计算并标注 h_g、b_g、l_g。选用其他槽形时，只需计算并标注 h_g、b_g 两个尺寸。

（二）硬质合金机夹可转位车刀

硬质合金可转位车刀是随着切削加工发展起来的一种新型高效刀具。它是把压制有几个切削刃并有合理几何参数的刀片用机械夹固的方式装夹在刀柄（或刀体）上的一种刀具，如图 4-10 所示。

与焊接式车刀相比，具有以下特点：

（1）缩短了磨刀、换刀的辅助时间（刀片呈一定形状的多边

254

形，当切削刃磨损后，不必重磨刀片，只要将刀片转过一个角度，即可用新的切削刃继续车削）。

（2）使用寿命高（刀片不经过焊接，避免了焊接造成的内应力和裂纹，充分发挥了刀具的切削性能）。

（3）有利于保证加工质量（刀具的各相关形状与尺寸是在压制时就成型的，且尺寸稳定，断屑可靠）。

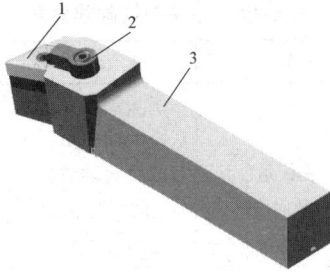

图 4-10　硬质合金可转位车刀
1—硬质合金刀片；
2—夹紧机构；3—刀柄

四、车刀切削部分的几何角度

车刀切削部分共有六个独立的基本角度，它们是：主偏角、副偏角、前角、主后角、副后角和刃倾角；还有两个派生角度：刀尖角和楔角。如图 4-11 所示。

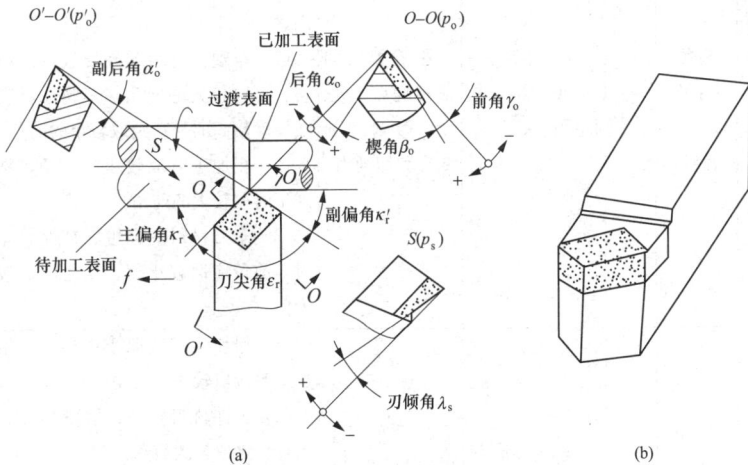

图 4-11　车刀切削部分主要几何角度
（a）几何角度的标注；（b）车刀外形图

车刀切削部分几何角度的定义、作用与初步选择见表 4-29。

表 4-29　车刀切削部分几何角度的定义、作用与初步选择

名称		代号	定义	作用	初步选择
主要角度	主偏角（基面内测量）	k_r	主切削刃在基面上的投影与进给运动方向之间的夹角。常用车刀主偏角有 45°、60°、75°、90°等	改变主切削刃的受力及导热能力，影响切屑的厚度	(1) 选择主偏角时应重点考虑工件的形状和刚性。刚性差应选用大的主偏角，反之，则选用较小的主偏角。 (2) 加工阶台轴类的工件，主偏角选用时应大于 90°
	副偏角（基面内测量）	k_r'	副切削刃在基面上的投影与背离进给运动方向之间的夹角	减少副切削刃与工件已加工表面的摩擦，影响工件表面质量及车刀强度	粗车时副偏角选稍大些，精车时副偏角选稍小些。一般情况下副偏角取 6°～8°
	前角（主正交平面内测量）	γ_o	前刀面与基面间的夹角	影响刃口的锋利程度和强度，影响切削变形和切削力	只要刀体强度允许，尽量选用较大的前角。具体选择时要综合考虑工件材料、刀具材料、加工性质等因素。 (1) 车塑性材料或硬度较低的材料，可取较大的前角；车脆性材料或硬度较高的材料则取较小的前角。 (2) 粗加工时取较小的前角，精加工时取较大的前角。 (3) 车刀材料的强度、韧性较差时，前角应取较小值，反之可取较大值
	主后角（主正交平面内测量）	α_o	主后刀面与主切削平面间的夹角	减少车刀主后面与工件过渡表面间的摩擦	(1) 粗加工时应取小的后角；精加工时应取较大的后角。 (2) 工件材料较硬，取较小的后角；反之取较大后角。 车刀后角一般选择 $\alpha_o=4°\sim12°$。如车削中碳钢工件，用高速钢车刀时：粗车取 $\alpha_o=6°\sim8°$，精车取 $\alpha_o=8°\sim12°$；用硬质合金车刀时，粗车取 $\alpha_o=5°\sim7°$，精车取 $\alpha_o=6°\sim9°$

续表

名称	代号	定义	作用	初步选择
主要角度 副后角（副正交平面内测量）	α_o'	副后刀面与副切削平面间的夹角	减少车刀副后刀面与工件已加工表面的摩擦	（1）副后角一般磨成与主后角大小相等。（2）在切断等特殊情况下，为了保证刀具强度，副后角应取小值，为$1°\sim2°$
刃倾角（主切削平面内测量）	λ_s	主切削刃与基面间的夹角	控制排屑方向。当刃倾角为负值时可增加刀头强度，并在车刀受冲击时保护刀尖	见表4-31中的适应场合
派生角度 刀尖角（基面内测量）	ε_r	主、副切削刃在基面上的投影间的夹角	影响刀尖强度和散热性能	刀尖角可计算为 $\varepsilon_r = 180° - (k_r + k_r')$
楔角（主正交平面内测量）	β_o	前刀面与后刀面间的夹角	影响刀头截面的大小，从而影响刀头的强度	楔角可计算为 $\beta_o = 90° - (\gamma_o + \alpha_o)$

在车刀切削部分的几何角度中，主偏角与副偏角没有正负值规定，但前角、后角和刃倾角都有正负值规定：车刀前角和后角分别有正值、零度、负值三种情况，如表4-30。

表4-30　　　车刀前角、后角的正负值规定

角度值		正值	零度	负值
前角	图示	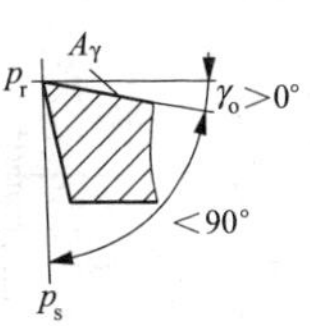 P_r, A_γ, $\gamma_o > 0°$, $<90°$, P_s	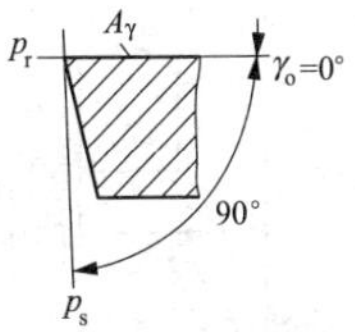 P_r, A_γ, $\gamma_o = 0°$, $90°$, P_s	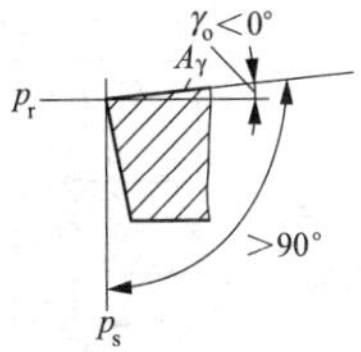 $\gamma_o < 0°$, A_γ, $>90°$, P_s
	正负值规定	前刀面与切削平面间的夹角小于$90°$时	前刀面与切削平面间的夹角等于$90°$时	前刀面与切削平面间的夹角大于$90°$时

续表

角度值		正值	零度	负值
后角	图示	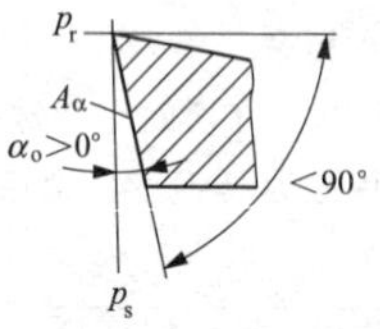 $\alpha_o > 0°$ $<90°$	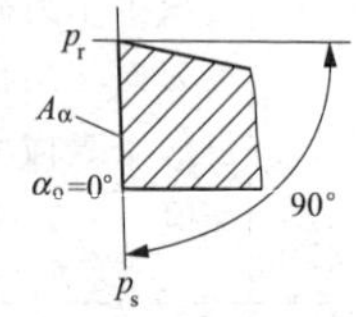 $\alpha_o = 0°$ $90°$	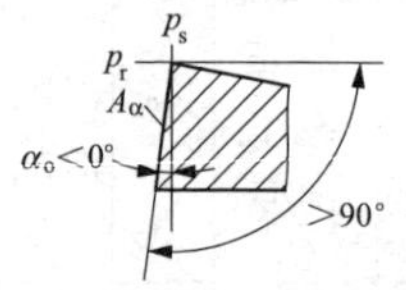 $\alpha_o < 0°$ $>90°$
	正负值规定	后刀面与基面间的夹角小于90°时	后刀面与基面间的夹角等于90°时	后刀面与基面间的夹角大于90°时

车刀刃倾角的正负值规定：车刀刃倾角有正值、零度和负值三种情况，其排出切屑情况、刀尖强度和冲击点先接触车刀的位置见表 4-31。

表 4-31 　　　　　　　　　　车刀刃倾角的正负值规定

项目内容	说明与图示		
	正值	零度	负值
正负值规定	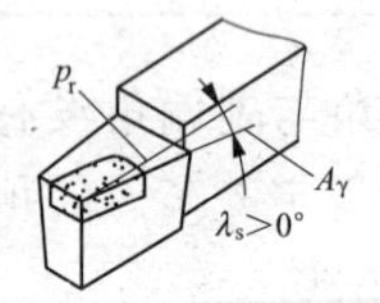 $\lambda_s > 0°$	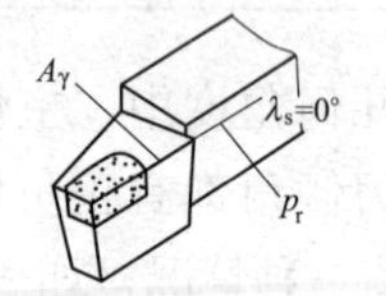 $\lambda_s = 0°$	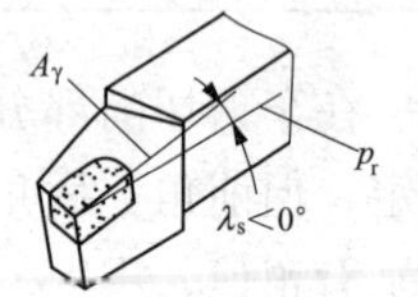 $\lambda_s < 0°$
	刀尖位于主切削刃最高点	主切削刃和基面平行	刀尖位于主切削刃最低点
排屑情况	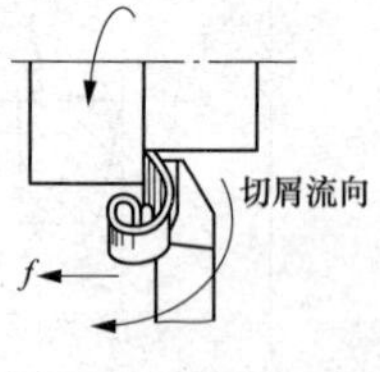 切屑流向	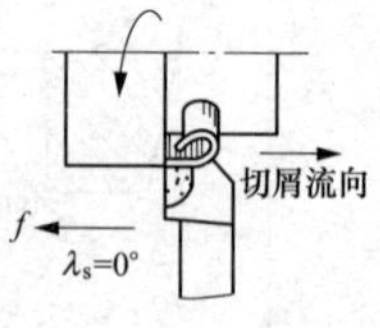 切屑流向 $\lambda_s = 0°$	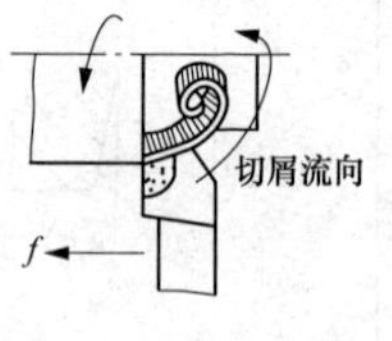 切屑流向
	流向待加工表面方向	垂直主切削刃方向排出	流向已加工表面方向

续表

项目 内容	说明与图示		
	正值	零度	负值
刀头受力 点位置	刀尖强度较差，车削时冲击点先接触刀尖，刀尖易损坏	刀尖强度一般，冲击点同时接触刀尖和切削刃	刀尖强度较高，车削时冲击点先接触远离刀尖的切削刃处，从而保护了刀尖
适用场合	精车时，应取正值，一般为 $0°\sim8°$	工件圆整、余量均匀的一般车削时，应取 $0°$ 值	断续切削时，为了增加刀头强度应取负值，一般 $-15°\sim-5°$

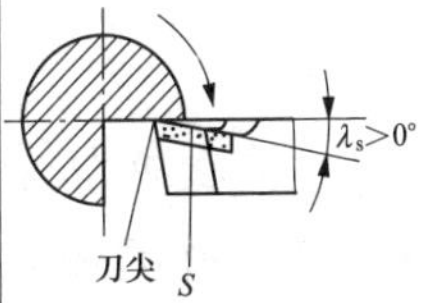

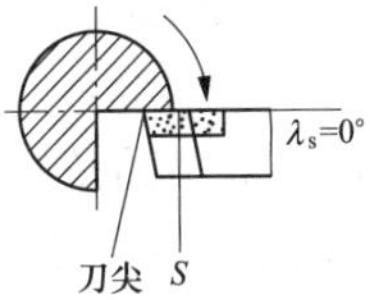

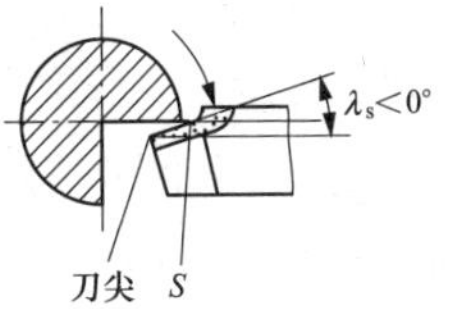

第二节　机夹车刀和可转位车刀

一、机夹车刀

1. 机夹刀具的特点

利用可拆卸的连接件将切削用的刀片紧固在特制的刀杆上，这种刀具称为机械夹固式刀具，简称机夹刀具。

机夹刀具有以下几个优点：

（1）完全避免了由于焊接和刃磨所引起的缺陷，如裂纹、崩刃等，保持了硬质合金的原有性能，大大提高了刀片耐用度。

（2）刀杆可以多次使用，节约了大量钢材。

（3）减少制造刀具的工作量，节约制造和管理费用。

（4）对可转位刀具来说，可以稳定切屑的卷曲和折断，保证操作者的安全，使切削顺利进行。

机夹刀具分为机夹重磨刀具和机夹不重磨刀具两种。机夹不重磨刀具目前称为可转位刀具。

机夹重磨式刀具的主要角度可以在刀片上磨出，也可以在刀杆上事先制出，这样可以防止由于刀片上磨出角度而削弱刀片强度。

经过多年的实践证明，使用可转位刀具在改善产品质量、提高生产效率和节约钢材等几个方面都可以收到良好的效果，随着数控机床、加工中心等机床的普及，可转位刀具更能发挥其独特的作用。

机夹重磨刀具如图 4-12 所示，这种刀具是把已刃磨成需要几何形状的刀片（原焊接刀片），安装并夹紧在特制的刀杆上就可以使用，当刀刃磨钝后，只要将刀片重磨一下，适当调整位置仍可继续使用。

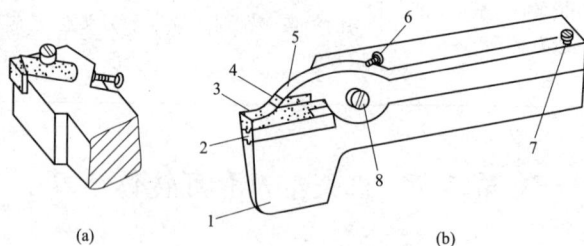

图 4-12　机夹重磨式刀具

（a）外圆车刀；（b）切断刀

1—刀杆；2—垫块；3—刀片；4—挡屑块；5—压力杆；

6—调节螺钉；7—夹紧螺钉；8—销

2. 机夹车刀几何角度的计算

机夹车刀刀片、刀槽角度的计算方法由其安装、重磨的结构决定。如图 4-13 所示为机夹外圆车刀，其刀具角度 $\gamma_\circ$、$\alpha_\circ$、K_r、K_r'、λ_s、$\alpha_\circ$ 则由刀片角度与刀槽角度综合形成。定前角机夹车刀计算见表 4-32。

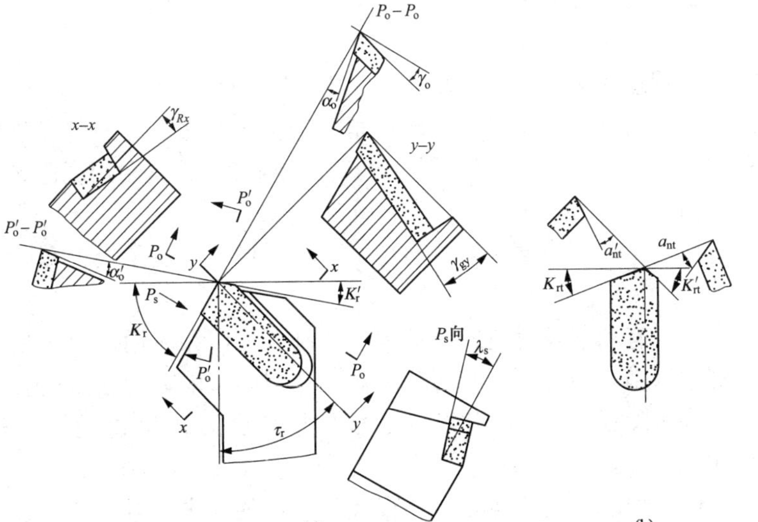

图 4-13 定前角机夹外圆车刀几何角度

(a) 车刀及其刀槽角度；(b) 刀片角度

表 4-32　　　　　　　定前角机夹车刀计算举例

名称		符号	计 算 公 式	选择或计算结果
车刀角度	主偏角	K_r	已知，由加工条件选定	$90°$
	副偏角	K_r'		$10°$
	前角	γ_o		$25°$
	后角	α_o		$8°$
	副后角	α_o'		$6°$
	刃倾角	λ_s	$\alpha_o' \approx -\gamma_o'$ γ_o' 用如下公式计算 $\tan\gamma_o' = \tan\gamma_o\cos(\kappa_r+\kappa_r')$ $\quad + \tan\lambda_s\sin(\kappa_r+\kappa_r')$	$\tan(-6°) = \tan25°\cos100°$ $\quad + \tan\lambda_s\sin100°$ $\lambda_s = -1°24'$
刀槽角度	水平安装	τ_r	$\tau_r = 90° - K_r'$	$80°$
	刀槽切深前角	γ_{gp}	$\tan\gamma_{gp} = \tan\gamma_o\cos(K_r-\tau_r)$ $\quad + \tan\lambda_s\sin(K_r-\tau_r)$	$24°28'$

二、可转位车刀

1. 可转位刀具的优点

与焊接式车刀比较，可转位车刀具有下列主要优点：

（1）刀具耐用度高。可转位车刀避免了焊接、刃磨过程产生的热应力影响，硬质合金原有的切削性能不变，刀具耐用度比焊接车刀高一倍左右。

（2）生产效率高。刀片转位、更换方便，缩短了换刀和磨刀时间。

（3）有利于新材料、新技术的研制、推广和应用。刀具减少了焊接环节，避免了焊接过程中高温作用的影响，为新型硬质合金的研制、开发和应用创造了条件，涂层刀片也得到了广泛应用。

（4）切削性能稳定，适合现代化生产的要求。刀具几何参数完全由刀片和刀杆上的刀槽保证，可有针对性地设计制造出较佳的刀具几何参数，应用于自动化程度高的机床和数控机床上。能获得较佳的切削效果和较高的切削效率，并且不受操作者技术水平的影响。

（5）节省刀杆材料，降低刀具成本。焊接车刀一把刀杆只能焊接一次刀片，而一把可转位车刀的刀杆可使用几十片刀片，可节约大量的刀杆材料。

由于具有上述优点，可转位刀具成为刀具发展的一个重要方向，并得到广泛的应用。

2. 可转位刀片型号与断屑槽类型

（1）可转位刀片型号。GB/T 2076—2007《切削刀具用可转位刀片型号表示规则》中规定：可转位刀片的型号表示规则用9个代号表征刀片的尺寸及其他特征，代号由字母或数字按一定顺序排列组成。可转位刀片的一般表示规则及实例见表4-33。

1）可转位刀片的形状。可转位刀片型号1号位表示刀片形状，刀片的边数多，则刀尖角大、强度高、散热条件好，同时切削刃也多，刀片利用率高。刀片的形状及代号见表4-34。

表 4-33 可转位刀片型号的标注实例

号位	1	2	3	4	5	6	7	8	9
代号意义	刀片形状	法后角	允许偏差等级	刀片类型	刀片长度	刀片厚度	刀尖圆弧半径	切削刃截面形状	切削方向
代号	字母	字母	字母	字母	数字	数字	数字	字母	字母
实例	T	N	U	M	16	03	08	E	R
实例说明	正三角形	0°	普通级	单面断屑槽及有中心固定孔	16mm	3mm	0.8mm	倒圆切削	右向切削

注 任何一个型号都必须有前七个号位，后两个号位在必要时才采用。

可转位硬质合金车削刀片型号 TNUM160308R-A4 的含义为

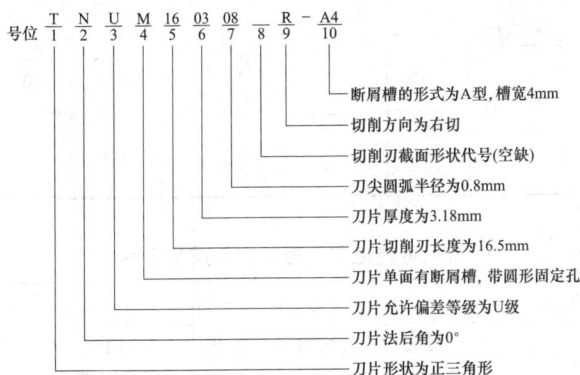

号位 $\underline{T}\,\underline{N}\,\underline{U}\,\underline{M}\,\underline{16}\,\underline{03}\,\underline{08}\,\underline{}\,\underline{R}\,-\underline{A4}$
$\quad\ \,1\ \,2\ \,3\ \,4\ \,5\ \,6\ \,7\ \,8\ \,9\ \,10$

- 断屑槽的形式为A型, 槽宽4mm
- 切削方向为右切
- 切削刃截面形状代号(空缺)
- 刀尖圆弧半径为0.8mm
- 刀片厚度为3.18mm
- 刀片切削刃长度为16.5mm
- 刀片单面有断屑槽, 带圆形固定孔
- 刀片允许偏差等级为U级
- 刀片法后角为0°
- 刀片形状为正三角形

刀片应根据不同的使用要求来选择不同形状的刀片（见表 4-35）。

2）刀片法后角。刀片 2 号位表示刀片法后角，其中使用最广泛的是 N 型（$\alpha_n=0°$），其刀具后角靠刀片的倾斜安装形成。可转位车刀法后角及代号如表 4-36 所示。

3）刀片精度等级。刀片型号 3 号位表示刀片主要尺寸允许的偏差等级，共 12 级，代号分别为 A、F、C、H、E、G、J、K、L、M、N、U，其中 U 级为普通级，J、K、L、M、N 级为中等级，其余 A、F、C、H、E、G 都为精密级。M 级使用较多。刀片主要尺寸允许的偏差等级字母代号见表 4-37。

普通车床粗加工、半精加工用 U 级，对刀尖位置要求较高的或数控车床用 M 级，更高一级的用 G 级。

表 4-34　　　　　　　　　　　可转位刀片形状及代号

形状	代号	说明	刀尖角	示意图	形状	代号	说明	刀尖角	示意图
等边等角	H	正六边形	120°		等边不等角	C	菱形	80°	
	O	正八边形	125°			D		55°	
	P	正五边形	108°			E		75°	
	S	正方形	90°			M		86°	
	T	正三角形	60°			V		35°	
不等边不等角	P	不等边不等角六边形	82°		等角不等边	W	等边不等角六边形	80°	
	A	平行四边形	85°			L	矩形	90°	
	B		82°		圆形	R	圆形		
	K		55°						

表 4-35　　　　　　常见可转位刀片形状的特点及应用

刀片形状	特　　点	应　　用
正三边形 T	刀尖角小，强度低，散热条件差	多用于 60°外圆、90°外圆、93°外圆、端面及内孔车刀
正五边形 P	刀尖角为 108°，强度高、散热面积大、刀具寿命高	适用于工艺系统刚度高的场合
正方形 S	刀尖角为 90°，介于三角形和五边形之间，通用性好	主要用于 45°、60° 和 75°的外圆、端面车刀和镗刀
不等边不等角六边形（带副偏角三角形）F	刀尖角分别为 82°、80°，刀尖强度、寿命均比 T 型好	多用于 90°外圆、端面、内孔刀
等边不等角的六边形（凸三边形）W		
圆形 R		用于车削曲面和成形表面
菱形 V、D 等		主要用于仿形车床、数控车床

表 4-36　第 2 号位表示刀片形状法后角大小的字母代号

代号	A	B	C	D	E	F	G	N	P	O
法后角/(°)	3	5	7	15	20	25	30	0	11	其他（需专门说明）

表 4-37　第 3 号位表示刀片主要尺寸允许偏差的字母代号

d—刀片内切圆的基本尺寸

m—刀尖位置尺寸

s—刀片厚度

偏差等级代号	允许偏差			偏差等级代号	允许偏差		
	m	s	d		m	s	d
A	±0.005	±0.025	±0.025	J	±0.005	±0.025	±0.05~±0.15
B	±0.005	±0.025	±0.013	K	±0.013	±0.025	±0.05~±0.15
C	±0.013	±0.025	±0.025	L	±0.025	±0.025	±0.05~±0.15
H	±0.013	±0.025	±0.013	M	±0.08~±0.20	±0.013	±0.05~±0.15
E	±0.025	±0.025	±0.025	N	±0.08~±0.20	±0.025	±0.05~±0.15
G	±0.025	±0.013	±0.025	U	±0.13~±0.38	±0.013	±0.08~±0.25

内切圆基本尺寸 d	J、K、L、M、N 及 U 级刀片的 m 及 d 尺寸的偏差										
	P、S、T、C、E、M、W、F、D、H 型刀片				D 型刀片				V 型刀片		
	m		d		m	d			m	d	
	N、M级	U级	M、J、K、L级	U级	U级	M、N级	U级		U级	M、N级	U级
4.76					—	—	—				
5.56 (6.0)									—	—	—
6.35	±0.08	±0.13	±0.05	±0.08	±0.16	±0.11	±0.08	±0.05	±0.22	±0.15	±0.08　±0.05
7.94 (8.0)									—	—	—
9.525 (10.8)									±0.22	±0.15	±0.08　±0.05

内切圆基本尺寸 d	J、K、L、M、N及U级刀片的 m 及 d 尺寸的偏差											
	P、S、T、C、E、M、W、F、D、H型刀片				D型刀片				V型刀片			
	m		d		m		d		m		d	
	N、M级	U级	M、J、K、L级	U级	U级	M、N级	U级	M、N级	U级	M、N级	U级	M、N级
12.70	±0.13	±0.20	±0.08	±0.13	±0.25	±0.15	±0.13	±0.08	±0.38	±0.20	±0.13	±0.08
15.875 (16.0)	±0.15	±0.27	±0.10	±0.18	±0.35	±0.18	±0.18	±0.10	±0.55	±0.27	±0.18	±0.10
19.05 (20.0)	±0.15	±0.27	±0.10	±0.18	±0.35	±0.18	±0.18	±0.10	±0.55	±0.27	±0.18	±0.10
25.40 (25.0)	±0.18	±0.38	±0.13	±0.25	—	—	—	—	—	—	—	—
31.75 (32.0)	±0.20	±0.38	±0.15	±0.25	—	—	—	—	—	—	—	—

注 A、F、C、J、K及L偏差等级，通常用于具有修光刃的可转位刀片。

4）刀片类型。刀片型号 4 号位表示刀片结构类型，用来表示刀片有无断屑槽和中心固定孔，见表 4-38。共有 15 种，带孔刀片一般用孔来夹紧，无孔刀片则采用上压式夹紧。

5）刀片长度。刀片型号 5 号位表示刀片长度，用两位数字表示，选取舍去小数部分的刀片切削刃长度或较长的边的尺寸值作为代号，例如，切削刃长度为 16.5mm，则数字代号为 16。若舍去小数部分后，只剩下一位数字，则必须在数字前面加 0。例如，切削刃长度为 9.525mm，则数字代号为 09。

刀刃长度应根据背吃刀量进行选择，一般开口式刀片切削刃长度选 $L \geqslant 1.5a_p$，封闭式刀片切削刃长度选 $L \geqslant 2a_p$。

6）刀片厚度。刀片型号 6 号位表示刀片厚度，用两位数字表示，选取舍去小数部分的刀片厚度值作为代号。若舍去小数部分后，只剩下一位数字，则必须在数字前加 0。例如，刀片厚度为 3.18mm，则代号为 03。

刀片厚度的选用原则是使刀片有足够的强度来承受切削力，

266

通常是根据工件材料的强度、背吃刀量和进给量的大小来选用，即根据切削力的大小确定。当切削力较大时刀片厚度相应大些。

7）刀尖圆弧半径。刀片型号 7 号位表示刀尖圆弧半径，用两位数字表示，即用省去小数点的圆弧半径毫米数表示。例如，刀尖圆弧半径为 0.3mm，代号为 03；刀尖圆弧半径为 1.2mm，代号为 12；若为尖角或圆形刀片，则代号为 00。

粗车时，只要刚度允许尽可能采用较大的刀尖圆弧半径，精车时一般用较小的刀尖圆弧半径，不过当刚度允许时也应选取较大值，常用的压制成形的刀尖圆弧半径有 0.4、0.8、1.2、2.4mm 等。

表 4-38　第 4 号位表示刀片有无断屑槽及中心固定孔的字母代号

代号	固定方式	断屑槽	示意图
N		无断屑槽	
R	无固定孔	单面有断屑槽	
F		双面有断屑槽	
A		无断屑槽	
M	有圆形固定孔	单面有断屑槽	
G		双面有断屑槽	
W	单面有 40°~60° 固定沉孔	无断屑槽	
T		单面有断屑槽	

代号	固定方式	断屑槽	示意图
Q	双面有 40°～60° 固定沉孔	无断屑槽	
U		双面有断屑槽	
B	单面有 70°～90° 固定沉孔	无断屑槽	
H		单面有断屑槽	
C	双面有 70°～90° 固定沉孔	无断屑槽	
J		双面有断屑槽	
X	其他固定方式和断屑槽形式， 需附图形或加以说明	—	

8) 切削刃截面形状。刀片型号 8 号位表示刃口形状，用字母表示，共 6 种。其中尖锐刀刃 (F)、倒棱刀刃 (T)、倒圆刀刃 (E)、既倒棱又倒圆刀刃 (S) 4 种，如表 4-39 所示。另外，还有双倒棱刀刃 (Q) 和既双倒棱又倒圆刀刃 (P)。刃口形状影响着刀刃的强度和锋利性。

表 4-39 第 8 号位表示刀片切削刃截面形状的字母代号

代号	示意图及说明	代号	示意图及说明	代号	示意图及说明	代号	示意图及说明
F	尖锐刀刃	T	倒棱刀刃	E	倒圆刀刃	S	既倒棱又倒圆刀刃

9）切削方向。刀片型号 9 号位表示切削方向，用字母表示，见表 4-40。R 表示供右切的刀片，L 表示供左切的刀片，N 表示可以双向切削的刀片，既能左切又能右切。

表 4-40　　　　第 9 号位表示刀片切削方向的字母代号

代号	切削方向	适用刀片	示　意　图
R	右切	适用于非等边、非对称角、非对称刀尖和非对称断屑槽的刀片，只能单向进给	
L	左切		
N	可右切也可左切	适用于有对称刀尖、对称角、对称边和对称断屑槽的刀片	

（2）**断屑槽类型。**根据结构特点，断屑槽可分为开口式和封闭式两大类。其中 A、Y、K、H 等为开口槽型，主要特点是断屑槽一端或两端开通，保证主切削刃获得较大前角，但刀尖强度较低，断屑范围较窄，多用于切削用量变化不大的场合，且左切、右切两种刀片不能混用。V、M、W、C 等为封闭式槽型，其主要特点是断屑槽不开通，刀尖强度好，左、右切削刃角度相等，断屑范围宽，但切削力较大，要求机床精度高。可转位刀片断屑槽类型见表 4-41。

根据断屑槽截面形状和几何角度特点，断屑槽又分为以下三种，见表 4-42。

表 4-41 　　　　　　　　可转位刀片断屑槽类型

代号	断屑槽类型举例	代号	断屑槽类型举例	代号	断屑槽类型举例	代号	断屑槽类型举例	备注
A		Y		K		H		
J		U		Z		V		
M		W		G		P		
B		O		D		C		a=1, 2, 3, 4, 5, 6, 7

表 4-42 　　　　　　　　三种断屑槽槽型

槽形	代　号	特　点
正前角、零刃倾角	A、Y、K、V、M、W型等	切削刃上各点前角相同，槽形简单，常用槽型
正前角、正刃倾角	C型	刀片制出 6°刃倾角，减小了背向力
变截面	U、P、B型等	切削刃上各点槽深、槽宽、刃倾角不同，槽型复杂，但能改善断屑效果，切屑不飞溅，断屑稳定，应用范围较广

3. 可转位车刀刀柄

类似于可转位车刀刀片，其刀柄的型号有 10 个号位，同样由代表一定意义的字母和数字按一定顺序排列而成，见表 4-43。

表 4-43　　　　　　　车刀刀柄型号

号位	1	2	3	4	5	6	7	8	9	10
表达特性	夹紧方式	刀片形状	车刀头部形式	刀片法后角	切削方向	车刀高度	刀柄宽度	刀柄长度	刀刃边长	精密级车刀的测量基准
说明	字母	字母	字母	字母	字母	数字	数字	字母	数字	字母
实例	C	T	G	N	R	32	25	M	16	Q

刀柄型号的第二号位、第四号位、第五号位、第九号位与刀片型号中有关代号意义相同。

第一号位用一个字母表示车刀或刀夹上刀片的夹紧方式，见表 4-44。

表 4-44　　　　　　夹紧方式及代号

代号	夹紧方式
C	装无孔刀片，利用压板从刀片上方将刀片夹紧
M	装圆孔刀片，从刀片上方并利用刀片孔将刀片夹紧
P	装圆孔刀片，利用刀片孔将刀片夹紧
S	装沉孔刀片，用螺钉直接穿过刀片孔将刀片夹紧

第三号位用一个字母表示车刀或刀夹的头部形式，共 20 种，见表 4-45。

表 4-45　　　　　　车刀头部形式

代号	头部形式	代号	头部形式	代号	头部形式	代号	头部形式
A	90°直头侧切	F	90°偏头端切	L	95°偏头侧切及端切	T	60°偏头侧切
B	75°直头侧切	G	90°偏头侧切	M	50°直头侧切	U	93°偏头端切
C	90°直头端切	H	107.5°偏头侧切	N	63°直头侧切	V	72.5°直头侧切
D	45°直头侧切	J	93°偏头侧切	R	75°偏头侧切	W	60°偏头端切
E	60°直头侧切	K	75°偏头端切	S	45°偏头侧切	Y	85°偏头端切

第六号位、第七号位均由两位数分别表示车刀高度和刀柄宽

度，如果位数不足两位数，则在该数前加"0"。

第八号位用一个字母表示车刀或刀夹的长度，共 23 种，见表 4-46。

表 4-46　　　　　　　　车刀刀柄长度　　　　　（单位：mm）

代号	A	B	C	D	E	F	G	H	J	K	L	M
长度	32	40	50	60	70	80	90	100	110	125	140	150
代号	N	P	Q	R	S	T	U	V	W	X		Y
长度	160	170	180	200	250	300	350	400	450	特殊尺寸		500

第十号位用一个字母表示不同测量基准的精密级车刀，共 3 种，见表 4-47。

表 4-47　　　　　　不同测量基准的精密级车刀代号

代号	Q	F	B
测量基准	外侧面和后端面	内侧面和后端面	内、外侧面和后端面
图示			

4. 可转位车刀刀片的夹紧方法

（1）对硬质合金可转位车刀刀片夹紧形式的要求。

1）夹紧可靠，不允许刀片在切削时产生松动。

2）定位精确，刀片转位或更换时，刀尖位置的变化在工作精度允许的范围内。

3）结构简单，操作方便。以减少转位或更换刀片的时间。

4）夹紧元件不应妨碍切屑的流出，切屑流出时不会擦坏夹紧元件。

（2）可转位车刀刀片的夹紧方法。

可转位车刀刀片的夹紧方法很多，比较典型的几种方法介绍如下：

1）偏心式夹紧机构，如图 4-14 所示。此机构采用了螺纹偏心销，其工作原理是以螺钉部分为转轴，利用螺钉上端的偏心圆柱压紧刀片。特点是元件少，结构简单紧凑，但制造精度较高。

2）杠杆式夹紧机构，如图 4-15 所示。此机构利用压紧螺钉挤压杠杆，杠杆压紧刀片。特点是夹紧可靠、拆卸方便，但杠杆制造难度较大。

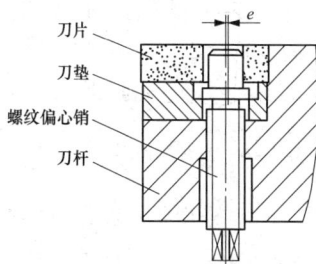

图 4-14 偏心式夹紧机构　　　　图 4-15 杠杆式夹紧机构

3）杠销式夹紧机构，如图 4-16 所示。此机构在杠销下端用螺钉加力，使杠销绕支点旋转将刀片夹紧。特点是结构简单易于制造，但装卸刀片不如杠杆式方便。

图 4-16 杠销式夹紧机构

4）楔块式夹紧机构，如图 4-17 所示。此机构用螺钉压楔块，通过楔块将刀片挤压在圆柱销上，松开螺钉时，弹簧垫圈将楔块抬起。特点是结构简单易、制造容易，但定位精度较差。

5）上压式夹紧机构，如图 4-18 所示。此机构用于不带孔刀片的夹紧。特点是夹紧可靠、装卸容易，但排屑会受到一定的影响。

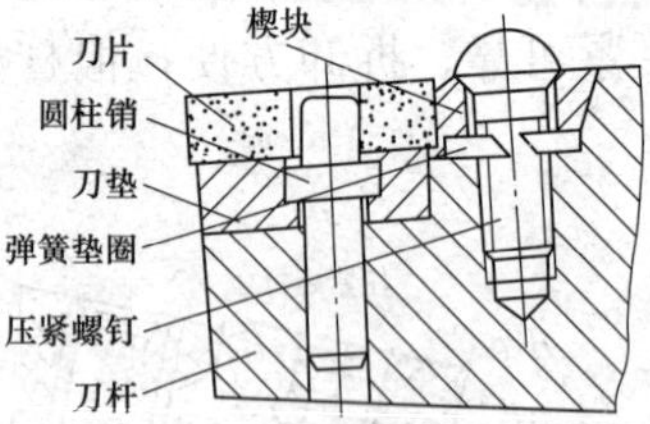

图 4-17　楔块式夹紧机构 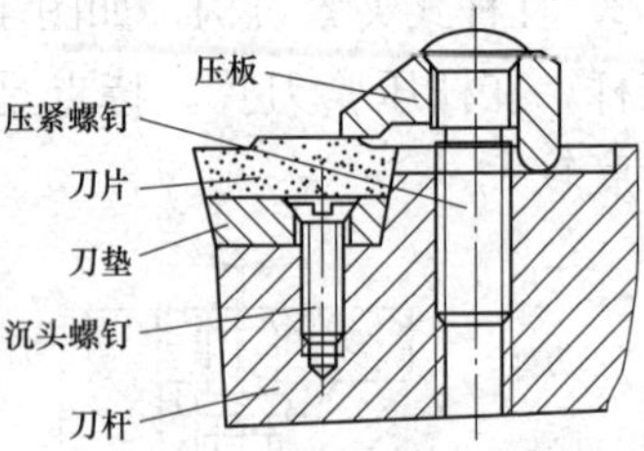　　　图 4-18　上压式夹紧机构

可转位车刀刀片常用比较典型的夹紧方法介绍见表 4-48。

表 4-48　　　　　　可转位车刀刀片的典型夹紧方法

夹紧方法	结　构　示　图	说　　明
偏心销式	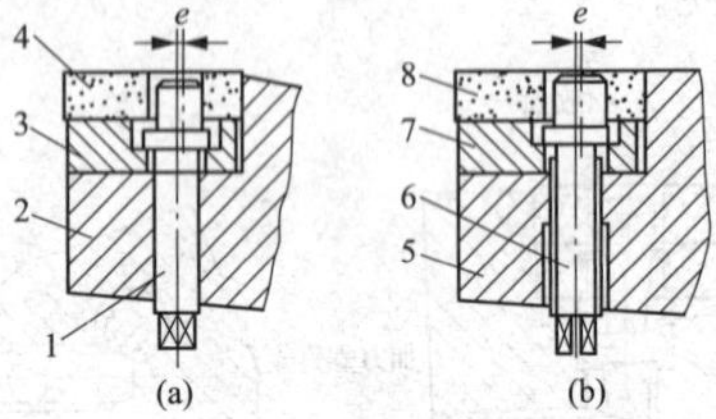 1—光偏心销；2、5—刀体；3、7—刀垫； 4、8—刀片；6—螺纹偏心销	这种结构是利用偏心夹紧的原理，当旋动偏心销时，其头部就夹紧刀片且能自锁。但夹紧并不十分可靠，一般仅适用于中、小型车刀。 　　图（a）为圆柱（光）偏心结构，图（b）是螺纹偏心结构。后者较前者的自锁性能好，可取较大的偏心量，以增加夹紧行程，但在夹紧时应注意使偏心销的旋向向下，以免使刀片抬起而造成底面缝隙
杠销式	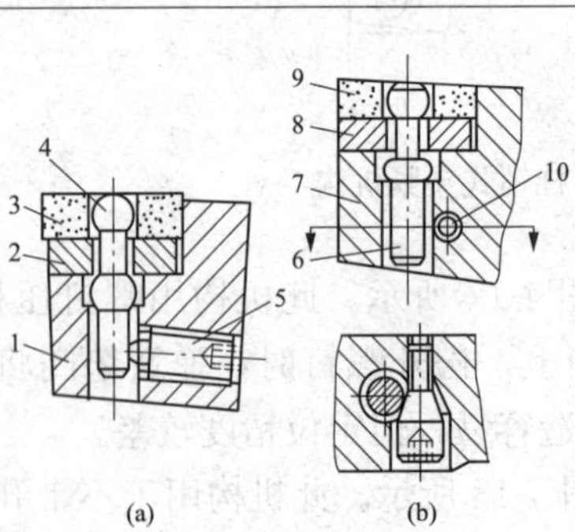	这种结构是利用杠杆原理，当在杠销的下端施以一个垂直其轴线的作用力后，杠销就会绕本身中部的台阶球面与刀杆孔壁的接触点摆动，将刀片压紧在刀片槽的侧面。主要适用于中、小型机床用刀具。

274

夹紧方法	结 构 示 图	说 明
杠销式	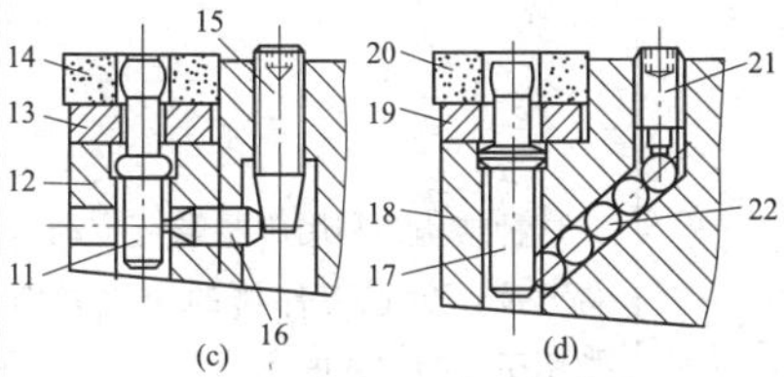 1、7、12、18—刀体；2、8、13、19—刀垫； 3、9、14、20—刀片；4、6、11、17—杠销； 5—顶压螺钉；10、15、21—压紧螺钉； 16—滑块；22—滚珠	杠销下端的施力方式很多。图（a）是用螺钉直接顶压施力；图（b）是用螺钉的锥部施力；图（c）是用螺钉、滑块施力；图（d）是用螺钉、滚珠施力。其中图（b）的施力方向最为稳定，结构也较简单
L形杠杆式	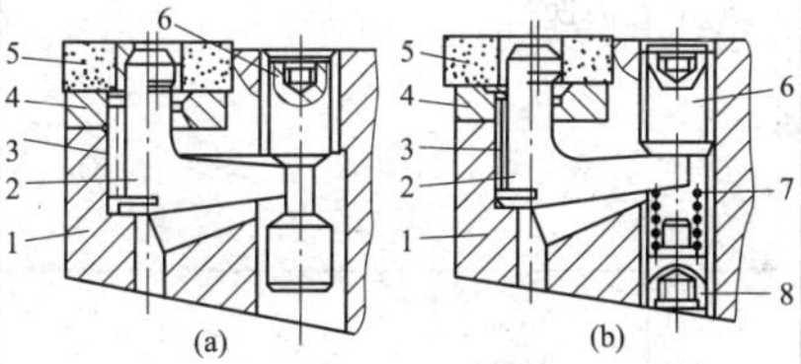 1—刀体；2—杠杆；3—弹簧套；4—刀垫； 5—刀片；6—压紧螺钉；7—弹簧； 8—调节螺钉	这也是利用杠杆原理的结构。当L形杠杆的横臂端部受力摆动时，就可将刀片松开或夹紧，夹紧稳定可靠，定位精度较高，夹紧行程也较大，刀片转位方便、迅速。 图（a）是利用螺钉中部的斜面来使杠杆摆动的结构；图（b）是在杠杆横臂端部的下方用弹簧支承，弹簧的作用力大小可用螺钉调节，夹紧过程中可避免杠杆受力过大而变形或折断，在弹簧的作用下，刀片的松开也更为迅速
上压式	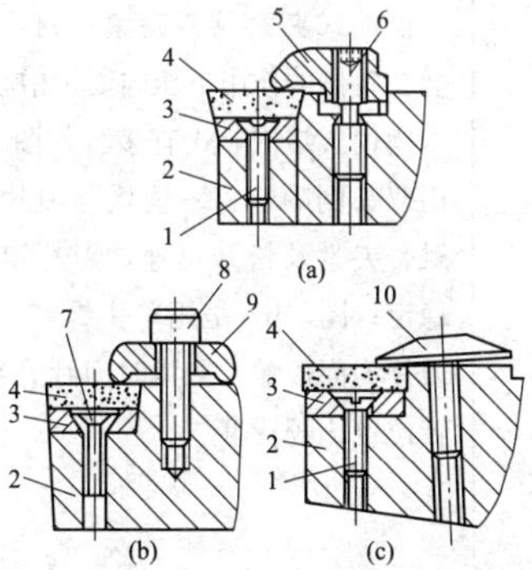 1—刀垫固定螺钉；2—刀体；3—刀垫； 4—刀片；5—爪形压板；6—双头螺钉； 7—弹簧圈；8—螺钉；9—桥形压板； 10—蘑菇头螺钉	这种结构是利用压板向下的压力将刀片压紧在刀片槽中，结构简单，夹紧力大，刀片可采用1式定位，适用于中、重型及断续切削的情况。 压板的形式很多，图示为三种典型的结构。图（a）是爪形压板，结构较紧凑；图（b）是桥形压板，结构较简单，压板下可设置断屑板，但切屑易堵塞在压板下，不易排除，妨碍操作；图（c）是蘑菇形压板，压板与螺钉是一个整体，为了保证螺钉蘑菇头的周边将刀片压紧，螺钉孔的轴线要与刀片槽底面成一定的倾角，结构简单，元件少，但是螺钉受力不均

夹紧方法	结 构 示 图	说 明
钩销式	 (a) (b) 1—钩销；2—刀片；3—刀垫； 4—刀体；5—螺钉	这种结构是利用旋紧螺钉推动钩销，将刀片压紧在刀片槽的定位表面上，常用于立装刀片的车刀。 钩销的结构有两种：图（a）是头部为倒锥形钩销，夹紧刀片受力的情况较好，但更换刀片不方便，并且要求刀片上也要有相应的锥形沉孔；图（b）是圆柱形头部的钩销，制造较简便
楔销式	 (a) (b) 1—刀体；2—刀垫；3—刀片； 4—定位销；5—楔块；6—双头螺钉； 7—垫片；8—螺钉	楔销式夹紧只要旋紧螺钉，刀片就会在斜楔的作用下压向固定中心销。 楔销式结构形式有多种，图（a）是用双头倒顺螺钉、楔块与刀片为线接触、夹紧及松开迅速，刀片定位比较稳定；图（b）是用单头螺钉、楔块与刀片为面接触，夹紧时刀片容易翘起，转位也比较费事

续表

夹紧方法	结　构　示　图	说　　明
复合式	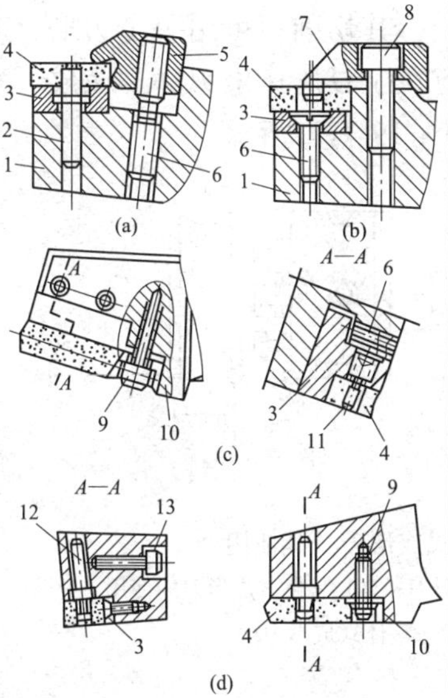 1—刀体；2—定位销；3—刀垫； 4—刀片；5—特殊楔块；6—双头螺钉； 7—拉压板；8—紧固螺钉；9—螺钉； 10—楔块；11—偏心螺钉； 12—杠销；13—夹紧螺钉	这是采用两种夹紧方式同时来夹紧刀片的复合结构，夹紧可靠，能承受较大的切削负荷及冲击，适用于重负荷切削。 　　图示为几种典型的复合式结构，图（a）为楔压复合式；图（b）为拉压复合式；图（c）为偏心楔块复合式；图（d）为杠销楔块复合式。 　　图（a）和图（b）的结构适用于平装刀片；图（c）和图（d）的结构适用于立装刀片

第三节　成　形　车　刀

一、成形车刀的种类和用途

　　成形车削法是用成形车刀对工件进行加工的方法。切削刃的形状与工件成形表面轮廓形状相同的车刀称为成形车刀，又称为样板车刀。

　　成形车刀主要用在各类卧式车床、转塔车床、半自动车床和自动车床上加工尺寸较小的回转体零件的内、外成形表面。数量较多、轴向尺寸较小的成形面可用成形法车削。

1. 整体式成形刀

这种成形刀与普通车刀相似,其特点是将切削刃磨成和成形面表面轮廓素线相同的曲线形状,如图 4-19(a)和图 4-19(b)所示。对车削精度不高的成形面,其切削刃可用手工刃磨;对车削精度较高的成形面,切削刃应在工具磨床上刃磨。该成形车刀常用于车削简单的成形面,如图 4-19(c)所示。

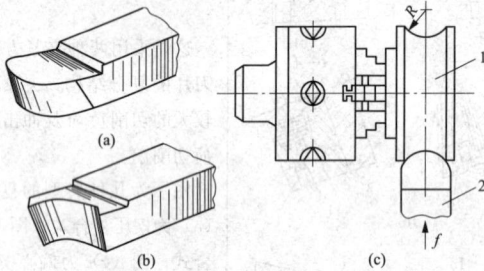

图 4-19　整体式成形刀及其使用

(a)、(b)整体式高速钢成形刀;(c)整体式成形刀的使用

1—成形面;2—整体式成形刀

2. 棱形成形刀

这种成形刀由刀头和弹性刀柄两部分组成,如图 4-20 所示。刀头的切削刃按工件的形状在工具磨床上磨出,刀头后部的燕尾块装夹在弹性刀柄的燕尾槽中,并用紧固螺栓紧固。

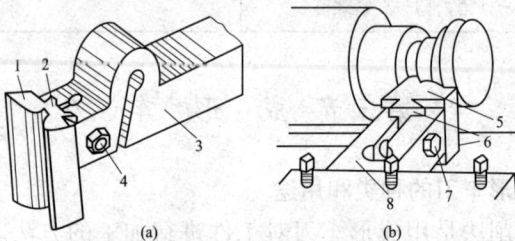

图 4-20　棱形成形刀及其使用

(a)棱形成形刀;(b)棱形成形刀的使用

1、5—刀头;2、6—燕尾块;3、8—弹性刀柄;4、7—紧固螺栓

棱形成形刀磨损后,只需刃磨前刀面,并将刀头稍向上升即可继续使用。该车刀可以一直用到刀头无法夹持为止。棱形成形

刀加工精度高，使用寿命长，但制造复杂，主要用于车削较大直径的成形面。

3. 圆体成形刀

这种成形刀做成圆轮形，在圆轮上开有缺口，从而形成前刀面和主切削刃。使用时圆轮成形刀装夹在刀柄或弹性刀柄上。为防止圆轮成形刀转动，侧面有端面齿，使之与刀柄侧面上的端面齿啮合，如图 4-21（a）所示。圆轮成形刀的主切削刃与圆轮中心等高，其背后角 $\alpha_p = 0°$，如图 4-21（b）所示。当主切削刃低于圆轮中心后，可产生背后角 α_p，如图 4-21（c）所示。主切削刃低于中心 O 的距离 H 可计算为

$$H = \frac{D}{2}\sin\alpha_p \tag{4-2}$$

式中　D——圆轮成形刀直径（mm）；

　　　α_p——成形刀的背后角，一般取 $\alpha_p = 6°\sim 10°$。

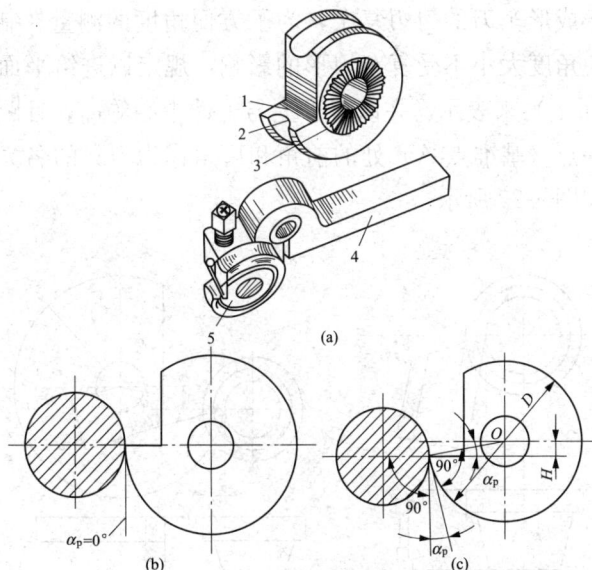

图 4-21　圆轮成形刀的使用

（a）圆轮成形刀；（b）$\alpha_p = 0°$；（c）$\alpha_p > 0°$

1—前刀面；2—主切削刃；3—端面齿；4—弹性刀柄；5—圆轮成形刀

【**例 4-1**】 已知圆轮成形刀的直径 $D=50mm$，需要保证背后角 $a_p=8°$，求主切削刃低于中心的距离 H。

解: 根据式（4-2）

$$H=\frac{D}{2}\sin\alpha_p=\frac{50}{2}\times\sin8°=25\times0.139\ 2=3.48(mm)$$

圆轮成形刀允许重磨的次数较多，较易制造，常用于车削直径较小的成形面。

二、成形车刀的几何角度

1. 成形车刀前角和后角的表示

成形车刀和其他车刀一样，必须有合理的前角和后角才能有效地工作。鉴于结构的原因，成形车刀主要确定的角度是前角和后角。由于成形车刀刃形复杂，刀刃上各点的位置方向均不相同，因此应注意刀具前角变化对工件形状造成的误差。

由于成形车刀的刀刃复杂，为了方便角度的测量、制造、刃磨，并使角度大小不受复杂刃形的影响，规定以进给平面内的角度（γ_f 和 α_f）来表示，并以刀刃上与工件中心等高，且距工件中心最近一点（基准点 A）处的前角和后角作为刀具的名义前角和后角，如图 4-22 所示。

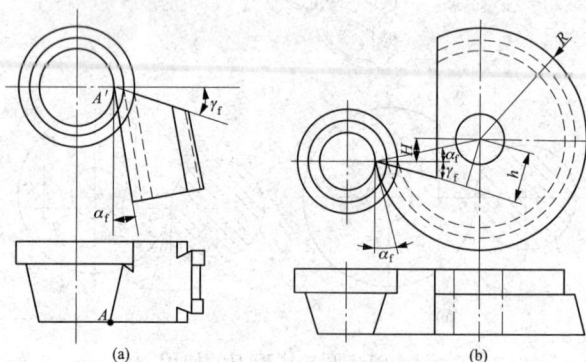

图 4-22　成形车刀的几何角度

（a）棱体成形车刀；（b）圆体成形车刀

2. 前角和后角的形成

成形车刀的前角和后角是由制造时保证，并通过正确安装形成的，如图 4-22 所示。

对于棱体成形车刀［见图 4-21（a）］，制造时将前面磨出（$\gamma_f+\alpha_f$）的斜面；安装时，将棱体刀的刀体倾斜 α_f 角，便得到所需的前角、后角。

对于圆体成形车刀［见图 4-22（b）］，制造时将车刀的前刀面制成与其中心相距 $h[h=R\sin(\gamma_f+\alpha_f)]$，安装时使车刀中心高于工件中心 H，$H=R\sin\alpha_f$ 即可。

成形车刀前角和后角的大小不仅影响刀具的切削性能，而且还影响工件廓形的加工精度。因此，确定了前角和后角后，在制造、重磨、安装时均不得随意变动。成形车刀前角的大小可根据工件材料选择（见表 4-49）；后角则根据刀具类型而定（见表 4-50）。

表 4-49　　　　　　　　成形车刀的前角

工件材料		前角 γ_f	
		高速钢	硬质合金
碳钢	$R_m<0.49$GPa	15°～20°	10°～15°
	$R_m=0.49$～0.784 9GPa	10°～15°	5°～10°
	0.784 9GPa$<R_m<1.176$GPa	5°～10°	0°～5°
铸铁	<150HBW	15°	10°
	150～200HBW	12°	7°
	200～250HBW	8°	4°
铜	黄铜	3°～10°	0°～5°
	青铜	2°～5°	0°～3°
	纯铜	20°～25°	15°～20°

表 4-50　　　　　　　　成形车刀的后角

成形车刀种类	后角 α_f
圆体成形车刀	10°～15°
棱体成形车刀	12°～17°
普通成形车刀	2.5°～3°

三、成形车刀的结构与廓形设计

要想分析清楚成形车刀加工一般工件时可能产生的误差，必须首先弄清两个概念：工件的廓形和车刀的截形，如图 4-23 所示。

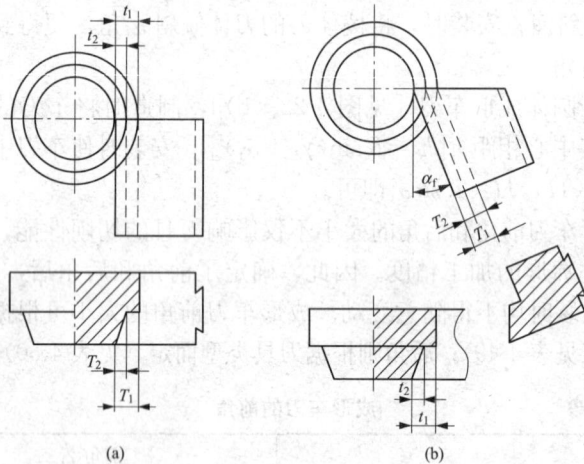

图 4-23　工件廓形与车刀截形间的关系

(a) $\gamma_f = 0°$、$\alpha_f = 0°$；(b) $\gamma_f = 0°$、$\alpha_f > 0°$

工件的廓形是指通过工件轴线剖面的形状和尺寸，车刀的截形是指车刀在进给平面剖面中的形状和尺寸。

由图 4-23 不难看出，成形车刀的前角、后角不同时为零时，工件的廓形深度（t）和刀具的截形深度（T）不等，工件的廓形深度大于刀具的截形深度，且前角、后角越大，这两个深度尺寸相差越大。

当成形车刀的前角、后角同时为零时，工件的廓形和刀具的截形完全相同，但这种成形车刀不能正常工作，只有后角大于 $0°$ 的成形车刀才能工作。只有前角、后角合理的成形车刀才能有效地进行工作。

因此，为了保证能切出正确的工件廓形，必须对成形车刀的截形进行逐点修正计算。而实际设计时，往往为了简化计算，作了近似处理。例如，加工带有锥体的成形车刀，若刀刃直接采用直线截形，而未采用应有的内凹双曲线，则在切削加工时，工件上被多切去一部分材料，使原本应为直线的母线，变成了内凹双曲线，产生了双曲线误差。

四、成形车刀的使用

1. 成形车刀安装的注意事项

成形车刀安装的正确与否会影响零件的加工精度，因此安装时应注意：

（1）车刀装夹必须牢固。

（2）刀刃上最外缘点（刀具基准点）应对准工件中心。

（3）成形车刀的定位基准应与零件轴线平行。

（4）刀具安装后获得的前角和后角应符合设计时所规定的参数。

2. 成形车刀的安装

（1）棱体成形车刀的安装，如图 4-24（a）所示。棱体成形车刀以其燕尾的底面和侧面作为定位基准面，安装在倾斜角度为 α_f 的刀夹燕尾槽内，用刀具下端的螺钉 4 将刀尖（刀刃上最外缘的一点）调整到与工件中心等高，拧紧螺钉 3 即可将刀具夹紧在刀夹上。

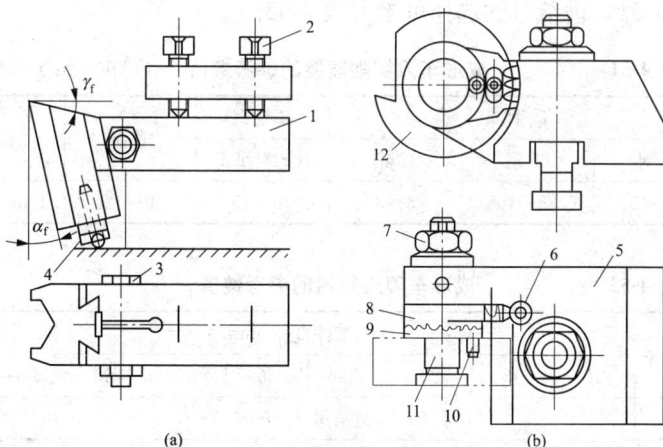

图 4-24 成形车刀的装夹

（a）棱体成形车刀的装夹；（b）圆体成形车刀的装夹

1—刀杆；2、3—夹紧螺钉；4—螺钉；5—刀体；6—蜗杆状螺钉；

7—锁紧螺母；8—扇形板；9—齿环；10—定位销；11—螺杆心轴；12—圆体成形车刀

（2）圆体成形车刀的安装，如图 4-24（b）所示。圆体成形车刀是以圆柱孔为定位基准，套装在刀夹的螺杆心轴上，如图 4-24（b）所示。刀具的一端制有径向端面齿环，与扇形板上的端面齿相啮合。扇形板则与蜗杆状螺钉啮合，扇形板使车刀绕螺杆心轴旋转，以实现刀尖高度的精调。这样既可防止刀具车削时因受切削力作用而发生转动，又可用来调节刀刃基准的高低位置。粗调时可把两个端面齿错过一个或几个齿来啮合，精调时则用调节蜗杆状螺钉和扇形板进行。锁紧螺母 7 用于将车刀夹紧。

3. 成形车刀的切削特点

（1）成形车刀的切削刃通常较长，切削时产生的径向切削力大，容易引起振动，因此，应注意提高工艺系统的刚性。

（2）成形车刀切削时应注意选择较低的切削速度和进给速度，并注意浇注充分的切削液。

4. 切削用量的选择

成形车刀车削时，切削用量的选择主要是考虑进给量和切削速度的合理选择，以免振动及刀具耐用度下降。切削速度的选择见表 4-51，进给量的选择可参考表 4-52。

表 4-51　　　成形车刀切削速度的参考数值　（单位：m/min）

碳钢			不锈钢	黄铜	铝
15 钢	35 钢	45 钢	1Cr18Ni9Ti		
30~45	25~40	25~35	10~15	70~120	100~180

表 4-52　　　成形车刀进给量的参考数值

车刀宽度 /mm	工件直径/mm							
	10	15	20	25	30	40	50	60~100
	进给量 f/(mm/r)							
8	0.02~0.04	0.02~0.06	0.03~0.08	0.04~0.09				
10	0.015~0.035	0.02~0.052	0.03~0.07	0.04~0.088				

续表

车刀宽度/mm	工件直径/mm							
	10	15	20	25	30	40	50	60~100
	进给量 $f/(mm/r)$							
15	0.01~0.027	0.02~0.04	0.02~0.055	0.035~0.077	0.04~0.082			
20	0.01~0.024	0.015~0.035	0.02~0.048	0.03~0.059	0.035~0.072	0.04~0.08		
25	0.008~0.018	0.015~0.032	0.02~0.042	0.025~0.052	0.03~0.063	0.04~0.08		
30	0.008~0.018	0.01~0.027	0.02~0.037	0.025~0.046	0.02~0.055	0.035~0.07		
35	—	0.01~0.025	0.015~0.034	0.02~0.043	0.025~0.05	0.03~0.065		
40	—	0.01~0.023	0.015~0.031	0.02~0.039	0.02~0.046	0.03~0.06		
50	—	—	0.01~0.027	0.015~0.034	0.02~0.04	0.025~0.055		
60	—	—	0.01—0.025	0.015~0.031	0.02~0.07	0.025~0.05		
75	—	—	—	—	0.015~0.031	0.02~0.042	0.025~0.048	0.025~0.05
90	—	—	—	—	0.01~0.028	0.015~0.038	0.02~0.048	0.025~0.05
100	—	—	—	—	0.01~0.025	0.015~0.034	0.02~0.042	0.025~0.05

5. 成形车刀的重磨

成形车刀磨损后，一般通过夹具在工具磨床上沿前刀面进行重磨。重磨的基本要求是保持设计时的前角和后角数值。

重磨时，棱体成形车刀在夹具中的安装位置应使它的前刀面与碗形砂轮的工作端面平行；圆体成形车刀应使其中心与砂轮工作端面偏移 h，且 $h = R\sin(\gamma_f + \alpha_f)$，如图 4-25 所示。

$$\beta_f = 90° - (\alpha_f + \gamma_f)$$

图 4-25　成形车刀重磨示意图

（a）棱体成形车刀；（b）圆体成形车刀

第四节　车孔刀和镗孔刀

车孔刀和镗孔刀是在车床、镗床、转塔车床、自动机床以及组合机床上扩大工件已有孔（毛坯孔或粗加工孔）直径的刀具。它不仅能加工不同直径、不同形状、不同精度孔和孔系，而且是一些成形表面和大直径孔加工的唯一刀具。一般情况下，镗孔精度可达 IT7 级公差等级，表面粗糙度值可达 $Ra1.6\sim0.8\mu m$。

一、车孔刀

在车床上加工内孔，可采取钻孔、扩孔、镗孔（或车孔）、铰孔等切削加工方法和滚压加工方法。车孔（或镗孔）所用刀具称为车孔刀（或镗孔刀）。

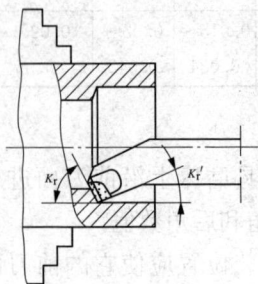

图 4-26　车通孔

车孔的方法基本上和车外圆相同，但内孔车刀和外圆车刀相比有差别。根据不同的加工情况，内孔车刀可分为通孔车刀和盲孔车刀两种。

1. 通孔车刀

从图 4-26 中可以看出，通孔车刀的几何形状基本上与 75°外圆车刀相似，为了减小背向力 F_p，防止振动，主偏角 K_r 应取较大值，一般 $K_r=60°\sim75°$，副偏角 $K_r'=15°\sim30°$。

如图 4-27 所示为典型的前排屑通孔车刀，其几何参数为：K_r＝75°、K_r'＝15°、λ_s＝6°。

图 4-27 前排屑通孔车刀

（a）外形；（b）参数

在该车刀上磨出断屑槽，使切屑排向孔的待加工表面，即前排屑。为了节省刀具的材料和增加刀柄的刚度，可以把高速钢或硬质合金做成大小适当的刀头，装在碳钢和合金钢制成的刀柄上，在前端或上面用螺钉紧固，如图 4-28 所示。常用的通孔车刀刀柄有圆刀柄和方刀柄两种。

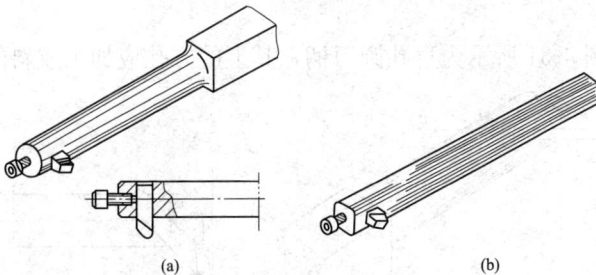

图 4-28 通孔车刀

（a）圆刀柄；（b）方刀柄

2. 盲孔车刀

图 4-29　车盲孔

盲孔车刀是用来车盲孔或台阶孔的，切削部分的几何形状基本上与偏刀相似。如图 4-29 所示为最常用的一种盲孔车刀。其主偏角一般取 $K_r = 90° \sim 95°$。车平底盲孔时，刀尖在刀柄的最前端，刀尖与刀柄外端的距离 a 应小于内孔半径 R，否则孔的底平面就无法车平。车内台阶孔时，只要与孔壁不碰即可。

后排屑盲孔车刀的形状如图 4-30 所示，其几何参数为：$K_r = 93°$，$K_r' = 6°$，$\lambda_s = -2° \sim 0°$。其上磨有卷屑槽，使切屑成螺旋状沿尾座方向排出孔外，即后排屑。

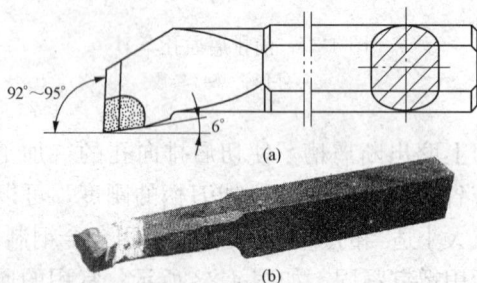

图 4-30　后排屑盲孔车刀
(a) 车刀几何示意图；(b) 车刀实物图

如图 4-31 所示为盲孔圆刀柄，其上的方孔应加工成斜的。

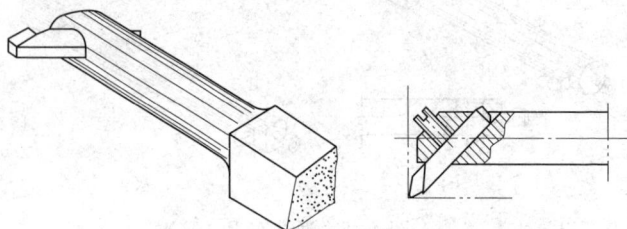

图 4-31　盲孔车刀圆刀柄

通孔圆刀柄与盲孔圆刀柄根据孔径大小及孔的深度制成几组，以便在加工时使用。

二、镗孔刀和镗刀杆

除了在车床上对孔实行加工以外，大部分工件孔的加工还必须借助于钻床、铣床、镗床、磨床等设备对孔实行半精加工和精加工。

当套类零件内孔的加工精度和表面质量要求很高时，内孔在精加工之后还必须进行光整加工。如精细镗削、研磨、珩磨、挤光和滚压等。研磨多系手工操作，劳动强度大，通常用于批量不大且直径较小的孔。而精细镗、珩磨、挤光和滚压由于加工质量和生产率都比较高，因此应用日渐广泛。

1. 镗孔刀的类型

镗孔刀的类型如图 4-32 所示。

2. 常用镗孔刀种类

常用镗孔刀的种类见表 4-53。

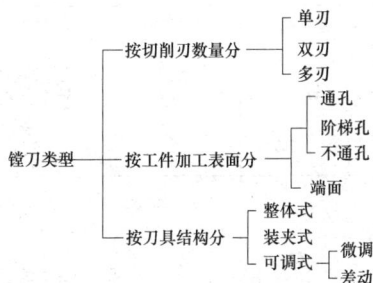

图 4-32　镗孔刀的类型

表 4-53　　　　　　常用镗孔刀的种类

名称	刀具示意图
不通孔镗刀	
通孔镗刀	

续表

名称	刀具示意图
阶台镗刀	
双刃镗刀	
机夹镗刀	
不锈钢小孔精镗刀	 1—刀头；2—衬套；3—螺钉；4—刀杆

名称	刀具示意图
机夹后尾出屑镗刀	 1—刀杆；2—螺钉；3—支承压紧杆；4—定位压紧杆；5—刀头

3. 单刃镗刀

单刃镗刀又称镗刀头。镗刀在镗杆上的径向尺寸可按照加工孔的要求进行调节，镗刀、镗刀杆尺寸和所镗孔直径关系见表4-54。

表 4-54　镗刀、镗刀杆尺寸和所镗孔直径的关系 （单位：mm）

镗刀的截面（宽×高）	镗刀长度				镗孔直径	悬臂镗刀杆直径	尾座支承的镗刀杆直径
6×6	17	22	30	—	18～40	16	—
8×8	23	28	35	—	25～50	22	27
10×10	28	33	45	60	30～85	27	32
12×12	34	40	55	70	35～100	32	40
16×16	42	50	75	100	45～160	40～50	50～60
20×20	62	70	110	150	65～230	60～70	70
25×25	82	100	140	200	85～300	80～100	80～100
30×30	130	150	200	250	135～350	125～150	120～150
40×40	180	200	250	300	185～400	175～200	175～200

注　镗刀也有用圆柱形截面的，这时截面以直径表示，其尺寸与高度相等。

4. 双刃镗刀

双刃镗刀常用的有定装和浮动两类。

（1）整体式定装镗刀片。其直径尺寸不可调节，刀片的结构如图 4-33 所示。刀片的直径及公差的确定方法和铰刀相似。镗削通孔时 $k_r=45°$；镗削不通孔时 $k_r=90°$，$\gamma_o=5°\sim10°$，$\alpha_o=8°\sim12°$。刀片的修光刃起导向和修光作用，一般其长度 $L=(0.1\sim0.2)d_w$，定位槽深度 $l=6mm$。

图 4-33　固定式镗刀块

整体定装镗刀片的夹紧方法较多，如图 4-34（a）所示为用楔块夹紧刀片的结构图，镗刀片上的凹槽使刀片在镗刀杆矩形内定位。如图 4-34（b）所示为用螺钉和端面盖夹紧刀片的结构图，这种刀槽制造容易，但在夹紧前需调节刀片的径向尺寸和位置。如图 4-34（c）所示为用螺母夹紧刀片的结构图。

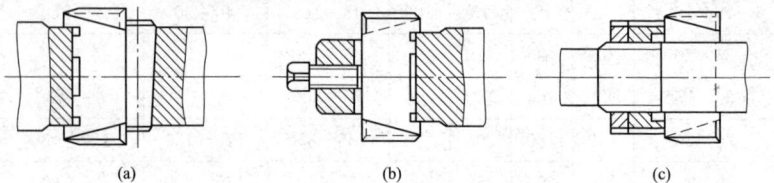

图 4-34　定装双刃镗刀片的装夹方式
（a）用楔夹紧；（b）用螺钉夹紧；（c）用螺母夹紧

（2）浮动镗刀。镗孔时，镗刀装入镗杆的方孔中，无需增值紧，靠作用在对称切削刃上的切削力平衡镗刀的中心位置，使镗刀片自动定心。这样可补偿由于刀片安装误差，镗刀杆弯曲、刚度小所引起的径向圆跳动误差。因此，使用浮动镗刀加工孔，可获得较高的尺寸精度（IT7～IT6 级公差等级）、形状与位置精度以及较小的表面粗糙度值。但它无法纠正孔的直线度误差和位置度误差，因而要求预加工孔的直线度误差，表面粗糙度值不大于 $Ra3.2\,\mu m$。浮动双刃镗刀片在使用时，将镗刀直径尺寸调节到零件孔径的下限，镗孔时稍微扩张，即可达到孔径公差的中间值。

浮动镗刀可分为整体式、可调焊接式、机夹式与可转位式等几种。矩形可调节浮动镗刀尺寸由表 4-55 中可查出。

表 4-55　　　硬质合金浮动镗刀结构尺寸和几何参数（单位：mm）

续表

规格 ($d_0 \times$ $B \times H$)	调节 范围	d_0 基本 尺寸	d_0 偏差	B 基本 尺寸	B 偏差	H 基本 尺寸	H 偏差	b_2 形式 A	b_2 形式 B	γ_0 切钢	γ_0 切铁	α_0	W_1	W_2
30～33×20×8	30～33	30	0 −0.52	20		8	−0.005 −0.015	7		15°		−1°30′	0.01/10	0.01/10
33～36×20×8	33～36	33		20		8		7		15°		0°		
36～40×25×12	36～40	36	0 −0.62	25		12		9.5		18°		−5°30′		
40～45×25×12	40～45	40		25		12		9.5		18°		−4°		
45～50×25×12	45～50	45		25		12		9.5		15°		−2°		
50～55×25×12	50～55	50		25		12		9.5		15°		−30′		
50～55×30×16	50～55	50		30		16		12		18°		−5°30′	0.01/20	0.01/15
55～60×25×12	55～60	55	−0.008 −0.022	25		12	−0.006 −0.018	9.5	3.0	12°	0°	30′		
55～60×30×16	60	55		30		16		12		18°		−3°30′		
60～65×25×12	60～65	60		25		12		9.5		12°		1°30′		
60～65×30×16		60	0 −0.74	30		16		12		15°		−2°30′		
65～70×30×16	65～70	65		30		16		12		12°		−1°		
70～80×30×16	70～80	70		30		16		12		12°		−30°		
80～90×30×16	80～90	80		30		16		12		9°		−1°	0.01/40	0.01/30
90～100×30×16	90～100	90	0 −0.87	30		16		12		9°		30°		

续表

规格 (d₀×B×H)	调节范围	d_0 基本尺寸	d_0 偏差	B 基本尺寸	B 偏差	H 基本尺寸	H 偏差	b_2 形式A	b_2 形式B	γ_0 切钢	γ_0 切铁	α_0	W_1	W_2
100~110×30×16	100	100		30	-0.008 -0.022	16	-0.006 -0.018	12		9°		-1°30′		
100~110×35×20	110			35	-0.010 -0.027	20	-0.008 -0.022	14.5		12°		-1°	0.01/40	0.01/30
110~120×30×16	110	110	0 -0.87	30	-0.008 -0.022	16	-0.006 -0.018	12		9°		2°		
110~120×35×20	120			35	-0.010 -0.027	20	-0.008 -0.022	14.5		12°		0°		
120~135×30×16	120	120		30	-0.008 -0.022	16	-0.006 -0.018	12		9°		3°		
120~135×35×20	135			35	-0.010 -0.027	20	-0.008 -0.022	14.5				1°	0.01/60	0.01/40
135~150×30×16	135	135		30	-0.008 -0.022	16	-0.006 -0.018	12		6°		3°30′		
135~150×35×20	150			35		20		14.5	3.0		0°	2°		
150~170×35×20	150	150	0 -1.0	35		20		14.5		9°		3°		
150~170×40×25	170			40		25		17				1°		
170~190×35×20	170	170		35	-0.010 -0.027	20	-0.008 -0.022	14.5		6°		3°30′		
170~190×40×25	190			40		25		17		9°		2°	0.01/80	0.01/50
190~210×35×20	190	190	0	35		20		14.5		6°		4°		
190~210×40×25	210			40		25		17		9°		3°		
210~230×35×20	210	210	0 -1.15	35		20		14.5		6°		5°		
210~230×40×25	230			40		25		17				3°30′		

注　W_1、W_2 值在制造时控制，成品可不检查。A 型加工通孔，B 型加工不通孔。

5. 微调镗刀

精细镗常用于有色金属合金及铸铁的套筒零件内孔终加工，或者作为珩磨和滚压前的预加工。镗削精密孔时，采用微调镗刀头可以节省对刀时间，保证孔径尺寸。

微调镗刀如图 4-35 所示，其典型结构如图 4-36 所示，它们都有一个精密刻度盘，刻度盘的螺母同刀头的丝杆组成一对精密丝

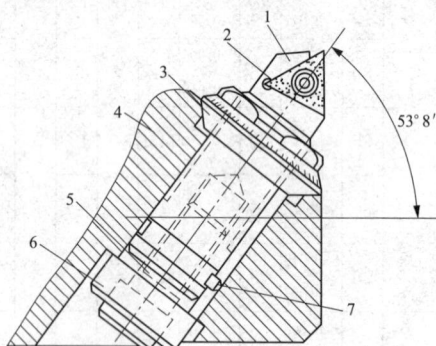

图 4-35 微调镗刀的结构

1—镗刀头；2—刀片；3—调整螺母；4—镗刀杆；5—拉紧螺钉；6—垫圈；7—导向键

图 4-36 微调镗刀典型结构

1—刀头；2—刻度盘；3—键；4—弹簧

5—碟形弹簧；6—垫圈；7—螺钉；8—衬套

杆螺母副，当转动刻度盘，丝杆由于用键定向，故只作直线移动，从而实现微调。微调镗刀常用于孔的半精镗和精镗孔加工，并可组成多刃镗刀。

如图 4-36（a）所示结构是用螺钉、垫圈将刻度盘拉紧。当调节尺寸时，先将螺钉松开，然后转动刻度盘，刻度盘每转让过一格，镗刀头径向移动 0.01mm，使镗刀刀头调节到所需尺寸，再拧紧螺钉。此结构简单，刚度较好，但调节不便。镗刀杆的尺寸可查表 4-56，镗刀头的结构和尺寸可从表 4-57 查出。

表 4-56　　　　　　　微调镗刀杆头部尺寸　　　　　（单位：mm）

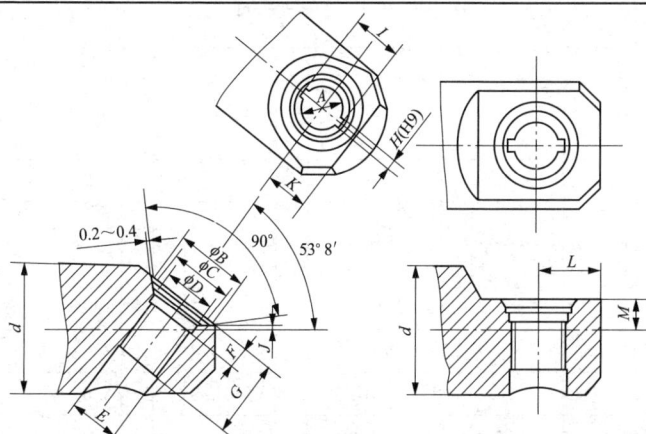

镗杆直径 d	A	B	C	D	E	F	G	H (H9)	I	J	K	L	M
14	5	10	8	7.5	7.5	3	7	1.3	6.9	0	5.5	8	4
18	5	10	8	7.5	7.5	3	8	1.3	6.9	2	6.5	8	5
24	7	14	11	10.5	10.5	4	13	1.5	9.5	0	7.5	12	6
30	10	19	16	15	15	5	15	2.5	13.5	0	10	15	8
40	14	26	21	19	19	6	22	3.5	17	0	14	25	10
50	14	26	21	19	19	6	36	3.5	17	4	16	25	14
60	20	36	28	26	26	8	36	5	24	0	20	30	14
75	20	36	28	26	26	10	42	5	24	5	29	30	14
90	27	48	38	34	34	12	55	6.5	31	5	30	40	30
110	27	48	38	34	34	14	60	6.5	31	10	35	40	40

表 4-57　　　　　　　　　微调镗刀头结构尺寸　　　　　（单位：mm）

L	l	h_1	h_2	H	F	b	D	M	m	N	B	W	P			
													$k_r=$ 90°	$k_r=$ 75°	$k_r=$ 38°8′	$k_r=$ 53°8′
12	8	8	6	3.5	2×0.4	1.0	6.5	M5×0.5	4.6	M3×0.5	1.3	0.7	1.6	0.6	0.4	0.4
15	11	10	8	3.5	2×0.4	1.0	6.5	M5×0.5	4.6	M3×0.5	1.3	0.7	1.6	0.6	0.4	0.4
19	13	10	8	5.5	3.5×0.4	1.0	9.5	M7×0.5	6.4	M4×0.7	1.5	1.2	1.9	1.0	0.6	0.4
24	18	12	10	5.5	3.5×0.4	1.0	9.5	M7×0.5	6.4	M4×0.7	1.5	1.2	1.9	1.0	0.6	0.4
26	18	14	12	6.0	3.5×0.4	1.5	13.5	M10×0.5	9.4	M5×0.8	2.5	1.6	3.6	1.9	1.5	0.6
32	18	18	16	6.0	3.5×0.4	1.5	13.5	M10×0.5	9.4	M5×0.8	2.5	1.6	3.6	1.9	1.5	0.6
36	32	20	18	7.0	4.0×0.4	2.0	17	M14×0.5	13	M10×1.0	3.0	2.4	4.0	2.5	2.2	1.0
44	32	24	22	7.0	4.0×0.4	2.0	17	M14×0.5	13	M10×1.0	3.0	2.4	4.0	2.5	2.2	1.0
54	36	28	25	9.0	5.0×0.4	3.0	24	M20×0.5	19	M10×1.5	5.0	3.2	6.4	3.8	4.8	1.5
64	46	33	30	9.0	5.0×0.4	3.0	24	M20×0.5	19	M10×1.5	5.0	3.2	6.4	3.8	4.8	1.5
70	50	35	32	10	5.0×0.8	4.0	31	M27×0.5	25	M14×2.0	6.5	4.8	9.5	4.8	5.5	1.6
80	64	45	42	10	5.0×0.8	4.0	31	M27×0.5	25	M14×2.0	6.5	4.8	9.5	4.8	5.5	1.6

　　如图 4-36（b）所示结构是增加了三个碟形弹簧，其作用可使螺纹的一边相互紧贴（消除间隙），同时可在它允许变形的范围内调节刀头，而不需要每次调节都去松螺钉，故调节方便。

　　如图 4-36（c）所示结构是以四个均布的弹簧的预紧力使螺纹的一边相互紧贴（消除间隙），调节范围较大，但弹簧的预紧力是随调节量而变化的，即尺寸调得越大，预紧力则越大，反之则越小。

微调镗刀在镗杆上的安装角度通常采用两种形式：直角型和倾斜型，如图 4-37 所示。倾斜型交角通常为 $53°8'$，因为 $53°8'$ 的正弦值为 0.8，在刻度盘上标注刻线方便，读数直观。

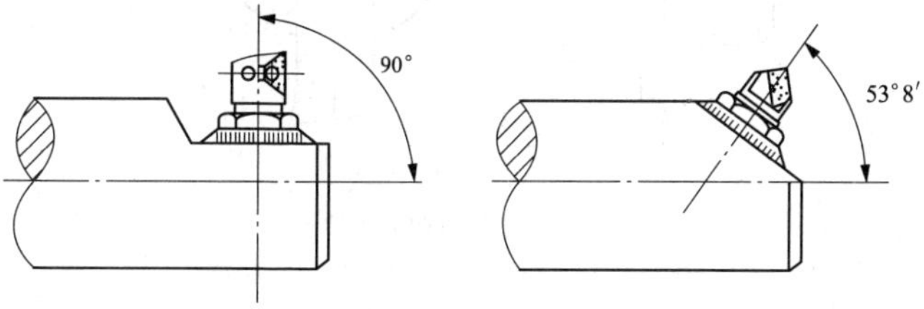

图 4-37　微调镗刀的安装形式

（a）直角型；（b）倾斜型

机夹微调镗刀头主偏角、副偏角通常按表 4-58 选取。

表 4-58　　　　　机夹微调镗刀常用主偏角、副偏角

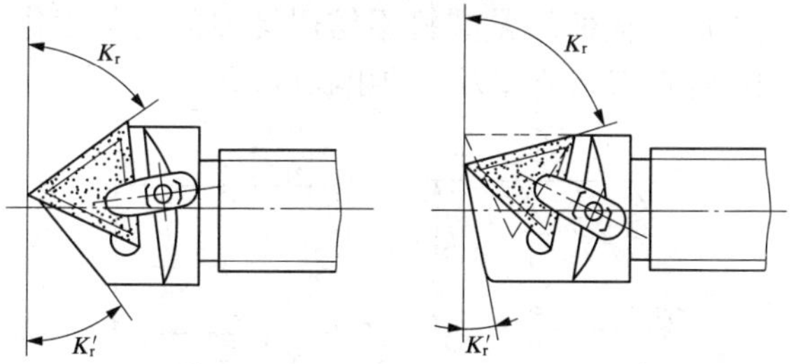

K_r	$38°8'$	$53°8'$	$75°$	$95°$
K_r'	$55°$	$40°$	$5°$	$5°$

如图 4-38 所示是一种较简单的差动镗刀结构，它是利用两段螺旋方向相同但螺距不同的丝杆形成螺旋差动，实现微调。如以丝杆一段为 M16×1，一段为 M8×1.25 螺纹为例，当丝杆在圆柱塞（与镗杆孔过渡配合固定）内转一转时，丝杆向前移动一个螺距（1.25mm），同时使镗刀后退一个螺距（1mm），故镗刀实际伸出量为 0.25mm，如果在圆柱塞端面上刻 25 格刻度线，则每转一转镗刀移动 0.01mm。

图 4-38　差动镗刀结构

1—丝杆；2—圆柱塞；3—镗刀；4—螺钉

6. 镗刀在镗杆上的安装

镗刀在镗杆上一般倾斜一个角度安装，以便使镗刀在镗杆内有较长的安装长度并有足够的位置安装压紧及调整螺钉，如图 4-39。在镗不通孔或阶梯孔时，镗刀头在镗杆上的安装倾斜角 δ 一般取 $10°\sim45°$；镗通孔时，取 $\delta=0°$，以便于对镗杆的制造。通常压紧螺钉从镗杆端面或顶面来压紧镗刀头，如图 4-37 所示。在设计不通孔镗刀时，应使压紧螺钉不妨碍镗刀的切削工作。在镗刀上可设置调节螺钉来调节镗刀头伸出长度。

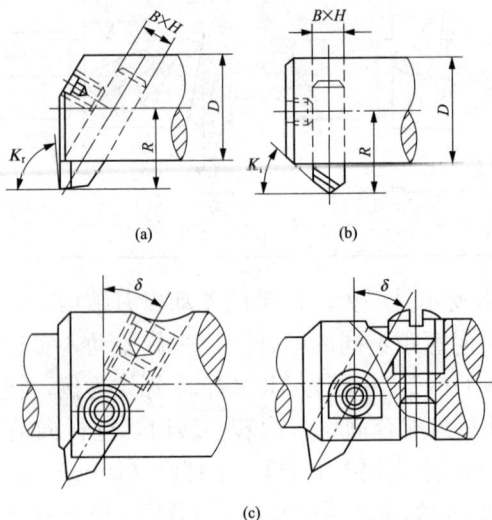

(a)　　　　(b)

(c)

图 4-39　镗床上用的机夹式单刃镗刀结构

300

为了避免镗刀在加工时因工件材质不均而"楔"入工件，一般镗刀刀尖稍高于孔中心，这样还可以增大镗刀的支承面，这对于镗小直径孔尤为有利。但镗刀刀尖高于孔中心后，将使镗刀前角减小、后角增大，因此要保证镗刀在切削时的角度，就必须在制造（刃磨）时加大前角，并减小后角，考虑到过大的前角会影响到刀尖的强度，因此镗刀的刀尖不能高于孔中心太多。

镗刀不宜在镗杆外悬伸过长，以免刚性不足。镗刀、镗刀头尺寸与镗孔直径之间的关系见表 4-59。

表 4-59   镗杆与镗刀头参考尺寸   （单位：mm）

工件孔径	32～38	40～50	51～70	71～85	86～100	101～140	140～200
镗杆直径	24	32	40	50	60	80	100
刀头直径或边长	8	10	12	16	18	20	24

表 4-59 中所列镗杆直径范围在加工小孔时取大值；在加工大直径孔时，若镗杆导向良好，切削负荷轻，可取小值，一般取中值；若镗杆导向不良，切削负荷重，可取大值。

7. 镗刀和镗杆

镗刀头通常可做成正方形和圆形两种。两种镗刀各有优点：正方形镗刀的强度与刚度比直径与它们长度相等的圆形刀头约大 0.8～1 倍，制造也较简单，但刀杆上的方孔制造比较复杂；圆形刀头则相反，刀杆上的孔制造简单，同时由于圆孔应力集中比方孔小，因而刀杆的刚度和热处理工艺性较好。

镗刀装在镗杆上后，精镗铸铁时，若系统刚度较好，则可采用下列几何参数：主偏角 $k_r = 45° \sim 50°$、副主偏角 $k_r' = 5° \sim 10°$、前角 $\gamma_o = 0° \sim 5°$、后角 $\alpha_o = 8° \sim 12°$、刃倾角 $\lambda_s = 0° \sim 3°$、副后角 $\alpha_o' = 8°$，刀尖圆弧半径 $r_\varepsilon = 1.5 \sim 2.0mm$。

但倘若系统刚性不足，则应增大主偏角，减小刀尖圆弧半径，这样可以减小径向力；同时，加大主偏角后还可以在同样切削截面情况下减小切削宽度和增加切削厚度。这样在有瞬时干扰（例如材质不均匀等）时切削面积变化小；另外，主偏角增大在加工铸铁时的切削力也减小，这样都有利于避免由于系统刚度不足而产生的振动。

镗刀后角与镗孔过程中的振动也有很大关系。镗刀后角太小，使镗刀与工件发生剧烈摩擦常常是使镗刀产生振动的原因之一，此时后角应适当加大。在系统刚度不足的条件下，在镗刀后刀面上磨一后角很小的棱带，起到"阻尼"的作用，也可收到一定的消振效果。

精密镗刀切削钢件时的几何参数见表 4-60。

表 4-60　　精密镗削钢件孔时镗刀几何参数参考值

工艺条件	刀具几何参数							
	k_r/ (°)	γ_o/ (°)	λ_s/ (°)	r_ε/ (mm)	k_r'/ (°)	α_o/ (°)	α_o'/ (°)	负倒棱 $b_{r1} \times \gamma_o$ mm(°)
镗杆刚度和排屑情况较好（刀头镗杆的柔度小于 0.05~0.06μm/N，镗杆和孔壁间有足够大的间隙，工件孔长径比 $l/d<1$ 通孔）	45~ 60	−5~ −10	−5~ −15	0.1~ 0.3				
镗杆刚度差，而排屑情况尚好（镗杆柔度大于 0.06μm/N 其他情况与上同）	75~ 90	≥0		0.05~ 0.1	10°~ 20°	6~ 12	10~ 15	
排屑条件较差（镗杆与孔壁间隙小，长径比 $l/d>1$）	75~ 90	−5~ −10		≤0.3				(0.3~0.8) (−10~−15)
不通孔	90	3~6		0.5				

注　1. 精密镗削主要是在金刚镗床上加工工件的精密孔，如汽缸孔等，孔径范围为 8~250mm。

　　2. 精镗时切削用量：$v = 60 \sim 600$m/min（按工件材料定）$f = 0.02 \sim 0.08$mm/r $a_p = 0.05 \sim 0.1$mm（初镗 $a_p = 0.3 \sim 0.5$mm）

精镗铸铁孔时镗刀的几何参数见表 4-61。

表 4-61　　精密镗削铸件孔时镗刀几何参数参考值

工艺条件	刀具几何参数						
	$k_r/(°)$	$\gamma_o/(°)$	$\lambda_s/(°)$	$r_\varepsilon/(°)$	$k_r'/(°)$	$\alpha_o/(°)$	$\alpha_o'/(°)$
加工中等直径和大直径浅孔，镗杆刚度好	45～60	−3～−6	0	0.4～0.6	10～15	6～12	12～15
加工深孔，镗杆刚度较差	75～90	0～3	0	0.1～0.2			

加工有色金属时镗刀的几何参数见表 4-62。

表 4-62　　精密镗削有色金属时镗刀几何参数参考值

工艺条件	刀具几何参数						
	$k_r/(°)$	$\gamma_o/(°)$	$\lambda_s/(°)$	$r_\varepsilon/(°)$	$k_r'/(°)$	$\alpha_o/(°)$	$\alpha_o'/(°)$
系统刚度好	45～60	8～18		0.5～1.0	8～12	6～12	10～15
系统刚度差	75～90			0.1～0.3			

金刚石镗刀的几何参数见表 4-63。

表 4-63　　　　金刚石镗刀的几何参数

工件材料	$\gamma_o/(°)$	$\alpha_o/(°)$	$r_\varepsilon/(mm)$	$k_r/(°)$	$k_r'/(°)$
黄铜、纯铜、铝、耐热合金	0～3	8～12	0.2～0.8	45～90	0～10
青铜、硬铝合金、钛合金	−3～−5	6～8	0.2～0.8	45～90	0～10

第五章

孔 加 工 刀 具

孔加工在金属切削加工中应用非常广泛，一般占机械加工总量的近1/3。孔加工刀具分为两大类：一类是在实体材料上加工出孔的刀具，如麻花钻、扁钻、深孔钻、中心钻等；另一类是对已有孔进行加工的刀具，如铰刀、扩孔钻、锪钻、内孔车刀、镗刀等。本章主要介绍常用孔加工刀具的结构特点、性能参数及应用。

第一节　麻 花 钻 及 群 钻

一、麻花钻的结构组成

钻孔时所用的刀具有麻花钻、扁钻、深孔钻、中心钻等，但最常用的刀具是麻花钻。

麻花钻是应用最为广泛的孔加工刀具，可用来钻孔和扩孔。高速钢麻花钻加工精度可达 IT13～IT11，表面粗糙度为 $Ra2.5～6.3\mu m$；硬质合金麻花钻加工精度可达 IT11～T10，表面粗糙度为 $Ra12.5～3.2\mu m$。

1. 麻花钻的组成及作用

参照 GB/T 20954—2007《金属切削刀具　麻花钻术语》，麻花钻的组成如图 5-1 所示。

（1）钻头的柄。钻头上用于夹固和传动的部分，有圆柱形直柄和圆锥形锥柄两种。直径小于 $\phi13mm$ 采用直柄，大于 $\phi13mm$ 的采用锥柄，圆锥形锥柄通常为莫氏锥柄。钻头直柄又分为圆柱直柄和带榫形扁尾传动的直柄两种。

莫氏锥柄麻花钻的直径见表 5-1。

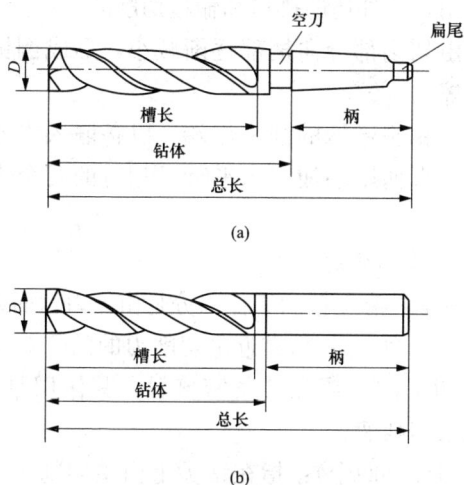

图 5-1 麻花钻的组成

（a）锥柄麻花钻；（b）直柄麻花钻

表 5-1 莫氏锥柄麻花钻的直径 （单位：mm）

莫氏锥柄号	1	2	3	4	5	6
钻头直径	≥3～14	14～23.02	23.02～31.75	31.75～50.8	50.8～75	75～80

（2）钻头的空刀。钻体上直径减小的部分。为磨制钻头时的砂轮退刀槽，一般用来打印商标和规格。

（3）钻体和钻尖。钻头上由柄部分延伸至横刃的部分称为钻体。钻尖是由产生切屑的诸要素组成的钻头的工作部分，钻尖的诸要素包括：两条主切削刃、一条横刃、两个前刀面和两个后刀面组成，如图5-2所示，其作用是担任主要切削工作。槽长部分有两条螺

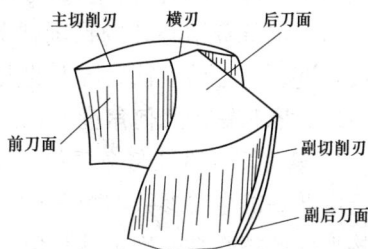

图 5-2 麻花钻工作部分组成

旋槽和两条窄的刃带，其作用是用来保持工作时的正确方向并起

修光孔壁的作用，此外还能排屑和输送切削液。

钻头直径由切削部分向柄部逐渐减小，形成倒锥，可减少钻头与孔壁的摩擦。

（4）扁尾。钻头锥柄的削平尾端，以备嵌入锥孔的槽中，作顶出钻头之用。直柄尾端加工出平行且相对的两个小平面作为榫形扁尾。

2. 麻花钻工作部分的组成

如图 5-2 所示，麻花钻的工作部分是由五刃六面组成。

（1）前刀面（两个）：指靠近主切削刃的两个螺旋槽容屑槽表面，从工件上切下的切屑和其紧密接触，其作用是构成切削刃、排出切屑和通入切削液。

（2）主后刀面（两个）：指在钻尖上由主切削刃、刃瓣、另一容屑槽和横刃所形成的螺旋圆锥面。

（3）副后面（两个）：指麻花钻导向部分的两条略带倒锥形的刃带，即棱边。它减少了钻削时麻花钻与孔壁之间的摩擦。

（4）主切削刃（两条）：钻头前刀面与主后刀面的相交线所形成的刀刃。

（5）副切削刃（两条）：钻头前刀面与棱边的相交线所形成的刀刃。

（6）横刃（一条）：麻化钻两主切削刃的连接线称为横刃，也就是两主后刀面相交线所形成的刀刃。

横刃担负着钻心处的钻削任务。横刃的长短会影响麻化钻的钻尖强度、定心稍度轴向抗力的大小。

二、麻花钻的几何角度

1. 确定麻花钻几何角度的辅助平面

麻花钻的主要参数如图 5-3 所示。与车刀比较，麻花钻由于其结构形状的特殊性，确定其几何角度的辅助平面的分析也较复杂，分析如下。

（1）基面。通过主切削刃上选定点，且包含钻头轴线的平面。由于麻花钻两主切削刃不通过钻心，即切削刃上各点的切削速度方向不同，所以切削刃上各点的基面位置不同，如图 5-4 所示，基面 1、基面 2 就是分别过切削刃上点 1、2 的两个基面。

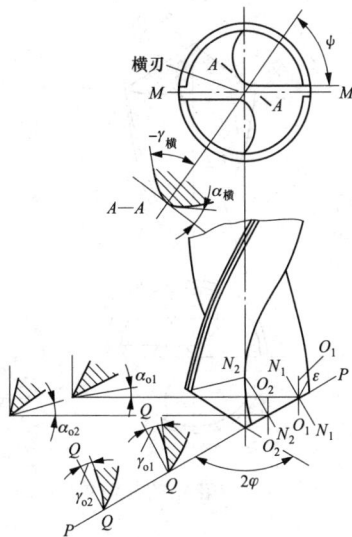

图 5-3　麻花钻的几何参数

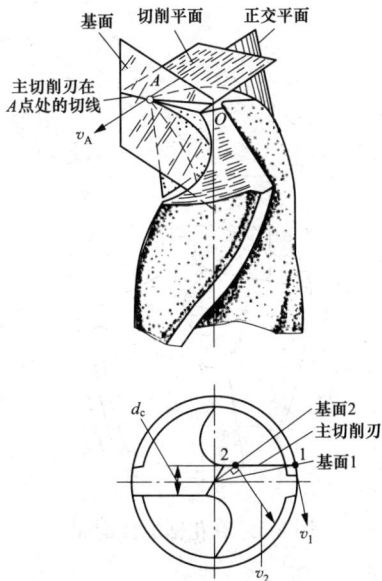

图 5-4　麻花钻的辅助平面

（2）切削平面。指主切削刃上任一点的切削速度矢量所在直线与钻刃构成的平面，如图 5-4 所示。

（3）正交平面。指通过主切削刃上任一点并垂直于基面和切削平面的平面，如图 5-4 所示。

（4）柱剖面。通过柱切削刃上任一点作与麻花钻轴线平行的直线，该直线绕麻花钻轴线旋转所形成的圆柱表面，如图 5-5 所示。

2. 麻花钻的几何角度

麻花钻的切削部分可看作是正反两把车刀，所以它的几何角度的概念与车刀基本相同，但也有其特殊性。

（1）顶角 $2K_r$。顶角是两主切削刃在其平行平面上投影之间的夹角，如图 5-6 所示。即，在通过轴线且平行于主切削刃的平面内，测量主切削刃与轴线的夹角的两倍。钻孔时顶角的大小依工件材料而定，标准麻花钻的顶角 $2K_r = 118° \pm 2°$。表 5-2 列出了麻花钻顶角的大小对加工的影响及适用加工的材料。

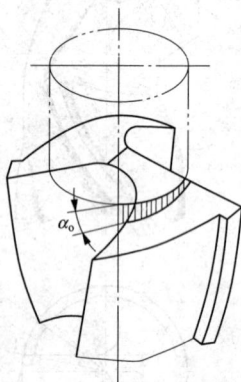

图 5-5　麻花钻的柱剖面

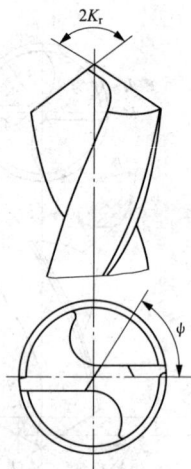

图 5-6　麻花钻的几何角度

表 5-2　　麻花钻顶角的大小对切削刃形状和加工的影响

顶角	$2K_r > 118$	$2K_r = 118$	$2K_r < 118$
两主切削刃的形状	凹曲线　切削刃凹　　>118°	直线　切削刃直线　　118°	切削刃凸　凸曲线　　<118°
对加工的影响	顶角大，则切削刃短，定心差，钻出的孔容易扩大，同时前角也会增大，使切削省力	介于两者之间	顶角小，则切削刃长，易定心，钻出的孔不容易扩大，同时前角也减小，会增大切削力
适用加工的材料	适用于钻削较硬的材料	适用于钻削中等硬度材料	适用于钻削较软的材料

（2）螺旋角 β。螺旋角是指钻头刃带导向刃上选定点的切线与包含该点及轴线组成的平面间的夹角。

（3）前角 γ_o。前角指在主正交平面内，前刀面与基面之间的夹角，见图 5-3 中的 $N_1\text{-}N_1$、$N_2\text{-}N_2$ 面。麻花钻的前角大小是变化的，如图 5-7 所示。其值大小与螺旋角、顶角、钻心直径等有关，其中影响最大的是螺旋角。β 越大，γ_o 也越大。由于螺旋角 β 随直径的大小而改变，所以前角 γ_o 也是变化的，前角自外缘向中心逐渐减小，最大可达 $+30°$，在 $D/3$ 处转为负值，横刃处 $\gamma_{横}=-54°\sim-60°$。前角越大，切削越省力。

（4）后角 α_o。后角是后刀面与切削平面之间的夹角，见图 5-3 中 O_1-O_1、O_2-O_2 面。后角的大小也是不等的，其变化与前角相反，如图 5-7 所示。直径 $D=15\sim30\text{mm}$ 的钻头，外缘处 $\alpha_{o1}=9°\sim12°$，钻心处 $\alpha_{o2}=20°\sim26°$，横刃 $\alpha_{横}=30°\sim60°$。后角的作用是为了减少后刀面与加工表面之间的摩擦。

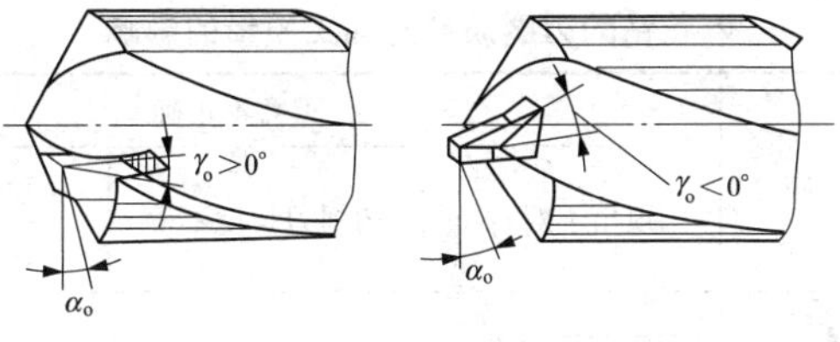

（a）　　　　　　　　　　（b）

图 5-7　麻花钻前角、后角的变化

（a）外缘处前角、后角；（b）钻心处前角、后角

（5）横刃转角、横刃角与横刃斜角 ψ。横刃转角是由主切削刃和横刃相交形成的转角；横刃角在垂直轴线的平面内，测量从外转角到横刃转角组成的直线与横刃的夹角；横刃角的补角通常称为横刃斜角。横刃斜角是横刃与切削刃在垂直于钻头轴线平面上投影所夹的角，如图 5-6 和图 5-8 所示。标准麻花钻的横刃斜角 $\psi=50°\sim$

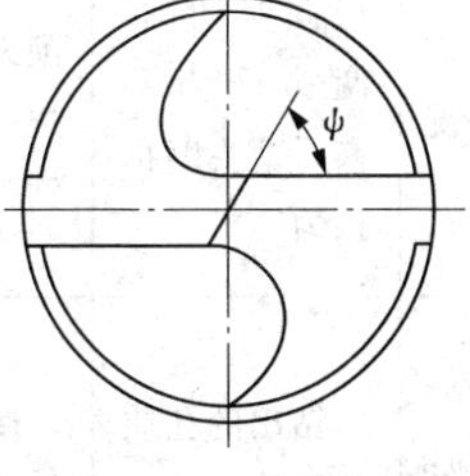

图 5-8　麻花钻的横刃斜角（ψ）

55°。当后角刃磨偏大时，ψ 就会减小，故可用来判断后角刃磨是否正确。

三、麻花钻的作用与修磨

1. 麻花钻的刃磨要求

麻花钻的刃磨质量直接关系到钻孔的质量（尺寸精度和表面粗糙度）和钻削效率。

刃磨麻花钻时，一般只刃磨两个后刀面，但同时要保证后角、顶角和横刃斜角合理正确，由于麻花钻形状的特殊性，刃磨难度较大。

麻花钻刃磨后应达到下列两个要求：

（1）麻花钻的两条主切削刃应该是轴对称的，也就是两条主切削刃与钻头轴线成相同的角度 κ_r，并且长度相等。

（2）横刃斜角为 55°。麻花钻的刃磨质量对加工质量的影响见表 5-3。

表 5-3 　　　　麻花钻的刃磨质量对加工质量的影响

刃磨质量	刃磨正确	刃磨不正确		
		顶角不对称	切削刃长度不等	顶角不对称且切削刃长度不等
图示				
钻削情况	两条主切削刃同时切削，两边受力平衡，钻头磨损均匀	只有一条主切削刃在切削，两边受力不平衡，钻头磨损很快	麻花钻的工作中心由 O—O 移到 O'—O'，切削不均匀，钻头磨损很快	两条切削刃受力不平衡，且麻花钻的工作中心由 O—O 移到 O'—O'，钻头磨损很快
对钻孔质量的影响	钻出的孔质量较好	使钻出的孔径扩大或倾斜	使钻出的孔径扩大	钻出的孔不仅孔径扩大，而且还会产生台阶

2. 麻花钻的缺陷

麻花钻由于其自身结构的原因存在以下缺点：

（1）主切削刃上各点前角变化很大，靠外缘处前角较大（＋30°），切削刃强度差；接近横刃处是很大的负前角（最大达－54°），挤压严重，切削条件差。

（2）横刃太长，加之该处是很大的负前角，挤压刮削严重，消耗大量的能量，产生大量热量，而且轴向抗力大，定心差。

（3）主切削刃长，钻孔时全长参加切削，切屑宽，而且各点流屑速度相差很大，钻塑性金属时，切屑卷成小螺距圆锥螺卷形，占很大的空间，排屑不顺利，切削液难以注入切削区。

（4）棱边处副后角为零，由于该处切削速度最高，与孔壁摩擦剧烈，产生热量多，刀尖角较小，散热条件差，所以外缘处磨损最快。

（5）不能适应不同的工作材料。标准麻花钻的顶角为118°，螺旋角为30°，若用来钻硬材料时，显得锋角过小，而螺旋角过大；若用来钻薄板时，由于钻尖钻透后失去定心，孔的质量难以保证。

3. 麻花钻的修磨

麻花钻的修磨是指在普通刃磨的基础上，根据具体的加工要求对麻花钻结构上不够合理的部分进行补充刃磨和工艺修磨。针对上述缺陷，在使用麻花钻时，应根据工件材料、加工要求，采用相应的修磨方法。常用的修磨方法如下。

（1）修磨横刃，如图5-9所示。修磨横刃的目的是增大横刃前角，缩短横刃长度，以降低钻

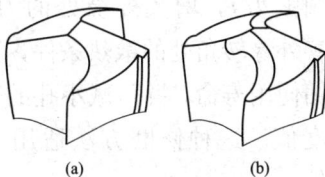

图5-9　修磨横刃
（a）修磨前；（b）修磨后

削力，提高定心精度，并有利于分屑和断屑，这是最常用的修磨方法。

横刃修磨原则是：工件材料越软，横刃可修磨得越短；工件

材料较硬，横刃应少修磨些。

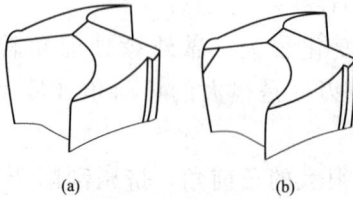

图 5-10　修磨前刀面
（a）修磨前；（b）修磨后

（2）修磨前刀面，如图 5-10 所示。修磨前刀面的目的是改变主切削刃上前角的分布状态，增大或减小前角，以满足不同的加工要求。

修磨方法有两种：一种是修磨外缘处的前刀面，以减小前角；另一种是修磨横刃处的前刀面，以增大前角。这两种方法可分开采用，也可结合采用。

修磨原则是：工件材料较软，应修磨横刃处的前刀面，以加大前角，减小切削力，使切削顺利；工件材料较硬，应修磨外缘处的前刀面，以减小前角，增加外缘处的切削刃强度。用麻花钻扩孔时，为防止"扎刀"（刀具自动切入工件的现象），宜将外缘处的前角磨小。

（3）双重刃磨，如图 5-11 所示。麻花钻外缘处刀尖角较小，该点切削速度最高，磨损最快。因此，可磨出双重顶角（或多重顶角，甚至磨成外凸圆弧刃），增大外缘处的刀尖角，改善外缘转角处的散热条件，延长麻花钻使用寿命，并可减小孔的表面粗糙度值。这种修磨方法适用于钻铸铁件。

图 5-11　双重刃磨
（a）修磨前；（b）修磨后

（4）修磨棱边，如图 5-12 所示。在靠近主切削刃的一段棱边上，磨出副后角 $\alpha_o=6°\sim8°$，并减小棱边的宽度，使棱边的宽度为原来的 1/2～1/3。其目的是减少棱边与孔壁的摩擦，适合加工韧性材料或软金属，以提高加工表面质量。

（5）开分屑槽，如图 5-13 所示。当在钢材上钻削直径较大

312

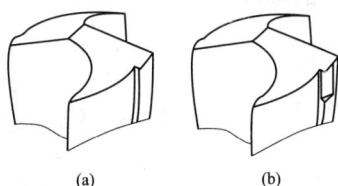

图 5-12 修磨棱边

（a）修磨前；（b）修磨后

的孔时，可在麻花钻的前刀面或后刀面上交错磨出小狭槽，使切屑变窄，有利于排出。分屑槽应交错刃磨，单边或磨出阶梯刃等。

（6）磨出内凹圆弧刃，如图 5-14 所示。将麻花钻的两条主切削刃磨出内凹圆弧刃，可增加钻削时的稳定性，并有助于分屑、断屑。在钻薄板时，应使内凹深度大于薄板厚度，以形成外刃套料钻孔，这种方法也可用于不规则毛坯孔的扩孔。

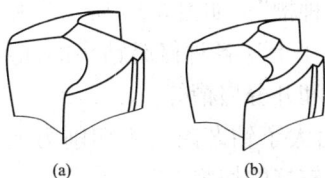

图 5-13 开分屑槽

（a）修磨前；（b）修磨后

图 5-14 磨出内凹圆弧刃

四、群钻简介

群钻是我国工人自主研制、科技创新的成果，是将标准麻花钻经过合理修磨而成的、高效率、高耐用度、强适应性的先进钻型。

根据工件材料性能和用途的不同，群钻的形状可分为标准群钻、铸铁群钻、薄板群钻、纯铜群钻、黄铜群钻等，并已形成了自己的标准。

在各类群钻中以标准群钻（见图 5-15）应用最为广泛，同时

313

它又是变革其他钻型的基础。

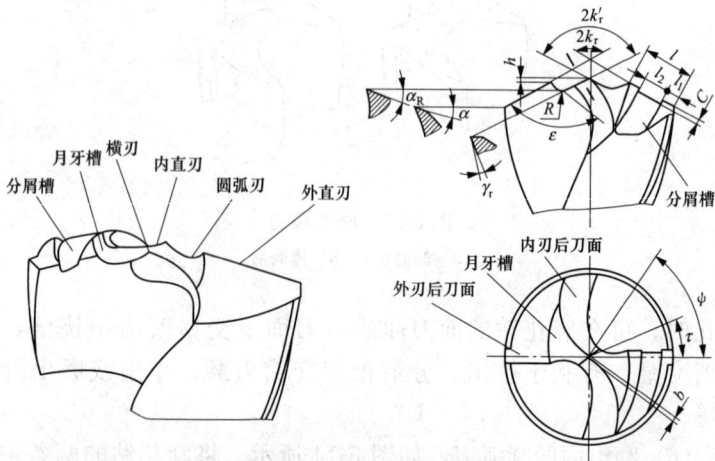

图 5-15　标准群钻

1. 群钻优缺点

标准群钻是在标准麻化钻的基础上经过合理修磨而形成的先进钻型，其外形特点是"三尖七刃两种槽"。如图 5-15 所示为标准群钻切削部分的形状。标准群钻综合了上述各种修磨钻头的优点，主要包括磨出月牙槽、修大横刃前角和开分屑槽等。

（1）在钻芯附近磨出月牙槽，增大了钻芯附近主切削刃上各点的前角，使群钻有较锋利的刃口和较好的切削性能。

（2）降低横刃的高度并修短横刃，增加了钻芯的强度大大减小了横刃对钻削的不利影响因素。

（3）当钻头直径大于 15mm 时，磨出单边分屑槽，便于分屑排屑。

因此，群钻的几何角度和刃形都比较合理，切削刃锋利，切削变形小，转矩约减小 10%～30%，轴向力可降低 35%～50%，使群钻的耐用度比标准麻花钻提高 3～5 倍。

2. 群钻分类

（1）基本型群钻。基本型群钻切削部分的几何参数见表 5-4。与标准麻花钻相比，群钻切削部分的主要特点是：修磨横刃，形成

表 5-4　基本型群钻切削部分的几何参数

钻头直径 d/mm	钻头高 h/mm	圆弧半径 R/mm	外刃长 l/mm	槽距 l1/mm	槽宽 l2/mm	横刃长 bψ/mm	槽深 c/mm	槽数 z/条	外刃锋角 2φ/(°)	内刃锋角 2φ'/(°)	横刃斜角 ψ/(°)	内刃前角 γoτ/(°)	内刃斜角 τ/(°)	外刃后角 αf/(°)	圆弧后角 αR/(°)
5~7	0.2	0.75	1.3			0.2									18
>7~10	0.28	1	1.9			0.3							20	15	
>10~15	0.36	1.5	2.7			0.4									
>15~20	0.55	1.5	5.5	1.4	2.7	0.5									
>20~25	0.7	2	7	1.8	3.4	0.6		1	125	135	65	−15			15
>25~30	0.85	2.5	8.5	2.2	4.2	0.75	1						25	12	
>30~35	1	3	10	2.5	5	0.9									
>35~40	1.15	3.5	11.5	2.9	5.8	1.05									
>40~45	1.3	4	13	2.2	3.25	1.15	1.5	2							12
>45~50	1.45	4.5	14.5	2.5	3.6	1.3							30	10	
>50~60	1.65	5	17	2.9	4.25	1.45									

注　1. 参数值按直径范围的中间值决定，允许偏差为 $\pm\frac{1}{2}T_h$。

2. 本表图形系直径 15~40mm 的中型标准群钻。

3. $h\approx 0.03d$，$R\approx 0.10d$，$l\approx 0.2d$（$d\leqslant 15$），$l\approx 0.3d$（$d>15$），$b_\psi\approx 0.03d$。

两条内刃，使钻尖变窄变低，磨出的月牙槽圆弧刃，形成两个新的刀尖。直径较大的钻头还在一侧外刃上开出分屑槽。

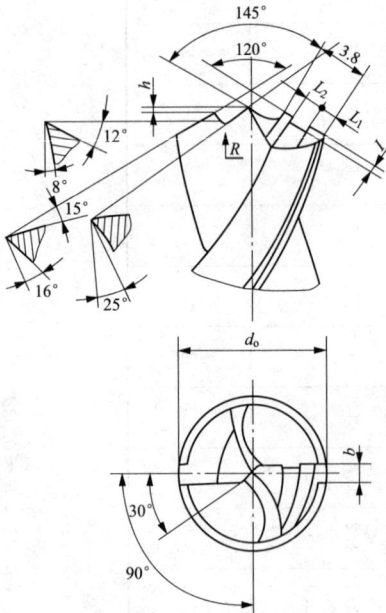

图 5-16　钻纯铜群钻

（2）钻纯铜群钻。钻纯铜群钻的几何参数如图 5-16 所示，参考表 5-5 选择：$b \approx 0.02d_o$、$h \approx 0.06d_o$、$R \approx (0.15 \sim 0.2)d_o$。当 $d_o >$ 25mm 时需开分屑槽；横刃斜角 90°；钻芯高，圆弧后角要减小。所得孔形光整无多角。

（3）薄板孔群钻。薄板件刚度差，易变形，钻孔时容易引起切削振动，使孔不圆和产生毛刺。由于一般钻床有轴向窜动，如采用普通麻花钻钻薄板，则当钻尖将要钻透时，进给量、切削力突然加大，最容易使钻头折断。因此，必须使钻尖锋利，将月牙圆弧加大，外刃磨尖，形成三个尖点，横刃修窄，起到内刃定心、外刃切圈的作用。薄板群钻具体参数见表 5-6。

薄板孔的加工，根据孔径尺寸不同和精度要求不同，还可采用冲孔模实行冲裁加工。冲裁模加工不仅能冲单孔，还能冲多孔。如印制板冲孔模，能冲制复铜铂环氧板孔径 $\phi 1.3mm$，板厚 1.5mm 的小孔。对金属材料板件冲裁加工，可根据精度要求不同采用普通冲孔模和精孔冲模加工。

精度要求很高的薄板孔工件，由于装夹时容易产生变形，磨削加工或珩磨加工内孔时可采用多件叠装夹具装夹加工，但要求薄板上下两面平整、平行，外形规则，这样不仅增加工件装夹时的刚度，而且保证同一批工件有较高的尺寸精度和形位精度，并

表 5-5　薄板群钻切削部分几何参数

钻头直径 d/mm	横刃长 b_ψ/mm	钻尖高 h/mm	圆弧半径 R/mm	圆弧深度 h'/mm	内刃锋角 $2\phi'$/(°)	刃尖角 ε/(°)	内刃前角 $\gamma_{o\tau}$/(°)	圆弧后角 a_R/(°)
5~7	0.15	0.5	用单圆 弧连接	$>(\delta+1)$	110	40	-10	15
>7~10	0.2							
>10~15	0.3							
>15~20	0.4	1	用双圆 弧连接					12
>20~25	0.48							
>25~30	0.55							
>30~35	0.65	1.5						
>35~40	0.75							

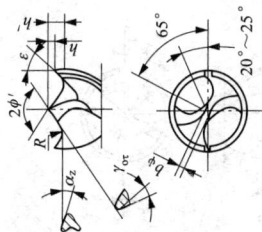

注　1. δ 是指料厚。

　　2. 参数按直径范围的中间值来定，允许偏差为 $\pm\Delta/2$。

317

表 5-6　纯铜群钻切削部分的几何参数

钻头直径 d/mm	钻尖高 h/mm	圆弧半径 R/mm	横刃长 b_φ/mm	外刃长 l/mm	横距 l_1/mm	横宽 l_2/mm	槽数 z/条	外刃锋角 2φ/(°)	内刃锋角 $2\varphi'$/(°)	横刃斜角 ψ/(°)	内刃前角 $\gamma_{o\tau}$/(°)	内刃斜角 τ/(°)	外刃后角 a_f/(°)	圆弧后角 a_R/(°)
5~7	0.35	1.25	0.15	1.3			—	120	115	90	−25	30	15	12
>7~10	0.5	1.75	0.2	1.9										
>10~15	0.8	2.25	0.3	2.6										
>15~20	1.1	3	0.4	3.8										
>20~25	1.4	4	0.48	4.9										
>25~30	1.7	4	0.55	8.5	2.2	4.2	1					35	12	10
>30~35	2	4.5	0.65	10	2.5	5								
>35~40	2.3	5	0.75	11.5	2.9	5.8								

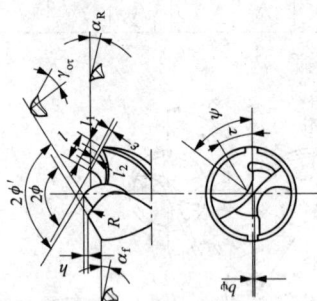

注　1. 参数按直径范围的中间值来定,允许偏差为 $\pm\dfrac{1}{2}T_h$。

2. $h\approx0.06d$, $R\approx0.2d$ ($d\leqslant25$), $R\approx0.15d$ ($d>25$), $b_\varphi\approx0.02d$, $l\approx0.2d$ ($d\leqslant25$), $l\approx0.3d$ ($d>25$)。

可提高加工效率。

（4）铸铁群钻。钻削铸铁时，切屑细碎，钻头的磨损几乎都在后刀面上，外缘转角处磨损最大。为此，在基本型群钻的基础上将外侧刃磨成双锋角，以增强外侧刃口强度，提高使用寿命。铸铁群钻几何参数见表5-7。

（5）黄铜群钻。黄铜的强度和硬度均较低，在切削过程中，当切削刃锋利时，（前、后角较大）易产生不同程度的扎刀现象。为此，将钻头外缘部分前刀面适当修磨，减小前角，使 $\gamma_{f1}=8°$，则扎刀现象基本能够得到消除，同时修磨横刃，以减小轴向力，黄铜群钻几何参数见表5-8。

（6）有机玻璃群钻。有机玻璃导热性差，耐热性低，切削温度不应超过60℃，否则易软化，同时材料的弹性大，热膨胀系数又大，对钻孔质量很不利。此外，在切削力作用下，孔壁附近区域产生内应力，容易产生银斑状裂纹，为了便于钻削，必须将横刃修磨得窄些，加大外刃纵向前角 γ_f，修磨外缘圆角半径 r 达到要求，修光刃口及刃带等，有机玻璃群钻具体参数见表5-9。

五、其他类型钻头简介

1. 扁钻

（1）简易扁钻。如图5-17所示为简易扁钻，钻削时切削液由钻杆内部注入孔中，切屑从零件孔内排出，适用精度和表面粗糙度要求不高的较短的深孔。

（2）带有导向块的扁钻。另一种带有导向块的扁钻，其结构如图5-18所示，其优点是加工时导向块在孔中起导向作用，可防止钻头偏斜。

2. 阶梯麻花钻

切削部分有不同直径的麻花钻，用于加工阶梯孔，如图5-19所示。阶梯麻花钻的小头直径称为阶梯直径。

（1）直柄阶梯麻花钻。指柄部为圆柱形直柄的阶梯麻花钻（参照 GB/T 6138.1），如图5-19（a）所示。

（2）莫氏锥柄阶梯麻花钻。指柄部为莫氏锥柄的阶梯麻花钻（参照 GB/T 6138.2），如图5-19（b）所示。

表 5-7　铸铁群钻切削部分的几何参数

钻头直径 d/mm	尖高 h/mm	圆弧半径 R/mm	横刃长 b_ψ/mm	总刃长 l_1/mm	分外刃长 $l_1 l_2$/mm	外刃锋角 2ϕ/(°)	第二锋角 $2\phi_0$/(°)	内刃锋角 $2\phi'$/(°)	横刃斜角 ψ/(°)	内刃前角 γ_{or}/(°)	内刃斜角 τ/(°)	外刃后角 α_1/(°)	圆弧后角 α_R/(°)
5～7	0.11	0.75	0.15	1.9									
>7～10	0.15	1.25	0.2	2.6							20	18	20
>10～15	0.2	1.75	0.3	4									
>15～20	0.3	2.25	0.4	5.5	$l_1=l_2$	120	70	135	65	−10			
>20～25	0.4	2.75	0.48	7									
>25～30	0.5	3.5	0.55	8.5							25	15	18
>30～35	0.6	4	0.65	10									
>35～40	0.7	4.5	0.75	11.5									
>40～45	0.8	5	0.85	13									
>45～50	0.9	6	0.95	15							30	13	15
>50～60	1.0	7	1.1	17									

注　1. 参数按直径范围的中间值来定，允许偏差为 $\pm\dfrac{1}{2}T_h$。

2. $h\approx0.02d$，$R\approx0.12d$，$b_\psi\approx0.02d$，$l\approx0.30d$。

表 5-8　黄铜群钻切削部分的几何参数

麻花钻直径 d/mm	钻尖高 h/mm	圆弧半径 R/mm	横刃长 b_ψ/mm	外刃长 l/mm	修磨长度 f/mm	外刃锋角 2ϕ/(°)	内刃锋角 $2\phi'$/(°)	横刃斜角 ψ/(°)	外刃侧前角 γ_f/(°)	内刃前角 γ_{or}/(°)	内刃斜角 τ/(°)	外刃后角 α_f/(°)	圆弧后角 α_R/(°)
5~7	0.2	0.75	0.15	1.3	1.5	125	135	65	8	−10	20	15	18
>7~10	0.3	1	0.2	1.9									
>10~15	0.4	1.5	0.3	2.6									
>15~20	0.55	2	0.4	3.8	3						25	12	15
>20~25	0.7	2.5	0.48	4.9									
>25~30	0.85	3	0.55	6									
>30~35	1	3.5	0.65	7.1									
>35~40	1.15	4	0.75	8.2									

注　1. 参数按直径范围的中间值来定，允许偏差为 $\pm\dfrac{1}{2}T_{h\circ}$

2. γ_f 指外缘点侧前角，便于观察控制。

3. $h\approx0.03d$，$R\approx0.10d$，$b_\psi\approx0.02d$，$l\approx0.2d$。

表 5-9　有机玻璃群钻切削部分的几何参数

钻头直径 d/mm	钻头高度 h/mm	圆弧半径 R/mm	横刃外长 b_ψ/mm	修磨外刃长 l/mm	修磨半径 r/mm	修磨长度 f/mm	外刃锋角 2ϕ/(°)	内刃锋角 $2\phi'$/(°)	内刃副偏角 κ_r'/(°)/(′)	横刃斜角 ψ/(°)	外刃纵向前角 γ_f/(°)	内刃纵向前角 γ_{or}/(°)	内刃斜角 τ/(°)	外刃后角 α_t/(°)	圆弧后角 α_R/(°)	副后角 α_f'/(°)
5~7	0.2	0.75	0.15	1.3	0.75	2	110	135	15′	65	40	-5	20	27	20	27
>7~10	0.3	1.0	0.2	1.9	1											
>10~15	0.4	1.5	0.3	2.6	1.5											
>15~20	0.55	2	0.4	3.8	2	3										
>20~25	0.7	2.5	0.48	4.9	2.5								25	25	18	25
>25~30	0.85	3	0.55	6	3	4										
>30~35	1	3.5	0.65	7.1	3.5											
>35~40	1.15	4	0.75	8.2	4											

注　1. 参数按直径范围的中间值来定，允许偏差为 $\pm\dfrac{1}{2}T_h$。

2. γ_f 指外缘点纵向修磨前角，便于观察控制。

图 5-17 简易扁钻

1—钻头；2—钻杆；3、4—紧固螺钉

图 5-18 带导向块的扁钻

1—钻头；2—紧固螺钉；3—钻体；4—导向块；5—钻杆

(a)

(b)

图 5-19 阶梯麻花钻

（a）直柄阶梯麻花钻；（b）锥柄阶梯麻花钻

3. 硬质合金麻花钻

切削部分镶硬质合金刀片的麻花钻，有直柄麻花钻、锥柄麻花钻（见图 5-20）两种。

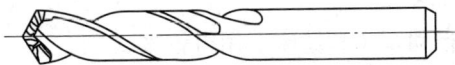

图 5-20 硬质合金直柄麻花钻

323

✦ 第二节 扩孔钻、锪孔钻和方孔钻

一、扩孔钻

用扩孔工具扩大工件孔径的加工方法称为扩孔。扩孔精度一般可达 IT9～IT10，表面粗糙度达 $Ra6.3\mu m$ 左右。常用的扩孔刀具有麻花钻和扩孔钻等。

在钻尖处无切削刃，用于对已钻孔扩大加工的孔加工刀具叫扩孔钻，如图 5-21 所示，扩孔钻前端成斜角的切削部分称为切削锥。

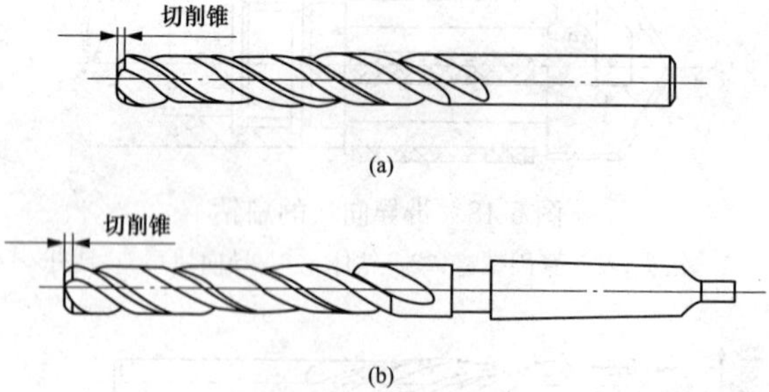

图 5-21 扩孔钻
(a) 直柄扩孔钻；(b) 锥柄扩孔钻

孔精度要求一般的扩孔可用麻花钻，精度要求较高的孔的半精加工可用扩孔钻。

1. 用麻花钻扩孔

在实体材料上钻孔时，孔径较小的孔可一次钻出，如果孔径较大（$D>30mm$），则所用麻花钻直径也较大，横刃长，进给力大，钻孔时很费力，这时可分两次钻削。第一次钻出直径为（0.5～0.7）D 的孔，第二次扩削到所需的孔径 D。扩孔时的背吃刀量为扩孔余量的一半。

2. 用扩孔钻扩孔

扩孔钻在自动车床和镗床上用得较多。

（1）扩孔钻按柄部不同，可分为直柄扩孔钻和莫氏锥柄扩孔

钻两种。

1）直柄扩孔钻。柄部为圆柱形直柄的扩孔钻（采用 GB/T 4256），如图 5-21（a）、图 5-22（c）所示。

2）莫氏锥柄扩孔钻。柄部为莫氏锥柄的扩孔钻（采用 GB/T 4256），如图 5-21（b）、图 5-22（b）所示。

（2）扩孔钻按切削部分材料不同，可分为高速钢扩孔钻和镶硬质合金扩孔钻两种，如图 5-22 所示。

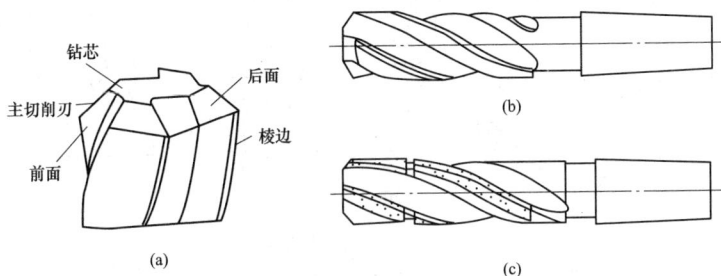

图 5-22　扩孔钻

（a）高速钢扩孔钻外形图；（b）高速钢扩孔钻；（c）镶硬质合金扩孔钻

3. 扩孔钻的主要特点

（1）扩孔钻的钻心粗，刚度高，且扩孔时的背吃刀量小，切屑少，排屑容易，能提高切削速度和进给量，如图 5-23 所示。

（2）扩孔钻的刃齿一般有 3～4 齿，周边棱边数量增多，导向性比麻花钻好，能改善加工质量。

（3）扩孔时能避免横刃引起的不良影响，提高了生产效率，如图 5-23 所示。

图 5-23　扩孔

二、锪孔钻

1. 锪孔应用

用锪削的方法加工平底或锥形螺钉沉孔、锥孔和凸台面的方法称为锪孔。常见的锪孔应用如图 5-24 所示。锪孔的作用是：

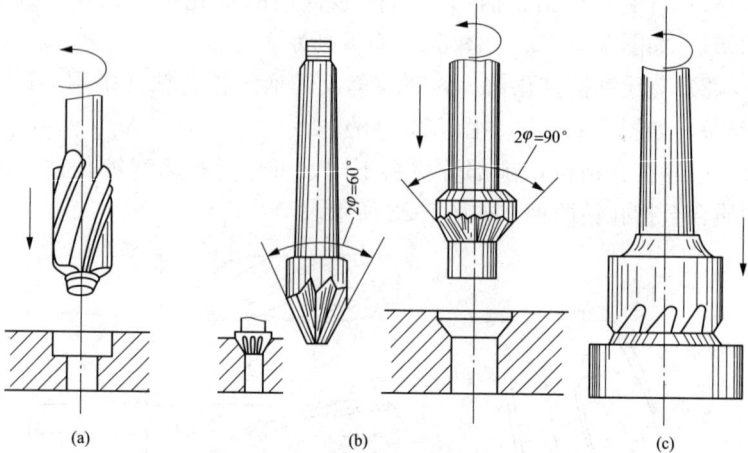

图 5-24　锪孔的应用
（a）锪圆柱埋头孔；（b）锪锥形埋头孔；（c）锪孔口和凸台平面

（1）在工件的连接端锪出柱形或锥形埋头孔，用埋头螺钉埋入孔内使得有关零件连接起来，使外观整齐，结构紧凑；

（2）将孔口锪平，并与中心线垂直，能使连接螺栓的端面与连接件保持良好的接触。

2. 锪钻的种类和特点

锪孔钻分为柱形锪钻、锥形锪钻和端面锪钻三种。

（1）柱形锪钻。如图 5-25 所示，它主要用来锪圆柱形埋头孔，其起主要切削作用的是端面切削刃 1，外圆切削刃 2 为副切削刃，起修光孔壁的作用。锪钻前端有导柱，导柱与工件原有的孔是间隙配合，以保证有良好的定心和导向作用。一般导柱是可拆的，也可以指导导柱和锪钻做成一个整体。

柱形锪钻的螺旋角就是其前角，即 $\gamma_o = \beta = 15°$、后角 $\alpha_o = 8°$。

（2）锥形锪钻。锪锥形埋头孔的锪钻称为锥形锪钻，如图 5-26 所示。按其锥角的大小不同可分为 60°、75°、90°和 120°四种，其中 90°使用最多。锪钻直径 $d = 12 \sim 60$mm，齿数为 $4 \sim 12$ 个，前角 $\gamma_o = 0°$，后角 $\alpha_o = 6° \sim 8°$。为了改善钻尖处的容屑条件，每隔

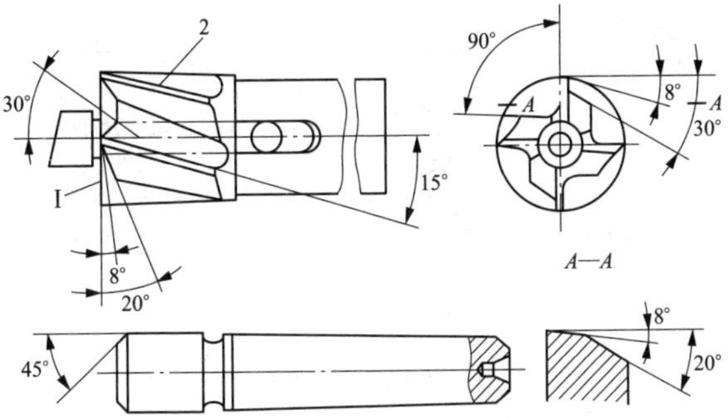

图 5-25　柱形锪钻
1—端面切削刃；2—外圆切削刃

一切削刃将此处的切削刃
磨去一块。

车削中常用圆锥形锪
钻锪锥形沉孔。车削常用
圆锥形锪钻有：60°、90°和
120°等几种，如图 5-27
所示。

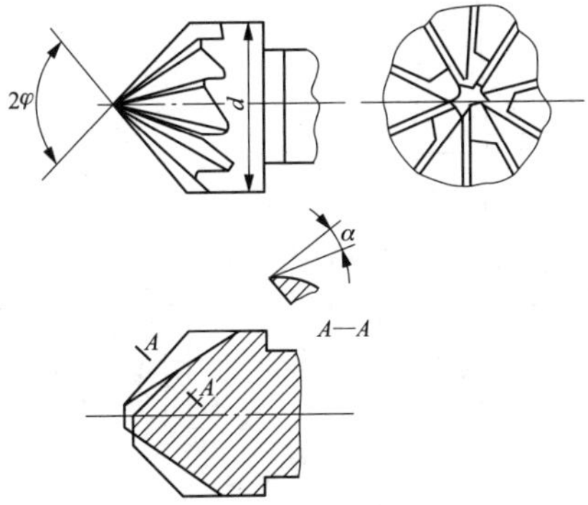

60°和 120°锪钻用于锪
削圆柱孔直径 $d > 6.3\text{mm}$
中心孔的圆锥孔和护锥，
90°锪钻用于孔口倒角或锪

图 5-26　锥形锪钻

埋头螺钉孔。锪内圆锥时，为了减小表面粗糙度，应选取进给量
$f \leqslant 0.05\text{mm/r}$，切削速度 $v_c \leqslant 5\text{m/min}$。

（3）端面锪钻。专门用来锪平孔口端面的锪钻称为端面锪钻，
如图 5-28 所示。锪钻的端面刀齿为切削刃，前端导柱用来导向定
心，以保证孔端面与孔中心线的垂直度。

三、方孔钻

在普通钻床上采用方孔钻卡头、定位心轴三角形钻头、钻模
套等三种工具，即可在铸铁、铸钢等脆性材料上钻削出精度不高
的方孔（通孔或不通孔）。

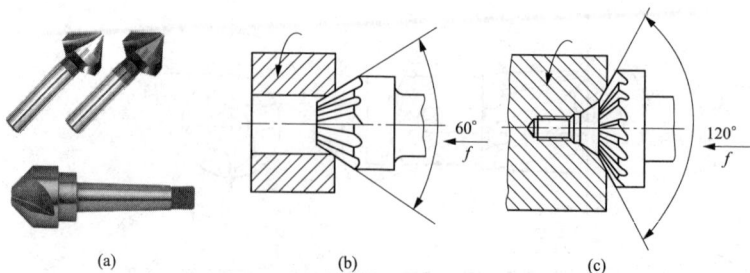

图 5-27　锥形锪钻和锪圆锥孔

（a）实物图；（b）锪 60°内圆锥孔；（c）锪 120°保护锥

图 5-28　端面锪钻

（a）锪端面；（b）锪钻刀片几何参数

1. 方孔钻卡头

钻方孔的关键是钻卡头，它必须同时达到下述三个要求：

（1）旋转并传递动力（一般 $n=30r/min$）；

（2）向下进给（一般 $f=0.1\sim0.2mm/r$）；

（3）方孔钻头在钻模内作规则的浮动。

将方孔钻卡头本体的锥柄装入钻床主轴内，当本体转动时，通过方形平面轴承带动浮动套。浮动套内装有衬套与方孔钻头，方孔钻头伸入钻模套内，对工件进行钻削（见图 5-29）。钻床主轴回转并进给时，工件上便钻出方孔。钻模套与工件用压板压牢。

但工件应先钻一个小于方孔的圆孔，以减少切削余量。

2. 方孔钻

如图 5-29 所示 A-A 剖面中，若方孔的边长为 a，以方孔边长 a 的中点 B 为圆心，$R = a$ 为半径作圆弧，可得 A、C 两点；然后再以 A、C 为圆心，$R = a$ 为半径作圆弧，交于 B 点；A、B、C 组成圆弧三角形，即为方孔钻头的横截面形状。将 ABC 圆弧三角形在 $a \times a$ 方孔中转动，则 A、B、C 三点形成的轨迹就是方孔的 $a \times a$ 四条边。此时圆弧三角形 ABC 的中心 O 在平面内作规则的浮动。如果将 A、B、C 三点做成锋利的刃口，则 ABC 圆弧三角形在转动时，就可切削成 $a \times a$ 的方孔（四角略有圆弧）。但实际制造方孔钻时，应使 R 约小于边长 a（约小 $0.2\mathrm{mm}$ 左右），使钻头在钻模内易于转动。在钻头中心钻出圆孔 d，便于磨刃口（见图 5-30）。

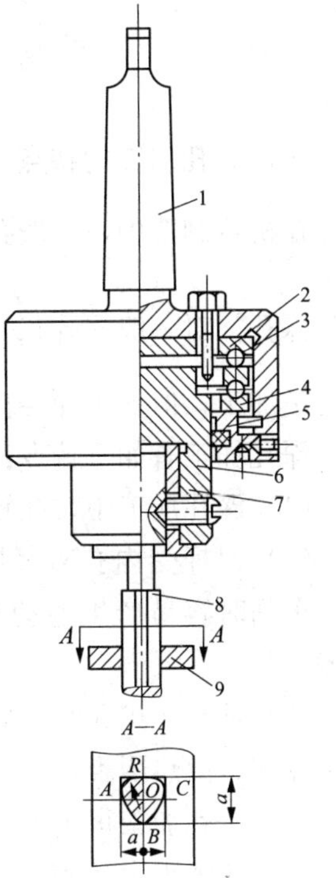

图 5-29　方孔钻卡头

1—锥柄（本体）；2—上轴承座；3—钢球；4—下轴承座；5—锁紧螺母；6—浮动套；7—衬套；8—方孔钻；9—靠模

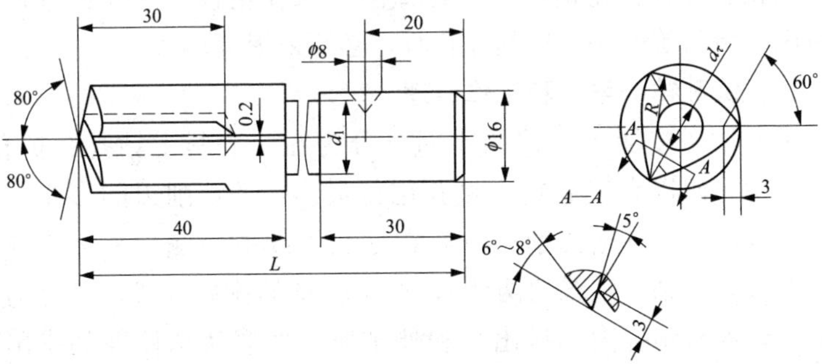

图 5-30　方孔钻

329

第三节 深 孔 钻

一、深孔加工的特点

在机器制造中,一般孔的孔深与孔径之比(深径比)$\frac{L}{D} \geqslant 5$ 时称为深孔。对一般深孔$\left(\frac{L}{D} = 5 \sim 20\right)$,可采用长麻花钻或者加长麻花钻加工,但加工深径比很大的孔时最好使用深孔钻。

深孔加工有如下特点:

(1) 深孔加工中,孔轴线容易歪斜,钻削中钻头容易引偏。

(2) 刀杆受内孔直径限制,一般做得细而长,刚度差,强度低,车削时容易产生振动和让刀现象,使零件产生波纹、锥度等缺陷。

(3) 钻孔或扩孔时切屑不易排出,切削液不易进入切削区域,钻尖冷却、散热困难,钻头易磨损。

(4) 深孔加工很难观察孔的加工情况,加工质量不易控制。

(5) 切削刃上各点的切削速度变化较大,尤其是近中心处的切削速度为零,切削条件差;转矩和轴向力大,钻进困难,且易引偏,致使刀具耐用度及生产率很低。

因此,深孔加工的关键技术是深孔钻的几何形状和冷却排屑问题。

深孔加工有深孔钻削、深孔镗削、深孔精铰、深孔磨削、深孔滚压、珩磨等方法。钻削深孔时,必须采用深孔钻。

二、深孔钻的结构和工作原理

深孔钻削按加工工艺的不同可分为在实心料上钻孔、扩孔、套料三种,而以在实心料上钻孔用得最多。按切削刃的多少,深孔钻可分为单刃(指切削刃分布在钻头轴线的一侧)和多刃(指切削刃分布在钻头轴线的两侧);按深孔钻的排屑方式,可分为内排屑(切屑从钻杆内部排出)和外排屑(切屑从钻杆外部排出)。常用的深孔钻有枪孔钻、喷吸钻和高压内排屑钻。

1. 枪孔钻

枪孔钻是单刃外排屑深孔钻，因最早用于加工枪管而得名，常用来加工直径为 1～20mm、深径比超过 100mm 的深孔。加工精度为 IT8～IT10，表面粗糙度 $Ra5$～$0.63\mu m$，孔的直线度也比较好。

枪孔钻的结构组成如图 5-31（a）所示。枪孔钻由钻头、钻杆和钻柄三部分组成。钻杆由 40Cr 或 45 无缝钢管制成，在靠近钻头部分上压有 V 形槽，是排出切屑的通道；钻头可用整体高速钢或硬质合金制成（当直径大于 12mm 时，常采用镶焊硬质合金刀片结构），与钻杆焊接在一起，钻头前端的小孔是切削液的出口处。

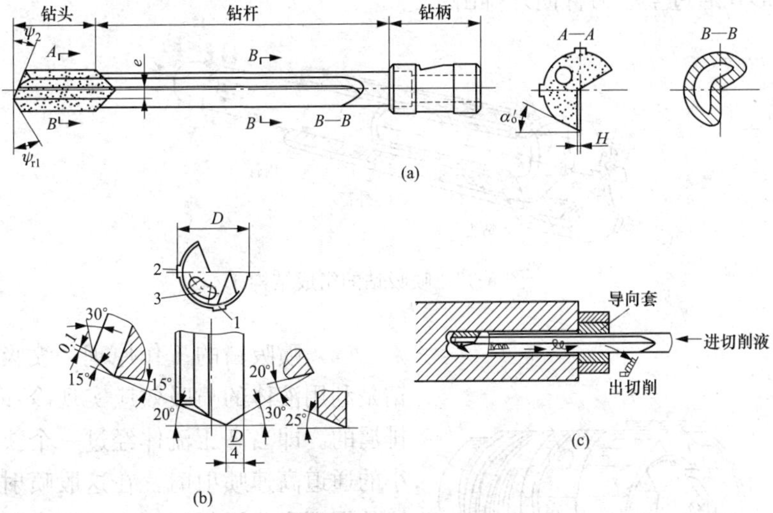

图 5-31 单刃外排屑小深孔枪孔钻
（a）枪孔钻结构组成；（b）钻头几何参数；（c）导向套排屑情况
1、3—狭棱；2—腰形孔

钻孔时，高压（约 2～10MPa）切削液由钻杆后端的内孔注入，经月牙形孔和钻头前端小孔进入到切削区，以冷却和润滑钻头，随后与切屑经钻头切削部分和钻杆上的 V 形槽排出，如图 5-31（c）所示。

枪孔钻的主要特点是，仅在轴线的一侧有切削刃，没有横刃，并分为外刃和内刃两段，使切出的切屑短小，便于排屑。

2. 喷吸钻

喷吸钻是一种新型的内排屑深孔钻，主要用于加工直径 18～180mm、深径比在 100 以内的深孔。加工精度为 IT10～IT7，表面粗糙度 $Ra3.2～0.8\mu m$，孔的直线度可达 0.1mm/1000mm。

(1) 喷吸钻的结构。喷吸钻由钻头、内管和外管三部分组成，如图 5-32 所示。内管尾部开有几个向后倾斜 30°的"月牙孔"。钻头（见图 5-33）采用多线矩形螺纹与外管连接，其切削刃 1 交错分布（两个刀齿分布在轴线一侧，中间齿在另一侧），颈部有几个喷射切削液的小孔 2，前端有两个排屑孔 3，切屑就从这两个喇叭形孔通过空心刀杆向外排出。

图 5-32 喷吸钻的组成结构

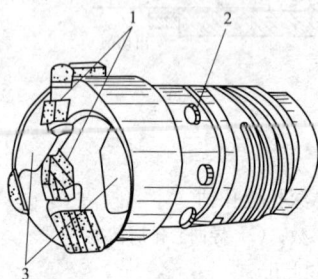

图 5-33 喷吸钻钻头结构
1—切削刃；2—喷射切削液小孔；
3—切屑排出孔

(2) 喷吸钻的工作原理。喷吸钻是利用液体的喷吸效应实现冷却排屑的。即当高压流体经过一个狭小的通道高速喷射时，在这股喷射流的周围形成了低压区，将喷嘴附近的流体吸走。喷吸钻工作时，如图 5-34 所示，切削液在一定压力（0.8～1.2MPa）下，经内外管之间注入，其中 2/3 的切削液通过钻头上的小孔流向切削区，对切削部分和导向部分进行冷却和润滑。另外 1/3 的切削液，经过内管上很窄的月牙形喷嘴，高速喷入内管后部，形成一个低压区，使内管的前后产生很大的压力差。这样，钻出的切屑一方面由高压切削液带动从前向后冲出；另一方面利用内管前后的压力差将切削区的切削液和切屑一起吸入内管，用这两方面的力使切屑顺利地从内管排出。

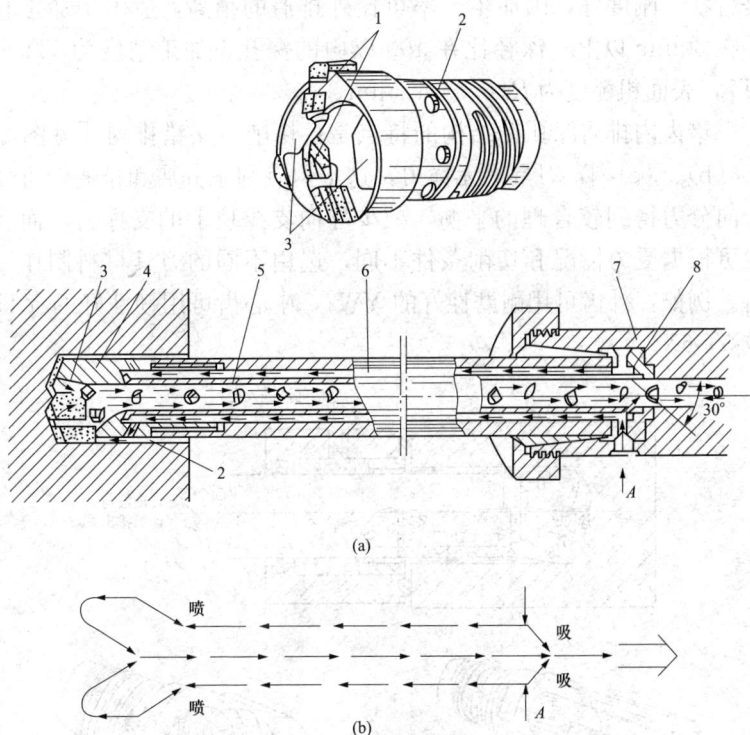

(a)

(b)

图 5-34　喷吸钻工作原理

1—切削刃；2—小孔；3—喇叭形孔；4—喷吸钻头部；

5—内管；6—外管；7—刀柄；8—月牙孔

（3）喷吸钻的主要特点。

1）钻孔时所要求的切削液压力低，这样对冷却泵的功率消耗和对工具的密封要求都可以大大降低。

2）由于内管的内径小，因此对断屑要求比较高，为促使断屑，在刀片上必须磨有断屑台。

3）可在车床、钻床、镗床上使用，操作调整方便，钻孔效率高。

3. 错齿内排屑深孔钻（高压内排屑钻）

错齿内排屑深孔钻由钻头和钻杆两部分组成。由于钻杆剖面是管状，刚度好，因而生产率可比外排屑的稍高，适用于加工直径在 60mm 以上、深径比在 100 以内的深孔。加工精度为 IT9～IT7，表面粗糙度为 $Ra6.3～1.6\mu m$。

错齿内排屑深孔钻结构的特点是：切削刃交错排列［见图 5-35（b）、（c）］，刀具上无横刃，这不但有利于分屑和排屑，可使径向分力得到较合理的平衡，减少导向支撑块上的支撑力，而且也可根据受力情况和切削条件不同，选用不同的刀具材料制作刀齿。例如，外齿可用耐磨性好的 YW2，中心齿可用韧性好的 YT5 或 YG6X。

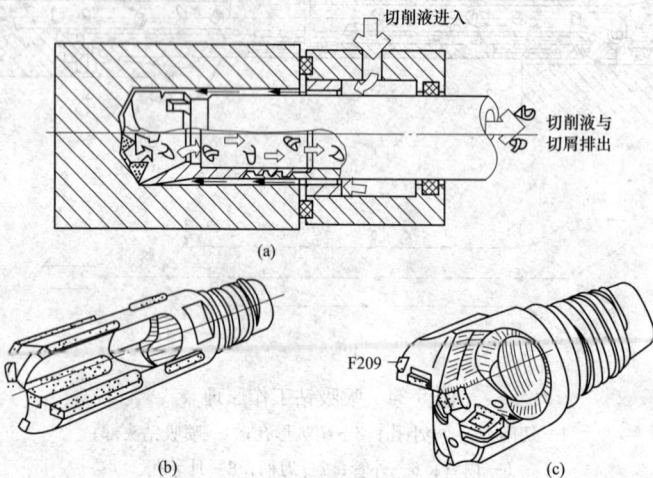

图 5-35　错齿内排屑深孔钻
（a）工作原理；（b）、（c）外形结构

错齿内排屑深孔钻的工作原理如图 5-35（a）所示，高压大流量的切削液进入切削区后。切屑在高压切削液的冲刷下从排屑杆中间排出。这种方式排屑杆内没有压力差，需要较高的切削液压力，一般要求为 $1\sim3$MPa，因此称为高压内排屑。

4. 深孔扩孔钻

深孔扩孔钻如图 5-36 所示。这种钻头刀头可换，适用于加工直径 $\phi40$mm 以上的深孔。在加工深孔时，可以校正在钻削时产生的缺陷，并能提高加工精度和表面质量。适用于半精加工和精加工。

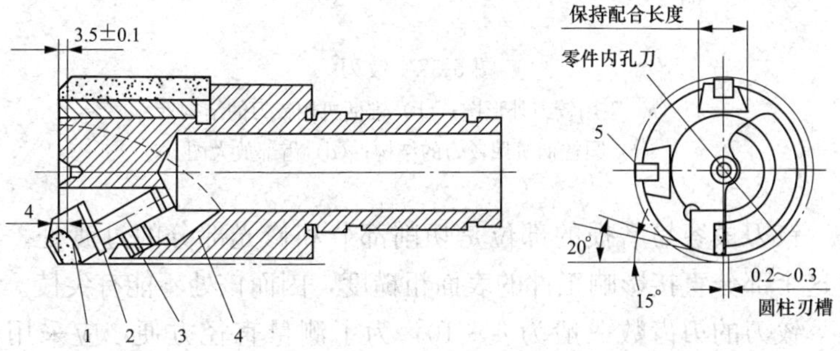

图 5-36　扩孔深孔钻

1—刀头；2—垫圈；3—螺钉；4—刀体；5—导向块

第四节　铰　　刀

铰刀多用于中、小直径孔的精加工和半精加工。铰刀的优点是齿数多，导向性好；加工余量小，容屑槽浅，槽底直径大，刚度好；制造精度高，结构完善等。所以能加工出较高尺寸精度和较小表面粗糙度值的孔，加工精度可达 IT9～IT7，甚至可达 IT6，表面粗糙度为 $Ra1.6\sim0.2\mu$m。

一、铰刀的种类及组成

1. 铰刀的几何形状

参照 GB/T 21018—2007《金属切削刀具　铰刀术语》标准，铰刀的形状如图 5-37 所示，铰刀主要由切削刃、空刀和柄部组成，切削刃由引导部分 l_1、切削部分 l_2、修光部分 l_3 和倒锥 l_4 组成。铰刀的柄部有圆柱形、圆锥形和方榫形三种。

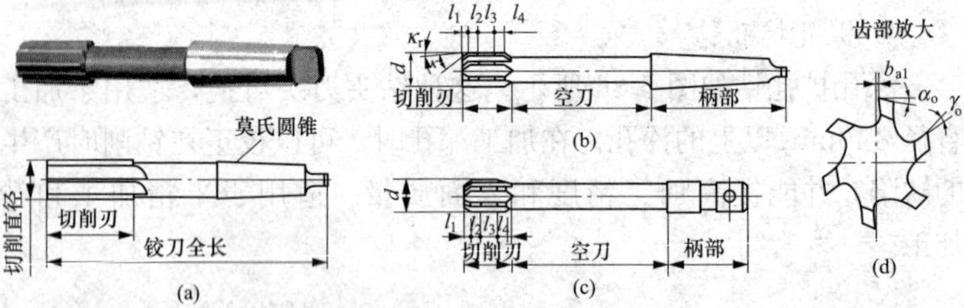

图 5-37　铰刀

(a) 手用铰刀外形图；(b) 锥柄机用铰刀的结构；
(c) 圆柱柄机用铰刀的结构；(d) 齿部放大图

铰刀最容易磨损的部位是切削部分和修光部分的过渡处，而且这个部分直接影响工件的表面粗糙度，因而该处不能有尖棱。

铰刀的刃齿数一般为 $4 \sim 10$，为了测量直径方便，应采用偶数齿。

2. 铰刀的种类

常用铰刀种类如图 5-38 所示。铰刀的分类方式及种类如下：

(1) 铰刀按用途可分为机用铰刀和手用铰刀。机用铰刀的柄部有直柄和锥柄两种，铰孔时由车床的尾座定向，因此机用铰刀切削刃较短，主偏角较大，标准机用铰刀的主偏角 $k_r = 15°$。手用铰刀的柄部做成方榫形，以便套入铰杠铰削工件。手用铰刀切削刃较长，主偏角较小，一般为 $k_r = 40' \sim 4'$。

(2) 铰刀按切削部分的材料分为高速钢和硬质合金铰刀。

(3) 铰刀按加工孔的素线形式可分为圆柱铰刀和圆锥铰刀。

(4) 铰刀按柄部或夹持形式可分为直柄铰刀、锥柄铰刀和套式铰刀。

(5) 铰刀按加工尺寸可否调节，可分为整体式铰刀和可调式铰刀等。

二、铰刀的主要参数

铰刀是多齿刀具，每一个刀齿相当于一把车刀，其几何角度的概念与车刀相同。

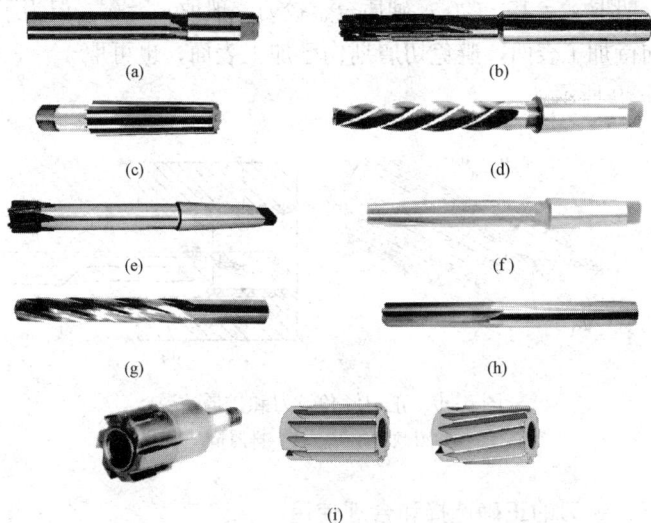

图 5-38　铰刀的种类

（a）直柄方榫手用铰刀；（b）直柄带分屑槽机用铰刀；（c）直柄方榫圆锥铰刀；
（d）锥柄机用螺旋铰刀；（e）硬质合金锥柄机用铰刀；（f）锥柄圆锥铰刀；
（g）直柄手用螺旋铰刀；（h）直柄机用铰刀；（i）套式铰刀

1. 前角（γ_o）

由于铰削余量很小，切屑很薄，切屑与前刀面在刃口附近接触，前角的大小对切削变形的影响并不显著。铰刀的前角一般磨成 0°。当铰削表面粗糙度值要求较小的铸件孔时，前角可采用 γ_o＝－5°～0°；加工塑性材料时，前角可增大到 5°～10°，如图 5-37 所示。

2. 后角（α_o）

为了减小铰刀与孔壁之间的摩擦，后角一般取 6°～10°。

3. 主偏角（k_r）

主偏角的大小影响导向、切削厚度和轴向切削力的大小。k_r 越小，切削厚度越小，轴向力越小，导向性越好，切削部分越长。通常，手用铰刀取较小的主偏角，机用铰刀取较大的主偏角。

4. 刃倾角（λ_s）

带刃倾角的铰刀适用于铰削余量大、塑性材料的通孔。高速钢

铰刀一般取 $\lambda_s = 15° \sim 20°$；硬质合金铰刀一般取 $\lambda_s = 0°$，但为了使切屑流向待加工表面，避免切屑划伤已加工表面，也可取 $\lambda_s = 3° \sim 5°$，如图 5-39 所示。

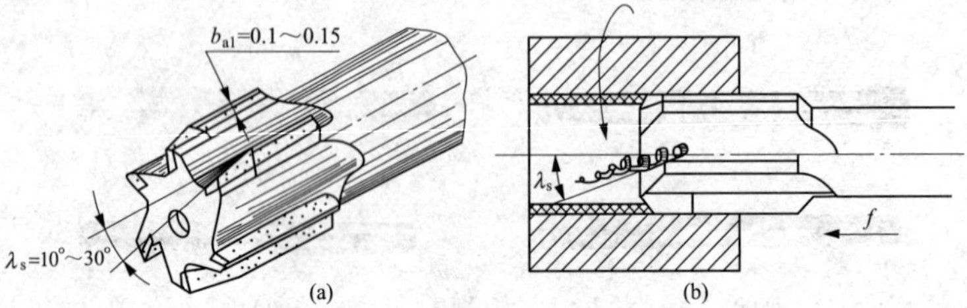

图 5-39 正刃倾角铰刀和排屑情况

(a) 刃倾角铰刀；(b) 排屑情况

三、铰刀的正确选择和合理使用

1. 铰刀直径的选择

用铰刀加工出的孔直径不等于铰刀的直径，可能出现扩大或者收缩（大于或小于铰刀直径）。通常铰出的孔会扩大，但在铰削薄壁孔时（塑性材料），有时会收缩。一般扩张量为 0.003~0.02mm；收缩量为 0.005~0.02mm。

铰孔的精度主要取定于铰刀的尺寸，铰刀最好选择被加工孔公差带中间 1/3 左右的尺寸。如铰 $\phi 20H7$ $\binom{+0.021}{0}$ 孔时，最好选择 $\phi 20$ $\binom{+0.014}{+0.007}$ mm 尺寸的铰刀。

2. 铰刀的装夹

铰孔时，最好采用浮动装夹装置，铰刀作自我导向，机床或夹具只传递运动和动力。刚性装夹铰出的孔易出现不圆、喇叭口和孔径扩大等现象。

3. 切削用量和切削条件

铰削余量的大小直接影响铰孔质量。余量过小，往往不能把前道工序的加工痕迹铰去；余量过大，切屑挤满在铰刀的齿槽中，使切削液不能进入切削区，严重影响表面粗糙度，还会因切削负荷大，使刀具耐用度下降。铰孔余量一般取：高速钢铰刀为 0.08~0.12mm；硬质合金铰刀为 0.15~0.20mm。

与钻削相比，铰削的特点是低速大进给。低速是为了避免产生积屑瘤，若进给量 f 小会造成切削厚度过小，切屑不易形成，啃刮现象严重，刀具磨损加剧。一般高速钢铰刀加工钢材时，$v=1.5\sim5\text{m/min}$，$f=0.3\sim2\text{mm/r}$；铰削铸铁件时，$v=8\sim10\text{m/min}$，$f=0.5\sim3\text{mm/r}$。

✦ 第五节 镗 孔 刀

镗孔刀是应用广泛的孔加工刀具，尤其是加工大直径的孔，镗孔刀几乎是唯一的刀具。镗孔的加工精度通常可达 IT8～IT7，表面粗糙度为 $Ra1.6\sim0.8\mu\text{m}$，若在高精度镗床上进行精细镗削，可达到更高的精度。镗孔能纠正孔的直线度误差，获得高的位置精度。箱体零件的孔系加工通常采用镗孔的方法。

镗孔刀种类很多，按切削刃数量可分为单刃镗孔刀和双刃镗孔刀。

一、镗孔刀的作用及分类

1. 单刃镗刀

单刃镗刀只有一头有切削刃，结构简单，制造方便，通用性广；但切削效率较低，且对操作工人的技术要求较高。加工小直径孔的镗刀常做成整体式，如图 5-40 所示；加工大直径孔的镗刀可做成机夹式，如图 5-41 所示。

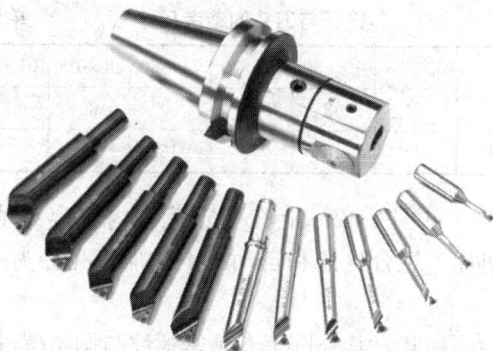

图 5-40　整体式单刃镗刀及微调镗刀杆

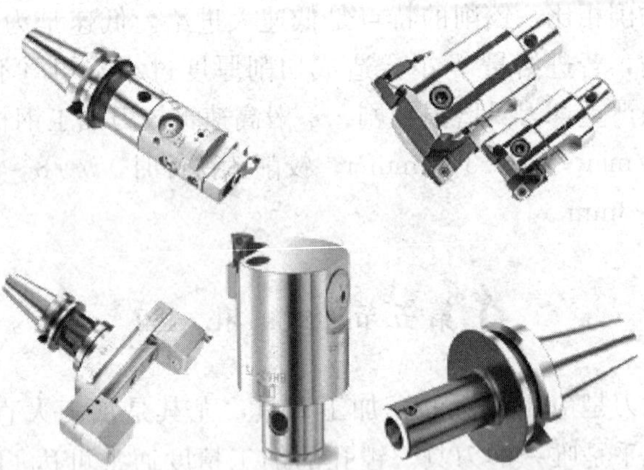

图 5-41　各种机夹式镗刀及微调镗刀杆

机夹式单刃镗刀的刀头（刀杆）通常做成正方形，镗杆截面积尽可能大，以增大镗刀刚度。表 5-10 为镗杆与刀头的参考尺寸。为了使刀头在镗杆内有较大的安装长度，并且有足够的位置安装压紧螺钉和调整螺钉，在镗盲孔或阶梯孔时，倾斜角 $\delta=10°\sim45°$ [见图 5-39 （a）、（c）]，镗通孔时 $\delta=0°$ [见图 5-39 （b）]。镗杆上的装刀孔通常对称于镗杆轴线，因而刀头装入刀孔后，刀尖高于工件中心，使切削时工作前角减小、工作后角增大。所以在刃磨刀头时，需将前角适当增大，后角适当减小。

表 5-10　　　　　　　　镗杆与刀头的参考尺寸　　　　（单位：mm）

工件孔径	32～38	40～50	51～70	71～85	86～100	101～140	140～200
镗杆直径	24	32	40	50	60	80	100
刀头直径或边长	8	10	12	16	18	20	24

微调镗刀（见图 5-42）能在一定范围内较容易地调节尺寸，多用于数控机床、组合机床和自动线上，加工孔径为 20～180mm 的孔。

刀头 1 为圆柱状，其外圆上有精密螺纹与调整螺母 3 配合，刀头后端有螺纹孔，用内六角螺钉 5 及垫圈 6 紧固在镗杆 4 的圆柱孔内，刀头体上有导向键 7 与镗杆上的键槽配合，使刀头不会产生

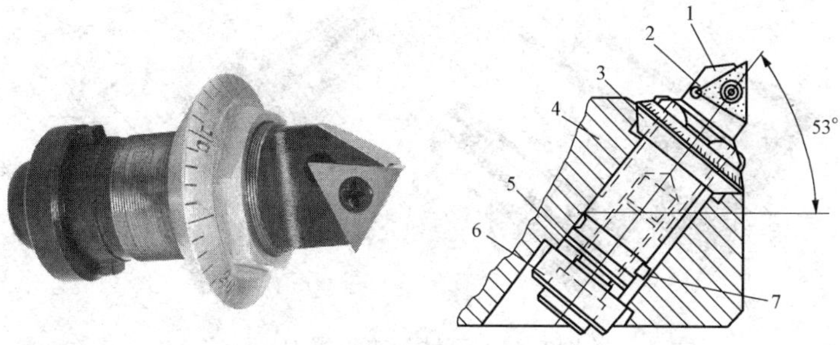

图 5-42 微调镗刀

(a) 外形图；(b) 结构图

1—刀头；2—刀片；3—调整螺母；4—镗杆；5—螺钉；6—垫圈；7—导向键

转动。调整时，将螺钉 5 稍稍松开，转动带刻度的调整螺母 3，刀头 1 即沿其轴线移动，使镗刀达到预定尺寸，然后旋紧螺钉 5。刀头倾斜 53°8′，调整螺母 3 的螺距为 0.5mm，刻线为 40 格，螺母每转过一格，刀头沿径向的移动量为

$$\Delta = \frac{0.5}{40} \times \sin 53°8' = 0.01 \text{（mm）}$$

镗通孔时，刀头垂直于轴线安装，此时，调整螺母上的刻线为 50 格，它每转过一格，刀头在径向移动量为

$$\Delta = \frac{0.5}{50} = 0.01 \text{（mm）}$$

2. 双刃镗刀

双刃镗刀的特点是：镗杆两侧刀刃同时切削，所产生的径向切削抗力对称平衡，大大减少了径向抗力对机床主轴的影响，增大了机床和镗杆的刚度，减小了切削时的振动，提高了加工精度。

如图 5-43 所示为可转位双刃镗刀，图 5-44 所示为装配式浮动镗刀。装配式浮动镗刀，安装在镗杆方孔中的刀块，通过作用在两侧切削刃上的切削力自动平衡其切削位置，因此它可以自动补偿由于镗杆径向圆跳动而引起的加工误差，从而获得较高的孔径加工精度和较小的表面粗糙度值。

浮动镗刀的刀片由高速钢或硬质合金制成，尺寸可由楔块 4

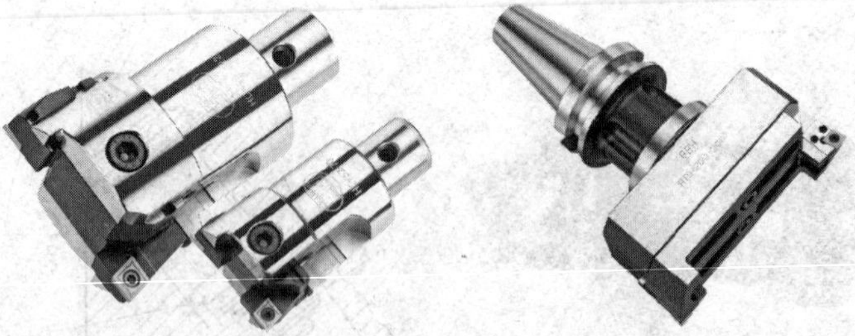

图 5-43　可转位双刃镗刀

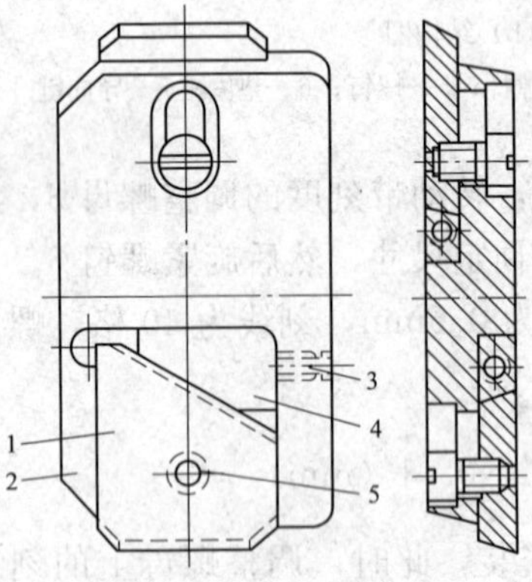

图 5-44　装配式浮动镗刀

1—刀片；2—刀体；3—螺钉；

4—楔块；5—刀片压紧螺钉

来调整，用螺钉 3 夹紧。镗杆可用 40Cr 铜制成，淬硬至 40～50HRC，镗杆方孔与镗刀采用间隙配合（G7/H6），方块两侧面对轴线的垂直度在 0.01～0.02mm 以内。

二、小孔镗刀

对于精度要求较高的小孔和小直径深孔，钻削加工不能满足其精度要求和表面粗糙度要求，还可以采用镗削加工和铰削加工的方法。

小孔镗削加工一般在坐标镗床上进行较好，常用的小孔镗刀见表 5-11。

表 5-11　　　　　　　小孔镗刀（坐标镗床用）

	弯头镗刀	铲背镗刀	整体硬质合金镗刀
简图	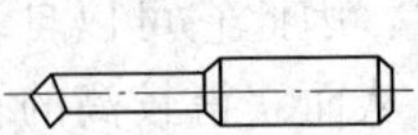	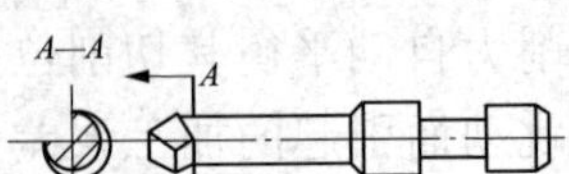	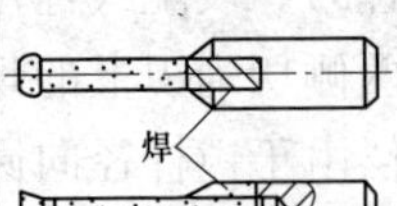

	弯头镗刀	铲背镗刀	整体硬质合金镗刀
特点	制造简单，刃磨方便	刀头后面为阿基米德螺旋面，刃磨时只需磨前刀面	刀头、刀体采用整体硬质合金与钢制刀杆焊在一起，刚性好

注　小孔镗刀适用于直径不大于 10mm 的小孔。

三、深孔镗削刀具

采用扩孔镗加工深孔，可用如图 5-45 所示的深孔镗刀头来加工。所镗孔径大小可用刀规调整。刀头后端用矩形螺纹连接在刀杆上。而刀杆最好用钻削用的钻杆，这样就无需更换和调整刀杆。

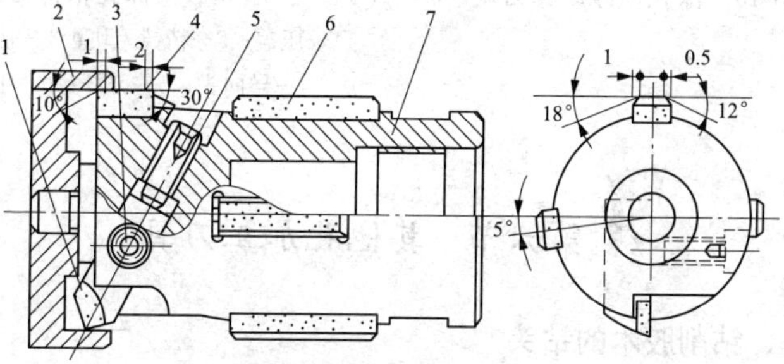

图 5-45　深孔镗刀头

1—刀头；2—刀规；3—调节螺钉；4—前导向垫；

5—紧固螺钉；6—后导向垫；7—刀套

四、精密镗孔刀

精镗深孔时所采用的刀具是深孔浮动镗刀块，如图 5-46 所示。采用浮动镗刀进行深孔精加工，可以得到更高的精度和更细的表面粗糙度值。其具体方法是，半精加工后，工件装夹不动，换上浮动镗刀块，就可进行加工。加工时最好采用反向进给，如图 5-47 所示。

图 5-46　深孔用浮动镗刀块

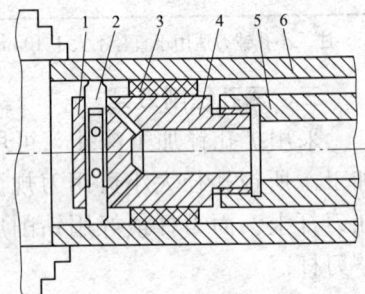

图 5-47　深孔精镗刀

1—压盖；2—精镗刀块；3—亚麻布；
4—导向头；5—刀杆；6—工件

第六节　其他孔加工刀具

一、钻削胶木的钻头

胶木强度不高，具有软、脆、松特性，钻削中有"扎刀"现象，切屑松散；导热性差，且不耐热（约耐热 120～180℃），温度稍高，导致材质中的树脂变质产生热分裂变形；弹性系数小，热膨胀系数又大，钻削后易缩孔；材质中的填料有纤维性，切削刃不锋利、切削速度较低、进给量较大时，易产生毛边；材质中的纤维织物有各向异性，孔易产生椭圆形；不宜用水剂冷却液冷却，以免影响产品质量。

1. 小顶角钻胶木钻头（见图 5-48）

（1）刃形特点。顶角磨成 60°～90°；前刀面修磨成平面，前角 0°～5°；加大后角到 20°～26°；前、后刀面用油石研磨至 $Ra0.4\mu m$。

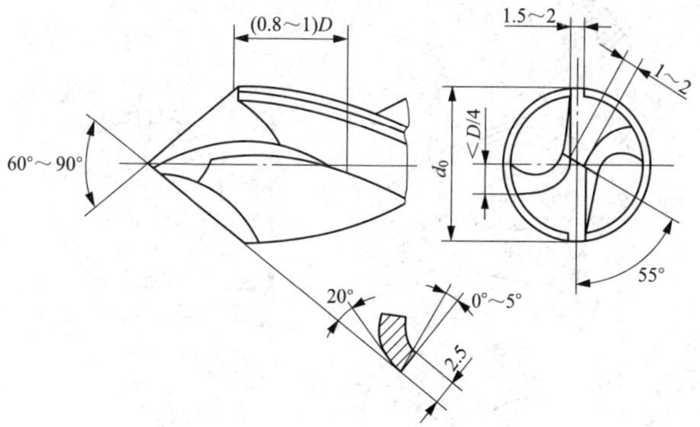

图 5-48 小顶角钻胶木钻头

（2）效果。消除钻头钻削时的退火现象，提高钻头寿命；加工质量好，孔底面不起层（掉皮），上面不出黄边，中间不开裂，孔壁表面粗糙度得到改善，生产效率高；只要机床刚性好，在满足表面粗糙度及精度的条件下，可采用大进给量。

（3）注意事项。加工孔精度要求较高时，必须保证钻尖位置在中心，且刀刃应对称；当工件厚度小于钻尖高度的 0.8 倍时，不能使用这种钻头。

2. 钻胶木群钻（见图 5-49）

（1）刃形特点：适当磨偏钻芯，有意把孔钻大，以抵消孔的收缩及减小棱边的摩擦与磨损；外刃顶角磨小，加强定心和改善外缘转角处的散热条件；缩短横刃，减小轴向力；后角磨大，减少后刀面的摩擦和磨损；为避免扎刀，修磨两钻侧刃 l 的前刀面，减小前角，使 $\gamma = -5°$ 左右；在外直刃的最外缘保留 $1 \sim 1.5$mm 的长度不修磨保持它的锋利性，从而避免出口处出现毛刺、脱皮等现象。

（2）主要参数值：外刃长 $l \approx 0.2d_o$，圆弧半径 $R \approx 0.1d_o$，尖高 $h \approx 0.03d_o$，横刃长 $b \approx 0.02d_o$，外刃顶角 $2\phi = 100° \sim 110°$；内刃顶角 $2\phi' = 135°$，内刃斜角 $\tau = 20° \sim 25°$，横刃斜角 $\varphi = 65°$，内刃前角 $\gamma_\tau = -10°$，圆弧刃后角 $\alpha_R = 15° \sim 18°$，外刃后角 $\alpha = 12° \sim 15°$。

图 5-49　钻胶木群钻

二、钻削有机玻璃的钻头

有机玻璃的导热性不良，且耐热性低，受热后容易软化，在100℃时表现出如软橡皮一样的弹性，切削温度不宜超过 60℃；在钻削力作用下，孔壁附近区域产生内应力，易生银斑状裂纹，钻削中冷热突变也会产生裂纹；切屑容易堆起，黏在棱边和螺旋槽上，堵住刃沟；弹性大，加大与钻头后面、棱边的摩擦，对孔的质量极为不利；钻削中的微碎屑末与孔壁发生摩擦，将降低其透明度。

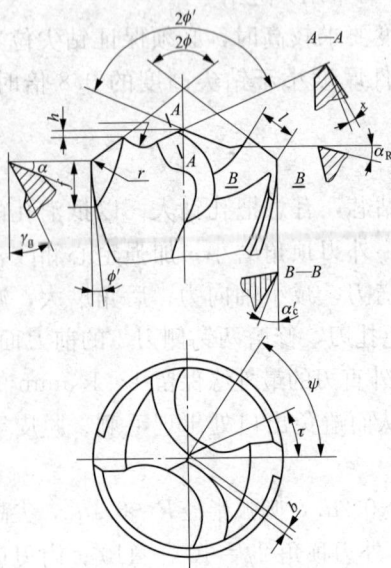

钻有机玻璃群钻（见图5-50），可较有效地保证加工质量。

其特点是：

（1）加大外刃的轴向前角，$\gamma_g \approx 35° \sim 40°$，将横刃 b

图 5-50　钻有机玻璃群钻

修磨的尽可能短，以减少切削力和热量。

（2）选用较小的外刃顶角，$2\phi = 100° \sim 110°$，并修圆外缘刃尖 r，减轻切削痕迹。

（3）加大刃带的倒锥，有必要时，可在外圆磨床上磨出半锥角，$\phi' = 15' \sim 30'$ 的锥度；磨窄刃带；加大副刃的径向副后角 $\alpha'_c = 25° \sim 27°$，形成锐刃，以减小钻孔中的摩擦。

（4）要把刃口和刃带研磨到 $Ra0.4\,\mu m$ 以下，充分加注冷却液；选用适中的转速和进给量，以 $\phi18mm$ 钻头为例，可取 $n = 338r/\min$；$f = 0.09 \sim 0.12mm/r$。

三、钻削非平面上孔的钻头

钻削非平面上的孔，如在倾斜的圆柱面上、在球面体上、在斜面上钻孔，或在铸、锻毛坯及端面不平的表面上钻孔，或在孔壁形状不规则的工件上扩孔，都存在着偏切削的问题，钻削中切削刃的径向抗力将使钻头轴线偏斜，很难保证孔的正确位置，并容易使钻头折断。为此一般可采用平顶钻头，如图 5-51（a）所示，它减少了切削力的径向分力，使钻头的质量得到保证；也可采用多级平顶钻，如图 5-51（b）所示，

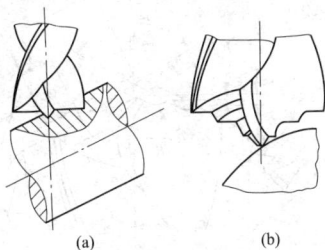

图 5-51　在非平面上钻孔
(a) 平顶钻；(b) 多级平顶钻

它由钻芯部分先切入，而后逐级钻进，能起到较好的定心作用。选择钻头时应尽量选用导向部分较短的，以增强钻头的刚性；且钻削时最好使用钻模；并应采用手动进给，特别是在进、出口处；而且转速也不能太高。此外，还有一种转位钻偏孔法，如图 5-52 所示，即先打一径向浅孔，如图 5-52（a）所示，然后转动一个角度，沿孔窝往下钻孔，如图 5-52（b）和图 5-52（c）所示，这样就改变了偏切削情况，必要时可再孔端锪平。

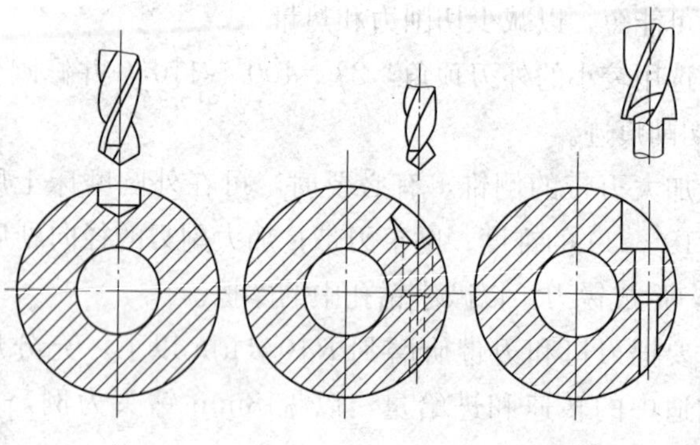

图 5-52 转位钻偏孔法

（a）先打一径向浅孔；（b）、（c）转位后沿浅窝往下钻孔

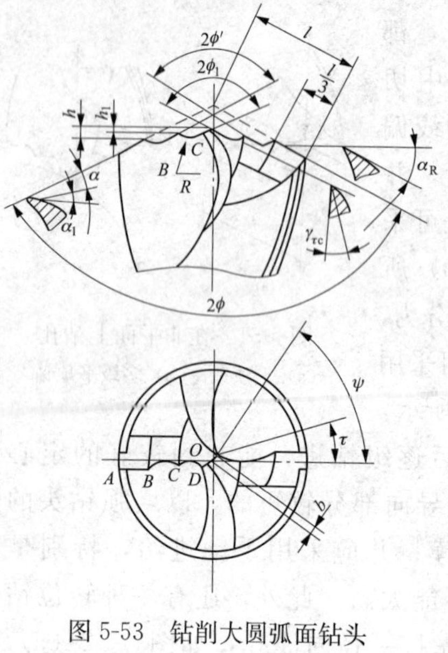

图 5-53 钻削大圆弧面钻头

1. 钻削大圆弧面钻头

（1）修磨要点（见图 5-53）。

1）将钻头磨为五尖十一刃，使主切削刃分刃切削，减轻轴向抗力，钻削轻快。

2）磨出第二内刃顶角，使五尖钳制容易定心。

3）采用双后角，减少后面与孔壁摩擦，便于冷却，减轻钻削热。

4）磨低横刃，使其窄又尖，变负前角挤压为切削状态。

（2）参数值：外刃顶角 $2\phi = 125°$，内刃顶角 $2\phi' = 130°$，第二内刃顶角 $2\phi_1 = 135°$，圆弧刃后角 $\alpha_R = 18°$，内刃前角 $\gamma_\tau = -15°$，外刃长 $l = L/3$，圆弧刃半径 $R = 3\text{mm}$，横刃斜角 $\varphi = 65°$，内刃斜角 $\tau = 25°$，外刃后角

$\alpha=16°$，外刃双后角 $\alpha_1=12°\sim14°$，尖高 $h=1.5\mathrm{mm}$，第二尖高 $h_1=1.5\mathrm{mm}$，横刃宽 $b=1.5\mathrm{mm}$。

2. 在球面上钻孔的钻头

在球面上钻孔的钻头是在群钻基础上改进和发展而来，切削部分修磨后的几何形状和参数见图 5-54（a）。

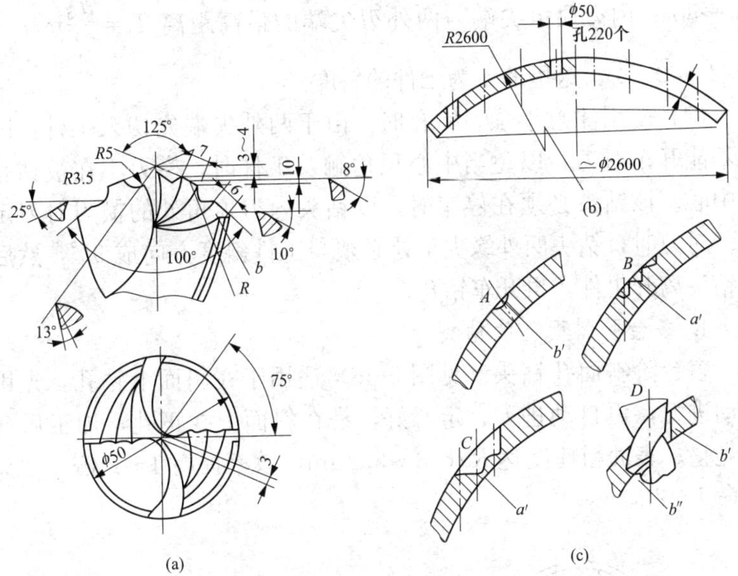

图 5-54　在球面上钻孔的钻头
（a）钻头切削部分几何形状；（b）被钻工件形状；（c）钻削原理

被钻工件形状见图 5-54（b），钻削原理参见图 5-54（c）。钻削时，b 刃首先在工件上锪出一道槽 b' ［见图 5-54（c）中 A］；随着主轴进给，切削刃 a 参加工作，同时横刃参加定心 ［见图 5-54（c）中 B］；b' 点钻透，切削刃 a 仍在工作，同时横刃仍起定心作用 ［见图 5-54（c）中 C］；a' 点钻透，中心消失，已钻透的 b' 点抵住钻头，同时 b'' 点辅助定心，防止钻头向 b' 点滑移而使孔变椭圆 ［见图 5-54（c）中 D］；最后改机动进给为手动进给（起提高工效作用），切削过程完毕。

当孔径为 50mm 时，采用 $n=50\mathrm{r/min}$，$f=0.071\mathrm{mm/r}$，得

表面粗糙度 $Ra6.3\,\mu m$、椭圆度不大于 0.1mm、孔径公差不大于 0.1mm。

3. 在斜面上钻孔的钻头

（1）刃形特点（见图 5-55）。当钻头直径 10～40mm 时，钻芯横刃长度 $b=0.5\sim0.7$mm；圆弧刃半径 $R=d_0/6$；内刃顶角 $2\phi=70°\sim80°$；内刃顶角尖端与两外刃尖端的最高距离 $T=\dfrac{d_0}{2}\tan\alpha-(0.2\sim0.5)$，这里的 α 为工件的斜度。

（2）使用注意事项。钻孔时，由于两外尖端先切入工件，因此不能开车对刀，以免当中心顶角触及工件时，横刃不在被钻孔的中心。该钻头必须在停车时，以钻头内刃顶角处的横刃对刀定心。对刀时，钻头两外缘尖角处必须与工件斜度方向成 90°，然后使钻头离开工件，再开车钻孔。

4. 多台阶斜面孔的钻头

多台阶斜面孔钻头（见图 5-56）适用于在斜面上钻孔，先用手动进刀，再自动进刀；定心好，易在斜面上找正孔，加工后孔圆光整；表面粗糙度达 $Ra6.3\sim3.2\,\mu m$，效率提高 1～2 倍，钻头寿命 1～2h。

图 5-55　在斜面上钻孔的钻头

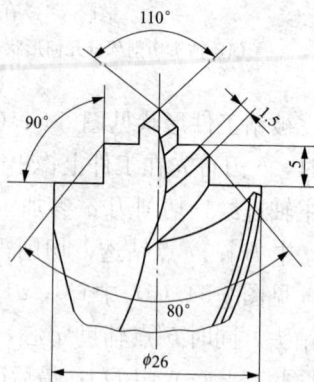

图 5-56　多台阶斜面孔的钻头

钻头直径 $d_o=15\sim40\mathrm{mm}$ 时，钻尖顶角 $2\phi=110°$，后角 $\alpha=10°$，台阶刃顶角 $2\phi=80°$，台阶刃侧角为 $90°$。

钻不锈钢，$d_o=8\sim18\mathrm{mm}$ 时，$v\approx10\sim12\mathrm{m/min}$；$f=0.12\sim0.2\mathrm{mm/r}$。

四、孔加工复合刀具

孔加工复合刀具是将两把或两把以上同类或不同类的孔加工刀具组合成一体的专用刀具，如图 5-57 所示，它能将钻孔、扩孔、铰孔、锪孔、镗孔等工序进行复合加工或依序加工，具有高效率、高精度、高可靠性的成形加工特点，在组合机床及自动线上应用广泛。

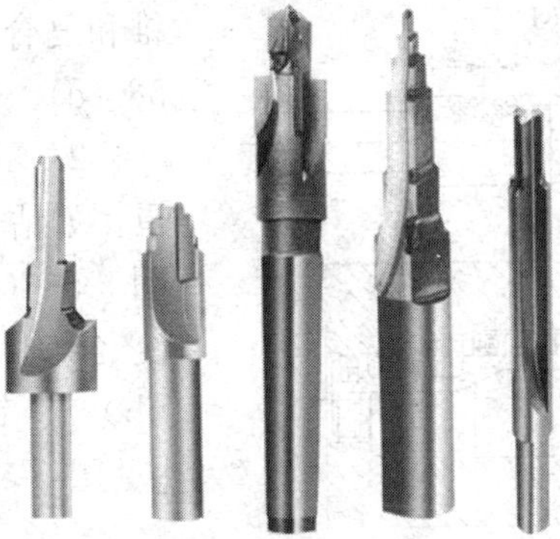

图 5-57 孔加工复合刀具

1. 孔加工复合刀具的优点

(1) 生产效率高。用同类工艺复合刀具可同时加工几个表面，使基本时间重合；用不同类工艺复合刀具对一个或几个表面顺序进行加工时，能减少辅助时间，大大提高劳动生产率。

(2) 加工精度高。用复合刀具加工时，可保证工件加工表面之间获得较高的位置精度，还能减小工件、刀具的安装及定位误差，有利于提高工件的加工精度和减小表面粗糙度值。

(3) 加工成本低。采用复合刀具可以使工序集中，从而减少机床或工位数量，对自动线则可以大大节省投资，同时对操作工人的技术水平要求较低。

（4）加工范围广。孔加工复合刀具不仅可加工实芯材料，也可扩大毛坯孔。既可加工圆柱形孔，也可加工锥形孔、螺纹孔、多台阶孔，还可锪凸台、沉孔等。

2. 孔加工复合刀具的分类

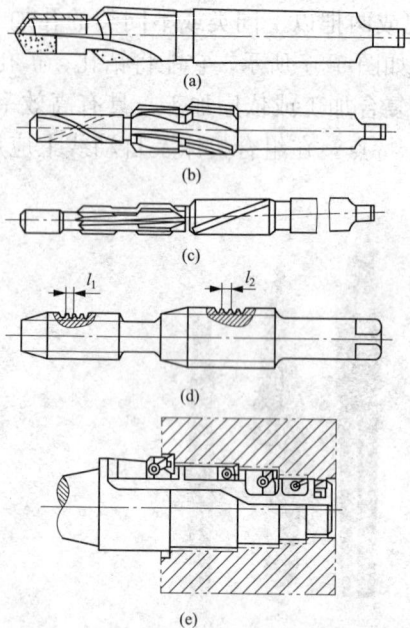

图 5-58　同类工艺复合刀具
(a) 复合铝；(b) 复合扩孔铝；(c) 复合铰刀；
(d) 复合丝锥；(e) 复合镗刀

（1）按工艺类型分类。

1）同类工艺复合刀具。如复合钻［见图 5-58 (a)］、复合扩孔钻［见图 5-58 (b)］、复合铰刀［见图 5-58 (c)］、复合丝锥和复合镗刀等［见图 5-58 (d)、(e)］。

2）不同类工艺复合刀具。如钻-扩复合刀具［见图 5-59 (a)］、钻-扩-铰复合刀具［见图 5-59 (b)］、钻-攻复合刀具［见图 5-59 (c)］、钻-镗复合刀具［见图 5-59 (d)］、钻-扩-锪复合刀具［见图 5-59 (e)］等。

（2）按复合刀具的结构分类。

1）整体式复合刀具，如图 5-58 (a)、(b)、(c)、(d) 所示。

2）装配式复合刀具，如图 5-58 (e) 所示。

3. 复合钻头

复合钻头属于同类工艺复合刀具，它比其他刀具结构要简单一些，应用比较广泛。钻头的复合方案一般有两种：

（1）采用错齿结构。如图 5-60 (a) 所示，由于各单个刀具有其独立的刀齿和排屑槽，切屑不易相互干扰，便于排出，重磨时

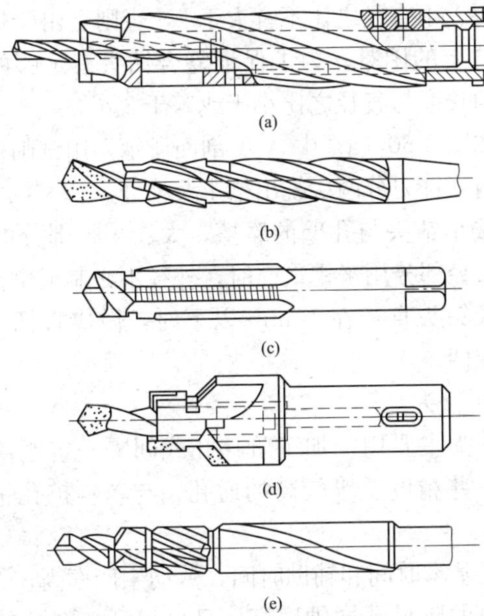

图 5-59　不同类工艺复合刀具

（a）钻—扩复合刀具；（b）钻—扩—铰复合刀具；（c）钻—攻复合刀具；
（d）钻—镗复合刀具；（e）钻—扩—锪复合刀具

相互无影响，因此，刀具寿命较长。

（2）采用成形刀齿。如图 5-60（b）所示，各刀齿有公共的容屑槽，这种复合钻可由标准麻花钻改磨而成，因此制造比较容易。

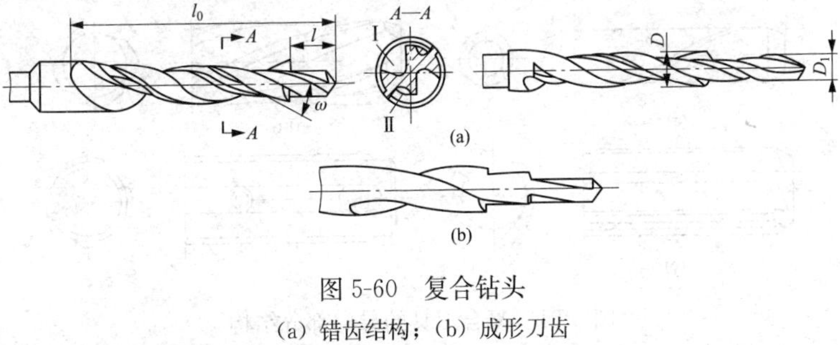

图 5-60　复合钻头

（a）错齿结构；（b）成形刀齿

采用错齿结构制造复合钻时，应注意以下几点：

353

（1）钻头大、小直径之比不宜大于 2，否则会由于螺旋角相差太大而造成制造上的困难。为了保证复合钻头有足够的刚性，应使第一级钻头的长度与直径之比小于或等于 3。

（2）槽形如图 5-60（a）中 A-A 剖面所示，用铣削标准麻花钻的槽铣刀及双角度铣刀分两次铣出槽Ⅰ及槽Ⅱ。

（3）为了减小钻头与孔壁的摩擦，大、小径部分的外径一般都制成倒锥。大径部分用来锪平面时，外径不必制成倒锥。

（4）第二级钻头直径在 10mm 以下时，做成直柄，在 10mm 以上时，做成锥柄。

4. 复合扩孔钻头

复合扩孔钻头主要用于加工阶梯孔或间隔一定距离的孔，有时也用于加工一些精度要求较高的通孔。与单一扩孔钻相比，它有如下优点：

（1）缩短了基本时间和辅助时间，劳动生产率高；

（2）加工出的阶梯孔同轴度高，且可保证各个孔的端面之间的距离比较准确。

当孔距在 30mm 以下时，复合扩孔钻一般制成高速钢或镶焊硬质合金整体锥柄的形式。这类复合扩孔钻由于直径小、刚性差，最好能设置导向柱。导向柱可设置在刀具的前部、中部或后部，也可几部分同时出现。

常用的导向结构有如图 5-61 所示几种形式。

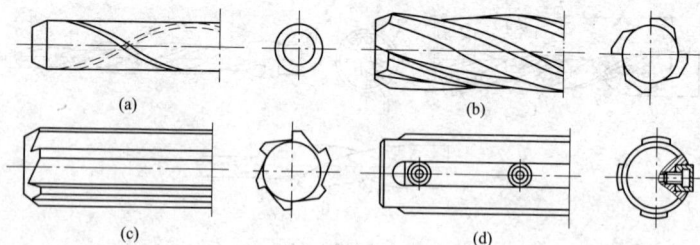

(a)

(b)

(c)

(d)

图 5-61　复合刀具的导向部分结构

（1）整体圆柱导向［见图 5-61（a）］的结构简单，但与导向套接触面积大，工作时容易"咬死"；

（2）开润滑油槽的导向装置［见图 5-61（b）、（c）］在生产中使用较普遍，但油槽的方向必须保证刀具导向部分在工作时有良好的润滑条件；

（3）铣有齿形的导向［见图 5-61（d）］，可将进入导套的切屑刮入槽中，故使用效果较好，但制造较麻烦。

当孔径大于 30mm 时，则常采用镶齿式复合扩孔钻［见图 5-62（a）］和装配式复合扩孔钻［见图 5-62（b）］。

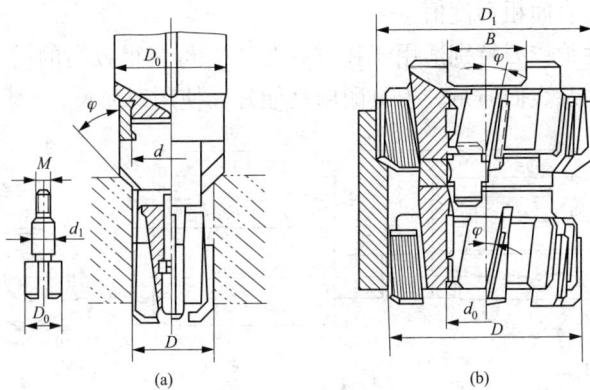

图 5-62 复合扩孔钻

（a）镶齿式复合扩孔钻；（b）装配式复合扩孔钻

装配式扩孔钻采用了装配式套装结构，利用了一种如图 5-62（b）中虚线所示的带十字形端面键的中间套筒将两个刀体连在一起，此时中间刀体两面均需铣出端面键槽。两刀体内径相同，用来夹紧在公共刀杆上。这种复合扩孔钻结构简单，可以分开制造，使用方便，比较经济，不仅可以复合多把扩孔钻，而且也可以把锪端面的刀具包括进来。应当注意的是，为了保证被加工孔的同轴度，不能把刀具拆开刃磨，应按使用方式组装后整体刃磨。

由于复合刀具在大多数情况下是专用的，需专门设计、制造，与其他单个刀具比较，价格较贵，因此只有在成批或大量生产的情况下才是经济合理的。

5. 刚性镗铰刀

在加工各种精密孔时，还可采用刚性镗铰刀，如图 5-63 所示。刚性镗铰刀属于不同类工艺复合刀具，这种铰刀的特点是镗削、铰削和挤压结合在一起，刀具最前端具有主偏角 $k_r = 40°$ 的切削刃担任切除大部分余量的镗削任务。3°斜角与圆柱校准部分担负精铰任务，硬质合金导向块起导向、支承和挤压作用。圆柱校准部分的半径比导向块半径小，分别小 0.025、0.032、0.035mm（视工件材料不同而异），以便留有挤压余量，通过导向块对孔挤压可得到较小的表面粗糙度值。

刚性镗铰刀特别适用于铸铁孔加工，可获得较高的尺寸精度、几何精度及表面质量，刀具耐磨性能好，使用寿命长。

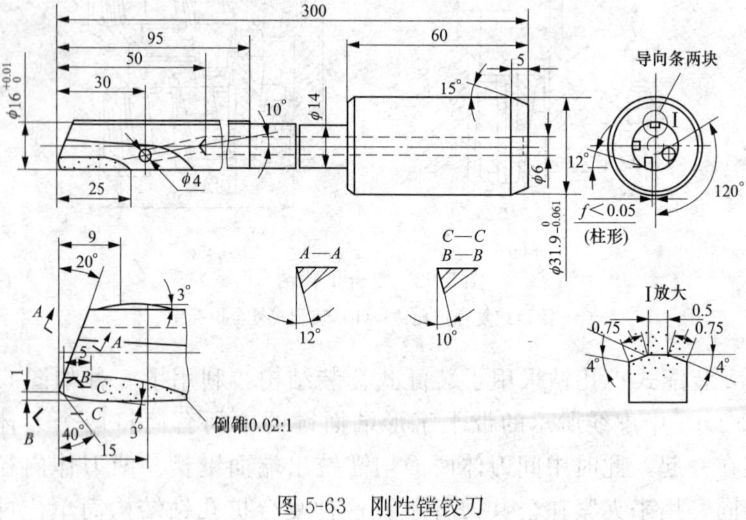

图 5-63　刚性镗铰刀

6. 孔加工复合刀具的切削用量选择

采用复合刀具切削时的切削力大，刀具制造、重磨和调整困难。应制定较大的刀具耐用度（不少于 4h），故应选用较小的切削用量。

孔加工复合刀具的背吃刀量 a_p 由相邻单刀的直径差决定，a_p 不宜过大。复合刀具的进给量是各刀相同的，应以最小尺寸的单刀来确定。对于先后切削的复合刀具，如钻—扩—攻螺纹复合刀具，切削时应依次相应地改变进给量，以适应各单刀的加工需要，切削速度的选择应按最大直径刀具来确定，这是因为最大直径刀具的切削速度最高，磨损最快。各单刀进行不同加工工艺时，应兼顾各工艺特点，如采用钻-铰复合刀具加工时，采用的切削速度应低于正常的钻削速度，而又高于正常的铰削速度。

第六章

铣 削 刀 具

第一节 铣刀的种类及用途

一、铣刀的作用及特点

铣削是以铣刀的旋转和工件的移动相配合进行的切削加工。铣削时，铣刀的旋转运动是主运动，工件的移动是进给运动。铣削运动、常用铣刀的类型及用途如图 6-1 所示。

铣刀属于多齿刀具，铣刀的每一个刀齿相当于一把车刀，其切削部分的几何参数及切削的基本规律与车刀相似。但铣削属断续切削和多刃切削，同时参加切削的刀齿数较多，切削厚度和切削层面积随时在变化。因此铣刀又具有其自身的特殊规律，其特点是：

（1）铣削过程中，其切削厚度和切削宽度随时间变化，即切削层面积是随时间变化的（见图 6-2），因而引起切削力周期性变化，产生周期性振动，造成铣削过程的不平稳。

（2）铣削时每个刀齿是短时间周期性切削，虽有利于刀齿的散热和冷却，但周期性的热变形会引起刀齿的热疲劳裂纹，造成切削刃剥离或崩刃。

（3）铣刀刀刃在切削过程中，切削厚度 a_c 是变化的。当刃口圆弧半径小于切削厚度时，刃口才能切入工件；当刃口圆弧半径大于切削厚度时，刀齿在圆弧 KM 段滑动，如图 6-2 所示。因此，铣刀刀齿与工件产生很大的挤压和摩擦，加剧铣刀刀齿后刀面的磨损和工件表面加工硬化严重，影响工件表面粗糙度。

（4）铣刀每个刀齿的切削是断续的，切屑比较碎小，且刀齿与刀齿之间有足够的容屑空间，故排屑较顺畅。

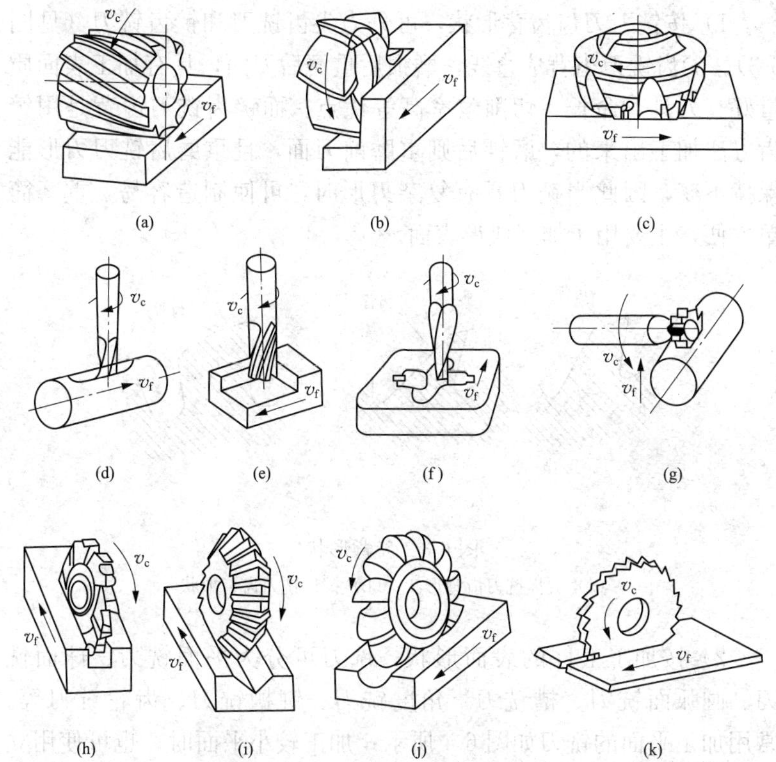

图 6-1　铣刀的类型及用途

（a）圆柱形铣刀；（b）、（c）面铣刀；（d）键槽铣刀；（e）立铣刀；（f）模具铣刀；
（g）半圆键槽铣刀；（h）错齿三面刃铣刀；（i）双角度铣刀；
（j）成形铣刀；（k）锯片铣刀

二、铣刀的分类及适用场合

1. 铣刀的类型

（1）按铣刀的形状及用途分类。铣刀是多齿刀具，每一刀齿相当于一把固定在回转刀体（刀柄）上的车刀。铣刀的结构复杂，种类很多（见图 6-1），根据铣刀的形状

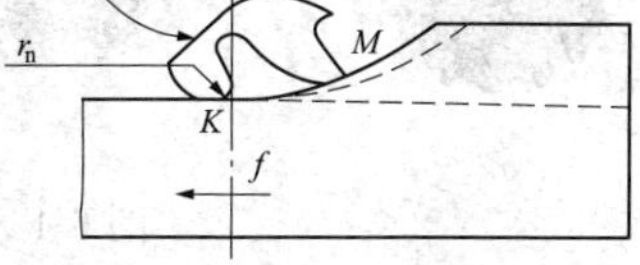

图 6-2　圆柱铣刀铣削时刀齿的切入

及用途可分为以下几类。

1）按铣刀刀齿齿背形状，可分为尖齿铣刀和铲齿铣刀（见图6-3）。尖齿铣刀齿背成直线，磨损后重磨后刀面，具有加工表面质量好、刀具寿命长、切削效率高等优点；而铲齿铣刀齿背是用铲齿方法加工出来的，磨钝后则重磨前刀面，且重磨后铣刀刃形能保持不变，因此当铣刀具有复杂刃形时，可使制造容易，重磨简单方便，主要用于加工成形表面。

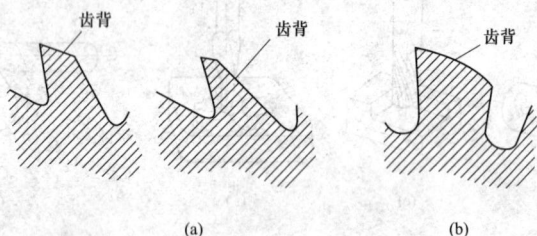

图6-3　齿背形状
（a）尖齿铣刀齿背形状；（b）铲齿铣刀齿背形状

2）按加工件的表面形状，铣刀可分为平面铣刀、球面铣刀、圆弧面铣刀、槽铣刀、角度铣刀、键槽铣刀、齿轮铣刀等。常用加工平面的铣刀如图6-4所示；加工较小平面时，也可使用立铣刀和三面刃铣刀；铣削直角沟槽用铣刀主要有立铣刀、三面刃铣刀、键槽铣刀、盘形槽铣刀、锯片铣刀等，如图6-5所示。

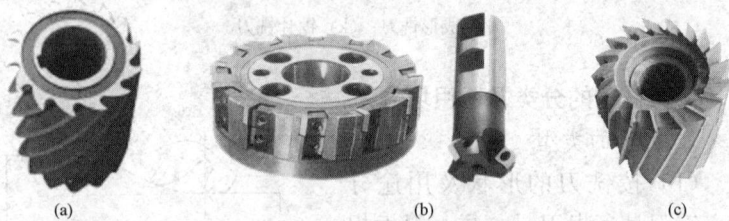

图6-4　铣削平面用铣刀
（a）圆柱形铣刀；（b）机夹可转位硬质合金刀片面铣刀；（c）整体套式面铣刀

加工曲面用的球头立铣刀已是数控铣床、加工中心等加工模

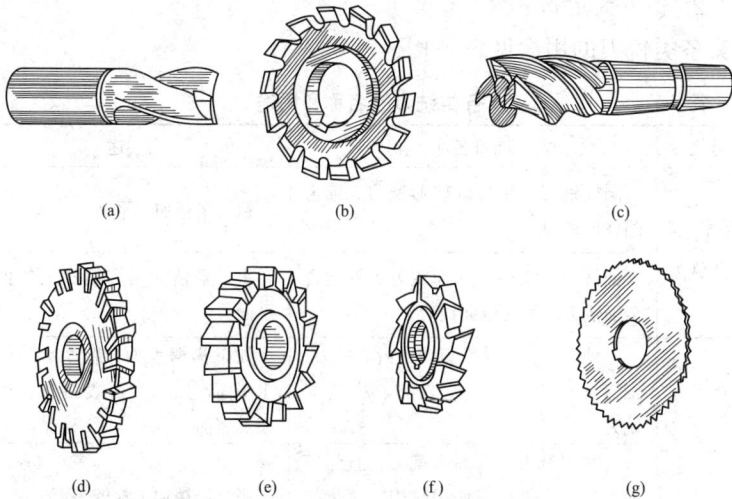

图 6-5 铣削直角沟槽用铣刀

（a）直柄键槽铣刀；（b）盘形槽铣刀；（c）立铣刀；（d）镶齿错齿三面刃铣刀；
（e）直齿三面刃铣刀；（f）错齿三面刃铣刀；（g）锯片铣刀

具时常用的刀具；加工圆弧面用的铣刀如圆角立铣刀、圆弧面形铣刀等。

3）按铣刀刀齿（主切削刃）分布，可分为圆柱铣刀、面铣刀、角度铣刀、组合铣刀（立铣刀、三面刃铣刀）等。套式立铣刀一般由 W6Mo5Cr4V2 或同等性能的高速钢制造，用于立式铣床上加工平面或台阶面。

（2）按铣刀刀齿材料分类。

1）高速钢铣刀。这类铣刀是目前应用最广泛的铣刀，尤其是形状比较复杂的铣刀，通常用高速钢材料制造。高速钢铣刀通常做成整体式的。

2）硬质合金铣刀。采用硬质合金做刀齿或刀齿的切削部分，随着可转位硬质合金刀片的推广应用，硬质合金铣刀的使用日益增多。

除此之外，铣刀还可以按刀齿数目分为粗齿铣刀和细齿铣刀。在直径相同的情况下，粗齿铣刀的刀齿数较少，刀齿的强度和容屑空间较大，适用于粗加工；细齿铣刀则反之，适用于半精加工和精加工。

2. 铣刀的用途

各类铣刀的用途见表 6-1。

表 6-1　　　　　　　　各类铣刀的名称和用途

分类	铣刀名称	用　途
加工平面用铣刀	圆柱铣刀：粗齿圆柱形铣刀、细齿圆柱形铣刀	粗、半精加工平面
	面铣刀：镶齿套式面铣刀、硬质合金面铣刀、可转位面铣刀	粗、半精加工和精加工各种平面
加工沟槽、台阶表面用铣刀	立铣刀：粗齿立铣刀、中齿立铣刀、细齿立铣刀、套式立铣刀、模具立铣刀	加工沟槽表面，粗、半精加工平面，加工台阶表面和各种模具表面
	三面刃铣刀、两面刃铣刀、直齿三面刃铣刀、错齿三面刃铣刀、镶齿三面刃铣刀	粗、半精加工沟槽表面
	锯片铣刀，包括粗齿、中齿、细齿锯片铣刀	加工窄槽表面，切断
	螺钉槽铣刀	加工窄槽、螺钉槽表面
	镶片圆锯	切断工件
	键槽铣刀，包括平键槽铣刀、半圆键槽铣刀	加工平键键槽、半圆键键槽表面
	T 形槽铣刀	加工 T 形槽表面
	燕尾槽铣刀、反燕尾槽铣刀	加工燕尾槽表面
	角度铣刀，包括单角铣刀、对称双角铣刀、不对称双角铣刀	加工 18°～90°范围内的各种角度沟槽表面
加工成形面用铣刀	成形铣刀，包括铲齿成形铣刀、尖齿成形铣刀、凸半圆铣刀、凹半圆铣刀、圆角铣刀	加工凸、凹半圆面和圆角及各种成形表面

第二节　铣刀的几何参数及铣削要素

一、铣刀的几何参数及其选择

铣刀的每个刀齿相当于一把普通车刀，所以车刀的几何角度的定义也适用于铣刀，如图 6-6 所示。

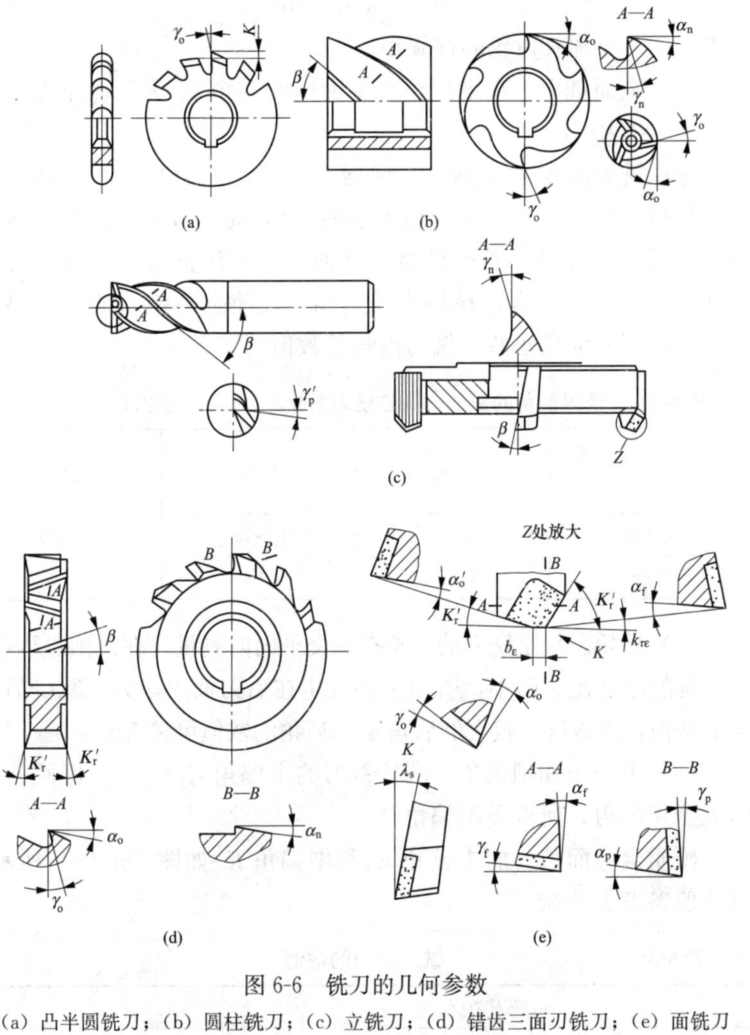

图 6-6　铣刀的几何参数

（a）凸半圆铣刀；（b）圆柱铣刀；（c）立铣刀；（d）错齿三面刃铣刀；（e）面铣刀

γ_o—前角；γ_p—背前角；γ_n—法前角；γ_p'—副背前角；α_o—后角；

α_p—背后角；α_f—侧后角；α_n—法后角；

K_r'—副偏角；$k_{r\varepsilon}$—过渡刃偏角；λ_s—刃倾角；

β—刀体上刀齿槽斜角；b_ε—过渡刃宽度；K—铲背量

（1）前角。对于螺旋齿圆柱铣刀，为了便于制造和测量，规定法向前角 γ_n 为其标注角度。而 γ_n 和 γ_o 的换算关系为

$$\tan\gamma_n = \tan\gamma_o \tan\beta_o \tag{6-1}$$

式中 β_o——螺旋齿轮的螺旋角。

对于端面铣刀，规定用正交平面内的前角 γ_o 为标注角度［见图 6-6（b）中 $A—A$］。

选择铣刀前角的原则是，根据工件材料和刀具材料选择。若工件材料较软时，为了减少切削层的变形，减小切削力与切削热，应选择较大的前角；若工件材料硬而脆，为保护刀尖，提高刀具切削部分的强度，应选择较小的前角；硬质合金铣刀的前角要比高速钢铣刀的前角小些。铣刀前角的数值可参考表 6-2。

表 6-2　　铣刀前角的数值（圆柱铣刀为 γ_n，面铣刀为 γ_o）

刀具材料 \ 工件材料	钢材	铸铁	铝合金
高速钢	$10°\sim20°$	$5°\sim15°$	$25°\sim30°$
硬质合金	$-10°\sim15°$	$-5°\sim5°$	—

（2）后角。规定铣刀的后角在正交平面内测量。在铣削过程中，由于铣削厚度比车削小，磨损主要发生在后刀面上，为了减少后刀面的磨损，应该选择较大的后角 α_o。后角的数值可参考表 6-3。

（3）主偏角和副偏角。圆柱铣刀的主偏角 $K_r=90°$。因圆柱铣刀无副切削刃，所以无副偏角。

硬质合金面铣刀的主偏角 K_r 和副偏角 K_r' 如图 6-6（e）所示，其数值参考表 6-4。

表 6-3　　　　　　　　铣刀后角的数值

铣刀类型		α_o
高速钢铣刀	粗齿	$12°$
	细齿	$16°$
硬质合金铣刀	粗齿	$6°\sim8°$
	细齿	$12°\sim15°$

表 6-4　　　　硬质合金面铣刀的主偏角 K_r 和副偏角 K_r'

工件材料	K_r	K_r'
钢材	$60°\sim75°$	$0°\sim5°$
铸铁	$45°\sim60°$	$0°\sim5°$

（4）刃倾角。圆柱铣刀的刃倾角 λ_s 等于刀齿的螺旋角 β_o。螺旋角 β_o 的作用是使铣刀刀齿逐渐切入和切出工件，提高铣削的平稳性。增大螺旋角 β_o 能增大铣刀的实际工作前角，增加刀具的锋利程度，使切削轻快，易于排出切屑，对切削过程有利。

硬质合金面铣刀的刃倾角的选择，主要考虑铣削中的冲击性。为了增加刀尖的强度，应合理选择刃倾角值，如铣削钢及铸铁时，刃倾角应取负值；只有在加工强度较低的工件材料时，才选用正值。

铣刀刃倾角 λ_s（螺旋角 β_o）的大小见表 6-5。

表 6-5　　　　　　　铣刀刃倾角 λ_s（螺旋角 β_o）

铣刀类型	圆柱铣刀		立铣刀	键槽铣刀	三面刃铣刀、两面刃铣刀	硬质合金面铣刀
	粗齿	细齿				
λ_s（β）	$40°\sim60°$	$25°\sim30°$	$30°\sim45°$	$15°\sim20°$	$10°\sim15°$	$-15°\sim-5°$

二、铣削要素

（一）铣削用量

在铣削过程中所选用的切削用量称为铣削用量。

铣削时合理地选择铣削用量，对保证零件的加工精度与加工表面质量、提高生产效率、提高铣刀的使用寿命、降低生产成本，都有着密切的关系。

铣削用量的要素主要有：铣削速度 v_c、进给量 v_f、铣削背吃刀量 a_p 和铣削侧吃刀量 a_e。

1. 铣削速度 v_c

铣削时切削刃上选定点在主运动中的线速度，即切削刃上离铣刀轴线距离最大的点在 1min 内所经过的路程。铣削速度在铣床上是以主轴的转速来调整的。但是对铣刀使用寿命等因素的影响，是以铣削速度来考虑的。因此，大都在选择好合适的铣削速度后，再根据铣削速度来计算确定铣床主轴转速。

$$v_c = \frac{\pi d n}{1000} \qquad (6\text{-}2)$$

$$n = \frac{1000 v_c}{\pi d} \qquad (6\text{-}3)$$

式中　v_c——铣削速度（m/min）；

　　　d——铣刀直径（mm）；

　　　n——铣刀或铣床上主轴转速（r/min）。

【例6-1】　在X6132型铣床上，用直径为 $\phi80$mm 的圆柱铣刀，以 25m/min 铣削速度进行铣削。问铣床转速应调整到多少？

解：已知 $d=80$mm；$v_c=25$m/min

$$n = \frac{1000 v_c}{\pi d} = \frac{1000 \times 25}{3.14 \times 80} = 99.5 (\text{r/min})$$

根据 X6132 型铣床铭牌，铣床转速实际应调整到 95r/min。

2. 进给量 f

铣刀在进给运动方向上相对工件的单位位移量，称为进给量。铣削中的进给量根据具体情况的需要，可用刀具或工件每转或每个行程的位移量来表述和度量，有三种方法表示：

（1）每转进给量 f。铣刀每回转一周，在进给运动方向上相对工件的位移量。单位为 mm/r。

（2）每齿进给量 f_z。铣刀每转中每一刀齿在进给运动方向上相对工件的位移量。单位为 mm/z。

每齿进给量 f_z 和每转进给量 f 之间的关系为

$$f = f_z z \qquad (6\text{-}4)$$

（3）每分钟进给量（即进给速度）v_f。铣刀每回转 1min，在进给运动方向上相对工件的位移量。单位为 mm/min。

三种进给量的关系为

$$V_f = f n = f_z z n \qquad (6\text{-}5)$$

式中　V_f——进给速度（mm/min）；

　　　n——铣刀或铣床主轴转速（r/min）；

f——每转进给量（mm/r）；

f_z——每齿进给量（mm/z）；

z——铣刀齿数。

铣削时，根据加工性质先确定每齿进给量 f_z，然后根据铣刀的齿数 z 和铣刀的转速计算出每分钟进给量 v_f，并以此对铣床进给量进行调整（铣床铭牌上的进给量以每分钟进给量表示）。

【例 6-2】用一把直径为 $\phi 25\mathrm{mm}$、齿数为 3 的立铣刀，在铣床上铣削，采用每齿进给量为 $0.04\mathrm{mm/z}$，铣削速度为 $24\mathrm{m/min}$，试求铣床的转速和进给速度。

解：已知 $d=25\mathrm{mm}$；$z=3$；$f_z=0.04\mathrm{mm/z}$；$v_f=24\mathrm{mm/min}$。

$$n=\frac{1000v_c}{\pi d}=\frac{1000\times24}{3.14\times25}=305.7(\mathrm{r/min})$$

根据铣床铭牌，实际选择转速为 300r/min。

$$v_f=f_zzn=0.04\times3\times300=36(\mathrm{mm/min})$$

根据铣床铭牌，实际选择进给速度为 37.5mm/min。

当计算所得的数值与铣床铭牌上所标数值不一致时，可按与计算所得数值最接近的铭牌数值选取。若计算所得数值处在铭牌上两个数值中间时，则应按较小的铭牌值选取。

3. 铣削背吃刀量 a_p

指在平行于铣刀轴线方向上测得的铣削层尺寸，单位为 mm。

4. 铣削侧吃刀量 a_e

指在垂直于铣刀轴线方向、工件进给方向上测得的铣削层尺寸，单位为 mm。

铣削时，由于采用的铣削方法和选用的铣刀不同，铣削背吃刀量 a_p 和铣削侧吃刀量 a_e 的表示也不同。几种铣刀铣削时的背吃刀量 a_p 和侧吃刀量 a_e 表示如图 6-7 所示。

如图 6-8 所示为用圆柱形铣刀进行圆周铣与用面铣刀进行端面铣时，铣削背吃刀量与铣削侧吃刀量的表示。不难看出，不论是采用圆周铣或是面铣，铣削宽度 a_e 都表示铣削弧深，因为不论使用哪一种铣刀铣削，其铣削弧深方向均垂直于铣刀轴线。

图 6-7　铣削背吃刀量 a_p 和铣削侧吃刀量 a_e

(a)、(b) 立铣刀；(c) T 形槽铣刀；(d) 燕尾槽铣刀；

(e) 圆柱形铣刀；(f) 三面刃铣刀；(g) 面铣刀

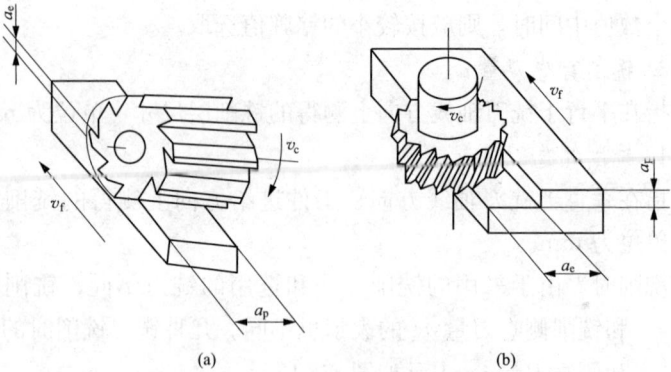

图 6-8　圆周铣与端铣时的铣削用量

(a) 圆周铣削；(b) 端面铣削

（二）铣削层横截面要素

（1）铣削层公称厚度 h_D。在同一瞬间的切削层横截面积与其公称切削层宽度之比。包括两种情况。

1）圆柱铣刀铣削时切削厚度 a_c。是指铣刀上相邻两个刀齿所形成的加工表面间的垂直距离。圆柱铣刀每个刀齿切去的切削层如图 6-9 所示。

图 6-9 圆柱铣刀切削层要素

（a）直齿圆柱铣刀；（b）螺旋齿圆柱铣刀

当用直齿圆柱铣刀铣削时，由图 6-10 可知，在主切削刃转到 E 点时，切削厚度为

$$a_c = f_z \sin\psi \qquad (6\text{-}6)$$

式中 ψ——瞬时接触角，指工作刀齿所在位置与起始切入位置间的夹角。

由式（6-6）可知，切削厚度随刀齿所在位置不同而变化。当刀齿在 H 点时，切削厚度为最小值（$a_c = 0$），刀齿转到即将离开工件的 A 点时，ψ 等于最大接触角 δ，切削厚度的最大值为

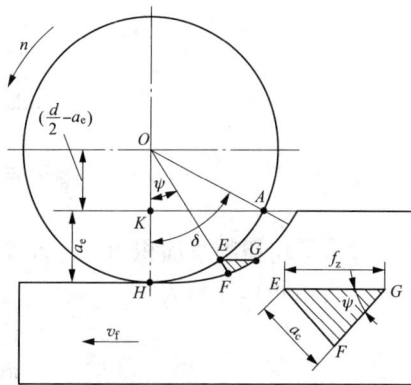

图 6-10 圆柱铣刀的切削厚度

$$a_{cmax} = f_z \sin\delta \qquad (6\text{-}7)$$

通常以 $\psi = \delta/2$ 处的切削厚度为平均切削厚度，圆柱铣刀的平均切削厚度 a_{cm} 为

$$a_{cm} = f_z \sin\frac{\delta}{2} = f_z \sqrt{\frac{a_c}{d}} \qquad (6\text{-}8)$$

当用螺旋齿圆柱铣刀铣削时，由图 6-9（b）可知，铣刀切削刃是逐渐切入和切离工件的，切削刃上各点所在切削位置不同，因此切削刃上各点的切削厚度是变化的。

2）面铣刀铣削进的切削厚度 a_c。由图 6-11 可知，刀齿在任意位置时的切削厚度为

$$a_c = EF\sin K_r = f_z \cos\psi \sin K_r \qquad (6\text{-}9)$$

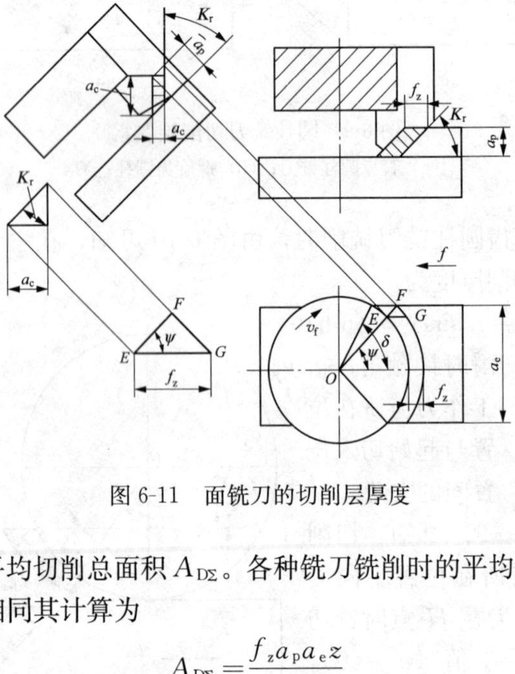

图 6-11　面铣刀的切削层厚度

（2）平均切削总面积 $A_{D\Sigma}$。各种铣刀铣削时的平均切削总面积计算方法相同其计算为

$$A_{D\Sigma} = \frac{f_z a_p a_e z}{\pi d} \qquad (6\text{-}10)$$

第三节　铣刀的典型结构

一、模具铣刀

模具铣刀指的是普通直柄和削平直柄圆柱球头铣刀、莫氏锥柄圆柱形球头立铣刀、普通直柄圆锥形立铣刀、圆锥形球头立铣刀、

削平型圆锥形立铣刀、削平型直柄圆锥形立铣刀、莫氏锥柄圆锥形立铣刀、莫氏锥柄圆锥形球头立铣刀，这些均为常用模具加工用铣刀。可根据 GB/T 20773—2006，对模具铣刀进行设计和加工。

1. 直柄圆柱形球头立铣刀的型式和尺寸

直柄圆柱形球头铣刀按其柄部型式不同，可分为两种型式，其型式和尺寸见表 6-6。柄部尺寸与偏差按 GB/T 6131.1、GB/T 6131.2 的规定。

表 6-6　　　　　直柄圆柱形球头立铣刀的型式和尺寸　（单位：mm）

(a) 普通直柄圆柱形球头立铣刀　　　　(b) 削平型直柄圆柱形球头铣刀

d_1 js12	d_2	l js16		L js16	
		标准型	长型	标准型	长型
4	4	11	19	43	51
5	5	13	24	47	58
6	6			57	68
8	8	19	38	63	82
10	10	22	45	72	95
12	12	26	53	83	110
16	16	32	63	92	123
20	20	38	75	104	141
25	25	45	90	121	166
32	32	53	106	133	186
40	40	63	125	155	217
50	50	75	150	177	252
63		90	180	192	282

注　1. d_2 的公差：普通直柄 h8，削平型直柄 h6。

　　2. 削平型直柄的柄部直径大于等于 6mm。

2. 莫氏锥柄圆柱形球头立铣刀的型式和尺寸

莫氏锥柄圆柱形球头立铣刀的柄部分为两种，尺寸见表 6-7。柄部尺寸与偏差按 GB/T 1443、GB/T 4133 的规定。

表 6-7　　莫氏锥柄圆柱形球头立铣刀的型式和尺寸（单位：mm）

d_1 js12	l js16		L js16				莫氏圆锥号
			标准型		长型		
	标准型	长型	I	II	I	II	
16	32	63	117	—	148	—	2
20	38	75	123	—	160	—	
25	45	90	147	—	192	—	3
32	53	106	155	—	208	—	
			178	201	231	254	4
40	63	125	188	211	250	273	
			221	249	283	311	5
50	754	150	200	223	275	298	4
			233	261	308	336	5
63	90	180	248	276	338	366	

3. 直柄圆锥形立铣刀、圆锥形球头立铣刀的型式和尺寸

直柄圆锥形球头铣刀按其刃部和柄部型式不同，可分为四种，其型式和尺寸见表 6-8。柄部尺寸与偏差按 GB/T 6131.1、GB/T 6131.2 的规定。

4. 莫氏锥柄圆锥形立铣刀的型式和尺寸

莫氏锥柄圆锥形立铣刀按其刃部和柄部型式不同，可分为四种，其型式和尺寸见表 6-9。柄部尺寸与偏差按 GB/T 6131.1、

GB/T 6131.2 的规定。

表 6-8　直柄圆锥形立铣刀、圆锥形球头立铣刀的型式和尺寸

（单位：mm）

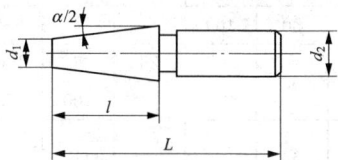

(a) 普通直柄椭圆锥形立铣刀　　　　　　(b) 削平型直柄圆锥形立铣刀

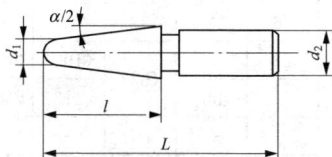

(c) 普通直柄圆锥形球头立铣刀　　　　　(d) 削平型直柄圆锥形球头立铣刀

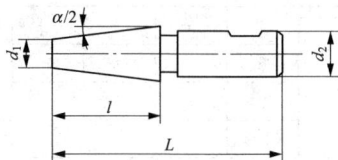

α/2	d_1 k12	短型			标准型			长型		
		d_2	l js16	L js16	d_2	l js16	L js16	d_2	l js16	L js16
3° (2°52′)	6	(10)	(40)	(95)	10	63	115	—	—	—
	8	12	45	105	(16)	(80)	(138)	—	—	—
	(10)	16	50	109	16	80	140	—	—	—
	12				20			25	130	200
	16	20	56	120	25	90	160	32	160	235
	20	25	63	135		100	170	—	—	—
5° (5°43′)	(2.5)	10	37.5	85	—	—	—	—	—	—
	4		40	90	16	63	125	20	90	150
	6	12		95				25	100	170
	8	16		102	20		135			
	(10)	20	45	106	25	71	140	32	125	200
	12									
	16	25	50	120	32	80	155			
	20	32	63	140		100	175	(32)	(160)	(235)

α/2	d_1 k12	短型			标准型			长型		
		d_2	l js16	L js16	d_2	l js16	L js16	d_2	l js16	L js16
7° (7°07′)	4	—	—	—	16	50	109	—	—	—
	6	—	—	—	20	55	120	25	90	160
	8	—	—	—				32	100	175
	(10)	—	—	—	25	63	135		112	185
	12	—	—	—						
10° (9°28′)	(2.5)	12	31.5	85	—	—	—	—	—	—
	4	16	36	93	20	56	120	32	90	165
	6	20	42	106	25	63	135	(32)	(102)	(175)
	8	25	50	120	32	71	145		(112)	(185)
	(10)	32	63	135	—	—	—	—	—	—
	(12)				—	—	—	—	—	—

注　1. d_1 的公差：普通直柄 b8，削平型直柄 h6。

　　2. 括号内的尺寸尽量不用。

　　3. 2°52′、5°43′、7°07′、9°28′是锥度 1∶20、1∶10、1∶8、1∶6 换算而得。

表 6-9　　　　　莫氏锥柄圆锥形立铣刀的型式和尺寸　　（单位：mm）

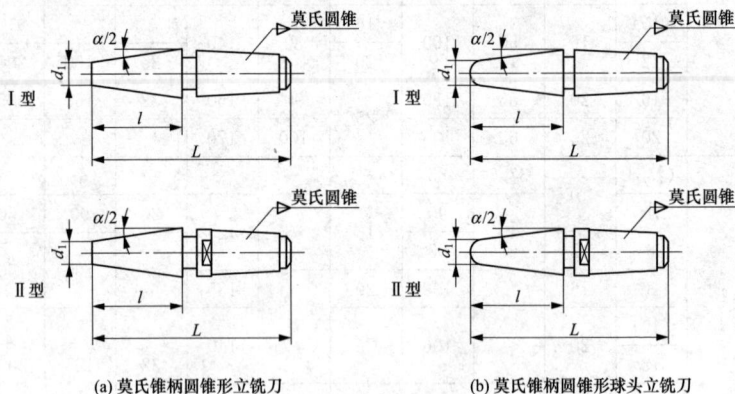

(a) 莫氏锥柄圆锥形立铣刀　　　　　　　　(b) 莫氏锥柄圆锥形球头立铣刀

$\alpha/2$	d_1 k12	l js16	L js16 I	L js16 II	莫氏圆锥号
3° (2°52′)	16	90	192	—	3
	20	100	202	—	
			225	248	4
	25	112	214	—	3
			237	260	4
	32	125	250	273	
			283	311	5
	40	140	265	288	4
			298	326	5
5° (5°43′)	16	80	182	—	3
			205	228	4
	20	100	202	—	3
			225	248	4
	25	112	237	260	
			270	298	5
	32	125	250	273	4
			283	311	5
7° (7°07′)	16	71	173	—	3
			195	219	4
	20	80	205	228	
			238	266	—
	25	90	215	238	4
			248	276	5
10° (9°28′)	16	80	205	228	4
			238	266	5
	20	90	215	238	4
			248	276	5
	25	100	225	248	4
			258	286	5

注　1. 括号内尺寸尽量不用。
　　2. 2°52′、5°43′、7°07′、9°28′是锥度1∶20、1∶10、1∶8、1∶6换算而得。

5. 模具铣刀技术要求

(1) 铣刀表面不应有裂纹，切削刃应锋利，不应有崩刃、钝口以及退火等影响使用性能的缺陷。焊接铣刀在焊缝处不应有砂眼和未焊透现象。

(2) 铣刀表面粗糙度按下列规定：

1) 刀齿前刀面和后刀面：$Ra6.3\mu m$；

2) 普通直柄柄部外圆：$Ra1.25\mu m$；

3) 削平型和锥柄柄部外圆：$Ra0.65\mu m$；

4) 螺纹柄柄部：$Ra1.25\mu m$。

(3) 圆周刃与球头刃应圆滑连接。

(4) 形状和位置公差按表 6-10 选择。

(5) 高速钢和镶嵌铣刀的工作部分用 W6Mn5Cr4V2 或其他同等性能的高速钢制造。

(6) 硬度要求。

1) 直径不大于 6mm 的立铣刀工作部分硬度为 62～65HRC，其余铣刀的工作部分硬度为 63～66HRC。

2) 立铣刀柄部为普通直柄、锥柄和螺纹柄时，硬度不小于 30HRC；削平直柄和 2°斜削平直柄时，硬度不小于 50HRC。

表 6-10　　　　　　形状和位置公差　　　　　（单位：mm）

项　　目	公差/mm			
	短型、标准型		长度	
	$d \geqslant 16$	$d > 16$	$d \leqslant 16$	$d > 16$
圆周刃对柄部轴线的径向圆跳动	0.032	0.04	0.04	0.05
球头刃对柄部轴线的球面斜向圆跳动	0.04		0.05	
圆周刃对柄部轴线的斜向圆跳动 （圆锥铣刀）	0.032	0.04	0.04	0.05
端刃对柄部轴线的端面圆跳动	0.03		0.04	
圆柱形球头立铣刀外径倒锥度	0.02		0.03	

注　铣刀圆跳动的检测方法按 GB/T 6118。

二、槽铣刀

（一）T 形槽铣刀

1. T 形槽铣刀型式与尺寸

表 6-11 提供了普通直柄、削平直柄和螺纹柄 T 形槽铣刀型式

表 6-11　　T 形槽铣刀的型式与尺寸（GB/T 6124—2007）

（单位：mm）

d_2 h12	c h12	d_3 max	l $^{+1}_{\ 0}$	d_1 [①]	L js18	f max	g max	T 形槽宽度
11	3.5	4	6.5		53.5			5
12.5	6	5	7	10	57			6
16	8	7	10		62	0.6	1	8
18		8	13	12	70			10
21	9	10	16		74			12
25	11	12	17	16	82		1.6	14
32	14	15	22		90			18
40	18	19	27	25	108	1		22
50	22	25	34	32	124		2.5	28
60	28	30	43		139			36

① d_1 的公差（按照 GB/T 6131.1，GB/T 6131.2，GB/T 6131.4）：普通直柄适用 h8；削平直柄适用 h6；螺纹柄适用 h8。

与尺寸。表 6-12 提供了带螺纹孔的莫氏锥柄 T 形槽铣刀型式与尺寸。

表 6-12 **带螺纹孔的莫氏锥柄 T 形槽铣刀的型式与尺寸**

(GB/T 6124—2007) （单位：mm）

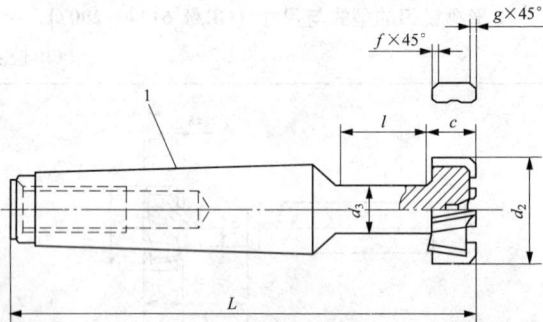

1——莫氏圆锥

d_2 h12	c h12	d_3 max	l +1 0	L	f max	g max	莫氏圆锥号	T形槽宽度
18	8	8	13	82		1	1	10
21	9	10	16	98	0.6		2	12
25	11	12	17	103		1.6		14
32	14	15	22	111			3	18
40	18	19	27	138				22
50	22	25	34	173	1	2.5	4	28
60	28	30	43	188				36
72	35	36	50	229	1.6	4		42
85	40	42	55	240	2	6	5	48
95	44	44	62	251				54

注 倒角 f 和 g 可用相同尺寸的圆弧代替。

2. 技术要求

（1）材料。T 形槽铣刀用 W6Mn5Cr4V2 或者同等性能的高速钢制造。

（2）硬度。T 形槽铣刀工作部分：63～66HRC。T 形槽铣刀柄部：普通直柄和锥柄，不低于 50HRC；削平直柄，不低于

50HRC；螺纹柄，不低于30HRC。

（3）位置公差。T形槽铣刀位置公差可参考表6-13选择。

（4）表面粗糙度。前刀面和后刀面：$Ra6.3\mu m$。普通直柄柄部外圆：$Ra1.25\mu m$。削平柄和锥柄柄部外圆：$Ra0.63\mu m$。螺纹柄：$Ra1.25\mu m$。

表6-13　　　　　T形槽铣刀的位置公差　　　　（单位：mm）

项　　目		公差
圆周刃对柄部轴线的径向圆跳动	一转	0.05
	相邻齿	0.03
端刃对柄部轴线的端面圆跳动	一转	0.05
	相邻齿	0.03

注　T形槽铣刀的圆跳动检测方法见GB/T 6125—2007的附录A。

（二）键槽铣刀

1. 键槽铣刀的型式和尺寸

（1）直柄键槽铣刀的型式和尺寸见表6-14。

（2）锥柄键槽铣刀按其柄部型式不同分为Ⅰ型和Ⅱ型两种，型式和尺寸见表6-15。

表6-14　　直柄键槽铣刀的型式与尺寸（GB/T 1112—1997）

（单位：mm）

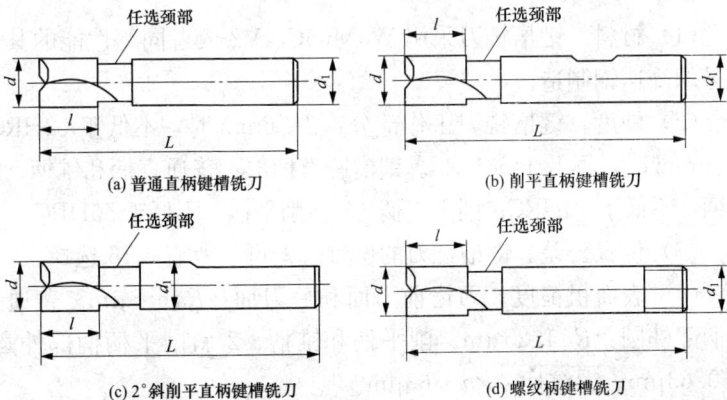

(a) 普通直柄键槽铣刀　　　(b) 削平柄直柄键槽铣刀

(c) 2°斜削平直柄键槽铣刀　　　(d) 螺纹柄键槽铣刀

基本尺寸	极限偏差 c8	极限偏差 d8	d_1 基本尺寸		短系列 l	标准系列 l	短系列 L	标准系列 L
2	−0.014 / −0.028	−0.020 / −0.034	3*	4	4	7	36	39
3					5	8	37	40
4	−0.020 / −0.038	−0.030 / −0.048	4		7	11	39	43
5			5		8	13	42	47
6			6				52	57
7	−0.025 / −0.047	−0.040 / −0.062	8		10	16	54	60
8					11	19	55	63
10			10		13	22	63	72
12	−0.032 / −0.059	−0.050 / −0.077	12		16	26	73	83
14			12	14*				
16			16		19	32	79	92
18			16	18*				
20	−0.040 / −0.073	−0.065 / −0.098	20		22	38	88	104

注 1. 带 * 号的尺寸不推荐采用；如采用，应与相同规格的键槽铣刀相区别。

2. 当 $d \leqslant 14$mm 时，根据用户要求 c8 级的普通直柄键槽铣刀柄部直径偏差允许按圆周刃部直径的偏差制造，并须在标记和标志上予以注明。

2. 技术要求

（1）材料。键槽铣刀采用 W6Mn5Cr4V2 或者同等性能的其他牌号的高速钢制造。

（2）硬度。键槽铣刀工作部分：$d \leqslant 6$mm 时，不低于 62HRC；$d > 6$mm 时，不低于 63HRC。键槽铣刀柄部：普通直柄和锥柄、螺纹柄，不低于 30HRC；削平直柄、2°斜削平柄，不低于 50HRC。

（3）位置公差。键槽铣刀的位置公差可参考表 6-16 选择。

（4）表面粗糙度。刀齿前刀面和后刀面：$Ra6.3\mu m$。普通直柄柄部外圆：$Ra1.25\mu m$。削平柄和锥柄、2°斜削平柄柄部外圆：$Ra0.63\mu m$。螺纹柄：$Ra0.63\mu m$。

表 6-15 莫氏锥柄键槽铣刀的型式与尺寸（GB/T 1112—1997）

（单位：mm）

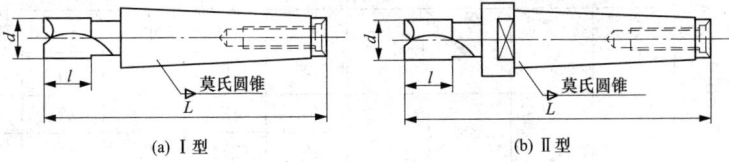

(a) Ⅰ型　　　　　　　　　　　　　(b) Ⅱ型

d/mm			l/mm		L/mm				莫氏圆锥号
基本尺寸	极限偏差		短系列	标准系列	短系列		标准系列		
	c8	d8	基本尺寸		基本尺寸				
					Ⅰ	Ⅱ	Ⅰ	Ⅱ	
10	−0.025 −0.047	−0.040 −0.062	13	22	83		92		1
12			16	26	86		96		2
					101		111		
14	−0.032 −0.059	−0.050 −0.077			86		96		1
					101		111		
16			19	32	104		117		2
18									
20			22	38	107		123		2
					124		140		3
22	−0.040 −0.073	−0.065 −0.098			107		123		2
24					124		140		
25			26	45	128		147		3
28									
32			32	53	134		155		3
					157	180	178	201	4
36	−0.050 −0.089	−0.080 −0.119			134	—	155	—	3
					157	180	178	201	4
40			38	63	163	186	188	211	
					196	224	221	249	5

续表

d/mm			l/mm		L/mm				莫氏圆锥号
基本尺寸	极限偏差		短系列	标准系列	短系列		标准系列		
	c8	d8	基本尺寸		基本尺寸				
					Ⅰ	Ⅱ	Ⅰ	Ⅱ	
45	−0.050 −0.089	−0.080 −0.119	38	63	163	186	188	211	4
					196	224	221	249	5
50	−0.050 −0.089	−0.080 −0.119	45	75	170	198	200	223	4
					203	231	233	261	5
56	−0.060 −0.106	−0.100 −0.140			170	193	200	223	4
					203	231	233	261	5
63			53	90	211	239	248	276	

表 6-16　　　　　键槽铣刀的位置公差　　　（单位：mm）

键槽铣刀直径 d	≤18	>18～50	>50～63
圆周刃对柄部轴线的径向圆跳动	0.02		0.03
端刃对柄部轴线的端面圆跳动	0.03	0.04	0.05
工作部分任意两截面的直径差	0.01	0.015	

注　圆跳动的检测方法按 GB/T 6118—1996 中附录 A 的规定。

（三）尖齿槽铣刀

1. 尖齿槽铣刀的型式和尺寸

尖齿槽铣刀的型式和尺寸按表 6-17 选择。

表 6-17　尖齿槽铣刀的型式与尺寸（GB/T 1119.1—2002）

（单位：mm）

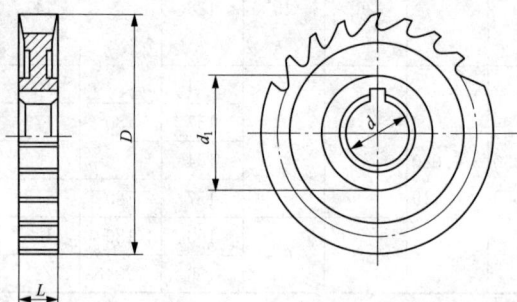

D JS16	d H7	d_1 最小	L K8															
			4	5	6	8	10	12	14	16	18	20	22	25	28	32	36	40
50	16	27	×	×	×	×	×											
63	22	34	×	×	×	×	×	×	×									
80	27	41	×	×	×	×	×	×	×	×								
100	32	47			×	×	×	×	×	×	×	×	×					
125						×	×	×	×	×	×	×	×	×				
160	40	55				×	×	×	×	×	×	×	×	×	×			
200							×	×	×	×	×	×	×	×	×	×	×	×

注 1. ×表示有此规格。

2. 根据被加工零件公差的不同，厚度 L 公差可按供需双方协议确定，并在产品上标注。

2. 技术要求

(1) 材料。尖齿槽铣刀采用 W6Mn5Cr4V2 或者同等性能的其他高速钢制造。

(2) 铣刀工作部分硬度：63~66HRC。

(3) 位置公差。尖齿槽铣刀的位置公差可参考表 6-18 选择。

(4) 外观和表面粗糙度。尖齿槽铣刀表面不应有裂纹，切削刃应锋利，不应有崩刃、钝口以及退火等影响使用性能的缺陷。尖齿槽铣刀前刀面和后刀面：$Ra6.3\,\mu m$。内孔表面、两支撑面：$Ra1.25\,\mu m$。

表 6-18　　　　尖齿槽铣刀的位置公差要求　　　（单位：mm）

项　目		公差	
		D≤80	D>80
圆周刃对内孔轴线的径向圆跳动	一转	0.04	0.05
	相邻齿	0.02	0.025
齿侧面对内孔轴线的端面圆跳动	一转	0.03	0.04
	相邻齿	0.015	0.02
外径锥度		0.03	

注 圆跳动的检测方法按 GB/T 1119.2—2002 附录 A 的规定。

三、圆柱铣刀

1. 圆柱铣刀的型式和尺寸

圆柱铣刀的型式和尺寸按表 6-19 选择。

表 6-19　　圆柱铣刀的型式与尺寸（GB/T 1115.1—2002）

（单位：mm）

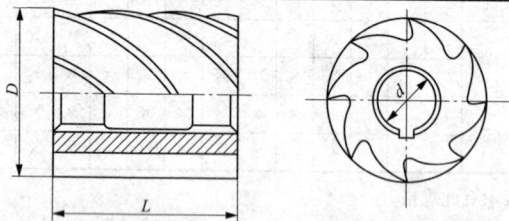

D	d	L						
js16	H7	js16						
		40	50	63	70	80	100	125
50	22	×		×		×		
63	27		×		×			
80	32			×			×	
100	40				×			×

注　×表示有此规格。

2. 技术要求

1）材料。圆柱铣刀用 W6Mn5Cr4V2 或者同等性能的高速钢制造。

2）铣刀工作部分硬度：63～66HRC。

3）位置公差。圆柱铣刀的位置公差可参考表 6-20 选择。

表 6-20　　　　　　　圆柱铣刀的位置公差要求　　　　（单位：mm）

项　　目		公差	
		D≤80	D>80
圆周刃对内孔轴线的径向圆跳动	一转	0.05	0.06
	相邻齿	0.025	0.03
两支承端面对内孔轴线的端面圆跳动		0.02	0.03
外径锥度		0.03	

注　圆跳动的检测方法按 GB/T 1115.2—2002 附录 A 的规定。

4）表面粗糙度。圆柱铣刀前刀面和后刀面：$Ra6.3\mu m$。内孔表面、两支撑面：$Ra1.6\mu m$。

四、圆角铣刀和凸凹半圆铣刀

1. 圆角铣刀

（1）圆角铣刀的型式和尺寸。圆角铣刀的型式和尺寸按表 6-21 选择。键槽的尺寸按 GB/T 6132 的规定。

表 6-21　圆角铣刀的型式与尺寸（GB/T 6122.1—2002）

（单位：mm）

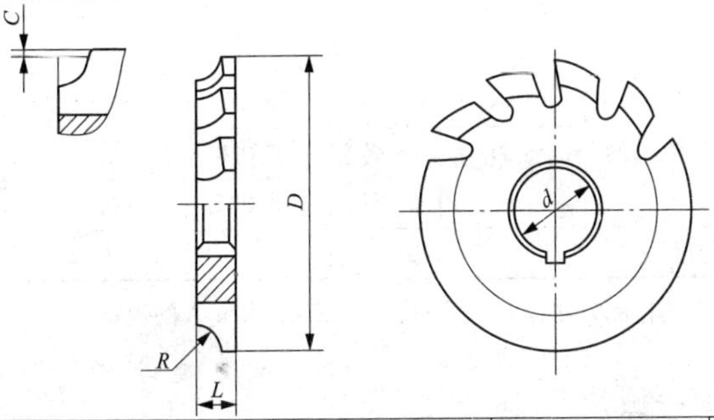

R N11	D js16	d H7	L js16	C
1			4	0.2
1.25	50	16		
1.6				0.25
2			5	
2.5				0.3
3.15（3）	63	22	6	
4			8	0.4
5			10	0.5
6.3（6）	80	27	12	0.6
8			16	0.8
10	100		18	1.0
12.5（12）		32	20	1.2
16	125		24	1.6
20			28	2.0

注　括号内的值为替代方案。

（2）技术要求。

1）材料。圆角铣刀采用 W6Mn5Cr4V2 或者其他同等性能的高速钢制造。

2）铣刀工作部分硬度：63～66HRC。

3）位置公差。圆柱铣刀的位置公差可参考表 6-22 选择。

4）表面粗糙度。圆角铣刀刀齿前面：$Ra6.3\mu m$。圆角铣刀刀齿背面：$Ra3.2\mu m$。内孔表面、两支撑面：$Ra1.6\mu m$。

表 6-22　　　　　　　圆角铣刀的位置公差要求　　　（单位：mm）

项　　目		公差		
		$R\leqslant5$	$5<R\leqslant12$	$12<R\leqslant20$
齿形对内孔轴线的径向和斜向圆跳动	一转	0.060	0.080	0.100
	相邻齿	0.035	0.045	0.055
两端面平行度		0.02		

注　圆跳动的检测方法按 GB/T 6122.2—2002 附录 A 的规定。

2. 凸凹半圆铣刀

（1）凸凹半圆铣刀的型式和尺寸。

1）凸半圆铣刀的型式和尺寸按表 6-23 选择。键槽的尺寸和偏差按 GB/T 6132 的规定。

2）凹半圆铣刀的型式和尺寸按表 6-24 选择。键槽的尺寸和偏差按 GB/T 6132 的规定。

表 6-23　凸半圆铣刀的型式与尺寸（GB/T 1124.1—2007）

（单位：mm）

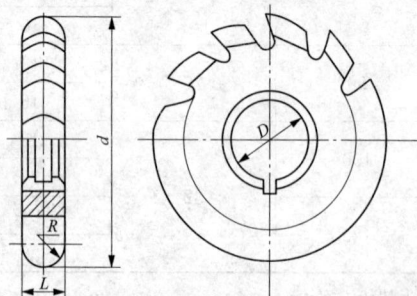

R k11	d js16	D H7	L $^{+0.03}_{0}$
1			2
1.25	50	16	2.5
1.6			3.2
2			4
2.5			5
3	63	22	6
4			8
5			10
6	80	27	12
8			16
10	100		20
12		32	24
16	125		32
20			40

表 6-24　凹半圆铣刀的型式与尺寸（GB/T 1124.1—2007）

（单位：mm）

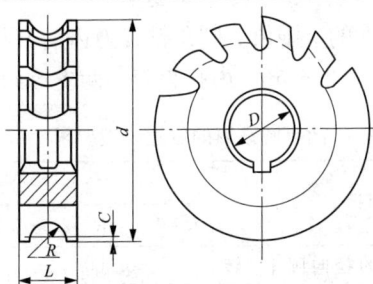

R N11	d js16	D H7	L js16	C
1			6	0.2
1.25	50	16		
1.6			8	0.25
2			9	

续表

R N11	d js16	D H7	L js16	C
2.5			10	0.3
3	63	22	12	
4			16	0.4
5			20	0.5
6	80	27	24	0.6
8			32	0.8
10	100		36	1.0
12		32	40	1.2
16	125		50	1.6
20			60	2.0

（2）技术要求。

1）材料。凸凹半圆铣刀采用 W6Mn5Cr4V2 或者同等性能的高速钢制造。

2）铣刀工作部分硬度：63～66HRC。

3）位置公差。凸半圆铣刀的位置公差可参考表 6-25 选择，凹半圆铣刀的位置公差可参考表 6-26 选择。

4）表面粗糙度的上限值。圆角铣刀刀齿前刀面：$Ra6.3\mu m$。圆角铣刀刀齿背面：$Ra2.5\mu m$。内孔表面、两支撑面：$Ra1.25\mu m$。

表 6-25   **凸半圆铣刀的位置公差要求**   （单位：mm）

项　目		公差			
		$R=1\sim2$	$R=2.5\sim5$	$R=6\sim12$	$R=16\sim20$
齿形对内孔轴线的径向圆跳动	一转	0.060		0.080	0.100
	相邻	0.045	0.035	0.045	0.055
齿形上任意两相同直径的点各自到同侧端端的距离差		0.200			
两端面平行度		0.020			

注　齿形对内孔轴线的径向圆跳动检测方法见 GB/T 1124.2—2007 附录 A。

表 6-26　　　　　凹半圆铣刀的位置公差要求　　　（单位：mm）

项目		公差			
		$R=1\sim5$	$R=6\sim8$	$R=10\sim12$	$R=16\sim20$
齿形对内孔轴线的径向圆跳动	一转	0.060	0.080		0.100
	相邻	0.035	0.045		0.055
齿形上任意两相同直径的点各自到同侧端面的距离差		0.20		0.30	
两端面平行度		0.020			

注　齿形对内孔轴线的径向圆跳动检测方法见 GB/T 1124.2—2007 附录 A。

五、燕尾槽铣刀和角度铣刀

1. 直柄反燕尾槽铣刀和直柄燕尾槽铣刀

型式和尺寸见表 6-27。铣刀柄部尺寸分别按 GB/T 6131.1—2006、GB/T 6131.2—2006、GB/T 6131.3—1996 的规定。

2. 角度铣刀

角度铣刀分单角、不对称双角和对称双角铣刀。设计和制造可依据 GB/T 6128.1—2007 和 GB/T 6128.2—2007。

表 6-27　直柄反燕尾槽铣刀和直柄燕尾槽铣刀的型式与尺寸
（GB/T 6338—2004）　　　（单位：mm）

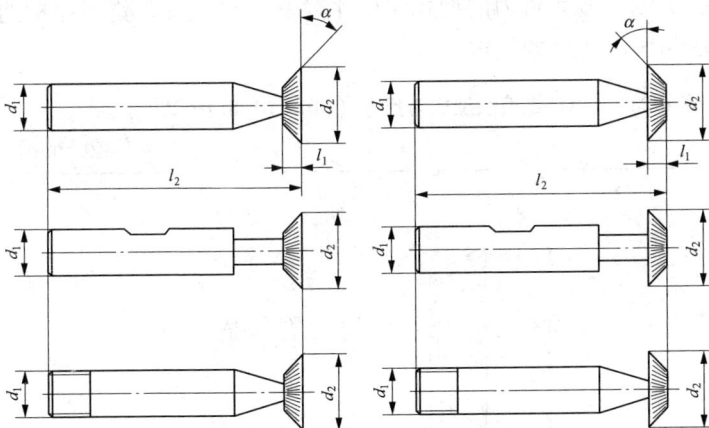

(a) 燕尾槽铣刀　　　　　　　　(b) 反燕尾槽铣刀

d_2 js16	l_1	l_2	d_1[1]	α[2] ±30′
16	4	60	12	45°
20	5	63		
25	6.3	67		
31.5	8	71	16	
16	6.3	60	12	60°
20	8	63		
25	10	67		
31.5	12.5	71	16	

①d_1的公差：普通直柄 h8；削平直柄 h6；螺纹柄 h8。

②这个角度对于反燕尾槽铣刀来说，相当于主偏角 κ_r，对于燕尾槽铣刀则相当于刀尖角 ε_r。

（1）型式和尺寸。

1）单角铣刀的型式和尺寸按表 6-28 选择。铣刀键槽的尺寸按 GB/T 6132 的规定。

2）不对称双角铣刀的型式和尺寸按表 6-29 选择。铣刀键槽的尺寸按 GB/T 6132 的规定。

3）对称双角铣刀的型式和尺寸按表 6-30 选择。铣刀键槽的尺寸按 GB/T 6132 的规定。

表 6-28　单角铣刀的型式与尺寸（GB/T 6128.1—2007）

（单位：mm）

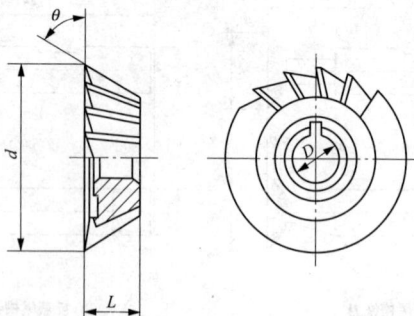

续表

d js16	θ $\pm 20'$	L js16	D H7
40	45°	8	13
	50°		
	55°		
	60°		
	65°	10	
	70°		
	75°		
	80°		
	85°		
	90°		
50	45°	13	16
	50°		
	55°		
	60°		
	65°		
	70°		
	75°		
	80°		
	85°		
	90°		
63	18°	6	22
	22°	7	
	25°	8	
	30°	9	
	40°		
	45°	16	
	50°		
	55°		
	60°		
	65°		
	70°		

续表

d js16	θ $\pm20'$	L js16	D H7
63	75°	20	22
	80°		
	85°		
	90°		
80	18°	10	
	22°	12	
	25°	13	
	30°	15	
	40°		
80	45°	22	27
	50°		
	55°		
	60°		
	65°		
	70°		
	75°	24	
	80°		
	85°		
	90°		
100	18°	12	32
	22°	14	
	25°	16	
	30°	18	
	40°		

（2）技术要求。

1）材料。角度铣刀采用 W6Mn5Cr4V2 或者同等性能的其他高速钢制造。

2）角度铣刀工作部分硬度：63～66HRC。

3）位置公差。角度铣刀的位置公差要求应符合表 6-31。

4）外观和表面粗糙度。角度铣刀表面不应有裂纹，切削刃应

表 6-29　不对称双角铣刀的型式与尺寸（GB/T6128.2—2007）

（单位：mm）

d js16	θ $\pm20'$	δ $\pm30'$	L js16	D H7
	55°			
	60°		6	
	65°			
	70°	15°	8	
40	75°			13
	80°			
	85°		10	
	90°	20°		
	100°	25°	13	
	55°			
	60°		8	
	65°			
	70°	15°	10	
50	75°			16
	80°		13	
	85°			
	90°	20°	16	
	100°	25°		

续表

d js16	θ ±20′	δ ±30′	L js16	D H7
63	55°	15°	10	22
	60°			
	65°			
	70°		13	
	75°			
	80°		16	
	85°			
	90°	20°		
	100°	25°		
80	50°	15°	13	27
	55°			
	60°		16	
	65°			
	70°		20	
	75°			
	80°			
	85°		24	
	90°	20°		
100	50°	15°	20	32
	55°			
	60°		24	
	65°			
	70°		30	
	75°			
	80°			

注 不对称双角铣刀的顶刃允许有圆弧，圆弧半径尺寸由制造商自行规定。

锋利，不应有崩刃、钝口以及退火等影响使用性能的缺陷。角度铣刀表面粗糙度要求：前刀面和后刀面，$Rz6.3\,\mu m$；内孔表面、两支撑面，$Ra1.25\,\mu m$。

表 6-30 对称双角铣刀的型式与尺寸（GB/T 6128.2—2007）

（单位：mm）

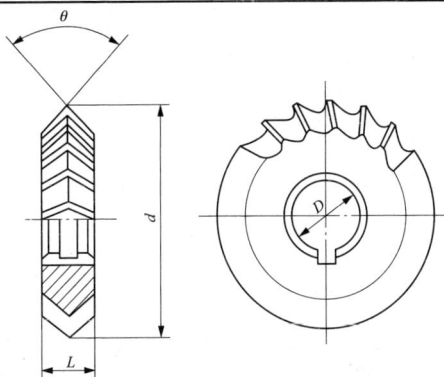

d js16	θ ±30′	L js16	D H7
50	45°	8	165
	60°	10	
	90°	14	
63	18°	5	22
	22°	6	
	25°	7	
	30°	8	
	40°		
	45°	10	
	50°		
	60°	14	
	90°	20	
80	18°	8	27
	22°	10	
	25°	11	
	30°	12	
	40°		
	45°		
	60°	18	
	90°	22	

续表

d js16	θ $\pm30'$	L js16	D H7
100	18°	10	32
	22°	12	
	25°	13	
	30°	14	
	40°		
	45°	18	
	60°	25	
	90°	32	

注 对称双角铣刀的顶刃允许有圆弧,圆弧半径尺寸由制造商自行规定。

表 6-31　　　　　角度铣刀的位置公差要求　　　（单位：mm）

项　　目		公差	
		$d\leqslant80$	$d>80$
顶刃对内孔轴线的径向圆跳动	一转	0.050	0.060
	相邻	0.025	0.030
锥刃对内孔轴线的斜向圆跳动	一转	0.050	0.060
	相邻	0.025	0.030
单角铣刀端刃对内孔轴线的端面圆跳动	一转	0.060	
	相邻	0.030	

注 角度铣刀圆跳动的检验方法见相关标准。

六、三面刃铣刀

1. 三面刃铣刀的型式和尺寸

三面刃铣刀的型式和尺寸按表 6-32 选择。键槽的尺寸按 GB/T6132 的规定。

2. 技术要求

（1）材料。三面刃铣刀用 W6Mn5Cr4V2 或者同等性能的其他高速钢制造。

（2）三面刃铣刀工作部分硬度：63～66HRC。

（3）位置公差。角度铣刀的位置公差要求应符合表 6-33。

表 6-32　三面刃铣刀的型式和尺寸（GB/T 6119.1—1996）

（单位：mm）

(a) 直齿三面刃铣刀　　　　　　　　(b) 错齿三面刃铣刀

d js16	D H7	d1 min	4	5	6	8	10	12	14	16	18	20	22	25	28	32	36	40
			4	5	6	8	10	12	14	16	18	20	22	25	28	32	36	40
50	16	27	×	×	×	×	×	—										
63	22	34	×	×	×	×	×	×				—						
80	27	41		×	×	×	×	×	×	×	×	×			—			
100	32	47				×	×	×	×	×	×	×	×	×	×			
125			—			×	×	×	×	×	×	×	×	×	×			
160	40	55			—		×	×	×	×	×	×	×	×	×	×		
200				—		×	×	×	×	×	×	×	×	×	×	×	×	

L 栏表头：K11

注　×表示有此规格。

表 6-33　　　　　三面刃铣刀的位置公差要求　　　　（单位：mm）

项　目		公差		
		d≤80	80<d≤125	d>125
圆周刃对内孔轴线的径向圆跳动	一转	0.050	0.060	0.070
端刃对内孔轴线的端面圆跳动	相邻齿	0.025	0.030	0.035
外径锥度		0.03		

（4）外观和表面粗糙度。铣刀表面不应有裂纹，切削刃应锋利，不应有崩刃、钝口以及退火等影响使用性能的缺陷。铣刀表面粗糙度要求：前刀面和后刀面，$Rz6.3\mu m$；内孔表面、两支撑面，$Ra1.25\mu m$。

七、硬质合金铣刀

1. 整体硬质合金铣刀

（1）型式和尺寸。

整体硬质合金铣刀的型式和尺寸按表 6-34 选择。柄部的尺寸和偏差按 GB/T 6131.1 的规定。

（2）技术要求。

1）刀具材料。按 GB/T 2075—2007 分类分组规定，选用代号为 P20～30、K20～30 或者 M20～30 的硬质合金。

2）形状位置公差。硬质合金立铣刀的形状、位置公差要求应符合表 6-35。

3）表面粗糙度。刀齿前刀面和后刀面，$Rz3.2\,\mu m$；柄部外圆，$Ra0.4\,\mu m$。

2. 硬质合金 T 形槽铣刀

（1）型式和尺寸。硬质合金 T 形槽铣刀的型式和尺寸按表 6-36 选择。

（2）技术要求。

表 6-34　　　　整体硬质合金铣刀的型式和尺寸

(GB/T 16770.1—1997)　　　　　（单位：mm）

直径 d_1 h10	柄部直径 d_2	总长 l_1		刃长 l_2	
		基本尺寸	极限偏差	基本尺寸	极限偏差
1.0	3	38		3	
	4	43			
1.5	3	38	+2 0	4	+1 0
	4	43			
2.0	3	38		7	
	4	43			

续表

直径 d_1 h10	柄部直径 d_2	总长 l_1		刃长 l_2	
		基本尺寸	极限偏差	基本尺寸	极限偏差
2.5	3	38		8	
	4	43			
3.0	3	38		8	+1 0
	6	57			
3.5	4	43		10	
	6	57			
4.0	4	43		11	
	6	57			
5.0	5	47	+2 0	13	
	6	57			
6.0	6	57		13	+1.5 0
7.0	8	63		16	
8.0		63		19	
9.0	10	72		19	
10.0	10	72		22	
12.0	12	76		22	
		83		26	
14.0	14	83		26	+2 0
16.0	16	89	+3 0	32	
18.0	18	92		32	
20.0	20	101		38	

注　1. 2 齿过中心刃切削（键槽铣刀）。3 齿或多齿立铣刀可以中心刃切削。

　　2. 表内尺寸可按 GB/T 6131.2 做成削平柄立铣刀。

表 6-35　**整体硬质合金直柄铣刀的位置公差要求**（单位：mm）

圆周刃对柄部轴线的径向圆跳动			端刃对柄部轴线的端面圆跳动	工作部分圆柱度
d_1	一转	相邻		
~6	0.012	0.006	0.020	0.010
>6	0.020	0.010		

注　圆跳动的检测方法按 GB/T 6118—1996 附录 A 的规定。

表 6-36 硬质合金 T 形槽铣刀 (GB/T 10948—2006)

(单位：mm)

(a) 直柄硬质合金 T 形槽铣刀

表 a 直柄硬质合金 T 形槽铣刀基本尺寸

T 形槽基本尺寸	d h12	l h12	L JS16	d_1 h8	d_2 max	f max	g max	硬质合金刀片型号 参考
12	21	9	74	12	10	0.6	1.0	A106
14	25	11	82	16	12		1.6	D208
18	32	14	90		15			D212
22	40	18	108	25	19	1.0	2.5	D214
28	50	22	124	32	25			D218A
36	60	28	139		30			D220

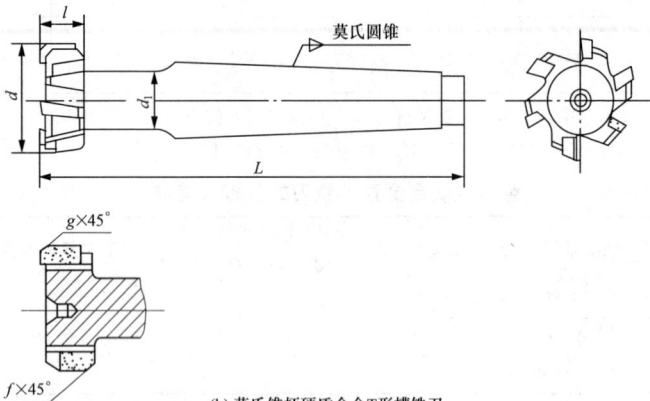

(b) 莫氏锥柄硬质合金 T 形槽铣刀

表b　莫氏锥柄硬质合金T形槽铣刀基本尺寸

T形槽 基本尺寸	d h12	l h12	L JS16	d_1 max	f max	g max	莫氏圆 锥号	硬质合金刀片型号 参考
12	21	9	100	10	0.6	1.0	2	D106
14	25	11	105	12		1.6		D208
18	32	14	110	15		1.6	2	D212
22	40	18	140	19	1.0		3	D214
28	50	22	175	25		2.5	4	D218A
36	60	28	190	30				D220
42	72	35	230	36	1.6	4.0	5	D228A
48	85	40	240	42	2.0	6.0		D236
54	95	44	250	44				

1）材料。刀具材料可以按照 GB/T 2075—2007 分类分组选用，刀体用 40Cr 或者其他同等性能的钢材制造。

2）柄部硬度距离尾端 2/3 长度上不低于 30HRC。

3）柄部尺寸和位置公差。直柄 T 形槽铣刀的柄部尺寸及其极限偏差按 GB/T 6131.1 的规定，锥柄 T 形槽铣刀的莫氏圆锥尺寸及其极限偏差按 GB/T 1443 的规定；硬质合金 T 形槽铣刀的位置公差要求见表 6-37。

表6-37　　　　硬质合金 T 形槽铣刀的位置公差　　（单位：mm）

项目		公差	
		$d \geqslant 40$	$d > 40$
圆周刃对柄部轴线的径向圆跳动	一转	0.04	0.05
	相邻齿	0.02	0.03
端刃对柄部轴线的端面圆跳动		0.04	0.05

4）表面粗糙度。刀齿前刀面和后刀面，$Rz3.2\mu m$；柄部外圆，$Ra0.8\mu m$。

3. 硬质合金错齿三面刃铣刀

（1）型式和尺寸。硬质合金错齿三面刃铣刀的型式和尺寸按表 6-38 选择。键槽尺寸和偏差按 GB/T 6132 规定。硬质合金刀片的型式和尺寸可按 YS/T 79—2006《硬质合金焊接刀片》标准选用。

（2）技术要求。

1）材料。铣刀刀片材料可以按照 GB/T 2075—2007 分类分组选用，刀体用 40Cr 或者其他同等性能的合金工具钢材料制造。

2）硬度。不低于 30HRC。

表 6-38　　　硬质合金错齿三面刃铣刀的型式和尺寸

（GB/T 9062—2006）　　　（单位：mm）

D js16	d H7	L k11	D_1	L_1	硬质合金 刀片型号
				（参考）	
63	22	8	34	9	A108
		10		11	D210A
		12		13	
		14		15	D214
		16		17	
80	27	8	41	9	A108
		10		11	D210A
		12		13	A112
		14		15	
		16		17	D214A
		18		20	D218B
		20		22	

续表

D js16	d H7	L k11	D_1	L_1 （参考）	硬质合金 刀片型号
100	32	8	47	10	A108
		10		12	D210A
		12		14	A112
		14		16	
		16		18	D214A
		18		20	
		20		22	D220
		22		24	
		25		27	D224
125	40	8		10	A108
		10		12	D210A
		12		14	A112
		14		16	
		16		18	D214A
		18		20	
		20		22	D220
		22		24	
		25		27	D224
		28		30	D226
160	40	10	55	12	D210A
		12		14	A112
		14		16	
		16		18	D214A
		18		20	
		20		22	D220
		22		24	
		25		27	D222A
		28		30	D226
		32		34	D230

续表

D js16	d H7	L k11	D_1	L_1 （参考）	硬质合金 刀片型号
200	50	12	55	14	A112
		14		16	
		16		18	D214A
		18		20	
		20		22	D220
		22		24	
		25		27	D222A
		28		30	D226
		32		34	D230
250	50	14	68	16	A112
		16		18	D214A
		18		20	
		20		22	D220
		22		24	
		25		27	D222A
		28		30	D226
		32		34	D230

3）位置公差。硬质合金错齿三面刃铣刀的位置公差要求按表6-39的规定。

表6-39　　　　硬质合金错齿三面刃铣刀的位置公差　　（单位：mm）

项　目		公差		
		$D \leqslant 80$	$D > 80 \sim 125$	$D > 125$
圆周刃对内孔轴线的径向圆跳动	一转	0.040	0.050	0.063
	相邻	0.020	0.025	0.032
端刃对内孔轴线的端面圆跳动	一转	0.032	0.040	0.050
	相邻	0.016	0.020	0.025

4）外观和表面粗糙度。铣刀刀片不应有裂纹，切削刃应锋利，不应有崩刃、铣刀表面不得有刻痕和锈迹等影响使用性能的缺陷。铣刀焊缝处不得有砂眼和未焊透现象。铣刀表面粗糙度上

限值：前刀面和后刀面 $Rz3.2\mu m$；内孔表面 $Ra0.8\mu m$；刀齿两侧隙面和两支撑端面 $Ra0.8\mu m$。

4. 硬质合金斜齿直柄立铣刀

（1）型式和尺寸。适用于直径 $10\sim28mm$ 的硬质合金斜齿直柄立铣刀的型式和尺寸按表 6-40 选择。

表 6-40　硬质合金斜齿直柄立铣刀（JB/T 7971—1999）

（单位：mm）

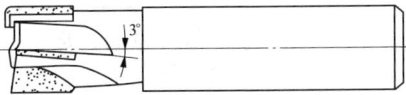

(a) A型

(b) B型

d		L		d_1[1]		参考值				
基本尺寸	极限偏差 js14	基本尺寸	极限偏差 js16	基本尺寸	极限偏差 h8	硬质合金刀片型号[2]	l min	α	θ	齿数
10	±0.180	75		10	0 −0.022	E515	13.5	12°	95°	3
11			±0.95							
12		80		12						
14	±0.215				0 −0.027	E315				
16		85		16						
18										
20		90	±1.10	20		E320	18.0			4
22	±0.260				0 −0.033					
25		100		25						
28										

①柄部尺寸和极限偏差按 GB/T 6131.1 选用。

②硬质合金刀片型号按 YS/T 79 选用。

（2）技术要求。

1）材料。铣刀刀片材料可以按照 GB/T 2075—2007 分类分组选用，加工钢时采用 P20～30；加工铸铁时应采用 K20～30 的硬质合金。刀体材料采用 40Cr 或者其他同等性能的合金钢材料制造。

2）硬度。其柄部距离尾端 2/3 长度上硬度不低于 30HRC。

3）位置公差。铣刀的位置公差要求按表 6-41 的规定。铣刀工作部分外径锥度公差为 0.02mm。

表 6-41　　硬质合金斜齿直柄立铣刀的位置公差要求（单位：mm）

项　　目		公差	
		$d \leqslant 18$	$18 < d \leqslant 28$
圆周刃对柄部轴线的径向圆跳动	一转	0.032	0.040
	相邻齿	—	0.020
端刃对柄部轴线的端面圆跳动	一转	0.030	0.040
	相邻齿	—	0.020

4）表面粗糙度。刀片前刀面和后刀面，$Ra\,3.2\mu m$；柄部外圆表面，$Ra\,0.8\mu m$。

5. 硬质合金斜齿锥柄立铣刀

（1）型式和尺寸。只适用于直径 14～50mm 的硬质合金斜齿锥柄立铣刀的型式和尺寸按表 6-42 选择。

表 6-42　　硬质合金斜齿锥柄立铣刀（JB/T 7972—1999）

（单位：mm）

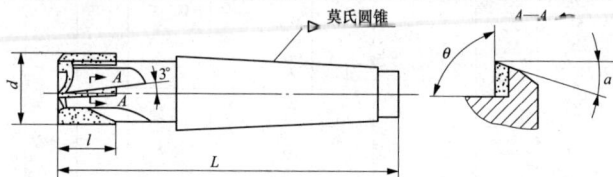

(a) A型

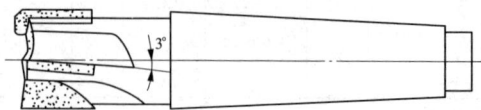

(b) B型

续表

d		L		莫氏[1]圆锥号	参考值				
基本尺寸	极限偏差 js14	基本尺寸	极限偏差 js16		硬质合金[2]刀片型号	l min	α	θ	齿数
14	±0.215	105	±1.10	2	E315	13.5		95°	3
16									
18		110							
20	±0.260	130		3	E320	18.0		90°	4
22									
25									
28		155							
30			±1.25				12°		
32	±0.310	160		4	E325	23.0			
36									
40									
45		170						70°	6
		195	±1.45	5	E330	28.0			
50		170	±1.25	4					
		195	±1.45	5					

①莫氏圆锥的尺寸和极限偏差按 GB/T 1443 的规定。

②硬质合金刀片型号按 YS/T 79 选用。

（2）技术要求。

1）材料。铣刀刀片材料可以按照 GB/T 2075—2007 分类分组选用，加工钢时采用 P20～30；加工铸铁时应采用 K20～30 的硬质合金。刀体材料采用 40Cr 或者其他同等性能的合金钢材料制造。

2）硬度。其柄部距离尾端 2/3 长度上硬度不低于 25HRC。

3）位置公差。铣刀的位置公差要求按表 6-43 的规定。铣刀工作部分外径锥度公差为 0.02mm。

4）表面粗糙度。刀片前刀面和后刀面，$Ra3.2\mu m$；锥柄外圆表面，$Ra0.8\mu m$。

表 6-43 　　　　硬质合金斜齿锥柄立铣刀的位置公差要求（单位：mm）

项　　目		公差		
		$d\leqslant18$	$18<d\leqslant28$	$d>28$
圆周刃对柄部轴线的径向圆跳动	一转	0.032	0.040	0.050
	相邻齿	—	0.020	0.025
端刃对柄部轴线的端面圆跳动	一转	0.030	0.040	
	相邻齿	—	0.020	

🔧 第四节　铣刀的改进与先进铣刀简介

一、铣削质量问题与解决措施

　　铣削加工中产生的质量问题，除与操作技术有关外，大部分因素来自铣刀。铣削加工中铣刀常见的问题及解决措施见表 6-44。

表 6-44 　　　　　　　铣刀质量问题及解决措施

序列	问题	产生原因	解决措施
1	前刀面产生月牙洼	刀片与切屑焊住	1. 采用抗磨损刀片或涂层合金刀片 2. 降低铣削背吃刀量或铣削负荷 3. 用较大的铣刀前角
2	刃边黏切屑	变化振动负荷造成增加铣削力与温度	1. 将刀尖圆弧或倒角处用油石研光 2. 改变合金牌号，增加刀片强度 3. 减少每齿进给量，铣削硬材料时，降低铣削速度 4. 使用足够的润滑性能和冷却性能好的切削液
3	刀齿热裂	高温时迅速变化温度	1. 改变合金牌号 2. 降低铣削速度 3. 适量使用切削液
4	刀齿变形	过高的铣削温度	1. 采用抗变形抗磨损的刀片 2. 适当使用切削液 3. 降低铣削速度及每齿进给量
5	刀齿刃边缺口或下陷	刀片受拉压交变应力；铣削硬材料刀片氧化	1. 加大铣刀切入角 2. 将刀片切削刃用油石研光 3. 降低每齿进给量

二、铣刀改进途径

在实际生产中，根据加工要求和加工条件，对铣刀进行改进，能显著地提高切削效率，改善工件加工表面质量，提高铣刀寿命，从而提高生产率。

1. 铣刀改进措施和方法

（1）减少齿数、改进齿槽槽形结构。粗加工时，适当减少齿数，可增强刀齿强度，增加容屑槽空间，避免切屑堵塞和刀齿折损。另外，加大槽底圆弧半径，把直线型和折线型齿背改为曲线型齿背，有利于切屑卷曲和排出，并可减少切削阻力，使切削平稳。所以，现在的标准铣刀齿数比原来的标准铣刀齿数都适当减少了。

（2）开分屑槽或改变切削刃形状。在圆柱铣刀、三面刃铣刀和成形铣刀的齿背和切削刃上开出分屑槽，可使原来宽而薄的切屑，分成几条窄而厚的切屑，使切屑容易排除，切削力也比原来有所减小，切削平稳、轻快，铣削效率高。与普通铣刀相比，可提高生产率3～4倍。

对于比较薄的三面刃铣刀和锯片铣刀，切削刃改为左右间隔倒角的方法，也能收到上述效果。

（3）增大螺旋角和刃倾角的绝对值。增大螺旋角和刃倾角的绝对值，能增强斜角切削的作用，使实际切削前角增大，改善排屑条件，提高铣削平稳性，从而可提高生产率和减少加工面的表面粗糙度值。采用圆柱铣刀和立铣刀铣削钢件时，螺旋角 β 至 $60°$；铣削铸铁件时，β 可大至 $40°$，都能获得较好的效果。若 β 再增大，则效果将会降低。目前各工具刃具厂生产的标准圆柱铣刀和立铣刀，按最新国家标准，螺旋角均已适当增大。刃倾角的绝对值也有增大的趋势，最大已达 $45°$，甚至更大。

（4）改磨前角和采用不等齿距。在铣削强度低和塑性较大的工件材料时，可将标准铣刀的前角适当修磨大些，可使切削刃锋利，减小铣削力，并能减小工件的表面粗糙度值。

平面粗铣时，从设计上改进铣刀结构，增加楔角，以增加强度，可采用负前角或零前角铣刀，但此时要求机床－刀具－工件整个工艺系统要有足够的刚度。

近年来，在对铣刀结构的改进方面，采用不等齿距面铣刀，可以避免切入和切出时的冲击，改变铣削负荷的周期，因而可以降低铣削时的振动，避免发生共振，提高铣削过程的平稳性。不等齿距的方式有：交错式 $\left(\text{即}\dfrac{360°}{z}±3°\right)$、等差式和跳跃式。如 $z=8$，齿间角为 $42°$、$45°$、$43°$、$50°$ 的两组，即为跳跃式；齿间角为 $42°$、$44°$、$46°$、$48°$ 的两组则为等差式。

（5）改进刀齿的修光刃。

1）圆弧修光刃。在铣床精度较低的情况下，为了提高铣削精度，可在铣刀上安装圆弧修光刃刀齿。修光刃起刮削作用，用以切去铣削刀齿所留下的凸背，经修光刃刮削后的灰铸铁件，表面粗糙度值可达 $Ra0.8\mu m$。修光刀的布置与结构见图 6-12，铣刀刀

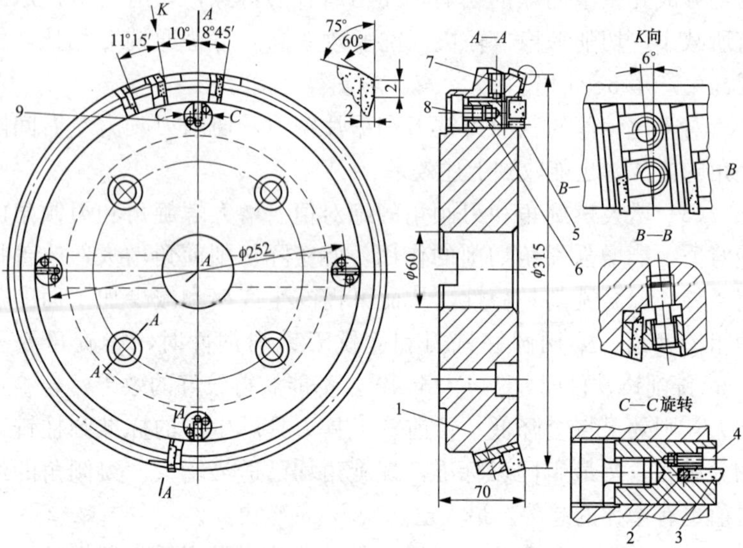

图 6-12　圆弧修光刃可转位硬质合金面铣刀

1—刀体；2—滚针；3—修光刀齿；4—偏心销；5—挡销；6—刀片座；

7—压紧螺钉；8—差动调整螺钉；9—螺钉

410

齿大于 30 片，修光刀齿为 4 片，切削齿和修光齿分布在不同直径上。修光刃的圆弧半径为 700～800mm，比切削齿高出 0.01～0.03mm，其端面跳动量为 0.005mm，可通过调整方法达到。

修光刀齿的调整方法：将刀片座 6 预先调整好后安装到刀体 1 片，然后用不等螺距的差动调整螺钉 8 调整其相对于切削齿的高出量，以及 4 个修光齿高度的一致性，使之符合所要求的精度，最后用压紧螺钉 7 将刀片座 6 紧固，差动螺钉的微调精度为 0.01mm。粗铣时，可用差动调整螺钉 8 将修光刀后退而低于切削刀齿高度，可避免参加铣削。

2）两段偏角过渡修光刃面铣刀。在机床精度较高的情况下，为了获得较高的铣削表面精度，可将铣刀刀齿磨成两段偏角过渡刃，如图 6-13 所示，即刀尖处磨成 C3 及 3°的两段偏角，还有一段在刀片宽度范围内外倾 0.005mm，作为修光过渡刃，其长度应大于每转进给量 f。由于倾角趋近于零，铣削时产生斜角切削，切屑沿前刀面坡度较小的地方流出，在铣削过程中起到增大前角的作用，可使刃口较锋利，因而切削轻快。

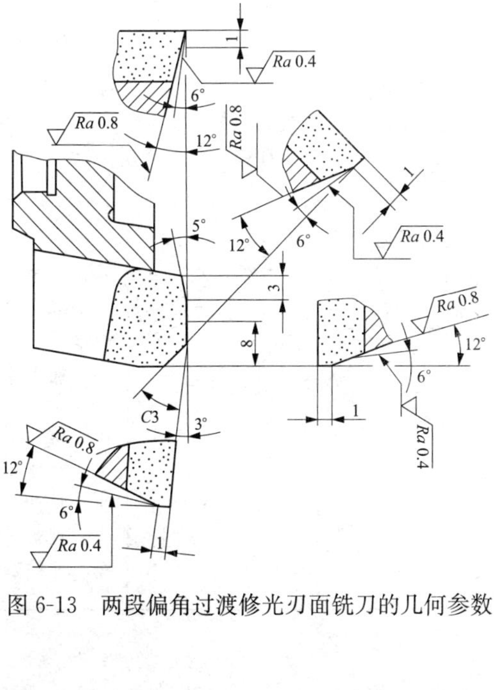

图 6-13　两段偏角过渡修光刃面铣刀的几何参数

采用两段偏角过渡修光刀，可使主偏角变小，从而可提高刀齿强度，改善散热条件，提高铣刀寿命，使铣削厚度较薄，并起到一定刮削作用，可降低被铣削表面的粗糙度值，铣削灰铸铁时，其表面粗糙度值可达 $Ra0.8\mu m$。

铣刀的精度，在直径大于 215mm、刀齿数大于 18 时，其端面跳动量应小于 0.03mm。

(6) 采用新刀具材料。刀具材料对铣刀的切削性能和寿命有较大的影响，采用涂层硬质合金、立方氮化硼、陶瓷和金刚石等刀具材料，可以大大提高铣刀的寿命，如采用 YD15、YA3 铣削铸铁件，采用 726、YT04 铣削钢件，都有较好的效果。

2. 铣刀改进实例

(1) 锯片铣刀改进实例，见表 6-45。

表 6-45　　　　　　　　　　锯片铣刀改进实例

名称	改进实例图	改进说明及效果
疏齿强力锯片铣刀		1. 用普通锯片铣刀改制而成。一个平齿一个尖齿，尖齿宽 $b=\dfrac{B}{3}$，两边皆为 $+5°$倒角 2. 平齿比尖齿低 0.5～0.6mm，齿背改为 $R30$mm 的圆弧形状，精底为 $R6$mm 的圆弧状 3. 两端面齿有宽刃带 1～2mm，并对其磨薄 0.3～0.5mm，以减小与工件的摩擦 4. 推荐用铣削速度70～112m/min、进给量 750～1180mm/min、铣削吃刀量16mm，适合加工 45 钢以下的工件直槽 5. 排屑容易，刀齿强度好，加工效率可提高许多

续表

名称	改进实例图	改进说明及效果
疏齿分屑锯片铣刀	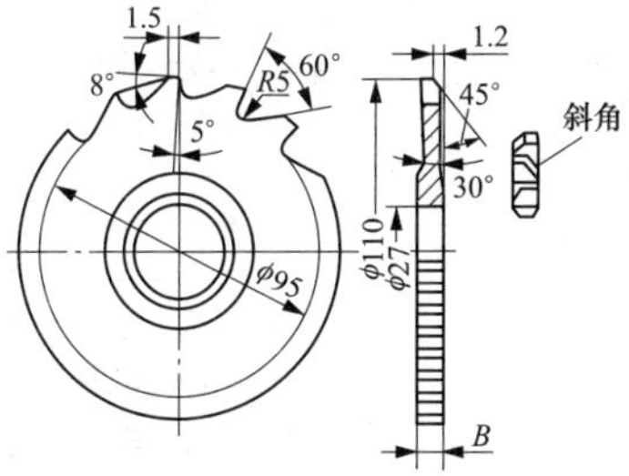	1. 将标准锯片铣刀齿数减少一半 2. 使容屑槽加大，排屑容易，因而提高了切削用量 3. 一个齿倒左边角 $1.2mm \times 45°$，下一个齿倒右边 $1.2mm \times 45°$ 4. 可使加工效率成倍提高

（2）三面刀铣刀改进实例，见表 6-46。

表 6-46　　　　三面刃铣刀改进实例

名称	改进实例图	改进说明及效果
未开分屑槽的直齿三面刃铣刀	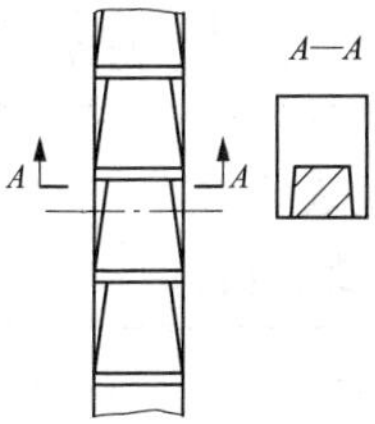	未开分屑槽的直齿三面刃铣刀，切削刃和工件接触长度长，切屑较宽，效率低
开分屑槽的三面刃铣刀	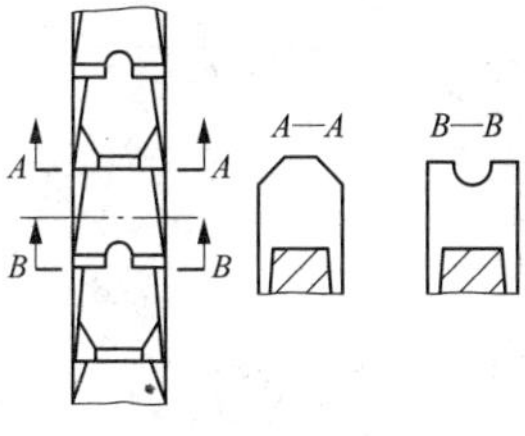	1. 图中隔一个齿切削刃中部开成弧状槽，相邻齿刃长两端切去一段，以切去前一齿弧形槽未铣去的那部分金属，依此循环，由于切削刃变短，切屑变窄，便于碎屑和排屑，有利于提高铣刀寿命，减少工件表面粗糙度值

名称	改进实例图	改进说明及效果
开分屑槽的三面刃铣刀	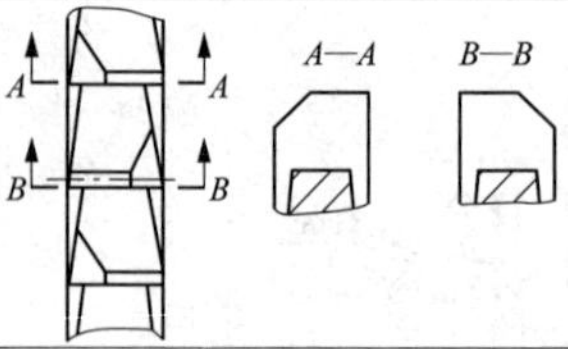	2. 图中一个齿切削刃左端铣去一段，相邻下一齿切削刃右端铣去一段
双向斜齿三面刃铣刀	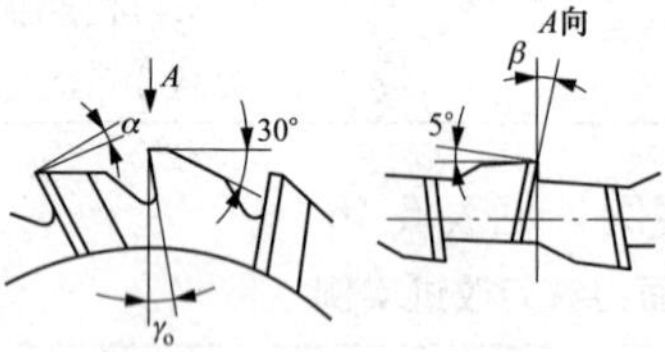	1. 标准双向斜齿三面刃铣刀的斜角 β 较小。因此铣削某些工件时，仍有排屑不畅、崩刃、打刀问题未根除 2. 图为左双向螺旋角 $\beta=10°\sim15°$ 的交错齿铣刀，加工效率可提高 1~5 倍；比普通三面刃铣刀的铣削过程平稳，铣削表面质量也有明显提高 3. 由于螺旋角较大，铣削平稳，切削刃寿命也相应提高 4. 对于螺旋角 $\beta>15°$ 的铣刀，铣削质量和效率更好

（3）T 形槽铣刀改进实例，见表 6-47。

表 6-47　　　　　T 形槽铣刀改进实例

名称	改进实例图	改进说明及效果
硬质合金交错齿 T 形槽铣刀	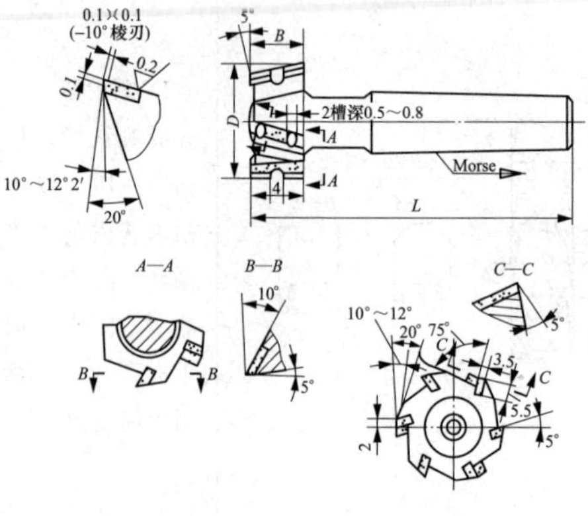	1. 6 个齿，1 个向左斜，下 1 个向右斜 2. 1 个齿中间开 1 个槽，下 1 个齿开 2 个槽，与前一个槽错开、散热快、阻力小，利于排屑，切削刃寿命明显提高 3. 加工效率可提高 1 倍以上

续表

名称	改进实例图	改进说明及效果
大容屑槽T形槽铣刀	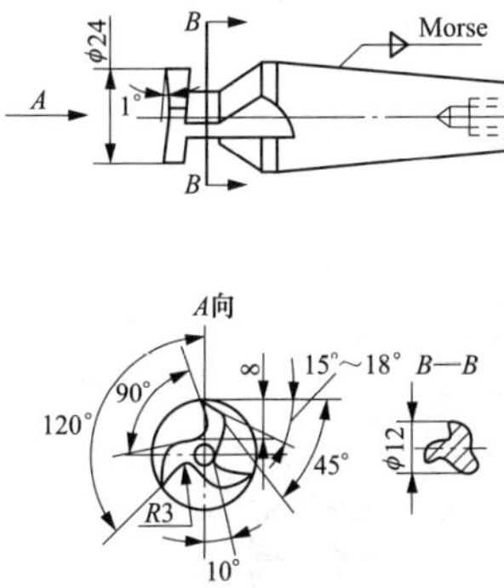	1. 标准T形槽铣刀齿数为6，改为3，于是容屑槽加大，改善了切削刃烧损和滑移现象，大大提高切削刃寿命 2. 因颈部位锥柄也为齿形，T形槽和键槽可一次铣成 3. 可以提高加工效率1.5～2倍

（4）立铣刀改进实例，见表6-48。

表6-48　　　　　立铣刀改进实例

名称	改进实例图	改进说明及效果
硬质合金螺旋立铣刀	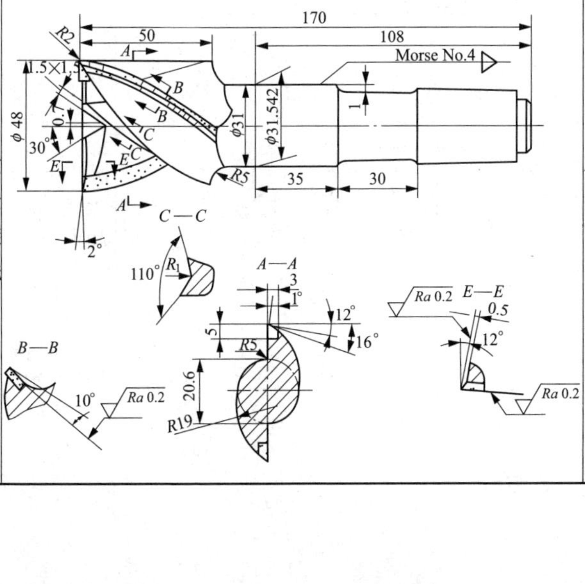	1. 由于改为硬质合金作刃部材料，切削刃寿命比高速钢立铣刀显著提高，每班刃磨次也大为减少 2. 由于改为硬质合金作刃部材料，铣削速度提高许多，生产率大幅度提高 3. 应继续提高硬质合金的焊接工艺水平和螺旋硬质合金的制造工艺水平

名称	改进实例图	改进说明及效果
机夹式硬质合金立铣刀	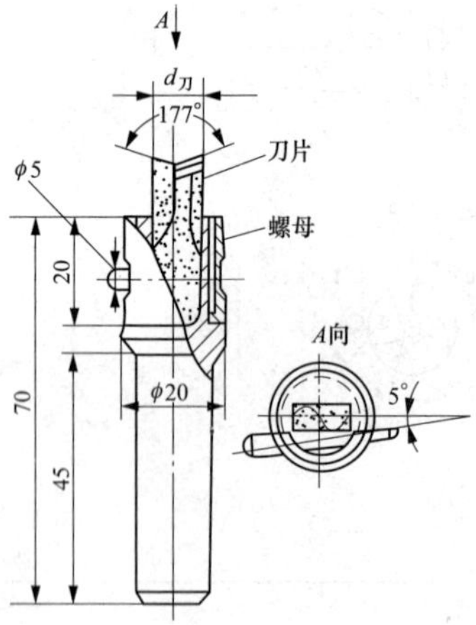	1. 刀片材料为YT15、F211 2. 用 $\phi5$mm钢针磨成 5°斜面楔紧 3. 前面 $\gamma_0=0$°、后角 $\alpha_0=8$°，螺旋角 $\beta=5$° 4. 规格为：$\phi8$mm、$\phi10$mm（图中 $d_刀$） 5. 推荐用铣削速度为 40m/mim、进给量为 15m/min和铣削吃刀量为0.5～1.5mm 6. 适合加工淬火后的轴上键槽、滑槽、模具等 7. 改变此种刀具一些参数，也可铣削一般钢材
轻合金立铣刀	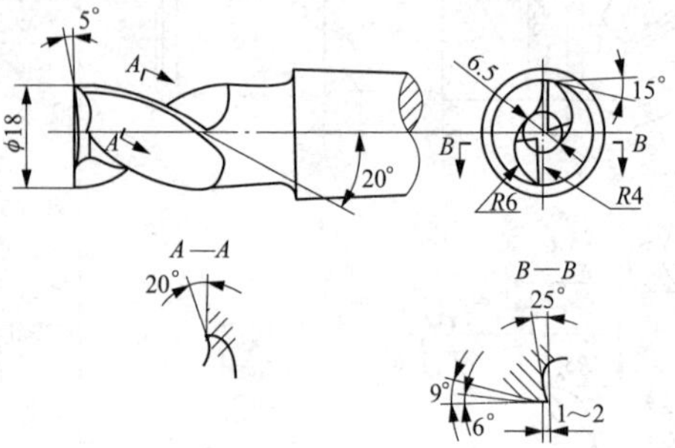	1. 前角 $\gamma_0=20$°、后角 $\alpha_0=15$°，切削刃锋利 2. 铣削工件的表面粗糙度可达 $Ra=0.8～1.6\mu m$ 3. 排屑容易，阻力较小 4. 可用键槽铣刀改磨而成

续表

名称	改进实例图	改进说明及效果
硬质合金立铣刀		1. 将 4 个齿螺旋状硬质合金刀片镶焊成一体 2. 比高速钢立铣刀的寿命高 7 倍 3. 加工效率可提高 2～6 倍
硬质合金机夹式立铣刀		1. 结构简单、制造方便 2. 适合铣削宽度大、深度较浅的台阶和直槽，补充了标准立铣刀的不足 3. 尺寸大小可调，重磨次数多，刀片利用率高 4. 比高速钢立铣刀的加工效率提高 2～3 倍

（5）面铣刀改进实例，见表 6-49。

表 6-49 　　　　　　　　　　　　**面铣刀改进实例**

名称	改进实例图	改进说明及效果
铣削铝合金工件的硬质合金精铣刀	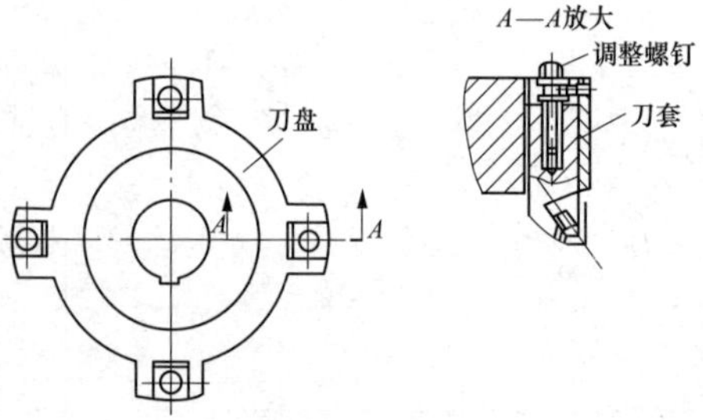 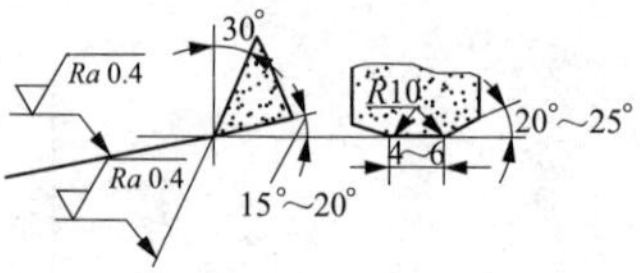	1. 硬质合金材料为 YG8 2. 切削刃前角 $\gamma_o=30°$、后角 $\alpha_o=15°\sim20°$ 3. 大刃倾角 $\lambda_o=30°\sim45°$ 4. 图中 $4\sim6$mm 为平直修光刃 5. 铣削工件表面粗糙度值可达 $Ra=0.63\sim0.2\mu m$，刃磨后经研磨切削刃可达 $Ra=0.2\sim0.025\mu m$ 6. 精铣铝合金平面，可代替磨削乃至研磨，可提高加工效率 $10\sim30$ 倍 7. 若前角 $\gamma_o=48°$、刃倾角 λ_o 再大点，能铣深度为 $0.005\sim0.01$mm 的工件
适合铣削铝合金的端齿铣刀	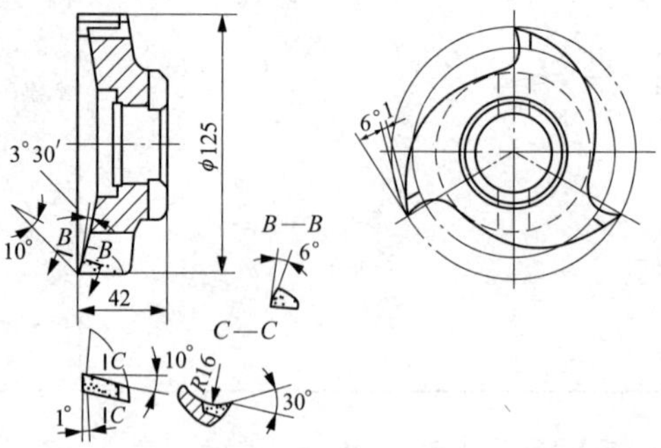	1. 齿数少($z=3$)，前角 $\gamma_o=30°$ 2. 推荐使用的铣削速度为 300m/min，进给量为 $600\sim700$mm/min 和铣削吃刀量为 4mm

名称	改进实例图	改进说明及效果
硬质合金端齿精铣刀		1. 偏角由 45° 到 1°30′～2°，可起修光、刮研作用 2. 还有一段切削刃长度大于 $S_转$，其偏角为 15′ 3. 铣削灰铸铁时，工件表面粗糙度 Ra 可达 0.6～1.8μm 4. 推荐用切削速度为 60～70m/min、进给量为 125～200mm/min，铣削吃刀量为 0.5～1.0mm
大前角铝合金精铣刀		1. 刃倾角 $λ_o$ 大 2. 以圆弧刃铣削 3. 修光作用好 4. 前角大，一般大于 30° 5. 推荐铣削用量：转速为 600～950r/min，进给量为 50～118mm/min 和铣削吃刀量为 0.1～0.2mm 6. 工件表面粗糙度可达 Ra＝0.8～1.6μm

三、先进铣刀简介

在生产实践中，为了提高生产率和产品质量，根据不同的加工要求和具体条件，人们创造了许多先进铣刀，现简单介绍如下几种。

1. 硬质合金螺旋齿玉米铣刀

硬质合金玉米铣刀［见图 6-14（a）、（b）］是在每个螺旋形刀齿上焊有若干个硬质合金刀片，相邻两排螺旋形刀齿上的硬质合金刀片既相互错位，又有一定重叠，刀齿排列成玉米状。若将硬质合金刀片改用可转位刀片，则成为可转位玉米铣刀［见图 6-14（c）、（d）］。硬质合金玉米铣刀的主要特点是：切削刃有分屑作用，刀齿采用硬质合金材料。

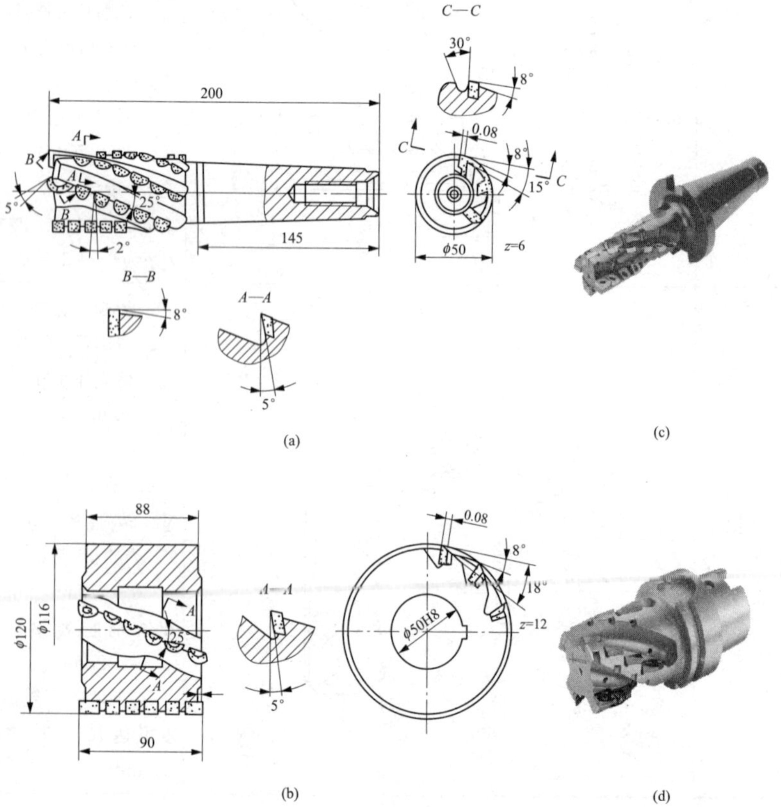

图 6-14　硬质合金螺旋齿玉米铣刀
（a）、（b）焊接式；（c）、（d）可转位式

硬质合金玉米铣刀具有以下优点。

（1）分屑性能好，容屑空间大，切屑不易堵塞，适用于强力

铣削，特别适用于数控铣床。

（2）由于刀片分布有间隔，切削液容易注入，能充分发挥冷却和润滑作用，从而提高铣削速度和进给速度。

（3）采用硬质合金材料，可进行高速铣削。当铣削速度不高时，可使铣刀寿命提高数倍，适用于数控铣床和流水线加工。

这种铣刀在制造和使用时应注意：立铣刀刀片在前端应伸出刀体 1～1.5mm；刀片在外径上应高出刀体 1.5～2mm，以便刃磨。铣削钢件时，在端刃上需磨出 6°左右的负倒棱；在圆周刃上，用细油石錾出一小棱边，可防止崩刃和提高铣刀寿命。

2. 波形刃立铣刀

波形刃立铣刀（见图 6-15），是在普通高速钢立铣刀的螺旋齿铣刀前刀面上，制成波形前刀面，又以波形前刀面定位，刃磨出后刀面的波形刃带，故在外圆柱面产生一条波形切削刃，并在切削刃的最高处（波峰）有一段较平的刃口，各条切削刃的波峰和波谷错开，可获得近似于玉米铣刀的切削情况。

波形刀铣刀具有下列优点：

（1）波形刃起分屑作用，而且切屑呈鳞状，变形小，切削省力，振动小。

（2）在波形刃上各点的螺旋角不相等，半径也不相等，故各点的前角和刀倾角也不相等，这样可显著减轻铣削力变化的周期性，使铣削过程比较平稳。

（3）波形刃齿有利于切削液的渗入，使切削温度和铣削力降低，故波形刃铣刀更适宜于作强力铣削，且铣削效果好。

总之，波形刃铣刀比普通铣刀的生产率可提高几倍，甚至十倍以上；工件加工表面粗糙度值小，可粗、精加工同时完成。但波形刃铣刀的刃磨要比普通铣刀困难和复杂，这也是目前还未能广泛采用的主要原因。

3. 立装不等齿距面铣刀

立装可转位铣刀（见图 6-16），一般是利用内六角螺钉把刀片紧固在切向槽内，其结构和刀齿排列如图 6-16（a）所示。它具有以下几个特点。

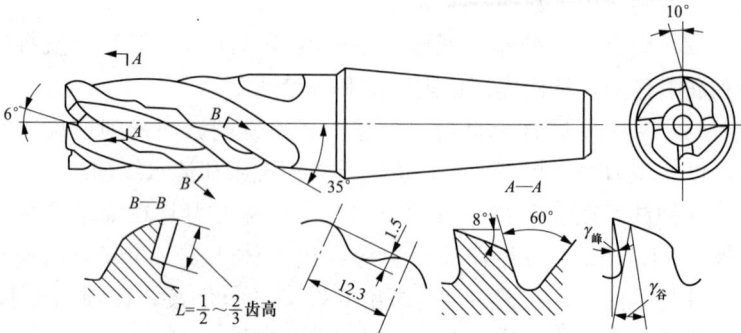

图 6-15 波形刃立铣刀

(a)

(b)

图 6-16 立装不等齿距面铣刀

（1）立装式可转位铣刀的刀片一般都不带后角，如四方形的刀片有八个切削刃可使用，利用率高，但只能安装成具有负前角、负刃倾角的铣刀上。

（2）由于刀片立装，刀片铣削时承压厚度增加，如图 6-16（b）所示，有利于发挥硬质合金抗压强度高而抗弯强度差的特点，结合负前角和负刃倾角，可使铣刀具有抗冲击力强和不易崩刃的优点。

（3）由于刀齿呈不等齿距排列，可避免铣削时产生的周期性振动，特别是能消除铣削过程（尤其是龙门铣床铣削）的共振现象，因而可减小加工表面粗糙度值，保护铣床的精度，延长铣刀的寿命。

（4）适宜于作强力铣削。立装式不等齿距铣刀，其刀片的定位和稳固性较差。不等齿距对密齿铣刀的作用不大。

第七章

拉 削 刀 具

第一节 拉 刀 的 种 类

拉刀是一种高效的多齿刀具，结构较复杂，主要用于成批、大量生产中各种通孔、通槽和外表面加工。由于拉刀切削速度较低，因而其使用寿命较高。常用拉刀如图 7-1 所示。拉削时，利用拉刀上相邻刀齿尺寸的变化依次地从工件上切削下很薄的金属层，从而获得精度高、表面质量好的工件表面，如图 7-2 所示。拉削精度可达到 IT9～IT7，表面粗糙度为 $Ra\,3.2～0.5\,\mu m$。

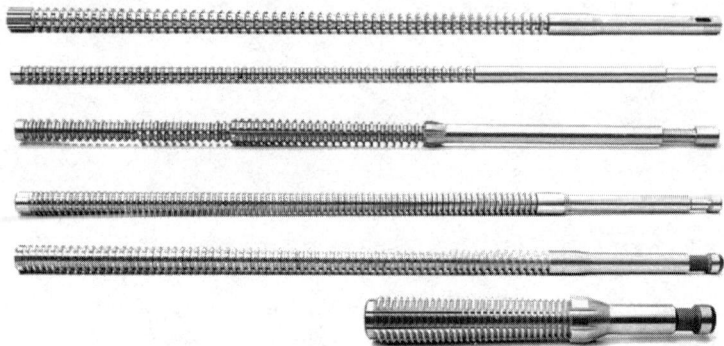

图 7-1　拉刀

一、拉削加工范围及特点

拉削加工与其他金属切削加工相比较，具有以下特点：

（1）生产效率高。拉刀同时参加工作的齿数多，切削刃较长，且在一次行程后能够完成粗加工、半精加工及精加工，因此生产率很高。例如第二汽车制造厂用大型平面组合拉刀，一次往复行程能够完成汽车机体各个平面的粗加工、精加工。

（2）加工精度高、表面粗糙度小。由于拉削速度较低（一般为 0.04～0.13m/s），拉削过程平稳，

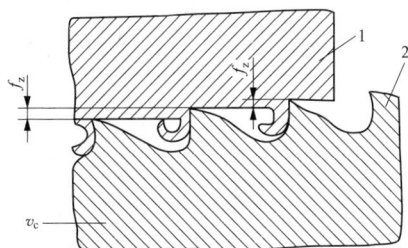

图 7-2 拉削过程

1—工件；2—拉刀

切削厚度较薄，因此拉削精度可达 IT9～IT7，表面粗糙度一般可达 $Ra5～0.8\mu m$，甚至可达 $Ra0.32\mu m$。

（3）刀具耐用度高。由于拉削速度低，切削温度低，拉刀磨损较慢，因此耐用度高且刃磨次数多，使用寿命长。

（4）拉床结构简单。拉削通常只有一个主运动（拉刀的直线运动），它的进给运动由拉刀刀齿的齿升量完成。因此拉床结构简单，操作方便。

（5）拉刀结构复杂，切削条件差。拉刀的结构比普通车刀、铣刀、麻花钻等复杂，制造成本高，拉削属于封闭式切削，排屑困难，因此要求拉刀有足够的容屑空间。拉削主要用于成批、大量生产中加工各种形状的通孔、通槽及外表面。对有些形状复杂的孔和槽，虽是单件、小批量生产也有用拉削加工的，如花键（花键槽）、枪管的来复线、内孔及各种平面等。如图 7-3 所示为拉削加工的典型工件的截面形状。

二、常用拉刀的种类及用途

拉刀通常按被加工表面部位、拉刀结构和使用方法进行分类。

1. 按被加工表面部位不同，可分为内拉刀和外拉刀

（1）内拉刀，如图 7-4 所示。根据加工表面形状的不同有圆孔拉刀、方孔拉刀、花键拉刀、渐开线拉刀及其他形状的拉刀。

（2）外拉刀，如图 7-5 所示。外拉刀有平面拉刀、齿槽拉刀及直角拉刀等。直角拉刀采用组合结构形式，将拉刀工作部分固定在刀体上，结构简单，制造方便且节省材料。

图 7-3　拉削加工典型工件的截面形状

1—圆孔；2—方孔；3—矩形孔；4—鼓形孔；5—三角形孔；6—六角孔；7—键槽；
8—花键；9—相互垂直平面；10—齿纹孔；11—多边形孔；12—棘爪孔；
13—内齿轮孔；14—外齿轮；15—成形表面；16—涡轮叶片根部（榫头）的槽形

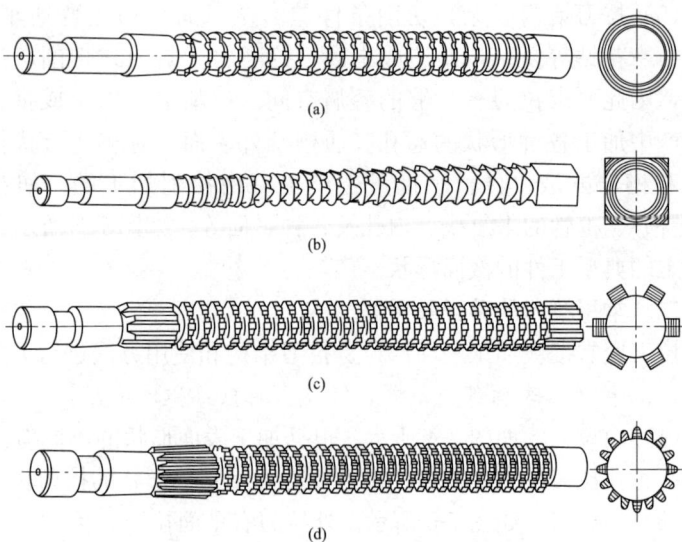

图 7-4　内拉刀

（a）圆孔拉刀；（b）方孔拉刀；（c）花键拉刀；（d）渐开线拉刀

图 7-5　外拉刀

（a）平面拉刀；（b）齿槽拉刀；（c）直角拉刀

2. 按加工时受力方向不同，可分为拉刀和推刀

拉刀受到拉力的作用，在拉伸状态下工作，如图 7-6（a）所示；推刀是在压缩状态下工作，工作时受到推压力作用，如图 7-6（b）所示。

3. 按拉刀结构不同，分为整体拉刀、焊接拉刀、装配拉刀和镶齿拉刀

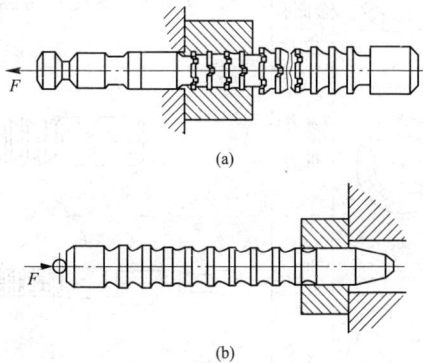

图 7-6　拉刀受力状况

（a）拉刀；（b）推刀

整体拉刀主要用于中、小型尺寸的高速钢拉刀，如图 7-4 所示

的内拉刀；加工大尺寸、复杂形状表面的拉刀，则可由几个零部件组装而成，如图 7-7 所示的装配拉刀和图 7-5（c）所示的直角拉刀。对于硬质合金拉刀，利用焊接或机械镶装的方法将刀齿固定在结构钢刀体上，如图 7-7（b）和图 7-7（c）所示。

常见拉刀和推刀种类见表 7-1。

表 7-1　　　　　　　　　　　拉刀的种类

加工简图	拉刀名称	拉刀简图
	普通式圆孔拉刀	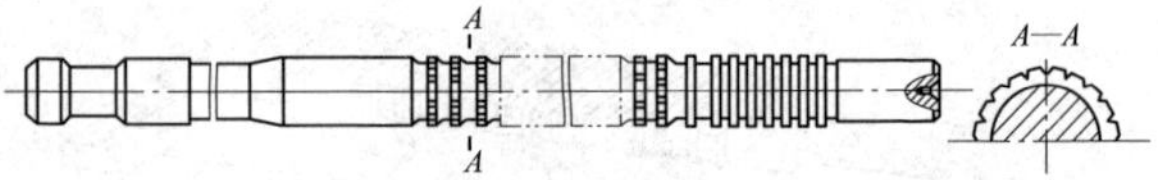
	螺旋齿圆孔拉刀	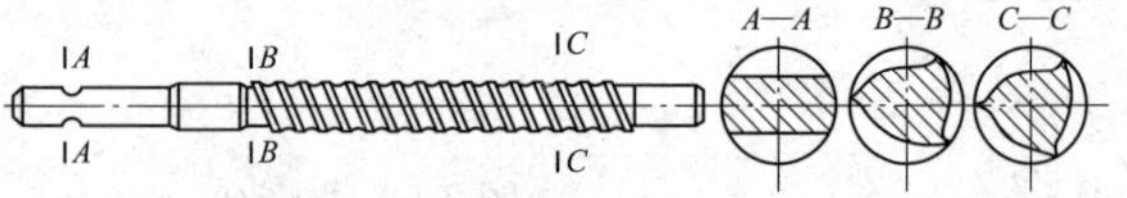
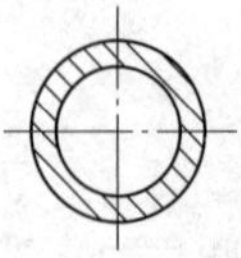 (a)	装配式硬质合金圆孔拉刀	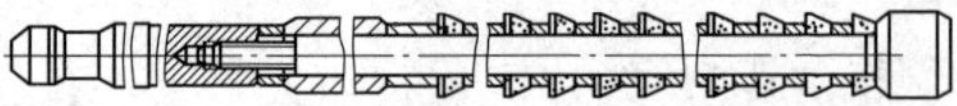
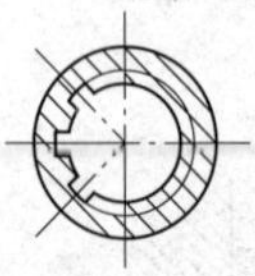 (b)	圆孔推刀	
	矩形花键拉刀	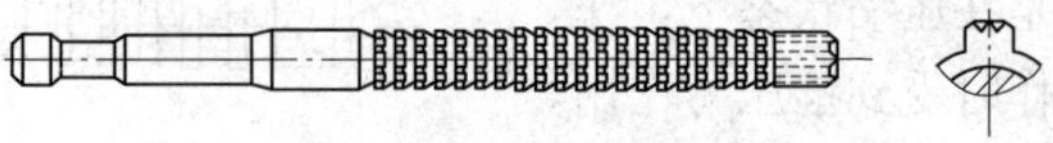
	矩形花键推刀	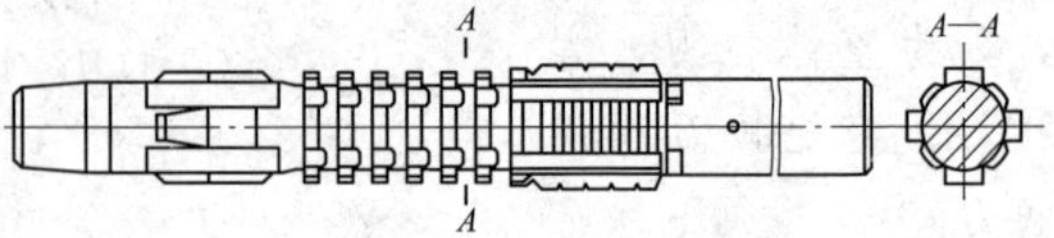

428

加工简图	拉刀名称	拉刀简图
(a)	渐开线花键拉刀	
	渐开线花键推刀	
	键槽拉刀	
(b)	方孔拉刀	
(c)	方孔推刀	
	平面拉刀	
各种成形外表面	成形外拉刀	
各种成形内表面	成形孔拉刀	

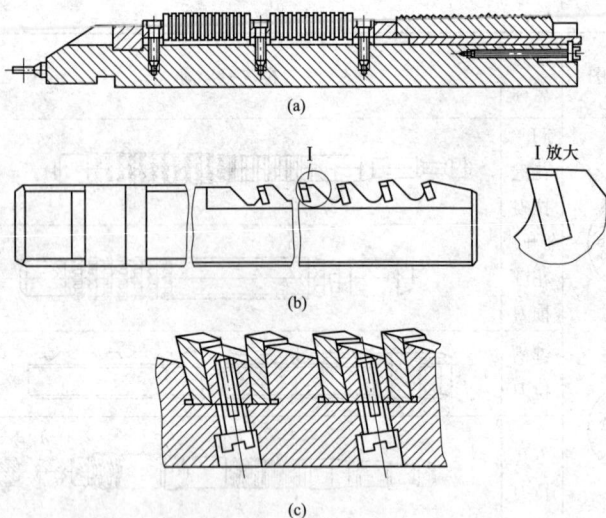

图 7-7 硬质合金拉刀

（a）装配拉刀；（b）焊齿拉刀；（c）镶齿拉刀

第二节 拉刀的结构组成及主要参数

一、拉刀的组成

拉刀的种类繁多，结构各异，但它们的主要组成部分基本相同。下面以典型圆孔拉刀为例，如图 7-8 所示，介绍拉刀的主要组成部分。

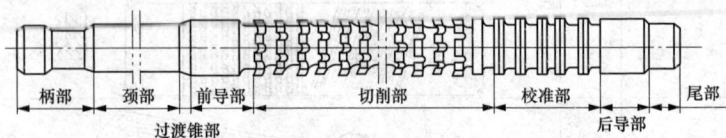

图 7-8 圆孔拉刀的组成部分

1. 切削部

这部分刀齿起切削作用，担负全部切削工作。其中前刀面刀齿为粗切齿、后刀面刀齿为精切齿。各齿直径依次递增，经拉削后去除全部加工余量。

430

2. 校准部

最后几个刀齿的形状和直径都相同，起修光和校准作用。当切削齿经过重磨直径减小后，它可依次递补成为切削齿。

以上刀齿具有前角 γ_o 和后角 α_o，并在后面上磨出圆柱刃带宽 b_{al}，相邻两刀齿间是容屑槽（见图 7-9），各切削齿的刀刃上磨有分屑槽。

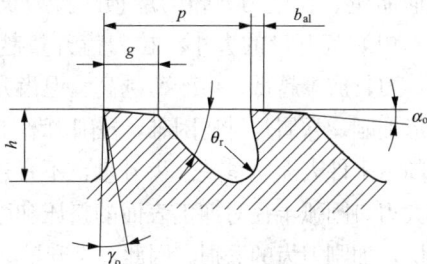

图 7-9 工作部齿形及相关要素

3. 柄部

柄部分前柄和后柄，前柄是拉刀前端，与拉床连接，用来夹持拉刀和传递动力。对又长又重的拉刀应有后柄，工作时，由拉床的托架支撑，以防止拉削过程中因拉刀自重下垂而影响加工质量和损伤拉刀刀齿，并可减轻装卸拉刀的劳动强度。

4. 前导部

引导拉刀以正确的方向进入孔中，用以保持孔与拉刀的同轴度。工件预制孔套在前导部上，可检查工件预制孔径的大小，防止第一刀齿因负荷过重而崩刃。

5. 过渡锥部

过渡锥部是前导部前端的圆锥部分，可使拉刀的前导部顺利进入工件的预制孔中。

6. 颈部

柄部与过渡锥间的连接部分，拉刀材料、尺寸规格等标记一般都打在颈部。

7. 后导部

刀齿切离后，用它支撑工件，以防工件下垂而损坏已加工表面及刀齿。

二、拉刀切削部分的几何参数和结构

拉刀切削部分的参数及结构主要有齿升量 f_z、前角 γ_o、后角 α_o、容屑槽、齿数 z_n、齿距 p、刃带宽 b_{al}、刀齿直径及分屑槽等。

1. 齿升量 f_z

齿升量是指前后相邻两刀齿（或刀齿组）的高度差或半径差，如图 7-2 所示。它是拉刀的重要结构参数。齿升量的大小影响加工表面质量、拉削力、拉刀磨损、拉刀长度和拉削效率。

（1）齿升量的大小。拉刀齿升量越大，切削齿数越少，拉刀越短，刀具成本越低，生产率越高。但齿升量过大，会造成拉削时金属变形加剧，卷屑与排屑困难，拉削力增加，影响拉刀强度和机床负荷，拉削后工件表面质量差。齿升量也不宜过小，因为齿升量过小时，会增大刃口圆弧半径对加工表面的挤压和摩擦，甚至无法切下很薄的金属层，加剧刀齿的磨损。因此，齿升量不宜小于 0.005mm。

（2）齿升量的选择原则。

1）粗切齿齿升量在保证拉刀强度和拉床拉力足够的条件下，尽量选择较大值。

通常粗切齿齿升量的数值根据工件材料的性质和拉刀的类型来确定。一般粗切齿应切除拉削余量的 80% 以上，而且各齿的齿升量相等，每齿的齿升量可为 0.03~0.1mm。

2）精切齿的齿升量一般根据被拉削表面质量和精度来确定，应尽量选小些。拉削一般钢材时，精切齿齿升量可取 0.005~0.02mm，但不得小于 0.005mm。

3）精切齿和粗切齿之间的几个刀齿为过渡齿，过渡齿时齿升量应从粗切齿的齿升量逐齿递减至精切齿的齿升量。目的是使刀齿负荷逐渐下降，拉削平稳。校准齿的齿升量为零。

常用拉刀齿升量的选择见表 7-2。

表 7-2 　　　　　　常用拉刀的齿升量

拉刀类型	工 件 材 料				
	碳素钢	合金钢	铸铁	铝合金	铜合金
圆拉刀	0.015~0.03	0.01~0.025	0.03~0.10	0.02~0.05	0.05~0.12
矩形花键拉刀	0.03~0.08	0.025~0.06	0.04~0.10	0.02~0.10	0.05~0.12
锯齿和渐开线花键拉刀	0.03~0.05	0.03~0.05	0.04~0.08	—	—

（1）同廓式、渐成式拉刀粗切齿齿升量　　（单位：mm）

续表

拉刀类型	工 件 材 料				
	碳素钢	合金钢	铸铁	铝合金	铜合金
槽拉刀和键槽拉刀	0.05～0.20	0.05～0.12	0.06～0.20	0.05～0.08	0.08～0.20
平面拉刀	0.03～0.15	0.03～0.10	0.03～0.15	0.05～0.08	0.06～0.15
成形拉刀	0.02～0.06	0.02～0.05	0.03～0.10	0.02～0.05	0.05～0.15
方拉刀和六边拉刀	0.015～0.12	0.015～0.08	0.03～0.15	0.02～0.10	0.05～0.20

（2）轮切式拉刀粗切齿齿升量　　　　　（单位：mm）

圆 拉 刀				
拉刀直径	<10	10～25	25～50	50～100	>100
刀齿每组齿升量	0.03～0.08	0.05～0.12	0.08～0.16	0.10～0.20	0.15～0.25

花键拉刀花键齿与倒角齿的齿升量

刀齿直径	花键键数				刀齿直径	花键键数			
	6	8	10	16		6	8	10	16
	刀齿每组齿升量（最大）					刀齿每组齿升量（最大）			
13～18	0.16	—	—	—	40～55	0.3	0.3	0.25	0.2
16～25	0.16		0.16		49～65	0.3	0.3	0.25	0.2
22～30	0.2		0.2		57～62	—	0.3	0.3	—
26～38	0.25	0.2	0.2	0.13	65～80	—	—	0.3	—
34～45	0.3	0.2	0.2	0.16	73～90	—	—	0.3	—

（3）拉刀过渡齿、精切齿的齿升量

粗切齿	过渡齿			精切齿					
齿升量 a_f/mm	齿升量 a_f/mm	齿数或齿组数	每齿或每组齿的齿升量 a_f/mm	圆拉刀		各种花键拉刀		键槽拉刀、平面拉刀、成形拉刀	
				不成齿组数	组的刀齿数	不成齿组数	组的刀齿数	不成齿组数	组的刀齿数
≤0.05	取为粗切齿齿升量的(0.4～0.6)	1～2	0.02～0.03	1	1～2	1	1～2	1	1～2
>0.05～0.1			0.035～0.07	1～2	3	1～2	2～3	1～2	2～3
>0.1～0.2			0.07～0.1	2	3～5	2～3	2～3	2～3	2～3
>0.2～0.3			0.1～0.16	3	3～5	2～3	2～3	2～3	2～3

注　综合轮切式圆拉刀的粗切齿，每齿齿升量常取为 0.03～0.06mm。

433

2. 前角 γ_o

拉刀的前角 γ_o 根据工件材料选择。工件材料的强度和硬度比较高时，γ_o 应选小些；反之，则应选大些，见表 7-3。一般高速钢拉刀的前角为 $\gamma_o = 5° \sim 20°$；硬质合金拉刀的前角为 $\gamma_o = 0° \sim 10°$。校准齿基本不切削，其前角可取小些，但为了制造方便，通常与切削齿前角相等。

表 7-3　　　　　　　　　　　　拉刀刀齿前角

工件材料		前角 γ_o	精切齿与校准齿倒棱前角 γ_{o1}
钢	≤197HBW	16°~18°	5°
	198~229HBW	15°	
	≥229HBW	10°~12°	
灰铸铁	≤180HBW	8°~10°	-5°
	>180HBW	5°	
可锻铸铁		10°	5°
铜、铝及镁合金，巴氏合金		20°	20°
青铜、（铝）黄铜		5°	-10°
一般黄铜		10°	-10°
不锈钢、耐热奥氏体钢		20°	

注　1. 前面也可用倒棱，若用倒棱，仅在校准齿和精切齿上使用，可提高拉刀的强度。倒棱 $0.5 \sim 1$mm。

　　2. 加工钢料的圆孔拉刀当 $d_m < 20$mm 时，允许减小前角到 $\gamma_o = 8° \sim 10°$。

3. 后角 α_o

拉刀的后角 α_o 很小，一般切削齿后角 $\alpha_o = 2°30' \sim 4°$，校准齿后角 $\alpha_o = 30' \sim 1°30'$。因为拉刀重磨时是磨前刀面，如果后角过大，则重磨后拉刀直径减小较快，会缩短拉刀的使用寿命，所以一般内拉刀的后角都设计成很小，外拉刀的刀齿高度可以调整，后角可以取大些。

在拉刀刀齿的后刀面上还要做出一段有一定宽度的后角为 0° 的刃带 b_{a1}，如图 7-9 所示。主要是为了保证拉刀重磨后刀齿直径不变，提高拉削过程的平稳性和便于测量各刀齿直径，延长拉刀的使用寿命。但刃带不宜过宽，否则会加剧与已加工表面的摩擦，降低加工表面质量。拉刀后角及刃带宽见表7-4。

表 7-4 拉刀后角与刃带宽

名称	花键拉刀		圆拉刀			键槽拉刀		
	粗切齿	校准齿	粗切齿	精切齿	校准齿	粗切齿	精切齿	校准齿
刃带宽	0.05～0.15mm	0.7mm	≤0.2mm	0.3mm	当 $d \leqslant 50mm$ 时，$b_{al}=0.6mm$；当 $d>50mm$ 时，$b_{al}=0.8mm$	0.3mm	0.5mm	1.0mm
后角	2°30′～4°	30′～1°30′	2°30′～4°		30′～1°30′	2°30′～4°		3°～1°30′

4. 齿距 p 和同时工作齿数

齿距 p 是相邻两刀齿间的轴向距离,如图7-9所示。同时工作齿数是指在拉削过程中,在拉削长度范围内最多时有几个刀齿工作。

齿距的大小,主要影响同时工作齿数的多少和容屑槽空间的大小。当齿距过大时,则同时工作齿数过少,会使拉削过程不平稳,降低加工表面质量,同时将增大拉刀长度,降低生产率。如果齿距过小,则容屑空间就会减小,切屑容易堵塞,而且同时工作齿数将增多,致使切削力增大,严重时可能使拉刀折断。

粗切齿齿距 p 的确定原则应是在容屑空间和拉刀强度足够的前提下,尽可能选取较小的数值,一般粗切齿齿距可计算为

$$p=(1.25 \sim 1.9)\sqrt{L_o} \tag{7-1}$$

式中 L_o——拉削长度（mm）。

系数 1.25～1.5 用于分层拉削方式,1.45～1.9 用于分块式拉削方式。

精切齿和校准齿的齿距可以取小些,但为制造方便也可以取与粗切齿齿距相同的值。

拉刀要保证同时工作齿数满足3～8齿,最好是4～5齿。如果

同时工作齿数太少，可考虑把几个工件叠在一起拉削。

5. 容屑槽

容屑槽的形状和尺寸应保证有合理的前角，可使切屑沿前刀面顺利流出和卷曲，容屑空间足够大以及刀齿有足够的强度和较多的重磨次数。目前常用的容屑槽形状有三种，如表 7-5 所示。

表 7-5　　　　　　　　容屑槽类型及应用

容屑槽类型	容屑槽截面形状	特点	应用
直线齿槽型	p, g, α_o, 45, h, r, γ_o	形状简单，制造容易，但容屑空间较小	主要用在拉削铸铁等脆性材料和采用分层式拉削韧性材料的拉刀上
曲线齿槽型	p, g, α_o, R, h, r, γ_o	容屑空间较大，切屑容易卷曲，但制造复杂	主要用在拉削韧性材料和齿升量较大的拉刀上
直线双圆弧齿槽型	p, g, α_o, $45° r$, h, γ_o	容屑空间大，制造较简单	主要用在分块式拉削和齿升量较大的拉刀上，目前生产的拉刀大都采用这种槽型

6. 分屑槽

分屑槽的作用是减小切削厚度，便于切屑容纳在容屑槽中及清除切屑。对于切削刃较长的刀齿都要磨出分屑槽。

常用的分屑槽形状如图 7-10 所示。如图 7-10 (a) 所示为圆弧形分屑槽，用于轮切式拉刀的切削齿和组合式拉刀的粗切齿和过渡齿。如图 7-10 (b) 所示为角度形分屑槽，用于同廓式、渐成式拉刀的切削齿和组合式拉刀的精切齿。

图 7-10　常用分屑槽形状

（a）圆弧形分屑槽；（b）角度形分屑槽

（1）分屑槽注意事项。

1）分屑槽的深度应大于齿升量，否则将起不到分屑作用；

2）前、后刀齿上的分屑槽要相互错开；为了使分屑槽上两侧的切削刃也有一定的后角，减少切削刃与加工表面的摩擦，可将槽底后角磨成 $\alpha_o = 2°$；

3）分屑槽的数目 n_k 应保证每段切屑宽度不大于 7mm，n_k 最好取偶数，以便于测量刀齿直径；

4）为保证工件表面质量，最后 1～2 个精切齿一般不开分屑槽，加工铸铁等脆性材料不开分屑槽；

5）对于圆弧形分屑槽，某一刀齿的刃宽应大于前一刀齿对应位置上的槽宽，一般要大于 0.5mm。

（2）分屑槽尺寸选择。

1）同廓式圆拉刀分屑槽尺寸选择见表 7-6。

2）轮切式圆拉刀分屑槽尺寸选择见表 7-7。

表 7-6　　　　　　同廓式圆拉刀分屑槽尺寸　　　　（单位：mm）

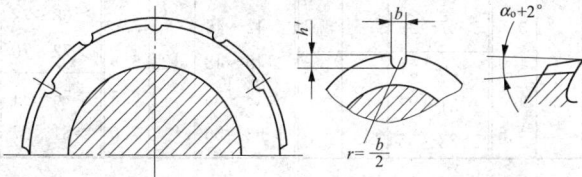

续表

拉刀直径 D_g	槽数 n_k	b	h'	拉刀直径 D_g	槽数 n_k	b	h'
>10~13	6	0.6	0.5	>60~65	28		
>13~16	8			>65~70	30		
>16~20	10	0.8~1.0	0.7	>70~75	32		
>20~25	12			>75~80	36		
>25~30	14			>80~85	38		
>30~35	16			>85~90	40	1.2~1.5	0.8~1.0
>35~40	18	1.0~1.2	0.7~0.8	>90~95	42		
>40~45	20			>95~100	44		
>45~50	22			>100~105	46		
>50~55	24	1.2~1.5	0.8~1.0	>105~110	50		
>55~60	26						

表 7-7　　　　　　　轮切式圆拉刀分屑槽尺寸　　　　（单位：mm）

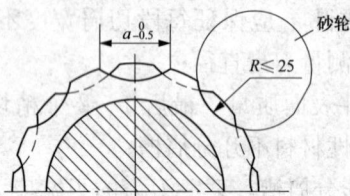

拉刀直径 D_g	槽数 n_k	槽宽 a	拉刀直径 D_g	槽数 n_k	槽宽 a	拉刀直径 D_g	槽数 n_k	槽宽 a	拉刀直径 D_g	槽数 n_k	槽宽 a
>10~11		3.5	>19.5~21		3.5	>35~37		5.5	>56~59	12	7.5
>11~12	4	4.0	>21~23		4.0	>37~38	10	5.5	>59~62		7.5
>12~13		4.5	>23~25	8	4.5	>38~40		6.0	>62~65		6.0
>13~14		3.2	>25~27		4.8	>40~42		5.0	>65~68	16	6.5
>14~15		3.5	>27~29		5.2	>42~45		5.5	>68~72		6.5
>15~16.5	6	4.0	>29~31		4.5	>45~48	12	5.8	>72~76		7.0
>16.5~18		4.5	>31~33	10	5.0	>48~53		6.5	>76~81	18	7.5
>18~19.5		4.5	>33~35		5.0	>53~56		7.0	>81~87		8.0

438

7. 齿数和直径

（1）拉刀齿数。一把拉刀齿数的多少是由加工余量和齿升量的大小确定的，根据粗切齿齿升量和已知的加工余量 A，切削齿总的齿数可按估算为

$$z_n = \frac{A}{2f_z} + (3 \sim 5) \tag{7-2}$$

式中　z_n——拉刀齿数；

　　　f_z——齿升量。

其中，拉刀齿齿数应保证切除加工余量的 80% 以上；过渡齿的齿数根据粗切齿和精切齿的齿升量之差的大小来确定，一般可取 3~8 个；精切齿齿数可取 3~7 个；校准齿齿数可取 4~8 个。拉刀最终的刀齿数目要在每个刀齿直径排列后才能确定，可能需要调整许多次才能完成。

（2）拉刀直径。圆孔拉刀第一个刀齿主要是修光预制孔的毛边，齿升量应取小些或者为零。一般第一个刀齿的直径可等于预制孔的最小极限尺寸 D_{omin}（若预制孔比较光整，第一个刀齿直径也可为前导部直径加上两倍齿升量），最后一个精切齿直径等于校准齿直径。

为了增加拉刀的重磨次数，拉刀的校椎齿直径应取拉后孔径的最大极限尺寸。考虑到拉后孔径可能扩张或收缩，校准齿直径的基本尺寸应为

$$d_{b校} = D_{max} \pm \delta \tag{7-3}$$

式中　D_{max}——拉后孔径的最大极限尺寸（mm）；

　　　δ——拉后孔径的扩张量或收缩量，应通过试验来确定，一般在 0.003~0.01mm 范围内。

三、拉刀结构要素和几何参数的选择

1. 拉刀结构要素和切削部分几何参数

拉刀结构要素和切削部分几何参数见表 7-8。

表 7-8　　　　　　拉刀结构要素和切削部分几何参数

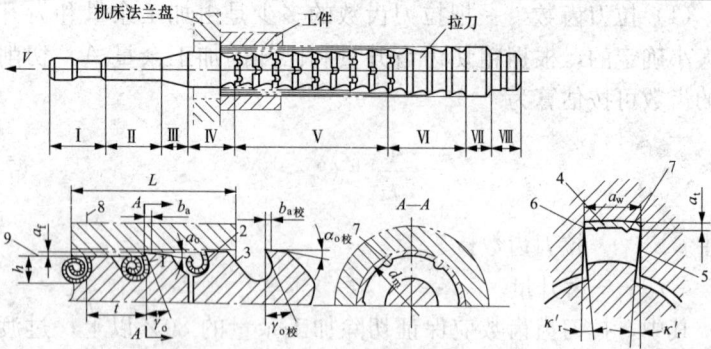

拉刀的结构要素		
指引号	名称	用途
I	柄部	和机床主轴连接，传递运动和拉力
II	颈部	是柄部和锥部之间的连接部分，一般在此打标记
III	过渡锥	引导拉刀正常进入工件，起对准的作用
IV	前导部	切削部分进入工件前，起引导作用，防止拉刀进入工件孔后发生偏斜，并可检查拉孔前孔径是否太小，以免拉刀第一个齿负荷太重而碰坏
V	切削部	负担切削工作，切除工件上的全部加工余量，它由粗切齿、过渡齿和精切齿组成
VI	校准部	起刮光和校准孔的作用，提高工件表面质量度和精度，还可做精切齿的后备齿
VII	后导部	保持拉刀的正确位置，防止在拉刀即将离开工件时，工件下垂面损坏已加工表面
VIII	后托部	当拉刀又长又重时用以支撑拉刀，防止拉刀下垂，一般拉刀则不需要

拉刀切削部分的几何参数			
指引号	名称	指引号	名称
1	前刀面	γ_o	切削齿前角
2	后刀面	α_o	切削齿后角
3	齿背	$\gamma_{o校}$	校准齿前角
4	主切削刃	$\alpha_{o校}$	校准齿后角
5	副切削刃	b_a	切削齿刃带宽
6	过渡刃	$b_{a校}$	校准齿刃带宽
7	分屑槽	κ_r'	副偏角
8	基面	a_f	齿升量（前后两齿或前后两组半径或高度之差）
9	切削平面	a_w	切削宽度

2. 拉刀刀齿主要几何参数

常用拉刀加工不同材料刀齿主要几何参数见表7-9。

表 7-9　　　　　　　　　　刀齿主要几何参数

(1) 常用材料的拉刀几何参数表

拉刀型号	工件材料		前角 γ_o/(°)		后角 α_o/(°)		刃带宽 b_{al}/mm		
			粗切齿	精切齿校准齿	切削齿	校准齿	粗切齿	精切齿	校准齿
圆拉刀	钢 硬度(HBS)	≤229	15	15	2.5~4	0.5~1	0~0.05	0.1~0.15	0.3~0.5
		>229	10~12	10~12					
	铸铁 硬度(HBS)	≤180	8~10	8~10	2.5~4	0.5~1	0~0.05	0.1~0.15	0.3~0.5
		>180	5	5					
	可锻、球墨、蠕墨铸铁		10	10	2~3	0.5~1.5	0~0.05	0.1~0.15	0.3~0.5
	铝合金、巴氏合金		20~25	20~25	2.5~4	0.5~1.5	0~0.05	0.1~0.15	0.3~0.5
	铜合金		5~10	5~10	2~3	0.5~1.5	0~0.05	0.1~0.15	0.3~0.5
各种花键拉刀	钢 硬度(HBS)	≤229	15	15	2.5~4	0.5~1.5	0~0.05	0.1~0.15	0.3~0.6
		>229	10~12	10~12					
	铸铁 硬度(HBS)	≤180	8~10	8~10	2.5~4	0.5~1.5	0~0.05	0.1~0.15	0.3~0.6
		>180	5	5					
	铜合金		5	5	2~3	0.5~1.5	0~0.05	0.1~0.15	0.3~0.6
键槽拉刀平面拉刀	钢 硬度(HBS)	≤229	15	15	2.5~4	0.5~1.5	0.1~0.15	0.2~0.3	0.5~0.8
		>229	10~12	10~12					
	铸铁 硬度(HBS)	≤180	8~10	8~10	2.5~4	0.5~1.5	0.1~0.15	0.2~0.3	0.5~0.8
		>180	5	5					
	铜合金		5	5	2~3	0.5~1.5	0.1~0.15	0.2~0.3	0.5~0.8
成形拉刀	钢 硬度(HBS)	≤229	15	15	0.5~4	0.5~1.5	0.1~0.15	0.2~0.3	0.5~0.8
		>229	10~12	10~12					
	铸铁 硬度(HBS)	≤180	8~10	8~10	2.5~4	0.5~1.5	0.1~0.15	0.2~0.3	0.5~0.8
		>180	5	5	4				
	铜合金		5	5	2~3	0.5~1.5	0.1~0.15	0.2~0.3	0.5~0.8

续表

拉刀型号	工件材料		前角 γ_0/ (°)		后角 α_0/ (°)		刃带宽 b_{a1}/mm		
			粗切齿	精切齿校准齿	切削齿	校准齿	粗切齿	精切齿	校准齿
螺旋齿拉刀	钢	硬度 (HBS) ≤229	15	15	2.5~4	0.5~1.5	0.1~0.15	0.2~0.3	0.5~0.8
		>229	10~12	10~12					
	铸铁	硬度 (HBS) ≤180	8~10	8~10	2.5~4	0.5~1.5	0.1~0.15	0.2~0.3	0.5~0.8
		>180	5	5					
	铜合金		5	5	2~3	0.5~1.5	0.1~0.15	0.2~0.3	0.5~0.8

(2) 加工特种合金钢时拉刀的前角与后角　[单位：(°)]

拉刀类型	耐热合金钢			钛合金钢		
	前角 γ_0	切削齿后角 α_0	校准齿后角 α_z	前角 γ_0	切削齿后角 α_0	校准齿后角 α_z
内拉刀	15	3~5	2~3	3~5	5~7	2~3
外拉刀		10~12	5~7		10~12	8~10

3. 拉刀校准齿主要几何参数

常用拉刀加工不同材料校准齿主要几何参数见表 7-10。

表 7-10　　　　　　　拉刀校准齿的几何参数

名称	参 数 值						
	钢		铸铁		可锻、球墨蠕墨铸铁	铝合金巴氏合金	铜合金
	≤229HBS	>229HBS	≤180HBS	>180HBS			
前角 γ_0/(°)	15	10~12	8~10	5	10	20~25	5~10
后角 α_0/(°)	0.5~1				0.5~1.5		
刃带宽 b_{a1} /mm	0.3~0.5						
齿距 p_z/mm	当切削齿距 $p \geqslant 10$ 时，校准齿齿距 $p_z = 0.8p$ 当切削齿距 $p < 10$ 时，校准齿齿距 $p_z = p$						
齿数 z_z	加工 H7~H9 级精度孔　$z_z = 5 \sim 7$ 加工 H11 级精度孔　$z_z = 3 \sim 4$ 加工 H12~H13 级精度孔　$z_z = 2 \sim 3$						
直径 D_z/ mm	$D_z = d_{mmax} \pm \delta$ 式中　d_{mmax}——被拉孔允许的最大直径（mm）； δ——拉孔后变形量（mm）。扩张时用"$-$"；收缩时用"$+$"						

	孔径公差	δ	孔径公差	δ
	0.025	0	0.11~0.17	0.02
	0.027	0.002	0.18~0.29	0.03
	0.030~0.033	0.004	0.30~0.34	0.04
扩张量或收缩量 δ/mm	0.035~0.05	0.005	≥0.40	0.05
	0.06~0.10	0.01		
	加工韧性金属产生缩孔现象，其孔缩量取 0.01mm；加工薄壁零件孔，孔缩量可计算为 $$\delta = 0.3d_{min} - 1.4s \quad (\text{Q235 钢})$$ $$\delta = 0.6d_{min} - 2.8s \quad (\text{拉削 40Cr 或 18CrNiMn})$$ 式中　d_{min}——孔的最小直径（mm）； 　　　s——孔壁厚度（mm）； 　　　δ——孔缩量（μm）				
校准齿长度 l_z	$$l_z = p_z z_z$$			

四、拉刀主要技术条件

1. 圆孔拉刀校准齿外径尺寸和偏差

圆孔拉刀校准齿外径尺寸和偏差选择见表 7-11。

表 7-11　　　　圆孔拉刀校准齿外径尺寸和偏差　　　　（单位：μm）

精度等级	D/mm	6~10	10~18	18~30	30~50	50~80	80~120
H7	工件孔径偏差	$+15$ 0	$+18$ 0	$+21$ 0	$+25$ 0	$+30$ 0	$+35$ 0
	拉刀尺寸偏差	$+18^{0}_{-5}$	$+22^{0}_{-5}$	$+25^{0}_{-5}$	$+29^{0}_{-5}$	$+35^{0}_{-7}$	$+47^{0}_{-7}$
H8	工件孔径偏差	$+22$ 0	$+27$ 0	$+33$ 0	$+39$ 0	$+46$ 0	$+54$ 0
	拉刀尺寸偏差	$+22^{0}_{-5}$	$+29^{0}_{-5}$	$+34^{0}_{-7}$	$+40^{0}_{-7}$	$+47^{0}_{-9}$	$+55^{0}_{-9}$
H9	工件孔径偏差	$+36$ 0	$+43$ 0	$+52$ 0	$+62$ 0	$+74$ 0	$+87$ 0
	拉刀尺寸偏差	$+36^{0}_{-7}$	$+43^{0}_{-9}$	$+52^{0}_{-9}$	$+62^{0}_{-11}$	$+74^{0}_{-11}$	$+87^{0}_{-11}$

2. 圆孔拉刀偏差和形位公差

圆孔拉刀偏差和形位公差的选择见表 7-12。

表 7-12　　　　　　　　　圆孔拉刀偏差和形位公差

项目	偏　差　值		
粗切齿外圆直径的极限偏差	直径齿升量	外圆直径的极限偏差	相邻齿直径齿升量差
	～0.06	±0.010	0.010
	＞0.06～0.10	±0.015	0.015
	＞0.10～0.12	±0.020	0.020
	＞0.12	±0.025	0.025
精切齿外圆直径的极限偏差	0 −0.010		
校准齿外圆直径的极限偏差	被加工孔的直径公差	外圆直径的极限偏差	
	～0.018	0 −0.005	
	＞0.018～0.027	0 −0.007	
	＞0.027～0.036	0 −0.009	
	＞0.036～0.046	0 −0.012	
	＞0.046	0 −0.015	
拉刀外圆表面对拉刀基准轴线的径向圆跳动公差	拉刀全长与其基本直径的比值	径向圆跳动公差	
	～15	（同一个方向）0.030	
	＞15～25	0.040	
	＞25	0.060	

第三节　拉削方式及拉削质量

一、拉削方式及特点

拉削方式是指拉刀切除余量的顺序和方式。拉削方式直接影响刀齿切除金属层的图形、刀齿的负荷分配及加工零件表面的形成过程，从而影响拉刀的结构、拉削力、拉刀耐用度、拉削表面质量及生产率。

常用拉削方式及特点见表 7-13。

表 7-13　　　　　　　　常用拉削方式及特点

名称	简　　图	说明
同廓式拉削	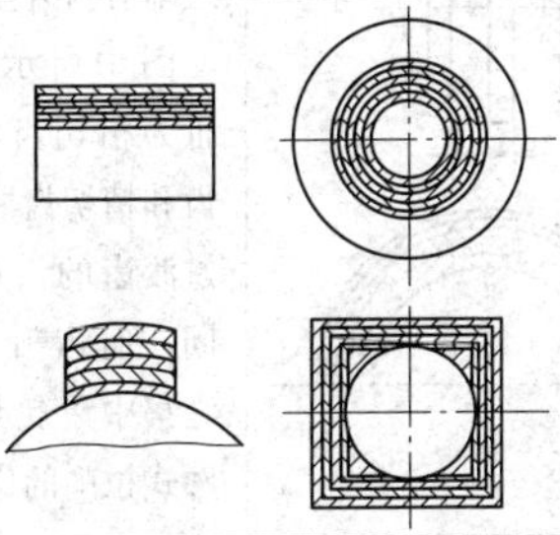	各刀齿廓形和被加工工件表面的最终形状相似，拉削表面质量高，拉刀长，成本高，生产率低，不适宜加工带硬皮的工件
渐成式拉削	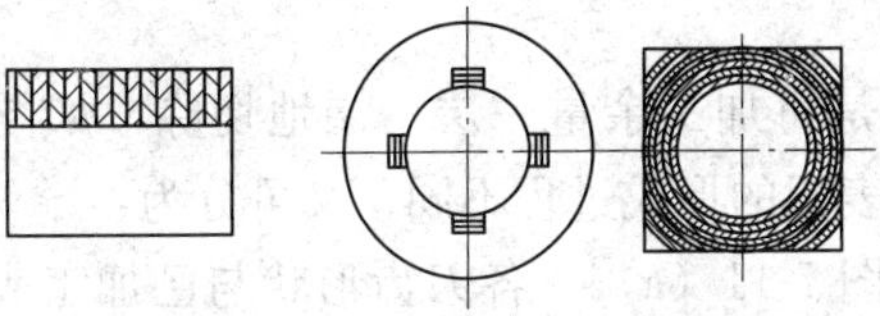	各刀齿制成简单的直线或弧形，它们通常和被加工表面的最终形状不同，被加工表面的最终形状是由许多刀齿所切出的各小段表面连续组合而成。拉刀制造简单，但拉刀长，成长高，生产率低，而且表面质量不好
轮切式拉削	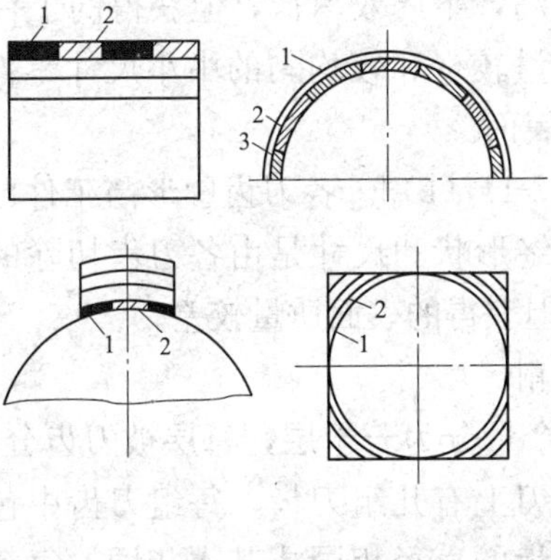	各切削齿分别轮换切除被加工表面的一段，通常是由数齿为一组来切削加工余量的一层，而每个刀齿仅切去其中一部分 图中所示为三个齿列为一组，1、2 齿顺次切削并有齿升量，刀刃交错分布；三齿最后切削，而直径略小。拉刀的齿数少，长度短，生产率高；但拉刀制造复杂，而且加工的表面粗糙

续表

名称	简　图	说明
综合轮切式拉削		粗切齿将用轮切式拉削结构，精切齿则将用同廓拉削结构，全部切削齿是逐渐有齿升量的 　图中所示 1 为粗切齿，Ⅲ 为精切齿，Ⅱ 为在粗切齿和精切齿之间的过渡齿，过渡齿的齿形和粗切齿相同，但齿升量逐渐减少。它集中了轮切式拉削和同廓式拉削的优点

下面简要介绍三种主要拉削方式的特点与应用。

1. 分层式拉削

分层式拉削的特点是将加工余量一层一层地切除，如图 7-11 所示。其中根据已加工表面的形成过程不同，又可分为：

（1）同廓拉削［见图 7-11（a）］。各刀齿形状与已加工表面最终形状相同。由最后一个切削齿和校准齿形成工件最终的形状和尺寸。刀具成本高，生产效率低，但获得的工件表面质量较高。同廓拉削的切削厚度小、切削宽度大，拉刀齿数较多，长度也长，产生的拉力大，刀具成本高，生产效率低，但获得的工件表面质量较好。主要用于加工余量较少和较均匀的中小尺寸零件，也用于加工精度要求高的成形表面。

（2）渐成拉削［见图 7-11（b）］。各刀齿廓形与工件已加工表面最终形状不同，工件最终形状和尺寸是由各刀齿切除的表面连接而成。拉刀制造简单，但获得的表面质量较差。

2. 轮切（分块）式拉削

轮切式拉削是将加工余量分为若干层，每层被刀齿分段切除。按这种拉削方式设计的拉刀上有几组刀齿，每组刀齿中包含着两个或三个刀齿。同一组刀齿的直径相同或基本相同，每个刀齿的

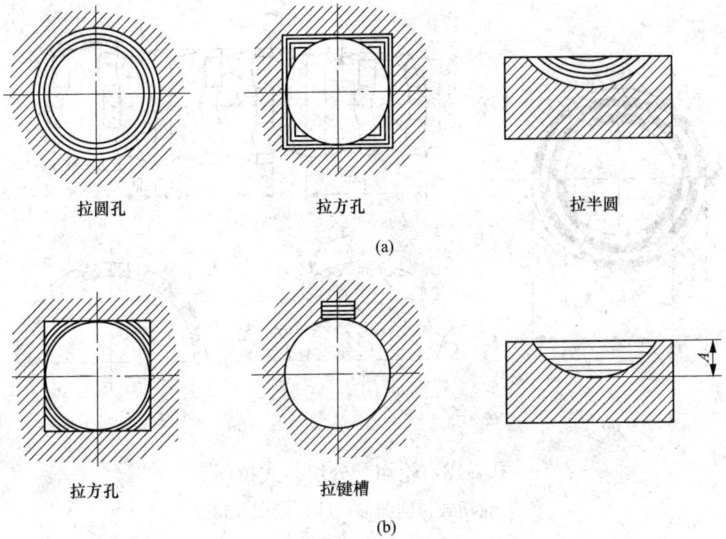

拉圆孔　　　　　　拉方孔　　　　　　　拉半圆

(a)

拉方孔　　　　　　拉键槽

(b)

图 7-11　分层拉削方式
(a) 同廓式；(b) 渐成式

切削位置是相互错开的，各切除同一层金属中的一部分，全部余量由几组刀齿按顺序切除。

如图 7-12（a）所示拉削图形表示相应的拉刀有四组切削刀齿，每组刀齿中包含两个直径相同的刀齿，它们先后切除同一层金属的黑、白两部分余量。

如图 7-12（b）所示是三个切削刀齿为一组的轮切式圆拉刀的截形，前两个切削刀齿 1、2 无齿升量，在刀刃上磨出交错分布的大圆弧分屑槽，切削刃也呈交错分布，各切除同一层金属中的几段金属。剩下未切除的部分，由同一组中的第三个切削刀齿 3 切除，切削刀齿 3 不做成圆弧形凹槽，只做成圆环形，其直径比其他切削刀齿小 0.02～0.05mm，以防止这个刀齿切下整圆金属层。

轮切式拉削与分层式拉削比较，其优点是每一个刀齿的切削厚度大、切削宽度小。因此，虽然每层金属有一组（2 个或 3 个）刀齿在切削，但由于切削厚度比分层式拉削大两倍以上，所需的齿数仍可减少，拉刀的长度短，生产率高，又可节省刀具材料，

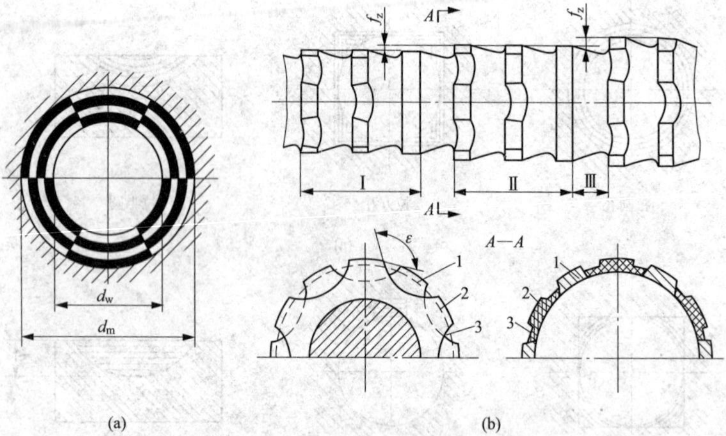

图 7-12　轮切（分块）式拉削
（a）轮切式拉削图形；（b）轮切式拉刀
1、2、3—刀齿

且刀具的强度高，散热良好，故刀齿的磨损量少，使用寿命长。

轮切式拉刀主要适用于加工尺寸大、余量多的内孔，还可用来加工带有硬皮的铸件和锻件；但轮切式拉刀的结构复杂，制造困难，拉削后的工件表面也较粗糙。

3. 组合式拉削

组合式拉削也叫综合轮切式拉削，实质上也是一种轮切式拉削，它是吸取了轮切式与同廓式的优点而形成的一种拉削方式，即粗切齿及过渡齿制成轮切式结构，这样就可缩短拉刀长度，提高生产效率，且工件表面质量好。

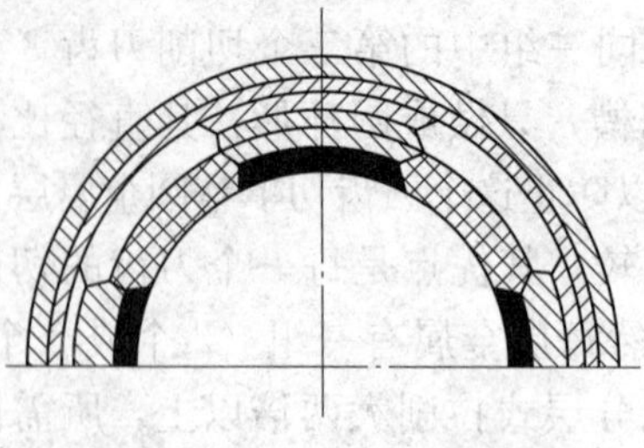

图 7-13　组合式拉削

图 7-13 所示为组合拉削的拉削图形。第一刀齿切去第一圈金属层厚度的一半左右，其余的留给第二刀齿切削；第二刀齿除切去本圈金属层厚度的一半外，还切去第一刀齿留下的第一圈金属厚度的一半左

右，故拉削厚度增加了一倍；第三刀齿与第二刀齿一样，如此交错切削，直到把粗切余量全部切完为止。精切齿则采用同廓式刀齿的结构，齿升量较小，校准齿无齿升量。

组合式拉刀刀齿的齿升量分布较合理，故拉削余量大，且齿数较分层式拉削的少，拉刀长度短，拉削平稳，拉刀耐用度较高，但刀具制造复杂。

二、工件拉削表面缺陷及其解决办法

在拉削过程中，由于各种因素的影响，使拉削表面产生各种缺陷。常见的缺陷有环状波纹、局部划伤、表面鳞刺、断屑沟痕挤出亮点等。简要分析其产生原因及解决方法如下。

1. 工件表面粗糙

（1）工件表面有鳞刺。拉削时，如果刀齿前角过小、刃口钝化、工件材料硬度低及拉削速度过高，都容易产生鱼鳞状缺陷。

解决方法是合理选择拉刀前角，对工件进行适当热处理，以改善加工性能。采用润滑性能好的切削液及降低拉削速度等，可有效抑制的鳞刺产生。

（2）工件表面有划伤。主要是刀齿产生缺口，刀齿（尤其是精切齿）上附着未被清除的切屑或容屑槽的容屑条件不良等造成的工件表面划伤。此外，预加工表面上的氧化皮也可能碰伤刀齿而造成局部划伤。

解决方法是保护好拉刀刀齿不被碰伤、产生缺口，精切齿上附着的切屑要及时清除。

（3）工件表面现象有环状波纹。切削齿和校准齿上没有适当的刃带，同时由于工件齿数的变化，使拉削过程不平衡；接近校准齿的几个切削齿的齿升量不是圆滑过渡；拉刀的齿距是等距分布的，造成拉削过程中产生周期性振动等，则导致工件产生环状波纹。

解决方法是保证拉刀的过渡齿、精切齿及校准齿上都有适当的刃带，校准齿前的几个精切齿的齿升量应圆滑过渡，最后递减到 $0.005mm$ 左右，齿距采用不等距分布等。

（4）工件表面有挤亮点。主要是拉刀后角太小，切削液供应不足，工件硬度过高使刀齿后刀面与已加工表面产生剧烈挤压、摩擦而造成的。

解决方法是适当增加后角，采用润滑性能好的切削液，并保证供应，对硬度较高的工件进行适当的热处理以降低工件的硬度。

2. 工件孔径尺与形状不符合要求

（1）拉削后孔径扩大。产生的主要原因是：采用新拉刀时，外径是上限尺寸；工件拉削长度很短或孔壁很薄；由于拉削速度过高或冷却不当，使拉削温度过高，产生积屑瘤等。

解决方法是：应采用合适的拉削速度和切削液；对新拉刀进行外径尺寸检查，如发现尺寸过大，可用铸铁套研磨到适当的尺寸等，能有效地防止工件孔径扩大。

（2）拉削后孔径缩小。拉刀校准齿处的外径减小而接近报废；拉削长度为 60mm 以上的薄壁工件时，拉削后由于弹性恢复，致使孔径缩小；拉刀用钝后仍继续使用，摩擦热增大使温度上升，工件冷却后孔径也会缩小。

解决方法是拉削时应采用油类切削液，以改善孔径缩小现象。当拉刀校准齿的直径接近或达到报废尺寸时，可在车床上用硬质合金车刀挤压拉刀的前刀面，以增大拉刀的外径。

（3）工件孔径两端尺大小不等（即产生喇叭形或腰鼓形）。工件孔壁不均匀时，拉削后孔径产生局部变形。当工件两端孔壁过薄，拉刀经过薄壁处时，由于工件材料弹性变形，拉削后孔径呈"腰鼓形"；相反，若工件中间过薄时，拉削后孔径便呈"喇叭形"。因此，对于薄孔壁工件，尤其是壁厚相差悬殊的工件不宜采用拉削加工。

第四节　拉刀的使用与刃磨

一、拉刀的合理使用

正确使用和保管拉刀，不仅可以延长拉刀的使用寿命，而且可以提高工件的表面质量。

1. 正确使用拉刀

（1）新拉刀在使用前，必须将防锈油洗净并仔细检查刀齿是否锋利（包括旧拉刀）。如发现刀齿上有碰伤的缺口，可用油石研掉凸点或将该处开成分屑槽。油石移动的方向要与拉刀拉削时的运动方向一致，不能往复研磨或转动研磨。

（2）装夹拉刀时，位置要准确，夹持要可靠。

（3）拉削后，应用铜刷将附着在切削刃上的切屑刷除干净。如用铜刷清除不掉，可用油石轻轻擦去。但严禁用钢刷，也不能用棉纱。铜刷或油石的移动方向与拉刀切削时的运动方向一致。

（4）拉削中，若拉床拉力不够、工件偏斜以及其他原因会使拉床发出沉重响声，甚至拉床溜板停止移动，拉刀被卡在工件里，此时应立即停车检查。如果拉刀卡在工件里，要注意保护拉刀。在任何情况下，都严禁用锤子或压力机强迫卸下工件，因为这样做必将造成拉刀崩刃。

生产中常采用下述办法解决。

1）如果是键槽拉刀卡在工件里，可把拉刀连同工件一起卸下，装在铣床上用锯片铣刀沿纵向把工件铣开，取出拉刀。

2）如果是圆孔拉刀卡在工件里，可装到车床上，用切断刀横向切断或者切到一定深度后再进行拉削，可保护拉刀不致损坏。

2. 正确保管拉刀

（1）严禁把拉刀放在拉床床面或其他硬度高的物体上，避免拉刀与硬物碰撞，以免碰伤刀齿。

（2）拉刀使用完毕，应清洗干净后垂直吊挂在架子上，以免拉刀因自重而发生弯曲变形。较长时间不用的拉刀，应清洗和涂防锈油后包扎好，垂直吊挂在架子上。

（3）运送拉刀时，更要注意保护拉刀刀齿。一般使用专用木盒放置拉刀，防止拉刀滚动。

3. 合理选择切削液

由于刀齿切削时处于封闭状态，散热条件较差，会使切削热稳定上升，加剧拉刀刀齿磨损，影响加工表面质量和刀具耐用度，因此，合理选用切削液对改善加工表面质量和提高刀具耐用度十分重要。

拉削采用的切削液主要有乳化液和硫化油。乳化液冷却性能好，但润滑性能较差，并且使用周期短。硫化油使用周期长，润滑性能好，可使拉刀耐用度成倍提高，但只能用于拉削精度要求不高的一般钢材。对于合金钢和高强度合金钢，宜采用含有油性添加剂和极压添加剂的复合润滑油，可有效提高拉刀耐用度和改善加工表面质量。

4. 合理选择拉削速度

拉削速度是拉刀切削用量中唯一能进行调整的参数。拉刀耐用度、生产率和加工表面质量在很大程度上都取决于拉削速度的选择。

拉削速度一般根据被加工材料的性质、加工表面质量和刀具耐用度进行选择。目前，高速钢拉刀的拉削速度为 $0.5\sim15\text{m/min}$。

当加工表面质量要求不高时，拉削速度可在 $3\sim7\text{m/min}$ 的范围内选择。如果拉刀的齿升量较大，拉削速度应取较小值。当加工表面质量要求较高时，拉削速度应适当降低。

工件材料的强度、硬度较高时，拉削速度应适当降低。加工各种特种钢，拉削速度可取 $1\sim2\text{m/min}$；而加工有色金属时，可采用较高的拉削速度，一般可取 $10\sim12\text{m/min}$。

近年来，高速拉削有了很大发展，它可以进一步提高拉削生产率和改善加工表面质量。

目前高速拉削的拉削速度已达 $35\sim40\text{m/min}$。但高速拉削需要有较大功率和刚度的高速拉床。

二、拉刀的修复

由于拉刀制造成本较高，为了使一些报废的拉刀能继续使用，在生产实践中创造出不少修复拉刀的办法。下面介绍三种方法。

（1）拉刀个别刀齿有较严重的损伤、缺口或崩刃时，可将该齿磨掉，再把该齿的齿升量均匀地分摊到后面各刀齿上，但同时工作齿数不能太少。

（2）拉刀经多次刃磨之后，直径变小将要报废。这时可将拉

刀装到普通车床上，一端用三爪
自定心卡盘夹紧，另一端用活顶
尖顶住。开车后用带负前角的硬
质合金工具逐齿挤压刀齿前刀
面，如图 7-14 所示。挤压后直径
可增大 0.01～0.02mm，然后再
研磨，使其达到规定尺寸。

（3）校准齿严重磨损后，可
将校准齿全部磨去（留下芯杆），
并在端部切出螺纹，再套上新的
校准齿，然后用螺母压紧，如

图 7-14　挤压刀齿法
1—拉刀；2—研磨工具；
3—埂质合金车刀

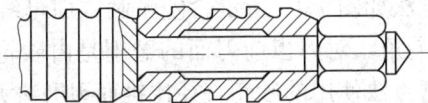

图 7-15 所示。为保证新装校准齿的同轴度，校准齿的最后刃磨应
在镶套以后进行。

图 7-15　校准齿修复法

三、拉刀的刃磨和重磨

拉刀刀齿磨损后，需要及时重磨。重磨是在拉刀磨床或万能
工具磨床上进行。通常只磨前刀面，重磨时应保证拉刀前角不变。
目前圆孔拉刀的重磨有两种方法：锥面刃磨法和圆周刃磨法。

1. 锥面刃磨法

这种刃磨方法如图 7-16 所示，是用砂轮的锥面磨削刀齿前刀
面。为了使砂轮圆锥面的母线正好与前刀面的圆锥面相切，在 N-N
剖面内，砂轮的曲率半径 $\rho_{砂}$ 必须小于前刀面相应的曲率半径 ρ_b。也
就是说，砂轮的直径不能任意选择。如果砂轮直径选得过大，就
可能出现 $\rho_{砂} \geqslant \rho_b$ 的情况，即产生砂轮圆锥面对刀齿前刀面的过切，
这是不允许的。

（1）锥面刃磨法的优点：操作比较简单，容易保证刃磨的前
角值。

图 7-16　锥面刃磨法

（2）锥面刃磨法的缺点：刃磨时砂轮与前刀面的实际接触面积较大，产生热量较多，容易引起刃口烧伤而且效率也较低。

2. 圆周刃磨法

这种刃磨方法如图 7-17 所示。砂轮圆锥面母线与刀齿前刀面母线成 5°～l5°夹角，对刀齿前刀面的磨削是由砂轮的最大圆周进行的，圆周刃磨方法使用的砂轮直径比锥面刃磨法大些。

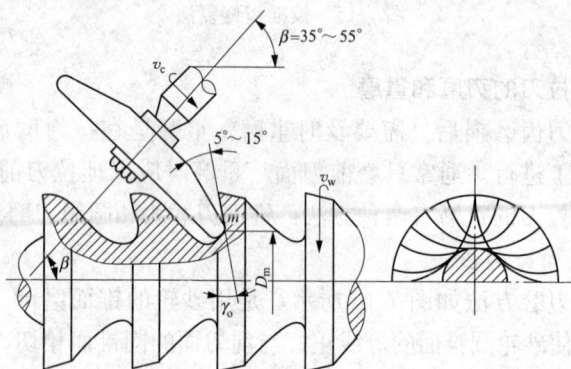

图 7-17　圆周刃磨法

（1）圆周刃磨法的优点：砂轮与前刀面接触面积小，发热少，故不易烧伤刃口。刃磨时，砂轮自锐性好，磨削效率较高。

（2）圆周刃磨法的缺点：这种方法操作较复杂，且刀齿前角值不易控制，需要操作者有较丰富的实践经验。

第八章

螺 纹 加 工 刀 具

第一节 螺纹刀具的种类及用途

螺纹刀具是指加工内、外螺纹表面用的刀具。其种类很多，按形成螺纹的方法可分为切削法加工螺纹刀具和塑性变形法加工螺纹刀具两大类。

一、切削法加工螺纹刀具

常用的切削法螺纹刀具有：螺纹车刀、螺纹梳刀、丝锥和板牙、螺纹切头和螺纹铣刀等。

1. 螺纹车刀

螺纹车刀的结构简单，通用性好，可用来加工各种尺寸、形状和精度的内、外螺纹。但用螺纹车刀加工螺纹生产效率较低，其加工质量主要决定于操作工人的技术水平、车床精度和螺纹车刀本身的制造精度，仅适用于单件或小批量生产。

2. 螺纹梳刀

螺纹梳刀实质上是多齿的成形车刀，它有平体、棱体和圆体三种形式。它的刀齿分为切削部分和校准部分。用这种刀具加工螺纹时，一次走刀便能成形，生产效率高，但螺纹梳刀的制造较为复杂。

3. 丝锥和板牙

丝锥和板牙主要用于加工直径 1~52mm 的内、外螺纹，可手工操作，也可在机床上使用。但丝锥和板牙的加工精度较低。

4. 螺纹切头

螺纹切头是一种高生产率、高精度的螺纹刀具。它的使用寿命较长，一般用于大量生产的情况下。但其结构复杂，制造成本较高。

5. 螺纹铣刀

螺纹铣刀用于加工直径较大的圆柱及圆锥内、外螺纹，生产效率较高。螺纹铣刀可为盘形螺纹铣刀、梳形螺纹铣刀和高速铣削螺纹刀盘。盘形螺纹铣刀用于粗切蜗杆或梯形螺纹；梳形螺纹铣刀用于专用铣床上加工螺距不大、长度较短的三角形内、外圆柱螺纹和圆锥螺纹；高速铣削螺纹刀盘是用装在特殊转刀盘上的硬质合金螺纹刀头进行内、外螺纹的高速铣削，生产效率很高。

6. 螺纹砂轮

在螺纹磨床上用成形砂轮磨削螺纹，一般用于热处理后的螺纹精加工。

二、塑性变形法加工螺纹刀具

塑性变形法螺纹加工刀具主要有滚丝轮、搓丝板和挤压丝锥等。

1. 滚丝轮

利用金属塑性变形的方法滚压出螺纹。

2. 搓丝板

搓丝板由两块组成一对进行工作，它的生产率比滚丝轮高，甚至一小时可加工数千件。但加工精度不如滚丝轮。

3. 挤压丝锥

挤压丝锥是一种没有容屑槽和刃口的丝锥，使用挤压方法可加工 M1～M22，螺距 $P \leqslant 2mm$ 的高精度内螺纹。丝锥寿命长，可调整攻螺纹，生产率高，但制造较难。

第二节 螺 纹 车 刀

螺纹车刀是一种截形简单的成形车刀，它结构简单，制造容易，通用性好，可用来加工各种形状、尺寸及精度的内、外螺纹，特别适合加工大尺寸螺纹。但用螺纹车刀加工螺纹，生产效率较低，其加工质量主要决定于操作工人的技术水平、车床精度和螺纹车刀本身的制造精度，仅适用于单件或小批量生产。螺纹刀具主要用高速钢和硬质合金制造，如图 8-1 所示。

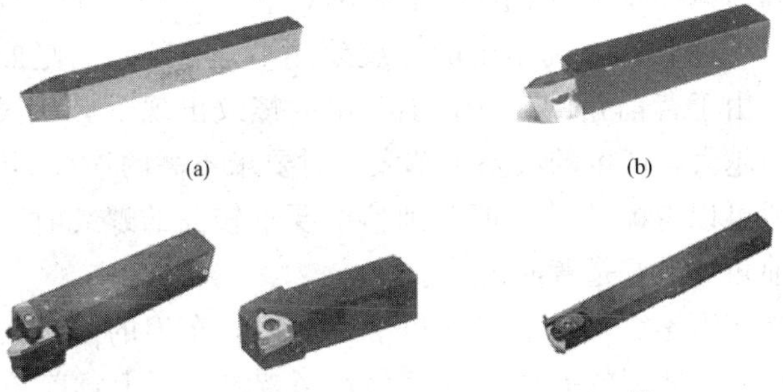

图 8-1　螺纹车刀

（a）高速钢外螺纹车刀；（b）焊接式硬质合金外螺纹车刀；
（c）机夹式硬质合金外螺纹车刀；（d）机夹式硬质合金内螺纹车刀

一、螺纹车刀的几何参数

1. 螺纹车刀对刀刃的要求

螺纹车刀属于成形刀具，其切削部分的形状应当与螺纹牙型的沟槽相符合。车刀的切削刃必须是直线，刀刃要求锋利、无崩刃，刀面表面粗糙度值小。

2. 螺纹车刀的几何参数

与其他车刀不同，螺纹车刀属于多刃刀具，如三角形螺纹车刀两侧切削刃均为主切削刃，梯形螺纹车刀前刃及两侧切削刃也都是主切削刃。车刀的主要角度有刀尖角、背前角、两侧刃前角和两侧刃后角。

（1）刀尖角（ε_r）。螺纹车刀的刀尖角是指螺纹车刀两侧切削刃在基面上投影的夹角。刀尖角 ε_r 的大小取决于螺纹的牙型角 α。为了保证加工出的螺纹牙型正确，刀尖角要等于牙型角，即 $\varepsilon_r=\alpha$。

高速切削时，考虑到牙型的挤压变形严重，螺纹车刀实际刃磨的刀尖角应略小于牙型角，即 $\varepsilon_r<\alpha$。

（2）背前角（γ_p）。在背平面内，前刀面与基面的夹角称为背前角。

通常为了使切削顺利和减小表面粗糙度值，一般高速钢螺纹车刀背前角 $\gamma_p=5°\sim15°$，而硬质合金螺纹车刀背前角 $\gamma_p=0°$。

457

当高速钢螺纹车刀上磨有背前角（$\gamma_p \neq 0°$）时，车刀两侧切削刃不通过工件轴线，则车出的螺纹牙侧不是直线，而是曲线。也就是说，由于背前角的存在，加工出的螺纹出现了形状误差，而且背前角越大，产生的误差也越大。对要求不高的连接螺纹来说，误差一般可以忽略不计。但车削精度要求较高的螺纹时，应尽量减小背前角，最好是背前角等于零。

当高速钢螺纹车刀上背前角 $\gamma_p = 0°$ 时，车刀的前刀面与基面重合，车刀两侧刃的夹角 $\theta = \varepsilon_r = \alpha$；当螺纹车刀上背前角 $\gamma_p > 0°$ 时，车刀两侧刃的夹角 $\theta < \alpha$，如图 8-2 所示，即螺纹车刀两侧切削刃的夹角 θ 的大小直接影响着螺纹牙型角 α 的大小，为了减小牙型角误差，刃磨车刀时应使螺纹车刀两侧切削刃的夹角 $\theta < \alpha$。通常螺纹车刀背前角为 $\gamma_p = 5° \sim 15°$ 时，螺纹车刀两侧切削刃的夹角 θ 应比牙型角 α 小 $30' \sim 1°30'$。

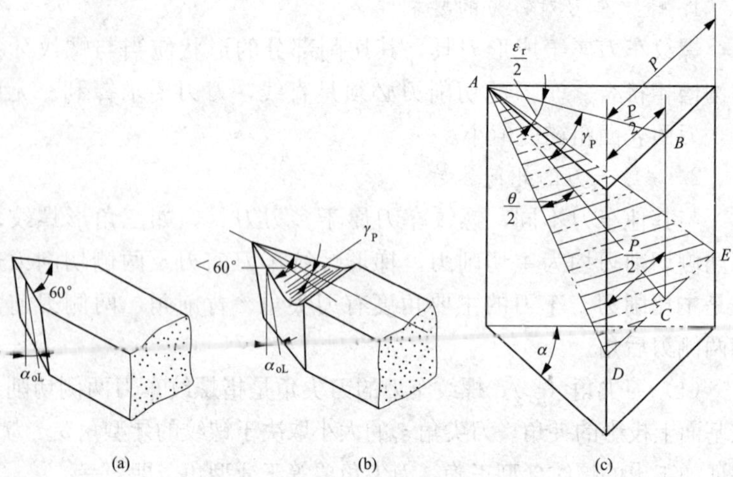

图 8-2　螺纹车刀背前角及其对螺纹牙型角的影响

（a）$\gamma_p = 0°$；（b）$\gamma_p = 0°$；（c）$\dfrac{\theta}{2} < \dfrac{\varepsilon_r}{2}$

实际工作中，通常用一块特制的螺纹角度样板来检测两侧切削刃夹角 θ，如图 8-3 所示。检查时，螺纹角度样板水平放置，再用透光法检查，这样测出的角度近似或等于螺纹牙型角。

图 8-3　用特制的样板检测两侧切削刃夹角（刀尖角）
(a) 正确；(b) 不正确

（3）两侧刃后角和两侧刃前角。

车螺纹时，必须保证工件转一转，车刀沿进给方向移动一个导程。也就是说，车螺纹时，车刀的进给运动速度很高，因此，必须考虑进给运动对加工的影响。

由于进给运动对加工的影响，引起工作时切削平面和基面的位置发生变化，从而使车刀的工作后角和工作前角与车刀的刃磨前角和刃磨后角的数值不相同。螺纹的导程越大，对工作时的前角和后角的影响就越明显。下面以车右旋矩形螺纹为例，分析说明角度的变化情况。

1）车刀两侧刃后角的变化。车螺纹时，特别是车削导程较大的螺纹，如梯形螺纹、蜗杆等时，受进给运动的影响，车刀工作后角的变化较大，如图 8-4 所示，左侧工作后角减小，右侧工作后角增大。因此，如果保证螺纹车刀两侧

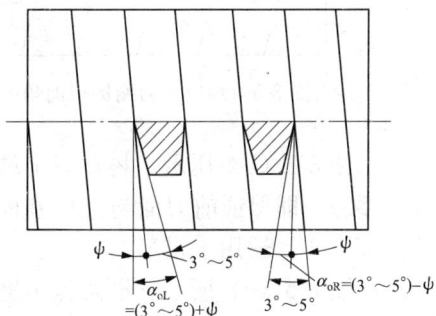

图 8-4　螺纹车刀两侧刃后角的变化

的工作后角为 $3° \sim 5°$，则车刀的刃磨后角应为

$$\alpha_{oL} = \alpha_{oLe} + \psi = (3° \sim 5°) + \psi$$

$$\alpha_{oR} = \alpha_{oRe} - \psi = (3° \sim 5°) - \psi$$

式中 α_{oL}、α_{oR}——车刀左、右两侧刃刃磨后角；

α_{oLe}、α_{oRe}——车刀左、右两侧刃工作后角（一般取 $3°\sim5°$）；

ψ——螺纹升角。

【例 8-1】 车削螺纹升角 $\psi=7°30'$ 的右旋螺纹，螺纹车刀两侧刃的后角各应磨成多少度合适？

解：如选工作后角为 $3°30'$，则螺纹车刀两侧刃的后角为

$$\alpha_{oL}=\alpha_{oLe}+\psi=(3°\sim5°)+\psi=3°30'+7°30'=11°$$

$$\alpha_{oR}=\alpha_{oRe}-\psi=(3°\sim5°)-\psi=3°30'-7°30'=-4°$$

2）车刀两侧刃前角的变化。如图 8-5（a）所示，当用刃磨前角 $\gamma_p=0°$ 的车刀车削右旋螺纹时，由于工作时基面的位置发生改变，造成左侧工作前角增大，右侧工作前角减小。这时右侧刃的工作前角变为负值，切削不顺利，排屑也困难。为了改善切削状况，可以采取如下措施：

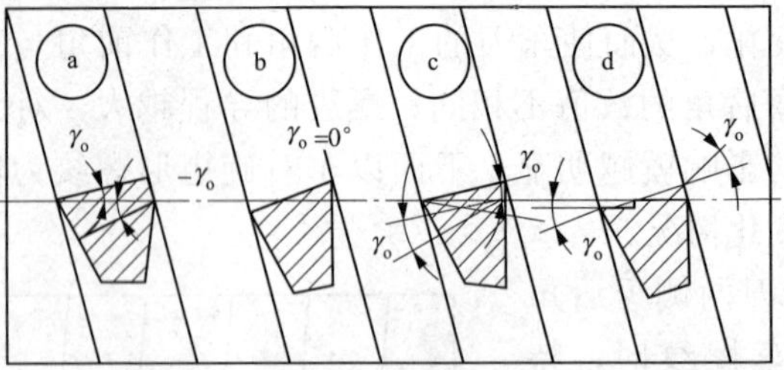

图 8-5 螺纹车刀两侧刃前角的变化及改进措施

①如图 8-5（b）所示，将车刀前端的刀刃垂直于螺旋线安装（法向安装），即保证前刀面与工作基面重合，这时两侧刀刃的工作前角都为 0°，适用于粗车。

②如图 8-5（c）所示，沿两侧刃磨较大前角的卷屑槽，这样车削时即使前角减小，也不会出现负值，保证切削顺利，适用于精车。

③如图 8-5（d）所示，既法向装刀又磨卷屑槽，保证切削时两侧都有一定的前角，切削更顺利，适用于粗车。

特别提示：车右旋螺纹时，左侧工作后角减小，右侧工作后角增大，前角变化与后角变化相反；车左旋螺纹时，前、后角变

化与车右旋螺纹时的相反。

二、普通螺纹车刀应用实例

1. 高速钢普通外螺纹车刀（见图 8-6）

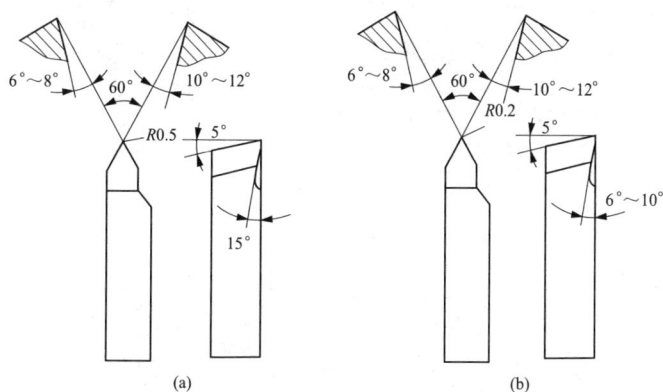

图 8-6　高速钢普通外螺纹车刀
（a）粗车刀；（b）精车刀

2. 硬质合金普通外螺纹车刀（见图 8-7）

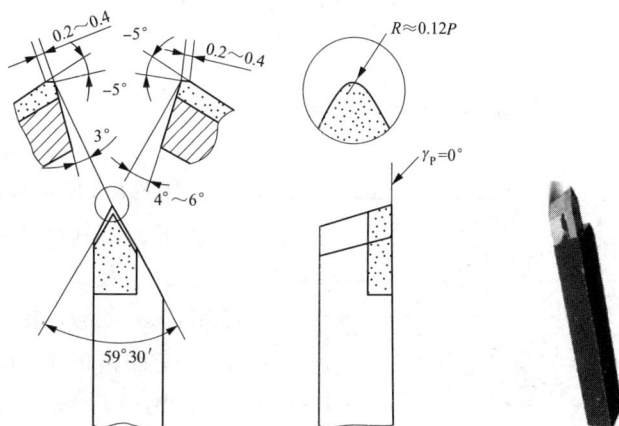

图 8-7　硬质合金普通外螺纹车刀

3. 高速钢米制梯形螺纹车刀（见图 8-8）

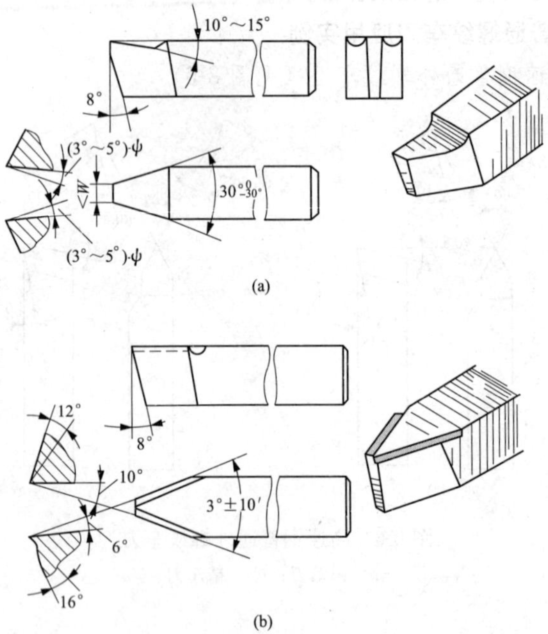

图 8-8　高速钢米制梯形螺纹车刀

（a）粗车刀；（b）精车刀

三、几种高效螺纹车刀及其应用

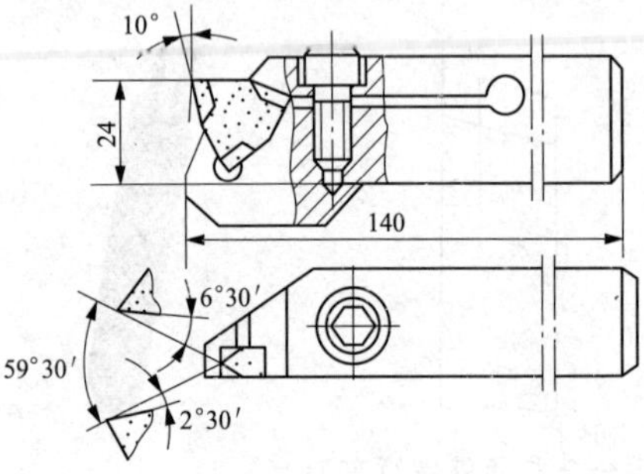

图 8-9　60°可转位螺纹车刀

1.60°可转位螺纹车刀

如图 8-9 所示为可转位螺纹车刀，其特点是：刀片采用立装式，用 YT15、T3K1605 改磨，提高了刀片承受冲击的能力；刀头尺寸小，可用来加工带台阶、空刀槽的螺纹；刀体结构简单，制造方便，采用弹性夹紧，适用于高速切削，切削速度 $v=1.3\sim1.7\mathrm{m/s}$。

2. 梯形螺纹精车刀

如图 8-10 所示为梯形螺纹精车刀，刀片材料用 YT15 硬质合金。为使切削轻快，应磨出 4～6 的背前角；为了改善出屑和增加刀具两侧刃的强度，把刀具前面磨成鱼脊背形；安装时，刀尖略高于工件中心 0.4～1mm；粗车背吃刀量在 1mm 之内，精车背吃刀量 0.5mm。切削速度 $v = 0.4 \sim 0.8 \text{m/s}$。

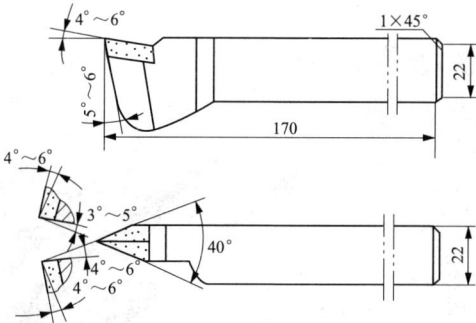

图 8-10　梯形螺纹精车刀

3. 高硬度材料机夹内螺纹车刀

如图 8-11 所示为机夹高硬度材料内螺纹车刀，刀片材料用 YA6、B103，可用来切削 40Cr、淬硬硬度 52～57HRC 的工件材料。其机夹结构较简单，刀片刃磨较方便。背向负前角与小后角结合，增加了刀头的强度。安装时，刀尖略高于工件中心 0.3～0.5mm。切削速度 $v = 0.4 \sim 0.8 \text{m/s}$，切五刀成形。

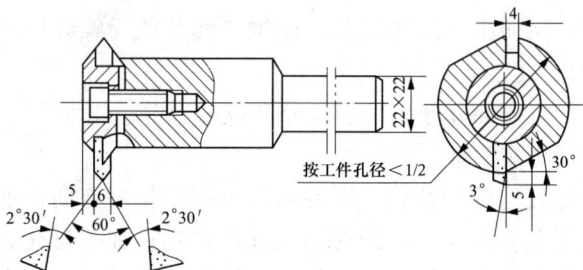

图 8-11　高硬度材料机夹内螺纹车刀

第三节 丝锥和板牙

丝锥和板牙是标准螺纹刀具，常用于加工直径和螺距较小的内、外螺纹，可手工加工也可在机床上加工。手用丝锥通常为一套两支，分头攻和二攻，如图 8-12（a）所示，常用于单件、小批量生产；机用丝锥［见图 8-12（b）］常用于大批量生产。

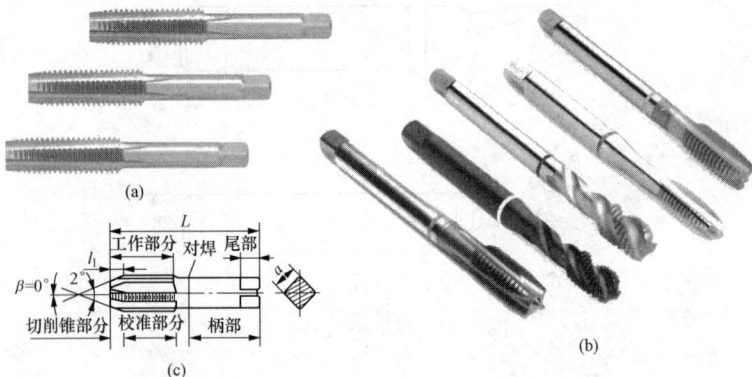

图 8-12 普通螺纹丝锥及其结构组成

（a）直槽手用丝锥；（b）常用丝锥；（c）丝锥结构组成

一、丝锥的结构与几何参数

1. 丝锥的结构

（1）普通丝锥的结构。丝锥是加工内螺纹并能直接获得螺纹尺寸的标准螺纹刀具，它的基本结构是一个有轴向槽的外螺纹。攻螺纹时，当切出一段螺纹后，丝锥齿侧就能受螺纹螺旋面的引导，自动攻入。

丝锥的工作部分分为切削部分和校准部分。图 8-12 所示为最常用的普通螺纹丝锥。

（2）螺旋丝锥的结构。螺旋丝锥可控制排屑方向：加工通孔右旋螺纹用左旋槽丝锥，使切屑从孔底排出；加工盲孔右旋螺纹用右旋槽丝锥，使切屑从孔口排出。螺旋槽丝锥还有增大实际前角，减小切削力，提高螺纹表面质量的效果。螺旋丝锥如图 8-13

所示。

图 8-13　螺旋丝锥
（a）左螺旋槽；（b）右螺旋槽

（3）拉削丝锥的结构。拉削丝锥可以加工梯形、方形、三角形单线和多线内螺纹。拉削丝锥结构如图 8-14 所示。拉削丝锥在普通车床上使用，可使螺纹一次拉削成形，效率很高，操作简便，质量稳定，加工螺纹表面粗糙度可达 $Ra1.6 \sim 0.8 \mu m$。

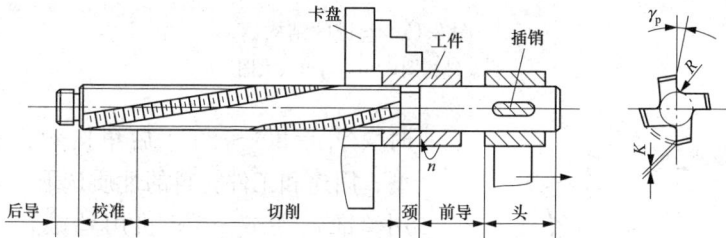

图 8-14　拉削丝锥的结构及工作原理

2. 丝锥的结构与几何参数

如图 8-15 所示为常用的三角形螺纹丝锥。它的工作部分由切削锥和校准部分组成。切削部分磨出锥角 $2k_r$，以便使切削负荷分配在几个刀齿上，同时攻螺纹时丝锥容易切入。校准部分具有完整的齿形，控制螺纹尺寸参数并引导丝锥沿轴向运动。丝锥轴向开槽以容纳切屑，同时形成前角。切削锥顶刃及齿形侧刃经铲磨形成后角。丝锥心部留有锥心，其直径约为锥径的一半，以保持丝锥的强度。丝锥几个主要结构参数如下。

（1）前角和后角。丝锥属于成形刀具，为了使计算、刃磨和检测方便，丝锥的前角 γ_p 和后角 α_p 都近似地在端剖面中标注和测量，如图 8-16 所示。

按工件材料的性质，加工钢和铸铁时 $\gamma_p = 5° \sim 10°$；加工铝材

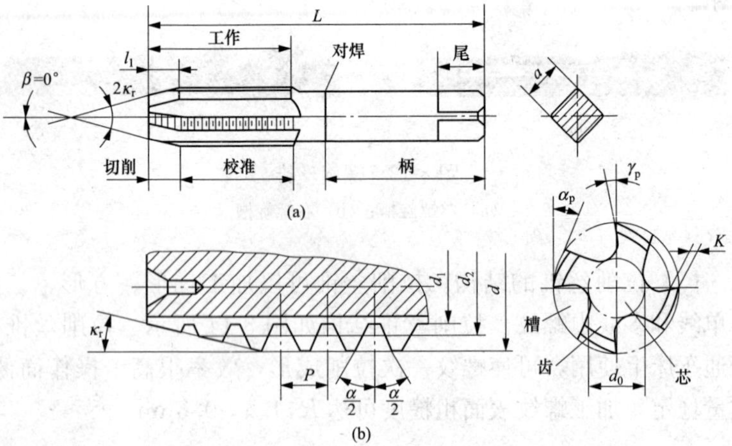

图 8-15 丝锥的结构

（a）结构图；（b）齿形放大图

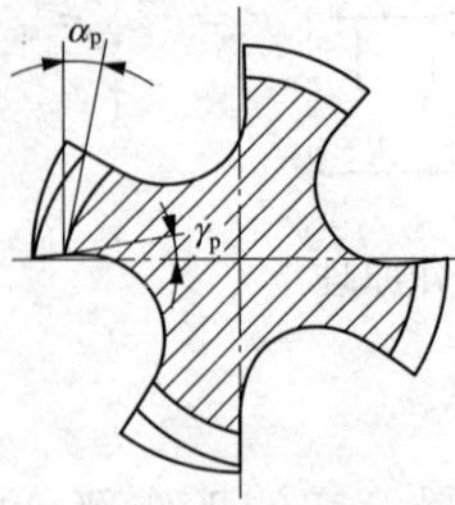

图 8-16 丝锥的前角和后角

时取 $\gamma_p = 20° \sim 25°$。后角按丝锥类型、用途和工件材料的性质选取，手用丝锥 $\alpha_p = 4° \sim 6°$；机用丝锥 $\alpha_p = 4°$；螺母丝锥 $\alpha_p = 6°$。一般直径 $\phi 12\text{mm}$ 以下的铲磨丝锥，只需铲磨切削部分；直径 $\phi 12\text{mm}$ 以上的铲磨丝锥，必须将切削锥和校准部分沿全部螺纹廓形进行铲磨。铲磨后角须变换为铲背量。

（2）容屑槽数与槽形。丝锥槽数增多可使切削厚度减小，但容屑空间也相应减小。一般 $d_o \leqslant 11\text{mm}$ 时，$z = 3$；$d_o \geqslant 11\text{mm}$ 时，$z = 4$。精加工时，槽数可多一些。

丝锥的槽形通常有三种：

1）由一圆弧构成，如图 8-17（a）所示。

2）由两直线和圆弧构成，如图 8-17（b）所示。

3）由两圆弧和一直线构成，如图 8-17（b）所示。这种槽形有足够的容屑空间，且丝锥倒旋退出时，也不致发生刮削、挤塞

466

图 8-17 丝锥的槽形

现象，是一种较为理想的槽形。

（3）容屑槽方向。容屑槽有直槽和螺旋槽两种。直槽制造容易，可在切削锥处做成刃倾角，有利于通孔排屑，如图 8-18（c）所示；螺旋槽改善了排屑条件，避免切屑挤塞，适宜于加工碳钢、合金钢、铝、铜等材料。一般取螺旋角 $\beta = 20° \sim 30°$。加工通孔右旋螺纹用左旋槽，此时切屑从孔底方向排出，如图 8-18（a）所示；加工不通孔右旋螺纹用右旋槽，此时切屑从孔口方向排出，如图 8-18（b）所示。

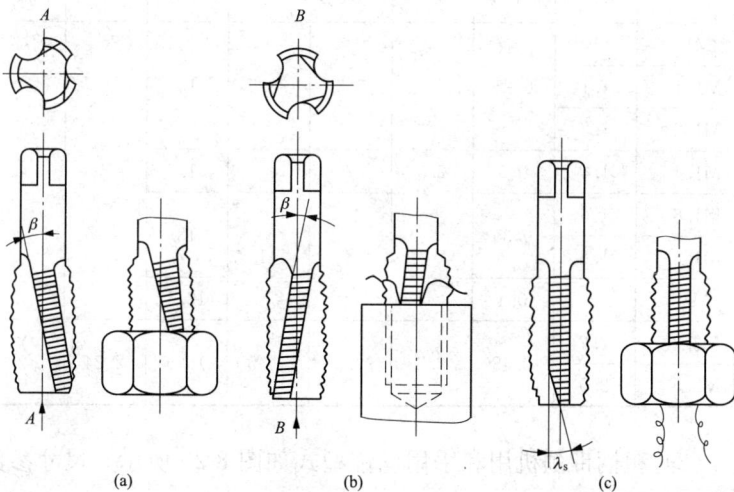

图 8-18 容屑槽方向

3. 丝锥的型式和尺寸

根据 GB/T 3464.1—2007《机用和手用丝锥 第一部分 通用柄机用和手用丝锥》，通用柄机用和手用丝锥型式和尺寸参数选择如下。

(1) 粗柄机用和手用丝锥型式如图 8-19 所示，尺寸参数见表 8-1和表 8-2。

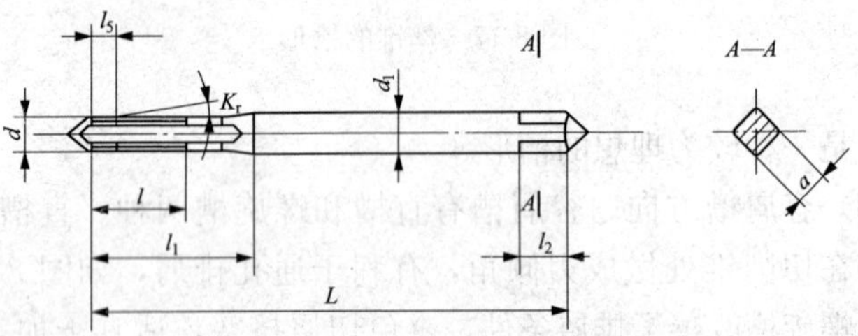

图 8-19 粗柄机用和手用丝锥型式

表 8-1 粗柄细牙普通螺纹丝锥尺寸参数 （单位：mm）

代号	公称直径 d	螺距 P	d_1	l	L	l_1	方头	
							a	l_2
M1	1							
M1.1	1.1	0.25		5.5	38.5	10		
M1.2	1.2							
M1.4	1.4	0.3	2.5	7	40	12	2	4
M1.6	1.6	0.35				13		
M1.8	1.8			8	41			
M2	2	0.4				13.5		
M2.2	2.2	0.45	2.8	9.5	44.5	15.5	2.24	5
M2.5	2.5							

(2) 粗柄带颈机用和手用丝锥型式如图 8-20 所示，尺寸参数见表 8-3 和表 8-4。

表 8-2　　　　　　粗柄细牙普通螺纹丝锥尺寸参数　　　（单位：mm）

代号	公称直径 d	螺距 P	d_1	l	L	l_1	方头	
							a	l_2
M1×0.2	1	0.2	2.5	5.5	38.5	10	2	4
M1.1×0.2	1.1							
M1.2×0.2	1.2							
M1.4×0.2	1.4			7	40	12		
M1.6×0.2	1.6							
M1.8×0.2	1.8			8	41	13		
M2×0.25	2	0.25				13.5		
M2.2×0.25	2.2		2.8	9.5	44.5	15.5	2.24	5
M2.5×0.35	2.5	0.35						

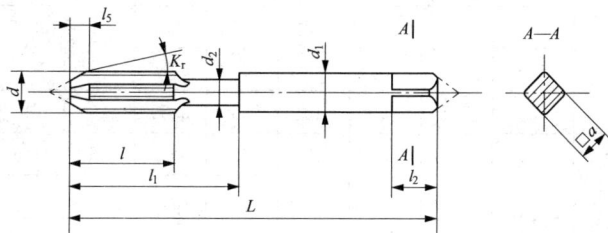

图 8-20　粗柄带颈机用和手用丝锥型式

表 8-3　　　　　粗柄粗牙带颈普通螺纹丝锥尺寸参数　　　（单位：mm）

代号	公称直径 d	螺距 P	d_1	l	L	d_z min	l_1	方头	
								a	l_2
M3	3	0.5	3.15	11	48	2.12	18	2.5	5
M3.5	3.5	(0.6)	3.55		50	2.5	20	2.8	
M4	4	0.7	4	13	53	2.8	21	3.15	6
M4.5	4.5	(0.75)	4.5			3.15		3.55	
M5	5	0.8	5	16	58	3.55	25	4	7
M6	6	1	6.3	19	66	4.5	30	5	8
M7	7		7.1			5.3		5.6	

续表

代号	公称直径 d	螺距 d	d_1	l	L	d_z min	l_2	方头 a	方头 l_2
M8	8	1.25	8	22	72	6	35	6.3	9
M9	9		9			7.1	36	7.1	10
M10	10	1.5	10	24	80	7.5	39	8	11

注 1. 括号内的尺寸尽可能不用。

　　2. 允许无空刀槽，无空刀槽时螺纹部分长度尺寸应为 $l+(l_1-l)/2$。

表 8-4　　　粗柄细牙带颈普通螺纹丝锥尺寸参数　（单位：mm）

代号	公称直径 d	螺距 P	d_1	l	L	d_z min	l_1	方头 a	方头 l_2
M3×0.35	3	0.35	3.15	11	48	2.12	18	2.5	5
M3.5×0.35	3.5		3.55		50	2.5	20	2.8	
M4×0.5	4	0.5	4	13	53	2.8	21	3.15	6
M4.5×0.5	4.5		4.5			3.15		3.55	
M5×0.5	5		5	16	58	3.55	25	4	7
M5.5×0.5	5.5		5.6	17	62	4	26	4.5	
M6×0.5	6		6.3			4.5	30	5	8
M6×0.75		0.75		19	66				
M7×0.75	7		7.1			5.3		5.6	
M8×0.5		0.5					32		
M8×0.75	8	0.75	8			6		6.3	9
M8×1		1		22	72		35		
M9×0.75		0.75		19	66	7.1	33	7.1	10
M9×1	9	1	9	22	72		36		
M10×0.75		0.75		20	73		35		
M10×1	10	1	10	24	80	7.5	39	8	11
M10×1.25		1.25							

注　允许无空刀槽，无空刀槽时螺纹部分长度尺寸应为 $l+(l_1-l)/2$。

（3）细柄机用和手用丝锥型式如图 8-21 所示，尺寸参数见表 8-5 和表 8-6。

图 8-21　细柄机用和手用丝锥型式

表 8-5　　　　　　　　细柄粗牙普通螺纹丝锥尺寸参数　　　　（单位：mm）

代号	公称直径 d	螺距 P	d_1	l	L	方头	
						a	l_2
M3	3	0.5	2.24	11	48	1.8	
M3.5	3.5	(0.6)	2.5		50	2	4
M4	4	0.7	3.15	13		2.5	
M4.5	4.5	(0.75)	3.55		53	2.8	5
M5	5	0.8	4	16	58	3.15	
M6	6	1	4.5	19	66	3.55	6
M7	(7)		5.6			4.5	7
M8	8	1.25	6.3	22	72	5	8
M9	(9)		7.1			5.6	
M10	10	1.5	8	24	80	6.3	9
M11	(11)			25	85		
M12	12	1.75	9	29	89	7.1	10
M14	14	2	11.2	30	95	9	12
M16	16		12.5	32	102	10	13
M18	18	2.5	14	37	112	11.2	14
M20	20						
M22	22		16	38	118	12.5	16
M24	24	3	18	45	130	14	18
M27	27				135	16	20
M30	30	3.5	20	48	138		
M33	33		22.4	51	151	18	22

代号	公称直径 d	螺距 P	d_1	l	L	方头 a	l_2
M36	36		25	57	162	20	24
M39	39	4					
M42	42	4.5	28	60	170	22.4	26
M45	45	4.5					
M48	48		31.5	67	187	25	28
M52	52	5					
M56	56		35.5	70	200	28	31
M60	60	5.5		76	221		
M64	64		40		224	31.5	34
M68	68	6	45	79	234	35.5	38

注　括号内的尺寸尽可能不用。

表 8-6　　　　　　　细柄细牙普通螺纹丝锥尺寸参数　　　（单位：mm）

代号	公称直径 d	螺距 P	d_1	l	L	方头 a	l_2
M3×0.35	3	0.35	2.24	11	48	1.8	4
M3.5×0.35	3.5		2.5		50	2	
M4×0.5	4		3.15	13	53	2.5	5
M4.5×0.5	4.5	0.5	3.55			2.8	
M5×0.5	5		4	16	58	3.15	6
M5.5×0.5	(5.5)			17	62		
M6×0.75	6		4.5			3.55	7
M7×0.75	(7)	0.75	5.6	19	66	4.5	
M8×0.75	8	0.75	6.3			5	8
M8×1	8	1		22	72		
M9×0.75	(9)	0.75	7.1	19	66	5.6	
M9×1	(9)	1		22	72		

续表

代号	公称直径 d	螺距 P	d_1	l	L	方头	
						a	l_2
M10×0.75		0.75		20	73		
M10×1	10	1		24			
M10×1.25		1.25	8			6.3	9
M11×0.75	(11)	0.75			80		
M11×1		1		22			
M12×1		1					
M12×1.25	12	1.25	9	29	89	7.1	10
M12×1.5		1.5					
M14×1		1		22	87		
M14×1.25ᵃ	14	1.25	11.2			9	12
M14×1.5		1.5		30	95		
M15×1.5	(15)						
M16×1	16	1		22	92		
M16×1.5		1.5	12.5	32	102	10	13
M17×1.5	(17)						
M18×1		1		22	97		
M18×1.5	18	1.5		37	112		
M18×2		2	14			11.2	14
M20×1		1		22	102		
M20×1.5	20	1.5		37	112		
M20×2		2					
M22×1		1		24	109		
M22×1.5	22	1.5	16	38	118	12.5	16
M22×2		2					
M24×1		1		24	114		
M24×1.5	24	1.5	18	45	130	14	18
M24×2		2					

代号	公称直径 d	螺距 P	d_1	l	L	方头	
						a	l_2
M25×1.5	25	1.5	18	45	130	14	18
M25×2		2					
M26×1.5	26	1.5		35	120		
M27×1	27	1		25			
M27×1.5		1.5		37	127		
M27×2		2					
M28×1	(28)	1	20	25	120	16	20
M28×1.5		1.5		37	127		
M28×2		2					
M30×1	30	1		25	120		
M30×1.5		1.5		37	127		
M30×2		2					
M30×3		3		48	138		
M32×1.5	(32)	1.5	22.4	37	137	18	22
M32×2		2					
M33×1.5	33	1.5					
M33×2		2					
M33×3		3		51	151		
M35×1.5[b]	(35)	1.5	25	39	144	20	24
M36×1.5	36						
M36×2		2					
M36×3		3		57	162		
M38×1.5	38	1.5	28	39	149	22.4	26
M39×1.5	39						
M39×2		2					
M39×3		3		60	170		
M40×1.5	(40)	1.5		39	149		

代号	公称直径 d	螺距 P	d_1	l	L	方头	
						a	l_2
M40×2	(40)	2		39	149		
M40×3		3		60	170		
M42×1.5		1.5	28	39	149	22.4	26
M42×2	42	2					
M42×3		3		60	170		
M42×4		(4)					
M45×1.5		1.5		45	165		
M45×2	45	2					
M45×3		3		67	187		
M45×4		(4)					
M48×1.5		1.5	31.5	45	165	25	28
M48×2	48	2					
M48×3		3		67	187		
M48×4		(4)					
M50×1.5	(50)	1.5		45	165		
M50×2		2					
M50×3		3		67	187		
M52×1.5		1.5		45	175		
M52×2	52	2					
M52×3		3		70	200		
M52×4		4					
M55×1.5		1.5	35.5	45	175	28	31
M55×2	(55)	2					
M55×3		3		70	200		
M55×4		4					
M56×1.5	56	1.5		45	175		
M56×2		2					

续表

代号	公称直径 d	螺距 P	d_1	l	L	方头 a	方头 l_2
M56×3	56	3	35.5	70	200	28	31
M56×4		4					
M58×1.5		1.5			193		
M58×2	58	2					
M58×3		(3)			209		
M58×4		(4)					
M60×1.5		1.5		76	193		
M60×2	60	2					
M60×3		3			209		
M60×4		4					
M62×1.5		1.5	40		193	31.5	34
M62×2	62	2					
M62×3		(3)			209		
M62×4		(4)					
M64×1.5		1.5			193		
M64×2	64	2					
M64×3		3			209		
M64×4		4					
M65×1.5		1.5		79	193		
M65×2	65	2					
M65×3		(3)			209		
M65×4		(4)					
M68×1.5		1.5	45		203	35.5	38
M68×2	68	2					
M68×3		3			219		
M68×4		4					
M70×1.5	70	1.5			203		

续表

代号	公称直径 d	螺距 P	d_1	l	L	方头	
						a	l_2
M70×2		2			203		
M70×3	70	(3)			219		
M70×4		(4)					
M70×6		(6)			234		
M72×1.5		1.5			203		
M72×2		2					
M72×3	72	3	45	79	219	35.5	38
M72×4		4					
M72×6		6			234		
M75×1.5		1.5			203		
M75×2		2					
M75×3	75	(3)			219		
M75×4		(4)					
M75×6		(6)			234		
M76×1.5		1.5			226		
M76×2		2					
M76×3	76	3			242		
M76×4		4					
M76×6		6			258		
M78×2	78	2		83			
M80×1.5		1.5	50		226	40	42
M80×2		2					
M80×3	80	3			242		
M80×4		4					
M80×6		6			258		
M82×2	82	2		86	226		
M85×2	85	2					

代号	公称直径 d	螺距 P	d_1	l	L	方头	
						a	l_2
M85×3	85	3	50	86	242	40	42
M85×4		4					
M85×6		6			261		
M90×2	90	2			226		
M90×3		3			242		
M90×4		4					
M90×6		6			261		
M95×2	95	2	56	89	244	45	46
M95×3		3			260		
M95×4		4					
M95×6		6			279		
M100×2	100	2			244		
M100×3		3			260		
M100×4		4					
M100×6		6			279		

注 括号内的尺寸尽可能不用。

a 仅用于火花塞。

b 仅用于滚动轴承锁紧螺母。

（4）单支和成组丝锥适用范围、切削锥角、切削锥长度尺寸参数见表 8-7。

（5）丝锥公称切削角度，在径向平面内测量，推荐如下：

1）前角 $\gamma_p = 8° \sim 10°$；

2）后角 $\alpha_p = 4° \sim 6°$。

二、板牙

板牙是加工与修整外螺纹时的标准刀具，也叫圆板牙。它的基本结构是一个螺母，如图 8-22 所示，轴向开出容屑孔以形成切削齿和前刀面。其结构简单，制造使用方便，价格低廉，故在单件、中、小批量生产中应用很广泛。

表 8-7　　　　　**单支和成组丝锥适用范围、切削
锥角、切削锥长度尺寸参数**

分类	适用范围/mm	名称	切削锥角 K_r	切削锥长度 l_5	图示
单支和成组（等径）丝锥	$P \leqslant 2.5$	初锥	$4°30'$	8牙	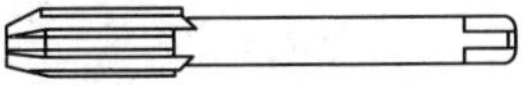
		中锥	$8°30'$	4牙	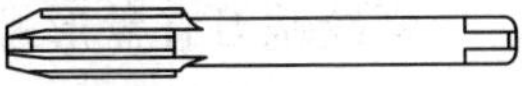
		底锥	$17°$	2牙	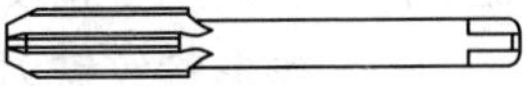
成组（不等径）丝锥	$P > 2.5$	第一粗锥	$6°$	6牙	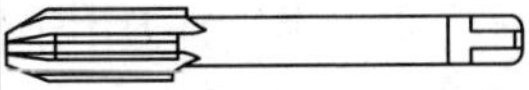
		第二粗锥	$8°30'$	4牙	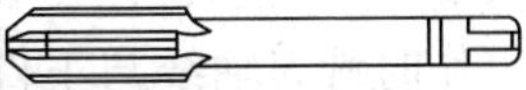
		精锥	$17°$	2牙	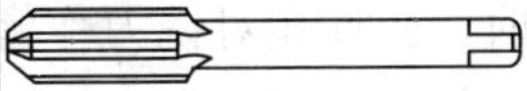

注　1. 螺距 $P \leqslant 2.5$mm 丝锥，优先按中锥单支生产供应。当使用需要时亦可按成组
　　　不等径丝锥供应。

　　2. 成组丝锥每组支数，按使用需要，由制造厂自行决定。

　　3. 成组不等径丝锥，在第一、第二粗锥柄部应分别切制1条、2条圆环或以顺序
　　　号Ⅰ、Ⅱ标志。

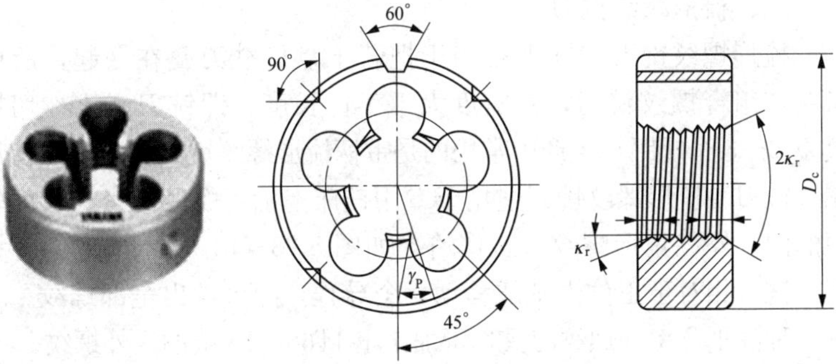

图 8-22　圆板牙

　　套螺纹时先将板牙放在板牙套中，用紧定螺钉紧固，然后套
在工件外圆上，在旋转板牙（或工件）的同时，应在板牙的轴线
方向施以压力。

套螺纹工作既可手动又可机动，只需一次加工就能完成螺纹加工。板牙两端的切削锥担负切削工作，一端磨损后，可换另一端使用。

第四节 螺 纹 铣 刀

螺纹铣刀有盘形螺纹铣刀、梳形螺纹铣刀和高速铣削螺纹刀盘三种，一般用于精度不高的或螺纹的粗加工，有较高的生产率。

一、盘形螺纹铣刀

盘形螺纹铣刀用于粗切蜗杆或梯形螺纹，工作情况如图 8-23（a）所示。铣刀旋转为主运动，工件旋转及相对于铣刀的移动是进给运动。工作时铣刀轴线与工件轴线倾斜一个螺旋升角 ψ，铣刀旋转的同时，工件相对铣刀作螺旋进给运动，通常一次走刀即能切出所需螺纹（单头）。

盘形铣刀是加工螺纹的成形刀具，因而铣刀的齿廓形状应与螺纹槽形一致。为保证铣削的平稳性，铣刀齿数应尽可能增多；为改善切削条件，刀齿两侧做成错齿结构，以增大侧刃容屑槽，但每把铣刀应保留一个完整齿，以便于检验齿形。

二、梳形螺纹铣刀

梳形螺纹铣刀实际上相当于把若干盘形铣刀叠在一起，所以又叫作组合螺纹铣刀，其宽度大于工件长度。即铣刀应比被切螺纹多 2～3 个螺距。生产中常用的是带柄梳形螺纹铣刀和装配式梳形螺纹铣刀。梳形螺纹铣刀适用于专用铣床上加工螺距不大、长度较短的内、外三角形螺纹。工作情况如图 8-23（b）所示，工件转一周，铣刀相对于工件沿轴线移动一个导程，即可铣出全部螺纹。它是一种高生产率的螺纹刀具，可加工出 IT6～IT8 级的内外螺纹。

梳形螺纹铣刀的种类、结构与基本尺寸见表 8-8，梳形螺纹铣刀的几何参数见表 8-9，梳形螺纹铣刀背前角 $\gamma_p = 0°$ 时的轴向截面内刀齿廓形尺寸见表 8-10，梳形螺纹铣刀刀齿齿顶公差带如图8-24所示，通常取铣刀的制造公差和磨损公差之和为 $0.055P$（P 为螺纹螺距），而制造公差则为 $(0.03～0.015)P$。

(a)

(b)

图 8-23　螺纹铣刀工作情况

（a）盘形螺纹铣刀；（b）梳形螺纹铣刀

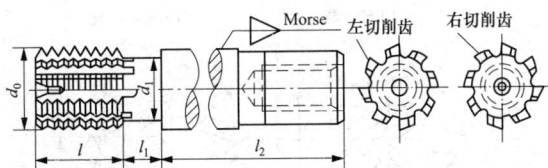

表 8-8　　　　　　　梳形螺纹铣刀结构与尺寸　　　　（单位：mm）

续表

类型	铣刀直径 d_0	2号莫氏锥度				3号莫氏锥度				4号莫氏锥度			
		最大 l	l_1	l_2	d_1	最大 l	l_1	l_2	d_1	最大 l	l_1	l_2	d_1
带柄梳形螺纹铣刀	10	15			10	—	—	—	—	—	—	—	—
	12	20			12								
	15	20	12	68	15								
	18	25			15	25			15				
	20	25			16.5	30			16.5				
	25	—	—	—	—	35			20				
	30					35	14.5	85	23	40			25
	35					40			23	50	16.5	108	28
	40					40			23	55			30.5

装配式梳形螺纹铣刀

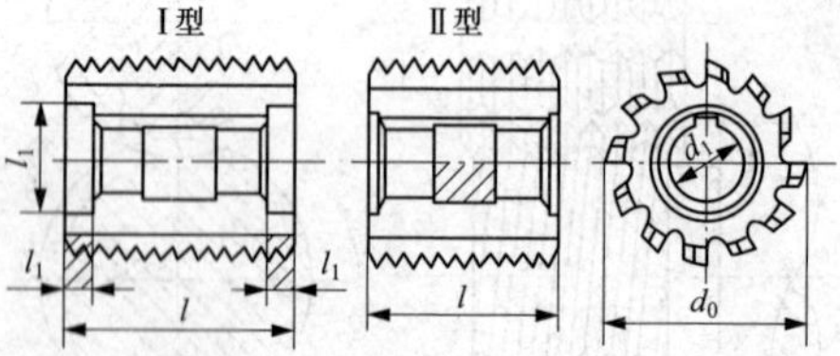

铣刀直径 d_0	最大 l	d	d_1	l_1
45	45	16	24	6.5
55	55	22	30	6.5
65	65	27	38	8.5
80	80	32	45	10.5
90	90	32	45	10.5

表 8-9　　梳形螺纹铣刀几何参数　　（单位：mm）

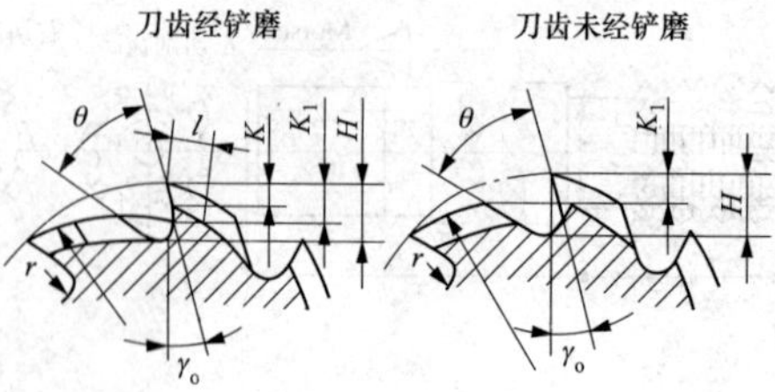

铣刀直径 d_0	K	K_1	l	H	齿数 z	θ	r	γ_0
10	1.00	1.25	—	2.5			0.75	
12	1.00	1.50	—	2.5	6	45°		加工硬钢为 0°~4°；加工中、软钢及黄铜为 8°；加工铝及轻合金为 22°
15	1.25	2.00	—	3.0			1.00	
18	1.50	2.00	3.5	3.5				
20	1.50	2.50	3.5	4.0			1.50	
25	1.50	2.50	3.5	4.5	8			
30	2.00	2.50	4.0	4.5	8	45°	1.50	
35	2.00	2.50	4.0	5.5	10			加工硬钢为 0°~4°；加工中、软钢及黄铜为 8°；加工铝及轻合金为 22°
40	2.00	3.00	4.0	5.5			2.00	
45	2.00	3.00	4.0	6.0	12			
55	2.50	3.50	5.0	7.0		30°		
65	2.50	3.50	5.0	7.0	14		2.50	
80	3.00	4.00	6.0	8.0	16		3.00	
90	3.00	4.00	6.0	8.0				

注 1. 齿顶后角由 K、K_1 形成，通常为 8°~12°，侧后角 α_{px} 和顶后角 α_{pa} 关系为：

$$\tan\alpha_{px} = \tan\alpha_{pa}\sin\frac{\tau}{2}(\tau \text{ 为螺纹廓形角})。$$

2. 本表中齿数 z 是刀齿经铲磨的，如刀齿未铲磨时，可按下列数据选取：$d_0=45\sim55$mm 时 $z=14$；$d_0=65$mm 时，$z=18$；$d_0=80\sim90$mm 时，$z=20$

3. 铣刀直径是 10、12、15mm 时，刀齿只经一次铲背。

表 8-10　　梳形螺纹铣刀背前角 $\gamma_p=0°$ 时的轴向截面内刀齿廓形尺寸　　（单位：mm）

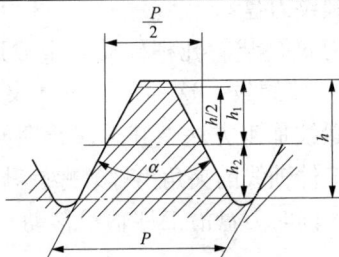

螺纹螺距 P	h_1		h_2 不小于	1/2廓形角的极限偏差(±)		在定长度上螺距的极限偏差					
	最大值	公差		E 级	H 级	E 级			H 级		
						P	$10P$	$20P$	P	$10P$	$20P$
0.75	0.29	0.03	0.243	35′	45′						
1	0.38	0.03	0.325	30′	40′		+0.02 0	+0.03 0		+0.03 0	+0.05 0
1.25	0.47	0.03	0.406	25′	35′						
1.5	0.57	0.04	0.487	25′	35′	+0.01 0			+0.015 0		
1.75	0.65	0.05	0.569	20′	30′					+0.04 0	+0.06 0
2	0.75	0.05	0.650	20′	30′			+0.04 0			
2.5	0.95	0.07	0.812	20′	30′		+0.03 0			+0.045 0	+0.07 0
3	1.13	0.08	0.974	20′	30′			+0.05 0			
3.5	1.32	0.10	1.137	20′	30′					+0.05 0	
4	1.51	0.11	1.299	15′	25′						

图 8-24　梳形螺纹铣刀刀齿齿顶公差带

三、高速铣削螺纹刀盘

高速铣削螺纹刀盘是装有几把硬质合金成形刀头的刀盘，可以高速铣削各种内、外螺纹，这种加工方法又称为旋风铣削法，是一种先进高效的螺纹加工方法。其工作原理如图 8-25 所示，加工时，刀盘轴线与工件轴线的夹角为螺纹螺旋升角 ψ，刀盘高速旋转，工件低速旋转，同时刀盘沿工件轴线移动，工件每转动一周，刀盘移动一个导程，刀齿切削刃旋转时所形成的回旋面在各个不同的连续位置时的包络面就是螺纹表面。它可以在改造的车床上或专用机床上加工，多用在成批生产中加工较大螺距螺杆及丝杆，由于其加工精度不高，故适用于粗加工或精度要求不高的螺纹的加工。

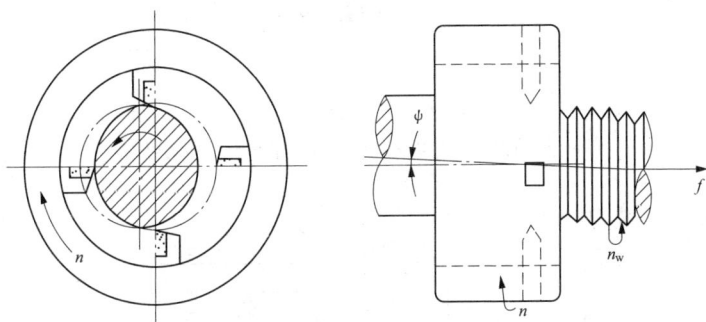

图 8-25　高速铣削螺纹刀盘工作原理

四、螺纹切头

螺纹切头是一种高生产率、高精度的螺纹刀具，常用的有圆梳刀外螺纹切头〔见图 8-26（a）〕和径向平梳刀内螺纹切头〔见图 8-26（b）〕。螺纹切头可以加工几乎各种规格的三角形外螺纹和大于 M36 的内螺纹。其特点如下：

（1）梳刀径向能自动开合，切头快速退回，生产率高。

（2）梳刀能精确的磨制和准确调整尺寸，加工螺纹质量较高。

（3）切头安装一种规格的梳刀后（各把梳刀相互间按顺序错开 $1/z$ 个螺距），直径有一定的调整范围，同时在一种切头体上，可以更换几种规格的梳刀，加工范围大。

（4）刀具重磨次数多，使用寿命长，但它结构复杂，成本较高，故适用于大批量生产。多应用在自动机床、组合机床以及转塔车床上。

五、螺纹立铣刀

随着数控机床的普及，螺纹立铣刀的应用越来越广泛。数控铣床、加工中心常用螺纹立铣刀加工螺纹。如图 8-27 所示为可转

图 8-26　螺纹切头

（a）圆梳刀外螺纹切头；（b）径向平梳刀内螺纹切头

位螺纹立铣刀。

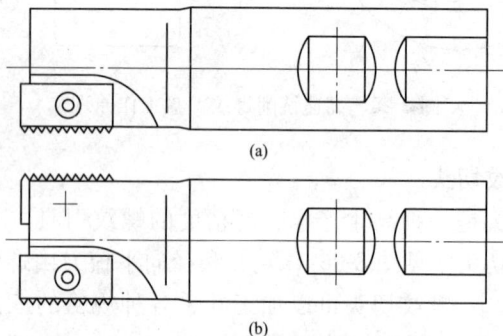

图 8-27　可转位螺纹立铣刀

第五节　塑性变形法加工螺纹

塑性变形法加工螺纹是利用压力使金属材料产生塑性变形，以制造各种圆柱形和圆锥形螺纹的方法，此加工方法的生产率和加工质量都很高，螺纹力学性能好，工具使用寿命长，在标准件的生产中得到广泛应用。

一、滚丝轮

如图 8-28 所示为滚丝轮的工作情况。滚丝轮成对装在滚丝机上使用，两滚丝轮旋向相同，并与被加工螺纹旋向相反，安装时两滚丝轮的轴线相互平行，工作时，两滚丝轮同向等速旋转，工件置于两滚丝轮之间的支承板上，一滚丝轮（动轮）向另一滚丝轮（静轮）进给时，工件逐渐被压形成螺纹。两轮中心距到达预定尺寸后，停止进给，继续滚转几周修正螺纹廓形，随后动轮退回，卸下工件。

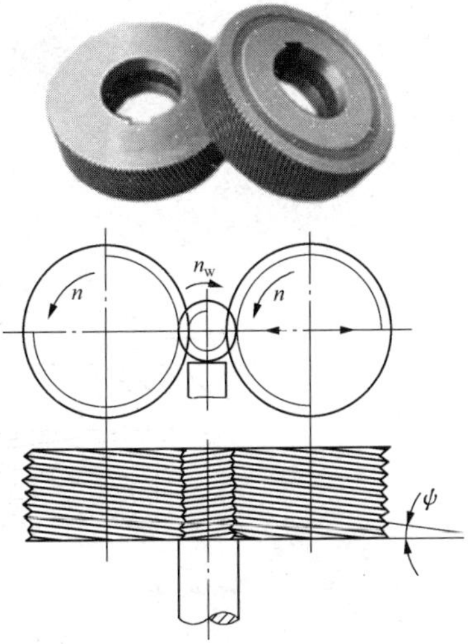

图 8-28　挤压丝锥

二、搓丝板

搓丝板由动板和静板组成，如图 8-29 所示。下板为静板，装在机床夹座内，静止不动。上板为动板，装在纵向移动的滑枕上。当工件进入两板之间，立即被搓丝板夹住而随之滚动，最终滚压出螺纹。

搓丝板的生产效率很高，但由于受行程限制，只适宜加 M24 以下的螺纹，且搓丝时径向压力大、工件易变形，所以不适宜加工薄壁和空心工件。

三、挤压丝锥

如图 8-30 所示，挤压丝锥与普通丝锥的区别是没有容屑槽，也无切削刃。它是利用塑性变形的原理加工螺纹的，可用于加工中小尺寸的内螺纹。

挤压丝锥的主要优点是：

（1）挤压后的螺纹表面组织紧密，耐磨性提高。攻螺纹后扩张量极小，螺纹表面被挤光，提高了螺纹的精度。

（2）可高速攻螺纹，无排屑问题，生产率高。

（3）丝锥强度高，不易折断，寿命长。

（4）挤压丝锥的端截面呈多棱形，以减少接触面，降低扭矩。M8 以下做成三棱形，M8 以上做成四棱、六棱或八棱形。

图 8-29　搓丝板

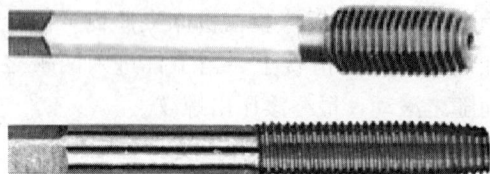

图 8-30　挤压丝锥

挤压丝锥主要适用于加工高精度、高强度的塑性材料，适合在自动线上使用。

第九章

齿 轮 加 工 刀 具

第一节 齿轮刀具的种类

齿轮刀具是专门用于加工齿轮齿形的刀具。在机械制造业中，齿轮广泛应用于各种机器设备中，随着机械装备精度和质量要求的不断提高，对齿轮的加工要求也越来越高。为了适应齿轮的加工要求，生产中采用不同的齿轮加工方法和不同的齿轮加工刀具。本章主要介绍齿轮刀具的分类和用途，以及齿轮滚刀、蜗轮滚刀、插齿刀、剃齿刀的工作原理、结构特点及使用技术。

一、齿轮加工概述

1. 齿轮加工机床及其作用

齿轮加工机床是用来加工各种齿轮轮齿的机床。由于齿轮传动具有传动比准确、传力大、效率高、结构紧凑、可靠耐用等优点，因此，齿轮传动在各种机械及仪表中的应用极为广泛，齿轮的需求量也日益增加。随着科学技术的不断发展，对齿轮的传动精度和圆周速度等的要求也越来越高，因此，齿轮加工机床已成为机械制造业中一种重要的技术装备。

按照被加工齿轮种类不同，齿轮加工机床可分为圆柱齿轮加工机床和圆锥齿轮加工机床两大类。

（1）圆柱齿轮加工机床。这类机床又可分为圆柱齿轮切齿机床及圆柱齿轮精加工机床两类。

1）滚齿机。主要用于加工直齿、斜齿圆柱齿轮和蜗轮。

2）插齿机。主要用于加工单联及多联的内、外直齿圆柱齿轮。

3）剃齿机。主要用于淬火前的直齿和斜齿圆柱齿轮的齿廓精加工。

4）珩齿机。主要用于对热处理后的直齿和斜齿圆柱齿轮的齿廓精加工。珩齿对齿形精度改善不大，主要是减小齿面的表面粗糙度值。

5）磨齿机。主要用于淬火后的圆柱齿轮的齿廓精加工。

此外，还有花键轴铣床、车齿机床等。

（2）圆锥齿轮加工机床。这类机床可分为直齿锥齿轮加工机床和曲线齿（弧齿）锥齿轮加工机床两类。

1）用于加工直齿锥齿轮的机床有锥齿轮刨齿机、铣齿机、拉齿机以及精加工磨齿机等；

2）用于加工曲线齿（弧齿）锥齿轮的机床有弧齿锥齿轮铣齿机、拉齿机以及精加工磨齿机等。

2. 齿轮加工机床的工作原理

齿轮加工机床的种类繁多，构造各异，加工方法也各不相同，但就其加工原理来说，不外是成形法和展成法两类。

（1）成形法。成形法加工齿轮所采用的刀具为成形刀具，其刀刃（切削刃）形状与被切齿轮齿槽的截面形状相同。例如在铣床上用盘形或指状齿轮铣刀铣削齿轮，如图 9-1 所示，在刨床或插床上用成形刀具加工齿轮。

在使用一把成形刀具加工齿轮时，每次只加工一个齿槽，然后用分度装置进行分度，依次加工下一个齿槽，直至全部轮齿加工完毕。这种加工方法的优点是机床结构较简单，可以利用通用机床加工，缺点是加工齿轮的精度低。因为加工某一模数的齿轮盘铣刀，一般一套只有八把，每把铣刀有它规定的铣齿范围，铣刀的齿形曲线是按该范围内最小齿数的齿形制造的，对其他齿数的齿轮，均存在着不同程度的齿形误差，另外，加工时分度装置的分度误差，还会引起分齿不均匀，所以其加工精度不高。此外，这种方法生产率较低，只适用于单件小批生产一些低速、低精度的齿轮。

在大批量生产中，也可采用多齿廓成形刀具来加工齿轮，如用齿轮拉刀、齿轮推刀或多齿刀盘等刀具同时加工出齿轮的各个齿槽。

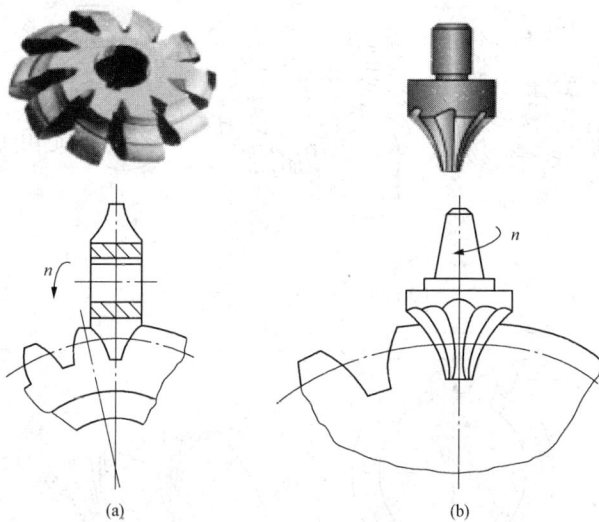

图 9-1　成形法加工齿轮

（a）盘形齿轮铣刀；（b）指状齿轮铣刀

（2）展成法。展成法加工齿轮是利用齿轮的啮合原理进行的，即把齿轮啮合副（齿条—齿轮或齿轮—齿轮）中的一个制作为刀具，另一个则作为工件，并强制刀具和工件作严格的啮合运动而展成切出齿廓。下面以滚齿加工为例加以进一步的说明。

在滚齿机上滚齿加工的过程，相当于一对螺旋齿轮互相啮合运动的过程，如图 9-2（a）所示，只是其中一个螺旋齿轮的齿数极少，且分度圆上的螺旋升角也很小，所以它便成为蜗杆形状，如图 9-2（b）所示。再将蜗杆开槽并铲背、淬火、刃磨，便成为齿轮滚刀，如图 9-2（c）所示。一般蜗杆螺纹的法向截面形状近似齿条形状，如图 9-3（a）所示。因此，当齿轮滚刀按给定的切削速度转动时，它在空间便形成一个以等速 v 移动着的假想齿条，当这个假想齿条与被切齿轮按一定速比作啮合运动时，便在齿轮坯上逐渐切出渐开线的齿形。齿形的形成是由滚刀在连续旋转中依次对轮坯切削的若干条刀刃线包络而成，如图 9-3（b）所示。

用展成法加工齿轮，可以用同一把刀具加工同一模数不同步

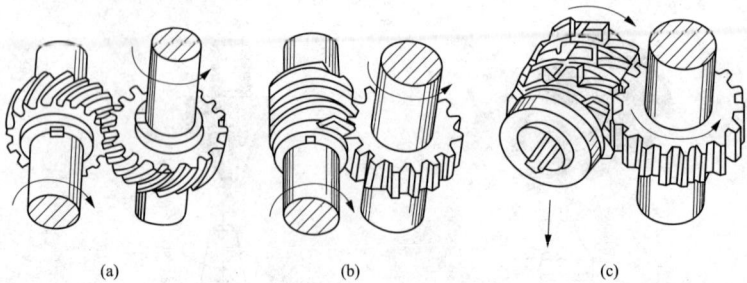

图 9-2 展成法滚齿原理

图 9-3 渐开线齿形的形成

数的齿轮，且加工精度和生产率也较高，因此，各种齿轮加工机床广泛应用这种加工方法，如滚齿机、插齿机、剃齿机等。此外，多数磨齿机及锥齿轮加工机床也是按展成法原理进行加工的。

二、齿轮刀具的分类及使用特点

齿轮刀具结构复杂，种类繁多。按照齿轮齿形的形成原理，齿轮刀具可分为以下两大类。

1. 成形法齿轮刀具

所谓成形法齿轮刀具，是指刀具切削刃的廓形与被切齿轮槽形相同或近似相同。常用的有以下几种：

（1）盘形齿轮铣刀。盘形齿轮铣刀是一种经过铲齿的成形铣刀，可用于加工直齿或斜齿轮，图 9-1（a）所示。

（2）指状齿轮铣刀。指状齿轮铣刀属于成形立铣刀，可用于加工大模数的直齿、斜齿或人字齿轮。指状齿轮铣刀如图 9-1（b）所示。

成形法齿轮铣刀在切齿过程中刀具旋转并沿齿槽方向进给，

每铣完一个齿槽后需要分度再铣。这种加工方法的精度与生产率都较低，但对机床的要求较简单。

2. 展成法齿轮刀具

这类刀具的切削刃廓形不同于被切齿轮任何剖面的槽形。切齿时除主运动外，还有刀具与齿轮相对的啮合运动，又称展成运动，如图 9-4 所示，齿轮的齿形是由刀具切削刃在展成运动中若干位置的包络形成的。

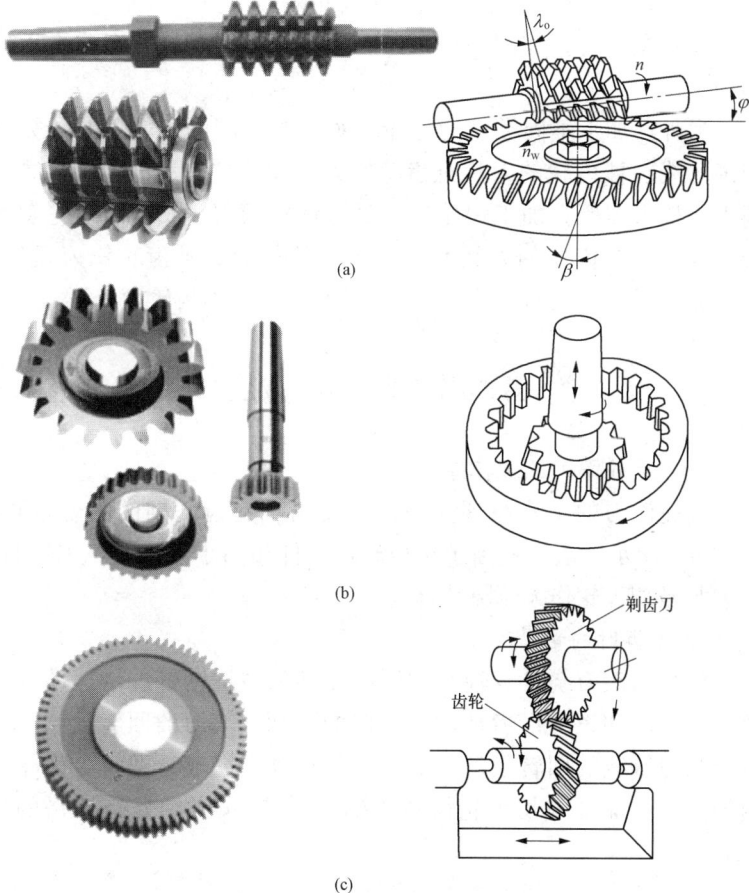

(a)

(b)

剃齿刀

齿轮

(c)

图 9-4 展成法加工齿轮

（a）齿轮滚刀；（b）插齿刀；（c）剃齿刀

展成法齿轮刀具的主要优点：一把刀具可加工同一模数不同齿数的齿轮，与成形刀具相比，其通用性广，加工精度和生产效率高。

常用的展成法齿轮刀具有以下几种：

（1）齿轮滚刀，如图 9-4（a）所示，主要适用于直齿轮、斜齿轮的粗、精加工，生产率较高，应用最广泛。

（2）插齿刀，如图 9-4（b）所示，多用于齿轮滚刀无法加工的双联和多联齿轮、内齿轮及人字齿轮的加工。

（3）剃齿刀，如图 9-4（c）所示，主要用于热处理前齿形的精加工。

另外，加工不同类型的齿轮，对应有不同的齿轮刀具，如加工渐开线圆柱齿轮的刀具有齿轮铣刀、齿轮拉刀、齿轮滚刀、插齿刀、梳齿刀等；加工蜗轮的刀具有蜗轮滚刀、飞刀、蜗轮剃齿刀等；加工锥齿轮的刀具有成对锥齿轮刨刀、锥齿轮铣刀盘等；加工非渐开线齿轮的刀具有摆线齿轮刀具、圆弧齿轮滚刀等。

第二节 齿 轮 滚 刀

一、齿轮滚刀的工作原理

齿轮滚刀的工作原理如同一对交错轴斜齿轮副的啮合过程，如图 9-5 所示，滚刀相当于小齿轮，工件相当于大齿轮，工作时，滚刀与被切齿轮作无侧隙啮合。

1. 滚齿时的运动

滚齿时滚刀绕自身轴线的回转运动为主运动，进给运动包括齿坯的转动和滚刀沿齿坯轴线方向的移动。滚刀的回转运动与齿坯绕自身轴线的回转运动形成了展成运动。展成运动符合齿轮啮合原则，为保证被切齿轮齿数正确，n_w 与 n 必须保持严格的速比，即

$$\frac{n_w}{n} = \frac{z_0}{z_工} \tag{9-1}$$

式中 n、z_0——齿轮滚刀的转速、头数；

图 9-5　齿轮滚刀的工作原理

n_w、$z_{\text{工}}$——被切齿轮的转速、齿数。

加工斜齿轮时，被加工齿轮需在上述运动的基础上增加一个附加转动。

2. 滚刀的安装角 φ

同一把滚刀，既可用于加工直齿轮，也可用于加工斜齿轮，只是滚刀的安装角不同。安装角 φ 是指滚刀轴线与齿轮端面间的夹角，如图 9-6 所示。确定安装角的基本原则是：滚刀的齿向与齿轮的齿向一致（图 9-6 中的虚线表示齿轮的齿向），其计算式如下

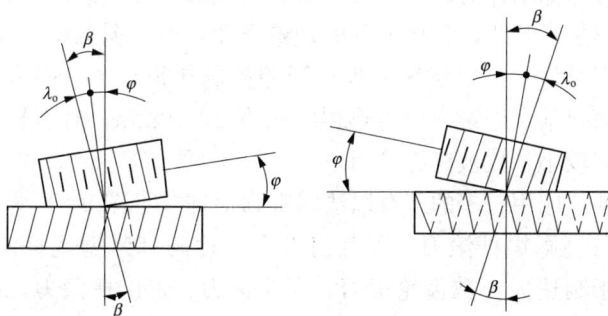

图 9-6　齿轮滚刀的安装

$$\varphi = |\beta \pm \lambda_o|\qquad(9\text{-}2)$$

式中 λ_0——齿轮滚刀分度圆螺纹升角；

β——被切齿轮螺旋角。

特别提示：当滚刀与齿轮旋向相同时用"－"号，旋向相反时用"＋"号。滚切直齿轮时，因为螺旋角 $\beta=0°$，所以 $\varphi=\lambda_0$。

【例 9-1】 用右旋滚刀滚切右旋齿轮时，若滚刀分度圆螺纹升角 $\lambda_0=2°47'$，计算得被切齿轮的螺旋角 $\beta=8°13'$，求滚齿时，齿轮滚刀的安装角 φ 的大小。

解：按照式（9-2）有 $\varphi=|\beta\pm\lambda_0|=|8°13'-2°47'|=5°26'$

即滚齿前，调整齿轮滚刀安装角 φ 为 $5°26'$。

二、齿轮滚刀的结构及主参数

1. 齿轮滚刀的基本蜗杆

滚刀相当于齿数很少（一个或几个齿）的螺旋齿轮，因此其螺旋角很大，螺纹升很小，使滚刀的外形不像齿轮而呈蜗杆状，故称为滚刀的基本蜗杆，滚刀的齿数相当于蜗杆的头数。

齿轮滚刀的基本蜗杆见表 9-1。

加工渐开线齿轮的滚刀，基本蜗杆理论上应采用渐开线蜗杆，但渐开线蜗杆轴向剖面的齿形不是直线，滚刀的制造难度大，只有高精度的滚刀才被设计成渐开线蜗杆。实际生产中多采用制造工艺简单、测量方便的近似造型的滚刀，应用最多的是以阿基米德蜗杆为基本蜗杆的齿轮滚刀，如图 9-7 所示，虽然最终切出的轮齿端面不是渐开线，存在齿形的理论误差，但根据分析计算可知，经过合理设计，可以将滚刀齿形误差控制在很小的范围内。如零前角直槽阿基米德滚刀的齿形误差只有 $2\sim10\text{mm}$，对齿轮的传动精度影响较小，故被广泛采用。

另外，应用较多的还有以法向直廊蜗杆（见图 9-8）为基本蜗杆的法向直廊蜗杆滚刀，因其齿形误差比阿基米德蜗杆滚刀大，主要用于制造大模数齿轮滚刀、多头滚刀、螺旋槽滚刀，或用于粗加工的滚刀。

2. 齿轮滚刀的结构及主要参数

（1）滚刀刀齿的形成。齿轮滚刀的外形虽然像蜗杆，但作为刀具它必须具有容屑槽、前角和后角。沿滚刀纵向开沟槽以形成

表 9-1　齿轮滚刀的基本蜗杆

基本蜗杆名称	螺旋面的数学方程式	几何特征				工艺特点			应用
		端剖面	轴向剖面	法向剖面	与基圆柱相切剖面	加工	测量	精度	
渐开线蜗杆	$\begin{cases} x = \dfrac{P_z}{2\pi}(\pm\theta \pm \mathrm{inv}\,\alpha_y) \\ \cos\alpha_y = \dfrac{r_b}{\rho} \end{cases}$ 式中 $+\theta$——右旋 $-\theta$——左旋 $+\mathrm{inv}\,\alpha_y$——左侧蜗杆的螺纹表面 $-\mathrm{inv}\,\alpha_y$——右侧蜗杆的螺纹表面	$\begin{cases} \theta = \mp \mathrm{inv}\,\alpha_y \\ \cos\alpha_y = \dfrac{r_b}{\rho} \end{cases}$ 渐开线	$\begin{cases} x = \pm\dfrac{P_x}{2\pi}\mathrm{inv}\,\alpha_y \\ \cos\alpha_y = \dfrac{r_b}{y} \end{cases}$ 曲线	曲线	$\begin{cases} x = \dfrac{P_x}{2\pi r_b}z \;(\text{左侧齿形}) \\ x = \dfrac{P_{2\alpha_y}}{\pi} - \dfrac{P_x}{2\pi r_b}z \;(\text{右侧齿形}) \end{cases}$ 直线	困难	困难	理论值高	一般不用
阿基米德蜗杆	$x = \pm\dfrac{P_z}{2\pi}\theta \pm \rho\tan\alpha_x$ 式中 $+\theta$——右旋 $-\theta$——左旋 $+\alpha_x$——表示左侧面 $-\alpha_x$——表示右侧面 ρ——母线上任意点 P 至 x 轴距离，mm	$\theta = \mp\dfrac{2\pi}{P_x}\rho\tan\alpha_x$ 阿基米德螺线	$x = \pm y\tan\alpha_x$ 直线	曲线	$x = \pm\rho\tan\alpha_x \pm \dfrac{P_x\theta}{2\pi}$ $\sin\theta = \mp\dfrac{r_b}{\rho}$ 曲线	方便	可以	较高	M1～M10 精切滚刀

续表

基本蜗杆名称	螺旋面的数学方程式	几何特征				工艺特点			应用
		端剖面	轴向剖面	法向剖面	与基圆柱相切剖面	加工	测量	精度	
法向直廓蜗杆	$$\begin{cases} x=\dfrac{P_z}{2\pi}(\pm\theta\pm\alpha_y)\pm r_H\tan\alpha_y\tan\alpha \\[2mm] \cos\alpha_y=\dfrac{r_H}{\rho} \end{cases}$$ 式中 $+\theta$——右旋 $-\theta$——左旋 $+\alpha_y$——左侧面 $-\alpha_y$——右侧面	$$\begin{cases} \theta=\mp\left(\dfrac{2\pi r_H}{P_x}\dfrac{\tan\alpha_y}{\tan\alpha_y+\alpha_y}\right) \\[2mm] \cos\alpha_y=\dfrac{r_H}{\rho} \end{cases}$$ 延长渐开线	$$\begin{cases} x=\pm\left(\dfrac{P_z}{2\pi}\alpha_y\right. \\[1mm] \left.+r_H\tan\alpha_y\tan\alpha\right) \\[2mm] \cos\alpha_y=\dfrac{r_H}{y} \end{cases}$$ 曲线	直线		方便	容易	较低	>M10 或插切 滚刀

法向直廓蜗杆

阿基米德蜗杆

渐开线蜗杆

附图

图 9-7 阿基米德蜗杆

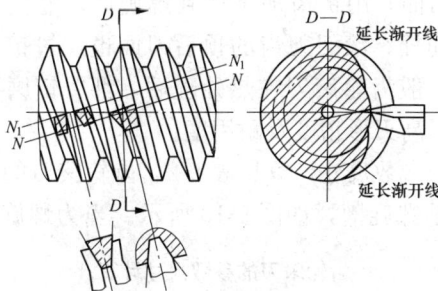

图 9-8 法向直廓蜗杆

容屑槽、前刀面和切削刃。齿轮滚刀的几何形状如图 9-9 所示。

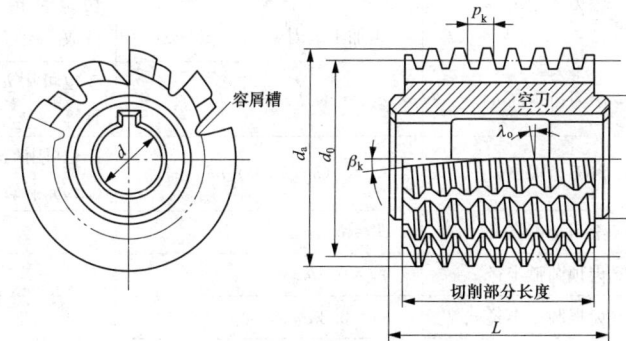

图 9-9 齿轮滚刀的几何形状

（2）齿轮滚刀的结构及主要参数。齿轮滚刀的结构主要分为夹持部分和切削部分两个部分。

1）夹持部分。切削齿轮时，滚刀装在滚齿机的心轴上，以内孔定位，并用螺母压紧滚刀的两端面、滚刀孔壁有平行于轴线的键槽，工作时用键传递转矩。

滚刀在滚齿机心轴上安装的是否正确，用滚刀两端轴台的径向圆跳动来检验，所以滚刀的制造工艺应保证两轴台与基本蜗杆同轴以及滚刀的两端面与滚刀轴线相垂直。

2）切削部分。滚刀的切削部分由为数较多的刀齿组成，用以切除齿坯上多余的材料，从而得到要求的齿形。刀齿两侧的后刀面（称为侧后刀面）用铲齿加工得到螺旋面，能使刀齿获得必需的侧刃后角。同样，滚刀刀齿的顶后刀面也经过铲齿加工，以得到顶后角。一般齿轮滚刀在热处理后，都要铲磨顶刃及两侧刃的后刀面，以提高刃形精度及耐用度。

齿轮滚刀的参数尺寸计算见表 9-2。齿轮滚刀的容屑槽可以是直槽，也可以是螺旋槽，如图 9-10 所示。当为螺旋槽时，它是由

表 9-2   **齿轮滚刀的参数尺寸计算**

	计算项目	计算公式	说　明
滚刀的法向齿形尺寸	1. 滚刀法向齿距 p_{no}	$p_{no} = \pi m_n$	
	2. 滚刀法向齿厚 s_{no}	精加工滚刀 $s_{no} = \dfrac{\pi m_n}{2}$ 粗加工滚刀 $s_{no} = \dfrac{\pi m_n}{2} - \Delta s$	Δs——齿轮精切余量按表 9-3 选取
	3. 滚刀齿顶高 h_{ao}	$h_{ao} = (h_a^* + c^*) m_n$	也可用 $h_{ao} = h_f$ 计算
	4. 滚刀齿根高 h_{fo}	$h_{fo} = (h_a^* + c^*) m_n$	也可用 $h_{fo} = h_a + 0.25 m_n$ 计算
	5. 滚刀全齿高 h_o	$h_o = h_{ao} + h_{fo}$	
	6. 齿顶圆弧半径 r_a	$r_a = 0.3 m_n$	
	7. 齿根圆弧半径 r_f	$r_f = 0.3 m_n$	
轴向齿形尺寸	1. 滚刀轴向齿距 p_{xo}	$p_{xo} = \dfrac{p_{no}}{\cos \lambda_o}$	
	2. 滚刀轴向齿厚 s_{xo}	$s_{xo} = \dfrac{s_{no}}{\cos \lambda_o}$	

	计算项目	计算公式		说　明
容屑槽尺寸	1. 容屑槽深度 H	Ⅰ型凸轮 $H=h_0+\dfrac{k+k_1}{2}+(0.5\sim1)$ Ⅱ型凸轮 $H=h_0+k+r$		
	2. 槽底圆弧半径 r	$r=\dfrac{\pi(d_{ao}-2H)}{10z_x}$		
	3. 槽形角 θ	$m_n>9\quad\theta=22°$ $m_n\leqslant9\quad\theta=25°$		
砂轮空刀槽尺寸	模数 m	$1\sim3.5$	$4\sim10$	$11\sim20$
	空刀槽宽度 b_k	—	$1.7\sim4.1$	$4.5\sim8.1$
	空刀槽深度 h_k	—	$0.5\sim1.5$	$1.5\sim2$
	槽底半径 r_k	—	$0.5\sim1$	$1\sim1.2$

一条与基本蜗杆端面夹角为零度的直素线做螺旋运动而形成的阿基米德螺旋面。若素线通过基本蜗杆轴线，则刀齿顶刃前角 $\gamma_p=0°$，若素线不通过基本蜗杆轴线，而与刀齿顶点半径成一角度 γ_p，则刀齿顶刃前角就是 γ_p。为了使刀齿不产生负前角，通常令容屑槽在分度圆柱面上的螺旋角 β 等于齿轮滚刀基本蜗杆在分度圆

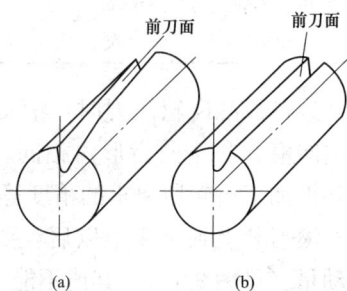

前刀面　　前刀面

(a)　　(b)

图 9-10　滚刀的容屑槽
(a) 螺旋槽；(b) 直槽

柱面上的螺旋升角 λ_0。但旋向相反。直槽滚刀的前刀面是平行于滚刀轴线的平面。当此平面通过滚刀轴线时，刀齿顶刃前角 $\gamma_d=0°$，否则 $\gamma_d>0°$。当滚刀的基本蜗杆分度圆柱面螺旋升角 $\lambda_0\leqslant5°$ 时，可将容屑槽做成直槽，以便于制造和刃磨。对于螺旋升角较大的齿轮滚刀，应采用螺旋槽，以使滚刀左、右两侧刃切削条件相同。

表 9-3 齿轮的精切余量 Δs （单位：mm）

模数 m	2～4	4～6	6～8	8～10	10～14	14～20
槽切余量 Δs	0.4	0.6	0.8	1.0	1.2	1.5

三、齿轮滚刀的正确使用和精度检验

1. 齿轮滚刀的选择与安装

齿轮滚刀标准 GB/T 6083—2016《齿轮滚刀的基本型式和尺寸》规定模数 1～10mm 的齿轮滚刀分为Ⅰ型和Ⅱ型两种外形尺寸及 AA 级、A 级、B 级和 C 级四种精度等级，Ⅰ型外形尺寸适用于 AA 级滚刀，Ⅱ型外形尺寸适用于 A 级、B 级和 C 级滚刀，分别用于加工不同精度等级的齿轮，见表 9-4。滚刀的精度等级标注在滚刀端面上。一般工具厂制造的标准齿轮滚刀均为阿基米德滚刀。

表 9-4 齿轮滚刀标准

齿轮滚刀标准	AA 级	A 级	B 级	C 级
加工齿轮精度	6～7 级	7～8 级	8～9 级	9～10 级

选择标准齿轮滚刀时，滚刀的模数和齿形角应和被加工齿轮的法向模数和法向齿形角相同。同时，滚刀的精度等级的选择也要和被加工齿轮所要求的精度等级相适应。

滚刀装夹到机床上以后，要用千分表检查两端轴台的径向圆跳动量（见图 9-11），其值不能超过允许值（一般加工外径 200mm 以下 IT8 级精度齿轮时应不大于 0.03mm），而且两轴台的跳动方向和数值应尽可能一致，以免滚刀轴线在安装中产生偏斜。此外，工件的安装也十分重要，一般都需严格校正外径与端面的圆跳动量。

图 9-11　滚刀径向跳动检查

2. 滚刀的重磨与精度检验

齿轮滚刀的磨损限度以顶刃后刀面的磨损长度来测量。粗切齿轮时，磨损限度为 0.8～1.0mm；精切齿轮时，磨损限度为0.2～0.5mm。齿轮滚刀达到磨损限度时，应停止使用，进行重磨。

滚刀的重磨应在专用的滚刀磨床上进行。它具有精密的分度机构、正弦尺螺旋运动机构及砂轮修正机构等，刃磨质量和刃磨效率都较高。若没有滚刀磨床，可在万能工具磨床上利用靠模分度来重磨滚刀（见图 9-12）。在装滚刀的心轴上再装一个导程、槽数都与滚刀相等的靠模，滚刀分齿、导程误差均由靠模精度控制。靠模槽中嵌有齿托片，齿托架固定在磨头架上，靠模和滚刀同时由工作台带动作往复直线运动和转动，磨完一齿，把齿托片移至相邻的齿槽中继续磨另一齿。

砂轮和滚刀的相对位置应保证磨出需要的滚刀前角。如图9-13 所示为重磨零前角滚刀时砂轮的位置。重磨时需要利用对刀样板，使砂轮锥面的素线通过滚刀的轴线。重磨直槽滚刀时，砂轮工作面（锥面）的素线应是直线，才能磨出平直的前刀面。但重磨螺旋槽滚刀时，直素线的锥面砂轮会磨出中凸状的前刀面，如图 9-14 所示。

前刀面的中凸程度随容屑槽螺旋角 β 增大而加剧，因此当 $\beta >8°～9°$时，必须按某种曲线修整砂轮，以磨出直线性好的前刀面［见图 9-14 （b）］。砂轮的截形曲线可用计算方法求得。

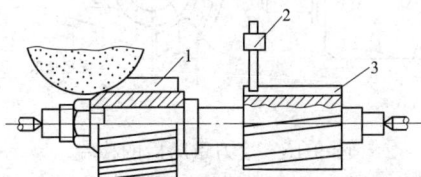

图 9-12　用靠模分度刃磨螺旋槽滚刀
1—滚刀；2—齿托；3—靠模

重磨后的滚刀要进行严格的精度检验。检验的主要项目如下。

图 9-13　滚刀重磨时对刀样板的位置　　图 9-14　滚刀刃磨后的前刀面截形

（1）前刀面的径向误差。通常滚刀重磨后只允许零前角或有微小的正前角。测量时先调整心轴，千分表测头调至水平位置［见图 9-15（c）］，使千分表读数对零，然后测量出滚刀刀齿上 b 点到 a 点的差值，即为径向性误差［见图 9-15（b）］。通常只允许 b 点低于 a 点。其值不大于 30～50mm。

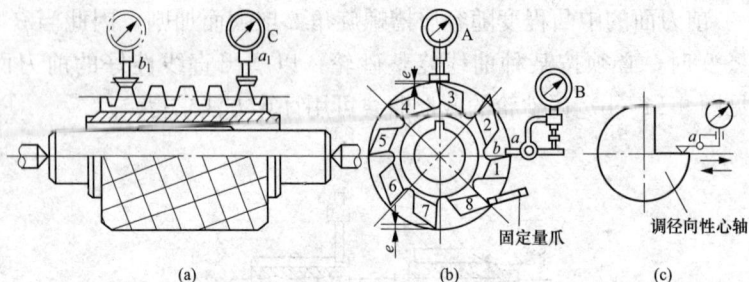

图 9-15　滚刀重磨后的检验

（2）容屑槽圆周齿距误差。该项误差通常以圆周齿距的最大积累误差表示，测量和计算与齿轮的积累误差相同。如图 9-15（b）所示，用固定量爪和带有杠杆的千分表测出相对齿距误差，用齿轮周节积累误差相同的计算方法，算得最大积累误差值。

上述方法也可以用平测头的千分表 A 测量刀齿的径向圆跳动来代替。因为圆周齿距误差会反映到刀齿的径向位置的变化，如图 9-15（b）中 3 号齿超前，顶刃半径就大一个 e 值。

（3）螺旋槽滚刀的导程误差。简单的测量方法如图 9-15（a）所示。用千分表测量两端刀齿 a_1 和 b_1 两点的差值。因为滚刀有齿顶后角，容屑槽导程的误差，必然反映出齿顶高度的不同或两端外径的变化。

上述各项误差允许值均可在齿轮滚刀标准 GB/T 6083—2016《齿轮滚刀 基本型式和尺寸》中查出。

第三节 蜗 轮 滚 刀

一、蜗轮滚刀的工作原理与进给方式

1. 蜗轮滚刀的工作原理

蜗轮滚刀是利用蜗杆与蜗轮的啮合原理工作的。蜗轮滚刀相当于与被切蜗轮相啮合的工作蜗杆，在它上面开出切削刃，则为蜗轮滚刀。

蜗轮滚刀的基本蜗杆就是那个工作蜗杆，与它们的类型基本相同，如工作蜗杆是阿基米德蜗杆，蜗轮滚刀的基本蜗杆也应是阿基米德蜗杆。若工作蜗杆是渐开线蜗杆，则滚刀的基本蜗杆也是渐开线蜗杆，这一点和齿轮滚刀不同，不能任意选择。

蜗轮滚刀的基本参数，如模数、齿形角、螺旋升角、旋向、螺旋头数、齿距、分长圆直径，都应与工作蜗杆相同。

加工蜗轮时，蜗轮滚刀和被切蜗轮的安装中心距和轴交角（一般为 90°）及传动比也应与工作蜗杆、蜗轮的中心距和轴交角及传动比相同。因此，蜗轮滚刀是专用刀具，只能根据被加工蜗轮副的有关参数进行专门的设计和制造，但其他如刀具结构、设计和制造过程皆与齿轮滚刀类似。

2. 蜗轮滚刀的进给方式

用蜗轮滚刀加工蜗轮的进给方式有径向进给和切向进给两种。

（1）径向进给。蜗轮滚刀转一转，被切蜗轮转过的齿数相当

于滚刀的螺纹头数，形成啮合的展成运动，如图 9-16（a）所示。在转动的同时，滚刀沿被切蜗轮的半径方向进给，达到规定的中心距后，停止进给，展成运动继续，直到包络完整的蜗轮齿形，加工结束。

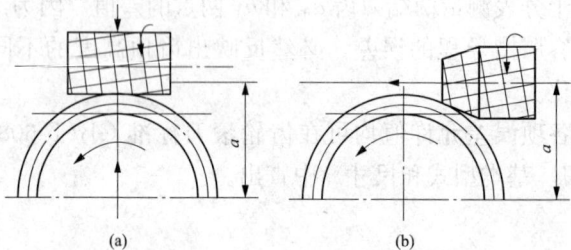

图 9-16　滚切蜗轮时的进给方式
(a) 径向进给；(b) 切向进给

1）优点：被切蜗轮不需附加转动，滚齿机的传动链短，加工的蜗轮齿距误差小、精度高，蜗杆副可以径向装配。切削时间短，生产效率高。

2）缺点：当蜗轮模数大，齿数较少而蜗轮滚刀直径小，蜗轮滚刀刀齿负荷不均，且包络齿形的切削刃很少，因而齿面波纹较大，齿形精度和表面质量较低。

（2）切向进给。首先把蜗轮滚刀和被切蜗轮的中心距调整到工作蜗杆和蜗轮的中心距，如图 9-16（b）所示。切向进给的展成运动和径向进给方式相同。不同的是，切向进给作展成运动的同时，滚刀沿自身的轴线方向进给，逐渐切入蜗轮。另外，被切蜗轮除展成运动所需的转动外，因滚刀切向进给，还应有一个附加转动。附加转动的速度与滚刀切向进给的速度应为：滚刀切向进给一个齿距，被切蜗轮相应转过一个齿。即当蜗轮滚刀切向进给时，被切蜗轮的附加转角 $\Delta\theta = \pm\Delta\dfrac{1}{r_z}$（$r_z$ 是指被切蜗轮的分度圆半径）。因为切向进给时，滚刀最前面的刀齿负荷较大，所以采用这种进给方式的蜗轮滚刀，在前端必须制出切削锥，用以改善各刀齿负荷的分配。

1）优点：可以得到较好的齿形精度和表面质量；蜗轮滚刀的

寿命较长；蜗杆副的中心距易于准确控制。

2）缺点：滚齿机必须具有切向进给机构；展成运动传动链较长，影响转动精度，对于齿距精度要求高的蜗轮，不如径向进给方式好；蜗杆副有可能不能径向装配。

二、蜗轮滚刀的结构

蜗轮滚刀的结构参数与符号如图 9-17 和图 9-18 所示。

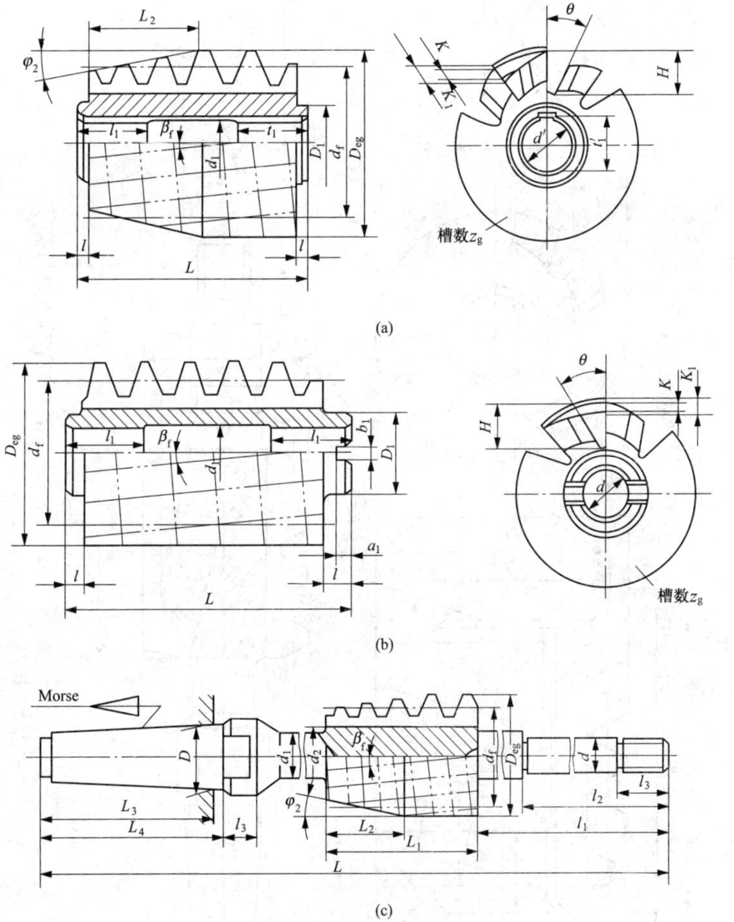

(a)

(b)

(c)

图 9-17　蜗轮滚刀的结构

（a）套式带轴向键的蜗轮滚刀；（b）套式带端面键的蜗轮滚刀；

（c）整体带柄的蜗轮滚刀

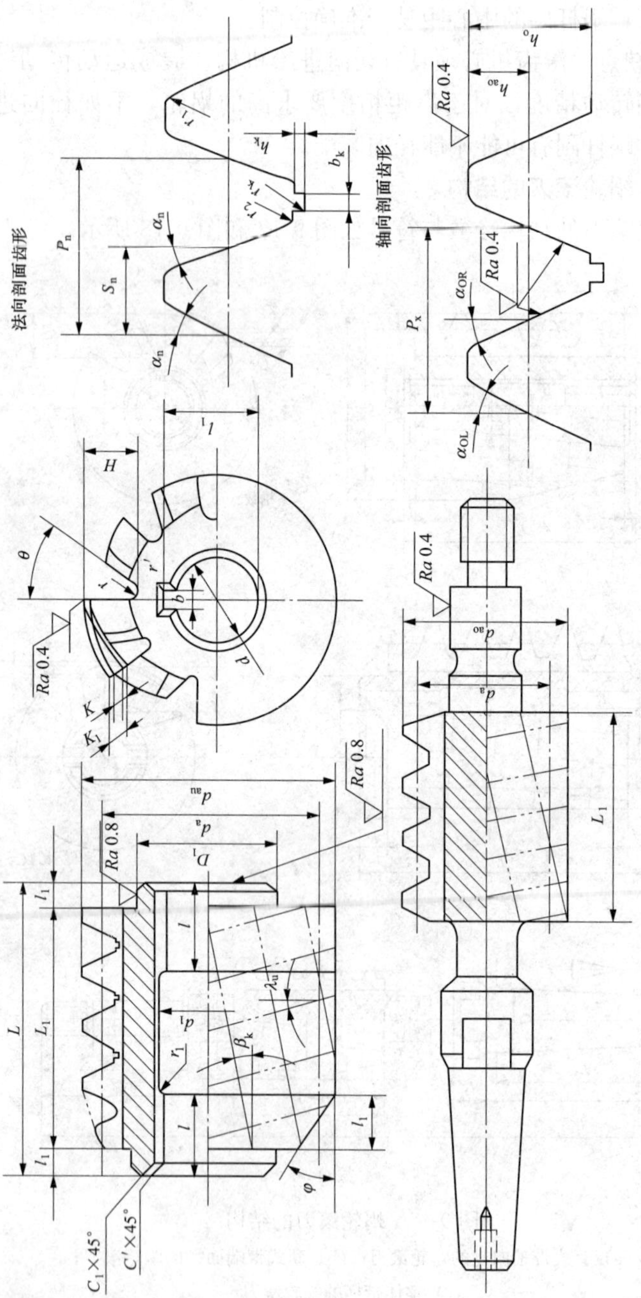

图 9-18　蜗轮滚刀的结构参数与符号

1. 蜗轮滚刀的外径 d_{ao}

为了使切制的蜗杆副在啮合时保证有足够的径向间隙和使滚刀有较多的重磨次数，蜗轮滚刀的外径应设计得比工作蜗杆大些。加工蜗轮时，蜗轮滚刀和被切蜗轮的中心距，不论是新刀还是重磨多次的旧刀，则都不许变化，必须等于被切蜗轮与工作蜗杆啮合的中心距。

蜗轮滚刀重磨后直径变小，使切出的蜗轮根圆直径加大、齿厚加大，径向和侧向间隙减小。为使间隙减小后仍在规定的范围内，不影响蜗轮副的传动质量，且增加滚刀的重磨次数，设计时可预先增大新滚刀的齿高，一般齿高增大 $0.1m$（m 为模数）。因此，新的蜗轮滚刀的外径应比工作蜗杆的外径大 $0.2m$。

蜗轮滚刀外径的计算公式为

$$d_{ao} = d_{a1} + 2(c^* + 0.1)m \tag{9-3}$$

式中 d_{ao}——工作蜗杆的外径，mm；

c^*——径向间隙系数，通常 $c^* = 0.2$；

m——齿轮模数。

因此，蜗轮滚刀的齿顶高为

$$h_{ao} = (1 + c^* + 0.1)m = 1.3m \tag{9-4}$$

2. 蜗轮滚刀的根径 d_{fo}

为了使滚刀的齿底不参加切削，一般滚刀齿形的全齿高 h_o 应大于蜗杆的全齿高 h_1，通常取 $h_o = 2.5m$，故蜗轮滚刀的根径 d_{fo} 为

$$d_{fo} = h_{ao} - 2h_o = d_{ao} - 2 \times 2.5m = d_{ao} - 5m \tag{9-5}$$

有时因为结构上的限制，全齿高也可取略小一点，允许取 $h_o = 2.5m$。

3. 蜗轮滚刀的容屑槽数 z_k

蜗轮滚刀的容屑槽数，即圆周齿数 z_k 的选择应考虑齿形精度、加工表面粗糙度、刀齿强度、重磨次数以及滚刀本身的加工工艺性等因素。滚刀的容屑槽数 z_k 选择的原则是：

1）当蜗轮齿数 z_2 与蜗杆头数 z_1 互质时，滚刀的容屑槽数 z_k 与头数 z_o 也应互为质数。这样蜗轮在加工时，蜗轮滚刀本身的制

造误差就不会全部反映到蜗轮上去，对提高蜗轮的精度有利。

2) 当蜗轮齿数 z_2 与蜗杆头数 z_1 有公因数时，滚刀的容屑槽数 z_k 应设计成滚刀头数 z_0 的整数倍，或者它们之间的公因数。这是因为当蜗轮齿数与蜗杆头数有公因数时，若滚刀槽数不能被滚刀头数整除时，如果一个齿对准蜗轮中心，则其他头的任何一齿都不能对准蜗轮中心，结果造成其他齿滚切出来不对称。由于多头滚刀切出的齿面包络次数少，这种不对称性产生的影响往往甚为可观。

在上述原则下，滚刀圆周齿数越多，蜗轮的齿形精度越高，刀齿切削负荷越均匀，滚刀的刀具寿命越高。但同时会减少滚刀的重磨次数并削弱刀齿根部的强度，而且在铲磨齿形时，也越容易发生砂轮干涉现象。

对于径向蜗轮滚刀，可根据蜗轮的精度要求，按下列要求初选滚刀的容屑槽数 z_k：

加工 6 级精度等级的蜗轮，取 $z_k \geqslant 12$；

加工 7 级精度等级的蜗轮，取 $z_k \geqslant 10$；

加工 8 级精度等级的蜗轮，取 $z_k \geqslant 8$；

加工 9 级精度等级的蜗轮，取 $z_k \geqslant 6$。

4. 滚刀的后角与铲背量 k

（1）对于分度圆螺纹升角 $\lambda_0 \leqslant 15°$ 的蜗轮滚刀，铲背量 k 为

$$k = \frac{\pi d_{ao}}{z_k} \tan\alpha_p \tag{9-6}$$

（2）对于分度圆螺纹升角 $\lambda_0 > 15°$ 的蜗轮滚刀，铲背量 k 为

$$k = \frac{\pi d_{ao}}{z_k} \tan\alpha_p \cos^3\lambda_0 \tag{9-7}$$

式中 α_p——蜗轮滚刀齿顶后角，常取 $\alpha_p = 7° \sim 11°$。

对于加工轮模数 $m \leqslant 2mm$ 的蜗轮滚刀，不需要二次铲背，而是将齿形全部磨光；对于加工轮模数 $m > 2mm$ 的蜗轮滚刀，二次铲背量 k_1 为

$$k_1 = (1.3 \sim 1.5)k \tag{9-8}$$

计算出来的 k 与 k_1 值应圆整到 $0.5mm$，并按铲床现有齿轮规格选取。

5. 滚刀容屑槽深 H

对于铲磨滚刀

$$H = h_\text{o} + \frac{k + k_1}{2} + (0.5 \sim 1) \tag{9-9}$$

对于不需二次铲背的滚刀，则

$$H = h_\text{o} + k + (0.5 - 1) \tag{9-10}$$

式中　h_o——全齿高（mm），$h_\text{o} = \dfrac{d_\text{ao} - d_\text{fo}}{2}$。

计算得 H 应圆整到 0.5mm。

6. 槽底圆弧半径 r_k

$$r_\text{k} \geqslant \frac{\pi(d_\text{ao} - 2H)}{10 z_\text{k}} \tag{9-11}$$

r_k 值应圆整到现有铣刀的 r 值。对于 $\lambda_0 \geqslant 10°$ 的螺旋槽滚刀，由于铣槽时干涉很大，槽底圆弧半径应取式（9-11）计算值的 $1/2$ 左右。

7. 蜗轮滚刀后角

蜗轮滚刀的顶刃后角在螺旋线方向测量。当基本蜗杆的螺旋升角 λ_o 较小时（$\lambda_\text{o} < 15°$），螺纹与端面夹角较小，螺旋方向的后角和端面方向的后角差别不大，为方便起见，可在端面中测量。

由于蜗轮滚刀基本蜗杆的螺旋升角不能任意选择，当 $\lambda_\text{o} \geqslant 15°$ 时，滚刀顶刃螺旋方向与端面方向夹角较大，两个方向的后角相差也较大。这种情况下，滚刀的顶刃后角应在螺旋方向测量。螺旋方向的顶刃后角通常为 $10° \sim 12°$。

8. 槽形角 θ

槽形角 θ 值选择见表 9-5。

表 9-5　　　　　　　　　　槽形角 θ 值

滚刀参数（轴向模数 m、分度圆螺纹升角 λ_o）	槽形角 $\theta/(°)$
$m \leqslant 2\text{mm}$	45（以便铲磨砂轮退出）
$\lambda_\text{o} < 5°$	25
$5° \leqslant \lambda_\text{o} \leqslant 15°$	30
$\lambda_\text{o} > 5°$	$\geqslant 35$

9. 螺纹升角

容屑槽螺旋角和容屑槽导程计算公式如下：

（1）滚刀分圆上螺纹升角

$$\tan\lambda_o = \frac{z_o m}{d_o} \tag{9-12}$$

（2）滚刀分圆上容屑槽螺旋角和导程：

1）对于螺旋槽滚刀　$\beta_k = \lambda_o$

$$P_k = \pi d \cot\beta_k \tag{9-13}$$

2）对于直槽滚刀　$\beta_k = 0°$

$$P_k = \infty$$

10. 切削部分的长度

径向进给蜗轮滚刀的切削部分长度 L_1 应比工作蜗杆长度 b_1 大一个轴向齿距，即

$$L_1 = b_1 + \pi m \tag{9-14}$$

切向进给蜗轮滚刀的切削部分长度有圆锥部分和圆柱部分组成。圆锥部分取 $(2.5\sim3)\pi m$，锥角取 $10°\sim12°$；圆柱部分取 $(2\sim2.5)\pi m$，总长度为

$$L_1 = (4.5\sim5.5)\pi m \tag{9-15}$$

三、蜗轮滚刀的齿形参数

蜗轮滚刀的齿形参数见表 9-6 和图 9-19。

表 9-6　　　　　蜗轮滚刀齿形参数　　　　（单位：mm）

序号	滚刀齿形参数	计　算　公　式
1	齿顶高 h_{ao}	$h_{ao} = \dfrac{d_{ua} - d_a}{2}$
2	齿全高 h_o	$h_o = \dfrac{d_{ua} - d_{fa}}{2}$
3	轴向齿距 p_{xo}	$p_{xo} = \pi m$
4	法向齿距 p_{no}	$p_{no} = \pi m \cos\lambda_a$
5	齿顶圆弧半径 r_1	$r_1 = 0.2m$
6	齿底圆弧半径 r_2	$r_2 = 0.3m$
7	齿底退刀槽尺寸（用于 $m>4mm$）	$b_b = 1.7\sim4.1$ $h_k = 0.5\sim1.5$ $r_k = 0.5\sim1$

序号	滚刀齿形参数	计 算 公 式
8	侧铲面上轴向齿形角 α_x	（1）直槽阿基米德蜗轮滚刀的轴向齿形角等于工作蜗杆的轴向齿形角（标准角度） $$\alpha_{xo}=\alpha_{x1}$$ （2）螺旋槽阿基米德蜗轮滚刀的轴向齿形角 $$\cot\alpha_{oL}=\cot\alpha_x\pm\tan\varphi$$ $$\cot\alpha_{oR}=\cot\alpha_x\mp\tan\varphi$$ 式中　φ—齿顶线倾斜角 $\tan\varphi=\dfrac{tz_k}{P_k}$ 上面的符号用于右旋滚刀 下面的符号用于左旋滚刀
9	法向齿形角 α_n	法向直廓蜗轮滚刀的法向齿形角等于工作蜗杆的法向齿形角（标准角度）
10	轴向齿厚 s_x （只在直槽阿基米德蜗轮滚刀的轴向齿形中标注）	（1）精加工蜗轮滚刀的轴向齿厚 s_x 为 $$s_x=\frac{\pi m}{2}$$ （2）粗加工蜗轮滚刀的轴向齿厚 s_x 为 $$s_x=\frac{\pi m}{2}-\Delta s_x$$ 式中　Δs_x—精滚齿余量，为 0.30～0.80mm，模数大时取大值
11	法向齿厚 s_n （在螺旋槽阿基米德蜗轮滚刀和法向直廓蜗轮滚刀的法向齿形中标注）	（1）精加工蜗轮滚刀的法向齿厚为 $$s_n=\frac{\pi m}{2}\cos\lambda_o+\Delta s_n$$ 式中　Δs_n—滚刀分度圆柱上的法向齿厚增量，用以防止滚刀重磨后加工出来的蜗轮在工作时侧隙减小，基值可取 $\Delta s_n=\frac{1}{2}\Delta_m s$，$\Delta_m s$ 是蜗杆螺牙厚度允许的最小减薄量 （2）粗加工蜗轮滚刀的法向齿厚为 $$s_n=\frac{1}{2}\pi m\cos\lambda_o-\Delta s_n$$ 式中　Δs_n—精滚齿余量，为 0.2～0.4mm，模数大时取大值

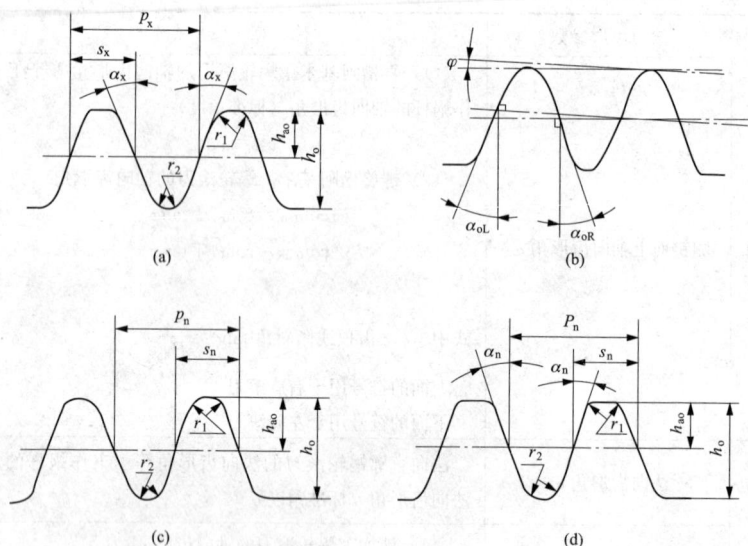

图 9-19　蜗轮滚刀齿形参数
（a）直槽阿基米德蜗轮滚刀的轴向齿形；（b）螺旋槽滚刀轴向齿形；
（c）螺旋槽阿基米德蜗轮滚刀的法向齿形；（d）法向直廓蜗轮滚刀的法向齿形

第四节　插　齿　刀

插齿刀是在插齿机床上利用展成法加工齿轮的刀具，它可以用来加工直齿或斜齿的内外圆柱齿轮、带有凸肩的齿轮、双联齿轮、多联齿轮和不带空刀槽的人字齿轮以及齿条等。用一把插齿刀可以加工模数和齿形角相同而齿数不同的标准齿轮和变位齿轮。但是，加工直齿轮必须用直齿插具刀，加工斜齿轮必须用斜齿插齿刀，二者不能通用。

一、插齿刀的工作原理

插齿刀的外形像一个齿轮，齿顶和齿侧制出后角，端面制出前角，形成切削刃，如图 9-20 所示。

插齿的主运动是插齿刀的上下往复运动。切削刃的上下往复运动轨迹形成的齿轮称为铲形齿轮。插齿刀与齿坯的相对滚动形成圆周进给运动，这种运动相当于铲形齿轮与被切齿轮之间作无间隙啮合运动。所以，插齿刀切出齿轮的模数、齿形角与铲形齿轮模数、齿形角相同，齿数由插齿刀与齿坯啮合运动的传动比决定。

插齿刀开始切齿时有径向进给运动，切到全齿深时停止进给，工件继续与插齿刀啮合滚动一周，齿轮即加工完毕。为减少插凿刀与齿面摩擦，插齿刀在返回行程中，齿坯有让刀运动。这些运动都靠插齿机上的凸轮机构实现。

加工斜齿轮时，插齿刀的铲形齿轮是与被切齿轮螺旋角大小相等、旋向相反的斜齿轮。插齿过程中，在插齿刀上下往复运动。同时，由机床的螺旋导轨引导插齿刀形成附加的螺旋运动，如图9-21 所示。

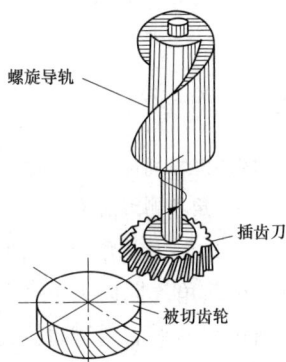

| 图 9-20　插齿刀的工作原理 | 图 9-21　斜齿插齿刀的工作原理 |

在生产中，插齿刀是仅次于滚刀的常用齿轮刀具，它可以用来加工相同模数和齿形角的任意齿数的齿轮。由于插齿时的空刀距离小，因此，无法采用滚齿加工的带有凸肩的齿轮及空刀槽很窄的阶梯齿轮，尤其适宜采用插齿加工。扇形齿轮、人字齿轮及齿条用插齿加工也十分有利，此外，插齿机也是加工内齿轮的最常用的方法。

插齿刀制成 AA 级、A 级和 B 级三个精度等级，可分别用来加工 6、7、8 级精度的齿轮。插齿刀一般用高速钢制造，现在中、小模数的插齿刀也有用硬质合金制造的。

二、插齿刀的几何参数

1. 插齿刀的前角

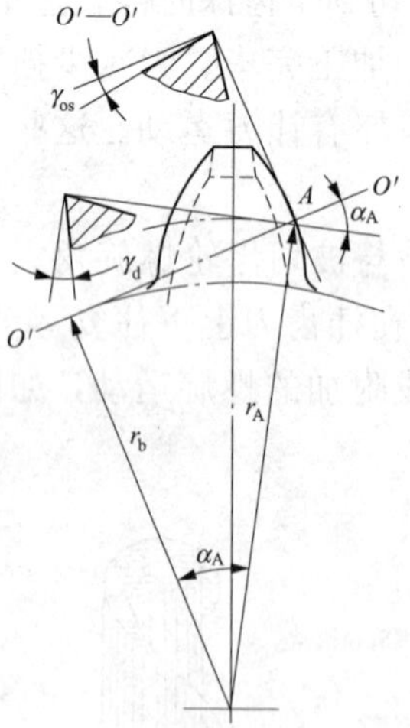

图 9-22　插齿刀顶刃前角和侧刃前角

（1）顶刃前角。如果用端平面作为插齿刀前刀面，虽可以切削，但切削条件很差。所以要把插齿刀的前刀面磨成内凹圆锥面，以形成顶刃前角 γ_d，如图 9-22 所示。顶刃前角 γ_d 在顶刃任一选定点的正交平面内测量。顶刃前角 γ_d 是设计插齿刀时应给定的参数，也是刃磨插齿刀时应保证的参数。标准插齿刀顶刃前角规定为 $\gamma_d = 5°$。增大插齿刀前角，可以改变加工表面的质量和提高刀具的寿命。但是，增大前角会使插齿刀的齿形误差增加。因此只有在加工精度要求不高的齿轮时，才增大插齿刀的前角。

（2）侧刃前角 γ_{os}。由于插齿刀的前刀面是圆锥面，所以它的侧刃为正前角。插齿刀的侧刃前角在正交平面中测量，即在和插齿刀基圆相切的平面内测量。侧刃上仕一选定点的前角 γ_{os} 可计算为

$$\tan\gamma_{os} = \tan\gamma_d \sin\alpha_A \tag{9-16}$$

式中　α_A——选定点渐开线的齿形角（°）。

$$\cos\alpha_A = r_b / r_A \tag{9-17}$$

式中　r_b——插齿刀基圆半径（mm）；

r_A——插齿刀侧刃选定点的半径（mm）。

由式（9-17）可看出，侧刃各点的前角 γ_{os} 是变化的，接近顶圆处侧刃前角较大，接近根圆处的侧刃前角较小。

2. 插齿刀的后角

（1）顶刃后角 α_d。顶刃后角 α_d 在正交平面中测量，如图 9-23

所示。顶刃选定点的正交平面就
是插齿刀的轴剖面。齿顶后角的
大小直接影响沿插齿刀厚度方向
基准齿条变位量的大小，并且决
定侧刃后角的大小。齿顶后角是
设计插齿刀时应给定的参数。标
准插齿刀的齿顶后角 $\alpha_d = 6°$。

（2）侧刃后角 α_{os}。侧刃后角
α_{os} 在侧刃任一选定点的正交平面
中测量，这个平面与插齿刀基圆
相切。由于插齿刀的齿侧面是渐
开线螺旋面，故任选一定点的侧
刃后角都等于插齿刀基圆螺旋角
β_b。在已知插齿刀分度圆齿形角 α
时，侧刃后角 α_{os} 可计算为

图 9-23　插齿刀的顶刃
后角和侧刃后角

$$\tan\alpha_{os} = \tan\beta_b \approx \sin\alpha\tan\alpha_d \tag{9-18}$$

三、正前角插齿刀的齿形误差及修正方法

插齿刀有了正前角后，切削刃在端面上的投影已不再是渐开
线。在图 9-24 中，Ⅰ、Ⅱ、Ⅲ 是插齿刀的端剖面，在这些剖面中
的截形 1、2、3 均为渐开线。当具有正前角后，实际切削刃在端
面的投影，如图 9-24 中虚线 4 所示，它在齿顶处 2 增厚了 Δf_e，
在齿根处减小了 Δf_i。这样，就好比正前角插齿刀的侧刃在分圆

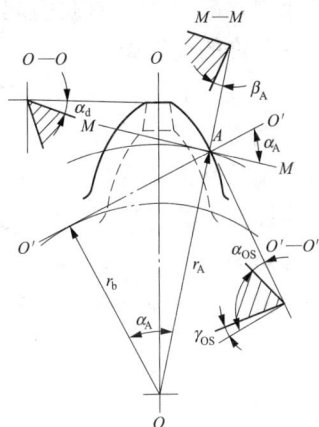

图 9-24　插齿刀的齿形误差

处的压力角减小了，由此引起较大的齿形误差，一般都会超过插齿刀所允许的齿形误差。

为了减小上述误差，可增加插齿刀本身在分度圆处的齿形角，使刀齿侧刃在端面的投影接近于所要求的正确渐开线齿形。插齿刀齿形角的修正计算，可利用简单的投影几何关系。

当插齿刀的齿数 $z \to \infty$，即为齿条时（见图9-25），刀具本身的齿形角为 α。有了前、后角以后，应使侧刃在端面中的投影角正好等于齿轮分度圆齿形角，这时，插齿刀的齿形角修正应为

$$\tan\alpha = \frac{1}{h} = \frac{1}{h' - h'\tan\alpha_d \tan\gamma_d} \tag{9-19}$$

或

$$\tan\alpha = \frac{\tan\alpha_1}{1 - \tan\alpha_d \tan\gamma_d} \tag{9-20}$$

用上述方法修正插齿刀的齿形角后，在齿顶和齿根附近，仍有一些误差。由图9-26可以看出，修正后的插齿刀侧刃在端剖面中的投影，在靠近齿根和齿顶处，均较理论渐开线 I 稍有凸出，插齿刀的模数越大，或齿数越小时，这种误差将越大，不过它仍然在插齿刀允许的范围内。

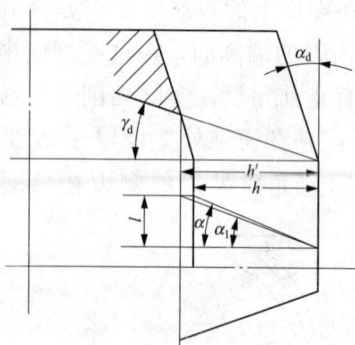

图9-25　插齿刀齿形角的修正计算

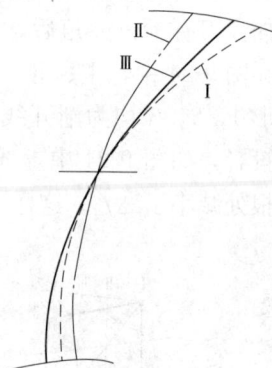

图9-26　修正前后的齿形误差

四、插齿刀的使用和重磨

1. 插齿刀的类型

标准插齿刀按加工模数范围、齿轮形状不同可分为盘形直齿插齿

刀、碗形直齿插齿刀和锥柄直齿插齿刀等三种类型，如图 9-27 所示。

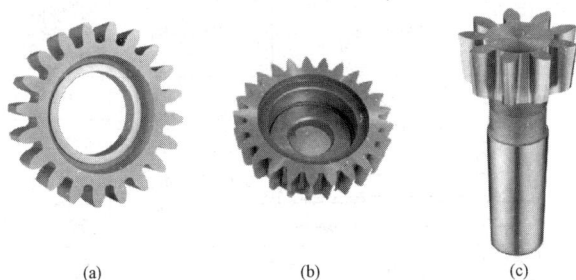

图 9-27　插齿刀的类型
（a）盘形直齿插齿刀；（b）碗形直齿插齿刀；（c）锥柄直齿插齿刀

（1）盘形直齿插齿刀［见图 9-27（a）］。适合加工普通直径外齿轮和大直齿内齿轮。

（2）碗形直齿插齿刀［见图 9-27（b）］。适合加工塔形和双联齿轮。

（3）锥柄直齿插齿刀［见图 9-27（c）］。适合加工直齿内齿轮。

插齿刀精度等级分为 AA、A、B 三级，分别用于加工 6、7、8 级精度的齿轮。插齿刀公称分度直径 d_f 有 25、38、50、75、100、125、160 和 200mm 等 8 种。插齿刀的主要规格与应用范围见表 9-7。

表 9-7　　　　　插齿刀的主要规格与应用范围　　　　（单位：mm）

序号	类型	简图	应用范围	规格		d_1 或 Morse No
				d_0	m	
1	盘形直齿插齿刀		加工普通直齿外齿轮和大直径内齿轮	$\phi63$	0.3~1	31.743
				$\phi75$	1~4	
				$\phi100$	1~6	
				$\phi125$	4~8	
				$\phi160$	6~10	88.90
				$\phi200$	8~12	101.60

续表

序号	类型	简图	应用范围	规格		d_1 或 Morse No
				d_0	m	
2	碗形直齿插齿刀		加工塔形,双联直齿轮	$\phi50$	1~3.5	20
				$\phi75$	1~4	31.743
				$\phi100$	1~6	
				$\phi125$	4~8	
3	锥柄直齿插齿刀		加工直齿内齿轮	$\phi25$	0.3~1	Morse No2
				$\phi25$	1~2.75	
				$\phi38$	1~3.75	Morse No3

2. 插齿刀的安装

插齿刀与工件的安装精度直接影响齿轮加工精度。刀具安装的要求是:装夹可靠,垫板尽可能具有最大直径与厚度,两端面平行且与插齿刀接触良好。安装时要校正前面与外径的跳动,一般不大于 0.02mm。

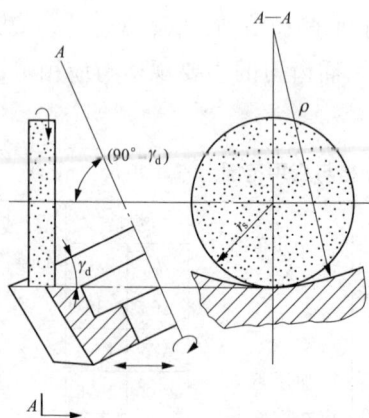

图 9-28 插齿刀的重磨

3. 插齿刀的重磨

插齿刀磨损后应重磨其前刀面,可在平面磨床或工具磨床上装置专用夹具进行,如图 9-28 所示。重磨时,用圆柱砂轮,砂轮轴线与插齿刀轴线夹角为 $90° - \gamma_d$。插齿刀和砂轮各绕本身轴线旋转,砂轮还沿其轴线方向往复运动,以提高重磨质量。砂轮半径 r_s 应小于插齿刀在 $A-A$ 剖面中的曲率半径 ρ,否则将产生干涉,破坏插齿刀的齿形精度。

第五节　齿轮铣刀、剃齿刀和刨齿刀

一、齿轮铣刀

齿轮铣刀分为盘形齿轮铣刀和指状齿轮铣刀两大类，如图 9-1 所示。盘形齿轮铣刀是一种铲齿的成形铣刀，是用来加工直齿或斜齿的齿轮加工刀具。其中，高速钢盘状齿轮铣刀用于加工中、小齿轮，而加工大模数齿轮则采用镶齿的装配式铣刀。指状铣刀是一种成形立铣刀，用于加工大模数（$m = 10 \sim 100 \text{mm}$）直齿轮和斜齿轮，它是加工人字齿轮的唯一刀具。

成形齿轮铣刀的主要优点是，刀具结构简单、成本低，主要用于单件生产与修配工作以及模数特别大的齿轮的加工。

1. 盘形齿轮铣刀

盘形齿轮铣刀的主要类型见表 9-8。

2. 齿轮铣刀刀号的划分

齿轮铣刀是按仿形法原理来加工齿轮的，故它的齿形应与被加工齿轮的齿槽相同。从渐开线齿轮的啮合原理可知，同一模数、不同的齿数其齿形也各不相同。由于齿轮铣刀通常加工精度较低的齿轮，因此工具制造厂商通常采用铣刀组，一组铣刀内容包括 8 把（或 15 把）铣刀，每把铣刀用来加工模数相同而齿数不同（在一定范围内）的齿轮。参照 JB/T 7970.1—1995《盘形齿轮铣刀基本型式和尺寸》，不同的刀号铣削齿轮的齿数范围见表 9-9。

表 9-8　　　　　　　　盘形齿轮铣刀的主要类型

序号	名称	简　图	特点和用途
1	小模数齿轮铣刀		1. 齿尖部分为铣刀齿形 2. 前角 $\gamma_0 = 0°$ 3. 适用于模数 $m = 0.3 \sim 0.8 \text{mm}$

序号	名称	简图	特点和用途
2	Ⅰ型齿轮铣刀		1. 整个刀齿为铣刀齿形 2. 槽底为直线,前角 $\gamma_o = 0°$ 3. 适用于模数 $m = 1 \sim 6.5mm$
3	Ⅱ型齿轮铣刀		1. 整个刀齿为铣刀齿形 2. 槽底为折线,前角 $\gamma_o = 0°$ 3. 适用于模数 $m = 7 \sim 16mm$
4	粗加工用齿轮铣刀		1. 刀齿上开分屑槽 2. 前角 $\gamma_o = 8° \sim 10°$,刀齿倾斜角 $\lambda_o = 10°$ 3. 适用于大模数齿轮的粗加工
5	镶齿齿轮铣刀		1. 刀齿用高速钢制造,刀体用结构钢制造 2. 前角 $\gamma_o = 0°$ 3. 适用于模数 $m = 22 \sim 45mm$

表 9-9 　　　　**齿轮铣刀的分号和加工的齿数范围**

(摘自 JB/T 7970.1—1995)

8 把铣刀一组(适用于 $m \leqslant 8mm$ 的齿轮铣刀)								
刀号	1	2	3	4	5	6	7	8
被加工齿轮齿数范围	12~13	14~16	17~20	21~25	26~34	35~54	55~134	≥135

15 把铣刀一组（适用于 $m \geqslant 9$mm 的齿轮铣刀）																
刀号	1	$1\frac{1}{2}$	2	$2\frac{1}{2}$	3	$3\frac{1}{2}$	4	$4\frac{1}{2}$	5	$5\frac{1}{2}$	6	$6\frac{1}{2}$	7	$7\frac{1}{2}$	8
被加工齿轮齿数范围	12	13	14	15～16	17～18	19～20	21～22	23～25	26～29	30～34	35～41	42～54	55～79	80～134	$\geqslant 135$

3. 盘形齿轮铣刀的齿形参数

齿轮铣刀的齿形包括工作部分和非工作部分，工作部分为渐开线，非工作部分为过渡曲线。对于每种具体的切齿条件，铣刀齿形须由被加工齿轮的模数 m、齿数 z、分度圆齿形角 α 以及变位系数 x_1 决定。

但必须说明，齿轮铣刀每一刀号的齿形，是按能加工齿轮齿数范围中最小齿数来计算的，但又能够加工齿数范围中的最大齿数的齿轮。

4. 盘形齿轮铣刀的结构

精加工盘形齿轮铣刀的结构形式如图 9-29 所示，参照 JB/T 7970.1—1995，其主要结构参数如下。

（1）铣刀外径、孔径、齿数与宽度。同一组内铣刀，不同刀号的铣刀外径、孔径和齿数都是相同的，而宽度则各不相同。刀号越大，铣刀宽度越小，而模数 1mm 以下的铣刀宽度都做成 4mm，这些结构参数可由表 9-10 查出。

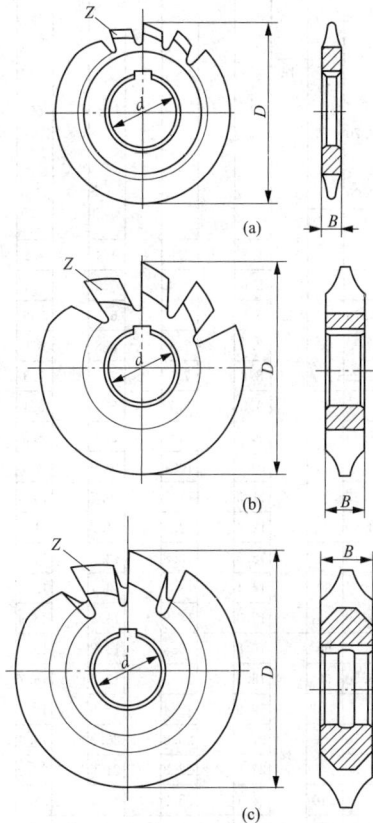

图 9-29　盘形齿轮铣刀的结构

（a）模数 0.3～0.9mm；

（b）模数 1～6.5mm；（c）模数 7～16mm

523

表 9-10　　　　　　盘形齿轮铣刀的主要结构参数

(摘自 JB/T 7970.1—1995)

模数系列 1	模数系列 2	D	d	1	$1\frac{1}{2}$	2	$2\frac{1}{2}$	3	$3\frac{1}{2}$	4	$4\frac{1}{2}$	5	$5\frac{1}{2}$	6	$6\frac{1}{2}$	7	$7\frac{1}{2}$	8	齿数 z	背吃刀量
0.30																				0.66
	0.35																		20	0.77
0.40																				0.88
0.50		40	16	4		4		4		4		4		4		4		4	18	1.10
0.60																				1.32
	0.70																			1.54
0.80																			16	1.76
	0.90																			1.98
1.00		50																		2.20
1.25				4.8		4.6		4.4		4.2		4.1		4.0		4.0		4.0	14	2.75
1.50		55		5.6		5.4		5.2		5.1		4.9		4.7		4.5		4.2		3.30
	1.75		22	6.5		6.3		6.0		5.8		5.6		5.4		5.2		4.9		3.85
2.00		60		7.3		7.1		6.8		6.6		6.3		6.1		5.9		5.5		4.40
	2.25			8.2		7.9		7.6		7.3		7.1		6.8		6.5		6.1		4.95
2.50		65		9.0		8.7		8.4		8.1		7.8		7.5		7.2		6.8		5.50
	2.75	70		9.9		9.6		9.2		8.8		8.5		8.2		7.9		7.4		6.05
3.00				10.7		10.4		10.0		9.6		9.2		8.9		8.5		8.1	12	6.60
	3.25	75	27	11.5		11.2		10.7		10.3		9.9		9.6		9.3		8.8		7.15
	3.50			12.4		12.0		11.7		11.1		10.7		10.3		9.9		9.4		7.70
	3.75			13.3		12.8		12.3		11.9		11.4		11.0		10.5		10.0		8.25
4.0		80		14.1		13.7		13.1		12.6		12.2		11.7		11.2		10.7		8.80
	4.50			15.3		14.9		14.4		13.9		13.6		13.1		12.6		12.0		9.90
5.00		90		16.8		16.3		15.8		15.4		14.9		14.5		13.9		13.2		11.00
	5.50	95		18.4		17.9		17.3		16.7		16.3		15.8		15.3		14.5		12.10
6.00		100		19.9		19.4		18.8		18.1		17.6		17.1		16.4		15.7	11	13.20
	6.50	105	32	21.4		20.8		20.2		19.4		19.0		18.4		17.8		17.0		14.30
	7.00			22.9		22.3		21.6		20.9		20.3		19.7		19.0		18.2		15.40
8.00		110		26.1		25.3		24.4		23.7		23.0		22.3		21.5		20.7		17.60
	9.00	115		29.2	28.7	28.3	28.1	27.6	27.0	26.6	26.1	25.9	25.4	25.1	24.7	24.3	23.9	23.3		19.80
10		120		32.2	31.7	31.2	31.0	30.4	29.8	29.3	28.7	28.5	28.0	27.6	27.2	26.7	26.3	25.7		22.00
	11	135		35.3	34.8	34.3	34.0	33.3	32.7	32.1	31.5	31.3	30.7	30.3	29.9	29.3	28.9	28.2	10	24.20
12		145	40	38.3	37.7	37.2	36.9	36.1	35.5	35.0	34.3	34.0	33.4	33.0	32.4	31.7	31.3	30.6		26.40
	14	160		44.7	44.0	43.4	43.0	42.1	41.3	40.6	39.8	39.5	38.8	38.4	37.7	37.0	36.3	35.5		30.80
16		170		50.7	49.9	49.3	48.7	47.8	46.8	46.1	45.1	44.8	44.0	43.5	42.8	41.9	41.3	40.3		35.20

当设计加工变位齿轮的铣刀时，铣刀宽度应计算为

$$B \geqslant 2x_{max}$$

式中 x_{max}——齿形各点的最大横坐标值，mm。

（2）铣刀切削角度。为了保持齿形精确和制造方便，铣刀前角常取 $\gamma_p = 0°$，以保证每次重磨后齿形不变。

盘形齿轮铣刀的齿顶后角和齿侧后角都是径向铲齿得到的。6～8 号铣刀，齿顶后角 $\alpha_p = 10°$，$1 \sim 5\frac{1}{2}$ 号铣刀的齿顶后角 $\alpha_p = 15°$，加工齿顶后角的目的是使齿侧后角 $\alpha_c = 1°20'$。此值偏小，专门设计齿轮时，需计算齿侧后角 α_c 为

$$\tan\alpha_c = \tan\alpha_p \sin\delta \tag{9-21}$$

式中 δ——齿形部分与 oy 轴之间的最小夹角（°）。

$$\alpha_c \geqslant 1°30'$$

（3）铲背量 k。铣刀铲背量由铣刀外径 d_{ao}、刀齿数 z_o、齿顶后角 α_p 决定。计算为

$$k = \frac{\pi d_{ao}}{z_o}\tan\alpha_p \tag{9-22}$$

计算所得的 k 值应圆整到 0.5mm，再根据铲齿车床上现有凸轮选取。

（4）铣刀齿槽深 H 和槽底形式。其计算为

$$H = h + k + r$$

式中 h——铣刀齿形高度，mm；

k——铲背量，mm；

r——槽底半径，$r = 0.5 \sim 5$mm，模数大时取大值。

铣刀的槽底型式有两种：直线型和折线型。模数 $m = 0.3 \sim 0.9$mm 与 $m = 1 \sim 6.5$mm 的铣刀采用直线型槽底；模数 $m = 7 \sim 16$mm 的铣刀采用折线型槽底，以保证刀齿与刀体强度。

二、剃齿刀的类型及工作原理

1. 剃齿刀的类型

剃齿是微量精加工未淬硬（硬度小于 35HRC）圆柱齿轮及蜗轮齿形的主要方法之一。用剃齿刀加工过的齿轮，精度可达 6～8 级；剃齿加工的生产率和刀具耐用度都很高；剃齿所用的机床简

单且调整方便。但剃齿精度受剃前齿轮加工精度的影响，剃齿加工后其精度只能提高一级；剃齿刀的结构较复杂，价格较贵。

剃齿刀是用于精加工直齿及斜齿圆柱齿轮的刀具。剃齿刀的类型有盘形、条形和蜗杆形三种，如图 9-30 所示，生产中主要使用的是盘形剃齿刀。

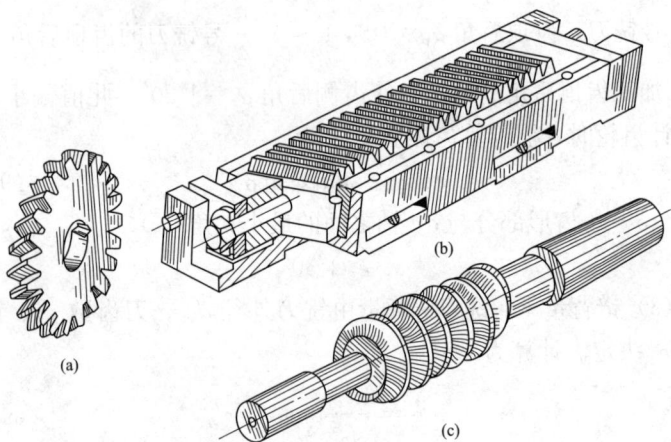

图 9-30 剃齿刀的类型
（a）盘形剃齿刀；（b）条形剃齿刀；（c）蜗杆形剃齿刀

2. 剃齿刀的工作原理

盘形剃齿刀实质上是一个斜齿圆柱齿轮，在其齿侧面上切出许多小容屑槽（见图 9-29）以形成切削刃，工作时被剃齿轮挂在心轴上，顶在机床工作台上的两顶尖之间，可以自由转动，剃齿刀装在机床主轴上，与被剃齿轮自由啮合，带动被剃齿轮做旋转运动，如图 9-31 所示。

剃齿刀与齿轮的轴交角 Σ 由齿轮与剃齿刀分度圆螺旋角决定

$$\Sigma = \beta_1 \pm \beta_0$$

剃齿刀与齿轮螺旋角方向相同时取"+"，相反时取"−"。

螺旋齿轮啮合时，两齿轮在接触点的速度方向不一致，使齿轮的齿侧面沿剃齿刀的齿侧面产生滑移，这个相对滑移速度就是切削速度 v。当剃齿刀和工件的齿侧面以相对速度 v_p 滑移时，剃齿刀齿面上的切削刃在进刀压力的作用下，从工件齿面上切下极薄的一层切屑（一般为 0.005～0.01mm）。剃齿时的切削速度 v_p 一般为 32～45m/min，轴向进给量为 0.1～0.31mm/r，齿轮往复一次的径向进给量为 0.02～0.04nm（双行程）。一般工作台往复行程 4～6 次，径向停止进给后，再进行 2～4 次光整行程。这样，剃齿刀的切削刃就将齿面上的余量切除，从而达到剃削加工的目的。

剃齿刀的精度等级分 A、B 两级，分别用于加工 6 级、7 级精度的齿轮。由于剃齿加工只能将齿轮精度提高一级，故剃齿前齿轮的加工精度应比剃齿后的精度低一级。

用盘形剃齿刀加工齿轮，只要模数相同，同一把刀具便可加工不同齿数的齿轮。剃齿刀有左旋和右旋两种，选用时应与被剃齿轮的螺旋角方向相反。

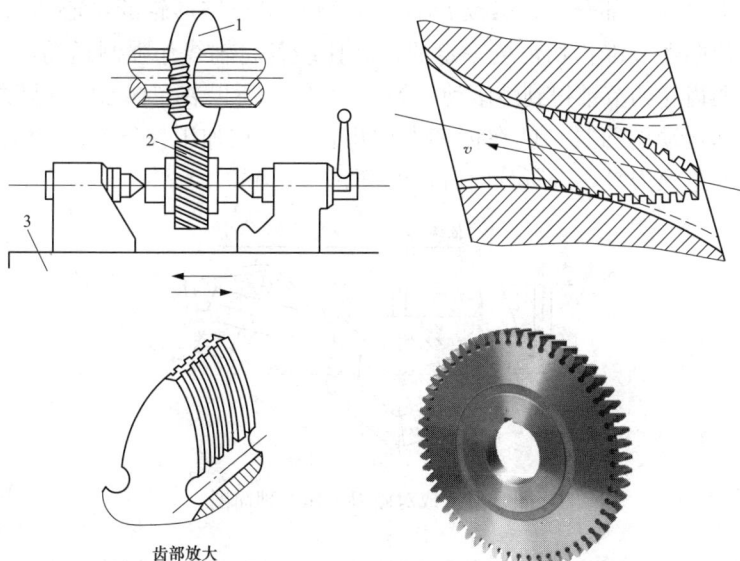

齿部放大

图 9-31 剃齿刀及工作原理
1—剃齿刀；2—被剃齿轮；3—工作台

高精度蜗轮在滚刀加工后，尚需用蜗轮剃齿刀（见图 9-15）

加工。蜗轮剃齿刀的主要尺寸应与和所剃蜗轮相啮合的蜗杆的主要尺寸相等，但外径应增大 $0.2m$（m 为蜗杆模数），以保证蜗轮的全部有效齿形都得到加工。蜗轮剃齿刀在蜗杆表面上制出小槽，以形成切削刃。在剃齿刀的一端，有一段蜗杆表面没有小槽，但和有槽的部分一起磨成，此段蜗杆表面是用来检验剃齿刀的。

三、直齿、锥齿轮刨刀的工作原理和结构

成对展成刨刀是目前生产中加工模数 0.3～20mm 的直齿圆锥齿轮的主要刀具。成对展成刨刀的加工原理如图 9-32 所示，设想与被切齿轮啮合的铲形轮固定在机床摇台上，装在摇台上的刨刀作往复运动，切削刃运动所形成的表面的一部分，即为铲形轮牙齿表面。刨刀的斜直线形工作侧刃，其刀尖沿铲形轮顶平面中的半径方向所形成的平面，亦为铲形轮的牙齿表面。铲形轮的牙齿表面与节锥的交线就是铲形轮节锥齿线。这样，机床摇台就成为铲形轮的一部分。把被切齿轮的锥顶装得与铲形轮的中心重合，并使两者节锥相切，按一定的传动比绕各自轴线作强制运动，这时两齿轮的节锥得到纯滚动（展成运动），所以装在摇台上并随之一起运动的刀具，就在齿坯上切出齿形。在加工完一个齿槽后，坯件退离刀具，进行分度后，再切下一个齿槽。

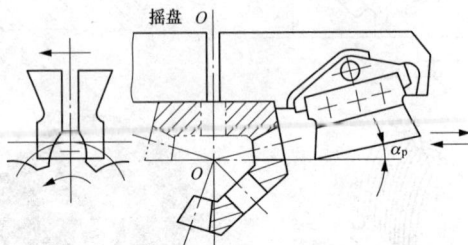

图 9-32　成对刨刀工作原理简图

图 9-33 为直齿锥齿轮刨刀的结构。刨刀的切削部分用高速钢制成，硬度为 62～65HRC。夹持部分按刨刀尺寸大小，做有 2～5 个紧固螺钉孔，与机床刀座配合处做成 73°的楔角，切削部分的高度 h 应保证加工齿轮的全齿高，其值约为所切齿轮模数范围中最

大模数的 2.5 倍。齿顶宽 S_d 应小于所切齿轮小端槽底宽，又应大于大端槽底宽的一半，这样既保证不致切坏小端的齿形，又不会在大端槽底中间留下没切去的材料。

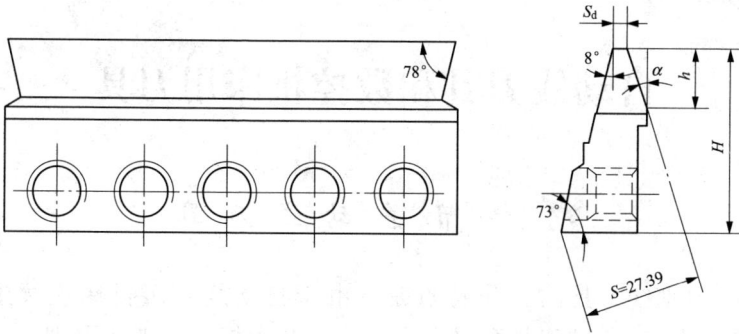

图 9-33　直齿推齿轮刨刀

第十章

自动线刀具和数控机床用刀具

第一节 自 动 线 刀 具

自动线刀具的工作特点是：由于自动线是多机床连续生产，同时工作的刀具数量众多，少则几十把，多则几百把，甚至上千把。所以只要其中一把刀具的设计或选择、使用不当，造成断（卷）屑不合要求或刀具过早损坏（磨损、崩刃、折断），而又未能及时发现和采取措施，这样会造成事故，产生大量废品或被迫长时间停顿，甚至于损坏机床设备，影响整条自动线正常运转。自动线刀具的工作环境十分拥挤，与一般单机用刀具相比，其断（卷）屑、排屑、调整与更换等都比较困难，不同程度上受到空间位置的限制。另外在自动线上，除了传统工序车、铣、钻、扩、锪、镗、铰及加工螺纹外，珩磨、磨削、滚压、深孔加工以及大平面拉削工序也都逐渐被采用。这样在同一条自动线上，刀具的数量和类型众多，材料不同、规格不一，采用的切削用量各异，刀具寿命很难保持一致等。因此，在设计和选用自动线刀具时，为了保证刀具在自动线上能够正常工作，除了应该满足一般单机用刀具所具备的基本条件外，还应满足下列特殊要求：

（1）保证刀具（片）材料特定的切削性能。

（2）可靠的断（卷）屑。

（3）较高的刀具尺寸寿命。

（4）精确而迅速地调整。

（5）快速（或自动）更换。

（6）各种必要的刀具工作状态的检测装置。

（7）刀具系列化。

（8）尽量采用先进的高生产率刀具。

一、自动线刀具的断屑

断屑对自动线刀具有着特殊重要的意义，因为在自动线上，任何紊乱的带状切屑都会破坏整条自动线的自动循环，导致严重后果。

1. 断屑的要求

（1）切屑不会到处流出或飞溅，保证操作者的安全。

（2）切屑不会缠绕在刀具，工件及其相邻近的工具装置上，保证自动线的正常工作。

（3）自动线上刀具众多，切屑应按各自适当的方向流出，以免不同刀具所产生的切屑相遇而缠绕在一起。

（4）保证预定的刀具寿命，不致过早损坏（磨损、崩刀或折断）。

（5）切屑流出时应不妨碍切削被的浇注。对于高速钢刀具，要防止切屑阻碍切削液流向切削区；对于硬质合金刀具，要特别注意避免使刀片时冷时热，以免引起刀片爆裂。

（6）精加工时，切屑流出时不会划伤工件已加工表面。

（7）不会划伤机床导轨及其他部件与工具、装置的表面。

（8）不会嵌入机床、工具及装置的滑动表面而加速其磨损。

（9）便于处理。自动线生产率高，单位时间内产生的切屑量大，切屑的处理是自动线生产的重要问题之一。

实践证明，一般车钢材时，切屑长度控制在 $50\sim100\text{mm}$ 为宜，精车时应稍长，以提高切削过程的稳定。在自动线上，宝塔状切屑不仅不会到处缠绕，而且消理也较方便，是一种比较好的屑形。

2. 断屑的措施

对断屑采取的措施见表 10-1。

表 10-1 断 屑 措 施

断屑方法		简 图	应用特点
断屑槽	一级		在进给量、背叫刀量和工件材料限制在较窄范围内，断屑效果较好，但小进给量及高速切削时，断屑效果不好
	二级		适用性较大，同一把刀片可粗车、半精车 小进给量及高速切削时断屑效果差
	三级		适用范围更广，同一把刀片可用于精、半精加工及粗加工
凹弧型断屑槽刀片			断屑范围广，能适应于各种切削用量下断屑（美国 Kennametal 公司产品）

断屑方法		简　　图	应用特点
断屑器	凹弧形切削刃刀片	A—A放大 A↓　A	断屑范围广，适于各种切削用量，径向力较小，能用于工艺系统刚度较差、机床动力较小条件下切削；刀片精度较高（美国Kennametal公司产品）
	固定式		结构简单，不影响刀具合理几何参数的选择，断屑可靠
	可调节式		结构简单，断屑范围较广，刀具合理几何参数的选择不受牵制
预先在工件表面上开槽		θ 断裂面	根据工件直径大小预先在被加工表面上沿工件轴向开出一条或数条沟槽，其深度略小于精加工余量，断屑稳定可靠 槽的斜度和方向对断屑效果有一定关系。斜度越大，槽底角 θ 越小，应力越集中，切屑容易折断

533

断屑方法	简　图	应用特点
挡板断屑装置	 1—罩；2—曲面调整挡板； 3—销钉；4—车刀；5—曲面	断屑稳定可靠，常用于大批量生产的自动线上，但成本较高
带有切割器的断屑装置	 1—车刀；2—导屑通道；3—切屑切割器； 4—切割器传动轴；5—刀架；6—排屑通道	
放电压力波断屑装置	 1—电容器；2—充电器；3—电阻器； 4—放电装置；5—放电间隙；6—车刀； 7—电极夹持器；8—电极；9—导线	

（断屑装置）

续表

断屑方法	简 图	应用特点
电熔断屑装置（Ⅰ）	 1—切屑；2—振荡器； 3—绝缘材料；4—车刀；5—工件	
断屑装置 电熔断屑装置（Ⅱ）	 1—工件；2—电刷；3—开关； 4—绝缘材料；5—电极；6—车刀	断屑稳定可靠，常用于大批量生产的自动线上，但成本较高
喷射高压流体的断屑装置	 1—夹盘；2—工件；3—切屑； 4—顶尖；5—喷管；6—刀架； 7—软管；8—刀杆；9—刀片	

断屑方法	简　　图	应用特点
断屑装置	钻头振动断屑装置	
	1—联轴器；2—上轴；3—端面凸轮盘；4—凸轮推杆；5—套筒；6—下轴；7—钻夹头；8—弹簧	断屑稳定可靠，常用于大批量生产的自动线上，但成本较高
	凸轮传动振动断屑装置	
	1—镗刀；2—顶杆；3—镗杆；4—齿轮；5—凸轮轴；6—凸轮	
	杠杆机构振动断屑装置	
	1—工件；2—车刀；3—压杆；4—弹簧；5—凸轮；6—杠杆	

断屑方法	简　图	应用特点
椭圆齿轮传动振动断屑装置	 1—工件；2—齿条；3—齿轮；4—椭圆齿轮	
间歇供油液压振动断屑装置	 压力油 1—油腔；2—弹簧；3—工件； 4—工作台；5—台座；6—活塞	断屑稳定可靠，常用于大批量生产的自动线上，但成本较高
蜗轮传动间歇进给断屑装置	 1—拨叉；2—离合器；3—进给丝杆； 4—驱动齿轮；5—蜗杆；6—蜗轮；7—凸轮	
滑台振动断屑装置	 1—滑台；2—凸轮；3—滑台； 4—凸轮；5—动力头；6—钻头	

（断屑装置）

537

二、自动线刀具的尺寸寿命

刀具两次调整或转换（更换）切削刃之间所能加工出合格工件的数量（或相应的切削时间）叫作刀具的尺寸寿命。它是刀具寿命的一部分。精加工时，刀具在自动线上的工作能力取决于刀具的尺寸寿命。刀具的磨损会使被加工零件的尺寸改变。当尺寸超出预定的公差带范围时，就必须调整或更换刀具。在自动线上，刀具的尺寸寿命一般要求不小于一个班或半个班的切削时间，以便在交接班或中间休息时调整刀具。

1. 提高刀具尺寸寿命的措施

实践证明，影响刀具尺寸寿命的主要因素是：刀具的径向磨损；工艺系统的弹性变形量；工件的尺寸分布区及刀具的调整误差等。因此可以采取如下措施。

（1）合理选用刀具材料与结构，减少刀具的径向磨损量。随着刀具的尺寸磨损，刀尖位置发生（后移）变化，导致工件的尺寸改变。为了提高刀具尺寸寿命，应选用耐热性和耐磨性好的刀具材料，确定刀具合理的几何参数及适当的切削用量，另外应尽量采用机夹不重磨结构。除特殊要求外，尽量避免采用镶焊结构，以保特刀片原有的力学物理性能。

（2）提高工艺繁育刚度，减少或消除弹性变形。在加工过程中，由于刀具切削刃的磨损，切削力增大，工艺系统的弹性变形也将随着增大。为了减小弹性变形对加工误差的影响，在设计自动线上的机床和工艺装备时，对刚度应有较高的要求。

由于径向切削分力 F_y 的方向与工件轴线垂直，作用在工艺系统中刚度量薄弱的方向，因此对工件尺寸的变化影响最大，一般刀具可采用大的主偏角（k_r）切削，可显著降低径向切削力 F_y。

（3）采用特殊结构的刀具，缩小工件的尺寸分布区。在自动线上，随着刀具磨损等原因，工件尺寸的分布范围由 Δk 增大到 Δj（见图 10-1）。影响工件尺寸分布的因素很多，如机床与工艺装备的几何精度和运动精度以及工艺系统动态刚度等。此外，加工余量不均匀，被加工材料硬度不均匀，切削条件等，也会影响工件尺寸分布范围的大小，但与前者相比，影响程度小一些。

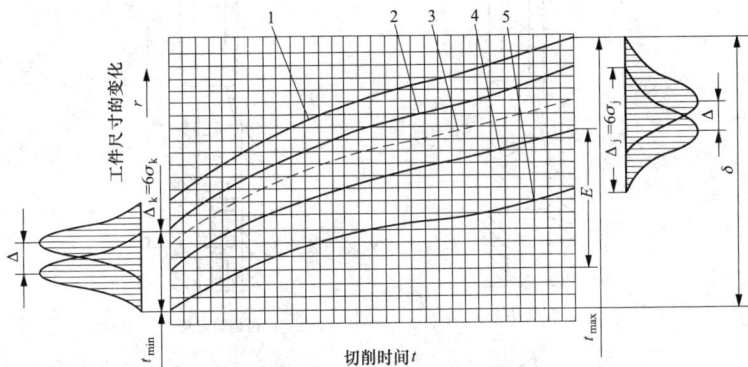

图 10-1 刀具时间寿命图表

采用特殊结构的刀具可以缩小工件尺寸分布区，如图 10-2 所示，采用带有调整装置的刀具来代替普通（不带有调整装置）的刀具，实现机床外（即线外）精确调整（精度可达 $2\mu m$）可使工件尺寸分布区缩小。

（4）采取线外调整刀具，提高调整精度。刀具的调整误差是工件加工误差的一个组成部分。调整误差属于系统误差，因此在正态分布曲线上用聚集中心的位移数值来表示。

如图 10-3 所示表示由于刀具的调整误差而扩大了工件尺寸分布区，每调整一次刀具，新的一批零件便出现一个新的聚集中心，2Δ 为聚集中心的分布范围，从而扩大了工件尺寸的总分布区，以致降低了加工精度。

为了提高加工精度，应尽量减少调整次数，并且在调整刀具时必须做到以下几点基本要求：

1）必须保证预定的调整尺寸。

2）应该确定出调整尺寸偏差的方向和极限数值。

3）应该尽量缩小各批工件尺寸的聚集中心的分散程度，减少调整误差。

采取机床外（即线外）调整刀具的方法，不仅可缩短调整刀具的时间，还可以尽量提高调整精度，把调整好的刀具直接安装

普通刀具　　　　　可调整刀具

(a)　　　　　　　　　　　(b)

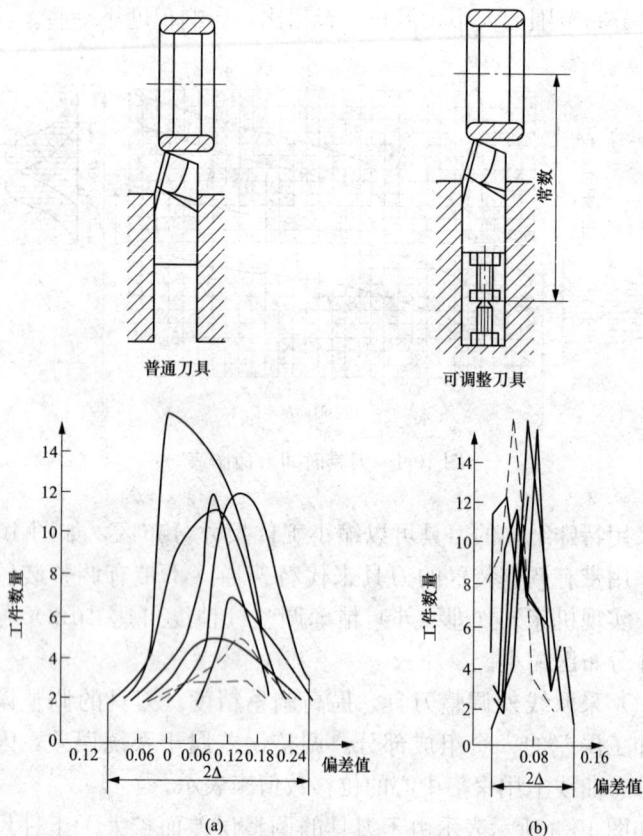

图 10-2　采用可调整刀具缩小工件尺寸分布区

(a) 普通刀具；(b) 可调整刀具

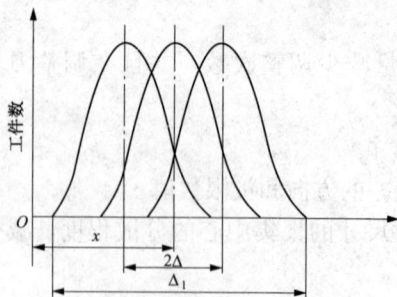

图 10-3　刀具调整误差导致
工件尺寸分布区扩大

在机床上，不需要再进行任何附加调整，即可使第一个工件获得预定的加工精度。

2. 刀具尺寸控制系统

刀具尺寸控制系统由自动测量装置、控制装置与补偿装置三部分所组成，它的工作原理是对加工中的工件已加工表面尺寸在自动线的自动循环中进行自动测量。由于刀具磨损等原因引起工件尺寸的变化，经过测量装置发出信号，再由控制装置传递给补偿装置，使刀具预定的数值产生径向微量位移（以μm为单位），以补偿刀具磨损等原因所造成的工件尺寸的变化，严格控制工件公差。自动线上采取刀具尺寸控制系统，是九十年代以来发展起来的新技术，目前在国外工业发达国家已逐渐应用于生产，并得到了显著的经济效果。

如图 10-4 为典型的镗孔尺寸控制系统的示意图。刚加工好的工件 1 由测量头 2 进行测量，其测量值反应在控制装置 3 上，控制装置根据测量信号再传给补偿装置 4，补偿装置接到信号后，通过镗头 5 使镗杆头上的镗刀产生径向微量位移，进行补偿后，再开始加工下一个工件 7。

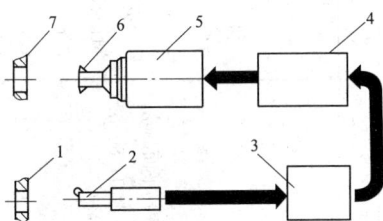

图 10-4　镗孔尺寸控制系统

1、7—工件；2—测量头；3—控制装置；
4—补偿装置；5—镗头；6—镗刀

补偿装置装在镗杆或镗头上，测量装置和控制装置是安装在一起的，通常应由专门工厂制造，设计自动线时，只需按要求选用即可。而补偿装置至今多数仍需自行设计制造，常用镗孔补偿装置见表 10-2。

三、刀具的调整与更换

自动线上的刀具多数都带有调整装置，使刀具能够迅速而准确地在机床上调整，或者在机床外（线外）进行预调。预调好的刀具装到机床上，即可进行加工，而不再需要做任何附加调整。

带有调整装置的刀具具有以下优点：

（1）能够补偿由于刀具磨损而造成工件径向尺寸的变化，刀具材料可获得充分利用。

（2）加快调整速度，大大减少循环外的时间损耗，提高机床负荷率。

（3）提高调整精度，从而可大大缩小工件径向尺寸分布区。

表10-2　　常用镗孔补偿装置

名称	结构简图	工作原理
弹性套平面凸轮补偿装置	1—步进电机；2—机床主轴；3—楔形平面凸轮；4—弹性套；5—镗杆；6—工件；7—镗刀；8—滚子	利用平面凸轮回转使镗杆偏斜，镗刀刀尖产生向径向移而进行补偿。机床主轴带动镗杆转动。根据自动测量信号，步进电动机带动楔形平面凸轮转动，凸轮借弹性套使镗杆紧压在滚子上，凸轮借助弹性套使镗杆中心线按不同方向偏斜，助使镗刀刀尖使镗杆中心径向前或向后微量位移
镗刀架薄壁弹性变形补偿装置	1—镗杆；2—镗刀架；3—偏心腔；4—活动推杆	镗刀架与镗杆刚性连接，刀架内有偏心腔，腔内充满液态塑料。在液压作用下，通过活动推杆压缩液态塑料，液态塑料承受压力后，使刀架上半部薄壁部分鼓凸出来，迫使镗刀随镗杆扭转，从而使镗刀刀尖产生微量位移实现补偿 使用时应注意防止液态塑料老化和泄漏

续表

名称	结构简图	工作原理
带偏心杆的补偿装置	 1—主轴；2—中心孔；3—压力腔；4—弹性卡环；5—圆盘；6—小孔；7—无压腔；8—镗刀；9—微调螺钉；10—细长杆；11—镗杆	该装置是利用镗杆弯曲变形使刀尖产生径向微量位移的原理设计的。主轴的中心孔通过压力油或压缩空气使压力腔充满高压介质。压力作用于弹性卡环，位于的圆盘上，泄漏的压力油或压缩空气经小孔通向油箱或大气。在介质无压力作用下，圆盘的无压状态，同时紧压腔，偏心装于镗刀杆中的圆盘上，紧靠无压腔，细长杆的悬伸端，细长杆在镗杆上部的轴向力作用下，使镗杆在上面的轴部分壁厚，镗杆在细长杆的弯部（壁薄部分）伸长，上部的弯长度不变。从而迫使镗杆上抬，由于尖产生的微量位移来实现镗杆的弯曲变形。通过控制介质压力的大小控制镗杆的曲变形，故要注意介质压力放出热量、释压吸收热量这一物理性质
弹性刀夹补偿装置	 1—主轴；2—刀体；3—弹性刀夹；4—推杆；5—套筒；6—顶杆；7—止推螺钉；8—镗刀；9—测头	当推杆沿轴向向右移动时，顶杆沿斜面滑动并顶在止推螺钉的端面上，使弹性刀夹在刀夹上镗刀夹产生薄变形，从而使装在刀夹左边的镗刀向右移动以实现镗刀补偿，补偿装置在补偿装置左边的测头控制补偿动作靠补偿装置左边的测头控制 此装置适用于镗长孔

543

续表

名称	结构简图	工作原理
镗杆弹性变形补偿装置	 1—镗杆；2—偏心孔；3—柱塞；4—推杆	镗杆1上钻有偏心孔2，并注满液态塑料。推杆4向右轴向移动时，通过柱塞3堆高液态塑料的压力。由于镗杆壁厚不均匀，引起镗杆单向弯曲弹性变形，从而使镗刀刀尖产生径向微量位移，补偿刀具磨损 使推杆产生向右轴向移动是由带有棘轮的螺母及丝杠传动来实现的
压电晶体补偿装置		该装置系利用某些晶体所具有的致电伸缩性能。当通过电流时，这种具有致电伸缩性能的晶体元件由于晶格的重新排列而发生纵向变形，从而实现刀具的补偿 该装置结构简单、成本低，适用于精镗加工，使用时要特别注意避免污染及切削液的影响

续表

名称	结构简图	工作原理
偏心机构补偿装置	调整机构 y向 x向 r=0.02 9 10 11 8 13 13 13向 4 5 6 7 13 14 9 15 16 11 12 1—镗杆；2—主轴；3—拉杆；4—碟形弹簧；5—挡圈；6—活塞；7—油腔； 8—联轴器；9—棘轮；10—轴；11—气缸；12—连杆；13—调节螺钉； 14—棘爪；15—挡铁；16—行程开关	该装置是利用镗杆中心与机床主轴回转中心之间的偏心（e=20μm），镗刀刀尖处于相对于主轴回转中心的不同角度，而造成径向微量位移以实现补偿 当接到补偿指令时，压力油充满油腔7，迫使活塞6向左移动，一旦与挡圈5靠拢后，便于开始压缩碟形弹簧4，使拉杆3向左移动，推出镗杆1，迫使镗杆与主轴锥孔之间产生间隙。此时气缸11充气，使连杆绕其轴心转动，固定在连杆上的棘爪14便拨动棘轮9，而棘轮装在轴10上，通过联轴器8与拉杆相连接。因此，当棘轮转动时，也带动镗杆回转一个角度。回转角度的大小，可通过调节螺钉13来调节每次拨动棘轮棘爪爪数。连杆上还带有挡铁15。拨动完毕后压行程开关16。补偿结束后，油压卸荷，活塞6通过碟形弹簧复位，拉杆将镗杆拉紧，此时镗刀刀尖相对于原来位置已经回转一个角度，使刀尖处于所需要的位置尺寸 （使刀尖处于所需要的位置尺寸） 棘轮有两个，齿的方向相反，分别用于正向补偿（刀具磨损时）及反向补偿（当形成积屑瘤时）

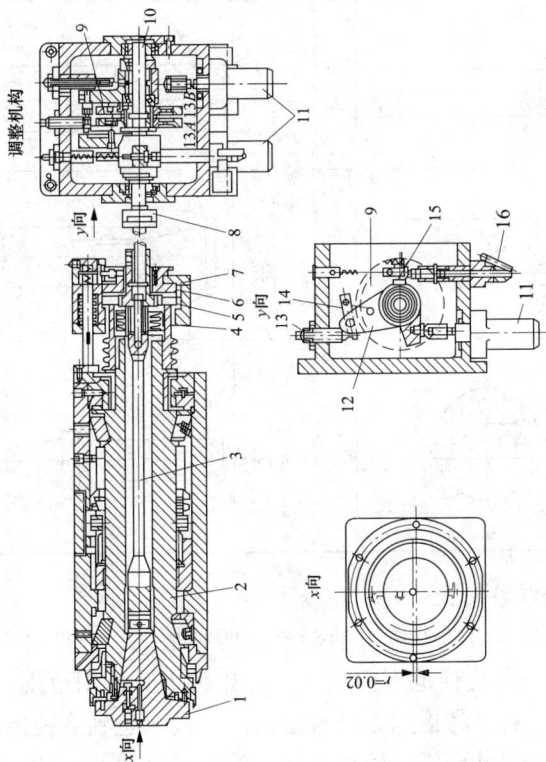

（4）测量装置与调整装置连接，并使其自动化，即可实现刀具的自动调整（即自动补偿）。

（5）对刀具或刀片的制造精度可以要求低些，降低刀具制造成本，工件加工精度可通过调整精度来保证。

1. 刀具的调整方式

刀具的调整方式见表 10-3。

表 10-3　　　　　　　　　　　　刀具的调整方式

刀具调整方式	图示	应用	刀具调整方式	图示	应用
刀具位移（移动）	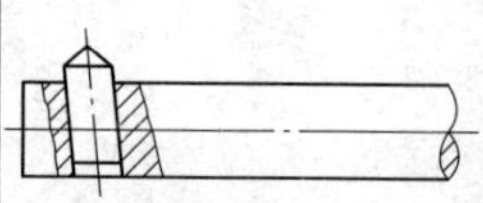	镗刀	刀具位移（刀夹变形）	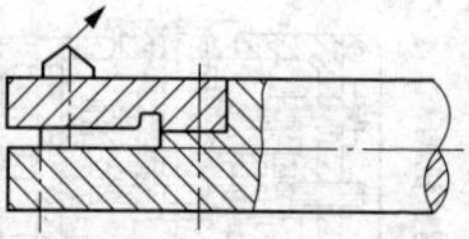	常用于镗刀自动调整装置
		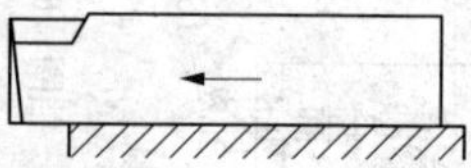 车刀	刀头胀开	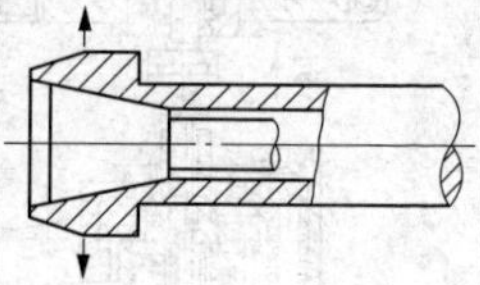	铰刀
	摆动	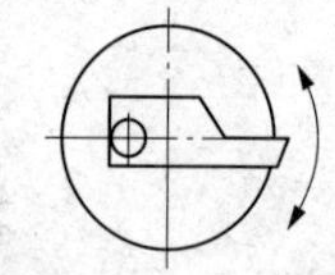 镗刀	镗杆变位	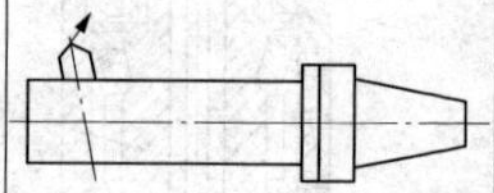	常用于镗刀的自动调整装置

2. 镗刀调整装置

孔加工刀具切削刃位置的调整有两种情况：一种是刀具本身为了适应于一定直径范围内加工，即扩大刀具使用范围，调整量相当大；另一种是考虑到刀具被磨损后（尚未达到磨钝标准），为了补偿磨损的尺寸而进行较小范围内的调整（微调），以保持被加工孔的尺寸始终在允许的公差带内。

现在主要介绍的是后一种，镗刀调整装置的形式很多，现仅介绍国内外常见的几种调整装置结构，见表 10-4。

表 10-4　　　　　　　　　　镗刀调整装置

序号	名称	结　构　简　图	说明
1	螺钉调整装置	 (a)　　　(b)　　　(c)　　　(d) 1—镗刀；2—调整螺钉；3—紧固螺钉	图（a）所示为通过旋转螺钉 2 调整镗刀 1，调整量与螺钉的螺距大小成正比，调整后用螺钉 3 固紧 　　图（b）所示为利用旋转带圆锥头的螺钉 2，通过镗刀 1 后端的斜面来调整镗刀，调整量与螺钉螺距及锥角大小有关，调整后用螺钉 3 固紧 　　图（c）为通过旋转螺钉 2 借其头部台肩调整镗刀 1，调整量与螺钉螺距成正比，调整后用螺钉 3 固紧 　　以上调整装置的调整精度与镗刀固定在镗杆中的间隙及螺纹精度等因素有关
2	带有精调螺母的调整装置	 1—镗杆；2—刀块；3—精调螺母； 4—紧固螺钉；5—凸块	镗杆 1 中装有刀块 2，刀块的外螺纹上装有一锥形精调螺母 3，紧固螺钉 4 将带有调整螺母的刀块拉紧靠在镗杆的锥窝内，刀块以螺纹尾部的两上凸块 5 防止转动。旋转有刻度的精调螺母，可将刀块调到所需直径
3	螺钉杠杆调整装置	 1、4—螺钉；2—杠杆；3—镗刀	该装置系通过旋转螺钉 1 利用杠杆 2 的摆动来顶推镗刀 3，以达到调整的目的，调整后用螺钉 4 固紧

序号	名称	结 构 简 图	说明
4	凸轮调整装置	 1—凸轮；2—镗刀；3—螺钉	该装置是通过转动凸轮1顶推镗刀2来进行调整的，螺钉3作固紧用。调整量与凸轮曲线升角有关
5	推杆调整装置	 1、3、5、7—螺钉；2—推杆；4—镗杆；6—镗刀	该装置使镗刀在轴向及径向都可以调整，镗刀6装在镗杆4右端的通孔内，调节螺钉5，可对镗刀作径向调整，调整后用螺钉7固紧。镗刀的轴向调整，则用螺钉1通过推杆2推动镗杆4获得，调整后用螺钉3固定。径向和轴向的调整量分别取决于螺钉5和1的螺距 此装置适用于镗小孔
6	齿轮传动调整装置	 (a) (b)	该装置系利用螺旋齿轮啮合对镗刀作径向调整［图(a)］ 利用齿轮齿条传动对镗刀作径向调整［图(b)］

序号	名称	结　构　简　图	说明
7	用于双刃镗刀的调整装置	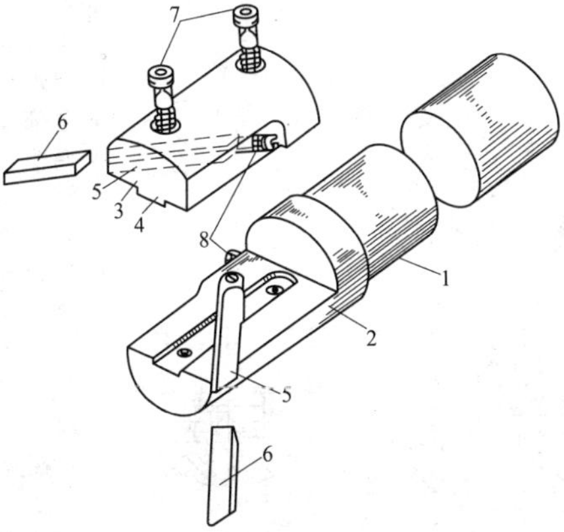 1—镗杆杆部；2—镗杆头部；3—半圆活块； 4—键；5—斜槽；6—镗刀；7、8—螺钉	镗杆由杆部1和头部2构成。头部2的前端为一半圆柱，另一个半圆活块3用键4与镗杆头部的槽相配合。头部半圆柱及半圆活块都有一个用于装镗刀6的斜槽5，用螺钉8调整镗刀，用紧固螺钉7使半圆活块与半圆柱相连接。紧固螺钉7的同时，也起到固定镗刀的作用
8	轴向与径向同时调整的镗刀调整装置	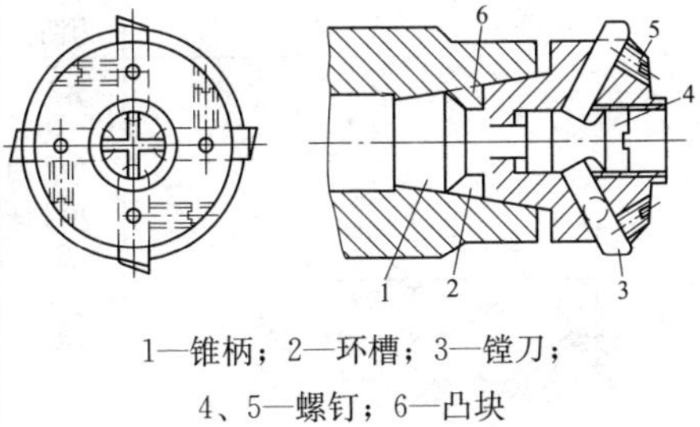 1—锥柄；2—环槽；3—镗刀； 4、5—螺钉；6—凸块	在锥柄1上有一斜口环槽2和一个在图中未示出的纵向槽，凸块6通过纵向槽进入环槽，而后转动刀夹，使刀杆与主轴孔结合并锁死。用调整螺钉4调整镗刀3。镗刀后端紧靠在调整螺钉凹部的锥面上。当拧动调整螺钉4时，镗刀在径向及轴向同时产生位移。调好后用螺钉5紧固。调整量与调整螺钉的螺距及锥面的锥角有关

序号	名称	结 构 简 图	说明
9	差动螺钉精调装置	 (a)　　　　(b) 1—镗杆；2—套筒；3—差动螺钉的小螺距段； 4—差动螺钉；5、6—螺钉；7—镗刀； 8—差动螺钉的大螺距段；9—镗刀； 10—差动螺钉；11—紧固螺钉；12—镗杆	在图（a）中，差动螺钉的大螺距段8旋入套筒2中，小螺距段3旋入镗刀尾部，螺钉6用于调整后的定位，螺钉5将整个镗刀组固定在镗杆1上，当旋动差动螺钉4时，即可进行调整。径向调整量 $a=P_1-P_2$（P_1——大螺距段的螺距，P_2——小螺距段的螺距） 图（b）为差动螺钉精调装置的另一种（结构，差动螺钉10的杆部与头部都有螺纹，螺纹方向相同，螺距不等。当拧动差动螺钉10时，镗刀将按两段螺纹的螺距差移动，以获微量调整，其调整量为 $a=P_1-P_2$，P_1 与 P_2 分别为两段螺纹的螺距
10	双螺钉钢球调整装置	 1—镗杆；2、5—螺钉；3—镗刀；4—球	在镗杆1的横向通槽内装有镗刀3，通过球4及螺钉2、5将镗刀调整至所需直径。镗刀上有一锥窝，钢球4压入窝内，两个成一定角度的配置的螺钉2和5可消除间隙。松开一个螺钉，拧入另一个螺钉，可调节镗刀前、后移动

3. 铰刀及其他孔加工刀具的调整装置

除镗刀外，一般孔加工刀具均属尺寸刀具，没有调整装置。但对于铰刀，由于其制造成本较大，当磨损尚未达到磨钝标准时，为了补偿孔径尺寸的变化，也专门设置有调整装置，见表 10-5。

表 10-5　　　　　　铰刀及其他孔加工刀具的调整装置

名称	结 构 简 图	说明
单刃铰刀调整装置	（a）　　　　　　　（b） 1—刀片；2、3—导向块；4—螺钉；5—楔块	单刃铰刀仅有一块刀片，导向块于加工时在孔中起支承导向作用。当拧紧螺钉 4，即可夹紧刀片〔见图（a）〕。 图（b）所示为刀片的调整机构，拧动螺钉推动楔块，即可对刀片进行调整。调整精度可达 0.05mm
铰刀调整装置	带精调装置的可调铰刀	1—盖板；2—菱形滑块；3、7—销；4—刀片；5—基体；6—进给杆；8—调整套	菱形滑块 2 通过 3 使刀片在导向槽内移动。菱形滑块上有腰形孔，以保证产生径向移动。销 3 固定在进给杆 6 上，当调整套 8 转动时，通过销 7 使进给杆 6 做轴向移动。调整套用细牙螺纹与基体相连。调整套转一周，直径的相应变化量为 0.02mm
	胀缩铰刀的微调装置	1—锥销；2—刀片；3—排气孔；4—刀杆体	由于胀缩的变化只能在材料的弹性变化范围内进行，因此实现直径变化的量是微小的，只能用于补偿磨损 旋转位于铰刀端面的调整螺钉（图上未画），推动装在刀杆体 4 镗孔中的锥销 1，使刀杆体胀开。刀片 2 装在刀杆体上，锥孔内的空气由排气小孔 3 排出

名称	结　构　简　图	说明
双刃扩钻调整装置	 1—刀块；2—锥头螺钉；3—螺钉	刀块1用锥头螺钉2调整，并用两个单头螺钉3紧固。螺钉2上有锥尖，借助于锥尖将螺钉的轴向运动转换为调整刀块所需的径向位移 调整量决定于锥头螺钉的螺距，锥角及其轴向方向与刀块轴向方向之间的角度

4. 车刀调整装置

在自动线上，车刀都应设有调整装置，常用调整装置见表10-6。

表 10-6　　　　　　　　　车刀的调整装置

序号	名称	结　构　简　图	说明
1	螺钉单向调整装置	(a)　　　　　　　(b) (c)　　　　　　　(d)	旋转螺钉顶推车刀，达到调整的目的。图（a）、（b）、（c）所示结构用于调整径向尺寸，车刀的几何角度无影响，图（d）结构用于调整刀尖高低，会改变车刀的前角（γ_o）及后角（a_o）
2	楔块单向调整装置		利用螺钉移动楔块来调整车刀高低，对车刀切削部分几何角度无影响，刀杆不需变动

序号	名称	结 构 简 图	说明
3	杠杆单向调整装置		利用螺钉下压杠杆一端，使杠杆绕支点转动，另一端顶向车刀刀杆尾部以调整径向尺寸，对车刀的切削部分几何角度无影响，刀杆不需变动
4	凸轮单向调整装置		利用转动凸轮顶推车刀实现径向尺寸的调整；车刀切削部分几何角度无变化，车刀刀杆不需变动
5	螺钉双向调整装置	\n(a) (b) (c) (d)	车刀刀杆需作较大变动，制造较麻烦。但更实用、方便

5. 对刀方法与对刀装置

在自动线上，同时工作刀具数量众多，若逐一调整，势必造成自动线停顿时间太多，为提高调整精度及避免造成太多的停车时间损失，最好将刀具尺寸在线外调好，换刀时不需任何附加的调整，即可保证加工出合格的工件尺寸。这种在自动线外按要求尺寸调整刀具的方法，称为线外对刀。如果在机床上（即线上）

对刀，则力求简便、精确、迅速。

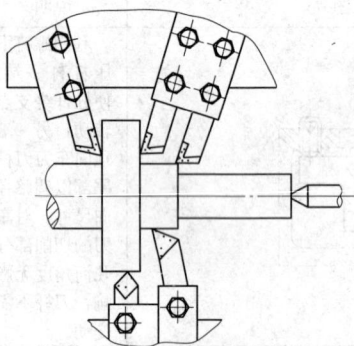

图 10-5　借助于标准零件对刀

自动线刀具的调整通常有以下三种情况，车刀径向、轴向及刀尖高度的调整；镗刀径向尺寸的调整以及铣刀与棒类刀具（如钻头）轴同尺寸的调整。

（1）车刀的对刀。

1）用样板或加工好的标准零件进行对刀，如图 10-5 所示。

2）机外（或线外）对刀一般可预调车刀，如图 10-6 所示

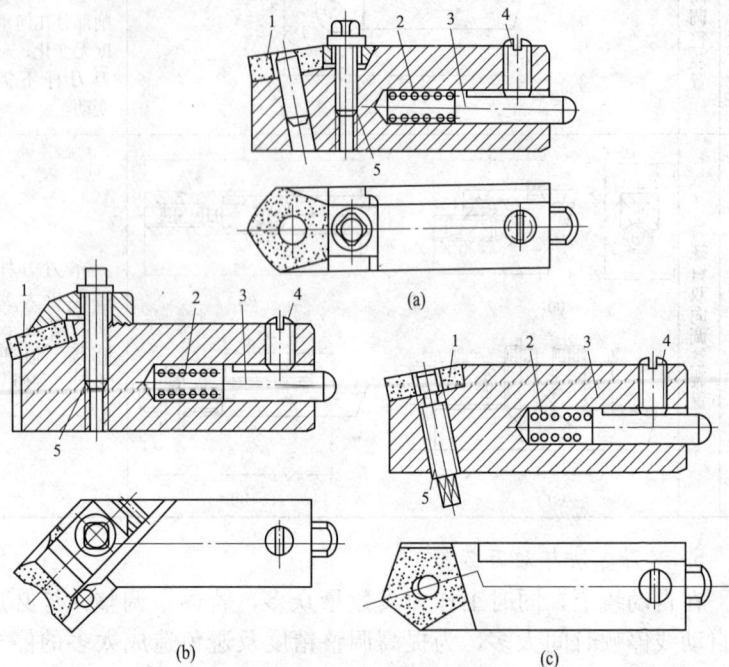

(a)

(b)　　　　　　　(c)

图 10-6　调整径向尺寸的可预调车刀

1—刀片；2—弹簧；3—定长杆；4—紧固螺钉；5—夹紧装置

为调整径向尺寸的可预调车刀，如图 10-7 所示为能够调整轴向尺寸及刀尖高度的可预调车刀，而且可以在专门的对刀装置上进行对刀，如图 10-8 所示。

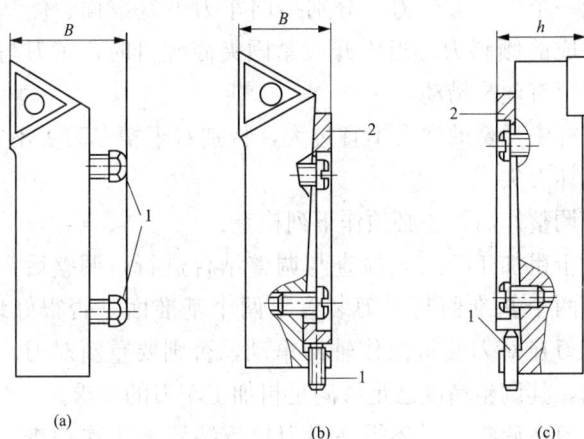

图 10-7　调整轴向尺寸及刀尖高度的可预调车刀
1—螺钉；2—楔条

采用线外对刀装置调整车刀时，应按下列步骤进行：

①使车刀长度小于特定值，即把车刀尾部的定长杆压入刀杆内并紧固。

②车刀置于对刀装置中并定好位，使车刀两个

图 10-8　简易对刀装置

基准面与相应对刀装置上的两个基准面紧密贴合，并使刀尖接触对刀装置。

③松开定长杆，使其在弹簧压力下自然弹出，顶在对刀装置的挡壁上，然后固紧。

车刀调整中的注意事项：

①必须仔细按上述步骤进行调整。

②车刀放入对刀装置时应轻缓，特别要防止刀尖受冲击而损坏。

③在对刀过程中，为了很好地定位，应用拇指按紧刀杆，使车刀承受一个由三个分力（分别指向车刀下基准面、侧基准面及刀尖）组成的倾斜力。当松开或紧固夹固螺钉时，车刀与对刀装置之间不得有丝毫措动。

④刀杆中弹簧的弹力不宜过大，特别对于精车刀更不容忽视，否则会损坏刀尖。

车刀调整好后，还必须作下列检查：

①对于粗加工车刀，检查与调整结合进行，调整后，要仔细检查车刀两个基准面与对刀装置上两个基准面是否很好地贴合，不允许车刀在对刀装置内作轴向窜动，否则要重新对刀。这样的对刀方法，其调整精度已足够满足粗加工车刀的要求。

②车刀在调整后，还需在对刀检查装置上再次检查，若千分表指针超过了特定值范围，就必须重新对刀。

线外对刀装置与对刀位检查装置的设计要点：

①对刀装置与对刀检查装置要按使用时的基准面进行设计，亦即按刀具使用时的基准面来调整刀具和检查刀具。

②对刀装置与对刀检查装置的 θ_2 与 θ_3 角度，应根据刀具使用时与进给方向的关系来确定。如图 10-9 所示，车端面时，应使 $\theta_1 = \theta_2 = \theta_3$。

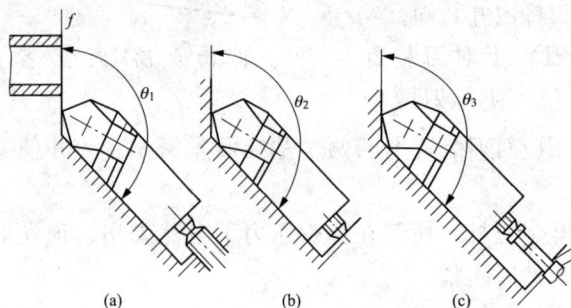

图 10-9　刀夹、对刀装置及对刀检查装置

③对刀装置与检查装置各工作表面应有较高的几何精度与较小的表面粗糙度值。

④检查装置所用千分尺要另配平测头。

⑤粗加工与半精加工车刀可不必设计检查装置。

（2）镗刀的对刀。镗孔时，特别在精镗时，需经常调整镗刀。一般可采用如图 10-10 所示的对刀仪及校准器按相对测量法来对刀，由于工件材料及系统刚度等情况不同，孔的扩大量无法事先估计，因而校准器很难按孔所要求的公差事先确定其尺寸。

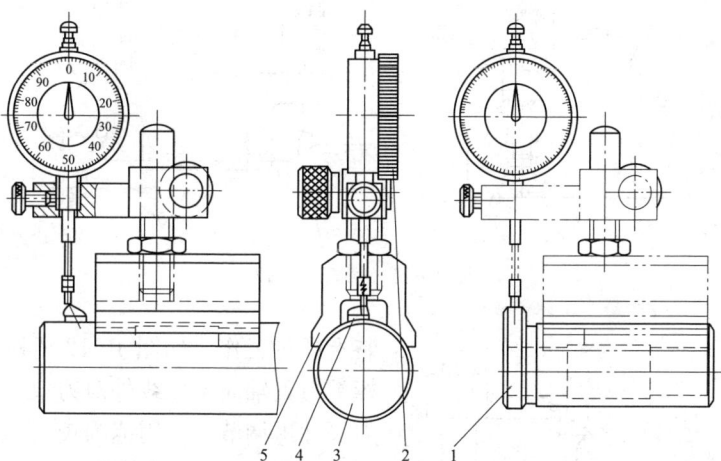

图 10-10　镗刀对刀仪和校准器

1—校准器；2—百分表；3—镗杆；4—镗刀；5—对刀仪

1）在机床上试切，将孔镗到接近于上限尺寸。

2）用对刀装置测量并记录下百分表在镗刀和校准器上的读数差。

3）根据读数差将对刀仪在校准器上校正，修正后，即可进行对刀。

如图 10-11 所示为几种不同结构的对刀仪。

（3）铣刀及其他棒类刀具的对刀。

1）棒类刀具的对刀。因为棒类刀具每次重磨后，都需要调整其轴向尺寸。合理的调整方法应该是预先在线外调整好，换刀时

(a)　　　　　　　　(b)

(c)　　　　　　　　(d)

图 10-11　镗刀对刀仪

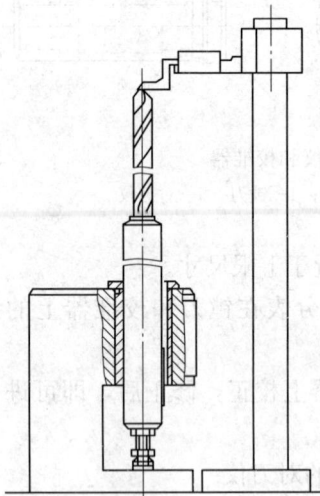

图 10-12　棒类刀具轴向
尺寸线外对刀仪

装上即可工作。如图 10-12 所示为棒类刀具轴向尺寸线外对刀仪，对刀尺寸可调节，使用范围较大。

如图 10-13 所示为棒类刀具样板对刀，精度可达±0.1mm。

如图 10-14 所示为棒类刀具，由于某种原因不能在线外对刀时，采用线上对刀。

2）铣刀的对刀。组合机床自动线上的铣刀，大多数是直接在机床上对刀的，很少在线外对刀。因此，在设计自动线上的铣床时，必须考虑有对刀基准。如图 10-15 所示为铣刀的对刀仪。

更换面铣刀常用样板调整，如

图 10-13　用样板对刀

1—对刀样板；2—接杆；3—调整螺母；4—钻头

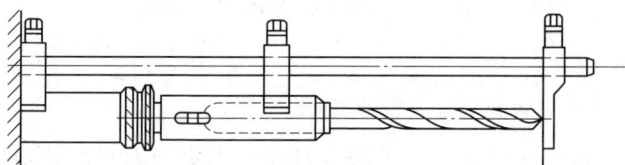

图 10-14　钻头在自动线上对刀

图 10-16（a）所示，调整尺寸 H 时，用样板控制，而样板安装在机床上，以套筒的端面为基准。如图 10-16（b）所示为装在立式主轴上的大直径面铣刀，是以工件上导轨的顶面为基准，用对刀仪和塞尺直接调整。如图 10-16（c）所示为在机床上调整两把处于不同平面的面铣刀时，用对刀仪和塞尺进行调整，对刀仪是利用两个孔插在定位销上在工位上定位的。

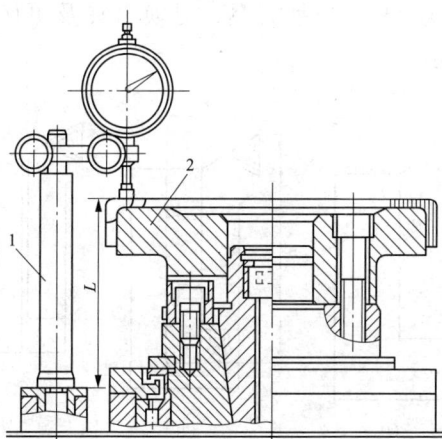

图 10-15　铣刀对刀仪

1—对刀仪；2—铣刀

559

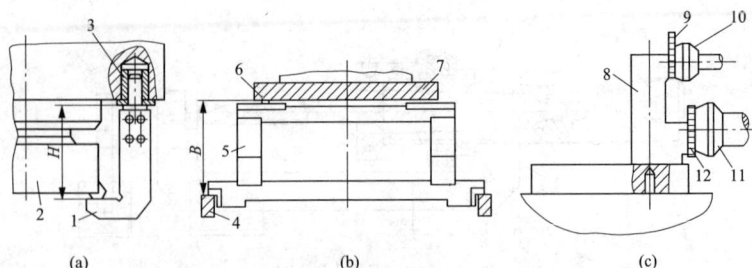

图 10-16　按样板调整铣刀尺寸的装置

（a）用样板调整铣刀；（b）大直径面铣刀；（c）用对刀仪及塞尺调整铣刀

1—样板；2—铣刀；3—套筒；4—导轨；5—对刀仪；6—塞尺；

7—铣刀；8—对刀仪；9—塞尺；10、11—铣刀；12—定位销

6. 刀具的更换与夹紧

（1）刀具的更换。为了减少自动线因更换刀具所造成的停车时间损失，实现刀具的快速更换具有非常重要的意义。

1）更换刀具的基本形式。自动线上更换刀具的基本方式有：更换刀片、更换刀具、更换刀夹及更换刀柄等四种，如图 10-17 所示。

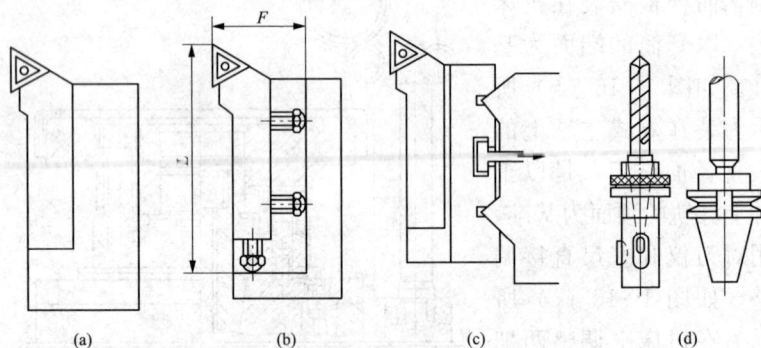

图 10-17　更换刀具的基本方式

（a）更换刀片；（b）更换刀具；（c）更换刀夹；（d）更换刀柄

2）刀具的自动更换。从机械加工自动线的发展过程可以看出，刀具的更换是提高自动线自动化程度的主要障碍之一。近年来，国外很重视对自动换刀装置的研究，逐步实现了能在自动线

的工作循环中完成自动换刀。这样就可以增加换刀次数来增大切削用量，提高生产率。对于刀具寿命低的刀具或加工难加工材料刀具容易磨损情况下，实现自动换刀更能显示出其优越性，如图 10-18 所示为棒状刀具自动更换装置。一旦循环计数器发出更换刀具的信号，启动电磁铁 1，借助齿条与齿托的传动，使摇臂 5 统齿轮轴 O-O 转动到换刀位置（如图 10-18 所示位置）。切削完毕，主轴箱 9 向有移向原始位置，与摇臂上的斜面（图 10-18 中未示出）紧靠着的杠杆 6 使弹性夹头 10 胀开，放松刀具。此时主轴箱与胀开的夹头（内装刀具 11）继续向右移动，摇臂上的推杆便将卧置在弹性夹头套筒内的刀具向前推进，磨损的刀具落下，锋利的新刀具便占有其位置，随后，主轴箱开始移到工作位置，杠杆从摇臂上的斜面退出，在弹簧 8 的作用下，弹性夹头合拢，夹紧刀具。新刀具则从刀库 7 中不断得到供应，此机构可用于指状齿轮倒圆铣刀、钻头、扩孔钻、铰刀、立铣刀、丝锥等棒状刀具的自动更换。

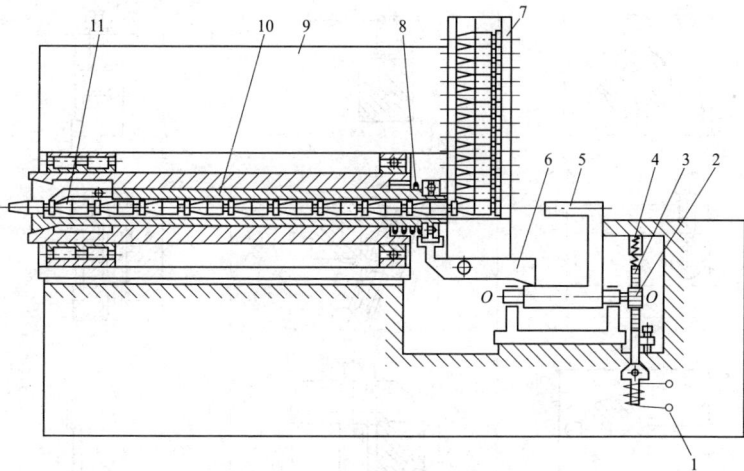

图 10-18　棒状刀具自动更换装置

1—电磁铁；2—齿轮；3—齿条；4—弹簧；5—摇臂；6—杠杆；
7—刀库；8—弹簧；9—主轴箱；10—弹簧夹头；11—刀具

如图 10-19 所示为车刀刀片自动更换装置。该装置由液压缸、刀片挤出机构及车刀刀体三部分组成。在刀库中的刀片借助于与

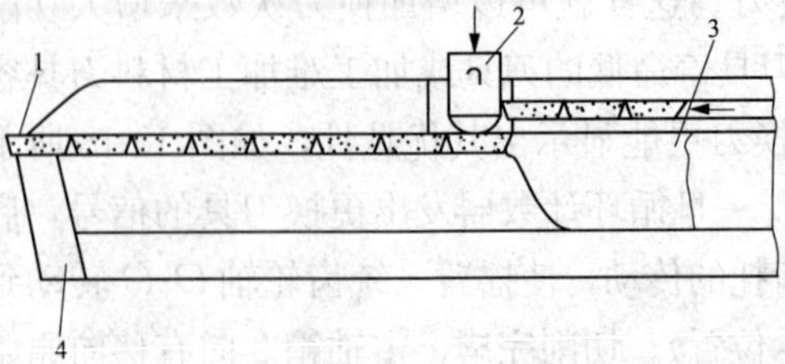

图 10-19　车刀刀片自动更换装置
1—刀片；2—挡块；3—推杆；4—刀体

液压缸连接的推杆 3 将刀片向前推进，使排列在最前面的刀片处于工作位置，与此同时，已被磨损的刀片便被挤到刀体外，完成了自动更换刀片的循环，刀片的更换时间只有 3～4s。

（2）刀具的夹紧。

1）刀杆的夹紧。常用刀杆的夹紧方式见表 10-7。

表 10-7　　　　　　几种常用刀杆的夹紧方式

刀杆截形Ⅰ	刀杆截形Ⅱ 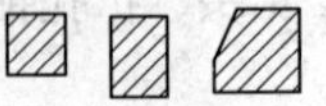	刀杆截形Ⅲ 

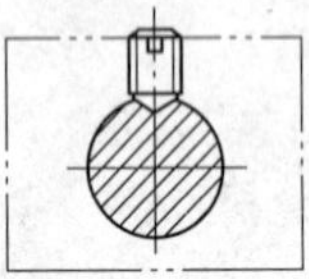

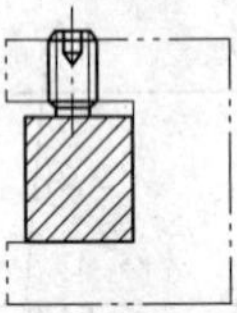

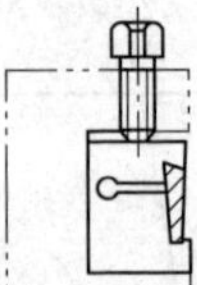

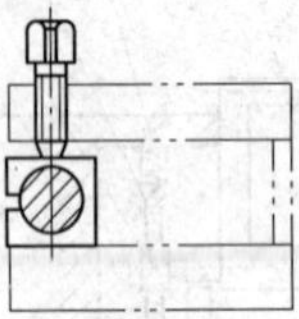

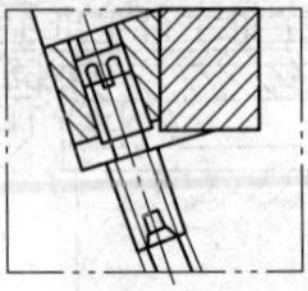

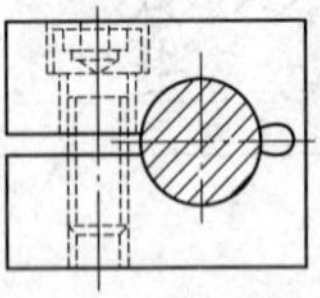

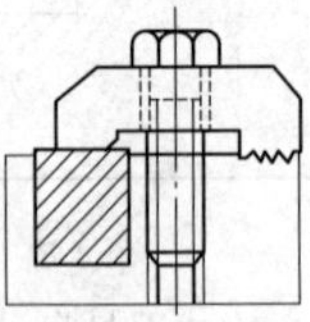

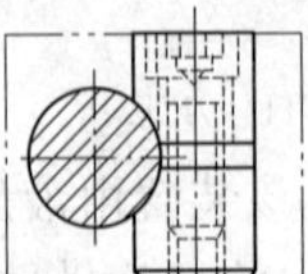

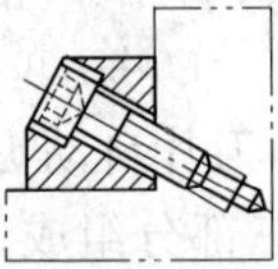

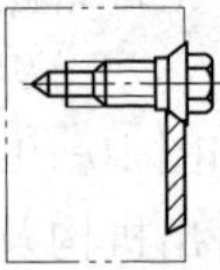

2）刀夹的夹紧。常用的刀夹的夹紧见表 10-8。

表 10-8　　几种快换刀夹的结构比较

序号	简图	定位面	装夹精度	夹持刚性	刀夹快换	自动换刀	插入方向	制造工艺	序号	简图	定位面	装夹精度	夹持刚性	刀夹快换	自动换刀	插入方向	制造工艺
1		V形—平面	较好	较好	V	V	↓	较易	4		双圆柱	较好	较好	V	V	↓	较易
2		双V形	好	好	V	V	↓	难	5		双矩形		较好	V		↓	较易
3		齿纹面			V		↓	较易	6		圆柱柄				V	→	较易

四、自动线上刀具突然破损的检测

刀具工作状态的各种检测装置在现代化自动线上已逐步完备。其中特别是刀具突然破损信号显示装置，已成为自动线上不可缺少的一个部分。

目前，刀具工作状态检测装置多用于检测钻孔和攻螺纹时钻头与丝锥的突然折断。

刀具工作状态检测装置可分为接触式和非接触式两大类型。

（1）接触式。根据基本原理，接触式可分为：

1）利用机械接触的探针控制限位开关的检测装置。

2）将刀具作为电气线路系统的一个环节，通以弱电流，利用电流的接通与断开来检查刀具的折断。

（2）非接触式。非接触式可分为：

1）将刀具作为磁路的一部分，利用磁通的变化来检查刀具折断与否。

2）利用非接触式开关来检查。

3）利用光电管来检查。

4）利用气流通过来检查。

5）利用放射性元素的放射线来检查。

上述方法各有利弊，应根据具体情况选择。

自动线上典型的刀具工作状态检测装置见表 10-9。

表 10-9　　　　自动线上典型的刀具工作状态检测装置

序号	名称	简　图	工作原理与使用特点
1	气动式钻头折断信号显示装置	 1—钻头；2—压力开关；3—喷嘴；4—工件	当动力头从工作位置退回时，气阀很快动作，气流经喷嘴 3 射向钻头 1。一旦钻头折断，一般气流便直接冲向压力开关 2，从而报信 使用特点是：结构简单，检查是在非接触状况下进行，即使有脏物也不会影响其功能；缺点是当钻头上偶尔黏附上一小块切屑，在退刀过程中也会使压力开关动作，从而发出钻头折断的假信号
2	磁通式钻头折断信号显示装置	 1—钻头；2—电磁铁芯；3—测量线圈	该装置是利用磁通变化的原理来检查钻头折断。该装置实际上是一个带有线圈的电磁铁芯，钻头 1 为衔铁，形成磁路。钻头回转时，其排屑槽使磁通产生周期性中断，线圈中直流电压随着频率而变动。频率的大小取决于钻头的转速和排屑槽数。钻头一旦折断，磁通便中断，从而报信 该装置结构简单，适用于旋转刀具和非铁磁金属工件，刀具是带磁性的

564

序号	名称	简　图	工作原理与使用特点
3	光电式钻头折断信号显示装置		当钻削动力滑台退回原位时，压下行程开关 ST，接通光源 EL，由于钻头将遮板 A 上的小孔遮住，光线不能射到光导管 VL 上，继电器 K 的电路不通。钻头一旦折断，光源发射出的光则经小孔射向光导管 VL，继电器 K 的电路接通动作，从而切断机床电路而报信
4	电感式钻头折断信号显示装置	 (a) (b) 1—钻模板；2—电感应测头； 3—工件；4—固定式导套	图（a）是电感式钻头折断信号显示装置原理图。在钻模板 1 上装有电感应测头 2，钻头在固定式导套 4 的引导下钻孔时，钻头的导向部分处于电感应测头 2 的下面，当钻头退回原位时，钻头的切削部分正好处于电感应测量头 2 的下面，因此量头的电感量并无变化。一旦钻头折断，在退回原位时，量头的电感量便会发生较大变化，从而报信 图（b）为该装置的控制线路。当完整的钻头退回原位时，电感应量头的线圈 L 与电容器 C_1、C_2 组成的振荡器处于停振状态；如果折断 3 的钻头退回原位时，则振荡器起振，交流振荡电压经倍压检波后加在 VT2 的基极上使其导通，VT3 截止，于是继电器 K 断电，其触点变换发出信号

565

序号	名称	简　图	工作原理与使用特点
5	比较线圈式钻头折断检测装置	1—钻头；2—测量线圈；3—工件； 4—比较线圈；5—比较杆；6—动力头	比较杆 5 安装在组合机床动力头 6 上，与钻头 1 同时进给。正常情况下，测量线圈 2 与比较线圈 4 感抗匹配，在电桥电路（或其他比较电路）中没有输出。钻头一旦折断时，电路中便有信号输出 该装置灵敏度高，钻头直径改变时可更换相应的比较杆，具有一定的可调性。缺点是大块切屑对检测装置有干扰
6	变压器式钻头折断检测装置	1—钻头；2—变压器；3—工件	变压器 2 的两个线圈作为检测装置的传感器。骨架用不导磁材料制造。钻头 1 为铁芯。折断的钻头退回原位时，初级绕组电压比正常小。这个信号适当放大，可以控制指示刀具折断的继电器 该装置可以检测很小直径（最小为 0.5mm）的钻头，灵敏度可调，检测装置结构紧凑。缺点是刀具可接近性不好。如适当调整传感器线圈的位置，可以避免该缺点

序号	名称	简　图	工作原理与使用特点
7	平板测销式深孔检测装置（一）（检测钻头折断与检测钻孔深度）	 1—测销；2—平板；3—轴；4—挡块； 5—行程开关；6—弹簧；7—座体； 8—滑座；9—油缸	在平板 2 上装有测销 1，在弹簧 6 的作用下测销随平板一起总是伸向左边。右端装有挡块 4 的轴 3 与平板连接一体。当工件钻孔完毕运送到检测工位后，座体 7 由油缸 9 驱动，沿滑座 8 向左移动，各测销便向相应的孔中引进。如果孔中有切屑阻塞或折断的钻头等情况，测销被阻不能继续前进，压缩弹簧使平板、轴与座体之间产生相对运动，挡块压向行程开关 5，从而报信
	平板测销式深孔检测装置（二）	 1—行程开关；2—座体；3—测销； 4—平板；5—轴；6—弹簧；7—挡块	平板 4 与轴 5 连成一体，随座体 2 向工件方向（如箭头所示）移动。当孔中有切屑阻塞或折断的钻头时，测销 3 被阻不再继续前进，此时弹簧 6 被压缩，座体沿轴滑移，待挡块 7 压上行程开关即发出信号 平板测销式深孔检测置一般布置在紧接着钻孔工位之后检测 当所测孔径较小或孔数不多时，上述装置可设置在钻削动力滑台上，与钻头同时进退，检测处于空工位上已经钻好孔的工件，但调整较困难

第二节 数控机床刀具系统和装置

一、数控机床的刀具系统

（一）刀具自动交换（ATC）

为进一步提高数控机床的加工效率，数控机床正向着工件在一台机床一次装夹即可完成多道工序或全部工序加工的方向发展，出现了各种类型的加工中心机床，如车削中心、镗铣加工中心、钻削中心等。这类多工序加工的数控机床加工中使用多种刀具，因此必须有自动换刀装置，以便选用不同刀具，完成不同工序的加工工艺。自动换刀装置应当具备换刀时间短，刀具重复定位精度高，有足够的刀具储备量，占地面积小，安全可靠等特性。

（二）刀具的选择方式

按数控装置的刀具选择指令，从刀库中将所需要的刀具转换到取刀位置，称为自动选刀。

在刀库中选择刀具通常采用两种方法：

1. 顺序选择刀具

刀具按预定工序的先后顺序插入刀库的刀座中，使用时按顺序转到取刀位置。用过的刀具放回原来的刀座内，也可以按加工顺序放入下一个刀座内。该法不需要刀具识别装置，驱动控制也较简单，工作可靠。但刀库中每一把刀具在不同的工序中不能重复使用，为了满足加工需要，只有增加刀具的数量和刀库的容量，这就降低了刀具和刀库的利用率。此外，装刀时必须十分谨慎，如果刀具不按顺序装在刀库中，将会产生严重的后果。

2. 任意选择刀具

这种方法根据程序指令的要求任意选择所需要的刀具，刀具在刀库中不必按照工件的加工顺序排列，可以任意存放。每把刀具（或刀座）都编上代码，自动换刀时，刀库旋转，每把刀具（或刀座）都经过刀具识别装置接受识别。当某把刀具的代码与数控指令的代码相符时，该把刀具被选中，刀库将刀具送到换刀位置，等待机械手来抓取。任意选择刀具法的优点是刀库中刀具的排列顺序与工件加工顺序无关，相同的刀具可重复使用。因此，刀具数量比顺序选择法的刀具可少一些，刀库也相应地小一些。

任意选择法主要有 3 种编码方式：

（1）刀具编码方式。这种方式是对每把刀具进行编码，由于每把刀具都有自己的代码，因此，可以存放于刀库的任一刀座中。这样刀库中的刀具在不同的工序中也就可重复使用，用过的刀具也不一定放回原刀座中，避免了因刀具存放在刀库中的顺序差错而造成的事故，同时也缩短了刀库的运转时间。

（2）刀座编码方式。这种编码方式对每个刀座都进行编码，刀具也编号，并将刀具放到与其号码相符的刀座中。换刀时刀库旋转，使各个刀座依次经过识刀器，直至找到规定的刀座，刀库便停止旋转。由于这种编码方式取消了刀柄中的编码环，使刀柄结构大为简化。因此，识刀器的结构不受刀柄尺寸的限制，而且可以放在较适当的位置。另外，在自动换刀过程中必须将用过的刀具放回原来的刀座中，增加了换刀动作。与顺序选择刀具的方式相比，刀座编码的突出优点是刀具在加工过程中可重复使用。

（3）编码附件方式。编码附件方式可分为编码钥匙、编码卡片、编码杆和编码盘等，其中应用最多的是编码钥匙。这种方式是先给各刀具都缚上一把表示该刀具号的编码钥匙，当把各刀具存放到刀库的刀座中时，将编码钥匙插进刀座旁边的钥匙孔中。这样就把钥匙的号码转记到刀座中，给刀座编上了号码。识别装置可以通过识别钥匙上的号码来选取该钥匙旁边刀座中的刀具。

近年来出现的在刀柄上嵌入 IC 芯片的办法，是刀具的"身份证"和"档案"，不仅编号，而且存入该刀的多种数据供读取。

（三）利用可编程控制器（PLC）实现随机换刀

由于计算机技术的发展，可以利用软件选刀，它代替了传统的编码环和识刀器。在这种选刀与换刀的方式中，刀库上的刀具能与主轴上的刀具任意地直接交换，即随机换刀。主轴上换来的新刀号及还回刀库上的刀具号，均在 PLC 内部相应地存储单元记忆。随机换刀控制方式需要在 PLC 内部设置一个模拟刀库的数据表，其长度和表内设置的数据与刀库的位置数和刀具号相对应。

这种方法主要由软件完成选刀，从而消除了由于识刀装置的稳定性、可靠性所带来的选刀失误。

1. 自动换刀（ATC）控制和刀号数据表

如图 10-20（a）所示，刀库有 8 个刀座，可存放 8 把刀具。刀座固定位置编号为方框内 1-8 号，$\boxed{0}$ 为主轴刀位置号，由于刀具本身不附带编码环，所以刀具编号可任意设定，如图中（10）-(18)的刀号。一旦给某刀编号后，这个编号不应随意改变。为了使用方便，刀号也采用 BCD 码编写。

在 PLC 内部建立一个模拟刀库的刀号数据表，如图 10-20（b）所示。数据表的表序号与刀库刀座编号相对应，每个表序号中的内容就是对应刀座中所插入的刀具号。图中刀号表首地址 TAB 单元固定存放主轴上刀具的号数，TAB+1～TAB+8 存放刀库上的刀具号。由于刀号数据表实际上是刀库中存放刀具的位置的一种映象，所以刀号表与刀库中刀具的位置应始终保持一致。

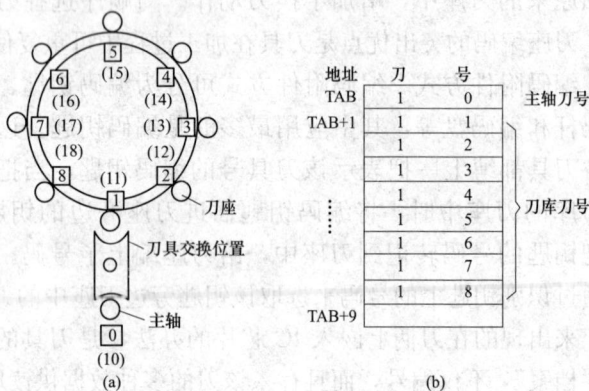

图 10-20　随机选刀、换刀

2. 刀具的识别

虽然刀具不附带任何编码装置，而且采取任意换刀方式，即刀具在刀库中不是顺序存放的。但是，由于在 PLC 内部设置的刀号数据表始终与刀具在刀库中的实际位置相对应，所以对刀具的识别实质上转变为对刀库位置的识别。当刀库旋转，每个刀座通过换刀位置（基准位置）时，产生一个脉冲信号送至 PLC，作为计数脉冲。同时，在 PLC 内部设置一个刀库位置计数器，当刀库正转（CW）时，每发一个计数脉冲，使该计数器递增计数；当刀库反转（CCW）时，每发一个计数脉冲，则计数器递减计数。于是计数器的计数值始终在 1～8 之间循环，而通过换刀位置时的计数值（当前值）总是指示刀库的现在位置。

当 PLC 接到寻找新刀具的指令（T××）后，在模拟刀库的刀号数据表中进行数据检索，检索到 T 代码给定的刀具号，将该刀具号所在数据表中的表序号数存放在一个缓冲存储单元中。这个表序号数就是新刀具在刀库中的目标位置。刀库旋转后，测得刀库的实际位置与要求得的刀库目标位置一致时，即识别了所要寻找的新刀具。刀库停转并定位，等待换刀。

识别刀具的 PLC 程序流程如图 10-21 所示。

3. 刀具的交换及刀号数据表的修改

当前一工序加工结束后需要更换新刀加工时，NC 系统发出自动换刀指令 M06，控制机床主轴准停，机械手执行换刀动作，将主轴上用过的旧刀和刀库上选好的新刀进行交换。与此同时，应通过软件修改 PLC 内部的刀号数据表，使相应刀号表单元的刀号与交换后的刀号相应，刀号数据表的修改流程如图 10-22 所示。

二、刀架自动换刀装置

（一）排刀式刀架和回转刀架

1. 排刀式刀架

排刀式刀架一般用于小规格数控车床，以加工棒料或盘类零件为主。在排刀式刀架中，夹持着各种不同用途刀具的刀夹沿着机床的 X 坐标轴方向排列在横向滑板（或快换台板）（QUIK-CHANGE PLATEN）上。刀具的典型布置方式如图 10-23（b）所示。

这种刀架在刀具布置和机床调整等方面都较为方便，可以根据具体工件的车削工艺要求，任意组合各种不同用途的刀具，一把刀具完成车削任务后，横向滑板只要按程序沿 X 轴移动预先设定的距离，第二把刀就到达加工位置，这样就完成了机床的换刀

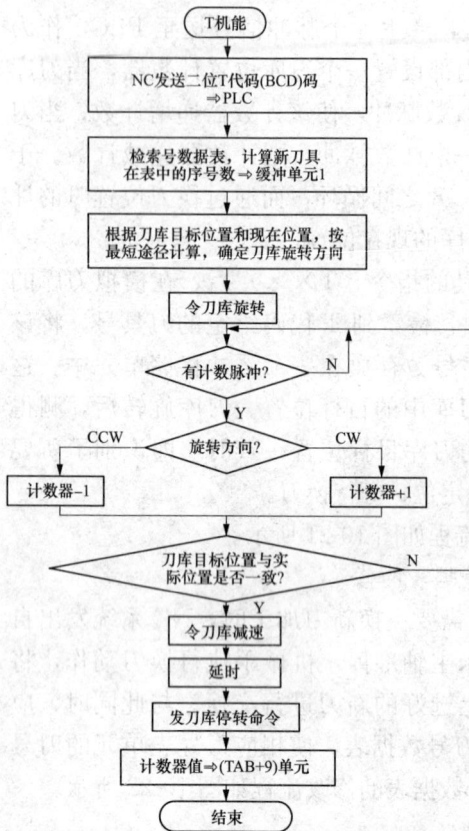

图 10-21　识别刀具的 PLC 程序流程

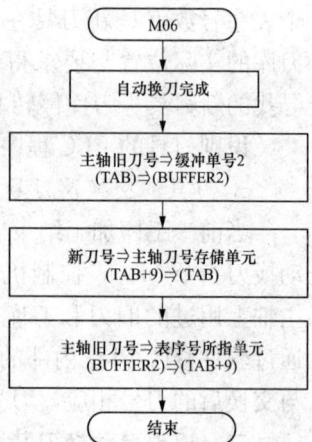

图 10-22　刀号数据表
的修改流程划

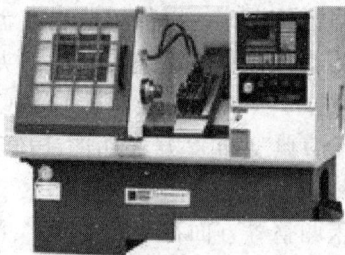

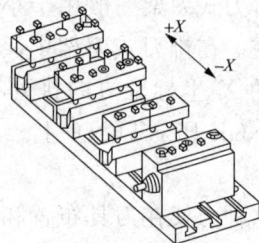

(a)　　　　　　　　(b)

图 10-23　数控机床排刀式刀架

(a) 数控机床；(b) 刀具的布置方式

动作。这种换刀方式迅速省时，有利于提高机床的生产效率。图 10-23（a）所示数控车床配置的就是排刀式刀架。

排刀式刀架使用如图 10-24 所示的快换台板，可以实现成组刀具的机外预调，即当机床在加工某一工件的同时，可以利用快换台板在机外组成加工同一种零件或不同零件的排刀组，利用对刀装置进行预调。当刀具磨损或需要更换加工零件品种时，可以通过更换台板来成组地更换刀具，从而使换刀的辅助时间大为缩短。

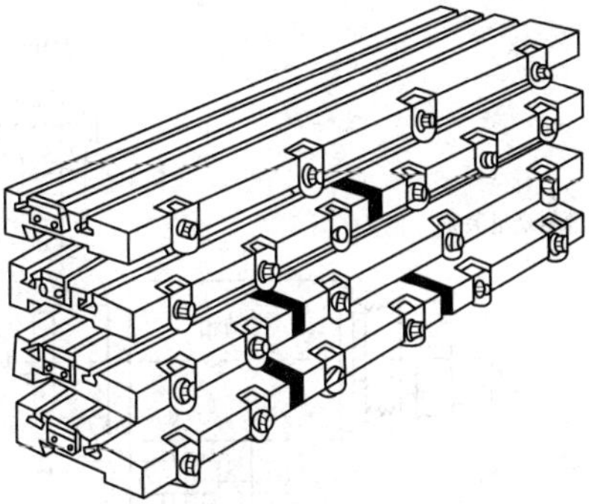

图 10-24　快换台板

排刀式刀架还可以安装各种不同用途的动力刀具（如图 10-25 中刀架两端的动力刀具）来完成一些简单的钻、铣、攻螺纹等二次加工工序。以使机床可在一次装夹中完成工件的全部或大部分加工工序。

排刀式刀架结构简单，可在一定程度上降低机床的制造成本。然而，采用排刀式刀架只适合加工旋转直径比较小的工件，只适合较小规格的机床配置。不适用于加工较大规格的工件或细长的轴类零件。一般来说旋转直径超过 100mm 的机床大都不用排刀式刀架，而采用转塔式刀架。

2. 回转刀架

回转刀架是数控车床最常用的一种典型换刀刀架，是一种最简单的自动换刀装置。回转刀架上回转头各刀座用于安装或支持各种不同用途的刀具，通过回转头的旋转、分度和定位，实现机床的自动换刀。回转刀架分度准确、定位可靠、重复定位精度高、转位速度快、夹紧性好，可以保证数控车床的高精度和高效率。

根据加工要求，回转刀架可设计成四方、六方刀架或圆盘式刀架，并相应地安装 4 把、6 把或更多的刀具。回转刀架根据刀架回转轴与安装底面的相对位置，分为立式刀架和卧式刀架两种，

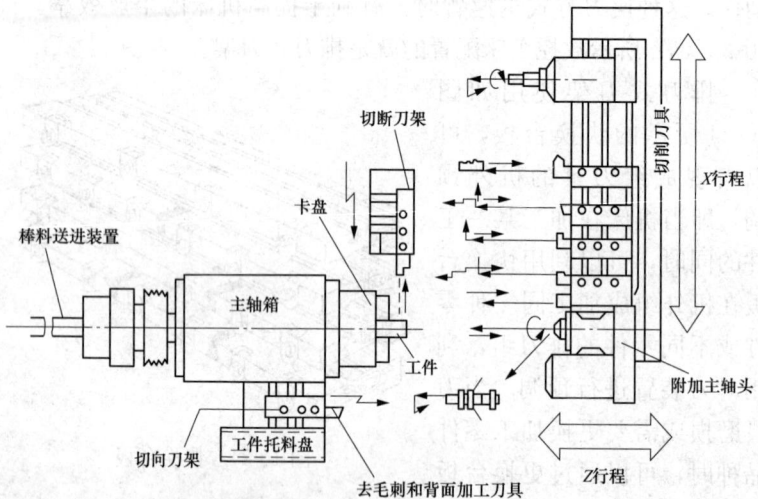

图 10-25　排刀式刀架布置图

立式回转刀架的回转轴垂直于机床主轴，多用于经济型数控车床；卧式回转刀架的回转轴平行于机床主轴，可径向与轴向安装刀具。

常用回转刀架结构，如图 10-26 所示，刀架的夹紧和转位均由液压缸驱动，且刀架可以正反两个方向旋转，并可自动选择最近的回转路线，以缩短辅助时间。其工作原理如下：接到转位信号后，液压缸后腔进油，将中心轴和刀盘抬起，使端面齿盘分离。然后，液压马达驱动凸轮 2 旋转，凸轮每转一周拨过一个柱销，使刀盘转过一个工位，同时，固定在中心轴尾端的 12 面选位凸轮相应压合计数开关 ST1 一次。当刀盘转到新预选工位时，液压马达制动，然后液压缸前腔进油，将中心轴和刀盘拉下，使端面齿盘啮合夹紧。此时，中心轴尾部端面压下开关 ST2，发出转位结束信号。

（二）转塔刀架

1. 三齿盘转塔刀架

如图 10-27 所示是一种电动机驱动的三齿盘转塔刀架的结构图，定位用的是端齿盘结构。过去用双齿盘，脱齿时刀盘需要轴向移动，因而容易将污物带入端齿盘内，使用三齿盘避免了上述

$A—A$

BM2～200
液压马达

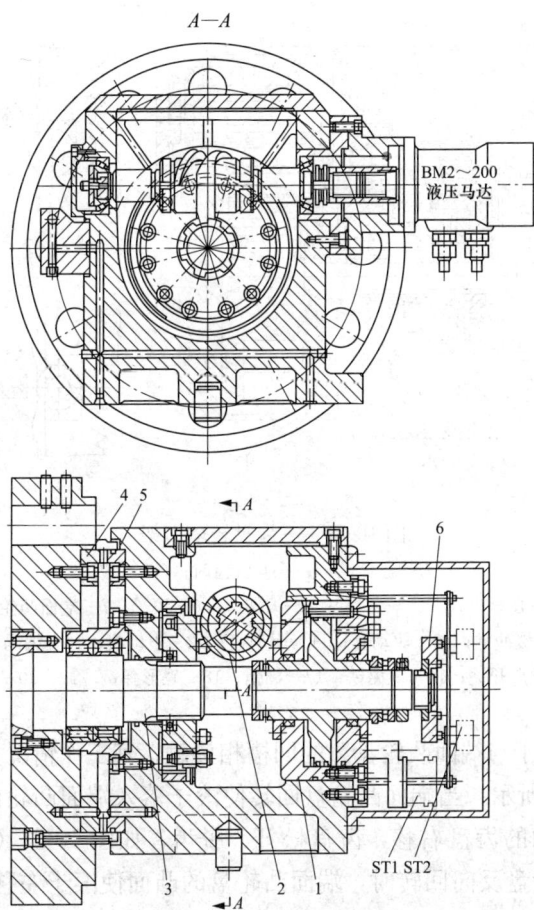

图 10-26　回转刀架结构

1—液压缸；2、6—凸轮；3—中心轴；4、5—端面齿盘

不足。如图 10-27（a）所示，定齿盘 3 用螺钉及定位销固定在刀架
体 4 上。动齿盘 2 用螺钉及定位销紧固在中心轴套 1 上（动齿盘左
端面可安装转塔刀盘），齿盘 2、3 对面有一个可轴向移动的齿盘
5，齿长为上二者之和，其沿轴向右移时，合齿定位、夹紧（碟形
弹簧 18），其沿轴向左移时，松开脱齿。

可轴向移动的齿盘 5 的右端面，在三个等分位置上装有三个滚

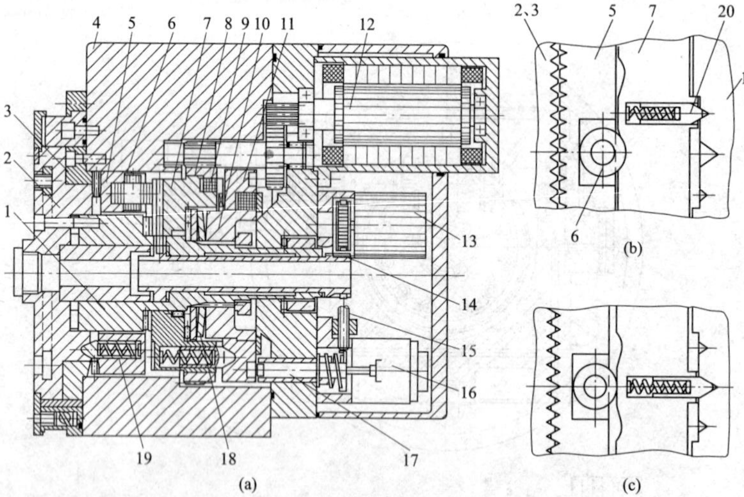

图 10-27　三齿盘转塔刀架

(a) 刀架总体结构；(b) 脱齿时；(c) 合齿时

1—中心套；2、3、5—齿盘；4—刀架体；6—滚子；7—端面凸轮盘；

8—齿圈；9—缓冲键；10—驱动套；11—驱动盘；12—电动机；13—编码器；14—轴；

15—无触点开关；16—电磁铁；17—插销；18—碟形弹簧；19、20—定位销

子 6。此滚子与端面凸轮盘 7 的凹槽相接触，其工作情况如图 10-27 (b)、(c) 所示。当端面凸轮盘回转使滚子落入端面凸轮的凹槽时，可轴向移动的齿盘右移，齿盘松开、脱齿，如图 10-27 (b) 所示，当端面凸轮盘反向回转时，端面凸轮盘的凸面使滚子左移，可轴向移动的齿盘左移，齿盘合齿、定位 [见图 10-27 (c)]，并通过碟形弹簧将动齿盘向左拉使齿盘进一步贴紧（夹紧）。

端面凸轮盘除控制齿盘 2 松开、脱齿、合齿定位、夹紧之外，还带动一个与中心轴套用齿形花键相连的驱动套和驱动盘，使转塔刀盘分度，如图 10-27 (a) 所示。端面凸轮盘的右端面有凸出部分，能带动驱动盘、驱动套、中心轴回转进行分度。

整个换刀动作，脱齿（松开）、分度、合齿定位（夹紧），用一个交流电动机 12 驱动，经两次减速传到套在端面凸轮盘外圆的齿圈 8 上。此齿圈通过缓冲键 9（减少传动冲击）和端面凸轮盘相

连，同样驱动盘和中心轴上的驱动套 10 之间也有类似的缓冲键。

为识别刀位，装有一个编码器 13，其用齿形带与中心轴套中间的齿形带轮轴 14 相连。当数控系统得到换刀指令后，自动判断将要换的刀向哪个方向回转分度的路程最短，然后电动机转动，脱齿（松开）、转塔刀盘按最短路程分度，当编码器测到分度到位信号后电动机停转，接着电磁铁 16 通电将插销 17 左移，插入驱动盘的孔中，然后电动机反转，转塔刀盘完成合齿定位、夹紧，电动机停转。电磁铁断电，弹簧使插销右移，无触点开关 15 用于检测插销退出信号。

2. 液压驱动的转塔刀架

如图 10-28 所示是数控车床的液压驱动转塔刀架结构示意。转塔刀架用液压缸夹紧，液压马达驱动分度，端齿盘副定位。

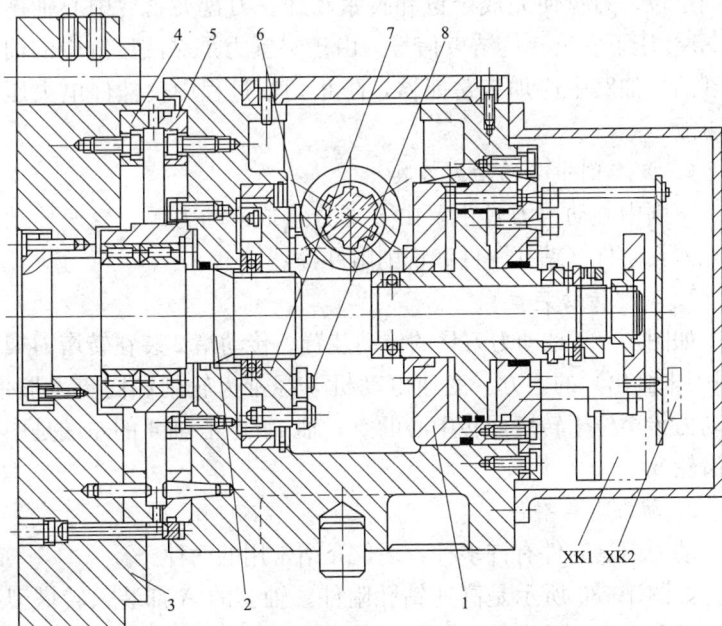

图 10-28　液压驱动转塔刀架结构示意

1—液压缸；2—刀架中心轴；3—刀盘；4、5—端齿盘；
6—转位凸轮；7—回转盘；8—分度柱销；
XK1—计数行程开关；XK2—啮合状态行程开关

如图 10-28 所示为转塔刀架处于夹紧状态，当刀架接收到转位指令后，液压油进入液压缸 1 的右腔，通过活塞推动中心轴 2 将刀盘 3 左移，使定位副端齿盘 4 和 5 脱离啮合状态，为转位作好准备。当刀盘处于完全脱开位置时，行程开关 XK2 发出转位信号，液压马达带动转位凸轮 6 旋转，凸轮依次推动回转盘 7 上的分度柱销 8 使回转盘通过键带动中心轴及刀盘作分度运动。凸轮每转一周拨过一个分度柱销，使刀盘旋转 $1/n$ 周（n 为刀架的工位数）。中心轴的尾端固定着一个有 n 个齿的凸轮，当中心轴和刀盘转过一个工位时，凸轮压合计数开关 XK1 一次，开关将此信号送入控制系统。当刀盘旋转到预定工位时，控制系统发出信号使液压马达刹车，转位凸轮停止运动，刀架处于预定位状态。与此同时液压缸 1 左腔进油，通过活塞将中心轴刀盘拉回，端齿盘副啮合，精确定位，刀盘便完成定位和夹紧动作。刀盘夹紧后中心轴尾部将 XK2 压下发出转位结束信号。由于夹紧力是靠液压缸中的油压实现的，油路中应加装蓄能器，防止切削过程中突然停电失压造成事故。

（三）车削中心的动力刀具

车削中心动力刀具主要由 3 部分组成：动力源、变速传动装置和刀具附件（钻孔附件和铣削附件等）。

1. 变速传动装置

如图 10-29 是动力刀具的传动装置。传动箱 2 装在转塔刀架体（图中未画出）的上方。变速电动机 3 经锥齿轮副和同步齿形带，将动力传至位于转塔回转中心的空心轴 4。空心轴 4 的左端是中央锥齿轮 5。

2. 动力刀具附件

动力刀具附件有许多种，现仅介绍常用的两种。

如图 10-30 所示是高速钻孔附件。轴套的 A 部装入转塔刀架的刀具孔中。刀具主轴 3 的右端装有锥齿轮 1，与图 10-29 的中央锥齿轮 5 相啮合。主轴前端支承是三联角接触球轴承 4，后支承为滚针轴承 2。主轴头部有弹簧夹头 5。拧紧外面的套，就可靠锥面的收紧力夹持刀具。

图 10-29　动力刀具的传动装置

1—齿形带；2—传动箱；3—变速电动机；4—空心轴；5—中央锥齿轮

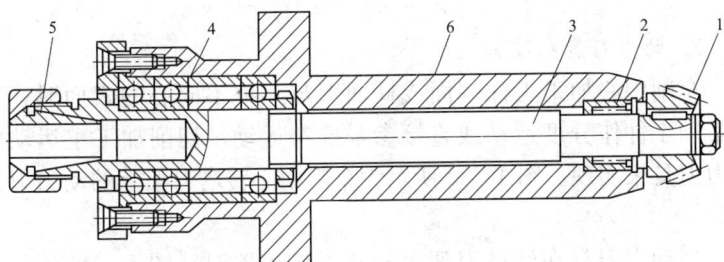

图 10-30　高速钻孔附件

1—锥齿轮；2—滚针轴承；3—刀具主轴；4—角接触球轴承；5—弹簧夹头；6—轴套

　　如图 10-31 所示是铣削附件，分为两部分。图 10-31 上图是中间传动装置，仍由锥套的 A 部装入转塔刀架的刀具孔中，锥齿轮 1 与图 10-29 中的中央锥齿轮 5 啮合。轴 2 经锥齿轮副 3、横轴 4 和圆柱齿轮5，将运动传至图10-31下图所示的铣主轴7上的齿轮6，铣主轴7上装铣刀。中间传动装置可连同铣主轴一起转方向。

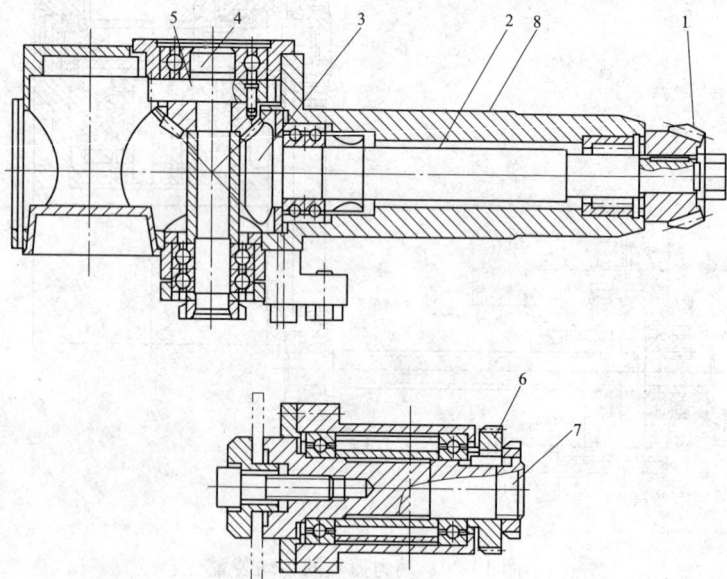

图 10-31　铣削附件

1、3—锥齿轮；2—轴；4—横轴；5、6—圆柱齿轮；7—铣主轴；8—轴套

3. 动力刀具的结构

车削中心加工工件端面或柱面上与工件不同心的表面时，主轴带动工件作分度运动或直接参与插补运动，切削加工主运动由动力刀具来实现。图10-32所示为车削中心转塔刀架上的动力刀具结构。

当动力刀具在转塔刀架上转到工作位置时〔图10-32（a）中位置〕，定位夹紧后发出信号，驱动液压缸3的活塞杆通过杠杆带动离合齿轮轴2左移，离合齿轮轴左端的内齿轮与动力刀具传动轴1右端的齿轮啮合，这时大齿轮4驱动动力刀具旋转。控制系统接收到动力刀具在转塔刀架上需要转位的信号时，驱动液压缸活塞杆通过杠杆带动离合齿轮轴右移至转塔刀盘体内（脱开传动），动力刀具在转塔刀架上才开始转位。

(a)

(b)

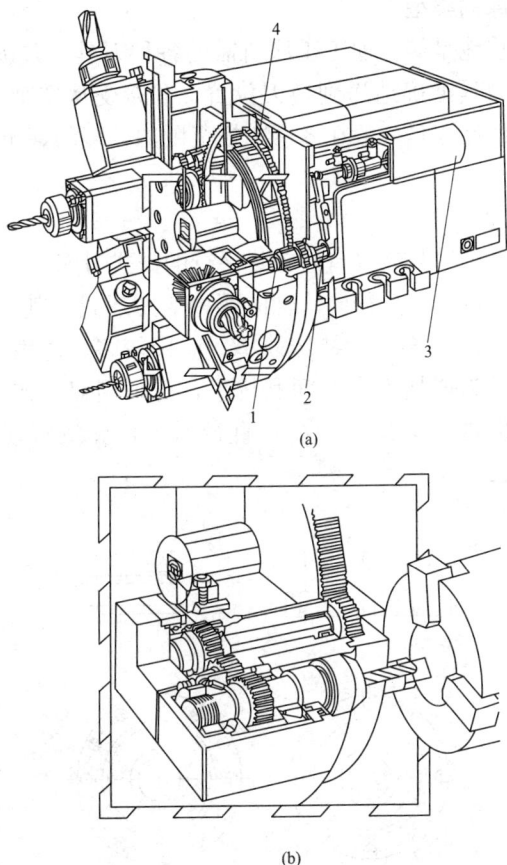

图 10-32 车削中心转塔刀架上的动力刀具结构

（a）刀具总体结构；（b）反向设置的动力刀具

1—刀具传动轴；2—齿轮轴；3—液压缸；4—大齿轮

第三节 数控机床刀库与机械手换刀

数控机床自动换刀装置结构比较复杂，它由刀库、机械手组成（有时还有中间传递装置）。目前在多坐标数控机床（如加工中心）大多采用这类自动换刀装置。

一、刀库的类型

刀库的功能是储存加工工序所需的各种刀具，并按程序指令，把将要用的刀具准确地送到换刀位置，并接受从主轴送来的已用刀具。刀库的储存量一般在8~64把范围内，多的甚至可达100~200把。

1. 鼓（盘）式刀库

（1）刀具轴线与鼓（盘）轴线平行的鼓式刀库。如图10-33所示，刀具环形排列，分径向、轴向两种取刀形式，其刀座（刀套）结构不同。这种鼓式刀库结构简单，应用较多，适用于刀库容量较少的情况。为增加刀库空间利用率，可采用双环或多环排列刀具的形式。但这样会使鼓（盘）直径增大，导致转动惯量增加，选刀时间较长。

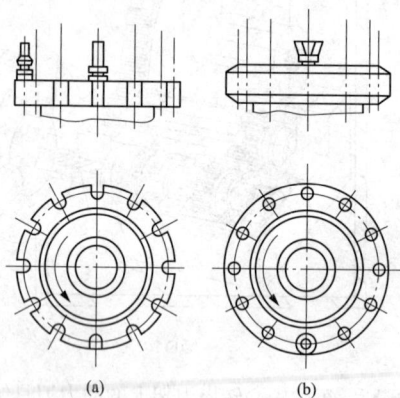

图 10-33　刀具轴线与鼓（盘）轴线平行的鼓式刀库
（a）径向取刀形式；（b）轴向取刀形式

（2）刀具轴线与鼓（盘）轴线不平行的鼓式刀库。如图10-34所示为刀具轴线与鼓（盘）轴线夹角为锐角的刀库。

图10-35所示为刀具轴线与鼓（盘）轴线夹角为直角的刀库。这种鼓式刀库占地面积较大，刀库安装位置及刀库容量受限制，应用较少。但应用这种刀库可减少机械手换刀动作，简化机械手结构。

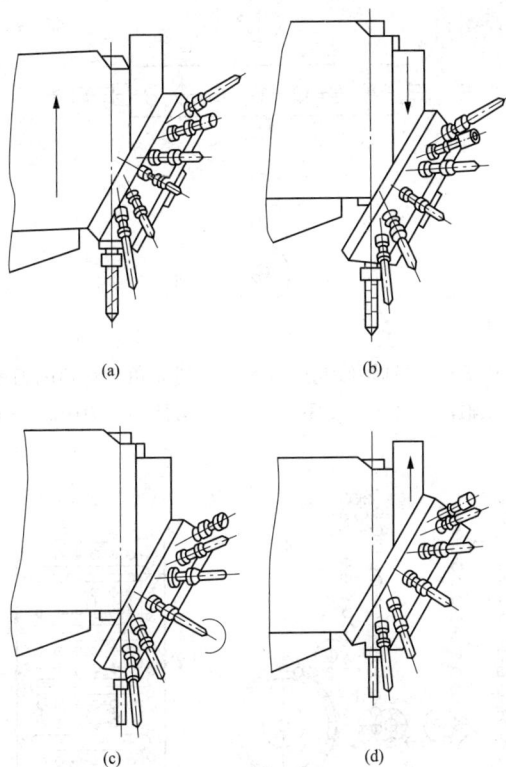

图 10-34 刀具轴线与鼓（盘）轴线夹角为锐角的刀库

（a）退离工件；（b）刀库拔刀；（c）刀库选刀；（d）不平行的鼓式刀库

2. 链式刀库

图 10-36 所示为剪式机械手换刀链式刀库，其结构较紧凑。

链式刀库通常为轴向换刀。刀库容量较大，链环可根据机床的布局配置成各种形状，也可将换刀位置刀座突出以利换刀，如图 10-37 所示。

一般刀具数量在 30～120 把或更多时，可采用链式刀库。

3. 格子盒式刀库

（1）固定型格子盒式刀库。如图 10-38 所示，刀具分几排直线排列，由纵、横向移动的取刀机械手完成选刀运动，将选取的刀

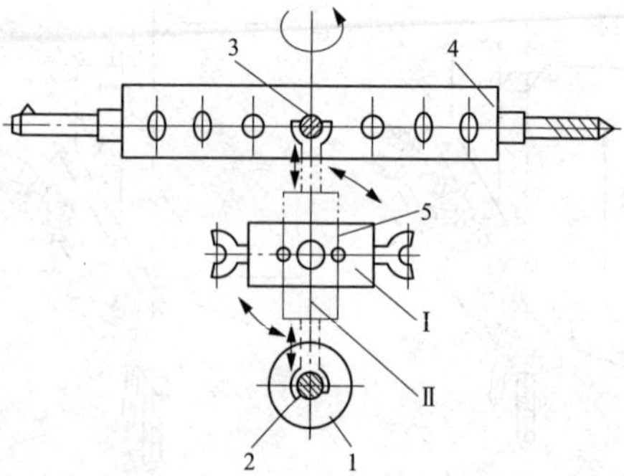

图 10-35　刀具轴线与鼓（盘）轴线夹角为直角的刀库

1—机床主轴；2—主轴中刀具；3—刀库中刀具；4—刀库；5—机械手

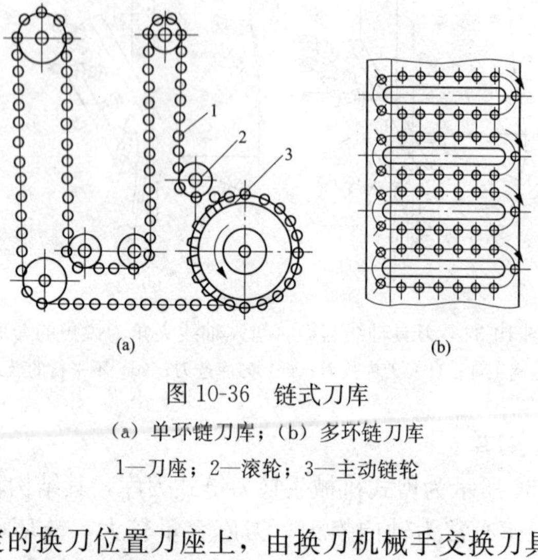

(a)　　　　　　　　　　(b)

图 10-36　链式刀库

（a）单环链刀库；（b）多环链刀库

1—刀座；2—滚轮；3—主动链轮

具送到固定的换刀位置刀座上，由换刀机械手交换刀具。由于刀具排列密集，所以空间利用率高，刀库容量大。

（2）非固定型格子盒式刀库。如图 10-39 所示。刀库由多个刀匣组成，可直线运动，刀匣可以从刀库中垂向提出。

二、刀库的容量

刀库的容量首先要考虑加工工艺的需要。例如，立式加工中心的主要工艺为钻、铣工序。统计了 15 000 种工件，按成组技术

图 10-37　剪式机械手换刀链式刀库

（a）取刀；（b）送刀

1—刀库；2—剪式手爪；3—机床主轴；4—伸缩臂；

5—伸缩与回转机构；6—手臂摆动机构

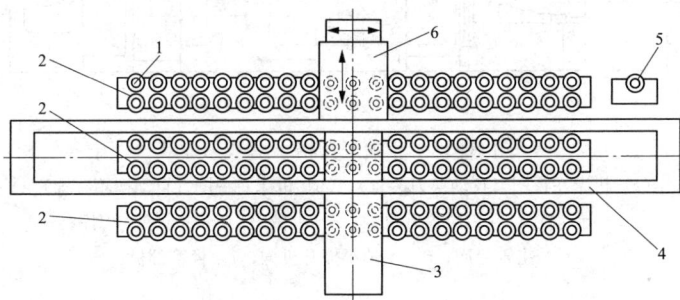

图 10-38　固定型格子盒式刀库

1—刀座；2—刀具固定板架；3—取刀机械手横向导轨；

4—取刀机械手纵向导轨；5—换刀位置刀座；6—换刀机械手

分析，各种加工所必需的刀具数的结果是 4 把铣刀可完成工件 95％左右的铣削工艺，10 把孔加工刀具可完成 70％的钻削工艺，因此，14 把刀的容量就可完成 70％以上的工件钻、铣工艺。如果从完成工件的全部加工所需的刀具数目统计，所得结果是 80％的工件（中等尺寸，复杂程度一般）完成全部加工任务所需的刀具

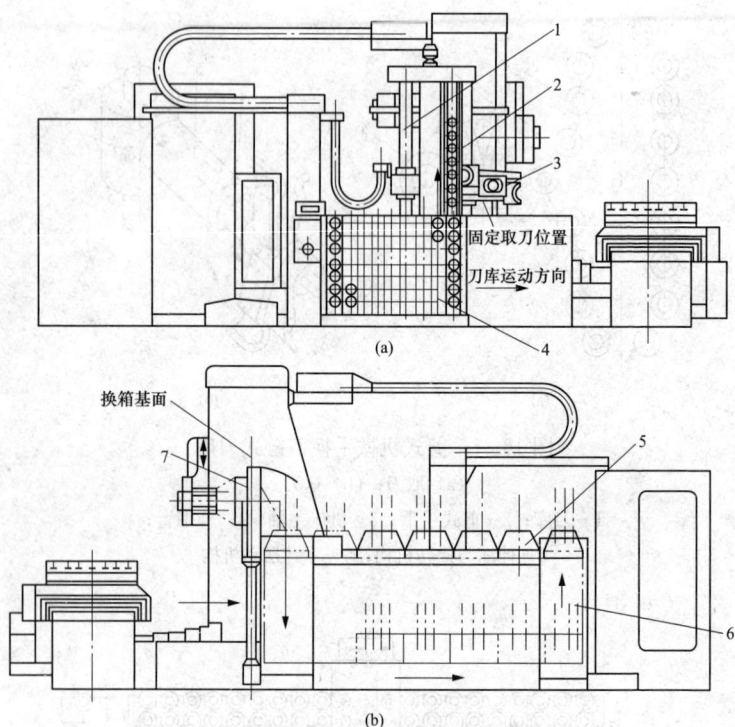

固定取刀位置

刀库运动方向

(a)

换箱基面

(b)

图 10-39 非固定型格子盒式刀库

(a) 机床左视图（自动换刀装置）；(b) 机床右视图（自动换箱装置）

1—导向柱；2—刀匣提升机构；3—机械手；4—格子盒式刀库；

5—主轴箱库；6—主轴箱提升机构；7—换箱翻板

数在 40 种以下，所以一般的中、小型立式加工中心配有 14～30 把刀具的刀库就能够满足 70%～95% 的工件加工需要。

三、刀库的结构

1. 圆盘式刀库的结构

图 10-40 所示是 JCS-018A 型加工中心的盘式刀库结构简图。当数控系统发出换刀指令后，直流伺服电动机 1 接通，其运动经过十字联轴器 2、蜗杆 4、蜗轮 3 传到如图 10-40 右图所示的刀盘 14，刀盘带动其上面的 16 个刀套 13 转动，完成选刀工作。每个刀套尾部有一个滚子 11，当待换刀具转到换刀位置时，滚子 11 进入

拨叉7的槽内。同时气缸5的下腔通压缩空气，活塞杆6带动拨叉7上升，放开位置开关9，用以断开相关的电路，防止刀库、主轴等有误动作。如图10-40右图所示，拨叉7在上升的过程中，带动刀套绕着销轴12逆时针向下翻转90°，从而使刀具轴线与主轴轴线平行。

刀库下转90°后，拨叉7上升到终点，压住定位开关10，发出信号使机械手抓刀通过图10-40左图中的螺杆8，可以调整拨叉的行程。拨叉的行程决定刀具轴线相对主轴轴线的位置。

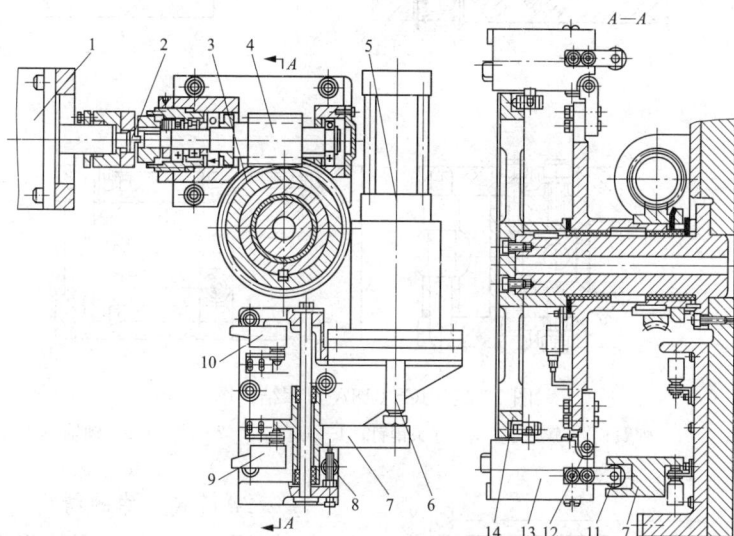

图10-40 JCS-018A刀库结构简图

1—直流伺跟电动机；2—十字联轴器；3—蜗轮；4—蜗杆；5—气缸；6—活塞杆；7—拨叉；8—螺杆；9—位置开关；10—定位开关；11—滚子；12—销轴；13—刀套；14—刀盘

刀库的结构如图10-41所示，F-F剖视图中的件7即为图10-40中的滚子11，E-E剖视图中的件6即为图10-40中的销轴12。刀套4的锥孔尾部有两个球头销钉3。在螺纹套2与球头销之间装有弹簧1，当刀具插入刀套后，由于弹簧力的作用，使刀柄被夹紧。拧动螺纹套，可以调整夹紧力的大小，当刀套在刀库中处于水平位置时，靠刀套上部的滚子5来支承。

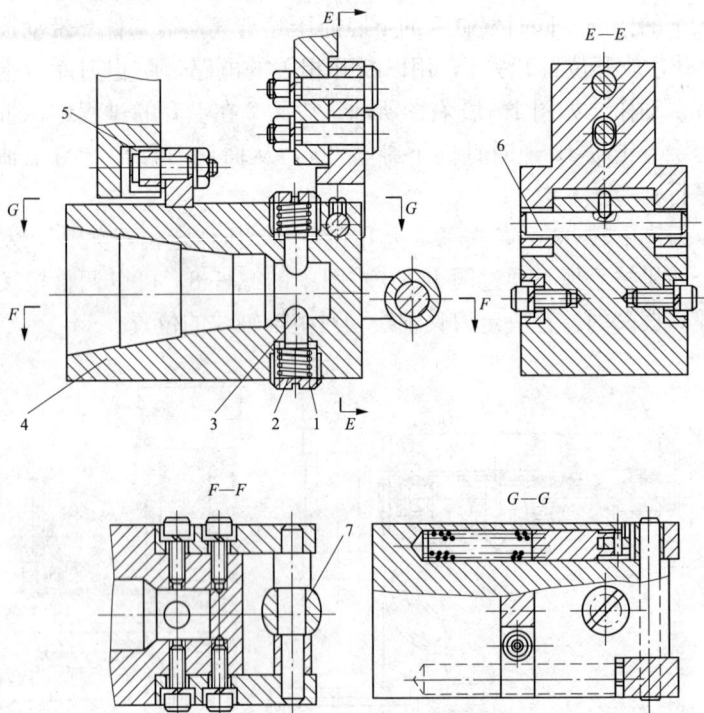

图 10-41　JCS-018A 刀库结构图

1—弹簧；2—螺纹套；3—球头销钉；4—刀套；5、7—滚子；6—销轴

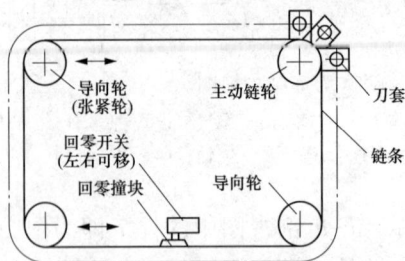

图 10-42　方形链式刀库示意图

2. 链式刀库的结构

图 10-42 所示是方形链式刀库的典型结构示意。主动链轮由伺服电动机通过蜗轮减速装置驱动（根据需要，还可经过齿轮副传动）。这种传动方式，不仅在链式刀库中采用，在其他形式的刀库传动中也多采用。

导向轮一般做成光轮，圆周表面硬化处理。兼起张紧轮作用的左侧两个导轮，其轮座必须带有导向槽（或导向键），以免松开安装螺钉时轮座位置歪扭，对张紧调节带来麻烦。回零撞块可以装在链条的任意位置上，而回零开关则安装在便于调整的地方。调整回零开关位置，使刀套准确地停在换刀机械手抓刀位置上。这时处于机械手抓刀位置的刀套编号为 1 号，然后依次编上其他刀号。刀库回零时，只能从一个方向回零，至于是顺时针回转回零还是逆时针回转回零，可由机、电设计人员商定。

如果刀套不能准确地停在换刀位置上，将会使换刀机械手抓刀不准，以致在换刀时容易发生掉刀现象。因此，刀套的准停问题将是影响换刀动作可靠性的重要因素之一。为了确保刀套准确地停在换刀位置上，需要采取如下措施：①定位盘准停方式采用液压缸推动的定位销，插入定位盘的定位槽内，以实现刀套的准停。或采用定位块进行刀套定位，如图 10-43 所示，定位盘上的每个定位槽（或定位孔）对应于一个相应的刀套，而且定位槽（或定位孔）的节距要一致。这种准停方式的优点是能有效地消除传动链反向间隙的影响，保护传动链，使其免受换刀撞击力，驱动电动机可不用制动自锁装置。②链式刀库要选用节距精度较高的套筒滚子链和链轮，在将套筒装在链条上时，要用专用夹具定位，以保证刀套节距一致。③传动时要消除传动间隙。消除反向间隙的方法有以下几种：电气系统自动补偿方式；在链轮轴上安装编码器；单头双导程蜗杆传动方式；使刀套单方向运行、单方向定位以及使刀套双向运行，单向定位方式等。

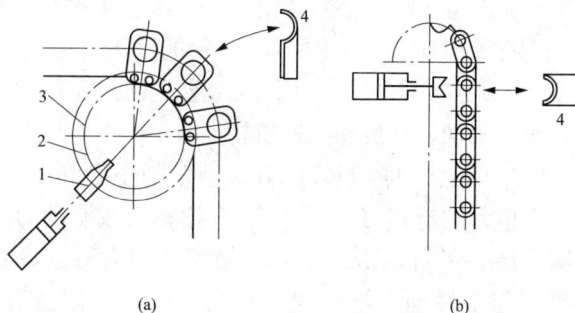

(a)   (b)

图 10-43　刀套的准停

1—定位插销；2—定位盘；3—链轮；4—手爪

四、刀库的转位

刀库转位机构由伺服电动机通过消隙齿轮 1、2 带动蜗杆 3，通过蜗轮 4 使刀库转动，如图 10-44 所示。蜗杆为右旋双导程蜗杆，可以用轴向移动的方法来调整蜗轮副的间隙。压盖 5 内孔螺纹与套 6 相配合，转动套 6 即可调整蜗杆的轴向位置，也就调整了蜗轮副的间隙。调整好后用螺母 7 锁紧。

刀库的最大转角为 180°，根据所换刀具的位置决定正转或反转，由控制系统自动判别，以使找刀路径最短。每次转角大小由位置控制系统控制，进行粗定位，最后由定位销精确定位。

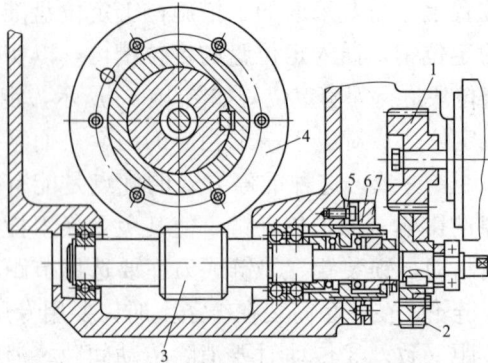

图 10-44　刀库转位机构

1、2—齿轮；3—蜗杆；4—蜗轮；5—压盖；6—套；7—螺母

刀库及转位机构在同一个箱体内，由液压缸实现其移动。如图 10-45 所示为刀库液压缸结构。这种刀库，每把刀具在刀库上的位置是固定的，从哪个刀位取下的刀具，用完后仍然送回到哪个刀位去。

五、刀库的驱动、分度和夹紧机构

国内某机床厂生产的 CH6144ATC 型车削中心和 CH6144FMC 车削柔性加工单元的链式刀库可存放 16 把动力或非动力刀具。这种刀库结构紧凑，可自动沿最短路径换刀，动力刀具数可根据需要扩展，刀具与工件的干涉情况比转塔刀架小，制造成本较低，适用于中、小型车削中心。

如图 10-46 所示为刀具主轴驱动机构。刀具主轴由 AC 主轴电动机通过两组皮带轮驱动，转速可在 16～1600r/min 内任意设定。根据加工种类的不同，刀具主轴转速可随程序自动转换。刀具主轴仅在使用动力刀具时旋转。

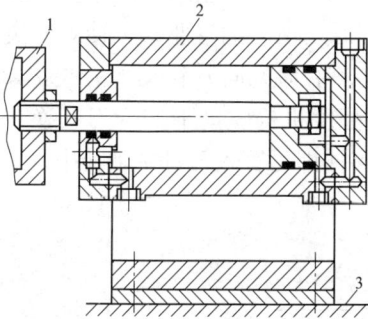

图 10-45　刀库液压缸结构

1—刀库；2—液压缸；3—立柱顶面

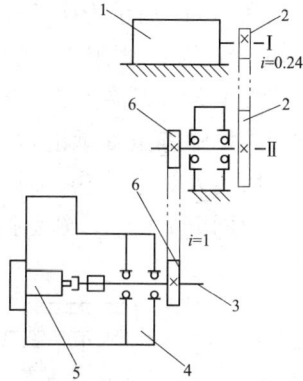

图 10-46　刀具主轴驱动机构

1—AC 主轴电动机；2—多楔带轮；

3—刀具主轴；4—刀具主轴箱；

5—刀夹体；6—同步齿形带轮

如图 10-47 所示为刀具分度机构，该机构采用平行面共轭凸轮分度，分度速度快，工作平稳可靠。摆线马达 3 驱动齿轮 1、2，带动平面凸轮 9 转动，平面凸轮与凸轮分度盘 10 之间为间歇运动。凸轮分度盘 10 通过链轮 12 使固定在链条上的 10 把刀具转动换位。凸轮分度盘 10 与齿轮 8 同步转动并带动齿轮 6，齿轮 6 与编码凸轮 5 也同步转动。利用一组与编

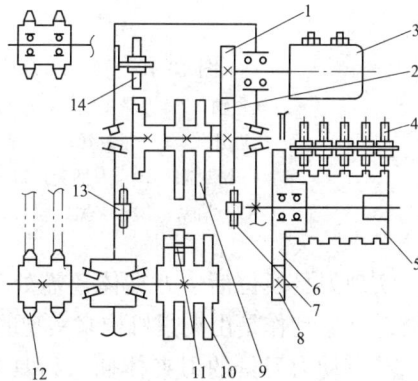

图 10-47　刀具分度机构

1、2—齿轮；3—摆线马达；4—接近开关；

5—编码凸轮；6—齿轮；7—接近开关；

8—齿轮；9—平面凸轮；10—凸轮分度盘；

11—滑轮；12—链轮；13—接近开关；

14—接近开关

码凸轮——对应的接近开关 4 检测到的通、断信号，对刀位号进行编码选择。接近开关 14 的作用是发出选通同步信号，使刀库可实现沿最短路径换刀。

如图 10-48 所示为换刀和刀具夹紧机构，刀库具有自动换刀功能，16 个刀位上分别装有刀座夹，刀座夹固定在两根链条上，每个刀座夹上装有刀夹体 3。当需换刀时，由一油缸驱动，使刀座夹边同刀夹体随链条支承沿拔刀方向（主轴方向）移动，刀夹体 3 柄部即脱离刀具主轴孔。当刀具在分度机构驱动下实现刀具换位后，再返回链上移动，新更换的刀夹体即可置入刀具主轴孔中。

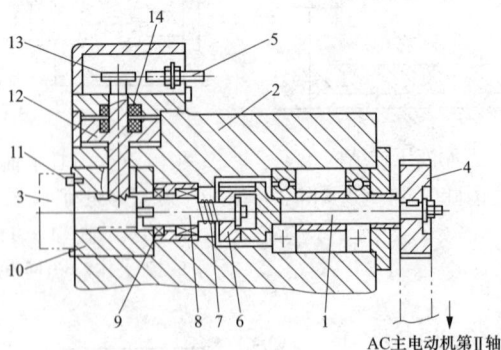

图 10-48 换刀和刀具夹紧机构

1—刀具主轴；2—刀具主轴箱；3—刀夹体；4—同步带轮；
5—接近开关；6—花键套；7—弹簧；8—花键传动轴；
9 密封圈；10—刀柄套；11—刀夹体定位销；
12—活塞；13—夹紧定位块；14—碟形弹簧

实现刀具换位后，刀夹体还需处于夹紧状态下才可进入加工状态。夹紧动作是由夹紧机构来实现的。

装有动力刀具的刀夹体插入刀具主轴孔后，首先由刀夹体定位销 11 初定位，然后在油缸活塞 12 和碟形弹簧 14 的作用下完成精定位并夹紧。在靠近夹紧定位块的接近开关 5 检测确认已夹紧后，刀具主轴 1 才能启动。在弹簧力的作用下，刀夹体 3 尾部的扁键卡入花键传动轴 8 槽中，刀具开始旋转。对于非动力刀具，刀夹体尾部无扁键，刀具主轴也无须转动。确认夹紧后，机床主轴转动，即可进入加工状态。

六、机械手

采用机械手进行刀具交换的方式应用得最为广泛，这是因为机械手换刀有很大的灵活性，而且可以减少换刀时间。

（一）机械手的形式与种类

在自动换刀数控机床中，机械手的形式也是多种多样的，常见的有如图 10-49 所示的几种形式。

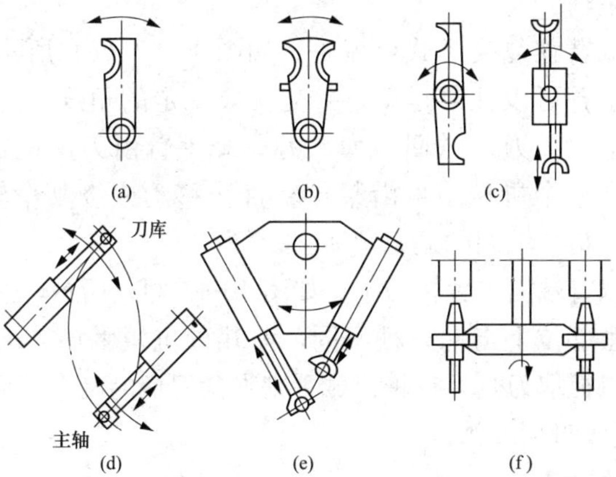

图 10-49　机械手形式

（1）单臂单爪回转式机械手。如图 10-49（a）所示，这种机械手的手臂可以回转不同的角度进行自动换刀，手臂上只有一个夹爪，不论在刀库上或在主轴上，均靠这一个夹爪来装刀及卸刀，因此换刀时间较长。

（2）单臂双爪摆动式机械手。如图 10-49（b）所示，这种机械手的手臂上有两个夹爪，两个夹爪有所分工，一个夹爪只执行从主轴上取下"旧刀"送回刀库的任务，另一个爪则执行由刀库取出"新刀"送到主轴的任务，其换刀时间较上述单爪回转式机械手要少。

（3）单臂双爪回转式机械手。如图 10-49（c）所示，这种机械手的手臂两端各有一个夹爪，两个夹爪可同时抓取刀库及主轴上的刀具，回转 180°后，又同时将刀具放回刀库及装入主轴。换刀时间较以上两种单臂机械手均短，是最常用的一种形式。图 10-49（c）中右边的一种机械手在抓取刀具或将刀具送入刀库及主轴时，两臂可伸缩。

（4）双机械手。如图 10-49（d）所示，这种机械手相当于两个单爪机械手，配合起来进行自动换刀。其中一个机械手从主轴上取下"旧刀"送回刀库，另一个机械手由刀库里取出"新刀"装入机床主轴。

（5）双臂往复交叉式机械手。如图 10-49（e）所示，这种机械手的两手臂可以往复运动，并交叉成一定的角度。一个手臂从主轴上取下"旧刀"送回刀库，另一个手臂由刀库取出"新刀"装入主轴。整个机械手可沿某导轨直线移动或绕某个转轴回转，以实现刀库与主轴间的运刀运动。

（6）双臂端面夹紧机械手。如图 10-49（f）所示，这种机械手只是在夹紧部位上与前几种不同，前几种机械手均靠夹紧刀柄的外圆表面以抓取刀具，这种机械手则夹紧刀柄的两个端面。

（二）常用换刀机械手

1. 单臂双爪式机械手

单臂双爪式机械手也叫扁担式机械手，它是目前加工中心上用得较多的一种。这种机械手的拔刀、插刀动作大都由液压缸来完成。根据结构要求，可以采取液压缸动、活塞固定或活塞动、液压缸固定的结构形式。而手臂的回转动作则通过活塞的运动带动齿条齿轮传动来实现。机械手臂的不同回转角度由活塞的可调行程来保证。

这种机械手采用了液压装置，既要保持不漏油，又要保证机械手动作灵活，而且每个动作结束之前均必须设置缓冲机构，以保证机械手的工作平衡、可靠。由于液压驱动的机械手需要严格的密封，还需较复杂的缓冲机构，故控制机械手动作的电磁阀都有一定的时间常数，因此换刀速度慢。

（1）机械手的结构与动作过程。图 10-50 所示为 JCS-018A 型加工中心机械手传动结构示意。当前面所述刀库中的刀套逆时针

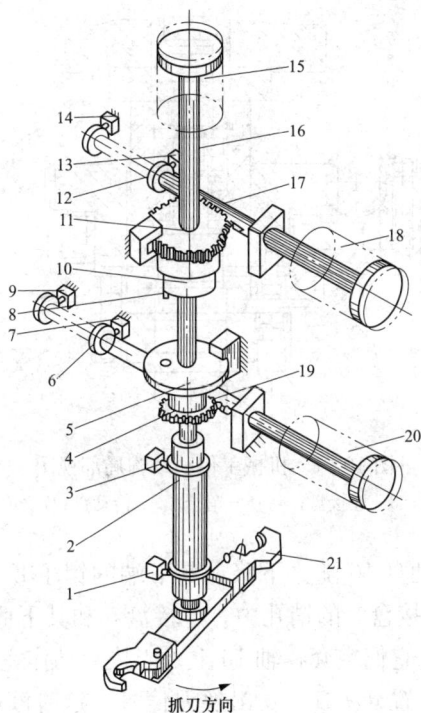

图 10-50　JCS-018A 机械手传动结构示意图

1、3、7、9、13、14—位置开关；2、6、12—挡环；4、11—齿轮；5—连接盘；
8—销子；10—传动盘；15、18、20—液压缸；16—轴；17、19—齿条；21—机械手

旋转 90° 后，压下上行程位置开关，发出机械手抓刀信号。此时，机械手 21 正处在如图所示的位置，液压缸 18 右腔通压力油，活塞杆推着齿条 17 向左移动，使得齿轮 11 转动。如图 10-51 所示，8 为液压缸 15（见图 10-50）的活塞杆，齿轮 1、齿条 7 和轴 2 即为图 10-50 中的齿轮 11、齿条 17 和轴 16。连接盘 3 与齿轮 1 用螺钉连接，它们空套在机械手臂轴 2 上，传动盘 5 与机械手臂轴 2 用花键连接，它上端的销子 4 插入连接盘 3 的销孔中，因此齿轮转动时带动机械手臂轴转动，使机械手回转 75° 抓刀。抓刀动作结束时，齿条 17 上的挡环 12 压下位置开关 14，发出拔刀信号，于是液压缸 15 的上腔通压力油，活塞杆推动机械手臂轴 16 下降拔刀。在轴

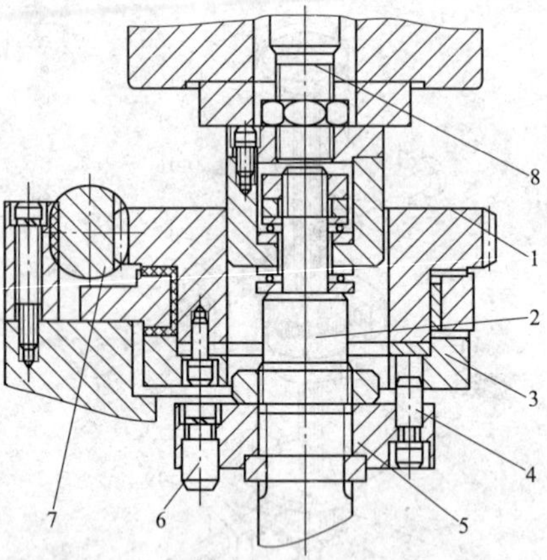

图 10-51　机械手传动结构局部视图

1—齿轮；2—轴；3—连接盘；4、6—销子；5—传动盘；7—齿条；8—活塞杆

16 下降时，传动盘 10 随之下降，其下端的销子 8（图 10-51 中的销子 6）插入连接盘 5 的销孔中，连接盘 5 和其下面的齿轮 4 也是用螺钉连接的，它们空套在轴 16 上。当拔刀动作完成后，轴 16 上的挡环 2 压下位置开关 1，发出换刀信号。这时液压缸 20 的右腔通压力油，活塞杆推着齿条 19 向左移动，使齿轮 4 和连接盘 5 转动，通过销子 8，由传动盘带动机械手转 180°，交换主轴上和刀库上的刀具位置。换刀动作完成后，齿条 19 上的挡环 6 压下位置开关 9，发出插刀信号，使液压缸 15 下腔通压力油，活塞杆带着机械手臂轴上升插刀，同时传动盘下面的销子 8 从连接盘 5 的销孔中移出。插刀动作完成后，轴 16 上的挡环压下位置开关 3，使液压缸 20 的左腔通压力油，活塞杆带着齿条 19 向右移动复位，而齿轮 4 空转，机械手无动作。齿条 19 复位后，其主挡环压下位置开关 7，使液压缸 18 的左腔通压力油，活塞杆带着齿条 17 向右移动，通过齿轮 11 使机械手反转 75°复位。机械手复位后，齿条 17 上的挡环压下位置开关 13，发出换刀完成信号，使刀套向上翻转 90°，为下次选刀做好准备。

　　（2）机械手抓刀部分的结构。图 10-52 所示为机械手抓刀部分的结构，它主要由手臂 1 和固定其两端的结构完全相同的两个手爪 7 组成。手爪上握刀的圆弧部分有一个锥销 6，机械手抓刀时，该锥销插入刀柄的键槽中。当机械手由原位转 75°抓住刀具时，两手爪上的长销 8 分别被主轴前端面和刀库上的挡块压下，使轴向开有长槽的活动销 5 在弹簧 2 的作用下右移顶住刀具。机械手拔刀时，长销 8 与挡块脱离接触，锁紧销 3 被弹簧 4 弹起，使活动销顶住刀具不能后退，这样机械手在回转 180°时，刀具不会被甩出。当机械手上升插刀时，两长销 8 又分别被两挡块压下，锁紧销从活动销的孔中退出，松开刀具，机械手便可反转 75°复位。

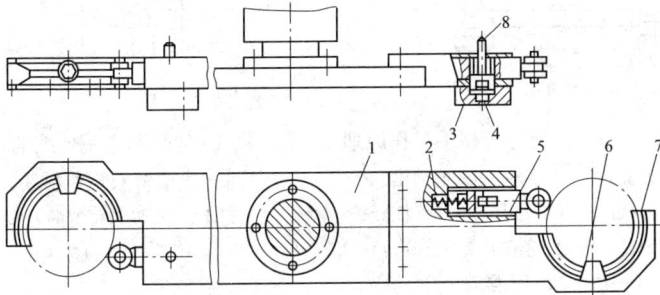

图 10-52　机械手臂和手爪

1—手臂；2、4—弹簧；3—锁紧销；5—活动销；6—锥销；7—手爪；8—长销

近年来，国内外先后研制出凸轮联动式单臂双爪机械手，其工作原理如图 10-53 所示。

这种机械手的优点是：由电动机驱动，不需要复杂的液压系统及其密封、缓冲机构，没有漏油现象，结构简单，工作可靠。同时，机械手手臂的回转和插刀、拔刀的分解动作是联动的，部分时间可重叠，从而大大缩短了换刀时间。

2. 两手呈 180°的回转式单臂双爪机械手

(1) 两手不伸缩的回转式单臂双爪机械手。如图 10-54 所示，这种机械手适用于刀库中刀座轴线与主轴轴线平行的自动换刀装置，机械手回转时不得与换刀位置刀座相邻的刀具干涉。手臂的回转由蜗杆凸轮机构传动，快速可靠，换刀时间在 2s 以内。

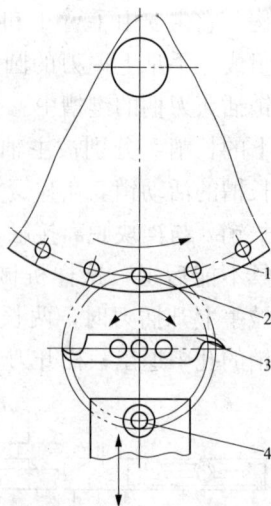

图 10-53　凸轮式换刀机械手工作原理

1—刀套；2—十字轴；3—电动机；

4—圆柱槽凸轮（手臂上下）；5—杠杆；

6—锥齿轮；7—凸轮滚子（平臂旋转）；

8—主轴箱；9—换刀手臂

图 10-54　两手不伸缩的
回转式单臂双爪机械手

1—刀库；2—换刀位置的刀座；

3—机械手；4—机床主轴

　（2）两手伸缩的回转式单臂双爪机械手。这种机械手也适用于刀库中刀座轴线与主轴轴线平行的自动换刀装置。由于两手可伸缩，缩回后回转，可避免与刀库中其他刀具干涉。由于增加了两手的伸缩动作，因此换刀时间相对较长。

　（3）剪式手爪的回转式单臂双爪机械手。这种机械手是用两组剪式手爪夹持刀柄，故又称剪式机械手。与上述剪式机械手不同的是两组剪式手爪分别动作，因此换刀时间较长。

　3. 两手互相垂直的回转式单臂双爪机械手

　如图 10-55 所示的机械手用于刀库刀座轴线与机床主轴轴线垂直，刀库为径向存取刀具的自动换刀装置。机械手有伸缩、回转和抓刀、松刀等动作。伸缩动作为液压缸（图中未示出）带动手臂托架 5 沿主轴轴向移动；回转动作为液压缸活塞驱动齿条 2 使与机械手相连的齿轮 3 旋转；抓刀动作为液压驱动抓刀活塞 4 移动，通过活塞杆末端的齿条传动两个小齿轮 10，再分别通过小齿条 14、小齿轮 12、小齿条 13 移动两个手部中的抓刀动块 7，抓刀动块上的销子 8 插入刀具颈部后法兰上的对应孔中，抓刀动块 7 与抓刀定块 9 撑紧在刀具颈部两法兰之间；松刀动作为换刀后在弹簧 11 的作用下，抓刀动块松开及销子 8 退出。

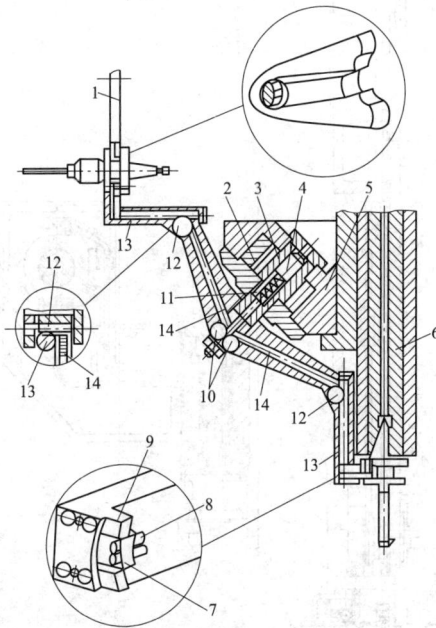

图 10-55　两手互相垂直的回转式单臂双爪机械手

1—刀库；2—齿条；3—齿轮；4—抓刀活塞；5—手臂托架；6—机床主轴；

7—抓刀动块；8—销子；9—抓刀定块；10、12—小齿轮；

11—弹簧；13、14—小齿条

4. 两手平行的回转式单臂双爪机械手

如图 10-56 所示，由于刀库中刀具的轴线与机床主轴轴线方向垂直，故机械手需有三个动作：沿主轴轴线移动（Z 向），进行主轴的插拔刀；绕垂直轴作 90°摆动（S_1 向），完成主轴与刀库间的刀具传递；绕水平轴作 180°回转（S_2 向），完成刀具交换。抓刀、松刀动作如图 10-57 所示，机械手有两对手爪，由液压缸 1 驱动夹紧和松开。液压缸 1 驱动手爪外伸时（见图中上部手爪），支架上的导向槽 2 拨动销子 3，使该对手爪绕销轴 4 摆动，手爪合拢实现抓刀动作。液压缸驱动手爪回缩时（见图中下部手爪），支架上的导向槽 2 使该对手爪放开，实现松刀动作。

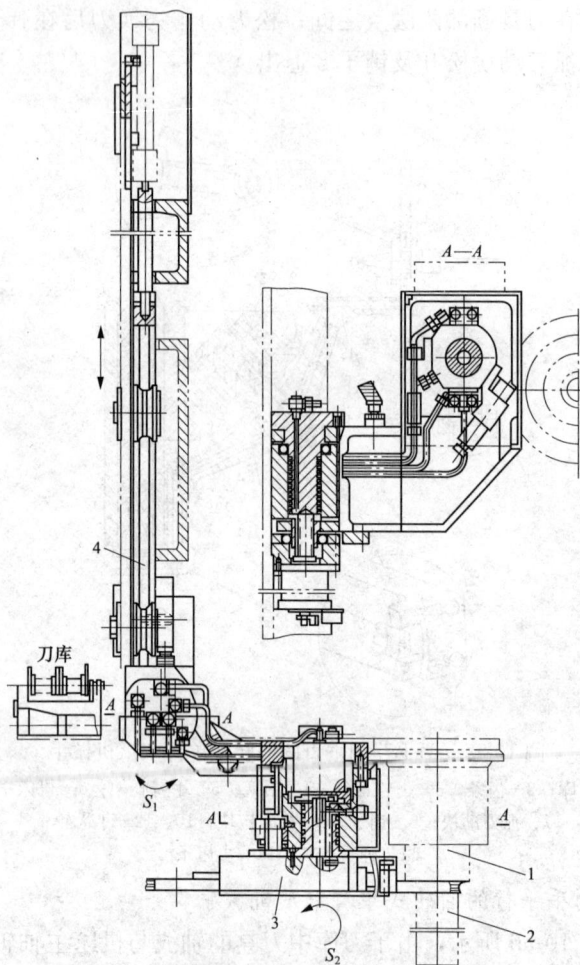

图 10-56　两手平行的回转式单臂双爪机械手
1—主轴；2—刀具；3—机械手；4—刀库链

5. 双手交叉式机械手

图 10-58 所示为手臂座移动的双手交叉式机械手，其换刀动作

过程如下：

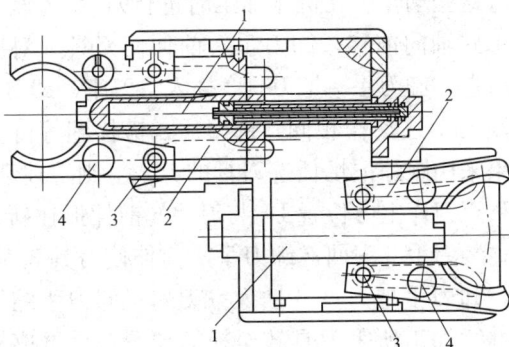

图 10-57　机械手手爪结构

1—液压缸；2—导向槽；3—销子；4—销轴

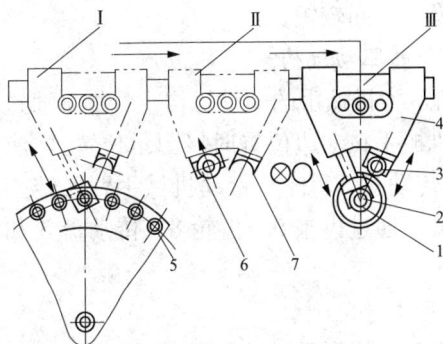

图 10-58　双手交叉式机械手换刀示意

Ⅰ—向刀库归还用过的刀具并选取下一工序要使用的刀具；

Ⅱ—等待与主轴交换刀具；Ⅲ—完成主轴的刀具交换；

1—主轴；2—装上的刀具；3—卸下的刀具；

4—手臂座；5—刀库；6—装刀手；7—卸刀手

　　(1) 机械手移动到机床主轴处卸、装刀具。卸刀手 7 伸出，抓住主轴 1 中的刀具 3，手臂座 4 沿主轴轴向前移，拔出刀具 3，卸刀手 7 缩回；装刀手 6 带着刀具 2 前伸到对准主轴；手臂座 4 沿主轴轴向后退，装刀手 6 把刀具 2 插入主轴；装刀手缩回。

601

（2）机械手移动到刀库处送回卸下的刀具，并选取继续加工所需的刀具（这些动作可在机床加工时进行），手臂座 4 横移至刀库上方位置 I 并轴向前移；卸刀手 7 前伸使刀具 3 对准刀库空刀座；手臂座后退，卸刀手 7 把刀具 3 插入空刀座；卸刀手缩回。刀库的选刀运动与上述动作相同，选刀后，横移到等待换刀的中间位置 II。如果采用跟踪记忆任选刀具的方式，则上述动作应改为：手臂座 4 横移至刀库上方位置 I；装刀手 6 前伸抓住新刀具；手臂座前移拔刀；装刀手 6 缩回；卸刀手 7 前伸使刀具 3 对准空刀座；手臂座后退，卸刀手把刀具 3 插入空刀座；卸刀手缩回，刀库作选刀运动使继续加工所需刀具转至换刀位置，手臂座横移到等待换刀的中间位置 II。

这类机械手适用于距主轴较远、容量较大、落地分置式刀库的自动换刀装置。由于向刀库归还刀具和选取刀具均可在机床加工时进行，故换刀时间较短。

（三）机械手的驱动机构

图 10-59 所示为机械手的驱动机构。气缸 1 通过杆 6 带动机械手臂升降。当机械手在上边位置时（图示位置），液压缸 4 通过齿条 2、齿轮 3、传动盘 5、杆 6 带动机械手臂回转。当机械手在下边位置时，气缸 7 通过齿条 9、齿轮 8、传动盘 5 和杆 6 带动手臂回转。

（四）手爪形式

（1）钳形手爪。钳形手爪的杠杆手爪如图 10-60 所示，图中的锁销 2 在弹簧（图中未画出）作用下，其大直径外圆顶着止退销 3，杠杆手爪 6 就不能摆动张开，手中的刀具就不会被甩出。当抓刀和换刀时，锁销 2 被装在刀库主轴端部的撞块压回，止退销 3 和杠杆手爪 6 就能够摆动，放开，刀具 9 便能装入和取出，这种手爪均为直线运动抓刀。

（2）刀库夹爪。刀库夹爪既起着刀套的作用，又起着手爪的作用，图 10-61 所示为刀库夹爪结构。

七、机械手换刀

采用机械手进行刀具交换的方式应用得最为广泛，这是因为

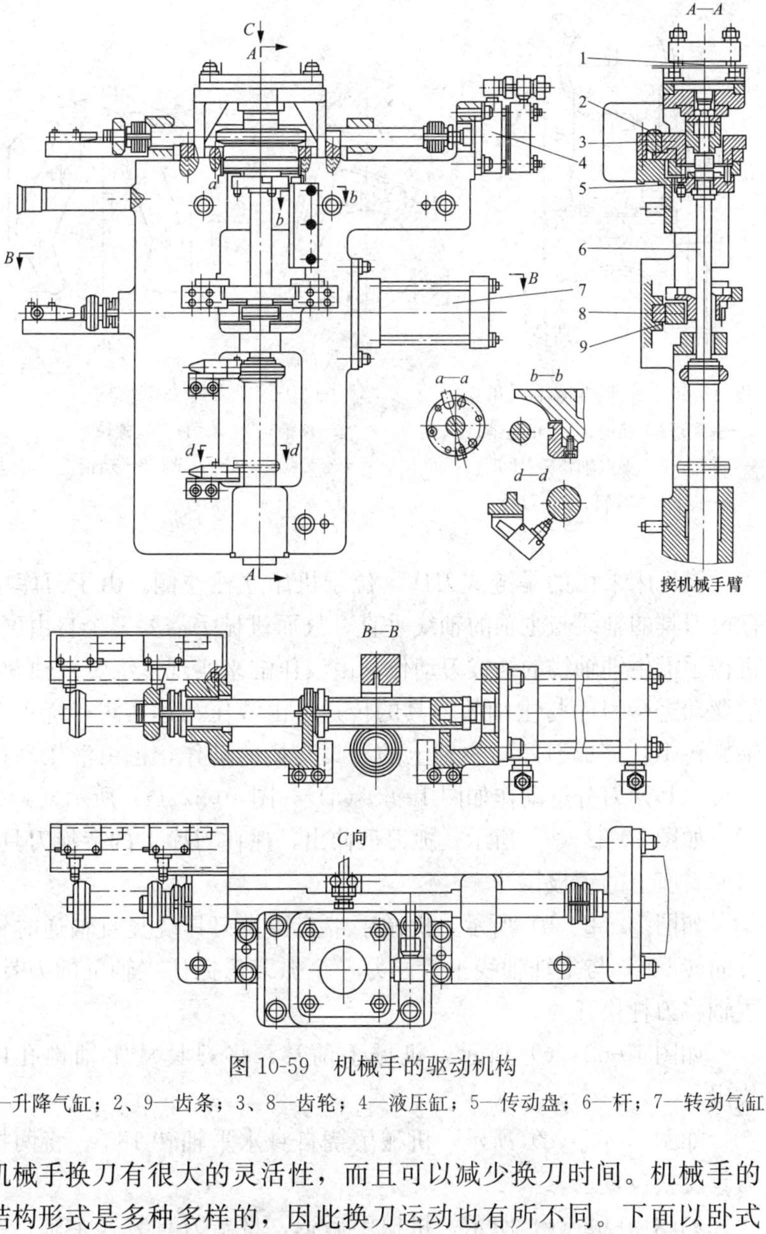

图 10-59　机械手的驱动机构

1—升降气缸；2、9—齿条；3、8—齿轮；4—液压缸；5—传动盘；6—杆；7—转动气缸

机械手换刀有很大的灵活性，而且可以减少换刀时间。机械手的结构形式是多种多样的，因此换刀运动也有所不同。下面以卧式镗铣加工中心为例说明采用机械手换刀的工作原理。

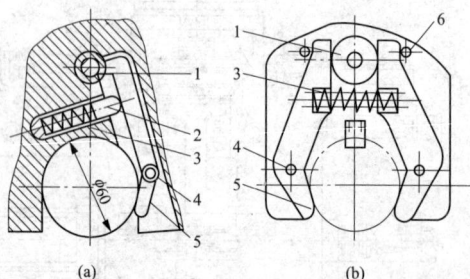

图 10-60　钳形机械手手爪
1—手臂；2—锁销；3—止退销；
4—弹簧；5—支点轴；6—手爪；
7—键；8—螺钉；9—刀具

图 10-61　刀库夹爪结构
1—锁销；2—顶销；3—弹簧；
4—支点轴；5—手爪；6—挡销

　　该机床采用的是链式刀库，位于机床立柱左侧。由于刀库中存放刀具的轴线与主轴的轴线垂直，故而机械手需要三个自由度。机械手沿主轴轴线的插拔刀动作，由液压缸来实现；绕竖直轴 90°的摆动进行刀库与主轴间刀具的传送，由液压马达实现；绕水平轴旋转 180°完成刀库与主轴上的刀具交换的动作，也由液压马达实现。其换刀分解动作如图 10-62（a）～图 10-62（f）所示。

　　如图 10-62（a）所示，抓刀爪伸出，抓住刀库上的待换刀具，刀库刀座上的锁板拉开。

　　如图 10-62（b）所示，机械手带着待换刀具绕竖直轴逆时针方向转 90°，与主轴轴线平行，另一个抓刀爪抓住主轴上的刀具，主轴将刀杆松开。

　　如图 10-62（c）所示，机械手前移，将刀具从主轴锥孔内拔出。

　　如图 10-62（d）所示，机械手绕自身水平轴转 180°，将两把刀具交换位置。

　　如图 10-62（e）所示，机械手后退，将新刀具装入主轴，主轴将刀具锁住。

如图 10-62（f）所示，抓刀爪缩回，松开主轴上的刀具。机械手竖直轴顺时针转 90°，将刀具放回刀库的相应刀座上，刀库上的锁板合上。

最后，抓刀爪缩回，松开刀库上的刀具，恢复到原始位置。

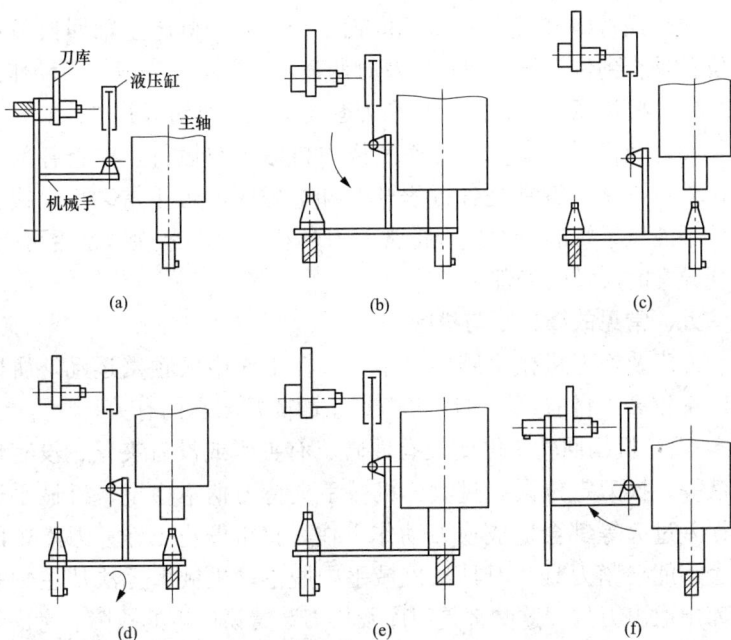

图 10-62　机械手换刀分解动作示意图

八、机械手与刀库的维护

刀库与换刀机械手是数控机床的重要组成部分，应注意加强维护。

（1）严禁把超重、超长、非标准的刀具装入刀库，防止在机械手换刀时掉刀或刀具与工件、夹具等发生碰撞。

（2）采取顺序选刀方式的机床必须注意刀具放置在刀库上的顺序是否正确。其他的选刀方式也要注意所换刀具号是否与所需刀具一致，防止换错刀具导致事故发生。

（3）用手动方式往刀库上装刀时，要确保放置到位、牢固，同时还要检查刀座上锁紧装置是否可靠。

（4）刀库容量较大时，重而长的刀具在刀库上应均匀分布，避免集中于一段，否则易造成刀库的链带拉得太紧，变形较大，并且可能有阻滞现象，使换刀不到位。

（5）刀库的链带不能调得太松，否则会有"飞刀"的危险。

（6）经常检查刀库的回零位置是否正确，机床主轴回换刀点的位置是否到位，发现问题应及时调整，否则不能完成换刀动作。

（7）要注意保持刀具刀柄和刀套的清洁，严防异物进入。

（8）开机时，应先使刀库和换刀机械手空运行，检查各部分工作是否正常，特别是各行程开关和电磁阀能否正常动作。检查机械手液压系统的压力是否正常，刀具在机械手上锁紧是否可靠，发现异常时应及时处理。

九、常见故障诊断与排除

刀库及换刀机械手结构复杂，且在工作中又频繁运动，所以故障率较高。目前数控机床 50％以上故障都与它们有关。

ATC 机构回转不停或没有回转、有夹紧或没有夹紧、没有切削液等；换刀定位误差过大、机械手夹持刀柄不稳定、机械手运动误差过大等都会造成换刀动作卡住，整机停止工作；刀库中的刀套不能夹紧刀具，刀具从机械手中脱落，机械手无法从主轴和刀库中取出刀具；这些都是刀库及换刀装置易产生的故障。考虑到数控车床的转塔刀架也有常见的一些故障，故列在一起。表 10-10 为刀架、刀库及换刀装置和机械手常见故障及其诊断方法。

表 10-10　刀架、刀库及换刀装置和机械手故障诊断与排除

序号	故障现象	故障原因	排除方法
1	转塔刀架没有抬起动作	控制系统是否有 T 指令输出信号抬起电磁铁断线或抬起阀杆卡死 压力不够 抬起液压缸研损或密封圈损坏 与转塔抬起连接的机械部分研损	如未能输出，请电器人员排除 修理或清除污物，更换电磁阀 检查油箱并重新调整压力 修复研损部分或更换密封圈 修复研损部分或更换零件

序号	故障现象	故　障　原　因	排　除　方　法
2	转塔转位速度缓慢或不转位	检查是否有转位信号输出	检查转位继电器是否吸合
		转位电磁阀断线或阀杆卡死	修理或更换
		压力不够	检查是否液压故障，调整到额定压力
		转位速度节流阀是否卡死	清洗节流阀或更换
		液压泵研损卡死	检修或更换液压泵
		凸轮轴压盖过紧	调整调节螺钉
		抬起液压缸体与转塔平面产生摩擦、研损	松开连接盘进行转位试验；取下连接盘配磨平面轴承下的调整垫并使相对间隙保持在 0.04mm
		安装附具不配套	重新调整附具安装，减少转位冲击
3	转塔转位时碰牙	抬起速度或抬起延时时间短	调整抬起延时参数，增加延时时间
4	转塔不正位	转位盘上的撞块与选位开关松动，使转塔到位时传输信号超前或滞后	拆下护罩，使转塔处于正位状态，重新调整撞块与选位开关的位置并紧固
		上下连接盘与中心轴花键间隙过大产生位移偏差大，落下时易碰牙顶，引起不到位	重新调整连接盘与中心轴的位置；间隙过大可更换零件
		转位凸轮与转位盘间隙大	塞尺测试滚轮与凸轮，将凸轮调至中间位置；转塔左右窜量保护在两齿中间，确保落下时顺利咬合；转塔抬起时用手摆动，摆动量不超过两齿距的 1/3
		凸轮在轴上窜动	调整并紧固固定转位凸轮的螺母
		转位凸轮轴的轴向预紧力过大或有机械干涉，使转塔不到位	重新调整预紧力，排除干涉

序号	故障现象	故障原因	排除方法
5	转塔转位不停	两计数开关不同时计数或复置开关损坏	调整两个撞块位置及两个计数开关的计数延时,修复复置开关
		转塔上的24V电源断线	接好电源线
6	转塔刀重复定位精度差	液压夹紧力不足	检查压力并调到额定值
		上下牙盘受冲击,定位松动	重新调整固定
		两牙盘间有污物或滚针脱落在牙盘中间	清除污物保护转塔清洁,检查更换滚针
		转塔落下夹紧时有机械干涉(如夹铁屑)	检查排除机械干涉
		夹紧液压缸拉毛或研损	检修拉毛研损部分更换密封圈
		转塔坐落在两层滑板之上,由于压板和楔铁配合不牢产生运动偏大	修理调整压板和楔铁,0.04mm塞尺塞不入
7	刀具不能夹紧	风泵气压不足	使风泵气压在额定范围
		增压漏气	关紧增压
		刀具卡紧液压缸漏油	更换密封装置,卡紧液压缸不漏
		刀具松卡弹簧上的螺母松动	旋紧螺母
8	刀具夹紧后不能松开	松锁刀的弹簧压力过紧	调节松锁刀弹簧上的螺母,使其最大载荷不超过额定数值
9	刀套不能夹紧刀具	检查刀套上的调节螺母	顺时针旋转刀套两端的调节螺母,压紧弹簧,顶紧卡紧销
10	刀具从机械手中脱落	刀具超重,机械手卡紧销损坏	刀具不得超重,更换机械手卡紧销
11	机械手换刀速度过快	气压太高或节流阀开口过大	保证气泵的压力和流量,旋转节流阀至换刀速度合适
12	换刀时找不到刀	刀位编码用组合行程开关、接近开关等元件损坏、接触不好或灵敏度降低	更换损坏元件

第四节 数控机床常用刀具

数控机床是一种高精度、高自动化的通用型金属切削机床。与普通机床加工方法相比，数控加工对刀具提出了更高的要求，不仅需要刚度好、精度高，而且要求尺寸稳定，耐用度高，断屑和排屑性能好；同时要求安装调整方便，以满足数控机床高效率的要求。随着数控机床的发展，数控加工刀具也在不断地发展。数控刀具主要有常规刀具和模块化刀具。其中模块化刀具是主要的发展方向。

一、数控车床用刀具

与普通车床相类似，数控车床在数控机床中占着相当大的比重。在数控车床上可以高效率、高精度地完成各种带有复杂母线的回转体零件的加工。数控车削中心还能进行铣削、钻削以及各种多边形零件的加工。为了适应数控车削的特点，对数控车床用刀具也提出了新的要求。

1. 数控车床用常规刀具

与普通车床用刀具一样，数控车床使用的常规刀具不外乎外圆刀具、外螺纹刀具、内圆刀具、内螺纹刀具、切断刀具、孔加工刀具（包括中心钻、镗刀、丝锥）。这里将数控车床用常规刀具分为三种类型：尖形车刀、圆弧形车刀以及成形车刀。

（1）尖形车刀。尖形车刀是以直线形切削刃为特征的车刀。这类车刀的刀尖由直线形的主切削刃和副切削刃相交构成，如 $90°$ 内外圆车刀、左右端面车刀、切槽（切断）车刀及刀尖倒棱很小的各种外圆和内孔车刀。

尖形车刀的加工特点是工件的加工轮廓由刀尖的运动轨迹决定。工件外轮廓成形面、螺纹底孔、孔口倒角、端面、切断等均可采用尖形车刀车削完成。

尖形车刀几何参数（主要是几何角度）的选择方法与普通车削时基本相同，需要注意的是，尖形车刀几何角度选择时应结合数控加工的特点（如加工路线、加工干涉等）进行全面考虑，并应兼顾刀尖本身的强度。

特别提示：所谓干涉是指切削被加工表面时，刀具切到了不应该切的部分。干涉会破坏加工表面的完整性，这是不允许的。因此，实际加工中，为有效地避免干涉现象，通常要增大刀具的副偏角或者选择合适的加工路线。

（2）圆弧形车刀。圆弧形车刀是以一圆度或线轮廓度误差很小的圆弧形切削刃为特征的车刀。如图 10-63 所示。该车刀圆弧刃刀位点不在圆弧上，而在该圆弧的圆心上。

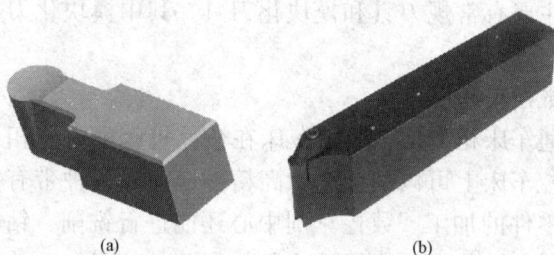

(a)   (b)

图 10-63　圆弧形车刀

（a）高速钢圆弧形车刀；（b）机夹可转位圆弧形车刀

特别提示：所谓刀位点是指编制程序和加工时用于表示刀具特征的点，也是对刀和加工的基准点。数控车刀的刀位点如图 10-64 所示。尖形车刀的刀位点通常是指刀具的刀尖，圆弧形车刀的刀位点是指圆弧刃的圆心，成形车刀的刀位点通常也是指刀尖。

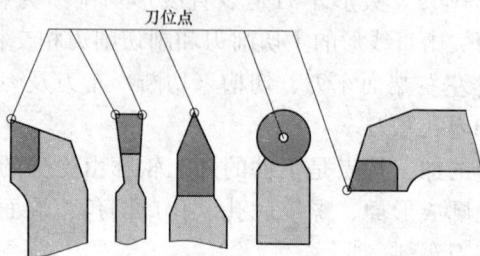

刀位点

图 10-64　刀位点

圆弧形车刀可以用于车削内外表面，特别适用于车削各种光滑连接（凹形）的成形面。在成形面的加工中，圆弧形车刀能保持均匀的加工余量，消除由刀具原因引起的背吃刀量的变化，减小了加工中的振动。

选择车刀圆弧半径时应考虑两点：

1）车刀切削刃的圆弧半径应小于或等于零件凹形轮廓上的最小曲率半径，以免发生加工干涉。

2）车刀切削刃的圆弧半径不宜选择太小。否则，不但制造困难，还会因刀尖强度太弱或刀体散热能力差而导致车刀损坏。

（3）成形车刀。成形车刀也称样板车刀，其加工零件的轮廓形状完全由车刀刀刃的形状和尺寸决定。

数控车削加工中，常见的成形车刀有小半径圆弧车刀、非矩形车槽刀和螺纹车刀等。

需要指出的是，在数控加工中应尽量少用或不用成形车刀，而是通过编程来完成特形面或成形面的加工。

2. 数控车削用可转位刀具

由于数控车削加工的特殊性，可任意刃磨的高速钢或硬质合金车刀以及手工刃磨的传统操作、使用方法，已不适应数控车削加工及其发展的需要。目前，数控车床一般使用标准的机夹可转位刀具。机夹可转位刀具的刀片和刀体都有相关标准。

数控车床与普通车床用的可转位车刀一般无本质的区别，其基本结构、功能特点是相同的。但数控车床车削工序是自动化的，因此，对用于其上的可转位车刀的要求侧重点又有别于普通车床的刀具，具体要求和特点见表10-11。

表 10-11　　　　数控车床用可转位车刀的要求和特点

要求	特　　　点	目　　　的
精度高	1）刀片采用 M 级或更高精度等级 2）刀杆多采用精密级 3）用带微调装置的刀杆在机外预调好	保证刀片重复定位精度，方便坐标设定，保证刀尖位置精度

续表

要求	特 点	目 的
可靠性高	1) 采用断屑可靠性高的断屑槽型或有断屑台和断屑器的车刀 2) 采用结构可靠的车刀，复合式夹紧结构和夹紧可靠的其他结构	1) 断屑稳定，不能有紊乱和带状切屑 2) 适应刀架快速移动和换位以及整个自动切削过程中夹紧不得有松动的要求
换刀迅速	1) 采用车削工具系统 2) 采用快换小刀夹	迅速更换不同形式的切削部件，完成多种切削加工，提高生产效率
刀片材料	刀片较多采用涂层刀片	满足生产节拍要求，提高加工效率
刀杆截形	刀杆较多采用正方形刀杆，但因刀架系统结构差异大，有的需采用专用刀杆	刀杆与刀架系统匹配

3. 模块化刀具

模块化刀具为数控车削加工中常用的刀具，其中各种车刀都是镶嵌式的模块化刀具。

数控车削刀具的夹持部分为下面两种：

(1) 方形刀体常用于加工外表面。方形刀体一般采用槽形刀架螺钉紧固方式固定；

(2) 圆柱刀杆常用于加工内表面。圆柱刀杆用套筒螺钉紧固方式固定。

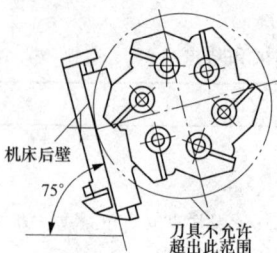

图 10-65　刀盘

它们与机床刀盘之间是通过槽形刀架和套筒接杆来连接的。在模块化车削工具系统中，刀盘的连接以齿条式柄体连接为多，而刀头与刀体的连接是"插入快换式系统（BTS系统）"。

数控车床中经常使用的一种刀盘结构如图 10-65 所示。刀盘一共有六个刀位，每个刀位上都可以径向装刀，也可以轴向装刀。外圆车刀通常安装在径向，内孔车刀通常安装在轴向，但也可以按需要灵活变通使用。径向装刀时，刀具插入刀盘的方槽中，方槽的高度尺寸略大于刀杆的高度尺寸（两者之间大约有 0.3mm 的间隙）。旋转刀盘端面的螺钉，即可将刀具的杆部锁紧。轴向装刀时，采用套筒的方式固定在方槽中。

模块化刀具的主要优点是：

（1）缩短了换刀停机时间，加快了换刀速度；

（2）提高了刀具的标准化、合理化程度；

（3）扩大了刀具的利用率，可充分发挥刀具的性能；

（4）有效消除了刀具测量工作中的中断现象，并可采用线外预调。

4. 工具系统

数控车床工具系统如图 10-66 所示，由刀具、刀夹、回转刀盘等组成。

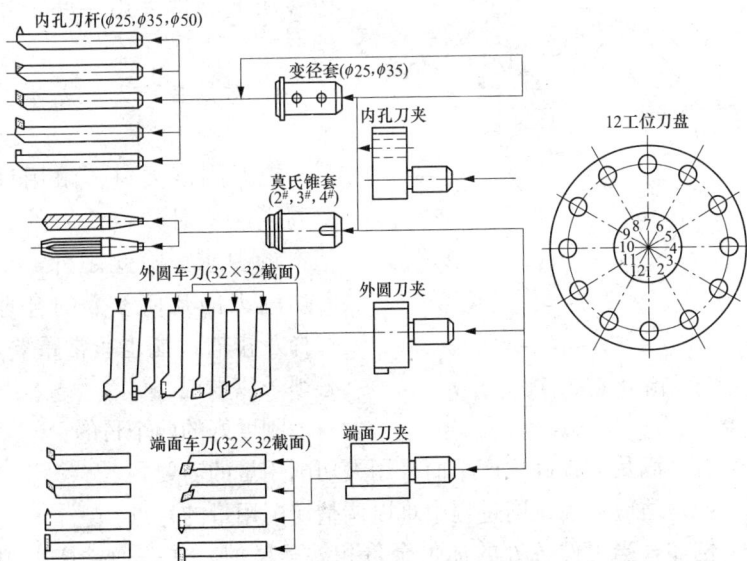

图 10-66　基本刀具和附具

刀具分为外圆加工刀具和孔加工刀具两组，都是精密刀具。

外圆加工刀具的刀尖到其三个基面的尺寸以及孔加工刀具的刀尖到镗杆中心线的尺寸均严格按公差制造，允差在 $\pm 25\mu m$ 以内。在外圆刀具刀杆侧面和后面备有微调螺钉，可用来微调。

刀夹分为外圆加工刀具刀夹、端面加工刀具刀夹和孔加工刀具刀夹。外圆刀夹、端面刀夹用于外圆车刀和端面车刀，孔加工刀具刀夹用于装夹各种孔加工刀具。外圆端面加工刀具和孔加工刀具也可以借助外圆加工刀具刀夹和孔加工刀具刀夹按加工零件工艺要求，适当地布置在回转刀盘上，如图 10-67 所示。

二、数控铣床用刀具

数控铣削是机械加工尤其是模具型腔和型芯加工中最常用也是最主要的数控加工方法之一，它除了能铣削普通铣床所能铣削的各种零件表面外，还能铣削普通铣床不能铣削的各种平面轮廓和立体轮廓。

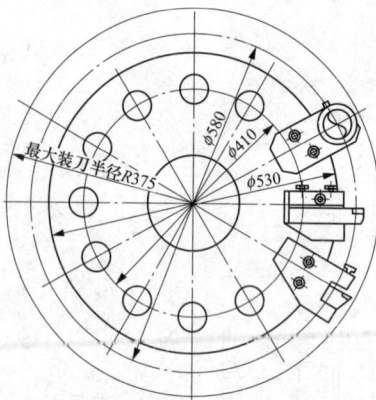

图 10-67　刀具布置图

除采用普通铣刀外，数控铣床上经常采用一些专用铣刀。

1. 对数控铣刀的基本要求

铣刀刚度要好、耐用度要高，这是对数控铣刀的最基本的要求。除此之外，铣刀切削刃的几何参数的合理选择及排屑性能也非常重要，必须予以重视。

刚度好的两个目的：

(1) 满足为提高生产率而采用大切削用量的需要；

(2) 适应数控铣削过程中难以调整切削用量的特点。

例如，当工件各处的加工余量相差悬殊时，在普通铣床上很容易做到"随机应变"，采用分层铣削加以处理，而数控铣削除非在编程时已作考虑，否则就要用改变切削面高度或改变刀具半径补偿的方法从头做起，这样就会造成余量少的地方经常空行程，从而降低了加工效率。再者，在普通铣床上加工时，遇到刚度不好的铣刀，比较容易从振动、手感方面及时发现并作出及时调整加以弥补，数控铣削则难以办到。

2. 常用数控铣刀

铣刀种类很多，数控铣床上常用的铣刀有面铣刀、立铣刀、模具铣刀、键槽铣刀、鼓形铣刀和成形铣刀，如图 10-68 所示。除此之外，数控铣床也可使用各种通用铣刀。

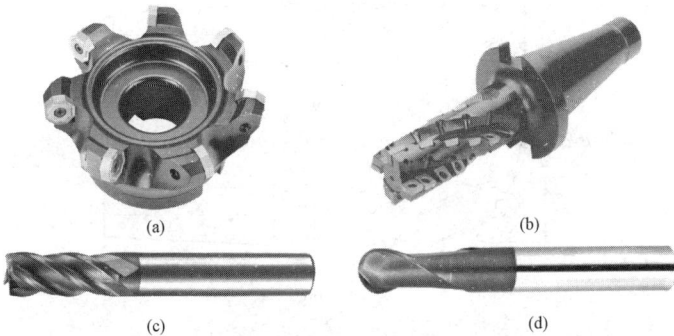

图 10-68 常用数控铣刀
(a) 面铣刀；(b) 键槽铣刀；(c) 立铣刀；(d) 成形铣刀

(1) 立铣刀。数控立铣刀一般做成螺旋刀齿，这样可以增加切削加工的平稳性，提高加工精度。数控立铣刀的圆柱表面和端面上都有刀齿，圆柱表面的切削刃为主切削刃，端面上的切削刃为副切削刃，它们可同时进行切削，也可单独进行切削。一般用于加工凹槽、较小台阶面及平面轮廓。

数控立铣刀的轴向长度一般较长，以保证能加工较深的沟槽及有足够的备磨量；数控立铣刀的刀齿数比较少（一般粗齿立铣刀，$z=3\sim4$；细齿立铣刀，$z=5\sim8$；套式结构，$z=10\sim20$）、容屑槽圆弧半径大（$r=2\sim5\text{mm}$），以改善切屑卷曲情况，增大容屑空间，防止堵塞。大直径立铣刀还可制成不等齿距结构，以增强抗振作用，使切削过程平稳。

数控立铣刀有关参数的经验数据如下：

1) 铣刀半径 R 应小于零件内轮廓面的最小曲率半径 R_{min}，一

般取 $R_{min}=0.8\sim0.9mm$；

2）零件的加工高度 $H \leqslant (1/6\sim1/4)R$，以保证刀具有足够的刚度。

（2）模具铣刀。模具铣刀由立铣刀发展而成，可分为圆锥形立铣刀（圆锥半角 $\alpha/2=3°$、$5°$、$7°$、$10°$）、圆柱形球头立铣刀和圆锥形球头立铣刀三种，如图 10-69 所示。

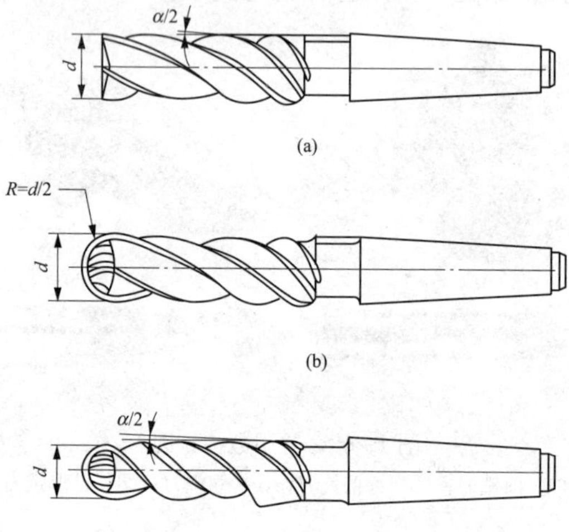

图 10-69　模具铣刀
（a）圆锥形立铣刀；（b）圆柱形球头立铣刀床；（c）圆锥形球头立铣刀

模具铣刀的柄部有直柄、削平型直柄和莫氏锥柄三种，它的特点是球头或端面上布满切削刃，圆周刃与球头刃圆弧连接，可作径向和轴向进给。

模具铣刀主要用来加工空间曲面、模具型腔或凸模成形表面。

（3）键槽铣刀。键槽铣刀如图 10-70 所示，它有两个刀齿，圆柱面和端面都有切削刃，端面刃延至中心，既像立铣刀，又像钻头，可作径向和轴向进给。主要用来加工各种键槽。

（4）鼓形铣刀。如图 10-71 所示为一种典型的鼓形铣刀。鼓形铣刀切削刃分布在圆弧面上，端面无切削刃。加工时通过控制刀具上下位置，相应改变刀刃的切削部位，可在工件上切出从负到正的不同斜角。

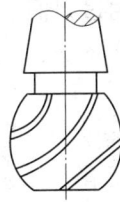

图 10-70 键槽铣刀

图 10-71 鼓形铣刀

鼓形铣刀圆弧半径越小，能加工的斜角范围越广，但所获得的零件表面质量也越差。需要指出的是，鼓形铣刀的切削条件较差，且不适合加工有底的轮廓表面。

（5）成形铣刀。成形铣刀是为特定的工件或加工内容专门设计制造的刀具，如图 10-72 所示。

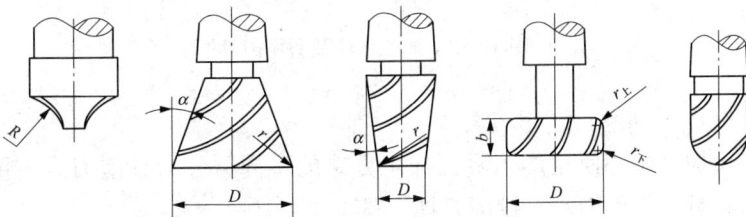

图 10-72 成形铣刀

三、数控加工中心用刀具

加工中心是目前世界上产量最高、应用最广泛的数控机床之一。它主要用于箱体类零件和复杂曲面零件的加工，能把铣削、镗削、钻削、攻螺纹等功能集中在一台设备上完成。因为它具有自动选刀、换刀功能，所以工件经一次装夹后，可自动完成或接近完成工件各表面的所有加工工序。

工序集中的特点决定了加工中心在　次装夹中要经过多次换刀完成多工序的加工，所以加工中心对零件各加工部位往往选用不同的刀具，如图 10-73 所示零件的加工就需要采用多种不同的刀具，包括钻削、镗削、铣削、铰削刀具及螺纹加工刀具等，它们往往通过刀柄及工具系统连接于加工中心的主轴。

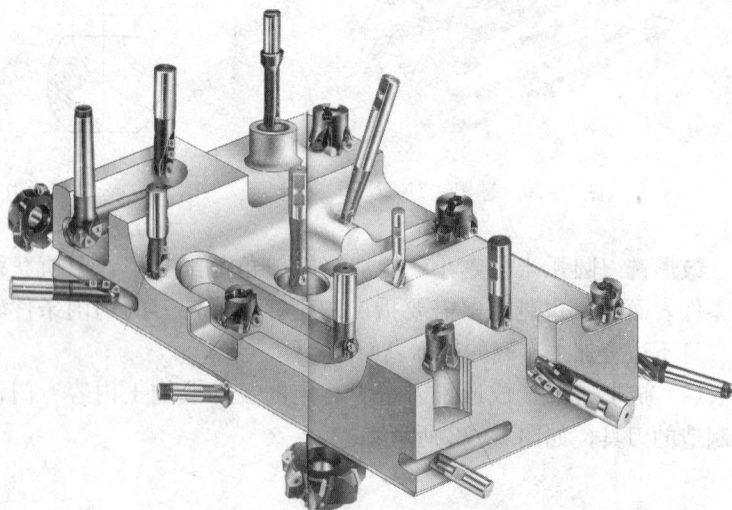

图 10-73　加工零件及所用刀具

1. 加工中心常用刀具

加工中心使用的刀具按加工方式的不同可分为钻削刀具、镗削刀具、铣削刀具、铰削刀具、螺纹加工刀具。

（1）钻削刀具。钻削是加工中心在实芯材料上加工孔的常见方法。钻削还用于扩孔、铰孔加工。在加工中心上经常使用的钻削刀具如图 10-74 所示，有中心钻、标准麻花钻、扩孔钻、锪钻、硬质合金可转位式钻头、加工中心用枪钻等。

中心钻的作用是先在实芯工件上加工出中心孔，以便在孔加工时起到定位和引导钻头的作用。加工中心应用扩孔钻旨在提高加工效率、保证孔加工质量。锪钻用于加工沉头孔和端面凸台等。硬质合金可转位式钻头用于高效、高质量地钻孔、扩孔加工。对

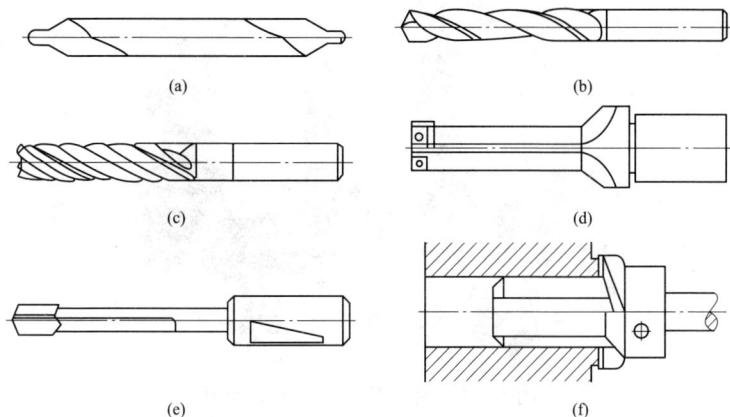

图 10-74　钻削刀具

（a）中心钻；（b）标准麻花钻；（c）扩孔钻；

（d）硬质合金可转位式钻头；（e）加工中心用枪钻；（f）锪钻

于长径比 L/d 大于 5 的深孔加工则采用加工中心用枪钻。

（2）镗削刀具。镗削是加工中心粗、精加工大尺寸孔的常见方法。采用的镗刀按切削刃数量可分为单刃镗刀和双刃镗刀，如图 10-75 所示。常用数控加工中心镗刀如图 10-76 所示。

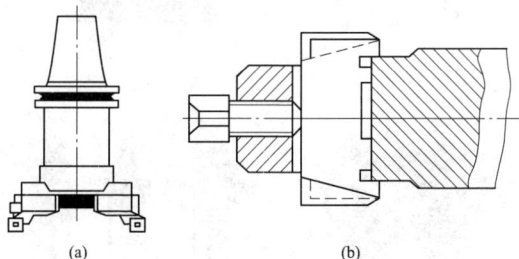

图 10-75　双刃镗刀

（a）机夹式；（b）定装式

镗刀刚度差，切削时易产生振动，所以镗刀的主偏角 K_r 选得较大，以减小径向力。镗铸铁孔或精镗时一般取 $K_r = 90°$，粗镗钢件孔时取 $K_r = 60° \sim 75°$，以提高刀具耐用度。

619

图 10-76　常用数控加工中心镗刀

（3）铣削刀具。铣削刀具是加工中心上进行各类表面加工的主要刀具，种类众多，如图 10-77 所示。主要包括面铣刀、立铣刀、盘形铣刀、成形铣刀等。

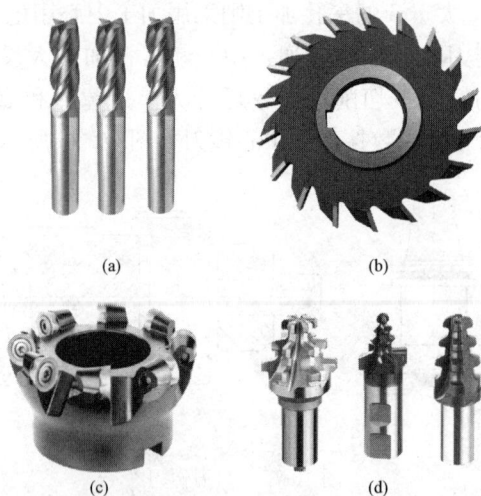

图 10-77　铣削刀具

（a）立铣刀；（b）盘形铣刀；（c）面铣刀；（d）汽轮机叶根成形铣刀（圣诞树铣刀）

1）立铣刀。使用灵活，可以有多种加工方式，按功能特点可分为通用立铣刀、键槽立铣刀、平面立铣刀、球头立铣刀、圆角立铣刀、多功能立铣刀、倒角立铣刀、T 形槽立铣刀等，它们适用于不同的使用场合。

2）盘形铣刀。包括槽铣刀、两面刃铣刀和三面刃铣刀，可用于槽和台阶的加工。

3）面铣刀。主要用于加工平面，主偏角 $K_r = 90°$ 的面铣刀还可用于加工浅台阶。面铣刀一般做成可转位式。

4）成形铣刀。为了提高效率，有些零件加工可采用成形铣刀加工。

（4）铰削刀具。铰削刀具主要用于孔的精加工和高精度孔的半精加工。加工中心广泛应用带刃倾角的铰刀和螺旋齿铰刀，如图 10-78 所示。

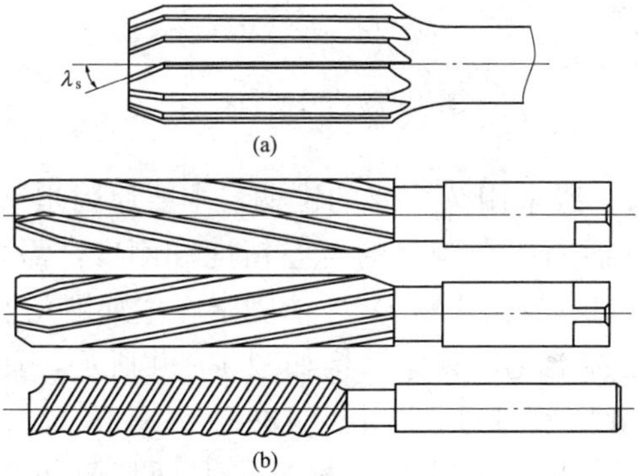

图 10-78　铰刀

（a）带刃倾角铰刀；（b）螺旋齿铰刀

螺旋齿铰刀有两种：

1）普通螺旋齿铰刀，刀齿有一定的螺旋角，切削平稳，可加工带键槽的孔；

2）螺旋锥铰刀，具有大螺旋角、长切削刃，可以连续切削，加工过程平稳，无振动。

（5）螺纹加工刀具。加工中心一般使用丝锥作为螺纹加工刀具。

2. 刀柄及工具系统

加工中心使用的刀具种类繁多，而每种刀具都有特定的结构及使用方法，要想实现刀具在主轴上的固定，必须有一个中间装置，该装置必须既能够装夹刀具又能在主轴上准确定位。装夹刀具的部分叫工作头，而安装工作头又直接与主轴接触的标准定位部分就是刀柄，如图 10-79 所示。

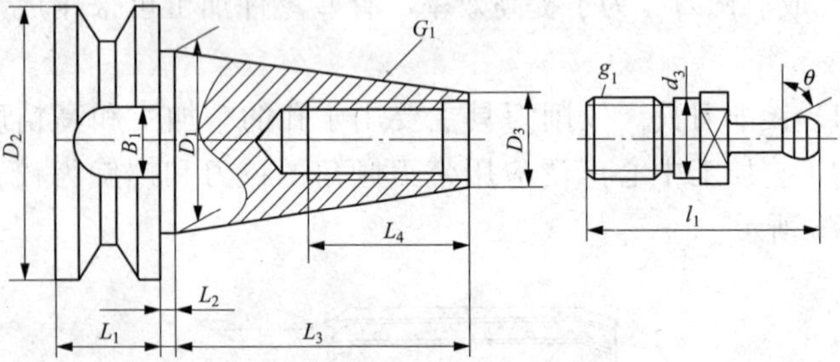

图 10-79　刀柄与拉钉

加工中心一般采用 7：24 的锥柄，主要原因是这种锥柄不自锁，并且与直柄相比有较高的定心精度和刚度，需要指出的是，刀柄要配上拉钉（见图 10-79）才能固定在主轴锥孔上。目前，刀柄与拉钉都已标准化，具体结构如图 10-80 所示，具体尺寸见表10-12、表 10-13。其中 JT 以 ISO 7388、ANSIB 5.50、DIN69871为标准，BT 以 MAS403BT 为标准。刀柄型号主要有 40、45、50 等。

表 10-12　　　　　刀　柄　尺　寸　　　　（单位：mm）

标准	规格	D_1	L_3	D_3	G_1	D_2	L_1	L_2
JT	40	$\phi44.45$	68.4	$\phi17$	M16	$\phi63.55$	15.9	3.18
	45	$\phi57.15$	82.7	$\phi21$	M20	$\phi82.55$	15.9	3.18
	50	$\phi69.85$	101.75	$\phi25$	M24	$\phi97.5$	15.9	3.18
BT	40	$\phi44.45$	65.4	$\phi17$	M16	$\phi63$	25	1.6
	45	$\phi57.15$	82.8	$\phi21$	M20	$\phi82.55$	30	3
	50	$\phi69.85$	101.8	$\phi25$	M24	$\phi100$	35	3

标准	规格	l_1	g_1	d_3	θ	
					1	2
ISO	40	54	M16	$\phi 17$	30°	45°
	45	65	M20	$\phi 21$	30°	45°
	50	74	M24	$\phi 25$	30°	45°
BT	40	60	M16	$\phi 17$	30°	45°
	45	70	M20	$\phi 21$	30°	45°·
	50	85	M24	$\phi 25$	30°	45°

表 10-13　　拉　钉　尺　寸　　（单位：mm）

有些场合，通用刀柄已不能满足加工的要求，近来已开发出了一些特殊刀柄，例如，增速刀柄、内冷却刀柄、转角刀柄、多轴刀柄、双面接触刀柄、接触式测头刀柄等，这些刀柄的出现进一步提高了加工效率，满足了特殊的加工要求。

加工中心的工具系统是刀具与加工中心的连接部分，由工作头、刀柄、拉钉、接长杆等组成，如图 10-80 所示，起到固定刀具及传递动力的作用。

加工中心的工具系统一般由钻削系统、镗铣系统等组成，由于内容繁多，工具系统一般用图谱来表示，如图 10-81 所示。

3. 加工中心自动换刀装置

自动换刀装置是一套独立、完整的部件，安装在主轴箱的左侧面，随同主轴一起运动。它由刀库、刀架底座、机械手组成。

现以 XHK716 型立式加工中心为例，说明如下。

（1）刀库。刀库可装 24 把刀，最大刀具直径 120mm。相邻刀座不装刀时，最大刀具直径可为 200mm。

1）刀库的回转。用液压马达通过齿轮、内齿圈带动装有刀具的刀盘旋转，刀盘支承在轴承上，而轴承固定在刀库底座上。

2）刀库的定位。如图 10-82 所示，由接近开关控制电磁阀使液动机停止转动，由双向液压缸带动定位销 5，插入刀盘 4 上的定位孔，实现精确定位。

3）刀具在刀库上的固定。如图 10-82 所示，即在刀盘 4 的每

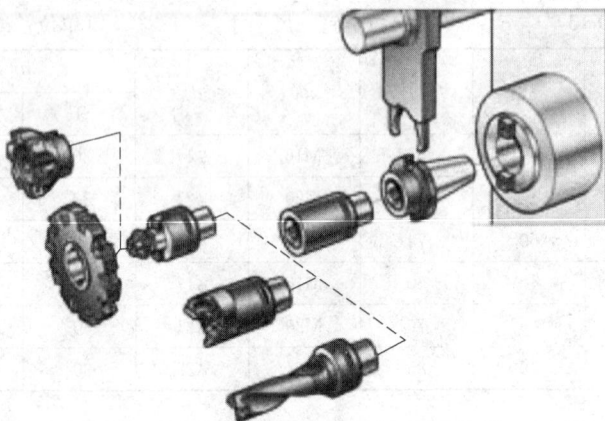

图 10-80　工具系统的组成

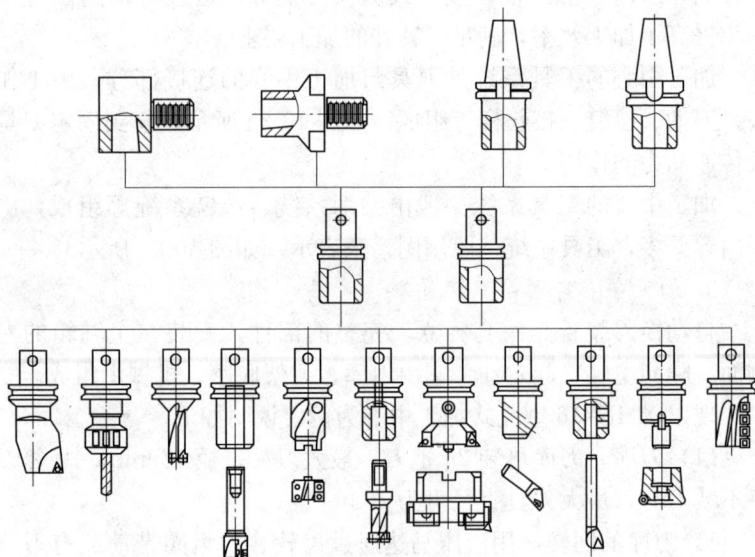

图 10-81　工具系统图谱

一个刀位上都装有如图所示的弹簧、导柱 2、键块 1 和销 6 所组成的刀具固定装置。由此实现刀具在刀库上的固定。控制刀具固定装置的液压缸共有两个，一个和定位销在一起，另一个靠近立柱方向，用于刀库手动装刀。

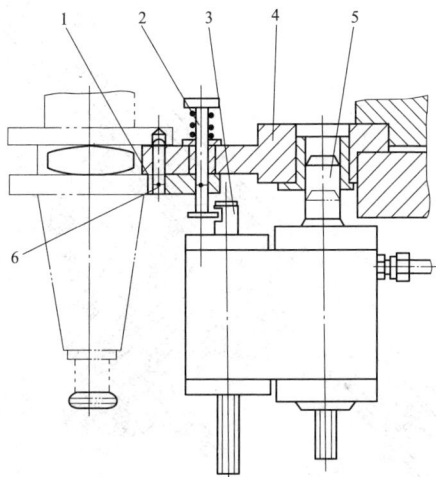

图 10-82　刀库定位及松、夹刀具的结构
1—键块；2—导柱；3—液压缸；4—刀盘；5—定位销；6—销

4）刀具的夹紧和松开。如图 10-82 所示为刀具夹紧状态。当液压缸 3 通油后，将导柱拉下，使销 6 退回，此时刀具在刀盘上处于自由状态，即刀具被松开。

5）刀具的选择方法。刀具可任意选择，通过可编程控制器，记忆每把刀具在刀盘上的位置，自动选取所需要的刀具。

（2）机械手。

1）机械手的组成。如图 10-83 所示，由机械手臂与 45°的斜壳体组成。机械手臂 1 形状对称，固定在回转轴 2 上，回转轴与主轴成 45°，安装在壳体 3 上。

2）手臂旋转运动。液压缸 4 中的齿条通过齿轮带动回转轴 2 转动，以实现手臂正向和反向 180°的旋转运动。

3）机械手对刀具的夹紧和松开。通过液压缸 6、碟形弹簧 5 及杠杆 8、拉杆 7，活动爪 9 来实现。碟形弹簧实现夹紧，液压缸实现松开。在活动爪中有两个销子 10，在夹紧刀具时，插入刀柄凸缘的孔内，确保安全、可靠。

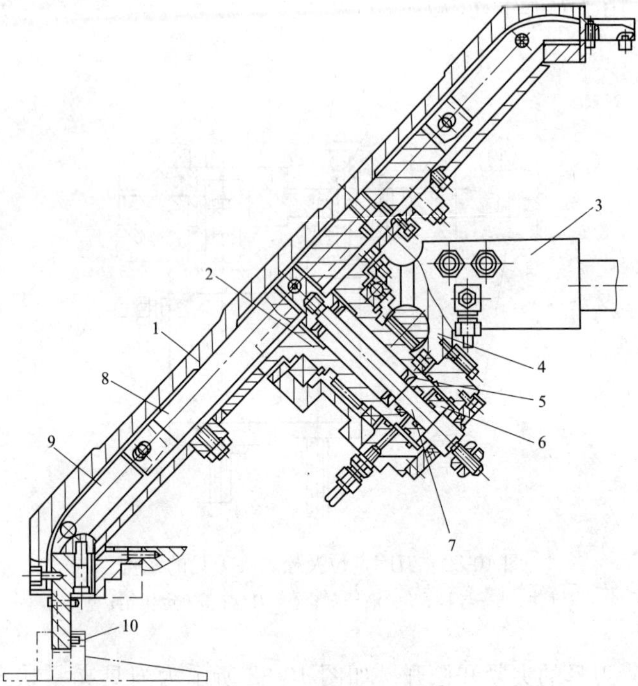

图 10-83　机械手结构图

1—机械手臂；2—轴；3—壳体；4、6—液压缸；

5—碟形弹簧；7—拉杆；8—杠杆；9—活动爪；10—销子

（3）自动换刀的工作过程。如图 10-84 所示，其换刀工作过程如下：

1）主轴箱回到最高处（z 坐标零点），同时停止回转并定向。

2）机械手抓住主轴和刀库上的刀具。

3）把卡紧在主轴和刀库上的刀具松开［见图 10-84（a）］。

4）从主轴和刀库上取出刀具［见图 10-84（b）］。

5）机械手回转 180°，换刀［见图 10-84（c）］。

6）将更换后的刀具装入主轴和刀库［见图 10-84（d）］。

7）分别夹紧主轴和刀库上的刀具。

8）机械手松开主轴和刀库上的刀具。

9）当机械手松开刀具后，限位开关发出换刀完毕的信号，主

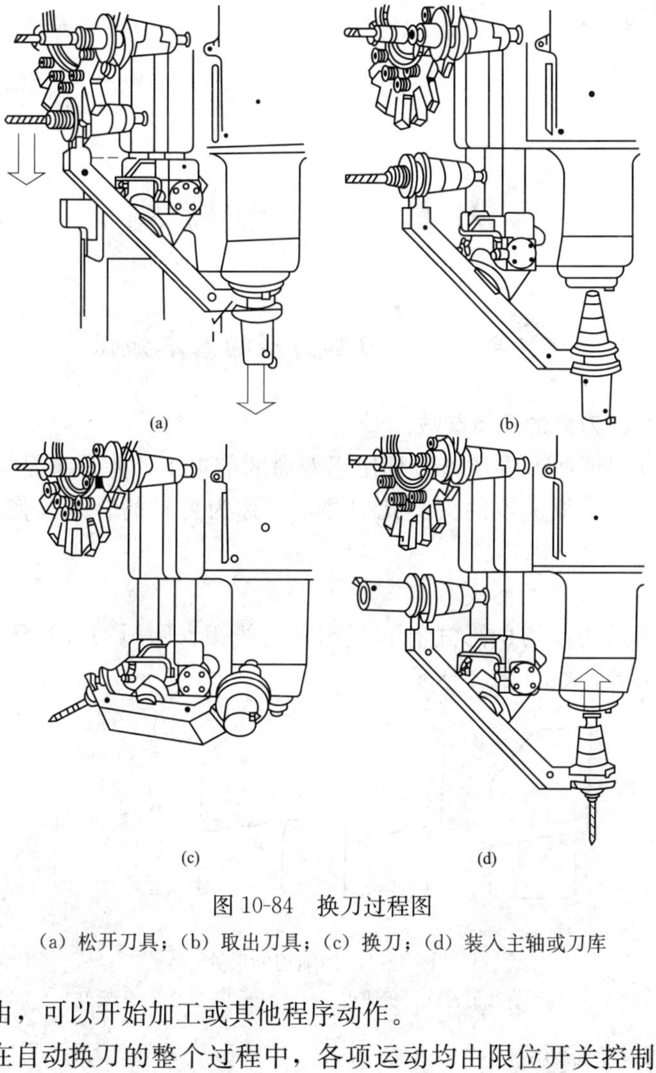

图 10-84　换刀过程图

（a）松开刀具；（b）取出刀具；（c）换刀；（d）装入主轴或刀库

轴自由，可以开始加工或其他程序动作。

　　在自动换刀的整个过程中，各项运动均由限位开关控制，只有前一个动作完成后，才能进行下一个动作，从而保证运动的可靠性。

第十一章

刀具刃磨与检测

第一节　刀具刃磨的基本知识

一、刀具的几何参数

在保证加工质量和刀具使用寿命的前提下，能够满足提高生产效率、降低成本的刀具几何参数，称为刀具的合理几何参数，具体包括以下内容。

1. 切削刃的形式

刀具切削刃的形式有直线刃、折线刃、圆弧刃、月牙弧刃、波形刃等，如图 11-1 所示。

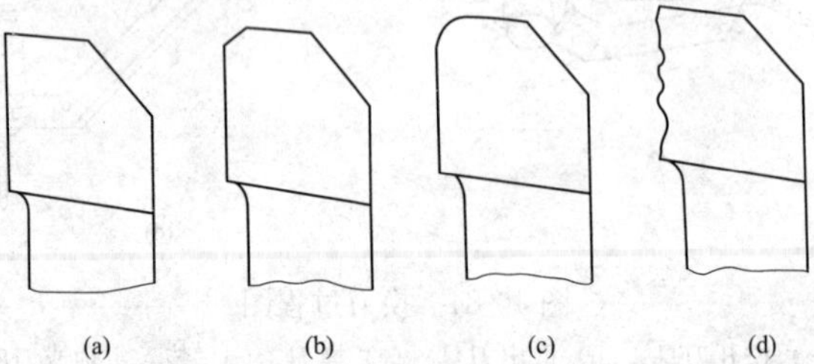

图 11-1　切削刃的形式

(a) 直线刃；(b) 折线刃；(c) 圆弧刃；(d) 月牙弧刃

2. 刀面形式

包括刀具前刀面和后刀面等。

(1) 前刀面形式：常用前刀面形式，如图 11-2 所示。

1) 正前角平面型，如图 11-2 (a) 所示，其特点是结构简单，切削刃锐利，但强度低，传热能力差。多用于切削脆性材料，或用作精加工用刀具、成形刀具和多刃刀具。

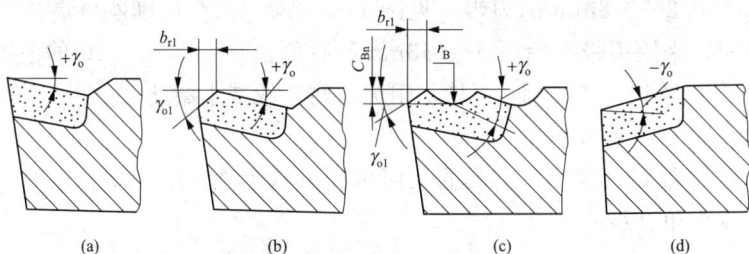

图 11-2　刀具的前刀面形式

（a）正前角平面型；（b）正前角平面带倒棱型；

（c）正前角曲面带倒棱型；（d）负前角型

2）正前角平面带倒棱型，如图 11-2（b）所示，沿切削刃磨出很窄的棱边，称为负倒棱。它可提高切削刃的强度和增大传热能力。多用于粗加工铸件或断续切削。一般倒棱参数选取

$$b_{r1} = (0.5 \sim 1.0)f$$

$$\gamma_{o1} = -5° \sim -10°$$

式中　f——进给量。

3）正前角曲面带倒棱型，如图 11-2（c）所示，是在平面带倒棱的基础上，在前刀面上又磨出一个曲面，称卷屑槽。在粗加工和半精加工时采用较多。

4）负前角型，如图 11-2（d）所示，为适应切削高强度、高硬度材时，使脆性较大的硬质合金刀片承受一定的冲击力，而采用负前角。

（2）后刀面形式：如图 11-3 所示，在一些特殊情况下，如铣刀、拉刀等定尺寸刀具，为了保持刀具直径，常采用后角 $\alpha_{o1} = 0°$，

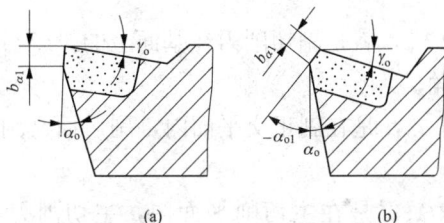

图 11-3　刀具的后刀面形式

$b_{\alpha 1}=0.2\sim 0.8$mm 的刃带［见图 11-3（a）］，在切削刚性差的工件时，采用刃带 $b_{\alpha 1}=0.1\sim 0.3$mm，后角 $\alpha_{o1}=-5°\sim -20°$ 的消振棱［见图 11-3（b）］，以增加阻尼，防止或减小振动。

3. 刀具的几何角度

如图 11-4 所示，刀具的几何角度由六个独立的基本角度和三个派生角度组成。

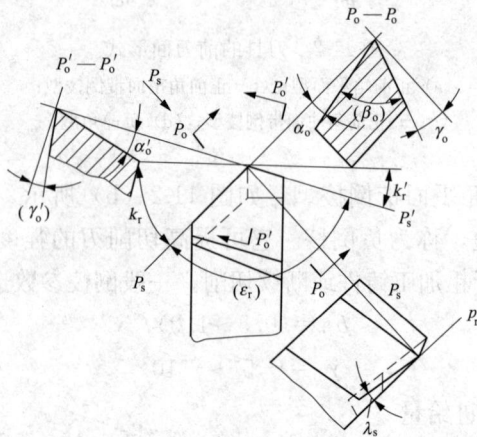

图 11-4　刀具的几何角度

（1）六个独立的基本角度：

1）前角 γ_o，是在正交平面 p_o-p_o 内，前刀面与基面之间的夹角。

2）后角 α_o，又叫主后角，是在正交平面内，后刀面与切削平面之间的夹角。

3）主偏角 k_r，就是主切削刃在基面上的投影与进给运动方向之间的夹角。

4）副偏角 k_r'，就是副切削刃在基面上的投影与背离进给运动方向之间的夹角。

5）副后角 α_o'，是在副正交平面内，副后面与副切削平面之间的夹角。

6）刃倾角 λ_s，是在主切削平面内，主切削刃与基面之间的夹角。

（2）三个派生角度：

1）刀尖角 ε_r，就是主切削刃与副切削刃在基面上的投影之间的夹角。由图 11-4 可知 $\varepsilon_r = 180° - (k_r + k_r')$；

2）楔角 β_o，在主正交平面内前刀面和后刀面之间的夹角。由图 11-4 可知 $\beta_o = 90° - (\gamma_o + \alpha_o)$；

3）副前角 γ_o'，在副正交平面内，前刀面与基面之间的夹角，其大小与主偏角 k_r、前角 γ_o、刃倾角 λ_s 的大小有关。

在切削过程中，由于刀尖处强度低、散热条件差，较易磨损和崩刃。为了提高刀尖强度，增大散热面积，提高刀具寿命，可在主副切削刃之间磨出过渡刃和修光刃。常用过渡刃有直线型和圆弧型两种，如图 11-5 所示。

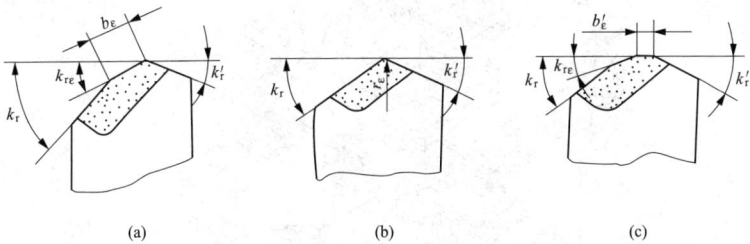

图 11-5　过渡刃和修光刃的形式
（a）直线过渡刃；（b）圆弧过渡刃；（c）修光刃

图 11-5（a）所示直线过渡刃的偏角 $k_{r\varepsilon}$ 一般取 $k_{r\varepsilon} = k_r/2$；宽度 $b_\varepsilon = 0.5 \sim 2mm$。直线过渡刃主要用于粗加工、有间断冲击的切削和强力切削用车刀、铣刀上。

图 11-5（b）所示为圆弧过渡刃，其半径 r_ε 称为刀尖圆弧半径，一般不宜太大，否则可能引起振动。r_ε 一般根据刀具材料、加工工艺系统刚性或表面粗糙度要求来选择。一般高速钢刀具的 $r_\varepsilon = 0.2 \sim 5mm$；硬质合金刀具的 $r_\varepsilon = 0.2 \sim 2mm$。

当过渡刃与进给方向平行，此时偏角 $k_{r\varepsilon}' = 0°$，则该过渡刃称为修光刃，如图 11-5（c）所示。它运用在大进给切削时，要求加工表面粗糙度值较小的情况。修光刃长度一般为 $(1.2 \sim 1.5)f$（f 为进给量）。

二、刃磨机床和工具

刀具的刃磨通常可在刃磨机床上进行，常用的刃磨机床有M6025型万能工具磨床和MQ6025A轻型万能工具磨床等，它们装上附件后，可以刃磨铰刀、铣刀、丝锥、拉刀、插齿刀等，同时也可以用来磨削内、外圆柱面和圆锥面及平面等。

（一）M6025型万能工具磨床

1. M6025型万能工具磨床的结构

如图11-6所示，该机床主要由床身1、横向滑板12、纵向滑板8、立柱5、磨头架6等组成。

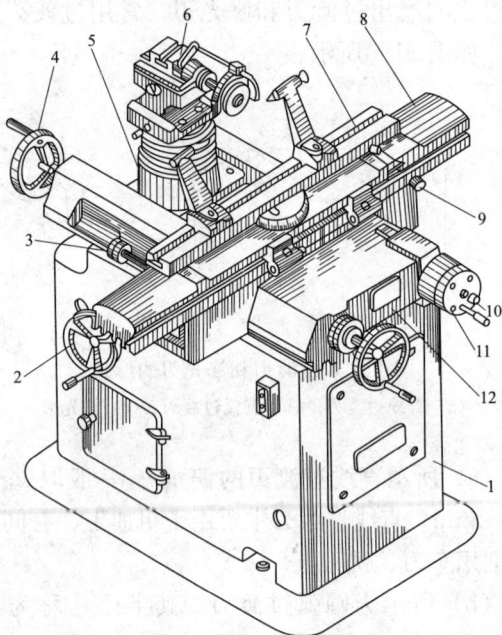

图 11-6　M6025 型万能工具磨床

1—床身；2、3、4、11—手轮；5—立柱；6—磨头架；
7—工作台；8—纵向滑板；9—手柄；10—减速手柄；12—横向滑板

工作台 7 装在纵向滑板 8 上面，工作台的纵向运动由手轮 11 或手轮 3 操纵，转动手轮 3 能使工作台随纵向滑板轻便、均匀地移动。当需要缓慢移动时，则将减速手柄 10 推入，并转动手轮 11，经差动齿轮减速后带动纵向滑板即可；不用慢速时，可拔出减速手柄 10。转动手轮 4，有丝杠、螺母带动横向滑板 12 移动，在刃磨时可以控制横向进给。转动手柄 9，工作台 7 相对于纵向滑板 8 可偏转一个角度，偏转的角度较大时，则可从工作台中间部位的刻度盘上读出角度值。工作台的最大回转角度为±60°。工作台上可装顶尖座、万能夹头、万能齿托架等，可适应刃磨各种刀具及其他加工的需要。

磨头架 6 装在立柱 5 的顶面上，可绕立柱轴线在 360°范围内任意回转。转动手柄 2，磨头可上下移动，以调整砂轮的高低位置。

M6025 型万能工具磨床的主要技术参数见表 11-1。

表 11-1　　　　M6025 型万能工具磨床的主要技术参数

顶尖中心高	125mm
前、后顶尖距离	600mm
工作台最大移动量 纵向 横向	 400mm 250mm
砂轮架垂直移动量 顶尖中心上 顶尖中心下	 130mm 55mm
砂轮最大直径	150mm
砂轮主轴转速	5700r/min，3800r/min

2. 机床主要附件

M6025 型万能工具磨床主要有以下附件。

（1）顶尖座。前、后顶尖座可用螺钉固定在工作台上，如图 11-7 所示。

（2）万能夹头。万能夹头（见图 11-8）主要用来装夹面铣刀、立铣刀、三面刃铣刀等，以刃磨其端面齿。万能夹头由夹头体 1、主轴 4、角架 2 和底座 3 等组成。夹头体的主轴锥孔的锥度为 7：24，可用来安装各种心轴。

（3）万能托齿架。万能托齿架（见图 11-9）的用途是使刀具

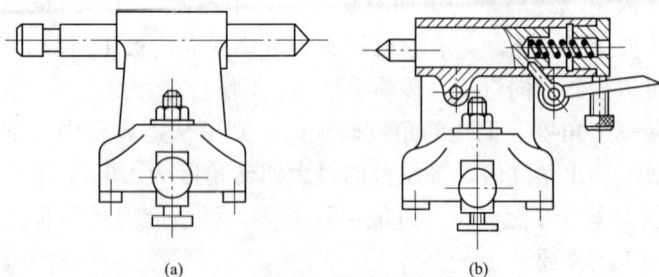

图 11-7　顶尖座
（a）前顶尖座；（b）后顶尖座

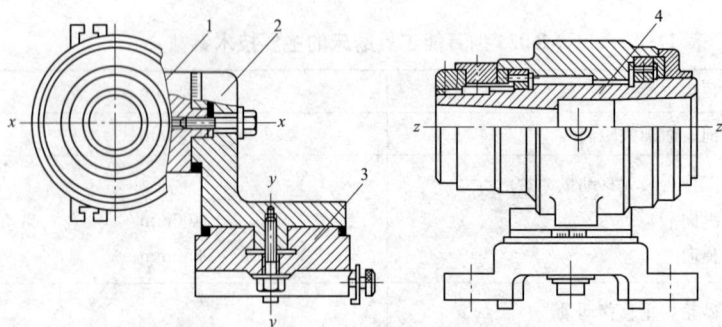

图 11-8　万能夹头
1—夹头体；2—角架；3—底座；4—主轴

刀齿相对于砂轮处于正确的位置上，以刃磨出正确的角度。支架 6 可由螺钉将万能托齿架安装在机床适当的位置上。调节捏手 1 和螺杆 3，可调节齿托片 4 的高低位置。齿托片可绕杆 2 和支架 5 的轴线回转一定的角度，以保证托齿片与刀具的刀齿接触良好。

齿托片的形状很多，供刃磨各种尖齿刀具时使用（见图 11-10）。图 11-10（a）和图 11-10（b）为直齿齿托片，适合刃磨直齿尖齿刀具，如锯片铣刀、角度铣刀等。图 11-10（c）为斜齿齿托片，适合刃磨各种交错齿三面刃铣刀等。图 11-10（d）为圆弧齿托片，适用刃磨各种螺旋槽刀具，如圆柱铣刀、锥柄立铣刀等。

（4）中心规。中心规（见图 11-11）是用来确定砂轮或顶尖中

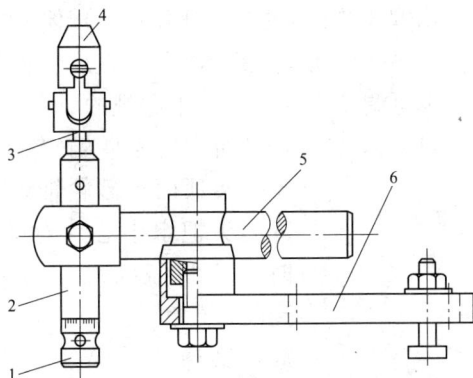

图 11-9 万能托齿架

1—捏手；2—杆；3—螺杆；4—齿托片；5、6—支架

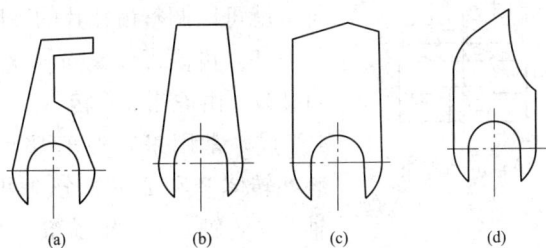

图 11-10 齿托片的形状

（a）、（b）直齿齿托片；（c）斜齿齿托片；（d）圆弧齿托片

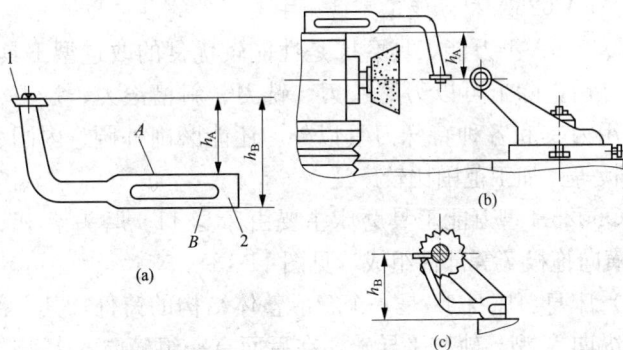

图 11-11 中心规及其使用

（a）中心规；（b）校正砂轮顶尖中心；（c）校正切削刃中心

1—定中心片；2—规体

心高度的工具，由规体2和定中心片1组成。规体2的A、B两个平面经过精加工，平行度误差很小，定中心片1可装成图11-11（a）所示位置，也可调转180°安装。中心规的A面贴住磨头顶面时［见图11-11（b）］，定中心片所指高度即为砂轮中心高h_A（等于头架顶面至砂轮轴线的距离），升降磨头把定中心片对准顶尖的尖端时，即可将砂轮中心与工件中心调整到同一高度上。如果将中心规的B面放在磨床工作台上时［见图11-11（c）］，定中心片所指高度h_B即为前、后顶尖的中心高度，将它与钢直尺配合，就可以调整齿托片的高度。

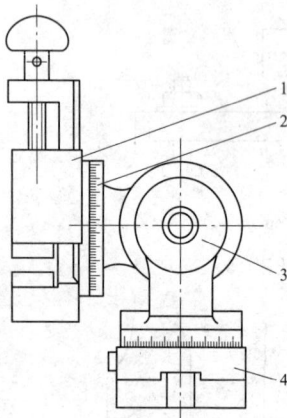

图11-12　可倾虎钳

1—虎钳；2、3—转体；4—底盘

（5）可倾虎钳。可倾虎钳（见图11-12），由虎钳1、转体2、3和底盘4组成，常用来装夹车刀等。虎钳安装在转体3和2上，分别可以绕x-x轴、y-y轴、z-z轴旋转，以刃磨所需要的角度。

（二）MQ6025A轻型万能工具磨床

1. MQ6025A型万能工具磨床主要部件的名称和作用

MQ6025A型万能工具磨床是性能较优良的改进型工具磨床。装上附件后，除了可以刃磨铰刀、铣刀、斜槽滚刀、拉刀、插齿刀等常用刀具和各种特殊刀具以外，还能磨削外圆、内圆、平面以及样板等，加工范围比较广泛。

MQ6025A型万能工具磨床主要由床身11、磨头架16、工作台6、横向拖极7等部件组成（见图11-13）。

（1）床身。床身11是一个箱形整体结构的铸件，其上部前面有一组纵向V型导轨和平导轨，在后面有一组横向的V型导轨和平导轨。纵向导轨上装有工作台，横向导轨上装有横向拖板，床身左侧门及后门内装有电器原件等。

（2）工作台。工作台6分上工作台与下工作台二部分，下工作台装在床身纵向导轨上，导轨上装有圆柱滚针，使工作台能轻便、均匀地快速移动。工作台前后共有四个操作手轮，便于在不同位置操纵工作台进行磨削。当工作台需要以较慢速度移动时，可将结合子 8 拉出，摇动手轮 9 通过行星结构减速，使工作台慢速移动。慢速时，手轮转一圈，工作台移动约12mm。这时摇动其他手轮，工作台不会移动。当

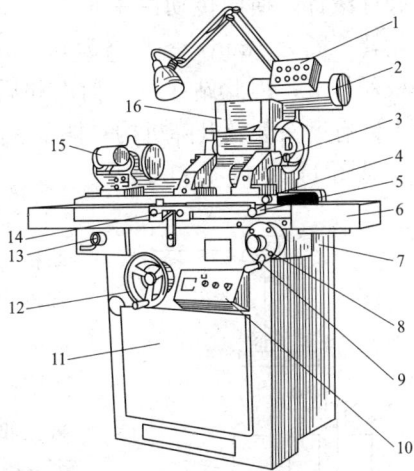

图 11-13　MQ6025A 型万能工具磨床

工作台需要以快速移动时，可将结合子 8 推进，摇动手轮 13、19或 9、25，工作台作快速移动。手轮转一圈，工作台移动 126mm（见图 11-14 或图 11-16）。

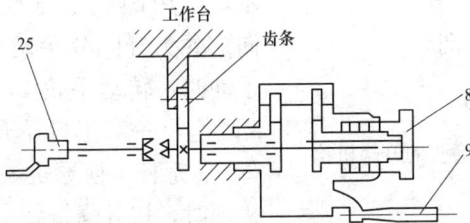

图 11-14　工作台变速手轮

　　上工作台装在下工作台上面，转动手柄 5 可使上工作台绕轴心转±9°；当需要磨锥度很大的工件或刀具时，可转动手柄 4，使上工作台的插销上升脱开滑板，上工作台就可绕轴心转±60°。在上工作台上可装万能夹头 15、顶尖座 3、齿托片等附件，以刃磨各种刀具及进行其他加工。

　　（3）横向拖板。横向拖板 7 装在床身横向导轨上，导轨之间

有圆柱滚针。横向传动由手轮 12、21 通过梯形螺杆和螺母传动。手轮转一圈为 3mm，一小格为 0.01mm。由于手轮 12、21 装在同一根丝杆上，因此站在机床前面和后面均可进行操作。在横向拖板上装有磨头架及升降机构；摇动手轮 12 或 21，磨头架作横向进给（见图 11-13 或图 11-16）。

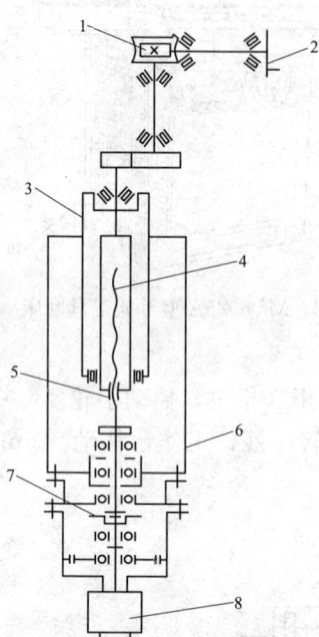

图 11-15　磨头的升降机构

（4）磨头及升降机构。磨头电动机采用标准型 A1-7132 电动机。零件套装而成，机壳与磨具壳体铸成一个整体；电动机定子由内压装改成外压装，采用微形 V 带带动磨头主轴转动。磨头主轴两端锥体均可安装砂轮进行磨削。转速为 4200r/mim、5600r/min 二挡。磨头电动机可根据磨削需要，作正反向运转，由操纵板 10 转向选择开关控制。

磨头的升降机构如图 11-15 所示，采用圆柱形导轨，由斜键导向。磨头升降分手动和机动两种。手动时，转动手轮 2，通过蜗轮副 1 减速及一对正齿轮升速，通过螺母 5、螺杆 4 使导轨 3 上升或下降。机动时，按升降按钮（操纵板上的机动按钮），电动机 8 启动，通过一齿差减速，经结合子 7 连接螺杆 4，经螺母 5 使导轨升或降。

在圆柱形导轨顶面装有接盘，接盘与磨头体的偏心盘连接，磨头装在偏心盘上面；偏心盘可绕接盘轴在 360° 范围内转任意位置。圆柱形导轨在套筒 6 中上下移动，套筒外面装有防护罩，以防止灰尘侵入。

2. 机床的操纵与调整

图 11-16 为 MQ6025A 型万能工具磨床的操纵示意图。

（1）工作台的操纵和调整

1）操作者站立位置的选择。万能工具磨床在进行内、外圆磨削时，由于工作台操纵手柄在机床前面右侧，因此操作者应站在机床前面，这样便于操作和观察。在进行刀具刃磨时，由于磨削形式不同，为了便于操作和观察，操作者一般站在机床工作台后面左侧或右侧。

2）操纵手轮的选择和操纵方法。根据磨削形式选择操纵手轮，磨内、外圆时，将结合子 8 拉出，操纵手轮 9，工作台作慢速均匀移动（见图 11-13）。

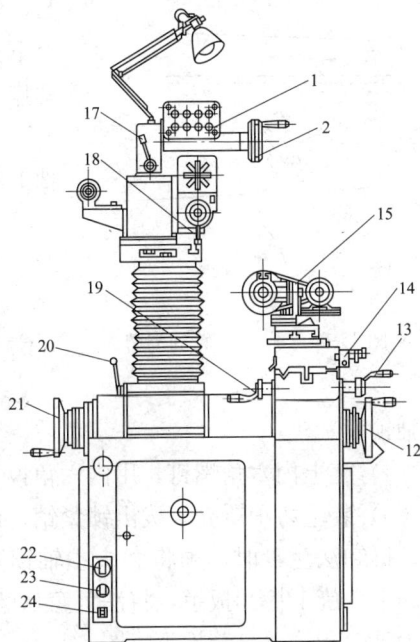

图 11-16 MQ6025A 型万能工具磨床操纵示意图

刃磨刀具时，结合子在推进位置，操纵手轮 13 或 19，工作台快速移动（见图 11-16）。刃磨时，工作台是快速手动操作，因此握柄姿势必须准确，否则转动不灵活产生中途停顿的现象。准确的操纵姿势如图 11-17 所示，操作时要注意各手指的用力大小和协调。

3）工作台行程距离的调整。由于工作台是采用圆柱滚针导轨，操纵时稍不注意就会使行程过头；在磨削时为了控制行程，可用挡铁 14 来限位。挡铁使用方法与外圆磨床挡铁使用方法基本相同。

（2）磨头位置的调整和操纵。在进行刀具刃磨时，磨头应从图 11-16 位置（外圆磨削位置）按顺时针方向转 90°，使磨头主轴轴线垂直于工作台轴线。磨头升降手轮 2 和电器操纵板 1 可根据操作需要在水平方向作任意角度转动，转动完毕，可转动手柄 17 锁

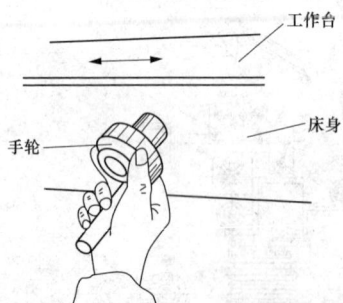

图 11-17   操纵手轮的姿势

紧。转动手柄 20，可断开磨头的上下升降，以避免操作时产生误动作。

（3）砂轮与法兰盘在磨头主轴上的装拆安装步骤：

1）把砂轮装到法兰盘上，用专用扳手将螺母拧紧。

2）把法兰盘连同砂轮一起套入磨头主轴上。

3）插入锁紧销 18，使磨头主轴锁紧。

4）旋上内六角螺钉，用内六角扳手拧紧。

5）装上防护罩壳，拔出锁紧销，砂轮安装完毕。

拆卸法兰盘时，须将磨头主轴锁紧，然后将法兰盘内六角螺钉卸下，旋上拆卸扳手，将法兰盘从磨头主轴上顶出。图 11-18 所示为砂轮和法兰盘装拆示意图。

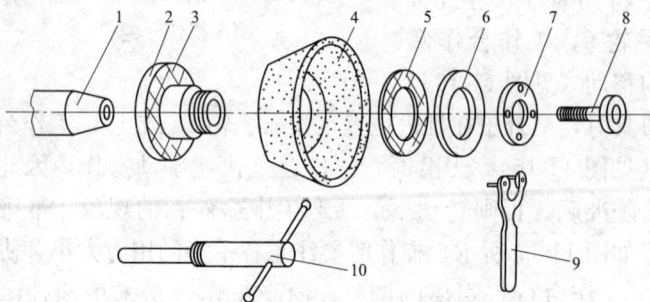

图 11-18   砂轮与法兰盘装拆示意图

1—主轴；2—法兰体；3—纸垫；4—砂轮；5—纸垫；6—法兰盖；
7—螺母；8—螺钉；9—专用扳手；10—拆卸扳手

（4）吸尘器的安装。MQ6025A 型万能工具磨床吸尘器为圆形筒体。内装有功率为 0.55kW 的电动机，转速为 2800r/min。使用时，将电源插头插入机床插座内，将电器控制面板 10 上的吸尘、冷却预选开关转到吸尘位置，再接电器操纵板 1 上的吸尘启动按钮，使吸尘器工作。吸尘管固定在磨头架偏心盘的 T 形槽内，管口对准砂轮磨削火花，使大部分灰尘被吸去。机床床身左下角三只插座 22、23、24 分别为吸尘器、切削液泵电动机、头架电动机的电源插座。使用时，可根据需要将电源插头插入相应的插座内。

三、刃磨砂轮的选用与修整

刃磨刀具的砂轮要选择合适，以使刀具刃磨后具有锋利的切削刃，具有较低的表面粗糙度值，且刀面无退火、烧伤等现象。砂轮的选用主要根据刀具材料性能、磨削性质、图样技术要求等，重点是砂轮特性和砂轮形状的正确选择。

1. 砂轮特性的选择

刃磨砂轮的特性通常包括磨料、粒度、硬度、组织和结合剂等。砂轮粒度常用的有 F46～F100。当磨削面积大、余量多时，宜采用粗粒度；若磨削余量小及刀具尺寸小，粗糙度要求小时，则采用细粒度。砂轮的硬度常用 H～K 之间的等级，刃磨高速钢刀具时，当磨削面积、余量大时，一般用 H；磨削面积、余量小时，则 J；刃磨成形刀具及精密刀具时，宜用 K；刃磨硬质合金刀具时，用 H；而刃磨硬质合金成形刀具或小刀具时，砂轮的硬度选 J。砂轮特性的具体选择见表 11-2。

表 11-2　　　　　　　　　　砂轮特性的选择

刀具材料	加工情况	砂轮特性				
		磨料	粒度	硬度	组织	结合剂
工具钢	粗磨	A	F40～F60	K～L	5	V
	精磨	WA	F80～F120	K～L	5	V
高速钢及合金钢	粗磨	WA	F46～F60	J～K	5	V
	精磨	WA	F80～F120	J～K	5	V
硬质合金	粗磨	GC	F60～F80	G～J	5	V
	精磨	GC	F120～F150	H～J	5	V

2. 砂轮形状的选择

通常情况下，刃磨刀具的前刀面用碟形砂轮；刃磨后刀面用碗形或杯形砂轮。杯形砂轮在刃磨过程中直径不变，对无变速装置的磨床更为适用。目前，碗形或杯形砂轮的直径较小，砂轮的圆周速度低，磨粒易变钝，刀具表面粗糙度值较大。因此，为了提高砂轮的圆周速度，可选用直径较大的平形砂轮，经适当调整，用来刃磨刀具的后刀面。

砂轮形状及外径的选择，见表 11-3。

表 11-3　　　　　　　　　砂轮的形状及外径的选择

砂轮的形状及外径	刃磨范围	说　明
小角度单斜边砂轮 单斜边砂轮 碟形砂轮 外径 $\phi50$mm	用于刃磨滚刀、拉刀、锯片、铣刀等刀具的前刀面	1. 当磨不到槽根时，应改用外径 $\phi50\sim75$mm 的小砂轮 2. 刃磨圆拉刀（圆孔、花键拉刀等）的前刀面时，砂轮锥面的曲率半径应小于拉刀前刀面的曲率半径
平形砂轮	用于刃磨插齿刀的前刀面、钻头的后刀面、车刀的前刀面及后刀面、铣刀及铰刀的外圆等	在刃磨钻头及车刀时，砂轮直径不受限制。但在刃磨插齿刀前刀面时，砂轮半径应小于插齿刀前刀面的曲率半径
碗形砂轮 杯形砂轮 外径 $\phi75\sim125$mm	用于刃磨各种铰刀、尖齿铣刀的后刀面，及车刀的前刀面及后刀面	刃磨细齿刀具时，砂轮外径应适当减小

3. 砂轮的修整

刃磨刀具用的普通磨料砂轮，必须经常进行修整，以保持磨粒的锋利，避免产生烧伤退火及磨削裂纹等现象。对于碟形及碗形砂轮的平面，一般采用油石手工修整，使其呈内凹的锥面，如图 11-19 所示。当砂轮的外锥面或外圆柱面为磨削工作面时，特别是刀具几何形状精度及表面质量要求较高时，手工修整较难满足时，一般采用金刚石笔借助修整夹具修整。

对金刚石砂轮，一般不需要修整，但在必要时可用普通磨料的砂轮或磨石来进行修整。

四、刃磨的方法及步骤

简单刀具的种类很多，刃磨的部位主要是前、后刀面，其刃磨的方法和步骤基本相同，现简述如下：

1. 砂轮的选择及修整

根据刀具的材料和技术要求，选择砂轮的特性和形状，并根据加工需要修整砂轮。

修整砂轮分两步，第一步先用砂条粗修砂轮端面。对碟形砂轮，端面修成边缘高、内侧低的锥面 [见图 11-20（a）]；对碗形或杯形砂轮，端面修成内凹形 [见图 11-20（b）]。第二步再用金刚石笔精修砂轮端面至要求。

图 11-19　砂轮的修整方法

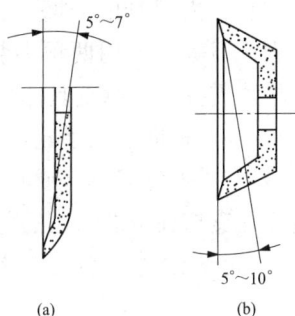

图 11-20　刃磨砂轮的修整参数

（a）碟形砂轮的修整；

（b）碗形或杯形砂轮的修整

2. 调整砂轮架位置

刃磨时，应根据刀具的角度，将砂轮架在水平面内转动一定角度，使砂轮边缘参加磨削。磨削前可用中心规来找正砂轮与所磨刀面的相对位置。

3. 装夹方法

不同的刀具刃磨，可用不同的装夹方法。磨车刀、刨刀、刀片可在可倾虎钳上装夹，以刃磨所需的角度；磨铰刀、圆柱铣刀、铲齿铣刀等可用两顶尖装夹，并安装调整好托齿片；磨端铣刀、立铣刀、三面刃铣刀可在万能夹头上装夹，并用齿托片支撑。装夹圆柱铣刀、铲齿铣刀、端铣刀及三面刃铣刀时，均需用心轴紧固。

4. 刃磨

（1）平面刀具的刃磨。平面刀具有车刀、刨刀、刀片等，直接装夹在可倾虎钳上，不需加任何辅助装置即可调整所需位置刃磨各种角度，装夹时，必须用百分表找正刀具的基准面。

这类刀具主要刃磨前角、后角、主偏角、副偏角，有的刀片（如机夹可转位车刀）还需磨削周边、断屑槽。刃磨刀具的副偏角可用专用夹具，磨削断屑槽则可将刀片夹在钳口上，再将钳体调成所需角度，用碗形砂轮刃磨。

（2）尖齿刀具的刃磨。尖齿刀具如铰刀、圆柱铣刀、铲齿铣刀、面铣刀等，可用两顶尖装夹或用心轴装夹在万能夹头上，并用齿托片支撑。刃磨的具体步骤为：

1）摇动横向进给手轮，使砂轮靠近刀具的前（后）刀面。

2）右手握住刀具（或心轴），左手摇动工作台纵向进给手轮，使齿托片支撑在待磨刀齿的前面上。

3）起动砂轮，缓慢地进行横向进给，使砂轮磨到刀齿的刀面。

4）左手摇动手轮，使工作台纵向进给，右手扶住刀具（或心轴），使刀齿前刀面紧贴齿托片，并作螺旋运动。

5）磨好一齿后，将刀齿退出齿托片。

6）将刀具转过一齿，继续刃磨另一齿刀面，逐齿刃磨。

7）磨完一周齿后，砂轮作一次横向进给，继续刃磨，直至符合图样要求。

第二节 车 刀 的 刃 磨

一、普通车刀的刃磨

在切削过程中，车刀的前刀面和后刀面处于剧烈的摩擦和切削热的作用中，使车刀的切削刃口变钝而失去切削能力，因此必须通过刃磨来恢复切削刃口的锋利和正确的几何角度。

1. 车刀的手工刃磨

车刀的刃磨有机械刃磨和手工刃磨两种。机械刃磨效率高，操作也很方便，其刃磨的几何角度非常准确，且质量好。但在生产中，特别是在一些中、小型企业中仍采用手工刃磨的方法，因此，车工必须掌握好手工刃磨车刀的技术。

下面以如图 11-21 所示的 90°硬质合金外圆车刀为例，介绍手工刃磨车刀的方法。

（1）刃磨的姿势。

1）刃磨车刀时，操作者应站立在砂轮机的侧面（与砂轮轴线约成 $38°\sim55°$ 夹角），以防砂轮碎裂，碎片飞出伤人。

2）两手握车刀的距离要放开，两肘夹紧腰部，这样可减小抖动。

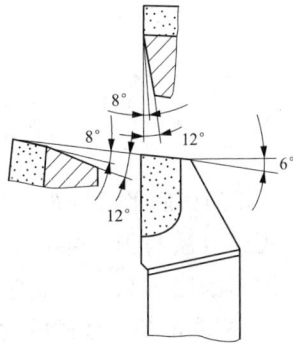

图 11-21　90°硬质合金车刀

3）磨刀时车刀应放在砂轮的水平中心位置。

（2）刃磨步骤。

1）先磨去车刀前刀面、后刀面上的焊渣，并将车刀底面磨平。可选用粒度为 F24～F36 的氧化铝砂轮。

2）粗磨刀体。在略高于砂轮中心水平位置处，将车刀翘起一个比后角大 $2°\sim3°$ 的角度，粗磨刀体的主后刀面和副后刀面，以形成后隙角，为磨车刀切削部分的主后刀面和副后刀面做准备，如图 11-22 所示。

3）粗磨切削部分主后角。选用粒度为 F36～F60、硬度为 G、H 的碳化硅砂轮。刀体柄部与砂轮轴心线保持平行，刀体底平面向砂轮方向倾斜一个比主后角大 $2°\sim3°$ 的角度。刃磨时，将车刀刀体上已磨好的主后隙面靠在砂轮的外圆上，以接近砂轮中心的水平位置为刃磨的起始位置，然后使刃磨位置继续向砂轮靠近，并作左右缓慢移动，一直磨至刀刃处为止。这样可同时磨出主偏角 $k_r=90°$ 和主后角 $\alpha_o=4°$。

4）粗磨切削部分的副后角。刀柄尾部向右偏摆，转过副偏角

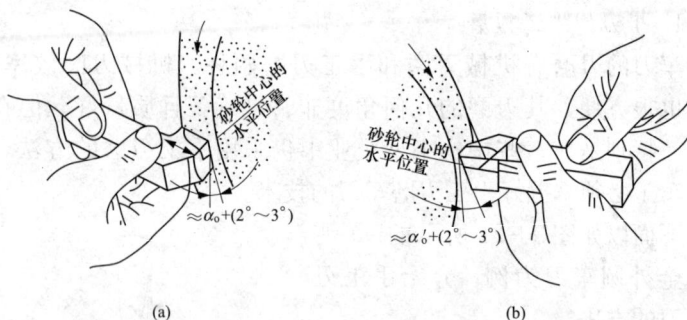

图 11-22　粗磨刀体

$k'_r = 8°$，刀体底平面向砂轮方向倾斜一个比副后角大 $2°\sim 3°$ 的角度，刃磨方法与刃磨主后刀面相同，但应注意磨至刀尖处为止。同时磨出副偏角 $k'_r = 8°$ 和副后角 $\alpha'_o = 4°$。

5）粗磨前角。以砂轮的端面粗磨出车刀的前刀面，同时磨出前角 $\gamma_o = 12°\sim 15°$，如图 11-23 所示。

6）刃磨断屑槽。解决好断屑是车削塑性金属的一个突出问题。若切屑不断、成带状缠绕在工件和车刀上，就会影响正常的车削，而且还会降低工件表面质量，甚至会发生事故。因此在刀头上磨出断屑槽就很有必要了。

断屑槽常见的有圆弧型和直线型两种，如图 11-24 所示。圆弧型断屑槽的前角较大，适宜于切削较软的材料；直线型断屑槽的前角较小，适宜于切削较硬的材料。

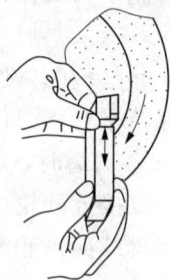

图 11-23　粗磨前刀面

图 11-24　断屑槽的两种型式

（a）圆弧型；（b）直线型

断屑槽的宽窄应根据车削加工时的背吃刀量和进给量来确定。硬质合金车刀断屑槽的参考尺寸见表11-4。

表 11-4　　　　　　硬质合金车刀断屑槽的参考尺寸

背吃刀量 a_p	进给量 f				
	0.3	0.4	0.5~0.6	0.7~0.8	0.9~1.2
	r_{Bn}				
2~4	3	3	4	5	6
5~7	4	5	6	8	9
7~12	5	8	10	12	14

圆弧形
C_{Bn} 为 5~1.3mm（由所取的前角值决定），r_{Bn} 在 L_{Bn} 的宽度和 C_{Bn} 的深度下成一自然圆弧

　　手工刃磨的断屑槽一般为圆弧型。刃磨时，必须将砂轮的外圆和端面的交角处用金刚石笔或硬砂条修成相应的圆弧。若刃磨直线型断屑槽，则砂轮的交角须修磨得很尖锐。刃磨时刀尖可向下磨或是向上磨，如图 11-25 所示。但选择刃磨断屑槽的部位时应考虑留出倒棱的宽度（即留出相当于进给量大小的距离）。

　　7）精磨主、副后刀面。选用粒度为 F180~F200 的绿色碳化硅杯形砂轮。精磨前应修整好砂轮，保证回转平稳。刃磨时将车刀底平面靠在调整好角度的托架上，并使切削刃轻轻靠住砂轮端面，并沿着端面缓慢地左右移动，使砂轮磨损均匀、车刀刃口平直，如图 11-26 所示。

　　8）磨负倒棱。负倒棱如图 11-27 所示。刃磨有直磨法和横磨法两种，如图 11-28 所示。刃磨时用力要轻，要使主切削刃的后端向刀尖方向摆动。负倒棱倾斜角度 γ_{01} 为 $-5°~-10°$，其宽度 $b=(0.5~0.8)f$。为了保证切削刃的质量，最好采用直磨法。

　　9）刀尖磨出圆弧。车刀刀柄与砂轮成 45° 夹角，以左手握车刀前端为支点，用右手转动车刀尾部刃磨。

　　10）用条石研磨车刀。在砂轮上刃磨的车刀，切削刃不够平滑光洁，若用放大镜观察，可以发现其刃口上呈凸凹不平的状态。使用这样的车刀车削时，不仅影响了车削的表面质量，也会降低

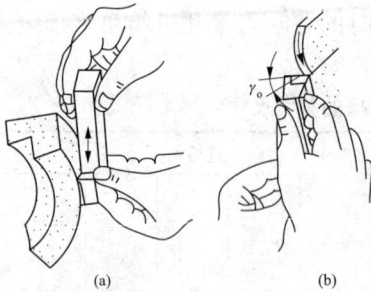

图 11-25 刃磨断屑槽图

（a）向下磨；（b）向上磨

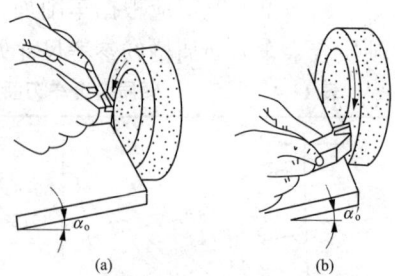

图 11-26 精磨主、副后刀面

（a）磨主后刀面；（b）磨副后刀面

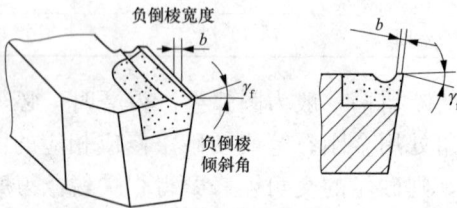

图 11-27 负倒棱

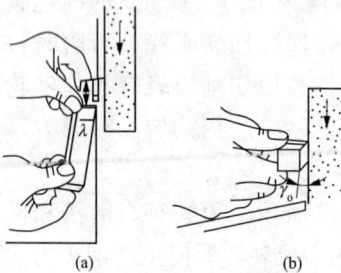

图 11-28 刃磨负倒棱

（a）直磨法；（b）横磨法

车刀的使用寿命，而硬质合金车刀则在切削中容易崩刃，因此，车刀在砂轮上刃磨好后，应用细条石研磨其刀刃。研磨时，手持油石在车刀刀刃上来回移动。要求动作应平稳，用力应均匀，如图 11-29 所示。研磨后的车刀，应消除在砂轮上刃磨后的残留痕迹，刀面表面粗糙度值应达到 $Ra0.4\sim0.2\mu m$。

2. 车刀的机械刃磨

车刀的刃磨方法一种方法是在砂轮机上手工刃磨，此法简便易行，但刃磨质量取决操作者的技术水平。另一种方法是在工具磨床上借助三向虎钳来刃磨。

为了便于叙述，本书将三向虎钳的回转轴名称规定如下：当虎钳的三根轴处于相互垂直的原始位置时，

x 轴——与砂轮轴线相平行的水平回转轴，它与工作台纵向相垂直；

y 轴——与工作台纵向相平行的水平回转轴；

z 轴——与工作台台面相垂直的回转轴。

（1）后刀面的刃磨。后刀面一般都用砂轮的端面刃磨，刃磨时，先将车刀安装得使其底面与虎钳的 z 轴相垂直，而刀杆轴线与 x 轴相平行。然后调整虎钳的回轴角，使车刀的后刀面与砂轮端面相平行。根据虎钳的结构不同，调整计算如下。

1）采用图 11-30 所示三向虎钳法。可先将 z 轴转动 ω_z 角，使后刀面与基面的交线平行砂轮端面及虎钳的 y 轴，然后将 y 轴转动 ω_y 角（即车刀的最小后角 α_b）后，车刀的后刀面即平行于砂轮端面（见图 11-31），ω_z 及 ω_y 可计算为

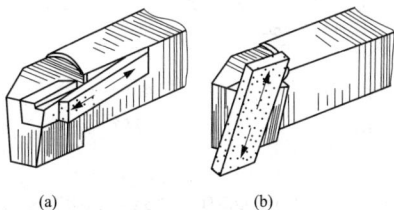

图 11-29　用条石研磨车刀

（a）水平研磨；（b）垂直研磨

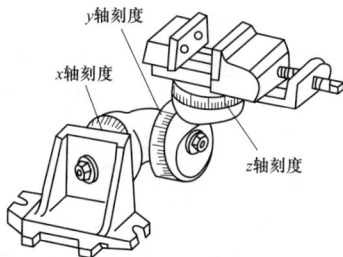

图 11-30　三向虎钳（Ⅰ）

$$\tan\Delta\kappa_r = \tan\lambda_s \tan\alpha_o$$

$$\tan\alpha_b = \tan\alpha_o \cos\Delta\kappa_r$$

$$\omega_z = \kappa_r - \Delta\kappa_r$$

$$\omega_y = \alpha_b$$

2）采用图 11-32 所示的三向虎钳法。可先将 y 轴转动 ω_y 值（即车刀的纵向后角 α_p），使后刀面垂直于磨床工作台台面，然后将 z 轴转动 ω_z 角，使后刀面平行于砂轮端面。ω_y 及 ω_z 可计算为

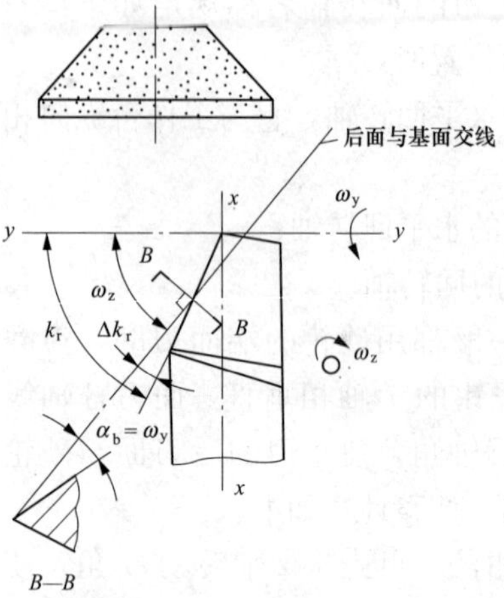

图 11-31　车刀后刀面平行砂轮端面图

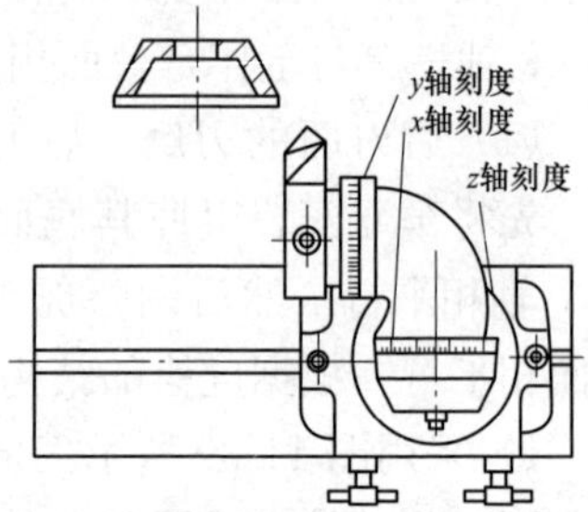

图 11-32　三向虎钳（Ⅱ）

$$\frac{1}{\tan\alpha_p}=\frac{\cos\kappa_r}{\tan\alpha_o}+\tan\lambda_s\sin\kappa_r$$

$$\frac{1}{\tan\alpha_f}=\frac{\sin\kappa_r}{\tan\alpha_o}-\tan\lambda_s\cos\kappa_r$$

$$\omega_y=\alpha_p$$

$$\tan\omega_z=\frac{\sin\alpha_p}{\tan\alpha_f}$$

（2）副后刀面的刃磨。副后刀面一般也是用砂轮端面刃磨。刃磨时，车刀的安装及虎钳的调整与刃磨后刀面相类似。

1）采用如图 11-30 所示三向虎钳，可计算为

$$\tan\Delta\kappa_r'=[\tan\gamma_o\sin(\kappa_r+\kappa_r')-\tan\lambda_o\cos(\kappa_r+\kappa_r')]\tan\alpha_o'$$

$$\tan\alpha_b'=\tan\alpha_o'\cos\Delta\kappa_r'$$

$$\omega_z=\kappa_r'-\Delta\kappa_r'$$

$$\omega_y=\alpha_b'$$

式中　γ_o——车刀前角；

　　　k_r——车刀主偏角；

　　　k_r'——车刀副偏角；

　　　α_o'——车刀副偏角；

λ。——车刀刃倾角。

2）采用如图 11-32 所示三向虎钳，可计算为

$$\frac{1}{\tan\alpha_p'} = \frac{\cos\kappa_r'}{\tan\alpha_o'} + [\tan\gamma_o\sin(\kappa_r+\kappa_r') - \tan\lambda_s\cos(\kappa_r-\kappa_r')]\sin\kappa_r'$$

$$\frac{1}{\tan\alpha_f'} = \frac{\sin\kappa_r'}{\tan\alpha_o'} - [\tan\gamma_o\sin(\kappa_r+\kappa_r') - \tan\lambda_s\cos(\kappa_r+\kappa_r')]\cos\kappa_r'$$

$$\omega_y = \alpha_p'$$

$$\tan\omega_z = \frac{\sin\alpha_p'}{\tan\alpha_f'} = \cot\alpha_f\sin\alpha_p'$$

（3）平面型前刀面刃磨。平面型车刀的前刀面一般用砂轮外圆柱面刃磨。先将车刀安装得使其底面与虎钳的孔轴相垂直，刀杆轴线与 x 轴平行，然后调整虎钳的回转角，使车刀前刀面与磨床工作台台面相平行。

1）无卷屑槽的平面型前面。

①当采用如图 11-30 所示的三向虎钳时，先将 z 轴转动 ω_z 角，使前刀面与基面的交线平行于虎钳的 x 轴。然后再将 x 轴转动 ω_x 角（即车刀的最大前角 γ_g）后，使前刀面平行于工作台台面，即可进行刃磨，ω_z 和 ω_x 可计算为

$$\tan\Delta\kappa_r = \tan\lambda_s/\tan\lambda_o$$

$$\tan\gamma_g = \tan\gamma_o/\cos\Delta\kappa_r$$

$$\omega_z = 90° - \kappa_r + \Delta\kappa_r$$

$$\omega_x = \gamma_g$$

②当采用如图 11-32 所示的虎钳时，先将 y 轴转动 ω_y（即车刀的纵向前角 γ_p），使背平面 p_p 与前刀面的交线平行于虎钳的 x 轴及磨床工作台面。然后再将 x 轴转动 ω_x 角，使前刀面平行于工作台台面即可进行刃磨，这种调整方法也适用于前一种结构的虎钳。ω_y 及 ω_x 可计算为

$$\tan\gamma_p = \tan\gamma_o\cos\kappa_r + \tan\lambda_s\sin\kappa_r$$

$$\tan\gamma_f = \tan\gamma_o\sin\kappa_r - \tan\lambda_s\cos\kappa_r$$

$$\omega_y = \gamma_p$$

$$\tan\omega_x = \tan\gamma_f\cos\gamma_p$$

2）带卷屑槽的平面型前刀面。刃磨这类前刀面时，除了要保证前刀面的三个角度参数 γ_o、λ_s 及 k_r 外，还必须保证一个卷屑槽的斜角 τ。

①当采用如图 11-30 所示的虎钳时，可分别将虎钳的 z、x、y 轴转动 ω_z、ω_y 及 ω_x 角，它们可求取为

$$\omega_z = \kappa_r - \tau$$

$$\tan\omega_y = \tan\gamma_o\cos\tau + \tan\lambda_s\sin\tau$$

$$\tan\omega_x = \left(\frac{\cos\tau}{\tan\lambda_s} - \tan\gamma_o\sin\tau\right)\cos\omega_y$$

式中　τ——卷屑槽的斜角。对外斜式卷屑槽，τ 角为正值，对内斜式的卷屑台，τ 角为负值。

②当采用如图 11-32 所示的虎钳时，虎钳的 y 轴及 x 轴的转角 ω_y 及 ω_x 的计算，与不带卷屑槽的车刀完全一样。而卷屑台的斜角 τ，可在磨削时将虎钳的 z 轴转动一适当的角度，使卷屑台肩部与工作台的纵向相平行来保证。

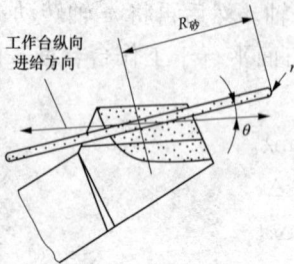

图 11-33　砂轮相对
于车刀的安装

3）全圆弧形卷屑槽的磨削。一般是用薄片形（PB）的金刚石砂轮来磨削。如图 11-33 所示是砂轮相对于车刀安装情况，车刀可装夹在三向虎钳上，使卷屑槽的方向与磨床工作台的纵向相平行，磨头主轴回转一 θ 角，其值可计算为

$$\sin\theta = \sqrt{\frac{R-r}{R_砂-r}}$$

式中　R——卷屑槽槽形半径；

　　　$R_砂$——砂轮半径；

　　　r——砂轮轮缘圆弧半径。

二、成形车刀的刃磨

成形车刀磨损后，一般通过夹具在工具磨床上沿前刀面进行重磨。重磨的基本要求是保持设计时的前角和后角数值。

重磨时，棱体成形车刀在夹具中的安装位置应使它的前刀面

与碗形砂轮的工作端面平行；圆体成形车刀应使其中心与砂轮工作端面偏移 h，且 $h = R\sin(\gamma_f + \alpha_f)$，如图 11-34 所示。

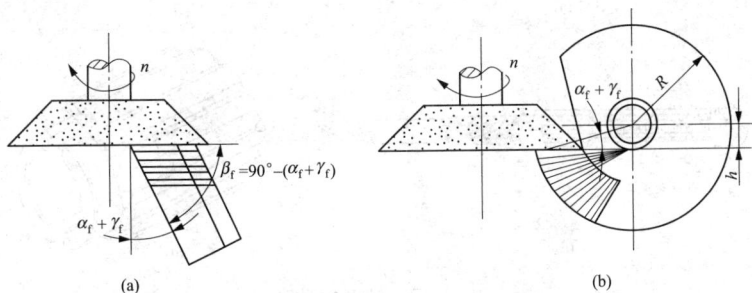

图 11-34　成形车刀重磨示意图
(a) 棱体成形车刀；(b) 圆体成形车刀

✦ 第三节　铰刀的刃磨

一、铰刀的结构及几何角度

1. 铰刀的分类

铰刀是用于孔的精加工刀具，经铰削后孔的精度可达到 IT7～IT8 级，表面粗糙度值可达 $Ra1.25～0.20\mu m$，铰削的余量一般很小，因此切屑很薄，为 0.02～0.05mm。

铰刀的品种规格很多，可按下列方法进行分类：

(1) 按加工孔的形状分：圆柱形铰刀和圆锥形铰刀。

(2) 按使用方法分：手用铰刀和机用铰刀。

(3) 按连接方法分：带柄铰刀（直柄或锥柄）和套式铰刀。

(4) 按铰刀直径的调整分：可调节铰刀和不可调节铰刀。

(5) 按铰刀槽形分：直槽铰刀和螺旋槽铰刀。

各类铰刀的形状如图 11-35 所示。

2. 铰刀的结构及几何角度

(1) 铰刀的结构。尽管铰刀的品种规格很多，但基本结构相同，由工作部分、柄部及颈部组成（见图 11-36）。铰刀的主要参数有：直径 D，切削锥角 $2k_r$、前角 γ_o、后角 α_o、刀齿数 z 等。

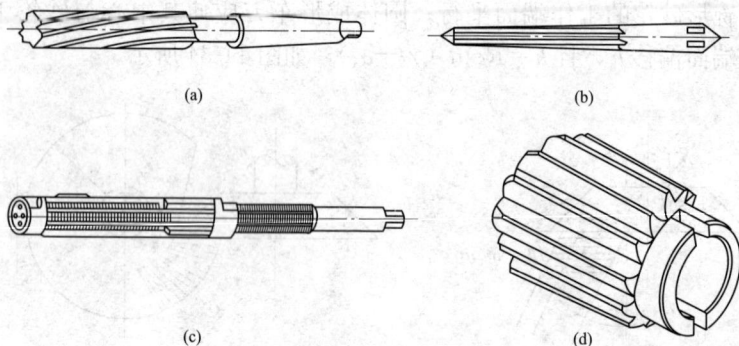

图 11-35　铰刀的种类

（a）螺旋槽铰刀；（b）锥度铰刀；（c）可调节铰刀；（d）套式机用铰刀

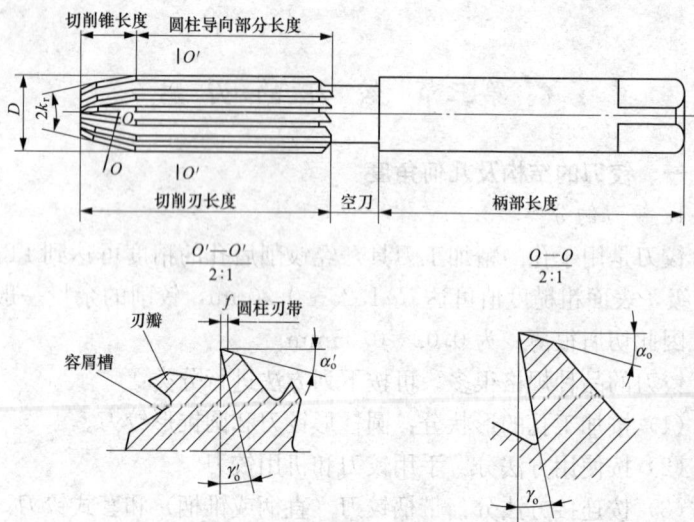

图 11-36　铰刀的结构及几何角度

铰刀的工作部分由切削部分、校准部分及倒锥部分（直径自头部至柄部逐渐减小）组成。切削部分的刀齿叫切削齿，起切削作用。校准部分的刀齿叫校准齿，起校正孔径和压光孔壁的作用。倒锥部分可减少刀齿与孔壁的摩擦，防止校准部分刮大孔径或退刀时划伤孔壁表面，倒锥量一般是以倒锥部分全长上的直径减少量来表示的。机用铰刀的倒锥量在 100mm 长度上为 0.02～0.08mm。

（2）铰刀的几何角度。

1）前角 γ_o。一般取前角 $\gamma_o=0°$，加工韧性金属用的铰刀，前角 $\gamma_o=5°～10°$，镶硬质合金刀片的铰刀，前角 $\gamma_o=-3°～5°$。

2）后角 α_o。铰刀后角主要是为了减少刀齿与孔壁之间的摩擦，一般取 $\alpha_o=4°～8°$。在校准部分刀齿的前刀面与后刀面之间有一条宽约 0.1～0.3mm 的圆弧刃带 f，其作用是在铰孔时起导向，减小铰刀的颤动，并压光孔壁及便于测量铰刀直径等。

3）切削锥角 $2k_r$。它是对称的两个主切削刃之间的夹角，其半角相当于主偏角。手用铰刀锥角较小，以减少铰孔时的轴向力，并使进给方向准确。一般情况下，取 $2k_r=0°30'～1°$。机用铰刀一般取 $2k_r=10°～30°$。

4）螺旋角 β。是指螺旋形刀刃展开成直线后与铰刀轴心线间的夹角。铰孔时它能使刀齿逐渐切入工件，使铰削工作平稳顺利。标准整体圆柱孔用铰刀，取 $\beta=0°$（即直槽）。当铰削深孔及断续孔时，须使用螺旋槽铰刀，一般取 $\beta=10°～30°$。

3. 铰刀刃磨几何参数及刃磨精度要求

对一般的铰刀来说，在非特殊情况下，铰刀钝化后都是修磨切削部分的后刀面。只有当铰刀的校准部分也用钝时，才刃磨前刀面。对带刃倾角的铰刀，其切削部分的主偏角是由切削部分前刀面与后刀面相交而自然形成的，因而当其钝化后，只需刃磨切削部分的前刀面。有时在使用过程中需要改变铰刀的直径，则应先将铰刀的外圆重新精磨或研磨到所需的尺寸，然后再刃磨校准部分的后刀面，并沿刃口留出一定宽度的圆柱形刃带。

表 11-5 和表 11-6 所列各类标准铰刀有关刃磨几何参数及刃磨精度要求，可供参考。

二、铰刀的刃磨

（一）直齿圆柱铰刀的刃磨

1. 图样和技术要求分析

如图 11-37 所示为一机用铰刀。铰刀工作部分材料为W18Cr4V2，工作部分淬硬 60～63HRC，直径为 $\phi15^{+0.042}_{+0.036}$mm，切

表 11-5　手用及机用圆柱形铰刀刃磨几何参数及刃磨精度要求

铰刀名称及规格 D/mm	刃磨部位	前角 γ₀	刃倾角 λₛ	切削部分后角 $\alpha_o\pm2°$	校准部分后角 $\alpha_o'\pm2°$	主偏角 κ_r	校准部分倒锥度/mm	校准部分的圆柱形刃带宽度/mm	径向跳动允许 H7	径向跳动允许 H8,H9,H10
手用铰刀　D=1~1.8	切削部分后刀面	0°~3°	0°	18°	16°	1°±15′	0.005~0.015	≤3.0　0.05~0.10	0.01	0.02
D>1.8~2.8				16°	14°			>3~10　0.10~0.15		
D>2.8~6				14°	12°			>10~18　0.15~0.25		
D>6~10				12°	10°	1°±10′		>18~30　0.20~0.30		
D>10~20				10°	8°			>30~50　0.25~0.40		
D>20~50				8°	6°		0.01~0.02			
机用铰刀 ($\lambda_s=0$)　D=1~1.8	切削部分后刀面	0°~3°	0°	18°	16°	15°±1°	0.005~0.02	D≤3　0.05~0.10	0.01	0.02
D>1.8~2.8				16°	14°		0.02~0.04	D>3~10　0.10~0.15		
D>2.8~6				14°	12°		0.03~0.05	>10~18　0.15~0.20		
D>6~10				12°	10°		0.03~0.05	>18~30　0.20~0.30		
D>10~18	切削部分后刀面	0°~3°		8°	8°	15°±1°	0.04~0.06	>30~50　0.25~0.40		
D>18~30							0.05~0.07	>50~70　0.30~0.50		
D>30~50							0.06~0.08	>70~80　0.40~0.60		
D>50~80										

续表

铰刀名称及规格 D /mm	刃磨部位	前角 γ₀	刃倾角 λs	切削部分后角 α₀±2°	校准部分后角 α₀′±2	主偏角 κᵣ	校准部分倒锥度 /mm	校准部分的圆柱形刃带宽度 /mm	工作部分对中心线径向跳动允差/mm 公差等级 H7	H8,H9,H10
			≤16°　15°							
带刃倾角的机用铰刀　D≤10	切削部分	5°~8° (γ₀)	16°~25°　20°	—	12°	—	0.005~0.01	0.10~0.15	0.01	0.02
D>10~18	校准部分	0°~3°	>25°　25°	—	10°	—		0.15~0.25		
D>18~30	切削部分前刀面				8°		0.01~0.015	0.20~0.30		
D>30								0.25~0.40		

注　1. 带刃倾角的机用铰刀的切削部分与校准部分具有公共的后刀面,而主偏角是由后刀面与切削部分前刀面相交自然形成的,其值可按 $\tan\kappa_\mathrm{r}=\tan\alpha_0\tan\lambda_\mathrm{s}$ 确定。

2. 铰刀前、后刀面的表面粗糙度值 Ra 不大于 0.8μm。

657

金属切削刀具实用技术手册

表 11-6　锥度铰刀的刃磨几何参数及刃磨精度要求

铰刀名称及规格 D/mm		刃磨部位	前面 γ₀	后角 α₀±2°	圆锥刃带 宽度/mm	工作部分对中心线径向跳动允差/mm	锥度允差/mm	锥角允差
1:50 锥度销子铰刀	D≤2.5	后面	0°~3°	20°	≤0.10	0.03	铰刀工作部分长度 l≤100 0.05/100; l>100~200 0.04/100; l>200 0.03/100	—
	D>2.5~6			14°				
	D>6~10			10°	≤0.15	0.02		
	D>10~16			8°	≤0.20	0.03		
	D>16~30							
	D>30~50			6°	≤0.25			
莫氏锥度铰刀	莫氏锥度号 0	后面	0°~3°	10°	≤0.15	0.02	粗±0.000 3 精±0.000 15	粗±1′ 精±30″
	1							
	2						粗±0.000 25 精±0.000 125	粗±50′ 精±25″
	3					0.03		
	4							
	5						粗±0.000 2 精±0.000 1	粗±30′ 精±15″
	6							

注　铰刀的前刀面及刃带表面粗糙度值 Ra 应不大于 0.4μm，后刀面表面粗糙度值 Ra 应不大于 0.8μm。

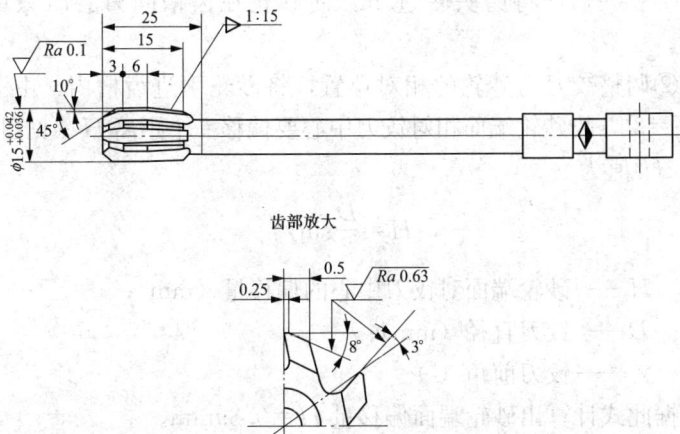

齿部放大

技术要求：

1. 工作部分材料 W18Cr4V2，工作部分淬硬 60～63HRC；

2. 齿数 $z=6$；

3. 切削齿后角 $\alpha_o=10°$，标准齿后角 $\alpha_o'=8°$，圆弧刃带宽 $f=0.25\text{mm}$；

4. 工作部分和柄部径向圆跳动公差为 0.03mm；

5. 刀齿表面粗糙度 $Ra0.63\mu\text{m}$。

图 11-37 铰刀

削锥角 $2k_r=20°$，刀齿前角 $\gamma_o=3°$，切削齿后角 $\alpha_o=10°$，标准齿后角 $\alpha_o'=8°$，圆弧刃带宽 $f=0.25\text{mm}$，齿数 $z=6$，刀齿表面粗糙度 $Ra0.63\mu\text{m}$，工作部分和柄部径向圆跳动公差为 0.03mm。

根据工件材料和加工要求，进行如下选择和分析。

（1）砂轮的选择。所选砂轮的特性为：磨料 WA，粒度 F46～F80，硬度 K，组织号 5，结合剂 V。刃磨前刀面用碟形砂轮，将砂轮修成内锥面；刃磨后刀面用碗形或杯形砂轮，端面修成内凹形（见图 11-38）修整砂轮用金刚石笔。

（2）装夹方法。将铰刀装夹在前、后顶尖间，装夹前检查中心孔，顶尖的预紧力大小要适当。

（3）磨削方法。先刃磨前刀面，再磨校准部分的外圆、倒锥及切削部分锥面，最后刃磨后刀面。

1）磨前刀面：

①装夹后，将磨头转过 2°，使砂轮在齿槽间刃磨时只单边接触。

②调整铰刀与砂轮的相对位置，将砂轮引进齿槽内，由于前角 $\gamma_o = 3°$，故砂轮端面相对铰刀中心要偏移一个距离 H（见图 11-38），H 值为

$$H = \frac{D}{2}\sin\gamma_o$$

式中　H——砂轮端面对铰刀中心的偏移量（mm）；

D——铰刀直径（mm）；

γ_o——铰刀前角（°）。

据此式计算出砂轮端面偏移量 $H = 0.39\text{mm}$。

③刃磨方法：右手扶住铰刀，使刀齿前刀面靠在砂轮端面上，左手转动手轮，使工作台作纵向运动，起动砂轮，用手给铰刀一个横向作用力，使砂轮刃磨前刀面。磨完一齿再磨另一齿，直至磨完全部刀齿为止，如图 11-39 所示。

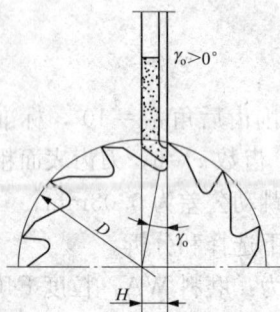

图 11-38　砂轮端面偏移量的计算　　　图 11-39　铰刀前刀面的刃磨

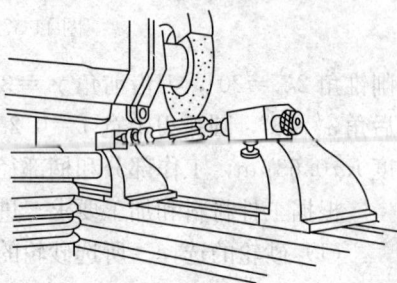

2）磨校准部分外圆、倒锥和切削锥：这些部位均在外圆磨床上进行，此处从略。

3）磨后刀面：

①更换和修整砂轮，并调整砂轮架位置。将砂轮在水平面内

逆时针方向转 $1°\sim3°$，使砂轮只有一边和刀齿接触，如图 11-40 所示。

②安装齿托架，调整齿托片。采用直齿齿托片撑在刀齿的前刀面上，利用中心规调整齿托片的高度，使被磨切削刃比刀具中心低一个 H 值（见图 11-41），H 值计算为

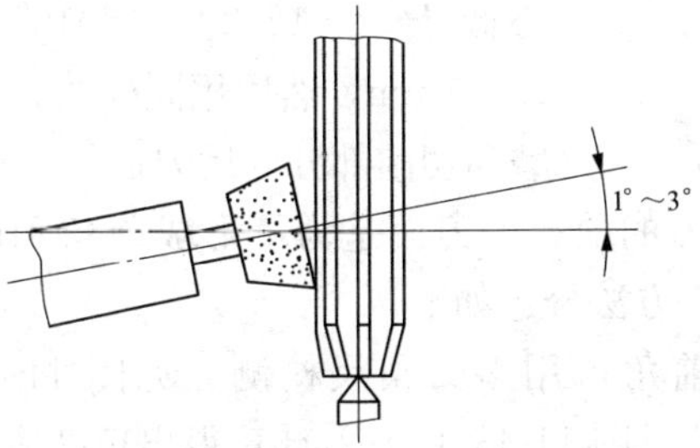

图 11-40 刃磨铰刀后刀面时
砂轮架的位置调整

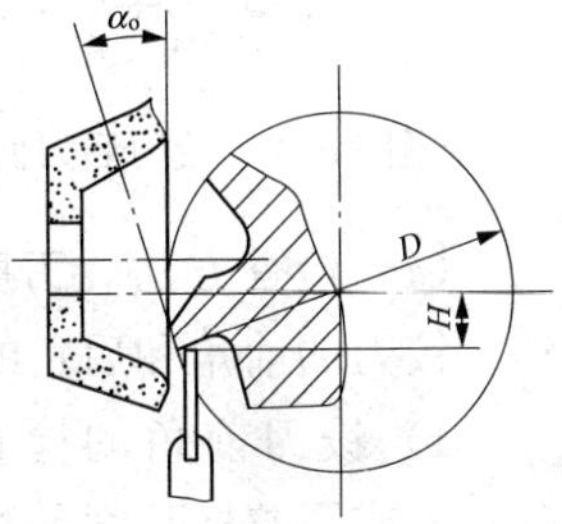

图 11-41 齿托片
的安装位置

$$H=\frac{D}{2}\sin\alpha_o$$

式中　H——齿托片比铰刀中心下降值（mm）；

　　　D——铰刀直径（mm）；

　　　α_o——铰刀后角（°）。

据此式，本例齿托片铰刀中心下降值 $H=1.043$mm（校准齿部位）。

③刃磨方法。先刃磨校准齿后角，再刃磨切削齿后角。

刃磨校准齿后角时，右手扶住铰刀，使刀齿的前刀面紧贴齿托片的顶部，左手转动横向进给手轮，使砂轮逐渐接近刀齿后刀面，接触后停止横向进给。左手换握到工作台纵向进给手轮上，转动手轮，使工作台作纵向进给。一齿磨好后，铰刀向顺时针方向转动，使齿托片撑到第二个齿的前刀面上，移动工作台刃磨第二个齿的后刀面，逐齿刃磨。磨完一圈后砂轮作一次横向进给，再逐齿磨削，直至符合要求，如图 11-42 所示。

图 11-42　铰刀后刀面的刃磨

刃磨校准齿后刀面时，应保证刀齿上圆弧刃带宽 $f = 0.25mm$。

校准齿磨好后，将工作台顺时针方向转过一个 k_r 角，即 $10°$，并调整齿托片比刀具中心低 $H = (15/2) \times \sin10° = 1.303mm$，然后用同样的方法磨削切削部分的后刀面。

（4）检查方法。刃磨铰刀的前、后刀面是为了形成前角和后角。铰刀的前角和后角的检查方法分述如下：

1）铰刀前角的检查。前角可用多刃角尺检测〔见图 11-43（a）〕或用游标高度尺测量〔见图 11-43（b）〕计算得出角度值。

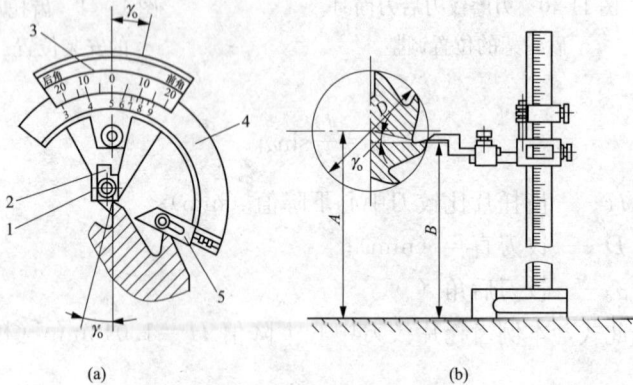

（a）

（b）

图 11-43　铰刀前角的测量

（a）用多刃角尺检测；（b）用游标高度尺测量

1—测块；2—量尺；3—游标；4—半圆尺；5—靠尺

多刃角尺类似游标万能角度尺，把测块 1 和靠尺 5 放在铰刀相邻的两齿上，测块与铰刀的轴线垂直，转动扇形刻度游标 3，使量尺 2 的测量面与刀齿的前刀面全部接触，即可从刻度游标上读出铰刀前角的度数。

用游标高度尺测量铰刀的前角是将卡尺的弯头测量面与刀齿的前面吻合，然后测出高度 A 和 B 的尺寸，再计算前角 γ。

$$\sin\gamma_0 = 2(A-B)/D$$

式中　A——铰刀中心距平板高度（mm）；

　　　B——刀齿前面距平板高度（mm）；

　　　D——铰刀直径（mm）；

　　　γ_0——铰刀前角（°）。

2）铰刀后角的检查。后角也可用多刃角尺或游标高度尺检查测量（见图 11-44）。

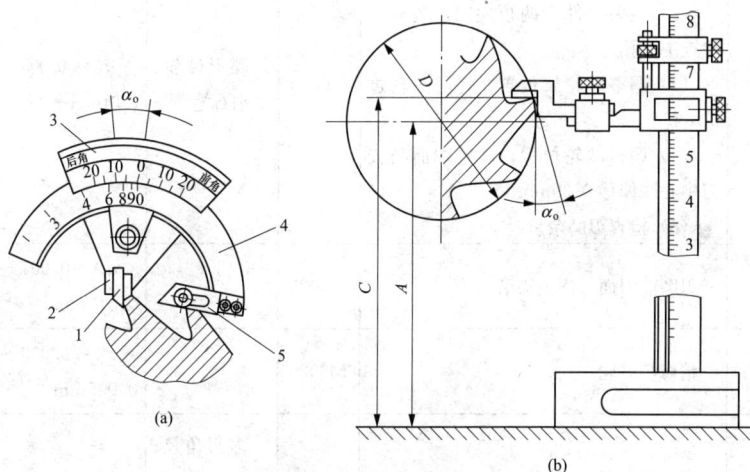

图 11-44　铰刀后角的测量

(a) 用多刃角尺检测；(b) 用游标高度尺测量

1—测块；2—量尺；3—游标；4—半圆尺；5—靠尺

用多刃角尺测量铰刀后角与测量前角的方法基本相同，只是测块 1 的工作面需和后面呈吻合状态，再从扇形刻度游标上读出后角的度数，如图 11-44（a）所示。

用游标高度尺测量铰刀后角如图 11-44（b）所示。当测得高度 A 和 C 时，即可计算为

$$\sin\alpha_0 = 2(C-A)/D$$

式中　A——铰刀中心距平板高度（mm）；

C ——刀齿刃部距平板高度（mm）；

D——铰刀直径（mm）；

$\alpha_\circ$——铰刀后角（°）。

2. 操作步骤

操作步骤详见表 11-7 铰刀刃磨工艺。

表 11-7　　　　　　铰刀刃磨工艺

序号	内容及要求	机床	装备	切削用量
1	操作前检查、准备 （1）修整砂轮，端面修成内锥面 （2）装夹工件于两顶尖间，装夹前检查中心孔 （3）调整砂轮架位置，将磨头转过 $2°$ 左右 （4）调整砂轮位置，砂轮端面与铰刀中心线偏移 0.39mm （5）检查刃磨余量	M6025	碟形砂轮、金刚石笔	$a_p = 0.005 \sim 0.01$mm
2	刃磨前刀面，逐齿刃磨	M6025		$a_p = 0.001 \sim 0.015$mm
3	精修整砂轮	M6025		$a_p = 0.003 \sim 0.005$mm
4	精磨前刀面，保证前角 $\gamma_\circ = 3°$，表面粗糙度 $Ra0.63\mu m$ 以内	M6025	多刃角尺、游标高度尺、表面粗糙度样块	$a_p = 0.005 \sim 0.01$mm
5	外圆磨削校准部位，切削锥和倒锥，保证径向圆跳动误差不大于 0.03mm，外圆留研磨量 $0.01 \sim 0.02$mm	M1432A		
6	更换砂轮，并修整砂轮，端面成内凹形，装夹工件，调整砂轮架和砂轮位置，将砂轮端面转过约 $2°$ 的斜角	M6025	碗形（或杯形）砂轮	$a_p = 0.005 \sim 0.01$mm
7	安装齿托片，使齿托片顶端低于铰刀中心 1.043mm	M6025	中心规	

续表

序号	内容及要求	机床	装备	切削用量
8	刃磨校准齿后角，保证后角 $\alpha_o' = 8°$，圆弧刃带宽 $f = 0.25mm$，前后宽窄一致，表面粗糙度 $Ra0.63\mu m$	M6025	多刃角尺、游标高度尺、表面粗糙度样块	$a_p = 0.005 \sim 0.01mm$
9	将工作台顺时针方向转过 10°，调整齿托片低于刀具中心 1.303mm	M6025		
10	刃磨切削部分后角，保证后角 $\alpha_o' = 10°$，表面粗糙度 $Ra0.63\mu m$ 以内	M6025	多刃角尺、游标高度尺、表面粗糙度样块	

（二）硬质合金复合铰刀的刃磨工艺

1. 硬质合金复合铰刀的刃磨工艺

如图 11-45 所示的铰刀为一组合体，加工时将其加工工序分开进行，精铰刀、粗铰刀的粗磨单独进行，并各自留取精磨余量，组合体的最终精度在组合后整体完成。由于粗铰部分和精铰部分的粗磨工艺大致相同，因此粗加工工艺只以精铰刀的加工工艺为代表，省略了对粗铰刀的粗磨工艺。详见表 11-8 和表 11-9。

如图 11-45（c）的铰刀定位体 5，是经过精密加工的定位心轴，各部尺寸精度、相互位置精度均符合技术要求。当精铰刀 2、粗铰刀 3 经粗加工后，按图示安装位置装配，整个刀具的整体精度都以定位体 5 为基准，加工完成。

2. 工艺分析

图 11-45 所示为复合式硬质合金铰刀，整个铰刀由三部分构成：铰刀定位体、粗铰刀部分、精铰刀部分。刀刃由硬质合金焊成（YG8）。

（1）铰刀的最终综合精度较高，精铰部分的精度是整个铰刀制造质量的关键，因此，加工后必须满足以下要求：

1）$\phi 80^{+0.01}_{+0.005}$ mm 外圆的圆度误差应小于 0.005mm。

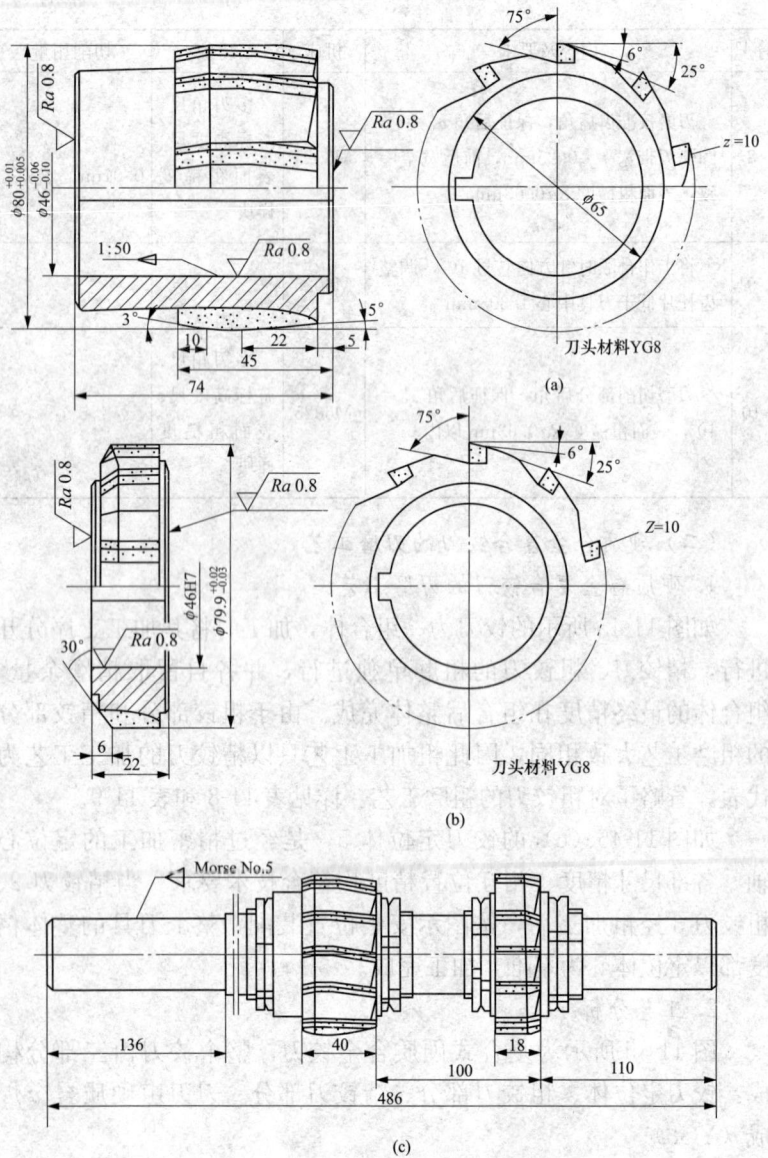

图 11-45 复合式硬质合金铰刀

(a) 精铰刀；(b) 粗铰刀；(c) 组合体

2）$\phi 80^{+0.01}_{+0.005}$ mm 外圆的径向跳动应小于 0.005mm。

3）精铰部分的切削刃刃带宽度 0.01～0.02mm，修光部分刃带宽度小于 0.08mm，表面粗糙度 $Ra0.2\mu m$。

表 11-8　　　　　　　　　　精铰刀磨削工艺

工序	工步	工 序 内 容	设备	定位基准
1		清理容屑槽内及后刀面上的堆铜		
2		三爪自定心卡盘夹 $\phi 65$mm，粗、半精磨内孔，留余量 0.1mm，靠磨右端面	M131	
3		放松卡爪，精磨 1∶50 内孔至尺寸，并精磨端面	M131	
4		以右端吸磨左端，保证 74mm 至尺寸	M7120	
5		专用心轴顶磨前刀面	M6025	中心孔
	1	用碳化硅砂轮磨削，清理磨削容屑槽		
	2	换人造金刚石砂轮刃磨前刀面		
6		换人造金刚石砂轮，粗、半精磨各部外圆，$\phi 80$mm 磨至 $\phi 80.1^{+0.03}_{+0.02}$mm，22mm×5°、10mm×3° 至尺寸	M131	中心孔
7		专用心轴顶磨各部后角，留刃带 0.1mm	M6025	中心孔
8		与定位体 5 装配，精磨各部（见表 8-13）		

表 11-9　　　　　　　　　　复合铰刀磨削工艺

工序	工步	工 序 内 容	设备	定位基准
1		装配，研中心孔		
2		两顶尖间精刃磨前刀面	M6025	中心孔
3		研中心孔		
4		修整金刚石砂轮，精磨各部外圆。要求：$\phi 79.9$mm 至尺寸，$\phi 80^{+0.015}_{+0.01}$mm、22mm×5°、10mm×3°、10mm×5° 至尺寸	M131	中心孔
5	1	调整机床，保证两顶尖间中心线与机床各方向平行 0.03/500	M6025	中心孔
	2	刃磨各外圆刃后角至尺寸，要求：切削部分刃带宽 0.01mm，校准部分 0.08mm		
6		碳化硼研膏配合铸铁套精研 $\phi 80^{+0.015}_{+0.01}$mm 至 $\phi 80^{+0.01}_{+0.05}$mm	手工	

(2) 整个铰刀采用组合装配式。为保证最终制造质量和操作方便，刀齿部分的粗磨、半精磨采用分开单独磨削，并留取精磨余量，刃齿部分的最终尺寸在组装后的精磨工序完成。

(3) 精铰刀体 1∶50 锥孔的几何精度非常重要，加工中须保证 0.005mm 的圆度和大于 75％的接触率要求。同时注意各定位端面的加工质量，应保证与内孔轴线的垂直度误差应小于 0.01mm。

(4) 铰刀的刃齿部分均由硬质合金（YG8）焊制而成，整个刀齿的加工重点是整个硬质合金部分。因此工艺将磨削工序分得很细，并对每一工序逐一提出了具体参数要求。

(5) 在对各切削刃齿进行粗磨时，工艺安排了用碳化硅砂轮对前刀面磨削部位的清理磨削，目的是用碳化硅砂轮清理焊接时留在刀齿上的残铜，以防在使用金刚石砂轮时被堵塞。

(6) 被加工刀齿为难磨削硬质合金（YG8），由于硬质合金的磨削特点，选择人造金刚石为磨削工具，其砂轮的特性及磨削参数见表 11-10。

表 11-10　　　　金刚石砂轮的特征及磨削参数

内　容			外圆磨削	刃　磨
砂轮	特征		1A1 300×25×203×12 RVD 80/100 B75	12V₂ 100×13×20×4 80/100 B75
	线速度/(m/s)		25～30	12～18
	冷却方式		湿（煤油）	干
修整参数	修整方式		磨削法	—
	修整工具		P400×50×203 GC100# L5 B35	—
	工件轮线速度/(m/s)		0.5～0.8	—
	横向进给量 /(mm/双程)	粗	0.02～0.04	—
		精	0.01	—
磨削参数	工件圆周速度/(m/min)		10～12	—
	工作台移动速度/(m/min)		0.5～1	1～2
	横向进给量 /(mm/行程)	粗	0.01～0.02	0.01～0.03
		精	0.01	0.01
	光磨次数		2	2

（7）铰刀的制造除需保证加工精度外，还应考虑到具体使用性能。铰刀各工作刃带的最终质量决定刀具的使用性能，因此工艺重点规定了有关工序的加工参数。

（8）铰刀 $\phi 80^{+0.01}_{+0.005}$ mm 校准部分的尺寸，决定被铰削工件尺寸精度和表面质量，因此工艺最后安排了对校准部分刀齿的手工研磨。

3. 操作要点与技能技巧

（1）在进行完对齿槽的清理磨削后，选择 $12V_2100 \times 13 \times 20 \times 4RVD80/100B75$ 型金刚石碟形砂轮，按图 11-46 所示位置调整机床横向工作台，保证碟形砂轮的工作端面通过铰刀中心。当位置调整正确后，紧固横向工作台（在以后的磨削操作中不得移动横向工作台）。磨削时应掌握以下几点要领：

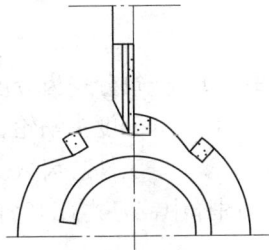

图 11-46　刃磨前刀面时的砂轮位置

1）工件用心轴安装在分度头（WF100）两顶尖间，并用鸡心夹头固定，使之与分度头连为一体，如图 11-47 所示。

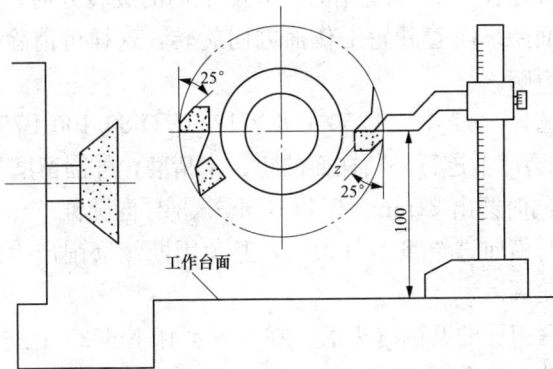

图 11-47　齿背磨削位置的调整

2）全部刀齿经焊接而成，相互间的等分误差很大，磨削时应首先找出偏差余量最大的和偏差余量最小的两个牙齿，根据两者余量差值的大小，确定粗磨余量。因横向工作台不得再动，磨削时的进给由分度头角度回转量来控制。

3）以偏差余量最小的一个牙齿对刀，并以最小的磨削余量将对刀齿的前刀面磨出，退出砂轮，并标记此时分度头手柄位置，调整好分度计数叉，按等分数将工件最大偏差牙（加工余量大的一个牙）摇至磨削位置。分度头手柄每个牙齿的等分数应该摇过的圈数为：

$$n=\frac{40}{z}$$

式中　n——每分一齿分度头手柄的转数；

　　　40——分度头蜗轮、蜗杆定数；

　　　z——工件总齿数。

图样中铰刀共有 10 个刀齿，因此每转一齿，分度手柄应转过的圈数为 $\frac{40}{10}=4$，即转 4 圈。

4）参照表 11-10 规定的进给参数，从工件最大偏差（余量最多）齿开始，以最小偏差（牙齿对刀刻度为参照）将前刀面磨至参照刻度，余齿类推。

5）每次用回转手柄进给时，分度手柄的旋转方向，应保证刀具的前刀面始终向着砂轮工作面方向旋转，这样可消除传动间隙对磨削的影响。

（2）选择 1A1 300×25×203×12 RVD 80/100 B75 型砂轮，在 M1431 磨床上进行外圆柱面的粗、半精磨，外圆留磨量 0.08～0.1mm，同时磨出 22mm×5°和 10mm×3°导向圆锥。

操作时横向进给量不可太大，避免因断续磨削产生的冲击力损坏砂轮轮廓。

（3）后刀面的磨削（刃磨）在工具磨床 M6025 上进行，操作工序分两步，即先选 $D_1GC80K6V$ 型碳化硅砂轮，粗、精磨后刀面 25°折线型齿背（将齿背金属磨低于硬质合金面即可），再选 $12V_2 100×13×20×4$ RVD 80/100 B75 人造金刚石砂轮粗磨出 6°后角，并控制刃带宽度 0.1mm。

1）磨削 25°齿背的操作方法。

①铰刀 25°齿背磨削位置的调整。在工具磨床工作台面上，用游标高度尺按分度头中心高（100mm），校正任意两对应齿前刀面，使其在同一水平面中心线上，如图 11-48 所示。

②按图示角度（25°）逆时针旋转分度头，使 25°齿背垂直于工作台面，如图 11-49 所示。旋转 25°时，分度头手柄转数用角度等分公式算出

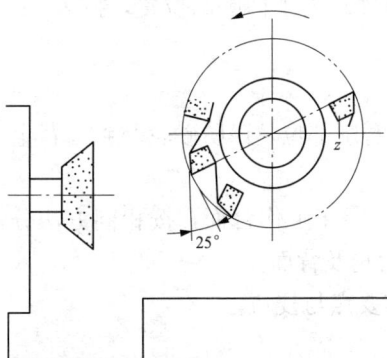

图 11-48　磨 25°齿背时的位置调整　　图 11-49　磨 25°齿背时砂轮工作位置

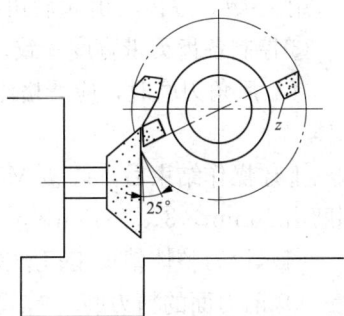

$$n=\frac{\theta}{9°}$$

式中　θ——工件需要等分的角度；

　　　$9°$——分度头角度定值。

由上式 $n=\frac{25°}{9°}$ 标明摇过 25°的角度时，其分度手柄应转过 $2\frac{7}{9}$ 转，又因 $\frac{7}{9}$ 不足一整圈，因此选分度盘上有 54 孔的孔圈作为等分参照，这样分度手柄在 54 孔圈上应转过的整数圈为 2，另外还将转过 $54\times\frac{7}{9}$ 个孔距，即 43 孔，这样齿背正好与工作台面垂直。

③紧固分度手柄，调整砂轮与工件磨削位置，逐齿磨出各个齿背，砂轮工作位置如图 11-34 所示。

④25°齿背磨出后，不得高于硬质合金。

2）6°后角的磨削操作。

①铰刀 6°后角的磨削位置调整时，工件在原磨削位置上
（25°），用分度手柄使铰刀顺时针转 6°即可。

分度手柄所转过的圈数为 $n=\dfrac{6°}{9°}=\dfrac{2}{3}=\dfrac{36}{54}$，因此手柄应在原
54 孔圈上，按原相反方向转过 36 个孔距（37 孔）。

②紧固分度头锁紧手柄，调整砂轮与工件磨削位置，按表 11-
10 磨削参数，逐齿磨出 6°后角。

③控制各齿刃带宽度一致。

④6°后角刃磨时，应严格注视磨削部位，谨防砂轮磨到齿背金
属体。

上述操作结束后，调整 M6025 磨床工作台面，按相同方法分
别磨出 10mm×3°、22mm×5°处后角及背面。

（4）铰刀整体精加工刃磨操作要点与技巧。

1）前刀面的精刃磨。

①分度头两顶尖间按图 11-46 调整砂轮磨削位置，并以任意一
齿前刀面对刀。

②对铰刀各齿前刀面的精磨，是整个磨削工序的关键，若操
作不当，将直接影响刀具最终的使用性能，其磨削技巧如下。

a. 砂轮进给量的精确控制。粗磨时，砂轮的进给量以分度头
圆周回转量来控制。从工件和分度头具体的结构可知，当采用分
度盘上 54 孔圈时，分度手柄每摇过 1 个孔距，工件前刀面最外点
近似有 0.12mm 的直线移动量，这便超出了砂轮的磨削参数值。
因此在对前刀面精磨时，必须采取相应的措施以保证进给精度。
常用的方法有：百分表法和横向工作台微量进给法。

百分表监视法：精磨进给时，将百分表测头触及在被磨刀齿
的前齿面最外端，分度手柄插销不要从盘孔中拔出，松开分度盘
紧固螺钉（在分度盘左侧壳体外）后，用手轻轻拍击分度手柄，
观察百分表指针变动情况。以百分表的变动量来控制精磨时的进
给量。每次调整完毕，需紧固分度盘螺钉。

横向工作台微量进给法：从图 11-46 砂轮与工件的关系可知，

当砂轮端面（工作面）通过工件中心时，磨削出的前刀面为 0°；当工作台横向带动工件向砂轮方向移动时，磨削出的齿前面的角度将发生变化，即出现前角大于 0° 的现象（正前角）。根据工件的实际尺寸，当横向工作台每移动 0.01mm，工件前角变化可计算为：

$$\tan\gamma = \frac{0.01}{D} = \frac{2 \times 0.01}{D}$$

$$\gamma = 51'$$

式中 D——铰刀外径（mm）。

由此可知，精磨时用横向微量移动工作台法控制进给量，不会对铰刀前角造成太大的影响，实质上铰刀在使用中，前刀面适当的正前角有利于切削。

b. 磨削方式。精刃磨时为了保证各刀齿的等分精度和切削刃宽度的一致性，每做一次砂轮的进给，都应将全部刀齿磨完一遍，最终采用无进给光磨。

c. 分度头应采取无间隙定位。

2）精磨外圆柱面。工件的外圆柱面精磨操作，主要考虑如何保证工件的几何形状精度（0.005mm），在机床精度已确定的情况下，工件的特定结构（磨削中的不均衡的断续冲击），将对磨削精度产生一定的影响。对磨削精度产生影响的主要因素，就是金刚石砂轮轮廓精度。

砂轮的轮廓精度误差，主要取决于磨具的制造精度和装入法兰盘的同轴度及在使用过程中的不均匀损失和堵塞。因此，对金刚石砂轮的轮廓，应做必要的形状修整，它是保证磨削质量的关键。

①金刚石砂轮的修整操作。金刚石砂轮修整时采用磨削法，在加工机床上同机进行，也可在其他机床上进行。

操作步骤如下：

a. 卸下金刚石砂轮（连法兰盘一起）。

b. 选 P400×50×203GCF100L5B35 型绿碳化硅砂轮，安装在砂轮主轴上（需另有一套法兰盘）。

c. 单颗粒金刚石（角度 70°～80°）按精磨参数修整工作砂轮。

d. 用机床备有的砂轮平衡轴，将卸下的金刚石砂轮安装在机床两顶尖间的工件位置上与头架连接，以便驱动旋转。

e. 按下列参数，对金刚石砂轮进行修整：工作砂轮线速度 35m/s，修整的金刚石砂轮的圆周速度 0.3～0.5m/s（约 25r/min），粗修横向进给量 0.02～0.04mm/双程，精修横向进给量 0.01mm/双程。

②修磨时的操作要点。

a. 用单颗粒金刚石进行。修整工作砂轮时，用充足的切削液对砂轮轮廓进行长时间冲刷。

b. 对金刚石砂轮进行修整时，应严格控制磨削压力，谨防脱落的磨粒嵌入金刚石砂轮表面，并注意磨削过程中的冲刷。

c. 所选工作砂轮的粒度，不得大于被磨金刚石砂轮的粒度（应细 1～2 级）。

③更换修磨后的金刚石砂轮。对工件各外圆实施最终磨削，要求 $\phi 80^{+0.01}_{+0.005}$ mm、$\phi 79.9^{+0.01}_{+0.005}$ mm。

3）对切削刃带的控制磨削（重磨 6°后角）。

①将工件顶在 M6025 磨床两顶尖间，根据铰刀位置将万能齿托架安装在工作台面上（不可安装在磨头立柱上），根据后角磨削的偏置量 H，用高度尺调出齿托片顶点至工作台面的高度，其 H 值为

$$H = \frac{D}{2}\sin\alpha = \frac{D}{2}\sin 60° = 4.18 \text{（mm）}$$

因铰刀刃磨时采取将前刀面向下的安装方式，因此 H 偏置方向应在工件中心以下，所以工作台面至齿托片顶点的距离为

$$125 - 4.18 = 120.82 \text{（mm）}$$

②在所有刀刃后刀面上涂显示色，一手握刀，使前刀面紧顶在齿托片上，横向摇动工作台，仔细对刀后，另一手摇动工作台，纵向磨削 6°后刀面，并控制刃带宽度一致，要求：

a. 粗铰部分切削刃、修光刃宽度 0.01～0.03mm。

b. 精铰部分 22mm×5°切削刃带宽 0.01～0.03mm。

c. 精铰部分校准刃带 0.05～0.08mm。

d. 精铰部分 10mm×3°倒锥刃带宽 0.05～0.08mm。

③确保刃带宽度的操作技巧。当各刃带将要磨到尺寸时，停止横向进给，采用调整齿托片的方法控制进给量，方法是：用齿托片上的微调装置，向上微量调整齿托片，通过齿托片使刀具向上产生微量的旋转角度，从而改变刀刃在水平方向上的径向尺寸。因为原齿托片支承的刀刃低于刀具中心，当齿托片向上移动后，刀刃向上旋转的同时，增大了水平方向的径向尺寸，这样砂轮在原来位置上又可以磨削到工件。

采取上述方法的优点在于：调整后，铰刀已磨后刀面与砂轮端面形成一个很小的角度（使后角有微量的减小）。这样在磨削时避免砂轮与后刀面的大面积接触而产生振动，可提高刃带的表面质量，同时起到了微量控制进刀的目的。

（5）手工研磨。经过磨削加工后的铰刀，一些机械加工的缺陷，不可避免地残留在加工部位，如在各圆周刃上残留的磨粒划痕、工件因刚性不足产生的多角振纹及机械产生的螺纹磨痕和几何形状缺陷等。这些缺陷都将影响刀具的使用效果，因此在机械加工后，配以适当的手工研磨，对提高刀具的使用精度非常有利，这是一项很实用的技巧。

操作方法与要点。

1）研磨套的制造。图 11-50 研磨套的材料为灰铸铁（HT320），内孔按铰刀外径尺寸（$\phi 80^{+0.01}_{+0.005}$mm）磨出，一侧外圆按图示形式割开，使其具有一定的弹性作用，并可方便地注入研磨剂。

2）研磨操作。

①将研套套在铰刀 ϕ80mm 外圆上，将碳化硼研膏从研套外圆上的开口处注入（边转研套边注）。

②用手握住研套（用力要均匀，感觉研套内孔包住刀刃即可），按"8"字研磨方式，往复转动研套实施研磨。工件顶在外圆磨床两顶尖间做慢速旋转。

③注意事项。

675

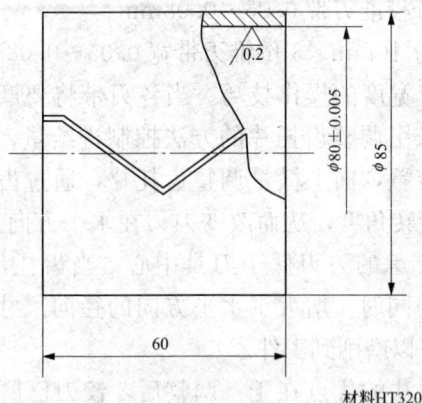

材料HT320

图 11-50　手工研套

a. 研磨过程中，握套手用力应均匀、柔和，往复速度一致。

b. 控制研套的轴向移动距离，避免在研磨过程中窜出。

c. 研磨中随时测量 $\phi80$mm 外径，确保 $\phi80^{+0.01}_{+0.005}$ mm。

4. 铰刀的质量检测与质量分析

对图 11-45 硬质合金铰刀的质量检测，除了外径尺寸外，主要是从它的综合使用情况分析。

铰刀使用在专用镗削机床上，对零件壳体上两处的轴承孔做最终镗铰加工，被加工的轴承孔的技术要求为：

（1）两处轴承孔为 $\phi80$H6；

（2）$\phi80$H6 圆度 0.005mm；

（3）$\phi80$H6 表面粗糙度 $Ra0.8\mu$m。

排除机床因素，单从铰刀加工零件的质量问题，分析铰刀的加工质量及对质量缺陷的预防措施，详见表 11-11。

5. 注意事项

（1）使用金刚石砂轮操作时，应随时注意磨削位置，尽量避免磨具在磨削硬质合金的同时磨削到其他部位的金属体，致使砂轮堵塞。

（2）在使用金刚石砂轮时，应注意对其轮廓的保护，避免发生碰撞。

表 11-11　　　　　　硬质合金铰刀加工缺陷及预防措施

缺　陷	原　　因	预　防　措　施
尺寸大于图样要求	(1) 外径尺寸测量有误，量具误差 (2) 铰刀某一齿跳动超差	(1) 校对量具，认真测量 (2) 控制最终精磨质量，提高加工定位精度
尺寸小于要求	(1) 研量过多，测量不及时 (2) 切削刃刃带宽不符合要求	(1) 研磨时随时测量 (2) 注意切削刃的刃带宽度不大于 0.05mm
圆度超差	铰刀的切削刃宽度不一致	(1) 刃磨前刀面时注意等分精度 (2) 刃磨后角时控制刃带宽度一致
内孔表面产生振纹	(1) 刀具径向跳动过大 (2) 切削角度不合理，后角大	(1) 严格控制精磨质量 (2) 刃磨时注意偏移量 H 值
表面粗糙度达不到要求	(1) 修光刃表面粗糙度值不符要求 (2) 修光刃太宽，产生干涉 (3) 刀刃某处有裂纹，将工件表面划伤	(1) 严格控制精磨质量，特别是研磨质量 (2) 刃磨时控制刃带宽 (3) 注意磨削用量，加工中尽可能使用切削液

(3) 根据被加工材料（硬质合金）的加工特点，磨削中尽量改善切削条件，磨削时尽量供给充足的切削液，刃磨时可以用毛刷蘸油做局部冷却，防止硬质合金碎裂。

第四节　铣刀的刃磨

一、铣刀的分类

铣床刀的种类很多，常用的有圆柱面铣刀、角度铣刀、立铣刀、三面刃铣刀、槽铣刀和成形铣刀等。

铣刀的品种规格众多，按刀齿截形可分为两类：

1. 尖齿铣刀

尖齿铣刀有圆柱铣刀、立铣刀、三面刃铣刀等。但其齿背都是直线、拆线构成（图11-51）。例如由两条直线构成的齿背［见图11-51（a）］，由三条直线构成的齿背［见图11-51（b）］，由一条直线和一条曲线构成的齿背［见图11-51（c）］。尖齿铣刀磨损后，一般只刃磨后刀面。

2. 铲齿铣刀

铲齿铣刀有齿轮铣刀、螺纹铣刀、半圆铣刀等。用于加工齿轮、螺纹及各种成形表面，铲齿铣刀的齿背曲线经铲削而成。铲削后的齿背曲线量常用的为阿基米德螺旋线［见图11-51（d）］，它具有以下特性：

（1）沿前刀面刃磨后，刀齿截形保持不变。

（2）铣刀只修磨前刀面，且重磨后，刀齿后角角度变化很小。

由于铲齿铣刀具有以上特点，故刃磨比尖齿铣刀方便。

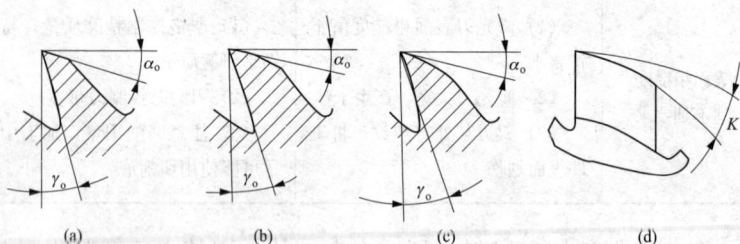

图 11-51　铣刀的齿背形状

二、铣刀的刃磨

（一）铣刀刃磨几何参数及刃磨精度要求

铣刀分尖齿铣刀及铲齿铣刀两大类。对于尖齿铣刀，其钝化后一般只修磨刀齿的后刀面，但有时为了加大齿槽的容屑空间或需要改变钝刀的前角大小，除了重磨后刀面外，也刃磨前刀面。对铲齿铣刀，由于其后面是经过铲削或铲磨的成形面，因此铣刀钝化后都是只刃磨前刀面。

表 11-12 和表 11-13 所列各类标准铣刀有关刃磨几何参数及刃

磨精度要求，可供参考。

（二）刃磨方法及有关调整计算

铣刀及铰刀刃磨方法和有关调整计算，见表 11-14。

表 11-12　　铲齿铣刀的刃磨几何角度及刃磨精度要求

铣刀名称及规格 /mm		刃磨部位	前角 γ_0	刃 磨 要 求			
				周刃的径向跳动允差/mm		侧刃的法向跳动允差 /mm	在切深范围内前刀面的非径向性允差/mm
				一转	相邻齿		
凹、凸半圆铣刀	$R \leqslant 6$	前面	$5° \pm 1°$	0.06	—	—	—
	$R > 6 \sim 12$			0.08	—		
齿轮铣刀	$m = 0.3 \sim 0.5$	前面	$0°$	0.06	0.04	0.06	0.03
	$m > 0.5 \sim 1$						0.05
	$m > 1 \sim 2.5$						0.08
	$m > 2.5 \sim 6$			0.08	0.06	0.08 0.10	0.12
	$m > 6 \sim 10$			0.10	0.07		0.16
	$m > 10 \sim 16$						0.25

注　刀齿前刀面的表面粗糙度值 Ra 应不大于 $0.8\mu m$。

（三）**尖齿铣刀的刃磨**

尖齿铣刀的刃磨大多在 M6025 型万能工具磨床上进行。新制造的铣刀淬火后需先刃磨前刀面，然后磨外圆，最后刃磨后刀面。尖齿铣刀在切削加工过程中，多数是刀齿的后刀面发生磨损，故刃磨时也只是刃磨后刀面即可。

1. **圆柱铣刀的刃磨**

（1）圆柱铣刀的结构和几何角度。常用圆柱铣刀如图 11-52 所示。它只在圆柱面上有刀齿，切削刃是螺旋线。其主要几何角度有：前角 $\gamma = 15°$，后角 $\alpha = 12° \sim 16°$，螺旋角 $\omega = 20° \sim 45°$。

（2）心轴的选择和装夹。圆柱铣刀一般选用内圆定位，端面并紧的心轴进行装夹；心轴定位外圆与铣刀定位孔为间隙配合。装夹时，把铣刀套进心轴内，铣刀端面与心轴阶台端面靠平，再套上调整垫圈，然后用螺母夹紧（见图 11-53）。铣刀装好后，连

表 11-13　尖齿铣刀的刃磨几何角度及刃磨精度要求

铣刀名称及规格 D/mm		刃磨部位	刃磨几何角度					刃磨要求				
			法前角 $\gamma_a \pm 2°$	周(主)后角 $\alpha_o \pm 2°$	刃倾角 λ_a 或螺旋角 β	端(副)刃偏角 κ_r'	端(副)刃后角 $\alpha_o' \pm 2°$	周(主)刃径向跳动允差/mm		端(副)刃轴向跳动允差/mm	周(主)刃外径锥度允差/mm	刀齿后刀面允许的白刃宽度/mm
								一转	相邻齿			
尖齿槽铣刀	$D \leq 80$	周齿后面	15°	12°	—	1°~1°30′	—	0.04	0.02	—	0.03	≤0.05
	$D = 100$							0.05	0.025			
锯片铣刀	$D \leq 125$	周齿后面	$B < 3$ 5° $B \geq 3$ 8~10°	16° $D \geq 160$ 的粗齿锯片 14°	—	15′~40′ (最小)	—	0.10	0.06	—	—	≤0.05
	$D > 125$							0.12	0.08			
直齿三面刃铣刀	$D \leq 80$	周齿及端齿后面	15°	12°	—	—	6°	0.05	0.025	0.03	0.03	≤0.05
	$D = 100$							0.06	0.03	0.04		
错齿三面刃铣刀	$D \leq 80$	周齿及端齿后面	15°	12°	$B \leq 14$ 15° $B > 14$ 20°	—	6°	0.05	0.025	0.03	0.03	≤0.05
	$D = 100$							0.06	0.03	0.04		
镶齿三面刃铣刀	$D \leq 100$	周齿及端齿后面	15°	10°	$B \leq 18$ 8° $B > 18$ 15°	刀齿端面伸出量 h_1 <2 4°~7° $h_1 > 2$ 6°~9°		0.10	0.05	0.04	0.03	≤0.05
	$D > 100 \sim 160$							0.12	0.06	0.05		
	$D > 160$							0.15	0.08	0.06		

续表

铣刀名称及规格 D/mm		刃磨部位	法前角 $\gamma_a\pm2°$	周(主)刃后角 $\alpha_a\pm2°$	刃倾角 λ_a 或螺旋角 β	端(副)刃偏角 k'_r	端(副)刃后角 $\alpha'_0\pm2°$	周(主)刃径向跳动允差/mm 一转	周(主)刃径向跳动允差/mm 相邻齿	端(副)刃轴向跳动允差/mm	周(主)刃外径锥度允差/mm	周齿后刀齿后刀面允许的白刃宽度/mm
粗齿立铣刀	D≤12	周齿及端齿后面、端齿前面	周刃 15° 端刃 6°	D≤4 18°	周刃 40°~45° 端刃 10°±2°	3°±2°	10°	—	0.015	0.03	0.02	≤0.10
	D>12~20			D>4~6 16°				—	0.02	0.04		
	D>20~28			D>6 14°				—	0.025			
	D>28							0.06	0.03			
细齿立铣刀	D≤12	周齿及端齿后面、端齿前面	周刃 15° 端刃 6°	D≤4 18°	周刃 30°~35° 端刃 10°±2°	3°±2°	10°	0.03	0.015	0.04	0.02	≤0.10
	D>12~20			D>4~6 16°				0.04	0.02			
	D>20~28			D>6 14°				0.05	0.025			
	D>28							0.06	0.03			
键槽铣刀	D≤5	周齿及端齿后面、端齿前面	B≤3 5° B>3 10°	12°	周刃 20° 端刃 0°	1°30′	16°	0.02	0.02	D≤18 0.03 D>18 0.04	0.01	≤0.05
	D>5~20			14°		2°	14°					
	D>20						12°					
半圆键槽铣刀		周齿后面	15°	15°	B≤5 0° B>5 12°	D≤13 >15′ >13~28 >20′ D>28 >30′	—	0.05	0.03	—	—	≤0.05

续表

铣刀名称及规格 D/mm		刃磨部位	刃磨几何角度					刃磨要求				
			法前角 $\gamma_a\pm2°$	周(主)刃后角 $\alpha_a\pm2°$	刃倾角 λ_a 或螺旋角 β	端(副)刃偏角 k_t'	端(副)刃后角 $\alpha_a'\pm2°$	周(主)刃径向跳动允差/mm 一转	周(主)刃径向跳动允差/mm 相邻齿	端(副)刃轴向跳动允差/mm	周(主)刃外径锥度允差/mm	刃齿后刀面的允许白刃宽度/mm
T形槽铣刀		周齿后面	10°	15°	10°	1°30′~2°	—	0.05	0.03	—	—	≤0.10
圆柱形铣刀		周齿后面	15°	12°	粗齿 40°~45° 细齿 30°~35°	—	—	0.06	0.03	—	0.03	≤0.05
套式面铣刀	D≤80	周齿及端齿后面、端齿前面	15°	12°	周刃 15°~20° 端刃 15°30′	1°~2°	8°	0.05	—	0.03	0.05	≤0.05
	D=100							0.06	—	0.04		
镶齿套式面铣刀	D=80	周齿及端齿后面	15°	12°	10°	0°	8°	0.08	—	0.04	—	≤0.10
	D>80~160							0.10	—	0.05		
	D>160							0.12	—	0.06		
单角铣刀		周齿、锥面齿及端齿后面	10° (周刃)	周刃 16° 锥面刃 14°	—	1°~2°	8°	周刃 0.07 锥面刃法向 0.05	—	0.03	—	≤0.05
双角铣刀	D≤75	周齿及锥面齿后面	10° (周刃)	周刃 16° 大角度锥面 13° 小角度锥面 6°	—	—	—	周刃 0.07 锥面刃法向 0.05	—	—	—	≤0.05
	D>75							周刃 0.10 锥面刃法向 0.06	—	—	—	

注 1. 铣刀前刀面的表面粗糙度值 Ra 应不大于 1.6μm，后刀面表面粗糙度值 Ra 不大于 1.6μm。

2. 角度铣刀的角度允差为±20′。

表 11-14 铣刀及铰刀的刃磨方法及有关调整计算

刃磨部位	典型刀具	简图	说　明	调整计算实例
圆柱面周齿后面	直槽粗齿刀具（如尖齿槽铣刀、直齿槽三面刃铣刀、直槽铰刀等）		（1）刀具可通过心轴或直接在顶针架上安装 （2）一般都采用碗形或碟形砂轮的端面磨削，以免形成凹形的后刀面 （3）为了减小砂轮与刀具的接触面积，可转动磨头架，使砂轮端面与刀具轴线成 1~2° 的倾角 （4）支架应固定在工作台上。支片支撑时应尽量靠近刀口。支片顶点应比刀具轴线降低 H 距离。其值计算为 $$H = \frac{D}{2}\sin\alpha_0$$ 式中　D——刀具直径； 　　　α_0——刀具后角	[例 1] 已知刀具直径 $D=80mm$，后角 $\alpha_0=12°$，求支片下降的距离 H？ [解] $$H=\frac{80}{2}\times\sin12°=8.32mm$$
圆柱面周齿后面	直槽细齿刀具（如锯片铣刀、切口铣刀等）		刃磨及调整方法与直槽粗齿刀具类同，但： （1）由于齿槽间较小，须采用细齿支片 （2）砂轮外圆必须降低到刀具中心以下，以免磨坏相邻刀齿	

续表

刃磨部位	典型刀具	简　图	说　明	调整计算实例
圆柱面周齿后面	螺旋槽刀具（如圆柱形铣刀、立铣刀、键槽铣刀、套式斜面铣刀等）及斜槽刀具（如镶齿面铣刀、硬质合金铰刀等）		工件的安装及磨头架的调整与磨直槽粗齿刀齿相同，但： (1) 支片必须采用相应的螺旋槽或斜槽支片，而且支架应固定在磨头架上 (2) 砂轮的磨削点应与支片对刀具前刀面的支撑点相重合 (3) 刃磨带柄刀具时，支片伸出砂轮外部分的长度不应超过 $1\sim2\text{mm}$，以免磨不到槽根 (4) H 值的计算方法同上	
	错齿刀具（如错齿三面刃铣刀、T形槽铣刀、错齿锯片铣刀等）		刃磨方法基本上与磨螺旋槽或斜槽刀具相同，但为了使刀具的左、右斜向的锥槽刀齿后角一次磨成，须注意： (1) 应选用两侧锥度相同的锥槽支片，支片顶点的圆弧要尽可能小些 (2) 砂轮的磨削点应与支片顶点相重合	

续表

刃磨部位	典型刀具	简 图	说 明	调整计算实例
锥面、周齿后面	锥度立铣刀、锥度铰刀、角度铣刀等	磨头不可倾斜　磨头可倾斜	(1) 刀具可用顶针架或万能夹头装夹。装夹后，应将盘转磨床或万能夹头底盘转动一刀具锥面的斜角，使锥面母线与工作台纵向移动方向重合 (2) 对这类刀具，无论是直槽还是螺旋槽，支撑点应与刀具轴线处于同一水平面，并使砂轮的磨削点与支撑点相重合，以保证刀具刃口落在锥面上，使刃口各点的后角相同 (3) 支片的形式应按刀具的齿槽形式选择，支架须固定在磨头架上 (4) 当采用碗形砂轮磨削，磨头的倾斜角应等于刀具后角 α_o。当磨头不可倾斜时，则应用平形砂轮的外圆磨削，此时砂轮中心应比刀具中心升高 H 距离，其值可计算为 $$H = \frac{D_{砂}}{2}\sin\alpha_o$$ 式中　$D_{砂}$——砂轮直径； 　　　α_o——刀具后角	[例2] 已知砂轮直径 $D_{砂}$=150mm，刀具后角 α_o=14°，求砂轮中心的升高距离 H？ [解] $$H = \frac{150}{2} \times \sin 14°$$ $$= 18.14mm$$

685

续表

刃磨部位	典型刀具	简 图	说 明	调整计算实例
圆柱面周齿前面	直槽刀具（如尖齿槽铣刀、直齿三面刃铣刀、锯片铣刀、直齿铰刀等）		（1）为了便于对刀，一般可用碟形砂轮的端面刃磨，但应将端面修成凹形的锥面，以减少磨削接触面积 （2）刀具的前角 γ_o 是通过调整砂轮端面对刀具中心的偏距 e 来获得的。偏距 e 可计算为 $$H = \frac{D}{2}\sin\gamma_o$$ 式中 D——刀具直径； γ_o——刀具前角 （3）刃磨时，刀具不用支片支撑而是用手握住刀具，使前刀面靠向砂轮端面，推动工作台纵向进行磨削。在磨前刀面的接触面积逐渐减少，轮与前刀面对砂轮的压力也应随之减小，以免刀齿过两端产生塌角现象 （4）在刃磨过程中，必须用转动刀具的方式进给，不得移动偏距 e 和工作台，以免因偏距 e 的变动，而影响前角大小	[例3] 已知刀具直径 $D=80\text{mm}$、前角 $\gamma_o=15°$，求砂轮端面的偏距 e？ [解] $$H = \frac{80}{2} \times \sin 15°$$ $$= 10.35\text{mm}$$

续表

刃磨部位	典型刀具	简 图	说 明	调整计算实例
圆柱面周齿前面	螺旋槽刀具（如圆柱形铣刀、套式面铣刀、立铣刀、螺旋齿铰刀等）	套式刀具 右切右旋带柄刀具 右切左旋带柄刀具	（1）对一般性的铣刀、铰刀，其前刀面的直线性要求不高，故为了提高刃磨效率，通常可用碟形砂轮的端面来刃磨螺旋槽刀具的前面。此时前刀面是由碟形砂轮外圆磨成，略带凹形 （2）对套式刀具，磨头架的回转角应比刀具螺旋角 β 大 1°～2°，对带柄刀具，为了能磨至槽根，磨右切右旋刀具时，磨头架的回转角比刀具螺旋角 β 大 1°～2°，而磨右切左旋刀具时磨头架回转角应比刀具螺旋角 β 小 1°～2°，而对左切带柄刀具则与上述相反 （3）砂轮对刀具中心的偏距 e 不可按对刀具的公式计算，而应根据试磨后实测的刀具前角来调整确定	

续表

刃磨部位	典型刀具	简 图	说 明	调整计算实例
铲齿铣刀前面	齿轮铣刀、凹、凸圆弧铣刀及其他铲齿成形铣刀		(1) 一般采用碟形砂轮的端面刃磨 (2) 砂轮端面相对刀具中心的偏距 e 的确定，与直齿铣刀相同，但应注意前角的大小应严格地按照原设计数值，不得任意变动 (3) 刃磨时，刀具应用支片支撑，支片应支撑在所磨刀齿的背面。对要求等分准确的铣刀，则应借助分度板来分度刃磨 (4) 砂轮的进给，不得移动横向工作台，以免影响前角的大小	
铣刀端齿后面	立铣刀、三面刃铣刀、单角铣刀、套式面铣刀、键槽铣刀等		(1) 工件可通过心轴或直接安装在万能夹头上 (2) 万能夹头的调整，对右切铣刀应先将夹头底盘回转一个偏角（90°－k_r'）角，k_r'为铣刀主偏角，然后再在垂直平面内使夹头主轴倾斜一个铣刀后角 α_o。对左切铣刀，则夹头主轴前端应向上抬起一个端刃后角 (3) 支片可选用直齿齿支撑，支片应支撑在所磨刀齿的外侧，并使端刃处于水平位置。对右切铣刀，支架可固定在磨床工作台上，而对左切铣刀，支架可固定在万能支架顶部 (4) 刃磨时，采用碗形砂轮的端面作工作面。砂轮直径大小的选择及磨头的高低位置的调整，应注意尽不要磨及相邻刀齿	

688

刃磨部位	典型刀具	简图	说明	调整计算实例
铣刀端齿前刀面	立铣刀、三面刃铣刀、单角铣刀、套式面铣刀、键槽铣刀等		(1) 必须用碟形砂轮端面刃磨 (2) 刀具应安装在万能夹头上。万能夹头调整时，应先将夹头主轴抬起 ω_1 角，然后再将夹头主轴底盘回转 ω_2 角，最后转动夹头主轴，使铣刀被磨刀齿的端刃与砂轮端面平行即可。ω_1 及 ω_2 可计算为 $\tan\gamma'_n = \tan\gamma'_o \cos\lambda'_s$ $\tan\omega_1 = \tan\gamma'_n / \sin\theta$ $\sin\omega_2 = \cos\gamma'_n \cos\theta$ 式中 γ'_o——端刃前角，对三面刃铣刀、面铣刀，其值等于周刃的螺旋角 ω λ'_s——端刃刃倾角。对三面刃铣刀、面铣刀，其值等于周刃主前角 θ——端齿的槽底角 γ'_n——端刃法前角 (3) 刃磨过程中可用支片支撑刀具，也可直接根据万能夹头主轴的刻度盘分度刃磨。但此时需将主轴锁紧	[例4] 已知立铣刀的端刃前角 $\gamma'_o = 6°$，端刃刃倾角 $\lambda'_s = 10°$，端齿槽底角 $\theta = 20°$，求万能夹头的调整角 ω_1 及 ω_2？ [解] $\tan\gamma'_n = \tan6° \cos10°$ $= 0.103\ 50$ $\gamma'_n = 5°55'$ $\tan\omega_1 = \tan5°55' / \sin20°$ $= 0.302\ 62$ $\omega_1 = 16°50'$ $\sin\omega_2 = \cos5°55' \cos20°$ $= 0.934\ 69$ $\omega_2 = 69°11'$

续表

刀磨部位	典型刀具	简图	说 明	调整计算实例
铣刀直线过渡刃后面	面铣刀、立铣刀、键槽铣刀等		(1) 采用碗形或杯形砂轮的端面刃磨 (2) 刀具用万能夹头装夹。由于渡刃都很短，故一般过整可按下列步骤调整： ①校准铣刀的过渡刃，使其与铣刀轴线处于同一水平面，并将万能夹头主轴锁紧 ②将万能夹头底盘转动 ω_1 角，其值等于铣刀过渡刃偏角 k_{rG} ③将万能夹头主轴抬起一个 ω_2 角，ω_2 角计算为 $$\tan\omega_2 = \tan\alpha_0\cos\kappa_{rG}$$ 式中 α_0——过渡刃后角 ④松开万能夹头主轴，将其转动一个 ω_3 角，ω_3 角计算为 $$\tan\omega_3 = \tan\alpha_0\sin\kappa_{rG}$$ ⑤将支架固定在万能夹头顶部，并将支片支撑在所磨刀齿的刃口处前刀面上	[例5] 已知铣刀过渡刃偏角 $k_{rG} = 30°$，后角 $\alpha_{0G} = 14°$，求万能夹头的调整角 ω_1、ω_2 及 ω_3。 [解] $$\omega_1 = 30°$$ $$\tan\omega_2 = \tan14°\cos30°$$ $$= 0.215\ 93$$ $$\omega_2 = 12°11'$$ $$\tan\omega_3 = \tan14°\sin30°$$ $$= 0.124\ 67$$ $$\omega_3 = 7°6'$$

续表

刃磨部位	典型刀具	简　图	说　　明	调整计算实例
角度铣刀刀尖圆弧后面	单角铣刀、双角铣刀		（1）需采用专用的刃磨夹具。铣刀在夹具上安装后，其轴线和夹具的摆动轴线相垂直，并相距 ($\frac{D}{2}-r_c$)，其中 D 为铣刀外径，r_c 为刀尖半径。 （2）所磨刀齿的刃尖应与铣刀轴线处于同一水平面，并用支片支撑定位；而所要求的后角 α_0 是用降低砂轮中心的方法来保证的，砂轮中心相对铣刀中心下降的距离 H $$H=\frac{D_{砂}}{2}\sin\alpha_0$$ 式中　$D_{砂}$—砂轮直径 （3）铣刀向左右摆动范围的控制，应注意刀尖圆弧与两侧锥面或端面切削刃的光滑连接	
铰刀切削部分后刀面	手用或机用圆柱形铰刀		由于铰刀切削部分主偏角 k_r 一般都不大，故刃磨方法基本上与圆柱面齿后刀面相同，支片位置的调整也相同，但必须将磨床台面转动一个主偏角 k_r	

691

续表

刃磨部位	典型刀具	简 图	说 明	调整计算实例
带刃倾角铰刀切削部分前刀面	带刃倾角机用铰刀		(1) 一般可用碟形砂轮的端面刃磨 (2) 磨床台面应转动一个切削部分刃倾角 λ_s (3) 支片可支撑在铰准部分的前刀面上。支撑点应尽可能靠近刃口，其相对于铰刀中心的偏距 e（在水平面内）可计算为 $$\tan\gamma_o = \tan\gamma_n/\cos\lambda_s$$ $$e = \frac{D}{2}\sin\gamma_o$$ 式中 γ_n——切削部分法前角 λ_s——刃倾角 γ_o——切削部分前角（径向）	[例6] 已知铰刀直径 $D=32mm$，法前角 $\gamma_n=5°$，刃倾角 $\lambda_s=25°$，求支片支撑点偏距 e? [解] $\tan\gamma_o = \tan5°/\cos25°$ $= 0.096\ 53$ $\gamma_o = 5°31'$ $e = \frac{32}{2}\times\sin5°31'$ $= 1.54mm$

同心轴一起装在左、右顶尖座之间。

（3）砂轮的选择和磨头架位置的调整。圆柱铣刀使用后，一般只刃磨后刀面，砂轮的选择和修整与刃磨铣刀后刀面相同。磨头架转 $2°\sim3°$，以不使已磨好刀刃碰到砂轮边缘。

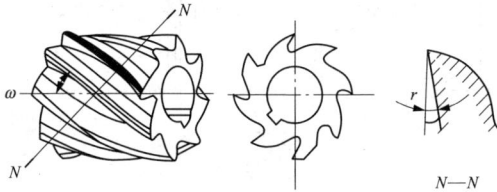

图 11-52　圆柱铣刀

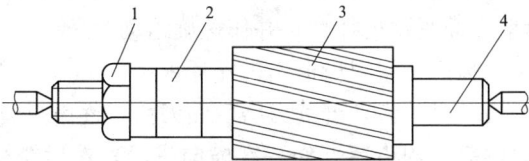

图 11-53　圆柱铣刀的装夹
1—螺母；2—垫圈；3—圆柱铣刀；4—心轴

（4）齿托片的安装和调整。刃磨圆柱铣刀后刀面一般采用如图 11-10（c）所示的齿托片。齿托片装在固定支杆上，杆子固定在磨头架上；齿托片的高低位置应调整到支承点 A 比铣刀中心低 H 值的位置（见图 11-54）。齿托片的横向位置应与砂轮很贴近，但不能磨到齿托片。这样，砂轮磨到铣刀后刀面时，齿托片正好撑在前刀面靠近刀刃处。

（5）刃磨方法。圆柱铣刀由于齿托片安装位置与铰刀相比有所不同，因此，刃磨方法也有所不同，具体刃磨步骤如下：

1）摇动横向进给手轮，使砂轮靠近铣刀后刀面。

2）右手握心轴，左手摇动工作台纵向进给手轮，使齿托片撑在待磨刀齿的前刀面上。

3）启动砂轮，缓慢地进行横向进给，使砂轮磨到刀齿后刀面。

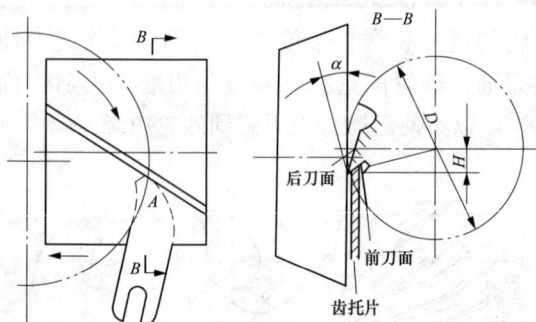

图 11-54　圆柱铣刀齿托片的安装位置

4) 左手摇动手轮，使工作台作纵向进给，右手扶住铣刀心轴，使刀齿前刀面紧贴齿托片，并作螺旋运动。

5) 磨完一齿后，将刀齿退出齿托片。

6) 将铣刀转过一齿，继续刃磨后面刀齿，逐齿刃磨。

7) 砂轮磨完一周齿后，作一次横向进给，然后继续刃磨，直至后刀面留出的圆弧刃带符合要求为止。

2. 错齿三面刃铣刀的刃磨

(1) 错齿三面刃铣刀的结构和几何角度。常用的镶片错齿三面刃铣刀如图 11-55 所示。它由高速钢刀片与结构钢刀体组成，带齿纹的楔形刀片镶紧在刀体楔槽内。刀片宽度尺寸磨损后，可以向端面移出　齿纹补偿，以延长铣刀的使用寿命。刀片分左旋与右旋交错分布，刀片外圆上都有刀刃。左旋刀片右端面有刀刃，右旋刀片左端面有刀刃，无刀刃端面向里缩进一些。因此，三面刃铣刀端面刀刃数（副切削刃数），只有外圆刀刃（主切削刃）数的一半，端刃为正前角。

镶片错齿三面刃铣刀周齿前角 $\gamma_。=15°$，周齿后角 $\alpha_。=12°$，刀齿斜角 $\beta=15°$（即端齿前角）、端齿后角 $\alpha_。'=6°$，端齿副偏角 k_r' $=1°\sim2°$。

(2) 圆周齿后刀面的刃磨。刃磨圆周齿后刀面时，铣刀的装夹和刃磨方法与刃磨圆柱铣刀后刀面相同。齿托片选用如图 11-10 (c)

所示的斜齿齿托片（齿托片两侧斜角大于刀齿斜角）。齿托片的位置如图 11-56 所示，齿托片顶点比铣刀中心低 H 值（$H = \dfrac{D}{2}\sin\alpha$），并在砂轮的磨削圆周线上。这样，错齿三面刃铣刀的左旋和右旋刀片可以一起刃磨。

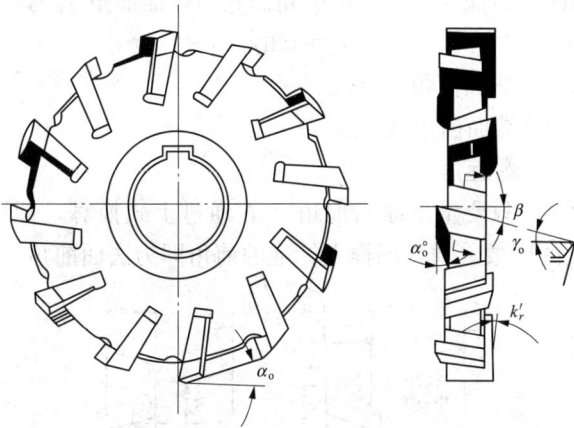

图 11-55　镶片错齿三面刃铣刀

（3）端齿后刀面的刃磨。

1）铣刀的装夹刃磨。端齿后刀面用万能夹头装夹。先将万能夹头装到机床工作台上，并在万能夹头的主轴锥孔中装上心轴，然后把铣刀套在心轴定位外圆上，用垫圈、螺钉把铣刀夹紧。

2）万能夹头位置的调整和齿托片的安装。把待磨端齿的刀刃转到水平位置上 ［见图 11-57（a）］，万能夹头主轴绕 x-x 轴线方向转 α_o' 角（端齿后角）［见图 11-57（b）］，再将万能夹头支架绕 y-y 轴线方向转 k_r' 角（端齿副偏角）［图 11-57（c）］。齿托架装在万能夹头上，弹簧齿托片撑在圆周齿前刀面上。调整好以后，把万能夹头主轴锁紧，使铣刀在刃磨过程中不会变动。

3）刃磨方法。摇动横向进给手轮，使砂轮靠近铣刀端齿；当砂轮磨到端齿后，右手摇动工作台作纵向进给；一齿磨好后，松开锁紧螺钉，转动万能夹头主轴，使齿托片撑在相隔一齿的前刀面上，继续刃磨，直至把一个端面上的端齿全部磨好。然后把铣刀翻身装夹，再刃磨另一端面的端齿；由于刀齿的倾斜方向不同，齿托片位置要重新装夹调整。

3. 螺旋齿刀具角度的测量方法

(1) 螺旋齿刀具法面前角的测量。螺旋齿刀具法面前角 γ_n 是在法剖面内前刀面与基面间的夹角。它与端面前角 γ_p 的关系是

$$\tan\gamma_n = \tan\gamma_p\cos\beta$$

式中　γ_n——法面前角（°）；

γ_p——端面前角（°）；

β——螺旋角（°）。

测量时，只要量出端面前角 γ_n，通过上式换算，即可求得法面前角 γ_p 的度数。通常图样上标准的前角即为法面前角。

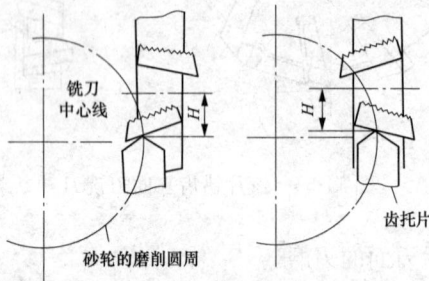

图 11-56　三面刃铣刀圆周齿后刀面的刃磨

(2) 螺旋齿刀具法面后角的测量。螺旋齿刀具法面后角 α_n 是在法向剖面内后刀面与切削平面间的夹角。它与端面后角 α_p 的关系是

$$\tan\alpha_n = \frac{\tan\alpha_p}{\cos\beta}$$

式中　α_n——法面后角（°）；

α_p——端面后角（°）；

β——螺旋角（°）。

一般法面后角是不用测量的，所以图样上一般只标注端面后角。

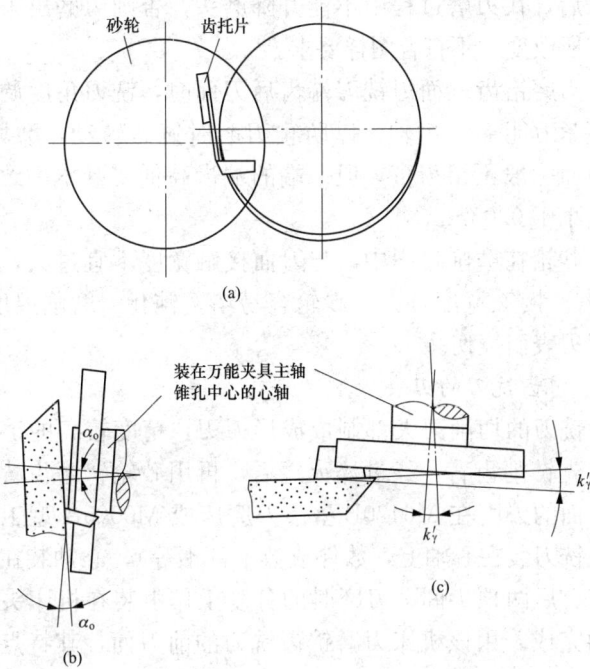

图 11-57　三面刃铣刀端齿后刀面刃磨

4. 刃磨容易产生的问题和注意事项

（1）在圆柱铣刀和错齿三面刃铣刀圆周齿的后刀面时，应先在外圆磨床上将刀齿外圆磨圆，然后再刃磨后刀面，以保证各刀刃在同一圆周上。

（2）在刃磨圆柱铣刀后刀面时，铣刀前刀面要紧贴齿托片。工作台移动的同时，手要扶住铣刀顺着螺旋角进行旋转，动作要协调，铣刀螺旋面要在一次转动中磨出，中途不能停顿。在磨到刀齿边缘时，要谨慎操作，防止铣刀前刀面突然离开齿托片，磨坏铣刀刀齿。

（3）刃磨螺旋槽铣刀时，所用圆弧形齿托片顶面宽度不宜过大，支持面要平滑，与铣刀前刀面接触面要小，且支撑点靠近刀刃处，但不能磨到齿托片。

（4）在磨头架上装夹齿托片刃磨铣刀，砂轮与铣刀相对位置调整好以后，在刃磨过程中不能升降磨头，否则刃磨出来的刀刃角度会有所改变，不符合图样要求。

（5）刃磨错齿三面刃铣刀端齿后刀面时，铣刀角度调整好以后，要锁紧万能夹头主轴，以防止刃磨时铣刀转动，磨坏刀齿。端齿后刀面一般不留刃带，但一端的端齿高低要基本一致，端面跳动误差小于 0.05mm。

（6）砂轮在磨削过程中，与刀面接触宽度不宜过大，一般在 1mm 左右；接触宽度过大，砂轮容易堵塞钝化，磨削温度升高，容易使刀刃表面烧伤。

（四）铲齿铣刀的刃磨

铲齿铣刀的切削刃大都制成成形刀刃，精度较高的铲齿铣刀在淬火前先铲削齿背，经过淬火之后，再用砂轮铲磨齿背。铲齿铣刀前刀面的刃磨在 M6420B 型滚刀磨床或 M6025A 型工具磨床上进行。铣刀装在心轴上（数件或数十件不等），心轴装在机床工作台的前、后两顶尖间，刃磨时的分度工作由装在机床头架上的分度机构完成。用该机床刃磨铲齿铣刀的前刀面，其特点是：刃磨效率高，分度精度高，刃磨质量好。但大多数工厂都没有这种专用刃磨机床。因此能在 M6025 型万能工具磨床上刃磨。铲齿铣刀一般都是后刀面磨损，但刃磨时都只是刃磨前刀面。

1. 直槽铲齿铣刀前刀面的刃磨

当铣刀的前角 $\gamma_o = 0°$ 时，砂轮平端面应调整到通过铣刀中心［见图 11-58（a）］，当铣刀的前角 $\gamma_o > 0°$ 时，砂轮平端面和铣刀中心要有位移量 A［见图 11-58（b）］。A 值计算为

$$A = \frac{D}{2}\sin\gamma_o$$

式中　A——砂轮平端面与铣刀中心位移量（mm）；

　　　D——铣刀直径（mm）；

　　　γ_o——铣刀前角（°）。

2. 螺旋槽铲齿铣刀前刀面的刃磨

图 11-59 所示的齿轮滚刀是典型的铲齿铣刀。齿轮滚刀相当于开有许多条槽的蜗杆。一般滚刀的前角 $\gamma_o = 0°$。

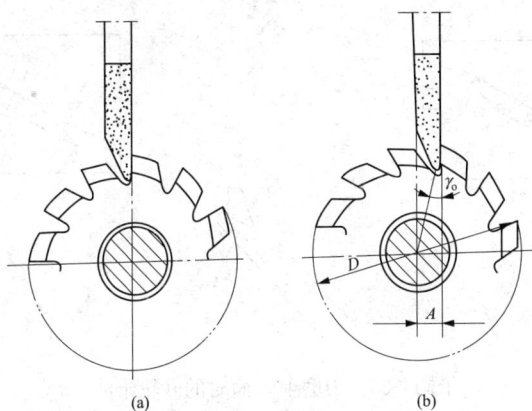

图 11-58　刃磨铲齿产铣刀前刀面

(a) $\gamma_o = 0°$；(b) $\gamma_o > 0°$

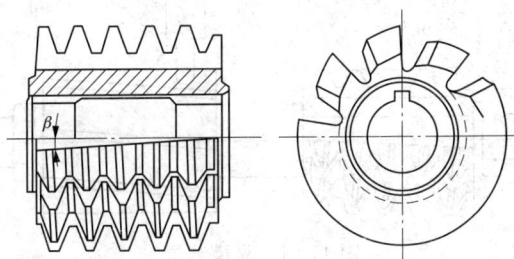

图 11-59　齿轮滚刀

螺旋槽滚刀一定要用碟形砂轮的锥面来刃磨［见图 11-60(b)］，砂轮轴要倾斜一个滚刀的螺旋角。螺旋槽滚刀若用碟形砂轮的平端面来刃磨，则砂轮的平面要与滚刀的前刀面（螺旋面）发生干涉［见图 11-60 (a)］，结果磨出的前刀面会外凸，滚出的齿轮误差较大。

通常在装置滚刀的心轴上装一个靠模［见图 11-61)］，靠模的槽数、螺旋槽导程与所刃磨的滚刀一样。靠模槽中嵌有支撑板，它固定在磨头体上。靠模和滚切同时由工作台带动往复移动，磨完一条槽的前刀面后，把撑板移入相邻的靠模槽中，磨另一条槽的前刀面。一圈刀齿的前刀面都磨好后，滚刀圆周方向的进刀同样靠微调节支撑板位置来达到。

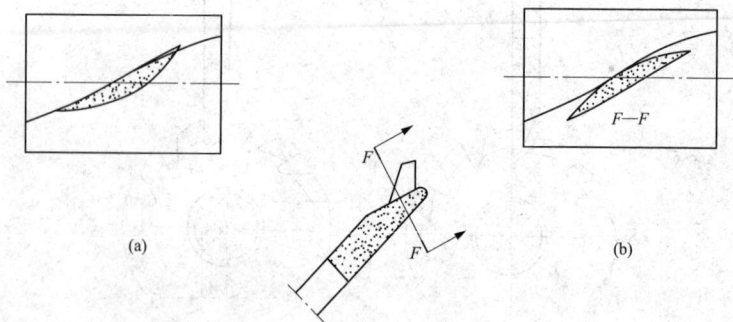

(a)　　　　　　　　　　　　　　(b)

图 11-60　刃磨前刀面时的砂轮干涉

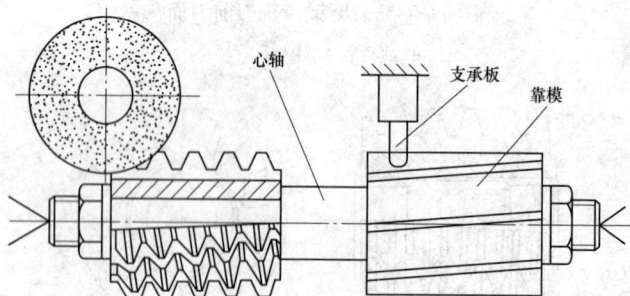

图 11-61　靠模装置

3. 铲齿铣刀前角的测量（见图 11-62）

将铣刀套在心轴上，心轴顶在测量架的前后顶尖间，将杠杆百分表的测头抵在量块顶面上（量块高度等于顶尖中心高），把百分表指针调整到零位。然后移动百分表座，把百分表的测头抵在铣刀前刀面的顶部 A，并转动铣刀使百分表读数为零。再移动百分表座，使测头从 A 点移到前刀面的根部 B 点，如百分表在 B 点读数仍为零，就表明铣刀的前角 $\gamma_o = 0°$。如 A、B 两点的读数相差 y，铲齿铣刀前角 γ_o 可计算为

$$\tan\gamma_o = \frac{y}{x}$$

式中　y——A、B 两点读数相差（mm）；

　　　x——A、B 两点间的距离（mm）。

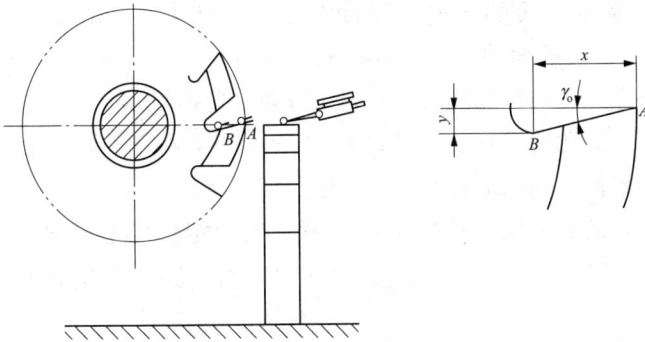

图 11-62　铲齿铣刀前角的测量

三、铣刀刃磨实例

1. 图样和技术要求分析

如图 11-63 所示为一圆柱形铣刀，因磨损需刃磨后刀面，材料为 W18Cr4V2，热处理淬硬 63～66HRC，铣刀外径 $\phi 63_{-0.05}^{0}$ mm，

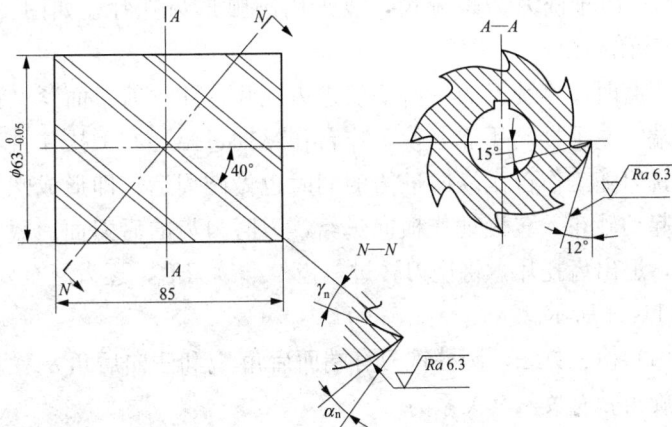

技术要求

1. 材料 W18Cr4V2，热处理 63～66HRC；

2. 齿数 $z = 8$；

3. 切削刃对中心线的径向圆跳动公差：相邻 0.03mm，一周 0.06mm。

图 11-63　圆柱铣刀

701

螺旋角 $\beta=40°$，端面前角 $\gamma_p=15°$，端面后角 $\alpha_p=12°$，齿数 $z=8$，切削刃对中心线的径向圆跳动公差：相邻为 0.03mm，一周为 0.06mm。刃磨面的表面粗糙度 $Ra0.63\mu m$。

根据工件材料和加工要求，进行如下选择和分析：

（1）砂轮的选择。所选砂轮为 WA60K5V 的杯形砂轮，并将砂轮端面修成内凹形。修整砂轮用金刚石笔。

（2）装夹方法。选用端面夹紧、内孔定位的心轴进行装夹，铣刀在心轴上紧固后装在前、后顶尖之间。装夹前需检查心轴中心孔。

（3）刃磨方法。铣刀刃磨前应先用心轴装夹修磨外圆、调整好砂轮与铣刀相对位置，利用中心规将砂轮中心和两顶尖中心调整到等高，并将砂轮架转 $2°\sim3°$，避免已磨好的切削刃碰到砂轮边缘。同时将齿托架安装在砂轮架上，然后将砂轮中心调低并使齿托片顶端低于铣刀中心 $H=\dfrac{D}{2}\sin\alpha=\dfrac{63}{2}\times0.208=6.55mm$（见图 11-54）。由于铣刀为螺旋齿，故采用圆弧形齿托片，如图 11-10 (d) 所示。

刃磨时，将铣刀的一齿槽引进齿托片，并将前刀面紧贴齿托片顶端，左手摇动手轮，使工作台作纵向进给，右手扶住铣刀心轴，铣刀随工作台作纵向进给的同时也做圆周运动即形成螺旋运动。起动砂轮，缓慢地作横向进给，刃磨刀齿的后刀面。磨好一齿后，退出齿托片，将铣刀转过一齿，继续刃磨，逐齿磨至要求，如图 11-64 所示。

（4）检查方法。圆柱铣刀有端面后角 α_p 和法向后角 α_n，它们与螺旋角 β 有关，其关系为

$$\tan\alpha_p=\tan\alpha_n\cos\beta$$

一般刃磨后只检查端面后角 α_p。检查后角可用多刃角尺测量，如图 11-65 所示。

2. 刃磨操作步骤

圆柱形铣刀刃磨操作步骤详见表 11-15 圆柱铣刀刃磨工艺。

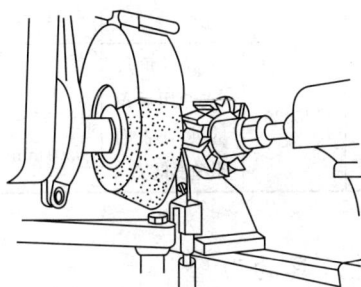

图 11-64　圆柱铣刀的刃磨

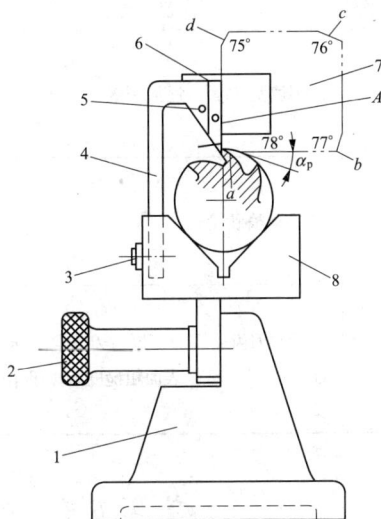

图 11-65　铣刀后角测量

1—底座；2、3—调节螺钉；4—臂架；

5—螺钉；6—靠板；7—角度样板；

8—V形块

表 11-15　　　　　　　　　　圆柱铣刀刃磨工艺

序号	内容及要求	机床	装备	切削用量
1	将铣刀装夹在心轴上，磨削铣刀外圆，保证切削刃对铣刀中心径向圆跳动公差。装夹前检查、研修中心孔	M1320A		
2	刃磨操作前检查、准备： （1）修整砂轮，端面修成内凹形 （2）装夹好铣刀的心轴于两顶尖间 （3）调整砂轮架及砂轮与铣刀相对位置，砂轮架转动 2°～3°，安装调整齿托片，使其顶端比铣刀中心低 6.55mm，使齿托片支撑在待磨齿前刀面上	M6025		$a_p=$ 0.01～ 0.02mm

序号	内容及要求	机床	装备	切削用量
3	刃磨后刀面，逐齿刃磨	M6025		$a_p = 0.01 \sim 0.015\text{mm}$
4	精修整砂轮	M6025	金刚石笔	$a_p = 0.002 \sim 0.01\text{mm}$
5	精磨刀齿后刀面，逐齿刃磨至要求，保证后角 $a_p = 12°$，表面粗糙度 $Ra0.63\mu\text{m}$	M6025	多刃角尺（或专用后角量具），表面粗糙度量块	$a_p = 0.005 \sim 0.01\text{mm}$

第五节　其他刀具的刃磨

一、拉刀的刃磨

拉刀在使用过程中一般只刃磨前刀面。拉刀的刃磨是在专用的拉刀磨床上进行的，但对长度较短的拉刀也可在工具磨床上刃磨。在工具磨床上刃磨圆拉刀时，需要磨外圆夹具带动拉刀做旋转运动。

1. 刃磨要求

（1）要保证刃口平整，刃磨后前刀面的表面粗糙度值不大于 $Ra0.8\mu\text{m}$。

（2）保证所规定的前角 γ_o。

（3）槽底圆弧和前刀面要光滑连接，不能有凸起。

（4）各槽的切削量应力求一致，保证齿升的均匀性。为了延长拉刀的使用寿命，每次刃磨不应将所有的校准齿都刃磨，通常起初只刃磨第一枚校准齿。当其直径减小了 $0.02 \sim 0.03\text{mm}$ 后，才允许刃磨第二枚校准齿。

2. 刃磨方法及砂轮直径的选择

在刃磨前刀面为平面的拉刀时，砂轮的直径不受限制，可按磨削要求选取。而在刃磨容屑槽为环形圆拉刀时，为了保证一定数值的前角，砂轮直径不宜过大，否则砂轮会将前刀面干涉过切，而得不到预定的前角。

圆拉刀的前刀面可以用碟形砂轮的锥面磨削，也可以用碟形砂轮的外圆磨削。所选砂轮工作面不同，砂轮直径的选择也不同。

（1）用砂轮锥面刃磨。如图 11-66 所示，要保证砂轮不过切刀齿前刀面，应使 N-N 截面内的砂轮曲率半径细小于刀齿前刀面的曲率半径 $\rho_刀$。根据这一条件，并设 $D_A= 0.85D$（D 为刀齿外径），则 $D_砂$ 应满足的条件

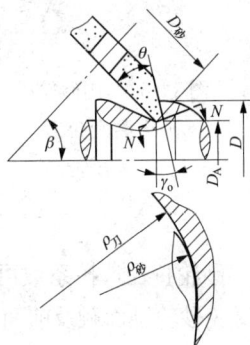

$$D_砂 \leqslant kD$$

$$K = \frac{0.85\sin(\beta - \gamma_\circ)}{\sin\gamma_\circ}$$

式中　K——砂轮直径选择系数，其值可
　　　　　按表 11-13 查取；

图 11-66　用砂轮锥面刃磨圆拉刀

β——砂轮轴线与拉刀轴线之间的夹角，一般可取 $\beta=35°\sim55°$；

$\gamma_\circ$——拉刀前角。

此时，砂轮锥面的修整角 $\theta = \beta - \gamma_\circ$。

用砂轮锥面刃磨圆拉刀时砂轮直径选择系数 K 如表 11-16 所示。

表 11-16　用砂轮锥面刃磨圆拉刀时砂轮直径选择系数 K

β ＼ $\gamma_\circ$	10°	11°	12°	13°	14°	15°	16°	17°	18°
35°	2.07	1.81	1.60	1.42	1.26	1.12	1.00	0.90	0.80
40°	2.45	2.16	1.92	1.72	1.54	1.39	1.25	1.14	1.03
45°	2.81	2.49	2.23	2.00	1.81	1.64	1.50	1.36	1.25
50°	3.15	2.80	2.52	2.27	2.07	1.88	1.72	1.58	1.46
55°	3.46	3.09	2.79	2.52	2.31	2.11	1.94	1.79	1.66

采用砂轮锥面刃磨的优点是可保证拉刀具有正确的圆锥形前刀面，刃口平整光滑，而且当砂轮磨损后直径的变化不会影响拉刀前角的大小。但刃磨小直径或大前角拉刀时，允许的砂轮直径

很小，效率低。

（2）用砂轮外圆刃磨。图 11-67 所示，砂轮和拉刀的前刀面仅沿砂轮外圆接触，实际所磨的前刀面仅是球面的一部分。砂轮直径越小，拉刀的前角越大，在保证拉刀外圆前角等于设计数值 γ_o 的条件下，砂轮直径 $D_砂$ 的计算如下

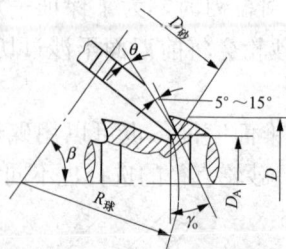

图 11-67　用砂轮外
圆刃磨圆拉刀

$$D_砂 = kD$$

$$k = \frac{\sin[\beta - \arcsin(0.85\sin\gamma_o)]}{\sin\gamma_o}$$

砂轮直径选择系数可由表 11-17 查取，采用砂轮外圆刃磨时，为了避免砂轮锥面触及前面，砂轮锥面的修整角 $\theta = \beta - \gamma_o - (5° \sim 15°)$。

表 11-17　　　用砂轮外圆刃磨圆拉刀时砂轮直径选择系数 k

β ＼ γ_o	10°	11°	12°	13°	14°	15°	16°	17°	18°
35°	2.57	2.27	2.02	1.80	1.62	1.47	1.32	1.20	1.10
40°	3.01	2.67	2.39	2.15	1.95	1.77	1.62	1.48	1.36
45°	3.43	3.05	2.75	2.48	2.27	2.06	1.89	1.74	1.61
50°	3.82	3.41	3.08	2.80	2.55	2.34	2.16	1.99	1.85
55°	4.18	3.75	3.39	3.08	2.83	2.60	2.40	2.23	2.07

在刃磨圆孔拉刀时，为了保证刃口光滑、平整，砂轮的轴线和拉刀的轴线应在同一个平面内。砂轮轴线是否正确，可根据磨削后刀齿前刀面的磨削花纹的形状来判断，见图 11-68。

图 11-68（a）是采用锥面刃磨时前刀面正确磨削花纹，图 11-68（b）是采用外圆刃磨时前刀面正确的磨削花纹，图 11-68（c）、（d）是砂轮轴线相对拉刀轴线向左或向右偏移时前刀面形成向左或向右的单向磨削花纹。这时切削刃平整性差，呈锯齿形，刀齿的前角也将减小。

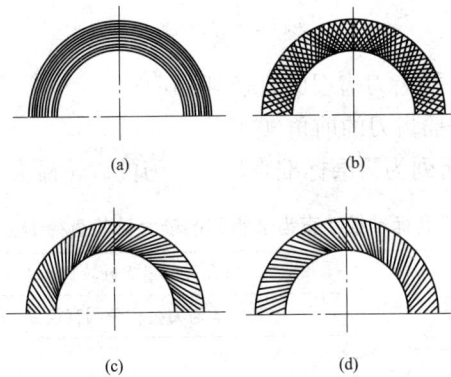

图 11-68　前刀面的磨削花纹

二、插齿刀的刃磨

插齿刀用钝后都是重磨前刀面，直齿插齿刀的前刀面是一锥底角等于插齿刀前角 γ_o 的内锥面。对标准直齿插齿刀 $\gamma_o = 5°$。

通常直齿插齿刀的前刀面是在外圆磨床上用砂轮的外圆柱面刃磨。但也可在工具磨床上磨削。如图 11-69 所示，插齿刀用锥度心轴安装在万能夹头上，并在夹头的前端装上带轮。利用安装在万能夹头一侧的电动机通过传动带带动万能夹头的主轴，使插齿刀作 20～25m/min 慢速的圆周进给。与此同时，磨床的工作台还须沿砂轮轴线往复运动。

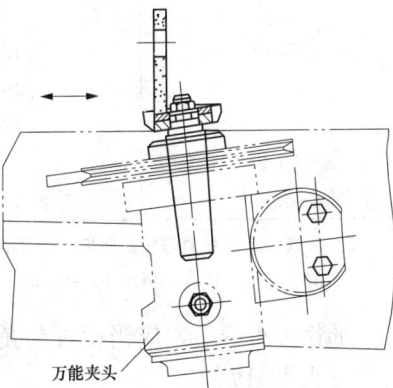

万能夹头

图 11-69　在工具磨床上刃磨插齿刀

在刃磨时，万能夹头的底盘须转动一个等于插齿刀前角的角度，使插齿刀前刀面的母线与砂轮外圆母线相平行。

对于带孔的（碗形、盘形）插齿刀，砂轮的半径 $R_砂$ 应略小于插齿刀前面与内孔交线圆的曲率半径。

对于锥柄插齿刀，砂轮直径 $D_砂$ 应满足

707

$$D_{砂} \leqslant \frac{D_1}{2} \sin\gamma_。$$

式中　$D_{砂}$——插齿刀齿根圆直径（mm）；

　　　$\gamma_。$——插齿刀的前角（°）。

表 11-18 所列为刃磨标准直齿插齿刀的砂轮最大直径。

表 11-18　刃磨标准锥柄直齿插齿刀的最大砂轮直径 $D_{砂}$

模数 m/mm	所允许的最大砂轮直径 $D_{砂}$/mm	
	插齿刀公称分圆直径 d_1/mm	
	38	25
1	205	136
1.25	199	127
1.5	195	135
1.75	198	127
2	192	122
2.25	176	124
2.5	182	108
2.75	184	119
3	165	—
3.25	180	—
3.5	172	—
3.75	161	—

注　表列的 $D_{砂}$ 数值是按新插齿刀计算的。对旧插齿刀。由于齿根圆减小，所允许的 $D_{砂}$ 还应比表列值小 10～15mm。

插齿刀刃磨后，应当检查前角及前刀面的轴向跳动量，它们允差见表 11-19。

三、齿轮滚刀及蜗轮滚刀的刃磨

由于滚刀的齿背是经过铲磨的螺旋面，因此当其用钝后只刃磨前刀面。直槽滚刀的前刀面是一个通过滚刀轴线的径向平面，而螺旋槽滚刀的前刀面是一个阿基米德螺旋面，在滚刀端剖面内截形是一条通过滚刀中心的径向直线。

滚刀刃磨的精度要求见表 11-20。

表 11-19　　　　　　　　　　插齿刀的刃磨要求

检查项目	精度等级	公称分圆直径 d_1/mm	模数 m/mm					
			1～1.5	>1.5～2.5	>2.5～4	>4～6	>6～10	>10
在靠近分圆处前刀面的轴向跳动允差/μm	AA、A	≤75	20	20	25	—	—	
		100～125	25	25	32	32	32	—
		160～200	—	—	—	40	40	50
	B	≤75	25	25	32	—	—	
		100～125	32	32	40	40	40	
		160～200	—	—	—	50	50	50
前角允差	AA、A	—	±8′					
	B	—	±12′					
前角的精度级别	AA、A	—	9					
	B	—	8					

表 11-20　　　　　　　　　　滚刀刃磨的精度要求

检查项目	精度等级	模数 m/mm				
		1	>1～2.5	>2.5～4	>4～6	>6～10
在滚刀分圆附近的同一圆周上，任意两个刀齿前刀面间相互位置的最大累积误差/μm	AA	25	32	40	50	63
	A	40	50	63	80	100
	B	63	80	100	125	160
	C	100	125	160	200	250
在滚刀分圆附近的同一圆周上，两相邻刀齿邻周节的最大差值/μm	AA	16	20	25	32	40
	A	25	32	40	50	63
	B	40	50	63	80	100
	C	63	80	100	125	160
刀齿前刀面的非径向性允差/μm	AA	20	25	32	40	50
	A	32	40	50	63	80
	B	50	63	80	100	125
	C	80	100	125	160	200

检查项目	精度等级	模数 m/mm				
		1	>1~2.5	>2.5~4	>4~6	>6~10
刀齿前刀面与内孔轴线不平行度允差（直槽滚刀）/μm	AA	25	32	40	50	63
	A	40	50	63	80	100
	B	63	80	100	125	160
	C	100	125	160	200	250
刀齿前刀面的螺旋导程允差（螺旋槽滚刀)/μm	AA	$\pm 1.5\% S_k$				
	A	$\pm 2\% S_k$				
	B	$\pm 2.5\% S_k$				
	C	$\pm 3\% S_k$				

注 1. S_k 为螺旋槽滚刀的导程。

2. 刃磨后前刀面的粗糙度。AA、A 及 B 级滚刀应不低于 $Ra0.4\mu m$ C 级滚刀应不低于 $Ra0.8\mu m$。

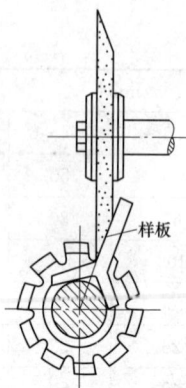

图 11-70　砂轮位置的找正

为了保证滚刀刃磨精度，最好采用专用滚刀磨床。在不具备滚刀磨床的条件下，也可在一般的万能工具磨床上刃磨滚刀。刃磨时要注意以下几点。

1）最好采用砂轮的锥面刃磨，以减小砂轮与前刀面的接触面积，防止烧伤、退火。

2）砂轮位置的调整应使砂轮锥面母线通过滚刀中心，一般可用样板找正，当砂轮锥面母线与样板工作面密合时即可，见图 11-70。

3）砂轮的锥面须用夹具修整，使之保持平直而光整。图 11-71 是加装在机床磨头的修整夹具。

4）为保证滚刀各排刀齿的前刀面在圆周上等分，刃磨时须用分度板分度，分度板可安装在顶针座后面。

5）对中、小模数的滚刀可用 1∶4000～1∶5000 的锥度心轴安装，而大模数的滚刀应安装在精密的圆柱形心轴上。

6）刃磨时，砂轮的进给不可用转动工作台横向手轮的方式进行，必须通过改变分度板定位销的位置或利用特殊进给夹具来实现。如图 11-72 所示是进给夹头结构，安装时，进给夹头套在顶针的端部，并用锁紧螺钉紧固。而固定在滚刀心轴端部的鸡心夹头的尾部可置入进给夹头的缺口中。并用进给夹头两侧的进给螺钉顶紧。在刃过程中需要进给时，只要旋转两个进给螺钉即可使滚刀转动一微小角度，从而获得一定的进给量。

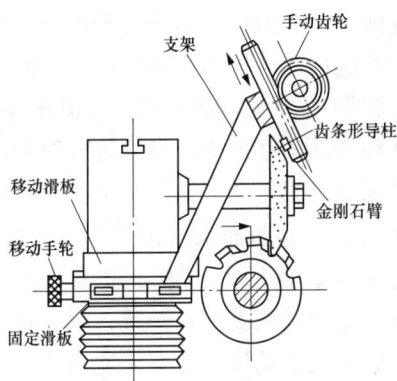

图 11-71　砂轮锥面的修整

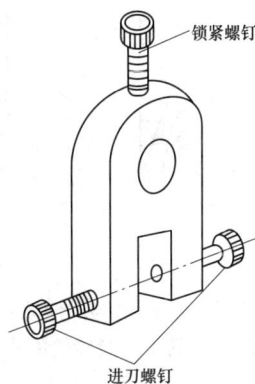

图 11-72　进给夹头

在工具磨床上刃磨螺旋槽滚刀，最简单的方法是用靠模来解决砂轮沿滚刀的螺旋面磨削前刀面，如图 11-73 所示。装在滚刀心轴上靠模与滚刀具有同一齿槽数和螺旋导程，有一撑齿块与靠模槽面经常接触。当磨床工作台往复运动时，滚刀相对砂轮将随着靠模导程的螺旋运动而转移。为了保证滚刀的刃磨精度，要求靠模精度较高，靠模的长度 L' 应比滚刀的长度 L 适当的长一些。

由于滚刀前刀面的径向直线性要求很高，刃磨时必须用砂轮的锥面磨削，同时砂轮的轴线必须对装置滚刀的心轴轴线偏斜一个相当于滚刀分圆处的螺旋角（其值为滚刀螺旋角的余角）。在理论上，当砂轮工作面为正圆锥面时是不可能磨出一个阿基米德螺

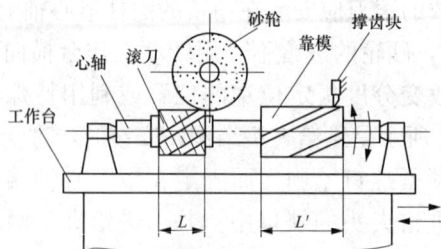

图 11-73　利用靠模刃磨螺旋槽滚刀

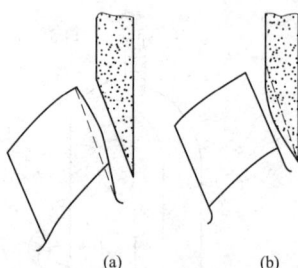

图 11-74　刃磨螺旋槽滚刀时
前刀面的干涉及砂轮的修整

旋面的，前刀面将由于干涉现象而呈中凸的形状［见图 11-74 (a)］，但在螺旋槽的螺旋角小于 3°的情况下，这种干涉不甚严重，可以将砂轮主轴的回转角减小 $30'\sim1°$，即利用砂轮锥面的弧形曲面来抵消干涉的影响。而在刃磨直径小，螺旋角大的前面时，干涉现象就比较严重，因此必须将砂轮锥面的母线修整成适当的外凸曲线来补偿（见图 11-74），在一般的情况下，可根据被磨滚刀前刀面直线性的测量结果，用油石手工修整砂轮，并经过多次反复试磨及测量，直至前刀面符合要求为止。

四、硬质合金刀具的间断磨削和电解磨削

（一）硬质合金刀具的间断磨削

1. 间断磨削的原理

由于砂轮工作面上开槽以后，磨削过程是断续进行的，冷空气及磨削液容易进入磨削区，改善了散热条件。因而使磨削温度显著下降，从而达到减小刀片热应力及消除磨削裂纹的目的。

2. 砂轮开槽的参数

砂轮开槽的参数，见表 11-21。

表 11-21　　　　　　砂轮开槽的参数

砂轮名称	用途	开槽断面形状	说　明
平形砂轮	外圆磨		1. 为防止周期性冲击而引起共振，沟槽的配置方式，采用90°内不等分，圆周上槽数为16～24槽 2. 沟槽在圆周制成斜槽，斜角为25°～35°，方向为右旋，使磨削的轴向力推向主轴支承 3. 各沟槽在圆周上应对称分布。沟槽深度、宽度，应相互一致，以利平衡
	平面磨		沟槽的配置与外圆磨基本相同，槽数一般可选为24～36槽，较外圆磨略多
	内圆磨		由于内四砂轮外径小，可等分开斜槽，斜角为30°～40°，槽数为4～6槽
杯形砂轮	工具磨		1. 杯形砂轮与碗形砂轮的开槽形式相同 2. 槽形90°V形，适于粗磨，光洁度较低，槽形为矩形直槽，用于粗、精磨，粗糙度可达$Ra0.8\mu m$ 槽形为矩形斜槽，用于精磨，粗糙度可达$Ra0.4\mu m$以上 3. 槽数为4～18个，在圆周上均匀分布 4. 矩形斜槽的斜角，可选用15°～20°，倾斜方向应按砂轮的旋转方向决定，总之沟槽的倾斜方向应与砂轮旋转方向相反
碗形砂轮			

砂轮名称	用途	开槽断面形状	说明
碟形砂轮	工具磨		1. 碟形砂轮的工作部位较薄弱，沟槽应开得浅而较窄 2. 矩形沟槽的数量，可在8～16个之间，90°V形沟槽数量可在4～8个之间，在圆周上均匀分布

3. 开槽方法

开槽方法可分为手工开槽和机动开槽两种，一般都采用手工开槽。

手工开槽可利用废锯条，开槽时加少量冷却水，还可利用废薄片切割砂轮，约 4mm 厚，中等硬度以上，F20～F60 粒度，或者硬度高的废砂轮砂条，F20～F46 粒度，同样可开槽。

机动开槽用废铁盘改装成无齿锯，加放碳化硅磨料，粒度 F20～F36 并与水和泥浆混合一起开槽效果好；还可把切割砂轮安装在工具磨床上开槽。切割砂轮可选粒度为 F20～F36，中等硬度，陶瓷或树脂结合剂。

4. 间断磨削硬质合金刀具的典型工艺规范

间断磨削硬质合金刀具的典型工艺规程见表 11-22。

（二）硬质合金刀具的电解磨削

1. 电解磨削的原理及特点

电解磨削是利用导电砂轮进行的一种由电解及机械磨削综合作用的加工方法，其原理图 11-75 所示。加工时，导电砂轮与直流电源的负极相接，而工件与正极相接，并在一定的压力下与砂轮

714

表 11-22　间断磨削硬质合金刀具的典型工艺规程

硬质合金刀具名称	加工部位及加工名称（简图）	主要加工要求	砂轮开槽参数	机床及砂轮速度 v /(m/s)	背吃刀量 a_p/mm	工件进给速度	磨削液
YT15 面铣刀、角铣刀、铰刀、钻头等	刃磨周齿和端齿后面	(1) 表面粗糙度 Ra：第一后面为 0.8~0.4μm，第二后面为 1.6~0.8μm (2) 切削刃角度公差：±1°~±15′ (3) 刃口直线性好 (4) 后角公差：1°~3°	(1) 槽形及尺寸： 15~20° 6~8 (2) 槽数：磨削面积大、砂轮硬度高、宜槽多 糙度要求高，磨削粗	工具磨床：v=20~24	粗磨：0.1~0.5	手动进给，速度无特殊规定，按操作经验掌握	无
YT15 面铣刀、机用铰刀、锪钻等	刃磨刀齿前面	(1) 表面粗糙度 Ra：0.8~0.4μm (2) 前面直线性好	(1) 槽形及尺寸： 3~5 8~9 (2) 槽数：6~20	工具磨床：v=20~24	粗磨：0.05~0.2 精磨：0.01~0.03	手动、进给速度无特殊规定，按经验操作灵活掌握	无

续表

硬质合金刀具名称	加工部位及加工名称(简图)	主要加工要求	砂轮开槽参数	机床及砂轮速度 v /(m/s)	背吃刀量 a_p/mm	工件进给速度	磨削液
YT15面铣刀、机用铰刀、锪钻等	刃磨刀齿后面 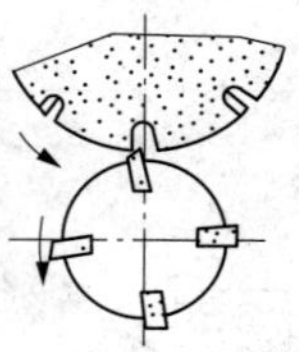	(1) 表面粗糙度 Ra: 0.4~0.2μm (2) 刀刃角度公差: ±1°~±5° (3) 刃口直线性好	(1) 槽形及尺寸 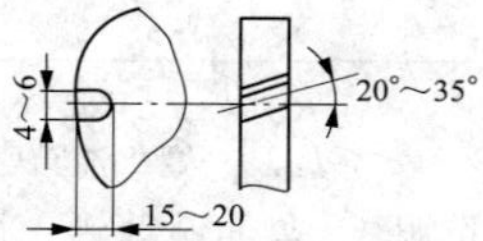 (2) 槽数: 12~16	外圆磨床: $v=30\sim35$	粗糙: 0.1~0.3 精磨: 0.005~0.01	$v=1\sim3$m/min	乳化液
YG6浮动镗刀、YT15面铣刀刀头	磨削刀齿各平面 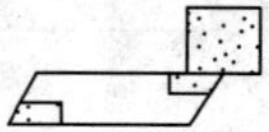	(1) 表面粗糙度 Ra: 0.4~0.2μm (2) 切削刃平直度要求好	(1) 槽形及尺寸 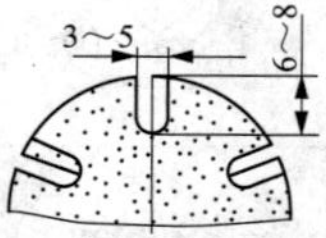 (2) 槽数: 20~24; 30~	平面磨床: $v=25\sim30$	粗磨: 0.1~0.2 精磨: 0.01~0.02	$v=6\sim22$m/min	乳化液

35

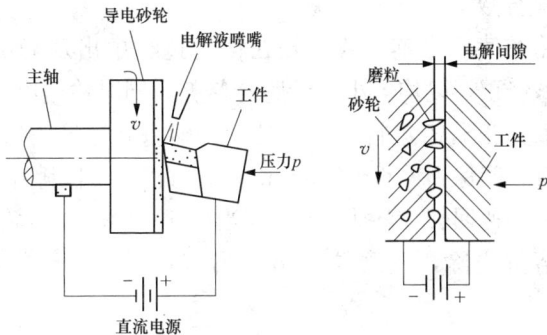

图 11-75　电解磨削的加工原理

相接触。但由于磨料粒子凸出砂轮的导电基本之外，使工件的被磨表面与砂轮导电基体之间保持一定的电解间隙。因此电解液可由其间流过，在磨削过程中，工件表面的金属首先在电流的作用下溶入电解液中。与此同时，在工件表面会形成一薄层氧化膜（也称阳极薄膜）使电流密度减小，电解速度降低。但由于砂轮磨粒的机械磨削作用，将迅速把刚形成的阳极膜刮除，使阳极工件又露出新的金属表面，以利于继续电解。这样，在电解作用与机械磨削交替作用下，使工件表面被加工。

与一般机械磨削相比，电解磨削有以下特点：

（1）加工效率高，砂轮消耗小，加工经济性好。

（2）工件材料的机械性能及耐热性对磨削过程影响小，故可适于加工各种硬度与高韧性的金属材料。

（3）磨削刀与磨削热较小，加工的表面质量高。

2. 导电砂轮的选择及处理

在理论上，电解磨削的机械磨削作用，只是磨去硬度比工件材料低得多的阳极薄膜，但实际上由于砂轮磨粒的最高点并不完全处于砂轮的同一工作表面，砂轮主轴也会有一定的振摆。磨削时电解速度与进给速度也很难做到完全一致，因而砂轮磨料经常会对工件材料直接起磨削作用。所以电解磨削硬质合金刀具，最好采用金属结合剂的人造金刚石导电砂轮，砂轮的粒度为 F80～

F100，质量分数 75%～100%。

新砂轮在使用之前，或砂轮在使用过程中出现局部融块时，需进行机械修正。以均匀小进给跑合修整，同时输送电解液冷却。砂轮在机械修正后需进行反极性处理，即将砂轮接正极，工件接负极，两者之间保持 0.2～0.5mm 的间隙，并使间隙中充满电解液。砂轮作慢速回转 20～40r/min，当接通电源时，砂轮的金属基本表面被溶解去除，使磨粒凸出金属基本表面，形成必要电解间隙。

3. 电解液

电解液配方及特点见表 11-23。

表 11-23 电解液的配方及特点

成　分	质量分数/%	pH 值	磨削表面粗糙度值 Ra/μm	适用材料
亚硝酸钠（$NaNO_2$）	9.6			
硝酸钠（$NaNO_2$）	0.3			
磷酸氢二钠（Na_2HPO_4）	0.3	7～8	0.2	硬质合金精磨用
重铬酸钾（$K_2Cr_2O_7$）	0.1			
甘油［$C_3H_5(OH)_3$］	0.05			
水	余量			
亚硝酸钠（$NaNO_2$）	6			
硝酸钠（$NaNO_2$）	1			可同时磨削硬质合金刀片及碳钢刀体
氧化钠（$NaCl$）	1.5	8～9	0.4	
磷酸氢二钠（Na_2HPO_4）	0.5			
水	余量			
亚硝酸钠（$NaNO_2$）	5			
磷酸氢二钠（Na_2HPO_4）	1.5			可同时磨削硬质合金刀片及碳钢刀体
硝酸钾（KNO_3）	0.3	8～9	0.2	
硼砂（$Na_2B_4O_7$）	0.3			
水	余量			

在使用时，电解液可喷注于砂轮中心附近，靠离心力均匀散

布于砂轮工作表面，流量不必过大，以免操作不便及腐蚀机件。

4. 电解磨削工艺参数

（1）电参数。电压升高，则电流强度增大，磨削效率提高，但电压过高会引起火花放电，烧伤工件和工件表面。一般加工硬质合金刀具，可用 8～10V 的电压及 30～50A/cm² 的电流密度。精磨时，可适当降低工作电压，可在 2～4V 内选用。

（2）磨削用量。一般磨削硬质合金刀具可取：磨削压力 10～30N/cm²，磨削速度 15～25m/s，纵向进给量 2～3m/min。

第六节 刀具的检测

一、车刀的检测

车刀的检测可分为两大部分：一般性检测项目和角度检测。

一般性检测项目包括：外观检测、表面粗糙度检测、支承面（底面）平面度检测、硬度检测、上平面对底面平行度检测、侧面对底面垂直度的检测等。

车刀角度的检测有主偏角 k_r 的检测、副偏角 k_r' 的检测、刃倾角 λ_s 的测量、前角 γ_o 的检测、后角 α_o 的测量。这是车刀检测的主要部分，下面我们介绍其检测方法。

车刀角度检测方法很多，可用万能角度尺、摆针式重力量角器及测量台和车刀量角台等来检测。下面以万能角尺为例，介绍车刀角度检测。

1. 主偏角 k_r 的测量

如图 11-76 所示，将车刀放在平板上，用手拿住万能角度尺，并使其直尺与车刀的左侧面（主切削刃一侧）紧密贴合。松开制动器 1，转动主尺 2 让基尺的测量面和车刀的主切削刃相平行。然后将制动器 1 锁紧，转动微动装置，让基尺的测量面和车刀的主切削刃相靠，则万能角度尺所指示的角度数值，就是主偏角 k_r 的实测值。

2. 副偏角 k_r' 的测量

如图 11-77 所示，测量 k_r 之后，保持车刀和直尺的位置不变。

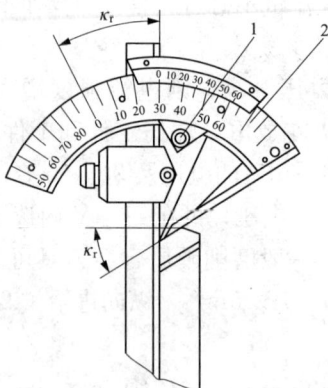

图 11-76　用万能角度尺测量车刀主偏角
1—制动器；2—主尺

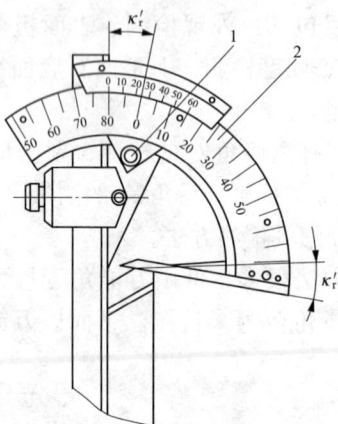

图 11-77　用万能角度尺测量车刀副偏角
1—制动器；2—主尺

转动主尺让基尺和车刀的副切削刃相靠紧，则万能角度尺所指示的角度数值，就是副偏角 k'_r 的实测值。

3. 刃倾角 λ_s 的测量

如图 11-78 所示，将车刀底面紧密地贴合在直尺测量面上，并使刀体纵向与直尺相平行。松开制动器转动主尺使基尺与主切削刃相靠紧贴合，则角度尺上所指示的数值，就是刃倾角凡的实测值。

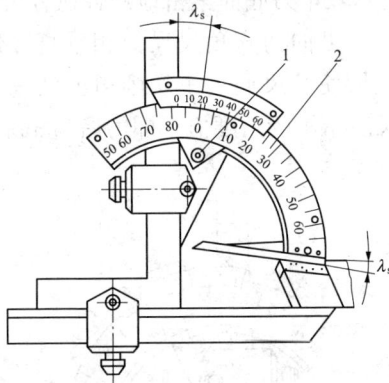

图 11-78　用万能角度尺测量车刀刃倾角

1—制动器；2—主尺

4．前角 γ_o 的测量

如图 11-79 所示，非刀底面紧密地贴合在直尺尺面上，调整车刀的位置，使车刀纵向与直尺尺面垂直，并使基尺在全刀面的上方。旋转主尺，使基尺通过主切削刃上任意一点并和前刀面相贴合，则万能角度尺所指示的数值，就是前角的实测值。

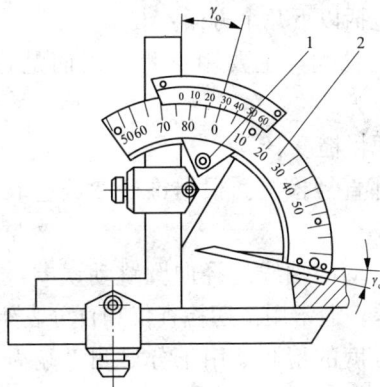

图 11-79　用万能角度尺测量车刀前角

1—制动器；2—主尺

5. 后角 α_0 的测量

如图 11-80 所示，车刀底面紧密地贴合在直角尺的尺面上，调整车刀位置，使车刀纵向与直角尺尺面相垂直并使基尺在主后刀面的上方，转动主尺使基尺通过主切削刃上任一点和主后刀面贴合。则万能角度尺所指示的角度值，即为后角 α_0 的实测值。

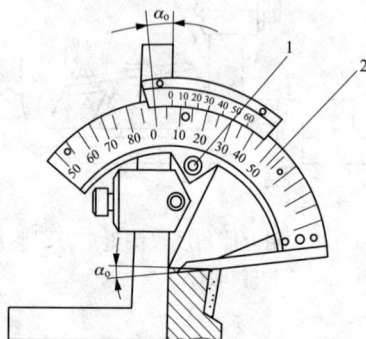

图 11-80　用万能角度尺测量车刀后角
1—制动器；2—主尺

二、铣刀的检测

1. 铣刀的检测内容

铣刀的检测包括以下几个方面：

（1）铣刀外观检测，主要用目测外表面是否有裂纹、黑斑、锈迹、崩刃和钝口等。

（2）铣刀表面粗糙度。

（3）铣刀柄部直径检测。根据锥柄参数选取莫氏锥度套规进行检测。

（4）圆周刃对柄部轴线的径向圆跳动误差，及端刃对柄部轴线端面圆跳动误差。通常用偏摆检查仪和百分表架进行检测。

（5）外径倒锥度的检测，用千分尺测量端刃直径和靠近柄部一端的直径，两者之差即为倒锥度。

（6）铣刀角度的检测。

（7）铣刀刃齿位置偏摆量的检测。

前面 5 项是铣刀的一般检测项目，6、7 两项是重点检测项目。下面详细对后两项做介绍。

铣刀角度有前角、后角，检测用的量具是多刃刀具角度规，见图 11-81。

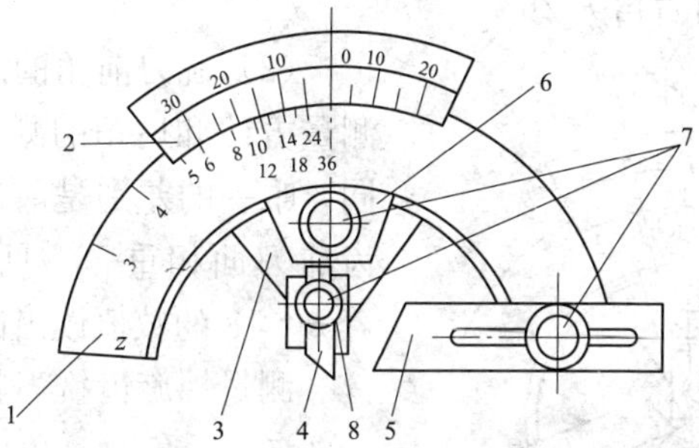

图 11-81　多刃刀具角度规

1—主尺；2—分度板；3—扇形板；4—前角直尺；

5—后角直尺；6—紧固块；7—紧固螺母；8—导滑座

2. 铣刀的测量

（1）铣刀后角的测量。

1）首先将铣刀用汽油擦洗干净，把角度规的前角直尺 4 和后角直尺 5 放到铣刀相邻的两个齿顶上，并使角度规平面垂直于铣刀轴线，见图 11-82。

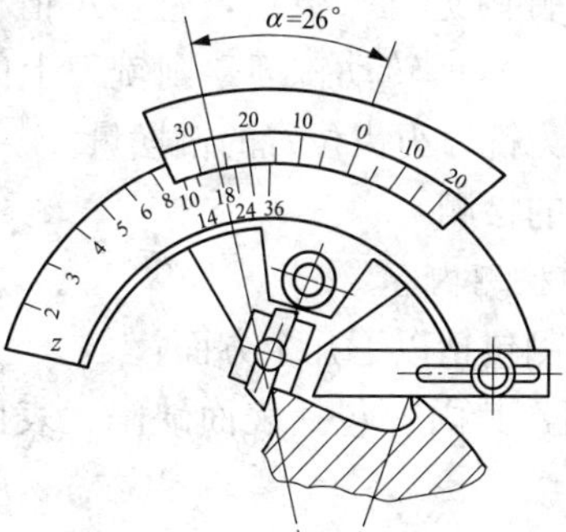

图 11-82　铣刀后角的测量

2）松开紧固块 6 上的紧固螺母 7，向右或向左（视刀齿的后刀面的位置而定），转动扇形板 3，使前角直尺 4 的 B 面（图中未注）和铣刀的后刀面重合，并锁紧螺母 7。

3）根据铣刀齿数，读出实测值。例如 $z=18$，则对着 18 的数值分度板读出后角为 $26°$。

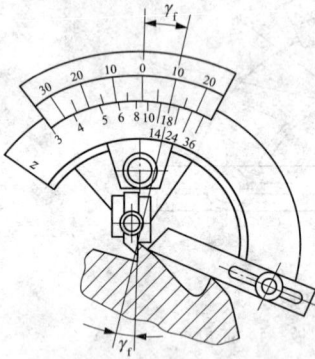

图 11-83　铣刀前角的测量

（2）铣刀前角的测量。前角的测量方法和后角的测量方法基本相同，唯一的差别是前角直尺要和刀齿前刀面相重合，见图 11-83，对着 $z=18$ 的数值读出前角 $\gamma_f=10°$。

测量螺旋齿铣刀具有螺旋角为 β 的前、后角时，角度规仍需装置在垂直于铣刀轴线的截面上。量出铣刀后角即为 α，但此时前角为端面前角 γ_f，还需经过下列换算，得到垂直于主切削刃的前角 γ_n 为

$$\tan\gamma_n=\tan\gamma_f\cos\beta$$

（3）铣刀刃齿位置偏摆量的检测。将铣刀顶尖孔清洗干净，直接顶在偏摆仪顶尖座中，千分表架安置在偏摆仪座上，用千分表测头顶住铣刀上的刃口并压旋半圈。调整千分表测头高度，使千分尺指针指到零件附近某一数值，直至示值稳定为止。转动表盘使指针指到零位。然后转动铣刀，则铣刀上的每个刀齿在千分表上读数之差，即为铣刀刃齿位置的偏摆量。

三、螺纹刀具的检测

1. 螺纹刀具的检测内容

螺纹刀具的检测包括以下几个方面：

（1）外观检测，其内容包括表面缺陷、表面粗糙度、工作部分的硬度。

（2）丝锥工作部分的径向圆跳动。用偏摆仪和百分表进行检测。

（3）丝锥前角的检测。用多刃刀具角度规，测量方法同铣刀

前角测量方法相同。

（4）丝锥后角的测量。丝锥后角测量，不能直接用多刃刀具角度规测量。因为丝锥切削部分后角的大小，表现在切削部分铲面上铲量的大小，因此铲量的大小可算出后角的大小，其关系为

$$\tan\alpha = \frac{c}{b}$$

式中　b——切削宽度；

　　　c——a 点到 e 点的铲量，见图 11-84。

测量 c 值，其方法和测量工作部分径向圆跳动方法一样。指针在最高点 a 和最低点 e 的读数差即是铲量 c。

（5）丝锥牙型角，通常用万能工具显微镜，采用影像法测量。其方法如下：

1）将丝锥及顶针孔洗净放入两顶尖之间并夹紧，然后将万能工具显微镜立柱倾斜一个被测螺纹的螺纹升角值，调整光圈。

2）接通电源，将测角目镜调到零位并调好视度，然后移动纵、横向滑板，使被测丝锥影像进入目镜视场，并用双手调整立柱的调焦手轮直至轮廓清晰为止。

3）使轮廓目镜米字线的交叉点位于螺纹牙边中部。然后，转动测角目镜手轮，使米字线的中心虚线与被测螺纹轮廓边缘平行并保持一条狭窄的光缝，以狭缝对线法进行瞄准，见图 11-85。

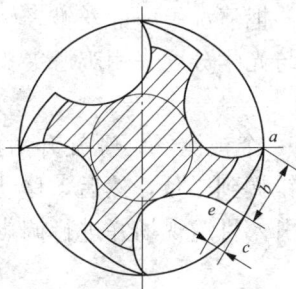

图 11-84　丝锥铲量的测量

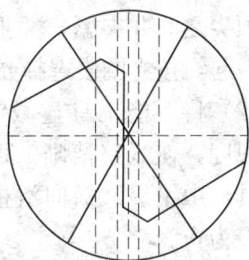

图 11-85　狭缝的对线法

4）从测角目镜中读取读数 $\dfrac{\alpha_{左}}{2}$，用同样方法，可读取 $\dfrac{\alpha_{右}}{2}$。即螺纹左、右半角值。为了消除丝锥轴线和测量轴线不重合引起的测量误差，需分别在位置Ⅰ、Ⅱ、Ⅲ、Ⅳ测量牙型半角，见图 11-86。分别求出左右半角为

$$\frac{\alpha_{左}}{2} = (\alpha_{I}/2 + \alpha_{N}/2)/2$$

$$\frac{\alpha_{右}}{2} = (\alpha_{II}/2 + \alpha_{III}/2)/2$$

这样测量的结果是法向的，通常就把法向牙型作为测量结果。为了提高测量结果的精度或者被测螺纹升角值较大时，可修正为

$$\tan\frac{\alpha}{2} = \frac{\tan\dfrac{\alpha'}{2}}{\cos\varphi}$$

式中 α——轴向截面牙型角（°）；

      α'——法向截面牙型角（°）；

      φ——螺纹升角（°）。

2. 螺纹槽丝锥的螺距测量

一般直沟槽丝锥虽然有切削刃前角，但并不影响螺距的测量。因此，可按一般螺纹的测量方法来测量。而螺纹槽丝锥不同，其测量如下。

（1）将万能工具显微镜在顶尖座卸下，然后将光学分度头装在显微镜滑板上，并将紧固螺钉紧固。把清洗干净的丝锥轻轻放入两顶尖之间并夹紧，并把丝锥柄部与光学分度头用鸡心夹头连接在一起，按光圈表选择光圈。

（2）将万能工具显微镜立柱倾斜一个被测丝锥螺旋升角值，调好视度，使米字清晰。再将测角目镜调到零位，然后，移动万能工具显微镜纵、横向滑板，将丝锥引入目镜视场并进行调焦直至清晰为止。

（3）转动光学分度头滚花手轮，使丝锥刃口转到恰好至牙型铲背的阴影轮廓，直至清晰为止，见图 11-87。

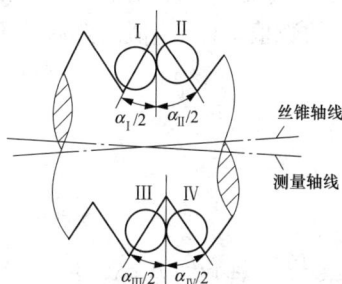

图 11-86 牙型半角的测量位置

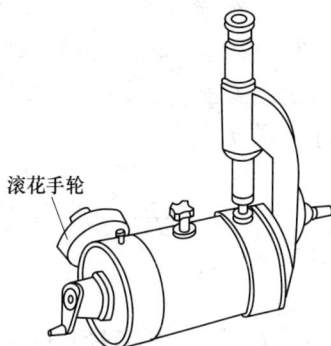

图 11-87 光学分度头

（4）在目镜视场内，使目镜分划板上米字线中央虚线与丝锥牙型边缘相压，记取第一纵向读数，再转动分度手柄，使丝锥转动 θ 角。θ 角计算为

$$\theta = \frac{360° \times P_{投}}{T}$$

$$P_{投} = P_{轴} \cos^2 \omega$$

$$P_h = \frac{\pi d_2}{\tan \omega}$$

式中　ω——螺旋槽的螺旋角（°），

P_h——螺旋导程（mm）；

$P_{投}$——法向螺距在轴线上的投影螺距（mm）；

$P_{轴}$——图样上给出的轴向螺距（mm）；

d_2——螺纹中径（mm）。

（5）再移动纵向滑板，使目镜米字线中央虚线与同测牙型的边缘相压，读取第二个纵向读数 $P_{投2}$。两次读数之差即为投影螺距的实际值 $P_{投实}$。

为了克服被测丝锥轴线与测量轴线不重合引起的误差，需在牙型两侧各测一次，取算术平均值，即 $P_{投实} = \frac{1}{2}(P_{左} + P_{右})$。

3. 丝锥中径的测量

（1）偶数槽丝锥的中径测量。用三针及千分尺测量，把三针放在被测丝锥的牙槽中，其中两根放在千分尺微分筒的测杆端，另一根放在千分尺砧座端。转动微分筒，使三针与测量面和丝锥三者之间紧密接触，则可读取千分尺的数值，即 M 值。然后按下式求中径 d_2

$$d_2 = M - d_D \left(1 + \frac{1}{\sin\frac{\beta}{2}} \right) + \frac{\frac{P}{2}}{\tan\frac{\alpha}{2}}$$

式中　d_D——三针直径，按式 $d_0 = \dfrac{P}{2\cos\dfrac{\alpha}{2}}$ 选择（mm）；

P——丝锥螺距（mm）；

α——牙型角（°）。

$$\tan\varphi = \frac{P}{\pi d_2}$$

$$\tan\frac{\beta}{2} = \tan\frac{\alpha}{2} \times \cos\gamma$$

式中　γ——螺纹升角（°）。

当 $\gamma < 3°$ 时，α、β 致相等则

$$d_2 = M - d_D \left(1 + \frac{1}{\sin\frac{\alpha}{2}} \right) + \frac{\frac{P}{2}}{\tan\frac{\alpha}{2}}$$

（2）奇数沟槽丝锥中径测量。测量方法有多种，下面介绍一种用 V 形架和三针组合测量中径。用 V 形架测量中径，就是将被测的丝锥放在专用 V 形架内并与 V 形架两斜面相切，一般 V 形块角度为 60°，V 形架底面至两斜面夹角交点距离事先给出。其测量方法如下。

1）将清洗好的丝锥放在 V 形架内，并与 V 形架两斜面相切，把选好的一根三针放在丝锥牙槽中间。

2）根据 V 形架和三针大致组合尺寸选择千分尺，可用千分尺测出 V 形架底至三针顶点的距离 M，如图 11-88 所示。则经过计算可得出丝锥中径为

$$d_2 = (M - H - d_实) \times 2 - c$$

式中　M——测量出的 M 值（mm）；

$\quad\quad H$——V 形架常数（事先给出）（mm）；

$\quad\quad d_实$——丝锥实测大径（mm）；

$\quad\quad c$——三针常数（$c = 3d_0 - 0.866P$，当 $\alpha = 60°$ 时）。

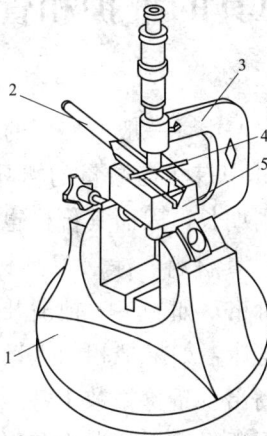

图 11-88　奇数沟槽丝锥的中径测量

1—夹座；2—丝锥；3—千分尺；4—三针；5—V 形架

4. 丝锥大径测量

对于具有偶数槽丝锥的大径测量，可完全和测量螺纹大径一样，对奇数槽丝锥的大径测量，同测量中径基本相同，参考图 11-88，则大径 d 可计算为

$$d = \frac{2(T + H)}{1 + \dfrac{1}{\sin\dfrac{\beta}{2}}}$$

式中　T——V 形架底面至丝锥顶点所测的值（mm）；

$\quad\quad H$——V 形架常数（mm）；

$\quad\quad \beta$——V 形架夹角（°）。

当 $\beta = 60°$ 时，$d = \dfrac{2}{3}(T - H)$ mm。

第十二章

刀具的维护和管理

在现代机械工业生产中，一般所使用的刀具，几乎都是用各种优质钢材制成的，其中有相当数量的刀具，其精度要求很高，加工工艺复杂，制造周期长，因而其价格也较昂贵。例如：有的金属切削刀片，超是刀具材料，涂层刀具材料，金刚石刀具等，其售价相当于白银的价格；如购买一把渐开线花键拉刀的费用甚至可以购买一台万能铣床，如果把相同重量的刀具与机床设备相比较，刀具的价格要高出设备价格数十甚至数百倍。因此，加强对各类刀具的管理，不断降低消耗费用和提高产品质量，不只是一件事半功倍的重要举措，更应该提到企业管理决策者的首要议事日程上来。

但是，长期以来，不少中小企业的主管者，已经形成一种重产品、重设备而轻刀具的传统理念，对刀具的重视程度还很不够，管理意识也比较淡漠，致使某些零件加工成本不断上升，而使产品在市场上缺乏竞争力。

在这些企业内，刀具的计划、采购、储备、使用、维修、保管、报废等均无章可循。想买什么买什么，要用多少买多少，仓库、车间及班组内，随处可见被丢弃的各种废旧刀具等，这种浪费现象应该彻底改变。

刀具属工具范畴，它应隶属于企业的工具管理部门。本章简单介绍了在中小型机械加工企业能做到的几项刀具基础管理工作和使用、维护保养。

第一节　刀具的使用和维护

一、刀具的合理使用

1. 鉴别刀具

刀具要做到能够正确合理使用，首先要学会鉴别刀具。任何切削刀具都有其适用范围，也都不会是万能的。

鉴别时，判断好的刀具应该具有：

(1) 良好的外观。刀具表面光亮，刃口锋利，如有涂层，涂层应均匀；

(2) 良好的制造工艺性能。在 40 倍放大镜下观察刀刃无崩口、微观裂纹；

(3) 良好的切削性能。包括对某种特定材料粗加工效率高、精加工已加工表面质量高，切削轻快、声音小等；

(4) 良好的性价比。包括刀具寿命长，单支去除量大等；

(5) 良好的稳定性。每只刀之间一致性好。

2. 刀具钝化的原因

刀具随着切削过程的进行必然会钝化。刀具钝化后，改变了原有的几何形状及正常的切削性能，这时就必须重新刃磨或更换切削刃（可转位刀具）。刀具钝化的主要原因有两种。

(1) 磨损。在切削过程中，由于工件－刀具－切屑的接触区里发生着强烈的摩擦，以致刀具表面某些部位（如前、后刀面）的材料被切屑或工件逐渐带走而磨损。无论什么样的刀具材料或刀具，其磨损都是一种不可避免的现象。

刀具磨损的原因很复杂，是机械、热、化学、物理等各种因素综合作用的结果。

1) 磨粒磨损。磨粒磨损又称机械磨损。虽然工件的硬度总是低于刀具硬度，但工件材料中的碳化物、氮化物和积屑瘤碎片，以及其他杂质，这些物质的硬度较高（形成硬质点），在机械擦伤的作用下，把刀具前、后刀面刻划出许多沟纹而造成磨损。另外，较软的工件材料也能把刀具前、后刀面上的"凸峰"（由表面粗糙度产生），以及刃口上强度低的部分擦掉，结果产生机械磨损。在低速切削时，这种磨损是刀具的主要磨损。

2）热磨损。切削加工时，由于切削热的产生而使温度升高（尤其是在刀刃刀尖附近的温度最高）。包括黏结磨损、相变磨损、扩散磨损和氧化磨损等。温度升高后，刀具材料将产生相变而硬度降低；刀具材料与切屑和工件相互黏结而被黏附带走；刀具材料中的几种元素向工件中扩散，而使切削刃附近的组织变化，以致硬度和强度降低；前、后刀面在热应力的作用下产生裂纹，以及温度升高时容易使表面产生氧化层等。这些由切削热和温度升高而使刀具产生的磨损，统称为热磨损，包括黏结磨损、相变磨损、扩散磨损和氧化磨损等。

以铣刀的磨损为例，铣刀磨损规律就与车刀很相似。采用高速钢铣刀铣削工件时，当切削厚度较小，尤其是在逆铣时，刀齿对工件表面挤压、滑行较严重，所以铣刀磨损主要发生在后刀面。用硬质合金面铣刀铣削钢件时，切削速度高，面铣刀与工件接触弧长较长，切屑沿前刀面滑动时间较长，因而前、后刀面同时磨损，但前刀面磨损较小，而以后刀面和切削刃边缘的磨损为主。

（2）破损。可能是由于刀具的设计、制造及使用不当，也可能是由于刀具（尤其是一些脆性材料，如硬质合金、陶瓷等刀具），受切削力冲击而疲劳，以致在切削过程中切削刃或刀片发生脆性破损。这种破损也遵循一定的统计规律。

1）铣刀破损。同样以铣刀为例，铣刀破损也是铣刀损坏的主要形式之一。以脆性大的刀具材料制成的刀具进行断续切削，或加工高硬度的工件材料，刀具的破损最为严重。据统计，硬质合金铣刀约有 $50\% \sim 60\%$ 是因为破损而损坏；陶瓷铣刀破损比例更高。

铣刀破损形式可分为脆性破损和塑性破损两大类。

①脆性破损。硬质合金和陶瓷刀具铣削时，在机械和热冲击作用下，在前、后刀面尚未发生明显的磨损（一般 $VB \leqslant 0.1mm$）前，就在切削刃处出现崩刃、碎断、剥落、裂纹等。

硬质合金面铣刀进行断续铣削，刀具刀齿不但承受到机械冲击，而且还受到冷热变化而产生的热冲击和热应力，其破损又可分为低速性破损、高速性破损和没有裂纹的崩刃。崩刃是指在切削刃上产生小的缺口，尺寸与进给量相当或者稍大一些，刀刃还能继续切削。

切削速度较低或铣刀刚开始工作时，铣削温度较低，刀齿脆性较大，铣刀刀齿切入工作时受到机械冲击，易产生低速性破损。低速时，前刀面上容易黏附切屑，在刀齿下一次切入工作时，黏附切屑被冲击脱落，也会产生低速性破损。高速性破损是铣刀经过相当长的切削时间以后，出现的疲劳破损，这是由于刀齿经过着反复机械冲击、热冲击，使刀具材料疲劳或热疲劳，从而产生裂纹引起破损。如果铣刀的几何角度和铣削用量选择不够合理或使用不当，刀齿的强度差或刀齿承受很大的冲击力时，则往往产生没有裂纹的崩刃。

②塑性破损。切削时，由于高温、高压作用，有时在前、后刀面和切屑、工件的接触层上，刀具表层材料发生塑性流动而失去切削能力的破损形式，如高速钢铣刀的卷刃。

2）破损的预防措施。研究铣削过程中产生破损的原因，以及提出减少面铣刀破损的措施，是目前合理地使用硬质合金面铣刀所迫切需要解决的问题。实践证明，可以通过下列途径来减少铣刀破损。

①合理地选择硬质合金铣刀刀片牌号。应选择冲击韧度高，抗热裂纹敏感性小，且具有较好耐热性和耐磨性的刀片材料。铣削钢件时，可选用 YS30、YS25 牌号的硬质合金。如在中速大进给量铣削合金钢和不锈钢时，可比常用牌号提高刀具寿命 3～5 倍。铣削铸铁时，可选用 YD15 硬质合金牌号。用它铣削各种硬度较高的合金铸铁、可锻铸铁、球墨铸铁时，切削效率可提高 50%，铣刀寿命可提高几倍。

②合理选择铣削用量。选择铣削用量时，应合理地组合 v_c 和 f_z 值，如图 12-1 所示，在一定的条件下存在一个不产生破损的安全工作区域。在安全工作区域内，能保证面铣刀正常工作。若选择较低的切削速度和较小的进给量，则易产生低速性破损。而选

择高的铣削速度和大的进给量时，则会产生高速性破损。

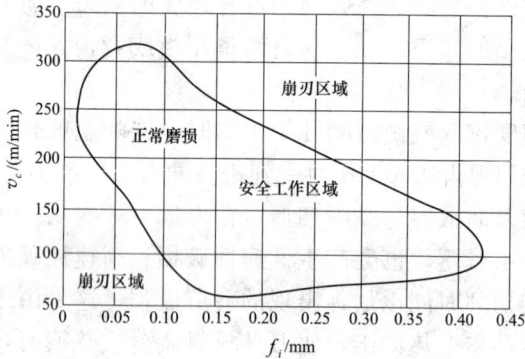

图 12-1　硬质合金面铣刀安全工作区域

3. 刀具磨损限度和磨钝标准

刀具磨损到一定限度就不能再继续使用，这个磨损限度称为磨损标准。

在评定刀具材料切削性能和研究实验中，通常都以刀具表面的磨损量作为衡量刀具的磨钝标准。由于一般刀具后刀面都发生磨损，而且测量也比较方便，因此国际标准（ISO）统一规定以后刀面上测定的磨损带宽度 VB 作为刀具磨钝标准。

随着切削加工的进行，VB 值将逐渐增大，切削力及切削温度也随之上升。但是在整个切削过程中，VB 值的扩展速度是变化的，新刃磨好的刀具刚开始切削时，磨损速度较快，然后就很快稳定下来进入正常磨损阶段，磨损速度减慢并趋于一个常数。当 VB 达到一定值后，切削力及切削温度都明显升高，于是磨损速度急剧上升，若继续切削则刀具会迅速损毁。另外，随着 VB 值的增大，加工表面质量及加工精度也会迅速恶化。因此，当 VB 达到某一数值后就必须及时换刀、刃磨或更换新的切削刃，这就是通常所谓的"磨损限度"。

但在实际生产中，不允许经常卸下刀具来测量磨损量，因而不能直接以刀具磨损量的大小作为磨钝标准，而是根据切削中发生的一些现象来判断刀具是否已经磨钝。例如粗加工时，可以观察工件加工表面是否出现光亮带，切屑颜色和形状是否发生变化，以及是否出现振动和不正常声音等；精加工时，可以观察加工表面粗糙度的变化以及测量加工工件的形状与尺寸精度等。当这些现象出现时，刀具可能已进入急剧磨损阶段，所以应经常对切削过程进行仔细地观察、比较，以便找出一个最可靠的征兆，作为判断刀具钝化的依据。各种刀具磨钝标准（磨损限度）见表 12-1。

表 12-1　　　　　　　　　　刀具的磨损限度　　　　　（单位：mm）

刀具名称		工件材料	刀具材料			
			高速钢		硬质合金	
			粗加工	精加工	粗加工	精加工
外圆车刀		钢材	1.5～2.0	0.3～0.5	0.8～1.0	0.3～0.5
		铸铁	3.0～4.0	1.5～2.0	1.4～1.7	0.5～0.7
		高温合金	—	—	0.6～0.8	0.2～0.4
切断车刀		钢材	0.8～1.0	—	0.8～1.0	—
		铸铁	1.5～2.0	—	0.8～1.0	—
钻头	$D \leqslant 10$	钢材	0.4～0.7			
		铸铁	0.5～0.8		0.3～0.5	
	$10 < D \leqslant 20$	钢材	0.7～1.0			
		铸铁	0.8～1.2		0.5～0.8	
	$D > 20$	钢材	1.0～1.4			
		铸铁	1.2～1.6		0.8～1.0	
铰刀		钢材及铸铁		0.3～0.6	$D < 18$ 0.2～0.3 $D = 18 \sim 25$ 0.3～0.6	
面铣刀		钢材	1.2～1.8	0.3～0.5	0.8～1.0	0.3～0.5
		铸铁	1.5～1.8		1.0～1.2	
齿轮滚刀		钢材	0.5～0.8	0.2～0.4		
插齿刀		钢材	0.8～1.0	0.1～0.3		
圆孔拉刀		钢材及铸铁	—	0.2～0.3		
花键拉刀		钢材及铸铁		0.3～0.4		

注　高速钢刀具切钢时加切削液；其余均为干切削。

二、刀具的维护

1. 刀具被破坏的类型

（1）刀具损坏：指刀具由于遭到碰撞、刮拉、崩刃或人为破坏等原因而出现的不同于以往完好无损，但还不影响其使用的状态。

（2）刀具损毁：指刀具由于损坏已破坏其原有精度并已无法使用的状态。

（3）刀具锈蚀：指刀具表面由于受潮或接触化学物质等原因发生反应导致其失去原有光泽而影响刀具美观或精度的状态。

2. 易损耗类刀具和不易损耗类刀具

经常使用于现场加工的刀具，常用刀具分为易损耗类刀具与不易损耗类刀具。

（1）易损耗类刀具。易损耗刀具通常指使用寿命较短，容易磨损至无法使用的刀具，包括：中心钻、丝锥、刀片、压刀片用螺钉、垫片、焊接车刀、焊接刨刀、整体立铣刀、焊接式三面刃铣刀、铰刀，各类机夹刀片等一次性使用刀具及钻头、焊接刀头等可连续磨削使用但有一定磨损时间限度的刀具。

（2）不易损耗类刀具。不易损耗类刀具指使用寿命较长，加工中不易磨损的刀具，包括：镗刀（不包含刀片）、强力铣夹头、钻夹头、有扁尾莫氏刀柄、无扁尾莫氏刀柄、丝锥夹头刀柄、莫氏钻夹头、各种接长杆、可转位车刀杆、可转位铣刀、铣刀刀柄等。

3. 刀具的库存管理

（1）刀具入库时，应尽量保持包装完好和标识正确，如包装破损，予以修补、标识；尽量避免裸装储存。

（2）刀具应存放在货架上，禁止着地；刀具放置时刃削面尽量朝上，避免碰伤。长轴类刀具，应悬挂放置，以减少变形。

（3）刀具按规格、型号分类保管，进口刀具与国产刀具分开保管，进口贵重刀具尽量专货位存放。

（4）所有刀具建立完整数据库，库房管理人员定期对库存刀具进行盘点，及时更新刀具库。

(5) 刀具仓管员每月负责分类统计保管废旧刀具。

4. 刀具的领用

(1) 刀具物资执行领用制度，领用流程为：使用部门（制造部）填写需求单→（制造部）现场刀具工程师审核→使用单位领导批准。

(2) 刀具领用实施以旧换新；由于新工艺增加刀具，由现场刀具工程师确认后即可领用。

(3) 刀具仓管员确认刀具领料单，登记领用刀具班组或个人台帐，发放刀具。

5. 刀具现场使用管理

(1) 按照机床功能配置不易消耗类刀具，具体配置刀具见《机床常用规格配置表》；没有配置到机床的不易消耗类刀具，由制造部统一管理。

(2) 易消耗类刀具按照"易消耗类刀具安全库存"设置安全库存。

(3) 正常磨损刀具，经现场刀具工程师确定后，由责任人办理申请报废手续，易消耗类刀具直接以旧换新；不易消耗类刀具需经部门领导审核签字，下次领用时以旧换新。

(4) 非正常损坏，责任人需填写刀具损坏报告，查明原因，交部门领导审核确认。

6. 刀具的日常使用及维护

(1) 切削类刀具的日常使用及维护。

1) 刀具使用人员在使用前应认真检查刀具状态，将所用刀具放在光线良好处，对光观察刀具刃口，如有缺角、崩口、烧刀（部分颜色发蓝、发黑）等现象时则判定为刃口不良，该刀具不可使用，需做进一步处理；刀杆装夹面需清洁、光滑、平整并无明显变形，如发现刀具装夹位明显变形则该刀具可作报废处理；

2) 根据所加工工件的材质、大小、加工面要求选定所用刀具，装夹紧密，切不可松动，装夹锁紧后先用手晃动，判定装夹已锁紧无间隙，然后关好设备安全防护装置，准备启动设备；

3）设备启动后必须先空转 20s～1min，使用人员观察刀具是否转动均匀，是否无异响、无跳动、无窜动、无摆动，确认全部正常后进行下一步操作；

4）使用人员要严格按照程序单要求，加工程序根据加工工件的材质、大小等因素决定背吃刀量和进给量（速度），切不可因图提高速度野蛮操作，随意更改程序参数，给刀具及设备造成无法挽回的损失；

5）刀具工作时，应根据工件材质、进给量、刀具特性等因素，配合使用适当的润滑方式及冷却方法降低加工发热造成的不利影响；

6）加工过程中，使用人员需按照刀具使用维护频度表的要求按时维护或保养刀具，并随时观察已加工面的表面质量（表面粗糙度）以及排屑是否顺畅，发现表面粗糙度低于加工要求时切不可野蛮操作，应立即将刀具拆下进行检查维护并按要求填写刀具维护保养记录；

7）如所使用刀具刃口磨损或不良，需交维护保养人员处理，使用专用设备（如工具磨床、砂轮等）磨削刀具，使其刃口基本恢复本来的技术标准，达不到精加工要求可用于工件粗加工，如达不到粗加工要求则作报废处理。如因设备原因不能按要求维护的，可发往外协给予维护保养，维护保养人员需将维护结果填写至刀具维护保养记录，该表单以设备、产品为单位进行填写，须注明刀具编码。针对非正常损耗或断刀的在制产品，需追溯至上一次品质巡检时间，将此期间的在制产品需单独标识放置，经品质检验合格后方可入库，不合格品按照不合格品管理程序执行。

（2）成型刀具的日常维护。

1）成型刀具的日常维护方法基本和切削类刀具类似，但成型刀具因为其功能的特殊性使其在使用上更需要操作人员仔细使用；

2）在使用成型刀具前，除了按切削类刀具检查方法检查外，还需按刀具规格使用专用量具检测其刃口形状及尺寸，如 R 规、特种量规、量块等，检测合格后方可使用；

3）在加工过程中，使用人员需按照《刀具使用维护频度表》

的要求按时维护或保养刀具，并随时注意观察加工面是否光洁，排屑是否均匀顺畅，如发现异常需立即停止切削，将刀具拆下检查、维护并填写《刀具维护保养记录》。

4）其他注意事项均可参考切削类刀具。

（3）钻削类刀具的日常维护。

1）在进行钻孔或螺纹加工前，可参考切削类刀具检查方法，另外要确保刀具（丝锥）前端有足够的导向长度，一般不低于5mm（盲孔螺纹除外）；

2）如用丝锥扳手进行加工，丝锥放入底孔后，需将丝锥保持90°垂直，在加工过程中需根据工件材质、牙孔直径等加入适当的塔牙油，降低切削难度；

3）加工过程中，用力要均匀，不可猛进猛推，以防丝锥断裂；

4）用机械方法加工螺纹时，和手工加工方法类似，切不可野蛮操作，造成丝锥断裂；

5）首次加工时，应使用螺纹规进行测量，检测是否满足技术标准，如不能满足则需将刀具送至保养人员处维护，刀具有效切削长度不得小于加工螺纹长度；

6）在加工过程中，使用人员需按照《刀具使用维护频度表》的要求按时维护或保养刀具，要按使用要求检查加工完成的螺纹，保证刀具状态良好，如发现异常需立即停止切削，将刀具拆下检查、维护并填写《刀具维护保养记录》。

7. 磨削类工具的使用和维护

（1）因该类工具的材质、使用方法、用途与其他三类刀具有明显区别，因此对该类工具的使用规范进行单独的说明，这类工具主要是指：砂轮、砂带等使用硬质颗粒状黏合物对工件进行磨削加工的工具，也包含对其他刀具的修复等加工作业。

（2）因该类工具属于消耗性工具，不具备修复的可能与必要，在日常工作过程中，因正常使用导致的损耗致使刀具不能继续使用的，使用人需填写领料单，交由主管核准后以旧换新刀具，单上需备注"以旧换新"并注明新、旧刀具对应的编码。

（3）砂轮在使用前，需检查砂轮表面是否有明显裂纹、缺失，作业员在进行磨削作业时，人不可站立于砂轮旋转面的正面，而应避开正面站在侧边作业。

（4）作业过程中按照刀具使用维护频度表的要求进行检查，达到更换周期要求或是作业期间出现下述状况的任一种，均需立刻停止作业，并更换对应规格的新砂轮，包括以下几类现象：

1）磨削过程产生自激振动、工件表面出现再生振纹；

2）磨削噪音的增大；

3）工件表面出现磨削烧伤；

4）磨削力急剧增大或减小；

5）磨削精度下降；

6）磨削表面粗糙度值增大。

（5）砂带在使用前，需做如下检查工作：

1）检查砂带周长是否合适（周长允差范围一般为±5mm）；

2）检查砂带圆柱度（两端周长差）是否相差太大（一般两端周长差小于5mm）；

3）检查砂带是否扭曲。简单的检查方法：把砂带展开平放在较平坦的地上，砂带的一端两边对齐，看另一端是否扭曲；

4）检查传动轮，压磨板垫及被加工工件上是否有异物，接触轮是否平行，传动主轴是否变形或传动轮是否磨损严重；

5）检查工件的切削量是否符合要求。

（6）作业过程中按照《刀具使用维护频度表》的要求对砂带进行检查，达到更换周期要求或是作业期间出现以下状况的任一种，均需立刻停止作业，并更换对应规格的新砂带，包括以下几类现象：

1）黏盖：当一层金属材料覆盖在磨粒切刃上，即发生黏盖，此时砂带表面变得亮晶晶，手摸有滑溜的感觉；

2）磨钝：在磨削过程中，虽然磨粒还全部存在，但锋利度已经很差了。这是由于磨粒切刃因磨耗而变钝，这种现象称作为磨钝；

3）堵塞：堵塞是在磨粒切刃还没有完全磨钝之前磨粒间隙就

很快被切屑覆盖和塞满，从而使砂带丧失其切削能力。

三、刀具的失效与修磨

1. 刀具的失效分析及应对措施

使用新的刀具或重磨的刀具一段时间后，就会发现已加工表面粗糙度增大，切屑的颜色、形状和初始切削时的不同，切削温度升高，切削力增大，切削加工系统甚至出现振动或不正常的声响。上述现象表明刀具已发生磨损，随着磨损程度的增大，最终将引起刀具的失效，必须更换新刀或重新进行刃磨。数控工具磨床一般都具备刀具的修磨功能，可以实现刀具的再生修复。

刀具磨损是切削加工过程中不可避免的现象，但刀具磨损过快或发生非正常磨损（也称破损）而导致失效时，不仅会影响加工质量，降低生产效率，也会增加刀具修复的难度和刀具使用成本。刀具失效会导致整个工件的报废，也会使刀具修复变得不可能。因此，通过针对不同的刀具失效形式，制订合理的刀具设计、修磨方案，可以最大限度地发挥刀具的切削效率，提高零件加工质量，并提高刀具性能，以有利于降低修复成本。使用数控工具磨床对刀具进行修复，必须对刀具磨损形式及其机理非常了解，以便在最适宜修磨的情况下，保证刀具的质量和使用的最大经济效益。

人们对于刀具的失效进行了多方面的研究，但在实际生产中，主要是确定刀具什么时候失效以及是如何失效的。制定合理的刀具修磨标准，可以给合理使用刀具带来积极影响，这样做对刀具几何参数的优化以及修磨很有意义。

刀具的失效有其不同的基本作用机理，包括磨损、热冲击、机械冲击和化学作用。这些作用机理导致了不同的刀具失效形式。有的刀具专家认为，了解某种加工工艺中某一特定刀具的失效形式是非常有用的。其中一个好处是通过诊断刀具的某些磨损类型，可以揭示出某些加工问题，指导如何对刀具或工艺进行改进，以延长刀具寿命，提高切削性能。

通过大量实验，归纳得出的刀具失效形式主要有以下几种。

（1）刀具的磨蚀磨损。磨蚀磨损（见图 12-2）是一种理想的失效模式。磨蚀磨损是因为工件材料摩擦划过刀具的主后刀面而造成的,在给定的加工中,对于某一特定刀具制造商提供的一定数量的刀片,其磨蚀磨损趋向于具有重复性,因此也就具有可预测性。磨蚀磨损成为首选失效模式的另一个原因是其可以显示磨损的发展进程。通常,切削中出现的某些现象可以表明磨蚀磨损正在加大。这些现象有的能观察到(如工件上出现毛刺、被加工表面粗糙度发生变化等),有的能听到(如切削噪声逐渐变化等)。通过这些加工现象,可以很容易地确定何时需要更换刀具。

由于磨蚀磨损是一种理想的磨损形式,因此当加工中刀具出现磨蚀磨损时,表明加工过程稳定而可靠,通常无须改变加工工艺,当然,某些刀具牌号和涂层确实能够提供更高的耐磨性(尤其在高速切削时),如果刀具出现磨蚀磨损,改用这些刀具牌号或涂层则可以延长刀具寿命。

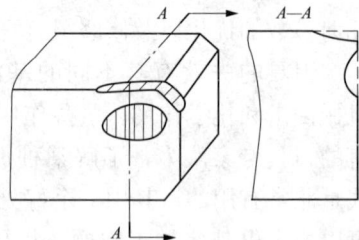

(2) 刀具的月牙洼磨损。一般来说,月牙洼磨损(见图 12-3)的产生可能同工件材料与刀片前刀面相互作用引起的任何磨损形式有关。最常见的月牙洼磨损是由钢制工件与硬质合金刀具之间的化学作用(即刀具前刀面渗出的碳溶入切屑中)引起的。不过,月牙洼磨损也有可能是由高速切削铸铁时,切屑划过刀具前刀面的磨蚀作用所引起。月牙洼磨损的危险性在于切削刃通常仍然完好无损,刀具也能保持相对正常的切削状态,直至刀具出人意料地突然失效。

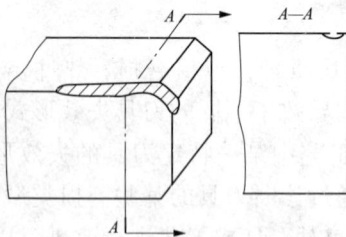

图 12-2 刀具的磨蚀磨损   图 12-3 刀具的月牙洼磨损

为避免刀具前刀面出现月牙洼磨损,可采取的应对措施如下:

1）减小切削速度以降低切削刃温度；

2）减小进给率以减小刀具承受的应力；

3）选用涂层刀具牌号以加强对前刀面的保护；

4）改进刀具几何形状以减小直接作用于前刀面上的切削力。

（3）刀具的沟槽磨损。刀具产生沟槽磨损的原因通常是在全背吃刀量的情况下，被加工工件表面某处的切削条件发生恶化造成的。导致工件表面切削条件出现差异的原因可能与工件表面剥落有关；也可能由冷作应力或加工硬化所引起；还有可能与某些似乎无关紧要的因素，例如油漆有关，工件表面的油漆有可能对切入工件不太深的切削刃起到一种淬火作用。对于刀具的沟槽磨损，采取何种应对措施与沟槽磨损是否由崩刃或磨蚀磨损引起有关。

由崩刃引起沟槽磨损时，可以更换一种具有更高抗机械冲击性或更高耐磨性的刀片牌号。由磨蚀磨损引起时，可以采取以下措施：

1）增大刀具的余偏角，以增大剪切作用和减薄切屑；

2）增大切削刃的钝化尺寸，以增加切削刃的强度；

3）不改变刀具，而是在各次走刀时采用不同的背吃刀量，从而使磨损作用于切削刃的不同部分。

（4）刀具的热裂纹。大多数机床用户都将热裂纹（见图12-4）与切削液联系起来。当浇注到切削刃上的切削液不均匀时，切削刃的温度就会发生波动，引起刀具膨胀和收缩，从而导致切削刃出现裂纹。但是，在不使用切削液时同样可能产生热裂纹。例如，在干式铣削

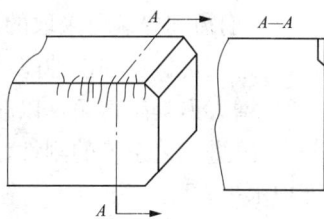

图 12-4　刀具的热裂纹

中，切削刃在切入和切出工件材料时也可能引起足以产生疲劳裂纹的温度波动。对于这种非切削液引起的热裂纹，刀具上的裂纹是直而平行的；与此相反，由切削液引起的热裂纹，由于温度的波动随机性较大，所以产生的非平行裂纹更容易导致崩刃。

对于热裂纹可采取的应对措施如下：

1）减小切削速度，以降低切削刃温度；

2）停止使用切削液，以减小温度高低波动幅度；

3）选用抗热冲击性能较好的刀具材料；

4）选用涂层刀具，特别是 PVD 涂层能够有效阻止裂纹的生成，因为用于抗裂纹的涂层可对刀具表面施加压缩应力。

（5）刀具的崩刃和碎裂。与热裂纹一样，崩刃或碎裂〔见图 12-5 中（a）、（b）〕在本质上并不属于磨损，这种失效模式是因为切削刃的脆性过大，难以承受切削冲击而发生碎片崩裂。需要说明的是，它既与切削冲击有关，也与切削刃有关。

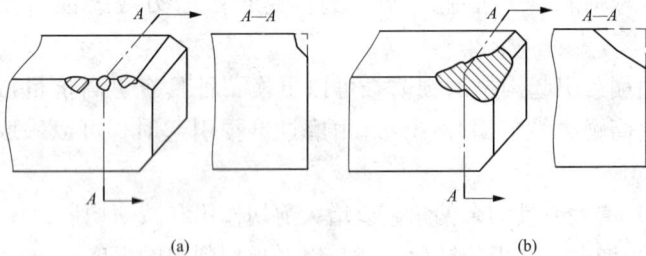

图 12-5　刀具的崩刃和碎裂
（a）崩刃；（b）碎裂

应对崩刃和碎裂可采取的措施如下：

1）选用抗机械冲击性能（即刚性）较好的刀具材料；

2）增大刀具副偏角，以减薄切屑和增大剪切作用；

3）改进工艺系统的刚性，包括提高机构的稳定性或改善机床的维护水平；

4）增大切削刃的钝化尺寸，以增加切削刃强度。

（6）刀具的切削刃熔焊。在某种程度上，切削刃熔焊是一个可以圆满解决的问题，方法是提高切削速度，这样还可以提高生产率。切削刃熔焊是因工件材料被熔焊到刀具上而产生的。加工时，切屑温度升高到足以使其软化发黏，然后又快速冷却，就会黏附在刀刃表面上。

切削刃熔焊可采取以下解决方法：

1）加大切削液流量，使刀具充分冷却，防止切屑尘得过热。

2）使切屑温度进一步升高，通过提高切削速度和（或）进给量，可起到对切屑额外加热的作用，使其在离开刀具之前不会马上冷却，从而防止切屑因软化发黏而发生熔焊现象。

3）采用较大的径向或轴向正前角，以减小切削力。

4）选用合适的刀具涂层，涂层可以减小刀具与工件之间的摩擦和相互发生反应的可能性。

（7）刀具的变形。刀具的变形（见图 12-6）是指刀片在切削热和切削压力的作用下发生软化和扭曲变形。硬质合金这种坚硬的刀具材料也会发生变形，听起来似乎有些不可思议，但实际上，刀具变形的情况正日益增多。曾经有一段时期，硬质合金的耐热性能远远超过当时的机床性能，以致机床在适用的加工条件下并不会造成刀具变形的危险。

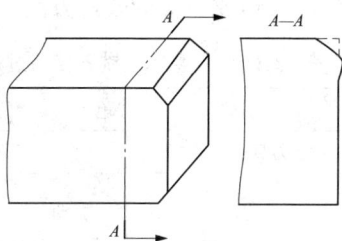

图 12-6 刀具的塑性变形

但随着机床性能的不断进步，如今的高性能机床能够在足以使硬质合金刀具变形的高切削参数下进行加工，而机床的高稳定性又足以使硬质合金刀具不会发生碎裂失效。

当存在刀具变形危险时，可采取的应对措施如下：

1）降低切削速度，以减少切削热；

2）降低进给速度，以减小刀具承受的切削压力；

3）选用具有高耐热性或高耐磨性的刀具材料；

4）减小切削刃钝化尺寸或采用优化几何刃形，以减小作用于切削刃上的应力和切削热；

5）选用合适的刀具涂层，尤其可选用氮铝钛涂层或氧化铝涂层，这两种涂层中的任一种均可有效隔绝切削热，而保护刀具不发生变形。

总之，刀具失效的影响因素、失效形式及产生机理都是非常复杂的。生产上，可从观察刀具失效形式入手，分析其失效机理，找出影响因素，提出相应的减少刀具失效的措施。

2. 刀具使用过程中出现的问题与对策

铣刀是机械加工中最常用的刀具之一，以铣刀为例，整体立铣刀使用过程中出现的问题与对策见表 12-2。

3. 刀具的修磨

分析刀具失效形式有两个目的：一是对失效外观状态有一个大致的了解；二是对失效原因有一个充分的认识，以便在修磨过程中能够形成相应的改进方案。

表 12-2　　　　整体立铣刀使用过程中出现的问题及对策

问　　题		解决方案
刀具磨损	可能原因	克服措施
磨损过大（后刀面）刀具寿命短	振动 切屑再切削 零件上的毛刺形成 表面质量差 切削温度高 噪声过大	提高进给率（f_z） 顺铣 用压缩空气 有效排屑 检查推荐的切削参数
磨损不均匀（后刀面）刀尖损坏	刀具跳动量 振动 刀具寿命短 表面质量差 高噪声级别 刀具径向刀	将跳动量降至 0.02mm 以下 检查夹头和夹套 最小化刀具伸出量 有效排屑 减少切削齿数 使用较大的刀具直径 大螺旋角（$\gamma_p \geqslant 45°$） 将一次的大背吃刀量变为多次小背吃刀量走刀（降低 a_p） 降低 f_z 降低 v_c HSM 要求浅走刀 提高刀具和工件的夹紧 使用强力夹头

问　　题		解决方案
刀具磨损	可能原因	克服措施
刀具过载 刀具断裂 刀尖磨损 切削刃崩碎	切削堵塞-特别是在全槽铣和长切屑材料中尤为重要 切屑再切削-缩短了刀具寿命、降低了安全性	两个或最多三个槽的刀具 将一次的大背吃刀量变为多次小背吃刀量走刀（降低 a_p） 降低刀具伸出量 降低 f_z 最大化刀具直径 用压缩空气或切削液流量有效地排屑
黏结和积屑瘤（BUE）	表面质量差 切削刃破裂	油雾或切削液
工件错误	可能原因	克服措施
表面质量差和形成毛刺 形状精度和公差出现问题	振动 刀具偏斜	检查刀具磨损 检查刀柄的跳动量 使用强力夹头 降低轴向背吃刀量（a_p） 降低刀具伸出量 精加工逆铣

（1）修磨刀具的分类。无论是高速钢刀具还是硬质合金刀具，需要重磨的刀具主要分为三大类：

1）处于正常磨损阶段的刀具。这种磨损是在使用刀具对工件进行切削加工中，渡过了初期一个短暂的急剧磨损阶段自然产生的刀具磨损。这类刀具的磨损量小，可重磨次数多，能充分体现数控磨刀机的修磨优势。

2）严重磨损的刀具。这种磨损是指刀具使用时间过长，已经达到刀具的磨钝标准还在继续使用，从而造成比较严重的刀具磨损，这种严重磨损的刀具，往往有大量的积屑瘤，并且刀尖或者刃带有一定的破损，如果直接采用自动生成的测量程序测量刀具几何参数，会造成测量时报错或生成错误的刀具修磨程序，无法完成刀具重新修磨。

3）破损刀具。这类刀具主要是由于加工刀具的材质相对于待加工零件材料选择不正确，加工时冷却不够，切削温度过高，加工时的主轴转速和进给量不匹配，如高速切削铸件时，遇到硬点或者刀具和工件发生碰撞等情况而产生的。破损的刀具往往有严重的相变磨损、扩散磨损以及氧化磨损现象，有时所有的刀尖全部破损甚至出现刀具折断的现象，对于这类刀具以往只能做报废处理。

（2）修磨方案。刀具修磨是数控工具磨床的主要功能之一。针对上述三类不同磨损程度的刀具，可以分类进行修磨。

1）刀具正常磨损后的重新修磨。由于这类刀具属于正常磨损，所以刀具的修磨量不是很大。可以先在对刀仪上测量一下需要去除的量，通常应该在 $0.1\sim0.3mm$，修磨时只要测量出刀具的长度和直径，再根据刀具的磨损量输入相应的磨削参数，数控磨刀机自带的程序就会自动调用刀具基本几何参数的测量程序，测量出刀具的齿位、螺旋角等刀具参数以及刀具在机床坐标系中的位置，并自动生成程序零点和刀具修磨程序来完成刀具的重新修磨。重新修磨时，还可以根据刀具的具体用途（如粗加工镁合金要加大刀具的前角），改变刀具的角度使之更适应零件的加工。

2）刀具严重磨损后的重新修磨。数控磨刀机自动生成的测量程序测量刀具参数时，主要是对距刀尖 $1\sim2mm$ 的刃带部分进行测量，由于积屑瘤和刀具破损正好位于测量位置上，从而使测量值和刀具实际的参数有很大误差。这就是磨刀机自动生成的测头程序，在测量刀具参数时报错或生成错误的刀具修磨程序的原因。

严重磨损的刀具在修磨前一定要仔细清理刀具外表面，主要针对积屑瘤和刀具破损情况做出相应的处理。首先是针对积屑瘤，手动用磨石背刀去除积屑瘤，考虑到马上要对刀具进行重新修磨，所以没有必要去除全部的积屑瘤，对于有垂直切削功能的刀具，要把一条有过中心的切削刃的积屑瘤去除干净，普通面铣刀则去除任意一条刃带的积屑瘤就可以。其次针对刀具破损，也可以先用对刀仪对刀，确定刀具崩损的具体位置和崩损的大小（以便合理地分配修磨时的走刀次数和每次走刀的吃刀量），然后手动修改默认的测头程序避开刀具的崩损位置。例如，测头程序默认的第一个测量点是距刀尖 1mm 处，第二个测量点是距刀尖 15mm 处，如果这些位置正好有刀具崩损，只要修改测量点的位置避开刀具崩损就可以了。这样，用手动修改后的测头程序就准确地测量出刀具的各项参数，然后利用机床自动生成的刀具修磨程序完成对刀具的重新修磨。

3）破损刀具的重新修磨。破损的刀具视其损毁的程度分为一般和严重两类，可分别采取不同方法进行重新修磨。

一般破损的刀具通常是在高速加工中心加工耐热合金钢、不锈钢、钛合金等材料时，造成了刀尖的严重磨损或者破损，而刃带部分几乎没有任何磨损。这种刀尖损毁严重，但刀体基本完好的刀具就是一类比较典型的破损刀具，对于这样的刀具由于其刀尖全部损毁，测头无法测量出刀具在机床坐标系中的正确位置，所以无法采用常规的自动测量程序对刀具进行测量。对这种情况可以采用先手动粗磨的方法，根据刀具原有的形状重新修磨出刀具的端面，再用修磨正常磨损刀具的方法就可以完成这些一般损毁刀具的修磨。

那些严重损毁的刀具往往是刀具的整个前端面全部损毁，并且可能有严重的相变磨损、扩散磨损以及氧化磨损等现象。要对这类刀具进行重新修磨，要先用线切割机把刀具有严重磨损和破损的部位切除，一定要注意保证切口与刀具轴向方向垂直。然后用数控磨刀机通过在测头程序中不断地调整测量参数，分几次重新修磨出一个新的刀具端面，然后再采用修磨正常磨损刀具的方法对其进行整体的重新修磨。

（3）修磨刀具需注意的问题。

1）刀具修磨前一定要把刀具清理干净，以避免装卡或测量误差的产生。要注意让探头测量顶刃的长齿来定位 A 轴。

2）在修磨刀具时，由于测量系统必然存在一定的误差，所以在修磨刀具直径时会有一定的误差。在刀具公差要求严格的情况下，注意预先进行补偿。

3）刀具周齿磨损时，修磨会造成刀具直径减小，可以在满足要求的情况下，加工时预留出一定宽度的刃带。

4）在进行开槽、开端齿等磨削量大的工序时，应将砂轮两侧的冷却水管都开启。因为磨削液不仅具有冷却作用，还具有清洗作用，及时清洗掉附着在砂轮上的磨屑可以提高砂轮的磨削力，增加加工效率。

4. 刀具的再涂层技术

刀具修磨后，原有的涂层已被磨悼，在刀具表面重新获得性能良好的涂层是提高刀具性能的关键，否则再次使用时必然会对刀具的性能和使用寿命造成影响。因此，刀具的再涂层是修磨后一个不可忽视的问题。

（1）刀具的重磨工艺要求。在钻头或铣刀的重磨过程中，不仅要保证刀具重磨后原始切削刃的几何形状能被完全准确地保留，而且要求重磨对需要再涂层刀具必须是"安全"的。因此，在重磨过程中，必须避免高温导致刀具表层受损的粗磨或干磨，以免影响再涂层的质量。

（2）原有涂层的去除。除切削刃以外，在刀具每次修磨时，刀具表面的其余部分也许并不需要去除涂层或再涂层，这取决于刀具的类型以及加工中所使用的切削参数。但滚刀和拉刀是在进行再涂层时需去除所有原涂层的刀具，否则刀具性能将会降低。在刀具再涂层之前，可用化学方法去除原有的全部涂层。化学去除法常用于复杂刀具（如滚刀、拉刀），或多次复涂的刀具以及因涂层厚度而产生问题的刀具。化学去除涂层的方法通常仅限于高速钢刀具。对于硬质合金则不推荐使用，因为该方法会损害硬质合金基体，采用化学去除涂层法将从硬质合金基体上滤除钴，导致基体表面疏松、产生气孔，以致难以进行再涂层。

刀具在涂层去除溶液中停留的时间是至关重要的。把刀具留在溶液中的时间越长，对刀具的腐蚀就越严重。尽管对高速钢而言，腐蚀率要低得多，但当刀具上的原涂层被去除后，应立即将刀具取出，并进行清洗。此外，还有一些适用于去除 PVD 涂层的具有专利的化学方法。在这些化学方法中，涂层去除溶液与硬质合金基体仅有微小的化学反应，但目前这些方法尚未广泛使用。另外，还有其他清洗涂层的方法，如激光加工、研磨喷砂等。化学去除法是最有用的方法，因为它可以提供良好的表面涂层去除一致性。此外，还可以通过重磨工艺去除刀具原有涂层。

(3) 再涂层的经济性。最常见的刀具涂层有 TiN、TiC 和 TiAlN。其他超硬氮/碳化物的涂层也有应用，但不太普遍。PVD 金刚石涂层刀具也可以进行重磨和再涂层。在再涂层过程中，刀具应被"保护"，以避免临界表面的损伤。由于 TiAlN 涂层刀具比 TiN 涂层刀具的切削速度更高、也更耐高温。所以如果需要，可以去除刀具上的 TiN 涂层，重新涂上 TiAlN 涂层，获得性能更好的新的涂层刀具。而且，与重新开发新刀具相比，从旧刀具上去除 TiN 涂层并涂上 TiAlN 涂层所花的时间要短得多。

(4) 再涂层的工艺限制。刀具的切削刃也可以进行多次涂层。在切削力导致的黏附问题变得突出之前，刀具可进行几次少量再涂层而不需除去旧涂层。尽管 PVD 涂层具有有利于金属切削的残余压应力，但这种压力会随涂层厚度的增加而增大，并且在超过某个固定的限值后涂层将开始出现分层现象。在未去除旧涂层而进行再涂层时，刀具的外径上就增加了一个厚度。对于钻头而言，就意味着所钻的孔径在变大。因此必须考虑涂层附加的厚度对刀具外径的影响。

一个钻头可在不去除旧涂层的情况下再涂层 5～10 次，但必须考虑涂层厚度带来的影响。只要涂层厚度不成为问题，那么再涂层、重磨的刀具完全可能比原来的性能更好。

四、刀具的正确保养

1. 刀具使（借）用人对刀具的保养和维护

(1) 做好本机床所借刀具的日常保养、维护，不得有锈蚀、碰伤等，工作时刀具锥柄部分不得黏有脏物，不得无视设备、刀具的具体情况进行野蛮操作。

如刀具管理员在正常的检查与生产线总监不定期巡查中发现

存在上述情况，刀具借用人应立即进行刀具保养。

（2）刀具使用人在自己班次内负责刀具的合理使用、保养维护，对本班次内损坏、损毁的刀具负直接责任（包括在带徒弟期间，由徒弟代干所损坏的刀具）。

（3）为保证刀具寿命，必须合理使用刀具。机床有冷却装置的，切削时一定要进行冷却；切削参数的确定（粗加工时切削用量不得高于程序规定的150％，精加工时切削用量不得高于程序规定的130％），应由刀具管理人员及生产线编程人员，本着对机床加工精度影响最小、加工效率最高、对刀具破坏最小的原则，在编程时予以确定；加工过程中如发现有崩刀、声音异常、余量不均等现象，应停车检查，如仍不能解决问题的，应与刀具管理员及技术人员联系解决。

（4）刀具使用人在刀具损坏后，应维护好现场并立即向刀具管理员、生产线总监汇报，并写出书面汇报材料，各生产线组织人员分析有关原因时要配合调查。

（5）借用易损耗刀具（如刀片、钻头、铰刀、立铣刀等辅助刀具）时，要以旧换新（以同样规格、数量刀具更换），不得冒领、代领、多领。刀具管理员履行正常的检查要求打开工具箱时，不得以任何理由推诿、拒绝。

（6）暂时不用的刀具，应将待用刀具交由刀具管理员代为保管。如发现刀具锈蚀或脏乱，刀具管理员有权拒收，刀具使用人应将其清理干净后两小时内送交刀具管理员。

2. 刀具的日常保养

（1）所有各类刀具在使用结束后，不得将刀具继续装夹于设备上，需将之取下，清洁干净，放回相应的刀具摆放处备用；

（2）如刀具需要保养的，按切削刀具保养方法处理后再放回摆放处备用；

（3）较长时间不用的（超过24小时）刀具，表面需涂油防锈；

（4）所有刀具需清洁无污物，摆放有序，规格清晰明确；

（5）每周最后一个工作日的下午下班前，各使用人员均需将自己保管的各类刀具统一清理，摆放有序，分类明确，标识清晰规范，使各类刀具均保证可正常使用，刃口锋利。

第二节 改造和规范刀具刃磨室

一、刀具刃磨室的现状

在各类机电产品中，各种零件大多是由各种金属切削刀具加工出来的，这些刀具在切削过程中磨损后就必须进行刃磨，而在什么场所磨、用什么手段磨，就至关重要。科学的刀具管理及刃磨，在很大程度上会关系到机电产品加工企业的生存和发展。

目前，不少机电产品加工的中小企业（包括职业技术院校机械实习车间）中，金属切削刀具刃磨场所的环境和设施，还处在20世纪六七十年代的状态。

二、刀具刃磨室应具备的基本条件

1. 采光和通风

设一个拥有40～60台金属切削车床的车间，在靠近车间（不可设在车间内）专辟一处作为刃磨室。室内用墙壁一隔为二，两处共用门Ⅰ，通过门Ⅱ进入砂轮间。其2/3处用于安放M6025工具磨床、M7120平面磨床、1～2台线切割机床及其他钳工桌、平板、工具箱等。另1/3处分别安放6台砂轮机。其中G1、G2、G3三台用于刃磨高速钢刀具；Y1、Y2、Y3用于刃磨硬质合金刀具。

刃磨室内高度不低于5m，其进门的对面和砂轮机的后上方应设有窗户，窗户上方装有排气扇，每台砂轮机距其防护罩上方1.5m应有一盏不低于24W的节能灯。

刃磨室顶面及墙面四周涂乳白色环保漆，全地面涂淡黄（或绿）色耐磨环保漆。

刃磨室平面布置简图如图12-7所示。

2. 砂轮机的配置与排列

（1）配备的6台砂轮机均为带除尘式（环保）砂轮机。其中4台功率为1.25kW，转速为2850r/mn，砂轮尺寸为200mm×25mm×32mm。这种砂轮机的工作原理是：砂轮机和除尘器同时

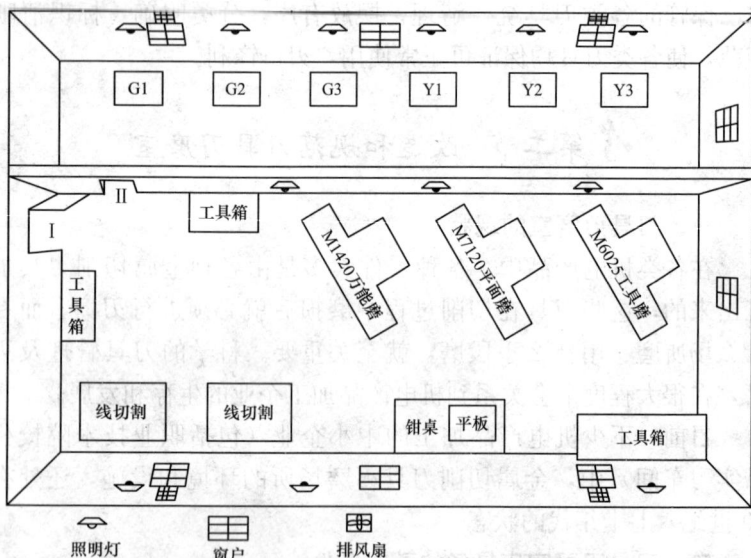

图 12-7　刀具刃磨室平面布置简图

启动，工件磨削所产生的粉尘颗粒，在风机的负压吸风作用下进入沉降室，大颗粒、重颗粒的粉尘直接掉落在积灰抽屉里，微细粉尘随气流进入过滤室，当经过滤袋时，粉尘会附着于滤袋内表面，净化后的气体经过风机流入清洁室，最后经消声后排入大气中。

以上 6 台砂轮机按 2 台除尘式砂轮机和 1 台台式轻型砂轮机为一组；两组分别在一条直线上排列，这样位置的设计，一是为了安全的需要，二是为了方便按照刀具的刃磨顺序进行操作。如 G1 高速钢粗磨砂轮机→G2 高速钢半精磨砂轮机→G3 高速钢精磨砂轮机为一组；Y1 硬质合金粗磨砂轮机→Y2 硬质合全半精磨砂轮机→Y3 硬质合金精磨砂轮机为一组。在每台砂轮机左侧的显著位置，分别贴有 $\phi 80mm$ 蓝底白字的统一标志。

G1——高速钢粗磨砂轮机；

G2——高速钢半精磨砂轮机；

G3——高速钢精磨砂轮机；

Y1——硬质合金粗磨砂轮机；

Y2——硬质合全半精磨砂轮机；

Y3——硬质合全精磨砂轮机。

（2）两台轻型砂轮机功率为 120W，电压为 220V，转速为 3000r/mm，砂轮直径为 φ25mm。这两台砂轮机是精磨刀具专用的，须卸下原砂轮及夹板等零件，按金刚石砂轮孔径配制夹板。最后自制一木质方箱，将其安装其上，箱内配有一台小型吸尘器，采用两根塑软管与砂轮机防护罩下方连接。

3. 砂轮机除尘装置

如企业原有的无除尘装置的砂轮机仍完好，可暂不新购，但可自制以下几种简易除尘装置以达到除尘效果。

（1）负压除尘装置。自制的砂轮负压除尘装置如图 12-8 所示。

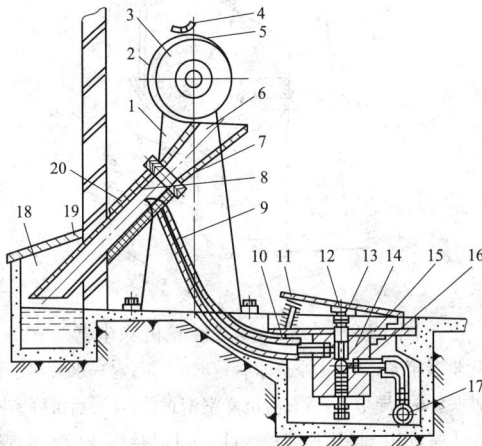

图 12-8　砂轮负压除尘装置

1—砂轮机；2—罩子；3—砂轮；4—碟形螺母；5—活挡板；6—锥形筒；
7—法兰盘；8—输出管；9—软管；10—底板；11—踏板；12—球形座；
13—球形螺母；14—控制阀；15—钢球；16—弹簧；17—输入管；
18—水池；19—盖板；20—吸隔音层

在立式砂轮机的右下方安装一锥形筒与输出管，用法兰盘连接，在输出管的上部安一细管，装有软管 9，软管 9 接至控制阀 14

出口上，在控制阀的入口处接输入管 17。磨刀时，操作者站在踏板 11 上，由于人体的重力压迫活塞杆下移，钢球被推离锥面，压缩风进入控制阀门，通过软管进入输出管内，使在锥形筒内形成负压，将磨下的细粒及飞尘一同吸入锥形筒内，排到室外水泥池中沉淀。

（2）水幕降尘式砂轮机除尘器。如图 12-9 所示的水幕降尘式砂轮机除尘器，不仅结构轻巧，而且除尘效率可达 95％以上。

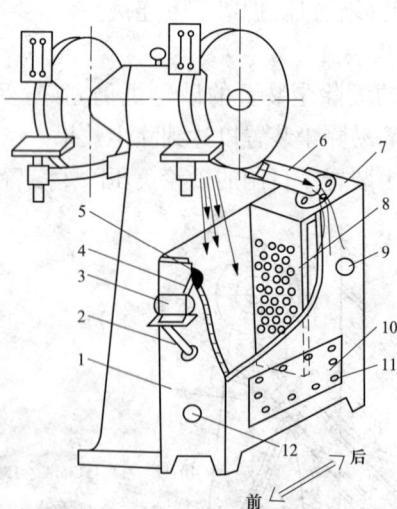

图 12-9　水幕降尘式砂轮机除尘器

1—除尘器箱壳；2—水泵进水管；3—水泵；4—水泵出水管；
5—喷淋头；6—导尘管；7—后沉降室密封盖；8—后沉降室隔板；
9—水位观察；10—除尘口盖板；11—紧固螺钉；12—积尘观察孔

1）结构原理。水幕降尘式砂轮机除尘器由箱壳、水泵进水管、水泵（流量 240L/h，工作压力 0.25MPa）、水泵出水管、喷淋头、导尘管、后沉降室密封盖、后沉降室隔板及水位观察孔等构成。为了保证除尘口盖板与除尘器箱壳之间的密封性，还需垫以橡胶石棉垫板。

砂轮机工作时，从砂轮上脱落下来的磨粒与切屑所形成的粉尘主要分两路排出。一路从砂轮与砂轮机搁架之间排出；另一路则沿着砂轮的切线进入砂轮机安全罩，并从安全罩上的出尘口排出。

当加入 5%～8% 皂化乳油的水注入水位观察孔所示的水位，并接通水泵的电源后，砂轮与砂轮机搁架之间的这股尘流，粉尘粒度和所带的能量都比较大，它迅猛地射入敞开着的除尘器前部（即前沉降室），被喷淋头射出的水幕封锁在除尘器里，并被水幕捕获沉降至除尘器底部。

由砂轮机安全罩上的出尘管排出的粉尘粒度较细，非常容易形成飘尘长时间悬浮在空中，尤其是粒径在 $10\mu m$ 以下的尘粒，能通过呼吸直接进入肺部，对人体危害极大，对这股尘流，采用导尘管与安全罩上的出尘管相连接，将它导入由后沉降室密封盖、后沉降室隔板与除尘器箱壳构成的后沉降室里的方法。沉降途径有 3 条：①喷淋头射出的水幕穿过隔板上的小孔与砂轮高速旋转形成的气流相搏击，形成细小的水珠和汽雾，将粉尘捕集沉降。②尘粒与后沉降室隔板和除尘器箱壁撞击失去能量，有的被黏附在箱壁水膜上，有的因自身重力沉降。③偶有穿过隔板上的小孔进入前沉降室的粉尘，因这些小孔均处于喷淋头射出的水幕之下，所以仍被下落的水滴捕集沉降在前沉降室里。

2）使用和制作要点。

①后沉降室隔板上的小孔应处在喷淋头之下，只有这样含尘气流才能顺利地导入后沉降室，不会让粉尘从除尘器里逃逸出去。

②当捕集的粉尘已堆积至积尘观察孔时，就应该将除尘器里的水排出，并卸下除尘口盖板进行清扫，以免使水泵过早磨损。

③这套除尘器只能解决一个砂轮的除尘。因此，每台砂轮应装两套除尘器。

3）砂轮机的吸尘和捕尘装置。一种提高砂轮机除尘效果的合理装置如图 12-10 所示，它由砂轮吸尘防护罩和捕尘器组成，可直接装在砂轮机上。

工作原理：启动前，先将工业润滑油或锭子油注入吸尘护罩 2 内至倾斜隔板 7 的下沿。油位可用肉眼通过检查口 11 观察，并借助排油塞进行调节。为了实现自动接通，砂轮机和引风机同用一

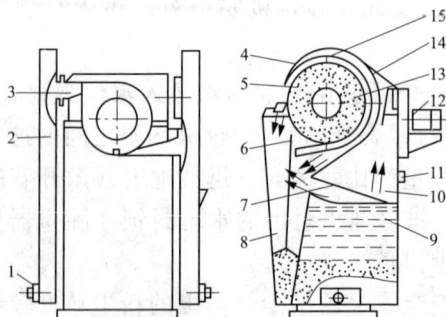

图 12-10　一种提高砂轮机除尘效果的合理装置

1—油塞；2、15—吸尘护罩；3—风管；4、6—挡板；5—砂轮；

7、9、13、14—隔板；8—惯性室；10—蜗轮叶片；11—检查口；12—电动机

个启动按钮，且直接装在电动机的轴上。引风机能使吸尘护罩内的空气变得稀薄，并使来自砂轮的含尘空气通过风管 3 向下流动。含尘空气中的粗颗粒以较高的速度进入惯性室，并落在底部。然后，带残留微尘的空气沿着隔板 7 和 9 之间的小槽流动并形成一个扁平喷嘴。从高速喷嘴出来的空气吸着润滑油在蜗轮叶片旋涡区内猛烈地喷射，并和含尘空气相混合，从而使空气净化。此外，空气还和由隔板 7 上流下来的油形成液体泡沫，以及由空气带来的油雾与蜗轮叶片上沿拍打成形泡沫中再次净化。

为了提高装置的除尘效果，在吸尘护罩 15 的上部装有成形隔板 13 和 14，构成呈扩散器状的槽孔，以保证从砂轮上部吸入的含尘空气能流入泡沫部位加以净化。净化过的空气重又回流到车间。为了保证有效地除尘，砂轮和挡板 4 与 6 的间隙不应大于 2～3mm。去除灰尘堆积的方法一是拆卸惯性室，二是通过排放口从壳体的下部把灰尘去掉。

4）螺旋水封吸尘器。为了解决机械工厂砂轮磨削作业的粉尘污染，保护职工的身体健康，设计了一种具有二次除尘效果的螺旋水封吸尘器，除尘效果达到 99％ 以上，排出气体中的粉尘浓度大大低于国家标准，可以用来净化空气中非纤维性的各种粉尘，特别适用于工具磨床、砂轮机、抛光机，拉刀磨床等各种设备的

除尘。

吸尘器的结构原理如图12-11 所示。接上电源，电动机带动叶轮回转，导风壳8 内形成负压，微尘随空气进入导风壳储尘桶，空气微尘与水相通时分离，此时大部分微尘沉淀于储尘桶内。这是第一次除尘，而部分残余微尘随空气跑回排气口，当旋风压向桶底时，卷起大量的水花，向上冲向由铜丝网布组成的封水帽，从而扩散形成水封层，这样残余的微尘随空气飞向空间时，被水封层封住，达到第二次除尘的效果。

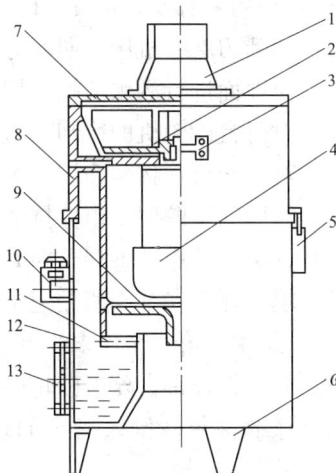

图 12-11　螺旋水封吸尘器的结构原理
1—进风帽；2—叶轮；3—把手；4—电动机；
5—搭扣；6—底脚；7—盖板；8—导风壳；
9—排气盖；10—接头；11—封水帽；
12—储尘桶；13—观察孔

主要技术性能指标：风量 228～618m³/h，风压 124～330Pa，除尘效率大于 99%，噪声不大于 85dB。

注意事项：叶轮旋转方向应为逆时针方向，工作时，不能将坚硬物体及纤维性物体投入箱内，以免降低除尘效果和损坏机件；为提高除尘效率，吸风罩应尽量靠近吸尘设备，并要有合理的截面与形状；使用时，加水 7～8kg，每 2～3 天加水一次，一星期左右清理桶底尘屑等杂质一次。

三、刀具刃磨室的日常管理

（1）一切无关刀具刃磨的物品不得任意存放在刃磨室内。

（2）每日下班后有专人按以下顺序进行整理：

1）切断刃磨室机床、照明灯电源；

2）对地面进行洒水，清扫干净；

3）对每台砂轮机的冷却水盛具进行清理并加满干净水；

4）对砂轮机、物架、用具等擦拭清洁，整理并归放到位。

（3）每周末有专人负责按以下顺序进行整理：

1）切断刃磨室机床、照明灯电源；

2）对地面进行洒水清扫，用湿拖把拖净地面；

3）对每台砂轮机的冷却水盛具进行清理并加满干净水；

4）对砂轮机、物架、用具等擦拭清洁；

5）对四周墙壁用湿巾擦拭清洁；

6）各类物件用具整理干净并归放到位；

7）填写环卫安全周值勤记录表。

（4）每季度第一个周末，有专人负责按以下顺序进行整理：

1）分别打开每台除尘砂轮机，解开下方的集尘布袋；

2）仔细将灰砂倒入指定的垃圾通道内，再将布袋洗刷干净晾干；

3）每周上班前负责将除尘布袋安装系紧在原来位置上；

4）填写环卫安全季度值勤记录。

（5）以上日、周、季三项环卫安全规定，需有关班组长逐项进行检查。

第三节　刀具的试验与检测设备

一、刀具的试验方法

现代制造业的生产过程，对机床的金属切削加工提出更多的技术挑战，刀具必须满足多种多样的技术要求，因此，没有哪一种刀具是能够在任何情况下都可以满足加工要求的。数控磨削技术可以针对不同的用户需求来设计、磨制不同材料、几何参数或功能的刀具。如何能够让磨制出的刀具真正好用，仅靠查相关手册中的推荐值是不够的。为了能让刀具最大限度地满足加工需要，可以采用各种技术手段进行优化，找出刀具的最佳几何参数和切削用量等。下面介绍两种刀具实验设计方法。

1. 正交试验设计法

试验设计是数理统计中的一个较大的分支，它的内容十分丰富。多数数理统计方法主要用于分析已经得到的数据，而试验设计却是用于决定数据收集的方法，讨论如何合理地安排试验以及如何分析试验所得的数据等。常用的试验设计方法有：正交试验设计法、均匀试验设计法、单纯形优化法、双水平单纯形优化法、回归正交设计法、序贯试验设计法等。可供选择的试验方法很多，各种试验设计方法都有其一定的特点。所面临的任务与要解决的问题不同，选择的试验设计方法也应有所不同。

正交试验设计法是比较简洁、实用的试验规划方法，利用正交试验设计法对刀具几何参数进行优化，可以使刀具在特定的切削条件下，获得最理想的切削效果和最佳的使用寿命。

正交试验设计法，就是使用已经造好了的表格-正交表，来安排试验并进行数据分析的一种方法。它简单易行，计算表格化，使用者能够迅速掌握。按照正交表来安排试验，既能使试验点分布得很均匀，又能大幅减少试验次数。

试验设计方法常用的术语定义如下：

（1）试验指标。是作为试验研究过程的因变量，常为试验结果特征的量。刀具试验的指标根据需要可以是刀具寿命、切削工件的表面粗糙度等。

（2）因素。是作为试验研究过程的自变量，常常是造成试验指标按某种规律发生变化的那些原因。对刀具而言，可以是各种几何参数，如前角、后角、刃宽等。另外需要指出的是，在生产过程中，因素之间常有交互作用。例如，温度和压强就是相互作用的因素，温度 T 的数值发生变化时，试验指标随压强 p 的变化的规律也发生变化。这种情况称为交互作用，记为 $T \times p$。

（3）水平。是指试验中因素所处的状态或情况，又称为等级。如刀具几何角度有三个水平 $25°$、$50°$、$75°$等，分别用下标 1、2、3 表示因素的不同水平，分别记为 A_1、A_2、A_3。

当然，在正交试验设计中，因素可以是定量的，也可以是定性的。而定量因素各水平间的距离可以相等，也可以不相等。

由于这几个因素都是刀具的重要参数，影响都是很显著的。因此可以不必进行方差的灵敏度分析。

正交试验设计方法能够针对专门材料、工件的加工情况，通过数控磨削的灵活多变的技术支持，具有"量体裁衣"式的技术服务的特点。尤其在针对一些特殊难加工材料时，具有很强的优势，该方法为优化刀具参数，提高刀具的切削性能，快速提高机床的加工效率，提供了一个良好的技术途径。

2. 简易确定最佳切削参数的试验方法

在同样满足零件加工质量要求的前提下，提高数控机床加工效率的关键在于如何使金属切除率达到最大。针对特定的数控机床、工件材料、刀具材料和装夹系统如何来确定金属切除率最大的切削参数的问题，也是数控磨制刀具过程需要关心的问题。

（1）试验的作用。例如用直径 ϕ10mm 高速钢刀具加工铝合金，刀具允许的最高切削速度为 300m/min，机床转速为 8750r/min，而采用相同规格的硬质合金刀具，刀具允许的最高切削速度可达 600m/min 甚至更高，机床转速可以达到 17 510r/min，从切削效率来看，这台机床采用高速钢刀具是不合适的。机床设备、切削刀具和加工对象已经明确后，研究如何正确选择切削参数对提高加工效率、降低加工成本具有实际意义。

可以通过设计选择最佳铣削参数的方法，也可利用现代切削过程仿真和优化技术，在少量试验的基础上借助合理的数学模型，工程分析和仿真等先进手段，快速获取理想的切削参数数据。但一般专业性不是很强、时间比较紧张的条件下，通过简单有效的切削试验方法来获取这些刀具的正确切削参数是比较现实的手段。

下面举例说明试验方法。

（2）试验原理和过程。

1）试验原理。对于"量体裁衣"式的数控磨制刀具来说，在特定机床、工件材料、刀夹、刀具材料和刀具长度组合条件下，提出合适的每齿切削量和轴向背吃刀量，通过采用一系列不同切削速度及径向背吃刀量，观察加工过程的情况，从声音和加工表面的质量来判断发生加工振颤的情况，从而找出相同的零件加工品质下（平稳的切削，未发生振颤），材料的切除率达到最大的切削参数。

2）试验条件。

①磨制的铣刀：直径 $\phi 10\text{mm}$，长度 66mm，2 齿，YG6X 硬质合金材料。

②数控机床：MIKRON UCP710 五轴加工中心，主轴最大转速 18 000r/min，功率 15kW，最大进给速度 20m/min。

③夹具：HSK 刀柄，$\phi 42\text{mm}$。

④加工材料：LF5 铝合金。

⑤切削液：Blasocut 2000 乳化液。

⑥根据刀具设计手册提供的极限参数：加工铝合金时，最大切削速度 $v_c = 800\text{m/min}$，最大每齿进给量 $f_z = 0.115\text{mm/齿}$，最大轴向背吃刀量 $a_p = 15\text{mm}$，相应径向背吃刀量 $a_e = 5\text{mm}$。

3）试验方法。

①准备外形尺寸 80mm×100mm×150mm 的工件，把工件装入平口钳，长 80mm 边高出平口钳口 40mm，刀具装入 HSK 刀夹后，露出长度 35mm，在工件上加工出高 8mm、宽 1mm 的 11 级台阶，见图 12-12。

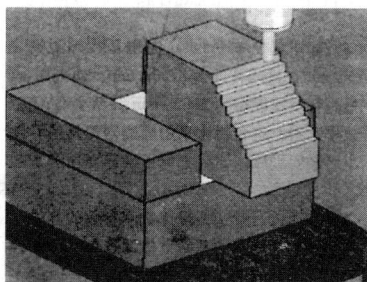

图 12-12　试验装置示意图

②确定试验的主轴转速范围。按照最大切削速度计算，刀具可以承受的最高转速为 25 478r/min，根据机床的性能和平时的经验，可选择主轴转速在 7000～14 000r/min 这个范围进行试验，对应的切削速度为 220～440m/min。

③确定背吃刀量和每齿进给量。在整个试验中，保持轴向背吃刀量和每齿切削量不变，选择 $a_p = 8\text{mm}$ 和 $f_z = 0.115\text{mm/齿}$，

此时径向背吃刀量最大可为 $a_e = 8mm$。每齿进给量不变，就意味着当主轴转速改变时，刀具的进给率将改变。这样做主要考虑到两个因素，一是每一个工步刀具可以具备相同的刀屑载荷，二是每齿进给量对表面粗糙度的影响最大，每一个工步每齿进给量保持不变后，就具备了可比性。

④编写试验程序。在不同的高度上，进行一系列平行铣削工步。从一个工步到下一个工步提高主轴转速，共分 8 个工步，以 1000r/min 的增量，从 7000r/min 增加到 14 000r/min。径向背吃刀量从 $a_e = 3mm$ 增加到 $a_e = 8mm$，一个循环后增加 1mm。

⑤评估切削。倾听、然后观察。从不同工步的声音可以感觉出在哪里发生振颤，然后，在切削完成后，检查工件表面质量。工件需有定位块，铣完一台阶过后拿出工件观察，确定加工表面是显示平稳切削、轻微振颤还是严重振颤。记录完后，把工件放回原来装夹位置继续下一次加工。

（3）试验结果和分析。试验结果如表 12-3 所示。可以看到，当径向背吃刀量为 3mm 时，所有的工步显示稳定切削，当径向背吃刀量为 4mm 时，某些工步开始出现轻微振颤，当径向背吃刀量增加到足够高时，一些工步便出现严重振颤。

表 12-3　　　　　　　试验情况分析表

主轴速度/(r/min)	进给速度/(mm/min)	每齿进给/(mm/齿)	轴向背吃刀量/mm	径向背吃刀量/mm						平稳切削条件下最大切除量/(mm³/min)
				3	4	5	6	7	8	
7000	1400	0.1	8	○	○	○	○	○	○	89 600
8000	1600	0.1	8	○	○	△	△	●	●	51 200
9000	1800	0.1	8	○	○	○	○	△	△	86 400
10 000	2000	0.1	8	○	○	△	△	●	●	51 200
11 000	2200	0.1	8	○	○	○	○	○	○	140 800
12 000	2400	0.1	8	○	△	△	●	●	●	69 100
13 000	2600	0.1	8	○	△	△	△	△	●	83 200
14 000	2800	0.1	8	○	△	△	△	●	●	67 200

注　○—平稳切削；△—轻微振动；●—剧烈振动。

加工中出现这种现象是普遍存在的，主要是因为每个主轴、刀夹和刀具系统都有几组频率，当刀具切削工件产生的撞击振动频率和这些系统固有频率接近时，就会产生振颤现象，造成表面波纹，影响表面粗糙度。振颤不是机床的缺陷，它是物理缺陷，是不可避免的。振颤会引起表面波纹是毫无疑问的，因为整个试验采用的每齿进给量是一定的，如果不发生振颤，所有工步的表面粗糙度应该是基本一致的。这也是试验中为什么要保持每齿进给量固定不变的主要原因。

从试验结果还可以看到，当主轴转速在 14 000r/min 时，平稳切削时的材料切除率是 67 200mm^3/min，而当主轴转速在 11 000r/min 时，平稳切削时的材料切除率是 140 800mm^3/min，也就是说，尽管好像采用了较高的主轴转速，但是，此时的加工效率却并不是最高，换而言之，这种切削参数组合并不是最佳的。

试验结果分析后，得到两个平稳切削主轴转速 7000r/min 和 11 000r/min，它们的材料切除率分别为 89 600mm^3/min 和 140 800mm^3/min，后者要更佳。机床、刀具、刀夹组成的系统固有频率，事先往往无从知晓，如果只根据刀具寿命参数和机床参数来选择切削参数是得不到这样的结果的。

（4）试验需要注意的问题。上述介绍的试验方法在一种机床、刀柄、刀具、刀具长度、工件材料、每齿切削量和轴向进给量的组合下，找到了平稳切削的最佳转速，它的转速并没有达到最高。所以说要想提高金属切除率，一味地提高转速是不现实的，只有找到一组比较合理的参数组合才是最实际的。需要注意的是，在上述组合中任何一项条件改变，结果都将改变，因此，在磨制好刀具以后，可根据具体的实际现场情况，去寻找合理的具有较高金属切除率的切削参数，这对于提高加工质量，缩短加工时间有着重大的意义。

二、刀具试验设备

了解了刀具的试验理论后，下一步应该讨论的就是如何将其付诸实践，如何能知道试验的刀具在切削时的真实状况—即切削力有多大、切削温度有多高、切削过程中平稳与否，是否有振动等，这就需要有相应的试验设备。

1. 测力系统

采用不同材料及几何角度的刀具在不同的加工用量组合及冷却条件下切削不同的工件材料，利用测力系统测量切削过程中切削力的大小，并建立经验公式。通过公式可以揭示常规、数控、高速铣削及普通、缓进、高速磨削等各种条件下加工要素（刀具材料/角度、砂轮磨料/磨粒、工件材料、切削速度、进给量、背吃刀量、冷却条件等）的变化对切削力的影响规律。测力系统常用设备如图12-13所示，如图12-13（a）所示为瑞士 KISTLER9265B 压电式测力仪，如图12-13（b）所示为瑞士 WS-2401 电荷放大器，该电荷放大器集最新技术，全数控 OLED 显示，它是通用型压电信号适调器，电压输出与电荷输入成比例关系，与压电式传感器配合使用，可测量振动、冲击等机械量。该产品广泛用于航天、航空、兵器、建筑、电力、建筑等实验领域，十分适用于科研以及教学领域。

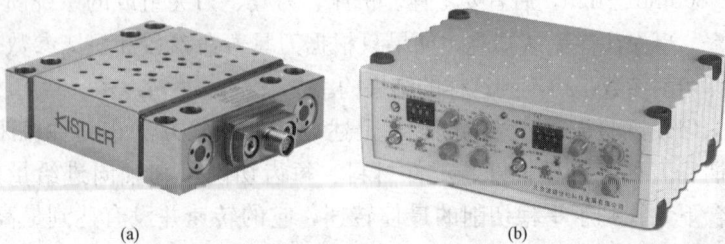

(a)　　　　　　　　　　　(b)

图 12-13　测力系统

(a) 瑞士 KISTLER 9265B 压电式测力仪；(b) WS-2401 电荷放大器

2. 测温系统

采用不同材料及几何角度的刀具在不同的加工用量组合及冷却条件下切削不同的工件材料，利用测温系统测量切削过程中切削区域的温度，并建立经验公式。通过公式可以揭示常规、数控、高速铣削及普通、缓进、高速磨削等各种条件下加工要素（刀具材料/角度、砂轮磨料/磨粒、工件材料、切削速度、进给量、背吃刀量、冷却条件等）的变化对切削温度的影响规律。如图 12-14 所示多通道热电偶热电阻温度检定装置，配备一套多路自动扫描开关，热电偶、热电阻共 24 个通道，一次可同时检定被检热电偶热电阻 18 支。配备一套计算机系统，满足工作用金属热电偶的正常检定工作。多路通信转换器保证计算机与各设备之间的通信，实现检定工作自动化。

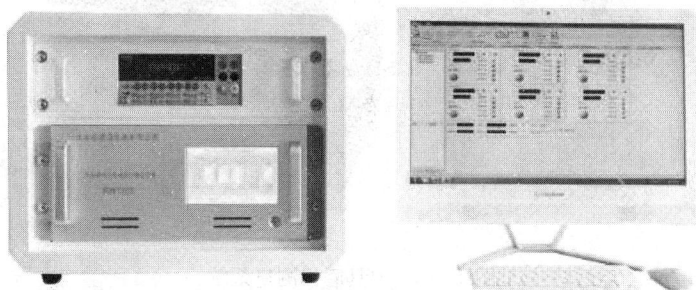

图 12-14　多通道热电偶热电阻温度检定装置

3. 刀具磨损测量系统

采用不同材料及几何角度的刀具在不同的切削用量组合及冷却条件下切削不同的工件材料，然后利用磨损测量系统（见图 12-15）测量刀具磨损的程度，并建立刀具寿命经验公式。通过公式揭示常规、数控、高速切削等各种条件下加工要素（刀具材料、刀具角度、工件材料、切削速度、进给量、背吃刀量、冷却条件等）的变化对刀具寿命的影响规律。

三、刀具的检测设备及仪器

1. 刀具测量机

（1）WALTER 刀具测量机。WALTER 公司生产的刀具测量机，采用非接触式测量方法，利用 CCD 照相机对刀具进行光学投影测量。目前有两种主要型号（见图 12-16）：HELICHECK 和 HELT OOLCHECK。其中，HELICHECK 适合于刀具制造商，HELTOOLCHECK 适合于修磨车间。

刀具测量机床的特点：

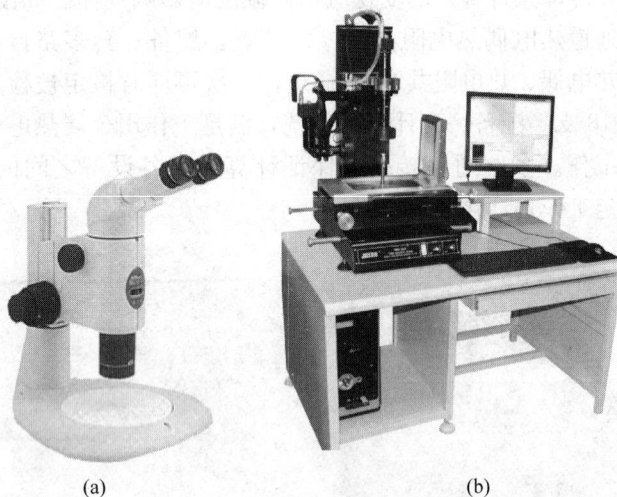

图 12-15 刀具磨损测量系统

（a）尼康 Nikon SMZ1500 体视显微镜；（b）刀具检测系统

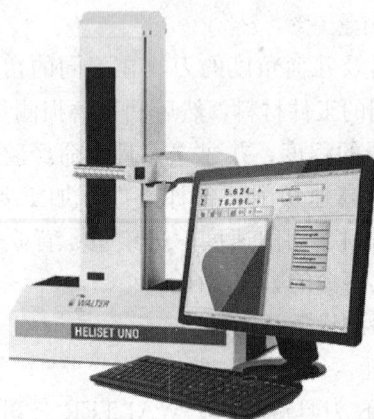

图 12-16 WALTER HELISET UNO 手动式刀具测量机

1）机床采用整体抗振花岗岩基座，可以确保测量精度和稳定性。

2）带有 4 个 NC 轴和 3 个 CCD 照相机，可以非接触式的测量方式实现刀具一次装夹后对周齿、端齿的几何尺寸以及跳动等参数进行全自动测量。

3）专业的刀具测量软件，模块化编程，并且可创建组别对每一把刀具的测量参数进行存储，以备随时调用。

4）砂轮测量软件可对砂轮的各项参数进行测量。

5）在线刀具补偿 OTC，利用该功能可以在生产中监控和补偿由于因砂轮的磨损而导致的偏差。

机床主要功能及参数见表 12-4 和表 12-5。

表 12-4　　　　　刀具测量机可测量的主要参数

序号	可测量项目
1	装夹后刀长
2	刀具直径
3	刃长
4	刃宽
5	周齿、端齿前角
6	周齿、端齿后角
7	螺旋角、导程
8	锥度
9	槽深
10	刀具轮廓
11	加工刀具用砂轮的各项参数

表 12-5　　　　WALTER 刀具测量机的主要参数

型号 参数	HELICHECK	HELI TOOLCHECK
最大工件直径	200mm	300mm
最大工件长度	300mm	500mm
最大刀具重量	20kg	25kg

参数 \ 型号		HELICHECK	HELI TOOLCHECK
各轴行程		X200mm	X310mm
		Y350mm	Y290mm
		Z250mm	Z640mm
精度	直径测量	±1μm	±2μm
	长度测量	±1μm	±2μm
	线性轴分辨率	0.1μm	0.2μm
	A轴编码器分辨率	0.002 5°	0.002 5°
A轴参数	转速	60r/min	60r/min
	装夹系统	ISO50	ISO50

（2）ZOLLER 对刀仪。ZOLLER 公司创建于 1945 年，是世界上最大的专业生产对刀仪的厂家：其产品全球市场占有率达到 60%。在中国，ZOLLER 对刀仪在高端市场的占有率超过 80%。

适用于刀具生产和刀具修磨应用领域的刀具检测设备主要有三个系列：

1）smile 对刀仪。smile 是一款立式的小型机器且价格低廉，适用于各种刀具的非接触式测量和顶调的通用预调和测量设备，能广泛用于加工中心、钻床、数控车床和刀具修磨车间，是为小规模工厂生产用的入门级预调和测量设备，如图 12-17 所示。

型号特点：

①采用 quicktouch 的触摸屏显示器，操作方便，并通过四个象限的监视器对切削刃进行自动检测（切削刃的形状角度甚至可以大于 90°）。

②自动测量五个参数（长度、直径、半径和两个角度），按下按钮后，在数秒内可以得到五个测量结果。

③装备有 C.R.I.S 软件，对最大刀具直径无须手动对焦即可进行自动测量。

④具有远心聚焦和动态十字线的检视系统。

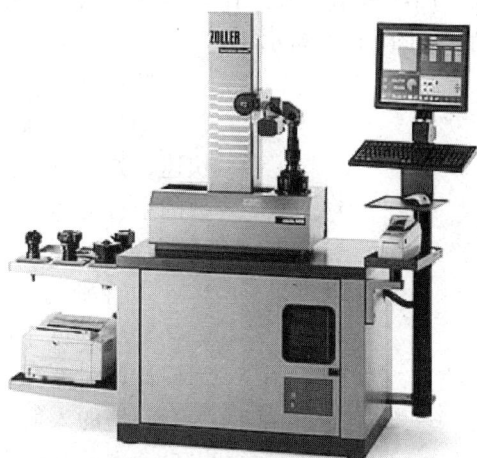

图 12-17　德国 ZOLLER smile 对刀仪

2）smar Tcheck 对刀仪。smar Tcheck 产品系列可用于刀具外部轮廓、径向和轴向几何尺寸的自动监测，如图 12-18 所示。

型号特点：

①装有旋转式入射光摄像头，能进行轴向和径向几何尺寸的测量。

②在 2D 和 3D 的测量模式中能将刀具放大 500 倍检查磨损状况。

③测量和检验结果可储存或打印成测量报告，这些

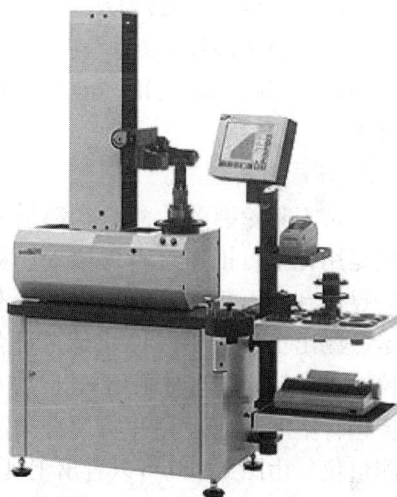

图 12-18　smar Tcheck 对刀仪

报告可根据客户需要进行自定义，例如标识、地址、特别参数等。

④可将测量结果直接输送给磨床。

3）genius 3 对刀仪。genius 3 对任何刀具制造和修磨企业都

可以说是终极产品，它不需要操作人员的参与，能进行全自动刀具测量和检测，如图 12-19 所示。

图 12-19　genius 3 对刀仪

型号特点：

①装备 5 轴数控系统，能快速、方便地进行任何刀具参数的全自动测量和检测，精度达到微米级。

②特别为小至 0.1mm～0.003 9in（英寸）的测量尺寸而设计，配置有一个放大倍率为 500 倍的入射光摄像头，可以自动测量刀具的细微部分。

③电子数据可传入数控磨床进行数据交换，与已命名的数控机床控制接口相接，避免数据的重复进入。

④具备很多参数的测量程序。径向轮廓跟踪、有效切削角度、刀具后角、螺距和螺旋角、退刀槽宽、槽深、同轴度补偿、分步测量等。

2. 万能工具显微镜

复杂刀具轮廓的检测基本都是采用大型工具投影仪。工具投影仪是用光学目镜通过折射原理，将刀具轮廓放大几十甚至上百倍后投影到大面积屏幕上，与屏幕上的工件放大轮廓图进行对比测量，测出工件的轮廓尺寸是否符合要求。近年来，大型工业投影仪也正在越来越多地采用 CCD 与 CMOS 技术对测量对象的几何图像进行空间几何运算并实现自动测量，这样的设备也叫数字投影测量仪。由图 12-20 可以看出工具显微镜的发展过程。

具有数字化处理能力的 CNC 工业投影仪，使大型工业投影仪实现数字化、智能化、自动化，可以具备 $\pm 2\mu m$ 的测量精度和 750mm/min 的测量速度，具有点哪走哪、图形同步、工件随意放置等高效与便捷的功能。

数字工业投影仪（又名影像式精密测绘仪）是在测量投影仪

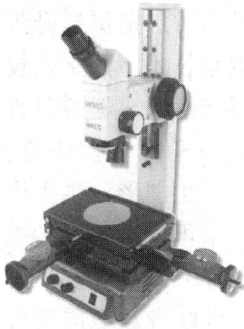

(a)

(b)

(c)

(d)

(e)

(f)

图 12-20　从工具显微镜到数字化影像测量仪

（a）二次元测量工具显微镜；（b）数显小型工具显微镜；（c）数字式立式数显测量投影仪；

（d）图像定位式测量投影仪；（e）手动式影像测量仪；（f）数字化 CNC 图像测量仪

773

的基础上将工业计量方式从传统的光学投影对焦定位提升到了依托于数字影像技术而产生的计算机屏幕测量技术。数字式投影测绘仪一般用 CCD 或 CMOS 图像采集技术和空间几何运算软件进行数据处理。测量时，实现镜头对焦、位置移动等数控快速移动。实时显示光学尺的位移数据，并在屏幕上产生图形，供操作员进行图影对照，从而能够直观地分析测量结果可能存在的偏差。数字投影测绘仪具有空间几何运算、图形显示、尺寸标注、CAD 图形的输出等基本功能，目前市场上也有一种既带数显屏又接计算机的过渡性产品。从严格意义来说，这种仅把计算机用作瞄准工具的设备不是数字投影测绘仪，只能叫作"数字式测量投影仪"或"图像定位式投影仪"。

数字工业投影仪具有以下三方面的优点：

(1) 数字化 CNC 技术实现了点哪走哪。数字工业投影仪是建立在微米级精确数控的硬件与人性化操作软件的基础上，将各种功能彻底集成的精密测量仪器。具备无级变速、柔和运动、点哪走哪、电子锁定、同步读数等基本能力，鼠标拖动找到所测定的数据点，直接自动计算测量出结果并显示图形供校验，图影同步。

(2) 数字化技术实现了工件随意放置。数字化工业投影仪采用数据处理软件实现空间坐标系旋转和多坐标系之间的换算，被测工件可随意放置，随意建立坐标原点和基准方向并得到测量值，同时在屏幕上呈现出标记，直观地看出坐标方向和测量点，直接测出基准距离。

(3) 数字化技术能进行 CNC 快速测量。数字工业投影仪可以采用样品实测、图样计算、CNC 数据等方式建立 CNC 坐标数据，测量平台自动对准每一个目标点，完成各种测量操作。

3. 刀具硬度检测

(1) 表面硬度检测。刀具毛坯制备过程中，表面处理后需要检测的主要技术参数是表面硬度、局部硬度和有效硬化层深度。硬度检测可采用维氏硬度计，也可采用洛氏硬度计或表面洛氏硬度计。试验力（标尺）的选择与有效硬化层深度和工件表面硬度有关。维氏硬度计、表面洛氏硬度计和洛氏硬度计试验的选择可参照表 12-6～表 12-8。

（2）硬度计的选择。表 12-6～表 12-8 分别是采用维氏硬度计、表面洛氏硬度计和洛氏硬度计时，对应于不同的热处理工件表面硬化层深度和热处理工件表面硬度值的选择表。由表 12-6～表12-8可知：

1）维氏硬度计是测试刀具表面硬度的重要手段，它可选用 0.5～100kgf（4.9～980.7N）的试验力，测试薄至 0.05mm 厚的表面硬化层，它的精度是最高的，可分辨出刀具表面硬度的微小差别。另外，有效硬化层浓度也要由维氏硬度计来检测。

表 12-6　　　　　　　　维氏试验力的选择

最小有效硬化层深度/mm	最低表面硬度 HV			
	400～500	>500～600	>600～700	>700
0.05	—	HV0.5	HV0.5	HV0.5
0.07	HV0.5	HV0.5	HV0.5	HV1
0.08	HV0.5	HV0.5	HV1	HV1
0.09	HV0.5	HV1	HV1	HV1
0.1	HV1	HV1	HV1	HV1
0.15	HV3	HV3	HV3	HV3
0.2	HV5	HV5	HV5	HV5
0.25	HV5	HV5	HV10	HV10
0.3	HV10	HV10	HV10	HV10
0.4	HV10	HV10	HV10	HV30
0.45	HV10	HV10	HV30	HV30
0.5	HV10	HV30	HV30	HV50
0.55	HV30	HV30	HV50	HV50
0.65	HV30	HV50	HV50	HV50
0.7	HV50	HV50	HV50	HV50
0.75	HV50	HV50	HV50	HV100
0.8	HV50	HV100	HV100	HV100
0.9	HV50	HV100	HV100	HV100
1.0	HV100	HV100	HV100	HV100

表 12-7　　　　　　　　　表面洛氏硬度标尺的选择

最小有效硬化层深度/mm	最低表面硬度（以 HR...N表示）										
	82~85 HR15N	>85~88 HR15N	>88 HR15N	60~68 HR30N	>68~73 HR30N	>73~78 HR30N	>78 HR30N	44~45 HR45N	>54~61 HR45N	>61~67 HR45N	>67 HR45N
0.1	—	—	HR15N	—	—	—	—	—	—	—	—
0.15	—	HR15N	HR15N	—	—	—	—	—	—	—	—
0.2	HR15N	HR15N	HR15N	—	—	—	HR30N	—	—	—	—
0.25	HR15N	HR15N	HR15N	—	—	HR30N	HR30N	—	—	—	—
0.35	HR15N	HR15N	HR15N	—	HR30N	HR30N	HR30N	—	—	—	HR45N
0.4	HR15N	HR15N	HR15N	HR30N	HR30N	HR30N	HR30N	—	—	HR45N	HR45N
0.5	HR15N	HR15N	HR15N	HR30N	HR30N	HR30N	HR30N	—	HR45N	HR45N	HR45N
>0.55	HR15N	HR15N	HR15N	HR30N	HR30N	HR30N	HR30N	HR45N	HR45N	HR45N	HR45N

表 12-8　　　　　　　　　洛氏硬度标尺的选择

最小有效硬化层深度/mm	最低表面硬度							
	HRA				HRC			
	70~75	>75~78	>78~81	>81	40~49	>49~55	>55~60	>60
0.4	—	—	—	HRA	—	—	—	—
0.45	—	—	HRA	HRA	—	—	—	—
0.5	—	HRA	HRA	HRA	—	—	—	—
0.6	HRA	HRA	HRA	HRA	—	—	—	—
0.8	HRA	HRA	HRA	HRA	—	—	—	HRC
0.9	HRA	HRA	HRA	HRA	—	—	HRC	HRC
1.0	HRA	HRA	HRA	HRA	—	HRC	HRC	HRC
1.2	HRA	HRA	HRA	HRA	HRC	HRC	HRC	HRC

　　2）表面洛氏硬度计也十分适于测试刀具表面淬火、涂层硬度。它有三种标尺可以选择，可以测试有效硬化深度超过 0.1mm 的各种表面硬化工件。但表面洛氏硬度计的精度没有维氏硬度计高，可作为热处理工厂质量管理和合格检查的检测手段。并且表面洛氏硬度计还具有操作简单、使用方便、价格较低、测量迅速、可直接读取硬度值等特点，利用它可对成批的热处理刀具毛坯件

进行快速无损的逐件检测。这一点对于刀具批量生产的质量控制具有重要意义。

3）当刀具表面硬化层较厚时，也可采用洛氏硬度计。当热处理硬化层厚度在 0.4～0.8mm 时，可采用 HRA 标尺；当硬化层厚度超过 0.8mm 时，可采用 HRC 标尺。

4）维氏、洛氏和表面洛氏三种硬度值可以方便地进行相互换算，转换成标准、图样或用户需要的硬度值。相应的换算表在国际标准（ISO）、美国标准（ASTM）和中国标准（GB）中都已给出。

第四节 刀具的基础管理

一、刀具定额制定与管理

（一）刀具消耗定额的制订

刀具的配备：在制订刀具消耗之前，首先应根据企业内各车间生产人员，加工对象、加工工艺及设备状况等因素，对所有参加生产的工人，有区别而合理地按常用刀具品种、规格和数量实行定量配备。

以普通车工、钳工等工种为例。车工应配备硬质合金焊接式外圆、端面、螺纹、内孔、切断等车刀各 1～2 把，整体长方高速钢刀具 2～3 把，碳化硅及氧化铝磨石各 1 件，油光锉刀 1 把等常用刀具；而钳工应配备几种常用的粗、中、细齿锉刀各 1 把，M4、M6、M8、M10、M12 丝锥、板牙及钻螺纹底孔的直柄麻花钻头各 1 件，宽、窄刃口錾子、锯弓架等刀具若干。

这类常用刀具的使用，必须制订一项月或年度的消耗定额，此定额一般的制订方法可根据企业的生产规模、产品种类和批量大小，以及历年来采购、发放和考核车间使用刀具的依据，可按以下三种方法来制订。

（1）属于多品种生产的可参考

$$N = H(1 - Y)$$

式中　N——刀具消耗定额（件）；

H——单位时间内（按年或季度）刀具实际的消耗数（件）；

Y——刀具消耗增加或减少的百分比（%）。

(2) 属于单一产品的为

$$N = D(1 - J)$$

式中　N——刀具消耗定额（件）；

D——单位产品消耗刀具数（件）；

J——计划节约的百分比（%）。

(3) 可选择本企业有代表性三年的刀具消耗资料，计算出年均消耗数或单台产品的刀具消耗数，然后再按上述公式计算核定。

（二）刀具的领用限额

(1) 在对全厂实行刀具定量配备后，接着应对各车间制订在单位时期内，规定允许领用刀具的费用指标，这样做有以下优点。

1) 能为企业提出刀具经济考核指标，也给财务部门核算产品成本、控制各车间部门刀具占用资金量提供数据。

2) 能从工具库房限额发放刀具的数据中，观察到操作技工使用刀具技能的不断提高，对降低生产成本和节约开支都有着积极的促进作用。

(2) 刀具限额的一般方法可按以下两种公式计算。

1) 产品零件生产量大而稳定的车间或部门，可选择有代表性的三年，统计出刀具消耗费用与实际工时之比，来作为其消耗系数，可参考计算为

$$X = D/CK(1 - J)$$

式中　D——三年累计消耗费用（元）；

C——实际总工时（h）；

K——计划工时（h）；

J——节约指标的百分比（%）。

2) 对于一时还无法按生产工时计算的部门，其刀具限额费用可根据季度或年度的平均消耗费用参考计算为

$$X = P(1 - J)$$

式中　X——刀具限额（元）；

P——平均消耗费用；

J——节约指标的百分比（％）。

（三）刀具限额的执行与修改

（1）企业必须具备较完整的刀具领、发料单据，报废单和定期清库盘点报表，以及车间部门的生产工时等统计资料。如属新建企业可按工艺部门对主要产品零件编制的加工工时，制订一个过渡性刀具月耗费用指标。

（2）各车间部门在领取刀具时，均须填写企业内统一设置的、具有单价栏目的"刀具限额领料单"，见表 12-9；工具技术管理部门除按计划规定，严格控制工具的发放外，还应将每月刀具发放的数量、单价统计成报表形式，报给厂财务、劳动工资等部门。

（3）各车间和部门的刀具限额费用，由工具技术管理部门根据生产计划、人员、工种及设备诸因素的变化来确定，并报厂财务、劳动工资和各车间部门。

（4）工具技术管理部门每半年或一年，对各车间部门的刀具费用应做一次修改或临时性的调整，使此费用指标保持合理常态。

表 12-9　　　　　　　　　刀具限额领料单

领用单位＿＿＿＿＿＿　　　账卡号＿＿＿＿＿＿　　　　　　＿年＿月＿日

刀具名称	规格	单位	申领数	实发数	单价	合计金额								备注
						十万	万	千	百	十	元	角	分	

车间主任＿＿＿＿＿＿　　　　工具库保管员＿＿＿＿＿＿　　　　　　　领用人＿＿＿＿＿＿

（此表由各车间工具室专人负责登账，不得擅自涂改）

（四）刀具储备定额的制订

1. 确定刀具储备定额的主要因素

（1）最高储备数是在确保生产需要，而又尽量少占用企业的流动资金来确定的最高库存量。最低储备数是受供货条件的限制，而又在不影响生产的前提下所确定的最低库存数（又称保险储备数）。最高和最低储备数之间称为正常储备量范围（或称正常储备量区域）。通常情况下，最高和最低储备数之比为 5∶1～3∶1 范围。

（2）对各类工具确定储备定额时，应考虑储备周期的长短、货源情况、供应条件和实际耗用量等各种因素。例如进货较容易的长线刀具，其储备周期可缩短一些，反之，则可适当延长，如企业对某种刀具耗用量很大且有规律地平均消耗时，其储备周期应适当缩短。

（3）如需将刀具储备定额制订得较为准确时，可选择企业有代表性的三年实际刀具消耗平均数，以此作为确定储备定额的依据。

（4）对于大型、精密、关键的刀具，在制订储备定额时，可储备或不储备，以减少企业流动资金的占用额。

（5）为方便日常的刀具计算和统计工作，在核定最高和最低储备数时，最好取数字的整数。

（6）已制订的刀具储备定额，应定期进行修改或补充，通常一至两年须对储备定额进行一次修改或调整。定额核算表形式见表 12-10。如在执行过程中发现个别规格的刀具与实际情况出入较大时，应随时进行修改，做到既满足生产需要又尽量少占用流动资金，使其逐步合理和完善。

2. 刀具储备参考公式

（1）对于多品种生产的企业

$$V = S(1+a)E$$

式中　V——最高储备值（件）；

　　　S——三年刀具平均年消耗数（件）；

表 12-10　　　　　　　　　　**刀具储备定额核算表**

编制日期　　　　　年　月　日

产品编号	刀具名称及规格	计量单位	计划单价	去年平均消耗数	预计±%	储备周期		最高储备量	最低储备量	备注
						最长	最短			

主管厂长：　　　　　　　　　主管科长：　　　　　　制表：

（此表由工具总库编制，一式三份：主管科长、财务科、自留）

　　　a——由于生产任务、人员、设备等增、减而引起刀具消耗
　　　　相应的增、减幅度的百分比（%）；

　　　E——最长周期（年）。

　（2）对于单一品种生产的企业

$$V = TL(1+a)E$$

式中　V——最高储备值（件）；

　　　T——单件产品的消耗定额（件）；

　　　L——当年产品生产件数（件）；

　　　a——由于生产任务、人员、设备等增、减而引起刀具消耗
　　　　相应的增、减幅度的百分比（%）；

　　　E——最长周期（年）。

二、刀具的采购

1. 刀具申请计划表

刀具采购依据是来自生产车间及使用部门的刀具申请计划表，
见表 12-11。

表 12-11   **年度车间刀具中请计划表**

____月__日共__页，第__页

序号	刀具名称及规格	计量单位	计划价格	刀具总数			申请计划数						刀具来源		用于产品图号	备注
				期货	库存	合计	上半年		下半年		合计		外购件	自制件		
							件数	金额	件数	金额	件数	金额				

制表：　　　　审核：　　　　批准：　　　　日期：

2. 刀具采购计划表

交由主管部门编制季度或年度的刀具采购计划表，见表 12-12。

表 12-12   **年度刀具采购计划表**

			［外购、厂标准］刀具明细表		产品型号		共　　页	
					产品名称		第　　页	
序号	名称	规格与精度	使用零、部件图号	备注	序号	名称	规格与精度	使用零、部件图号	备注

制表：　　　　审核：　　　　批准：　　　　日期：

3. 外购刀具采购卡片

在完成以上计划表后，经办者应区分哪些刀具需外购，哪些属自制的，还需编制外购刀具采购卡片，见表12-13。

表 12-13　　　　　　　　　**外购刀具采购卡片**　　　　　____年__月__日

工具编号	刀具名称	规格标准	单位	要求产地	需用数量		单价	总价	备注
					合计				

科长：　　　　　　　　制表：

4. 刀具合同管理卡片

刀具合同管理卡片，由工具总库记帐员登记、装订并保存，以备刀具的储备和核查，见表12-14。

表 12-14　　　　　　　　　**刀具合同管理卡片**

供货单位：　　　　　　合同号：　　　　订货日期：

产品名称及规格	计量单位	数量		交货记录										备注
		上半年	下半年	发票号	月/日	数量	发票号	月/日	数量	发票号	月/日	数量		

（此卡片由工具总库记账员按期登记、装订并保存）

三、刀具验收、保管及再生利用

1. 刀具的验收与保养制度

（1）各种刀具入库前必须填写"刀具入库验收单"，见表 12-15。要认真仔细检查是否有产品合格证书，并应核对其规格、材质、数量和生产厂名；还要验收查看内、外包装是否完好无损，刀具表面应无锈蚀、裂纹、毛刺、压痕、磨损、碰伤、烧伤、黑皮等。

表 12-15　　　　　刀具入库验收单　　　___年_月_日

供应单位		发票		20　年　月　日第　号			
发运地点		运输凭证		20　年　月　日第　号			
刀具名称	牌号或型号	规格	计量单位	数量		计划单价	金额
				发出	实收		

经办人：　　　　　　　技术检查人：　　　　　　　　　　仓库保管员：

（此表用于外购和自制刀具的入库，由采购员或自制刀具的车间经办人填写；交质量检验员检验合格签字，最后交仓库保管员签收并对此单负责保存）

（2）各类刀具经验收后应分门别类建立帐页，例如表 12-16 所示的刀具在用帐，然后交各工具室搂类型、规格登记入帐并存放在规范的柜、架、盒的贷位中。

（3）所有切削刀具必须采取防锈、防潮措施，保证其不损坏、不锈蚀、不变形。所有刀具均须退磁，不允许有磁性存在；库存的刀具应每年进行一次油封保养。对日常流动使用的各类刀具，在每次使用归还后，应当日清除污垢、铁屑后清洗并涂油。

表 12-16　　　　　　刀具在用帐册

计划价		最高储备量				名称		精度	
占资金		最低储备量		___年_月_日		规格		单位	

年		摘要	领人		发出			结存			窗口流动	各班组配备定额及动态											车间总数
月	日		增	领	新	换	待修	新	废	待修		在用数	组	组	组	组	组	组	组	组	组	组	

（此表由车间工具室负责人保管和填报）

2. 刀具的保管制度

（1）工具室（库）每年应进行一次刀具盘点查库，并将库存量编制"刀具盘点明细表"，见表 12-17；由于各种原因损耗需补充的刀具，也应编造清单一并报工具主管部门审核后补充。

（2）凡被判定为废、旧一类的刀具，不得任意外流和处置。车间工具室应填报"刀具报废申请单"，见表 12-18。对于能返修和有利用价值的刀具，应由回音制订修旧利废的工作计划，填写"废旧刀具再生利用通知单"，见表 12-19。安排有经验的工具钳和磨工，分门别类进行修复，交工具室另行妥善保管和存放，并每年一次编写此类刀具的再生使用清单，交厂工具主管部门。

表 12-17 　　　　　　　　　　　刀具盘点明细表

_____车间___年___月 　　　　　　　　　　　　　　　　　　　第___页

序号	刀具编号	刀具名称	刀具规格	计量单位	计划价格	账面数量	实际		盘盈		盘亏	
							数量	金额	数量	金额	数量	金额

表 12-18 　　　　　　　　　　　刀具报废申请单

申请单位 　　　　　　　　　　　　　　_____年___月___日第___页

报废内容						报废原因	
刀具名称	规格	单位	数量	单价	金额	正常损耗	其他损耗

车间主任： 　　　　工具保管员： 　　　　技鉴人： 　　　　验收人：

表 12-19 废旧刀具再生利用通知单

送出单位_____ ___年___月___日

刀具名称	规格	单位	数量	修旧利废主要内容	完成日期	所耗工时	备注

车间主任签字： 承接班组： 工具库保管员：

（此单由工具总库及各车间工具室填写，交相关车间加工修复）

四、刀具使用的奖罚制度

工具管理部门的干部和管理人员，应经常对企业职工进行勤俭节约和规范而合理使用工、量、刀具的宣传教育。对一贯爱护和节约并努力降低刀具消耗的集体、个人均应总结经验，每一年表扬奖励一次。企业对各车间部门的奖励，可根据其刀具限额实耗节约的费用，提取 $10\%\sim15\%$ 作为刀具节约奖金给予奖励，并以此列为年终评比先进集体及先进个人的条件之一。车间对有关班组和个人的奖励，可参照以上办法进行。对于刀具使用者责任心不强、保管不当和违反使用规程，造成工具丢失、损坏事故的责任者，应根据其造成事故的原因、情节及本人对事故的态度，给予批评、教育，直至实行赔款和行政处分。

五、刀具丢失、报废赔偿制度

（1）刀具提前损坏报废、丢失，由丢失者在其班组与车间工具室办理有关手续。对常用刀具如硬质合金和高速钢材料的车刀、铣刀、刨刀、铰刀、钻头、丝锥刀具等，可视领用时间和新旧程度折价赔偿。

（2）赔偿金额由车间工具室当月公布，并负责填写"刀具损坏、丢失赔偿通知单"，见表12-20，标明赔偿金额送厂财务部门当月扣款。

表12-20　　　　刀具损坏、丢失赔偿通知单　　　___年_月_日

刀具名称	规格	单位	数量	原价	赔偿金额
所属车间班组	责　任　者		备注		
丢、损经过及今后措施					责任人签字
班组讨论意见					班组长签字
工具室意见					负责人签字
车间主任					签字
主管科长					签字
结论					

制表：

（此表由车间工具室管理人员负责填报，共一式三份：车间主任、工具总库、自留）

（3）对蓄意破坏和偷窃刀具者，除按原价赔偿外，须另报企业安全部门查处。

（4）由于操作不慎或其他技术原因，造成低值易耗类刀具的损坏，由责任者填写"刀具申请报废单"，由所在班组组长签署意见给予报废。如系贵重刀具损坏或丢失，应保持好现场立即报车间主任，并组织相关人员进行现场分析，采取行之有效的措施，最后作出责任者经济赔偿金额的结论。

（5）办理赔偿手续。对能够返修和有利用价值的废旧刀具，工具室应分门别类妥善保管，定期交指定部门进行修复。凡调换

及领用修复后的刀具者，可暂不作消耗费用考核，但必须建立废、旧刀具再生利用台账以备查考。

（6）企业在决定实施刀具管理时，可综合上述办法编制软件流程图，如图 12-9 所示，各部门利用计算机进行现场操作管理。

六、刀具计算机软件管理系统

大型企业可根据下述流程将刀具管理纳入企业数据库管理系统，如 Oracle 系统等。中小企业可根据下述流程建立以 Excel 为软件平台的小型刀具管理系统流程，流程图如图 12-21 所示。

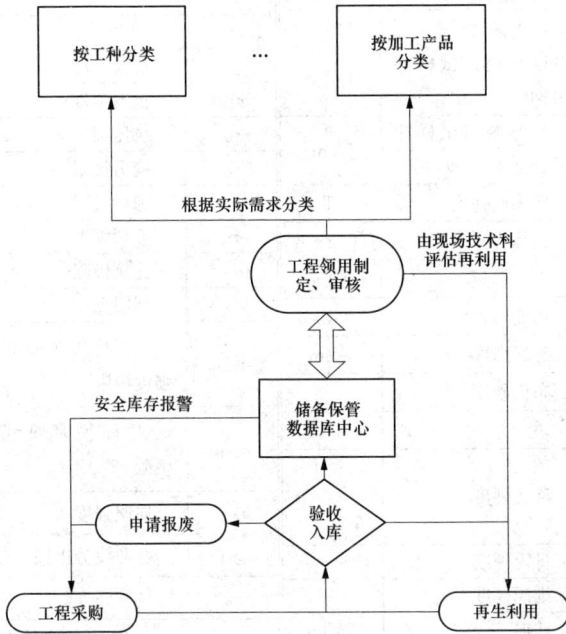

图 12-21 小型刀具管理系统流程图

附录 A　金属材料常用量的符号

量的符号	量的名称	单位符号	量的符号	量的名称	单位符号
A_K	冲击吸收能量	J	μ	磁导率	H/m
A_{KU}	U 型缺口试样冲击吸收能量	J		摩擦因数	—
			ν	泊松式	—
A_{KV}	V 型缺口试样冲击吸收能量	J	ρ	电阻率	$10^{-6}\Omega \cdot m$
a_K	冲击韧度	J/cm^2	γ	密度	g/cm^3
a_{KU}	U 型缺口试样冲击韧度	J/cm^2	σ_b	抗拉强度	MPa
			σ_{bb}	抗弯强度	MPa
a_{KV}	V 型缺口试样冲击韧度	J/cm^2	σ_{bc}	抗压强度	MPa
			σ_D	疲劳极限	MPa
B	磁感应强度	T	σ_e	弹性极限	MPa
c	比热容	$J/(kg \cdot K)$	σ_N	疲劳强度	MPa
E	弹性模量	GPa	σ_P	比例极限	MPa
G	切变模量	GPa	σ_S	屈服点	MPa
H	磁场强度	A/m	σ'_{100}	高温持久（100h）强度极限	MPa
HBW	布氏硬度				
H_C	矫顽力	A/m	σ_{-1}	对称循环疲劳极限	MPa
HRA、HRB、HRC	洛氏硬度	—	$\sigma_{0.2}$	屈服强度	MPa
HS	肖氏硬度	—	$\sigma_{0.1}$	弯曲疲劳极限	MPa
HV	维氏硬度	—	τ_b	抗剪强度	MPa
P	铁损	W/kg	$\sigma_{r0.2}$	规定残余伸长应力	MPa
R	腐蚀率	mm/a			
w（B）	B 的质量分数	%	$\sigma_{p0.2}$	规定非比例伸长应力	MPa
α_1	线胀系数	$10^{-6}K$			
α_P	电阻温度系数	1/℃	τ_m	抗扭强度	MPa
δ	断后伸长率	%	$\tau_{0.3}$	扭转屈服强度	MPa
ε	相对耐磨系数	—	τ_{-1}	扭转疲劳强度	MPa
κ	电导率	S/m 或 %1ACS	ψ	断面收缩率	%
λ	热导率	$W/(m \cdot K)$			

附录 B 金属材料常用性能名称和符号新旧标准对照

新标准（GB/T 10623—2008）		旧标准（GB/T 10623—1989）	
性能名称	符号	性能名称	符号
断面收缩率	Z	断面收缩率	ψ
断后伸长度	A $A_{11.3}$ A_{xmm}	断后伸长度	δ_5 δ_{10} δ_{xmm}
断裂总伸长率	A_t	—	—
最大力总伸长率	A_{gt}	最大力下的总伸长率	δ_{gt}
最大力非比例伸长率	A_g	最大力下的非比例伸长度	δ_g
屈服点延伸率	A_e	屈服点伸长率	δ_s
屈服强度	—	屈服点	σ_s
上屈服强度	R_{eff}	上屈服点	σ_{slf}
下屈服强度	R_{eL}	下屈服点	σ_{sL}
规定非比例延伸强度	R_P 例如 $R_{p0.2}$	规定非比例伸长应力	σ_P 例如 $\sigma_{P0.2}$
规定总延伸强度	R_t 例如 $R_{t0.5}$	规定总伸长应力	σ_t 例如 $\sigma_{t0.5}$
规定残余延伸强度	R_r 例如 $R_{r0.2}$	规定残余伸长应力	σ_r 例如 $\sigma_{r0.2}$
抗拉强度	R_m	抗拉强度	σ_b

附录 C 金属切削刀具选用符号的中文名称及单位

符号	中文名称	使用单位
A_α	后刀面	
A_γ	前刀面	
A_α'	副后刀面	

符号	中文名称	使用单位
A_c	切削面积	mm^2
$A_{c\Sigma}$	切削总面积	mm^2
A_a	名义接触面积	mm^2
A_r	实际接触面积	mm^2
a_c	切削厚度	mm
a_{CR}	平均切削厚度	mm
a_{cmax}	最大切削厚度	mm
a_e	端铣时工件被切部分宽度（柱铣时则为背吃刀量）	mm
a_f	每齿进给量（单刃刀量 $a_f=f$）	mm/z
a_k	冲击韧度	J/m^2
a_{ch}	切屑强度	mm
a_P	车削和端铣时的背吃刀量	mm
a_w	切削宽度	mm
b_{at}	后刀面上刃带（或消振棱）的宽度	mm
$b_{\gamma t}$	倒棱或第一前刀面的宽度（断屑器棱带宽度）	mm
b_e	过渡刃长度	mm
C_{Fx}、C_{Fy}、C_{Fz}	切削分力 F_x、F_y、F_z 公式的系数	
C_t	刀具成本	
C_v	切削速度公式的系数	
c	比热容	$J/(kg \cdot K)$
d	孔径	mm
d_b	刀杆直径	mm
d_m	已加工表面直径	mm
d_n	断（卷）屑槽深度	mm
d_0	刀具（砂轮）直径	mm
d_w	工件待加工表面直径	mm
F_f	前刀面上的摩擦力	N
F_{fa}	后刀面上的摩擦力	N
F_n	前刀面上的法向力	N
F_{ns}	剪切面上的法向力	N
F_{na}	后刀面上的法向力	N
F_r	切削合力	N
F_m	后刀面上的合力	N
$F_{r\gamma}$	前刀面上的合力	N
F_s	剪切面上的切向力	N

附录 C　金属切削刀具选用符号的中文名称及单位

续表

符号	中文名称	使用单位
F_x	进给力（轴向力）	N
F_{xy}	水平分力（F_x 及 F_y 的合力）	N
F_y	背向力（径向力）	N
f	每转进给量	mm/r
G	平面上的安装角	•
HB	布氏硬度值	
HRA	洛氏硬度 A 标尺	
HRC	洛氏硬度 C 标尺	
HV	维氏硬度值	
H	正视方向的安装角	•
h	断（卷）屑台高度	mm
K_r	相对加工性	
KT	月牙洼磨损深度	mm
κ	导热系数	W/(m·k)
l_a	被切削层长度	mm
l_{ch}	切屑长度	mm
l_f	刀-屑接触长度	mm
l_{f1}	刀-屑内摩擦部分的长度	mm
l_{f2}	刀-屑外摩擦部分的长度	mm
l_m	切削路程长度	m
l_n	断（卷）屑台离切削刃的距离	mm
l_o	刀具长度	mm
l_w	工件长度或孔深	mm
M	切削转矩	N·m
NB	刀具径向磨损量	mm
n_0	单位时间内刀具（或砂轮）的转数	r/s
n_r	单位时间内往复次数	str/s
n_s	单位时间内机床主轴转数	r/s
n_w	单位时间内工件的转数	r/s
P_f	进给平面（车刀）	
P_{fe}	工作进给平面（车刀）	
P_n	切削刃法平面	
P_{ne}	切削刃工作法平面	
P_o	正交平面	
P_o'	副切削刃的正交平面	

793

符号	中文名称	使用单位
P_{oe}	工作正交平面	
P_p	背平面	
P_{pe}	工作背平面	
P_r	基面	
P_{re}	工作基面	
P_s	切削平面	
P'_s	副切削刃的切削平面	
P_{se}	工作切削平面	
P_E	电动机功率	kW
P_m	切削功率	kW
P_s	单位切削功率	$kW/(mm^3/s)$
p	单位切削力	$MPa(N/mm^2)$ 或 $Pa(N/m^2)$
Q	切削热	J
R_{max}	表面不平度的最大高度	μm
R_n	断（卷）屑槽底半径	mm
r_c	切削比	
r_n	切削刃钝圆半径	μm
r_g	刀尖圆弧半径	mm
S	主切削刃	
S'	副切削刃	
S	刀具螺旋槽导程	mm
T	刀具耐用度	s
T_p	最大生产率耐用率	s
VB	后刀面磨损带中部平均磨损量	mm
VB_{max}	后刀面磨损带中部最大磨损量	mm
VC	刀尖上后刀面磨损带宽度	mm
VN	在磨损缺口处后刀面磨损宽度	mm
v	切削速度	m/s
v_e	合成切削速度	m/s
v_f	进给速度	m/s 或 mm/s
v_{ck}	切屑流动速度	m/s
v_T	一定耐用度下的切削速度	m/s
W_a	断（卷）屑槽宽度	mm
z_W	单位时间内的金属切除量	mm^3/s

符号	中文名称	使用单位
z	刀具齿数	
α_b	最小后角	•
α_f	进给后角	•
α_{fe}	工作进给后角	•
α_n	法后角	•
α_{ne}	工作法后角	•
α_o	后角	•
α_{oe}	工作后角	•
α_{ol}	消振棱或刃带的后角	•
α_p	背后角	•
α_{pe}	工作背后角	•
β	前刀面上的摩擦角	•
β	螺旋角	•
β	螺旋升角	•
β_o	楔角	•
γ_f	进给前角	•
γ_{fe}	工作进给前角	•
γ_g	最大前角	•
γ_n	法前角	•
γ_{ne}	工作法前角	•
γ_{ol}	前角	•
γ_{oe}	工作前角	•
γ_{ol}	倒棱前角	•
γ_p	背前角	•
γ_{pe}	工作背前角	•
ε	相对滑移（相对剪切）	
ε_r	刀尖角	•
η_m	机床效率	
θ	切削温度	℃
κ_r	主偏角	•
κ_r'	副偏角	•

✦ 附录 D 布氏硬度与洛氏硬度换算表

布氏硬度	洛氏硬度			抗拉强度	布氏硬度	洛氏硬度			抗拉强度
硬质合金球	标尺 A	标尺 B	标尺 C	1bf/in²②	硬质合金球①	标尺 A	标尺 B	标尺 C	1bf/in²
3000kgf	60kgf	100kgf	150kgf	≈	3000kgf	60kgf	100kgf	150kgf	≈
—	85.6	—	68.0	—	477	75.6	—	49.6	243 000
—	85.3	—	67.5	—	461	74.9	—	48.5	235 000
—	85.0	—	67.0	—	444	74.2	—	47.1	225 000
767	84.7	—	66.4	—	429	73.4	—	45.7	217 000
757	84.4	—	65.9	—	415	72.8	—	44.5	210 000
745	84.1	—	65.3	—	401	72.0	—	43.1	202 000
733	83.8	—	64.7	—	388	71.4	—	41.8	195 000
722	83.4	—	64.0	—	375	70.6	—	40.4	188 000
712	—	—	—	—	363	70.0	—	39.1	182 000
710	83.0	—	63.3	—	352	69.3	—	37.9	176 000
698	82.6	—	62.5	—	341	68.7	—	36.6	170 000
684	82.2	—	61.8	—	331	68.1	—	35.5	166 000
682	82.2	—	61.7	—	321	67.5	—	34.3	160 000
670	81.8	—	61.0	—	311	66.9	—	33.1	155 000
656	81.3	—	60.1	—	302	66.3	—	32.1	150 000
653	81.2	—	60.0	—	293	65.7	—	30.9	145 000
647	81.1	—	59.7	—	285	65.3	—	29.9	141 000
638	80.8	—	59.2	329 000	297	64.6	—	28.8	137 000
630	80.6	—	58.8	324 000	269	64.1	—	27.6	133 000
627	80.5	—	58.7	323 000	262	63.6	—	26.6	129 000
601	79.8	—	57.3	309 000	255	63.0	—	25.4	126 000
578	79.1	—	56.0	297 000	248	62.5	—	24.2	122 000
555	78.4	—	54.7	285 000	241	61.8	100.0	22.8	118 000
534	77.8	—	53.5	274 000	235	61.4	99.0	21.7	115 000
514	76.9	—	52.1	263 000	229	60.8	98.2	20.5	111 000
495	76.3	—	51.0	253 000	223	—	97.3	20.0	—
217	—	96.4	18.0	105 000	167	—	86.0	—	81 000
212	—	95.5	17.0	102 000	163	—	85.0	—	79 000
207	—	94.6	16.0	100 000	156	—	82.9	—	76 000
201	—	93.8	15.0	98 000	149	—	80.8	—	73 000
197	—	92.8	—	95 000	143	—	78.7	—	71 000
192	—	91.9	—	93 000	137	—	76.4	—	67 000
187	—	90.7	—	90 000	131	—	74.0	—	65 000
183	—	90.0	—	89 000	126	—	72.0	—	63 000
179	—	89.0	—	87 000	121	—	69.8	—	60 000
174	—	87.8	—	85 000	116	—	67.6	—	58 000
170	—	86.8	—	83 000	111	—	65.7	—	56 000

参 考 文 献

[1] 顾维邦. 金属切削机床（上册）. 北京：机械工业出版社，1984.

[2] 机修手册第 3 版编委会. 机修手册（第 3 版）第 3 卷 金属切削机床修理（上册）. 北京：机械工业出版社，1993.

[3] 现代机械制造工艺装备标准应用手册编委会. 现代机械制造工艺装备标准应用手册. 北京：机械工业出版社，1997.

[4] 黄祥成，邱言龙，尹述军. 钳工技师手册. 北京：机械工业出版社，1998.

[5] 邱言龙，李文林，谭修炳. 工具钳工技师手册. 北京：机械工业出版社，1999.

[6] 邱言龙. 机床维修技术问答. 北京：机械工业出版社，2001.

[7] 肖庆中. 金属切削原理与刀具. 北京：中国劳动社会保障出版社，2006.

[8] 邱言龙，王兵. 钳工实用技术手册. 北京：中国电力出版社，2007.

[9] 邱言龙，李文林，雷振国. 机修钳工入门. 北京：机械工业出版社，2009.

[10] 邱言龙，李德富. 磨工实用技术手册. 北京：中国电力出版社，2009.

[11] 赵鸿，于世超. 现代刀具与数控磨削技术. 北京：机械工业出版社，2009.

[12] 陈志毅. 金属材料与热处理. 北京：中国劳动社会保障出版社，2009.

[13] 隋秀凛、高安邦. 实用机床设计手册. 北京：机械工业出版社，2010.

[14] 王为雄. 金属切削原理与刀具（第 3 版）. 北京：中国劳动社会保障出版社，2010.

[15] 邱言龙，李文菱，谭修炳. 工具钳工实用技术手册. 北京：中国电力出版社，2011.

[16] 黄伟九. 刀具材料速查手册. 北京：机械工业出版社，2011.

[17] 王喜军、彭立本、张继东. 金属切削原理与刀具（第 4 版）. 北京：中国劳动社会保障出版社，2012.

[18] 曾正明. 实用金属材料选用手册. 北京：机械工业出版社，2012.

[19] 胡国强，甘志雄、蔡松. 金属切削刀具刃磨与管理. 北京：机械工业出版社，2012.

[20] 邱言龙. 巧学机修钳工技能. 北京：中国电力出版社，2012.

［21］ 陈宏钧. 金属切削工艺技术手册. 北京：机械工业出版社，2013.

［22］ 陈宏钧. 金属切削操作技能手册. 北京：机械工业出版社，2013.

［23］ 邱言龙，李文菱. 数控机床维修技术. 北京：中国电力出版社，2014.

［24］ 邱言龙，雷振国. 机床机械维修技术. 北京：中国电力出版社，2014.

［25］ 贾亚洲. 金属切削机床概论（第 2 版）. 北京：机械工业出版社，2015.